面向新时代智能制造系列丛书

数控系统

（第2版）

梁桥康　王耀南　颜建强 ◎ 编著

清华大学出版社
北京

内容简介

本书以现代数控加工机床的数字控制技术与应用为基础,详细阐述和分析了数控原理、数控编程、数控伺服系统、数控系统相关检测技术等方面的知识。全书共分为 8 章,内容主要包括数控系统概述、数控加工基础和数控系统控制原理、数控加工程序编制基础、计算机数控装置、数控伺服系统、数控系统相关的检测技术、国内外数控系统相关新技术、数控技术应用实例等内容。各章既有联系,又有一定的独立性。

全书内容丰富翔实,深入浅出,系统性强,重点突出,注重理论知识和实际应用的结合,强调自动化和电气类知识的综合应用,力求在强化理论基础的同时突出实践性和先进性。

本书适合作为高等工科院校本科自动化和电气类等专业的教材,也可供从事数字控制等相关技术的研究人员与工程技术人员参考。

图书在版编目(CIP)数据

数控系统 / 梁桥康,王耀南,颜建强编著. -- 2 版.
北京 :清华大学出版社,2024. 7. --(面向新时代智
能制造系列丛书). -- ISBN 978-7-302-66618-9

Ⅰ. TG659

中国国家版本馆 CIP 数据核字第 20248UU584 号

责任编辑:赵 凯
封面设计:杨玉兰
责任校对:王勤勤
责任印制:宋 林

出版发行:清华大学出版社
网 址:https://www.tup.com.cn,https://www.wqxuetang.com
地 址:北京清华大学学研大厦 A 座 **邮 编:**100084
社 总 机:010-83470000 **邮 购:**010-62786544
投稿与读者服务:010-62776969,c-service@tup.tsinghua.edu.cn
质量反馈:010-62772015,zhiliang@tup.tsinghua.edu.cn
课件下载:https://www.tup.com.cn,010-83470236
印 装 者:三河市人民印务有限公司
经 销:全国新华书店
开 本:185mm×260mm **印 张:**21 **字 数:**513 千字
版 次:2013 年 8 月第 1 版 2024 年 7 月第 2 版 **印 次:**2024 年 7 月第1 次印刷
印 数:1~1500
定 价:59.00 元

产品编号:102457-01

序

FOREWORD

制造业是国民经济主体，是立国之本、兴国之器、强国之基。党的二十大报告指出：“实施产业基础再造工程和重大技术装备攻关工程，支持专精特新企业发展，推动制造业高端化、智能化、绿色化发展。”数控系统、机器人等现代工业重要的自动化技术是现代装备制造业的核心和基础，在现代制造业中扮演着举足轻重的角色，直接关系到国家的战略地位。数控技术的广泛应用使得制造业的内涵发生巨大的变化，工业母机的功能和性能得到了显著的提升。

经过数十年的发展，我国制造业已经取得了显著的成就，实现了质的提升和量的增长。然而，与世界先进水平相比，我国制造业整体水平仍存在一定差距，尤其是在自主研发创新、网络化、信息化、智能化等方面，高端的数控系统仍处于被国际品牌长期垄断局势。随着新一代信息技术、数字经济、数字工业的发展，智能化、开放式、网络化成为当代数控系统发展的主要趋势，基于新一代信息技术的超大规模协作体系被不断应用于现代工业环境，数控技术将在智能制造中继续发挥重要作用。

《数控系统(第2版)》在团队多年的数控系统相关的教学和科研经验的基础上，从数控系统概述、数控加工基础、数控系统控制原理、数控加工程序编制、数控装置软硬件结构、数控伺服系统、数控系统检测装置、数控技术新技术等方面展开阐述，希望更多的初学者和数控技术的从业人员通过本书对数控技术和数控机床有更深入的认识和了解。

中国工程院院士

2024年7月

前言
PREFACE

自1952年第一台数控铣床在美国问世至今，数控技术已走过了70多年的发展历程。作为现代制造加工业的技术基础，数控技术集计算机、微电子、自动控制、检测与传感等高新技术于一体，并随着控制技术、计算机技术、功率器件技术、伺服驱动技术和信息技术等相关技术的发展而不断发展，其技术水平直接体现了一个国家的综合科技水平，并直接关系到国家战略地位。数控技术已被世界各国列为优先发展的关键工业技术，具有高速高精度控制、5轴联运插补、多通道控制等技术的高档数控系统已上升到战略物资的高度，成为发达国家限制中国进口的产品。

现代装备制造业是国民经济和国防建设的基础性产业，而数控技术是现代装备制造业的核心和基础技术，其广泛应用引发了装备制造业和相关产品的内涵发生根本性变化，使得制造加工设备的功能变得更加丰富、性能得到了质的飞跃，全面提升了加工生产产品的质量水平和市场竞争力。在经历了蒸汽一代和电气一代后，机械产品正在全面进入数控一代，并必然会发展到智能一代。

自20世纪90年代以来，随着数控系统相关技术突飞猛进的发展，尤其是以计算机、信息技术为代表的高新技术的发展，数控技术通过不断采用控制理论等相关领域的最新技术成果，正成功地带动机械制造装备的重大技术进步，推动着装备制造自动化的不断发展。以计算机集成制造系统(CIMS)、柔性制造系统(FMS)和计算机辅助设计与制造(CAD/CAM)等技术为代表的先进制造技术正在对各行各业的生产方式产生巨大而深远的影响。为获得市场竞争优势，各企业围绕如何提高产品质量、降低生产成本和缩短开发周期等问题展开了积极探索和研究，使得加工过程中的精度、速度和柔性度得以不断提高。

数控技术是我国中长期科技计划16个重大专项中的关键技术，在国家6个五年计划的持续支持下，我国数控装备制造及数控系统取得了显著的成就，形成了较完备的产业体系和研发体系，具有自主知识产权的数控平台及基本系统(如经济型和普及型数控系统)在国内市场占有率明显提高，与国外相应产品的水平差距明显缩小，并具有一定规模的出口，为进一步普及数控技术和提高机械制造装备创新能力奠定了坚实的基础。但是，我国的数控技术及相关产业还存在一些发展瓶颈，如高档数控系统及相关设备的国产率较低；由于我国高档数控系统在功能分析、译码流程和编译软件开发等多方面存在不足，用于多轴、多通道、高速(插补频率高于500kpps)、高精(分辨率高于0.1μm)、复合加工的高档、大重型数控系统及成套设备与国外相关产品技术水平(尤其是数控系统的可靠性)的差距还较大。

党的二十大报告提出，推动制造业高端化、智能化、绿色化发展，指明了制造业高质量发展的前进方向。智能化和高端化的基础是制造装备的提升、系统及装备的竞争。

为适应这种形势的需求，根据专业调整和课程体系建设，作者结合多年从事数控技术相关的科研和教学经验，针对自动化及电气类学科专业特点，编写了本书。本书以现代数控系统为基础，先后论述了CNC数控系统概述、数控加工基础和数控系统控制原理、数控加工程序编制基础和方法、数控装置的软硬件结构、数控伺服系统工作原理和数控系统相关的检测装置，同时还介绍了数控技术的部分新技术和新成果。

参与本书编写的有梁桥康、王耀南、颜建强、彭楚武、王群、周寒英、舒延勇等。本书适合作为高等工科院校本科自动化和电气类等专业的教材,也可供科研单位、工厂等作为从事数字控制等相关技术的研究人员与工程技术人员的参考书。

本书受国家重点研发计划(2022YFB4703103)、国家自然科学基金(NSFC. 62073129、NSFC. U21A20490)和湖南省自然科学基金—杰出青年基金(2022JJ10020)资助,特此感谢。本书在编写过程中,参考了大量相关文献和网络资源,得到了许多同仁的大力支持和帮助,在此向有关作者一并表示感谢。由于时间仓促和编者水平有限,书中难免存在疏漏和不妥之处,恳请广大读者和专家批评指正。

编　者

2024年7月

目　录
CONTENTS

第1章

NUMERICAL CONTROL SYSTEM

数控系统概述

本章学习目标

本章着重介绍数控系统的基本概念、数控系统的组成、数控系统的功能和主要技术性能指标，以及数控系统的发展历程及发展趋势。通过对数控系统基本概念的学习和理解，读者应较完整地认识数控系统的构成及各部分的功能和作用，并掌握开环、闭环和半闭环控制系统及点位、点位直线和轮廓控制系统的组成和特点，了解数控系统的发展现状及发展趋势。

1.1 数控系统的基本概念

党的二十大报告指出，建设现代化产业体系，推进新型工业化，加快建设制造强国。我国是全世界产业类别最为齐全的国家，制造业规模稳居世界第一，但是和传统发达国家的制造业现代化水平还有差距，产业链整体上处于国际分工体系的中低端，数控系统、机器人等核心装备长期被垄断。当前，我国已迈上全面建设社会主义现代化国家的新征程，面对严峻复杂的发展环境和全球发展工业4.0时代，推动制造业高端化、智能化，数控系统等核心关键装备自主可控日益迫切。作为新兴高新技术产业和尖端工业的实现手段和主流装备，数控技术及装备综合了计算机、电气传动、自动控制、伺服驱动、测量技术、机械制造等领域的技术成果，正被广泛应用于机械、军事、国防、航空、航天、汽车、轻工、医疗等重要行业，同时极大地推动了柔性制造系统(FMS)、计算机辅助设计和制造(CAD/CAM)和计算机集成制造技术(CIMS)的发展。装备工业的现代化程度和技术水平决定着国民经济的整体水平和现代化程度，高精度、高效率、机电液气光一体化、高智能和高自动化水平的先进数控机床是当代机械制造加工业最重要的装备，正推动着工业和国民经济飞速发展。

数控技术是指利用数字化的信息对设备(机床)运动及其加工过程进行控制的一种方法，简称数控(Numerical Control，NC)。数控技术综合运用机械制造加工、信息处理、自动控制、伺服驱动、传感器与测量等多方面技术，具备位移和相对位置坐标自动控制、动作顺序自动控制、速度及转速自动控制和各种辅助功能自动控制等功能。

数控系统(Numerical Control System)是数字控制系统的简称，是由数控装置、伺服系统、反馈系统连接成的装置，用数字代码形式的信息控制机床的运动速度和运动轨迹，以实现对零件给定形状的加工。

计算机数控机床(Computer Numerical Control Machine Tool)是指采用了数控技术的机床或是装备了数控系统的机床，可在零件程序的控制下自动完成程序所规定的操作，其实质和特征是用数字技术控制机床。典型的数控机床主要由主机、各种元部件(功能部件)和数控系统三大部分组成，作为数控机床控制核心的数控系统性能优劣与功能强弱将直接关系到整个数控机床的加工性能和产品质量。如图1-1所示，具体的数控机床一般由输入输出装置、数控装置、可编程控制器、伺服系统、检测反馈装置和机床主机等组成。

1. 数控系统

数控系统是数控机床的核心与主导，一般由操作系统、主控制系统、可编程逻辑控制器、各类I/O接口等组成。数控系统主要完成加工数据的处理计算、多坐标控制、插补运算、补

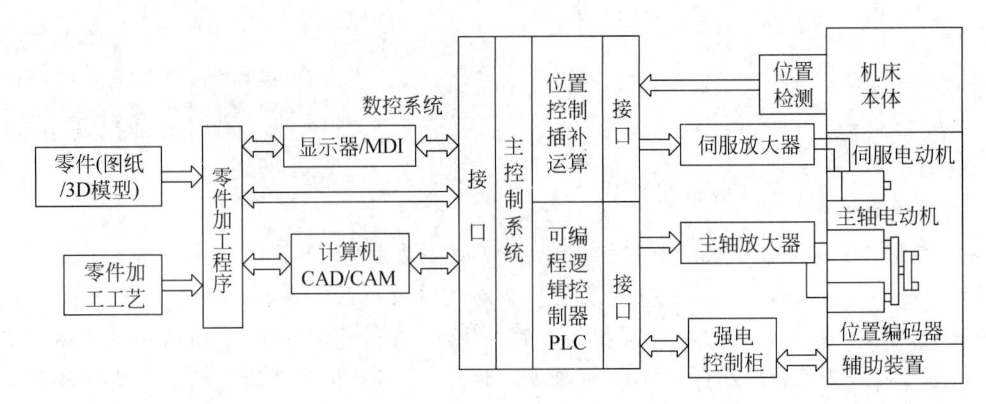

图 1-1 数控机床的主要组成部分

偿等功能,最终实现数控机床自动加工。其控制方式可分为数据运算处理控制和时序逻辑控制两类。操作系统主要由显示器和操纵键盘组成,其中,现代数控机床一般采用集成于系统的液晶显示器作为输出装置。可编程控制器主要对主轴单元实现控制,将程序中的转速指令进行处理以控制主轴转速;管理刀库,进行自动刀具交换、选刀方式、刀具累计使用次数、刀具剩余寿命及刀具刃磨次数等管理;控制主轴正反转和停止、准停、切削液开关、卡盘夹紧松开、机械手取送刀等动作;还对机床外部开关(行程开关、压力开关、温控开关等)进行控制;对输出信号(刀库、机械手、回转工作台等)进行控制。

2. 伺服系统

伺服系统又称随动系统、拖动系统或伺服机构,一般由伺服控制系统、伺服电动机和位置检测反馈装置等组成。作为数控机床的输出执行部件,伺服系统接收数控装置输出的插补结果或插补软件生成的进给脉冲指令,如指令脉冲或数字量,通过一定的信号变换及电压、功率放大控制电动机驱动机床的移动部件,完成预期的直线或转角位移。检测反馈装置由检测元件和相应的电路组成,主要是检测速度和位移,并将信息反馈于数控装置,实现闭环控制以保证数控机床的加工精度。

3. 机床本体

数控机床的主体,作为数控系统的控制对象,包括床身、主轴、进给传动机构等机械部件,是机床本体。根据不同的加工工艺,可以分为车床、铣床、钻床、镗床、磨床、加工中心及其他特种加工机床等。此外,数控机床还配有多种辅助装置,如切削液或油液处理系统中的冷却或过滤装置、油液分离装置、吸尘雾装置、对刀仪、自动排屑器、物料储运及上下料装置、润滑装置及辅助主机实现传动和控制的气动、液压装置等。其作用是配合机床完成对零件的加工。

4. 主传动系统

数控机床的主运动是指系统为切除零件毛坯上的多余金属提供所需的切削速度和动力,它是切削过程中速度最高、消耗功率最多的运动。数控机床主传动系统是指数控机床的主运动传动系统,用以实现机床切削加工时对扭矩和功率的传递。可以分为齿轮有级调速和电气无级调速两类。目前,数控机床的主传动电动机已不再采用普通的交流异步电动机或传统的直流调速电动机,它们已逐步被新型的直流调速电动机或交流调速电动机所代替。

5. 强电控制装置

数控机床的强电控制装置通常也称为强电柜,主要用来安装机床强电控制的各种电气元器件，包括中间继电器、接触器、变压器、电源开关、接线端子和各类电气保护元器件等。它介于数控系统和机床本体、液压部件之间，控制机床辅助装置的各种交流电动机、液压系统电磁阀和电磁离合器等。

1.2 数控系统的组成

数控系统是数控机床的核心。现代数控装置均采用计算机数控(Computer Numerical Control，CNC)形式，这种CNC装置一般使用多个微处理器，以程序化的软件形式实现数控功能，因此又称软件数控(Software NC)。CNC系统是一种位置控制系统，它是根据输入数据插补出理想的运动轨迹，然后输出到执行部件加工出所需要的零件。传统的数控系统一般以硬件逻辑电路构成的专用硬件数控(NC)装置为核心，而现代数控系统一般是以PC硬件和软件作为其核心的计算机数控(CNC)装置。美国电子工业协会所属的数控标准化委员会定义CNC是一个用于存储程序的计算机，并可按照存储在计算机内的读写存储器中的控制程序去执行数控装置的部分或全部功能，计算机通过接口与外界连接。

数控系统是数控机床的控制指挥中心，如图1-2所示，一般由I/O设备、计算机数字控制(CNC)装置、可编程控制器(PLC)、主轴驱动装置和进给伺服系统以及检测装置等共同组成。

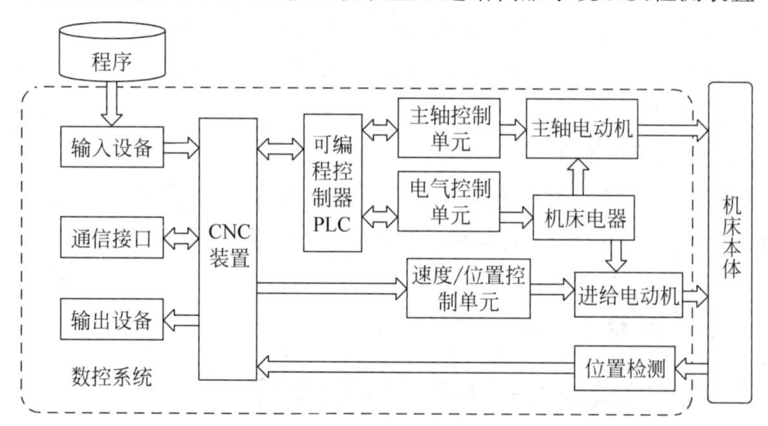

图1-2 数控系统组成框图

1. 输入输出装置

输入装置主要负责将零件加工信息及其他操作命令传递给数控装置。输出装置则在数控装置的控制下显示必要的内部工作实时参数信息，如坐标值、进给速度、主轴转速、报警信号和故障诊断参数等。数控机床操作人员通过输入输出装置与数控系统进行信息交互，如零件加工程序的编辑、修改和调试。在数控机床产生的初期，输入装置为穿孔纸带，现已趋于淘汰。目前，除使用键盘、磁盘、U盘等作为输入装置外，许多现代的数控系统可以使用串行通信接口进行输入，大大方便了信息输入工作。直接数控(Directed Numerical Control，DNC)输入方式把零件程序保存在上级计算机中，系统一边加工一边接收来自计算机的后续程序段。一般在机床初始工作状态时记录和保存其相关输出参数，待工作一段时间后，再将输出与原始资料作比较、对照，可帮助判断机床工作是否维持正常。

2. CNC装置

CNC装置是数控系统的核心，主要完成数字信息运算、处理和控制。传统的NC装置由各种逻辑元件、记忆元件等构成固定接线的数字逻辑电路硬件，数控功能由硬件来实现。

而现代CNC装置采用PC,由软件实现部分或全部的数控功能,软件是系统实现"柔性"功能变化的主要因素,而且无须改变硬件电路,通过改变软件就可变换或扩展系统的功能。在数控加工过程中,CNC装置首先运行,在其内部控制软件的作用下,通过输入装置或输入接口读入零件的数控加工程序,并存放在CNC装置的程序存储器内。开始加工时,将数控加工程序读出,正确识别和解释程序,进行各种零件轮廓几何信息和命令信息的处理,并将处理结果分发给相应的单元。CNC装置将处理的结果按两种控制量分别输出:一类是连续控制量,送往驱动控制装置;另一类是离散的开关控制量,送往机床电器逻辑控制装置。

3. 伺服驱动装置

数控系统中的伺服驱动装置将CNC装置的微弱指令信号进行信号调理、转换、放大后驱动伺服电动机,使刀具或工件按规定的轨迹做相对运动或使工作台精确定位,以实现自动化加工。数控系统中的伺服驱动装置包括主轴伺服驱动模块、进给驱动模块、回转工作台及刀库伺服控制装置等。

4. 检测装置

计算机数控系统是一种位置控制系统,它将插补计算的理论位置与实际反馈位置相比较,用比较所得的差值去控制进给电动机。其中,实际位置的反馈和采集,是由数控系统的位置检测装置来完成的。通过采用高分辨力的脉冲编码器,内装微处理器组成细分电路,使得分辨力大幅度提高。其中,增量位移检测可达10 000p/r(脉冲/转),绝对位置检测可达1 000 000p/r。

5. 可编程逻辑控制器(PLC)

CNC装置通过PLC模块对设备动作进行"顺序控制"。对数控机床而言,即在数控系统运行过程中,根据CNC内部和机床各行程开关、传感器、按钮、强电柜里的继电器以及主轴控制、刀库控制的有关信号,按预先设计的逻辑顺序对相关设备进行控制,如主轴的启停、换向,换刀,工件的夹紧、松开,液压、冷却、润滑系统的启停等。

1.3 数控系统的功能和主要技术性能指标

随着数控系统相关技术如计算机、自动控制、精密加工等技术的不断发展,人们对机械加工精度和速度的要求不断提高,由此对数控系统提出了更高的要求,即要求数控系统功能不断增强、性能不断改进、成本不断降低,CNC技术水平要与计算机等其他相关技术同步发展。总的来说,数控系统的功能一般包括基本功能和选择功能。基本功能是数控系统必备的功能,选择功能是供用户根据机床特点和用途进行选择的功能。CNC系统由于现在普遍采用了微处理器作为其核心,许多功能都可以通过软件取代硬件进行实现。CNC系统的功能主要反映在准备功能G指令代码和辅助功能M指令代码上。数控系统生产厂家较多,各厂家又有多种系列,每个系列的数控系统也性能各异。因此根据数控机床的类型、用途、档次的不同,CNC系统的功能及相应的性能指标也有较大的差别,下面介绍其主要功能和性能指标。

1.3.1 数控系统的功能

1. 控制功能

CNC系统的控制功能主要表现在系统能最多控制的轴数和能同时控制(联动)的轴数。

控制轴可以进一步细分为移动轴和回转轴，或分为基本轴和附加轴。数控系统的多轴联动功能可以实现复杂轮廓轨迹的自动加工。目前，一般的数控车床为二轴控制(X,Z)，二轴联动(X,Z)；一般的数控铣床为三轴控制(X,Y,Z)、三轴联动(X,Y,Z)或二轴半联动(X,Y联运，Z周期进给，实现分层加工)；一般加工中心为多轴控制(X,Y,Z,A,B,C)，三轴联动(X,Y,Z)。控制轴数越多，特别是同时控制的轴数越多，对CNC系统的功能要求就越高，同时CNC系统也会越复杂，编制程序也越困难。

2. **准备功能**

准备功能(G指令代码)，指用来使数控系统建立起某种运动方式的功能，例如，基本移动、定位、加减速运动、平面选择、螺纹切削、坐标设定、主轴转速、刀具补偿、固定循环等指令等。对于点位式的加工机床，如钻床、冲床等，需要点位移动控制系统。对于轮廓控制的加工机床，如车床、铣床、加工中心等，需要控制系统有两个或两个以上的进给坐标具有联动功能。表1-1为中华人民共和国机械行业标准JB/T 3208—1999中规定的G代码的定义。G代码可以根据其是否能功能保持分为续效代码(又称模态代码)和非续效代码(又称非模态代码)，表中第Ⅱ列中所示的a,c,…,k,i等字母所对应的G代码称为续效代码。它表示在数控系统中一旦被使用，在没有同组其他G代码出现时一直有效。如数控程序中第n句中用到了G01(a组中的直线插补)，在第n句以后的语句如果没有出现a组中的其他G代码，直线插补功能一直有效，而且可以省略不写。不同组的续效代码在同一数控加工程序段中可以同时出现，互不影响。表中的"不指定"代码，表示在将来该标准的修正本中可能对这些代码规定其功能。而表中的"永不指定"代码，表示在本标准内，将来也不指定其功能。这两类代码都可以由数控系统的设计者根据需要定义新的功能，但必须在机床说明书中予以解释说明。

表1-1　准备功能G代码

代码(Ⅰ)	功能保持到取消或被同样字母表示的程序指令所取消(Ⅱ)	功能仅在所出现的程序段内有作用(Ⅲ)	功能(Ⅳ)	代码(Ⅰ)	功能保持到取消或被同样字母表示的程序指令所取消(Ⅱ)	功能仅在所出现的程序段内有作用(Ⅲ)	功能(Ⅳ)
G00	a		点定位	G01	a		直线插补
G02	a		顺时针方向圆弧插补	G03	a		逆时针方向圆弧插补
G04		*	暂停	G05	#	#	不指定
G06	a		抛物线插补	G07	#	#	不指定
G08		*	加速	G09		*	减速
G10～G16	#	#	不指定	G17	c		XY平面选择
G18	c		ZX平面选择	G19	c		YZ平面选择
G20～G32	#	#	不指定	G33	a		螺纹切削，等螺距
G34	a		螺纹切削，增螺距	G35	a		螺纹切削，减螺距
G36～G39	#	#	永不指定	G40	d		刀具补偿/刀具偏置注销

续表

代码(Ⅰ)	功能保持到取消或被同样字母表示的程序指令所取消(Ⅱ)	功能仅在所出现的程序段内有作用(Ⅲ)	功能(Ⅳ)	代码(Ⅰ)	功能保持到取消或被同样字母表示的程序指令所取消(Ⅱ)	功能仅在所出现的程序段内有作用(Ⅲ)	功能(Ⅳ)
G41	d		刀具补偿-左	G42	d		刀具补偿-右
G43	#(d)	#	刀具偏置-正	G44	#(d)	#	刀具偏置-负
G45	#(d)	#	刀具偏置+/+	G46	#(d)	#	刀具偏置+/−
G47	#(d)	#	刀具偏置−/−	G48	#(d)	#	刀具偏置−/+
G49	#(d)	#	刀具偏置 0/+	G50	#(d)	#	刀具偏置 0/−
G51	#(d)	#	刀具偏置+/0	G52	#(d)	#	刀具偏置−/0
G53	f		直线偏移,注销	G54	f		直线偏移 *X*
G55	f		直线偏移 *Y*	G56	f		直线偏移 *Z*
G57	f		直线偏移 *XY*	G58	f		直线偏移 *XZ*
G59	f		直线偏移 *YZ*	G60	h		准确定位 1(精)
G61	h		准确定位 2(中)	G62	h		快速定位(粗)
G63		#	攻螺纹	G64～G67	#	#	不指定
G68	#(d)	#	刀具偏置,内角	G69	#(d)	#	刀具偏置,外角
G70～G79	#	#	不指定	G80	e		固定循环注销
G81～G89	e		固定循环	G90	j		绝对尺寸
G91	j		增量尺寸	G92		#	预置寄存
G93	k		时间倒数,进给率	G94	k		每分钟进给
G95	k		主轴每转进给	G96	i		恒线速度
G97	i		每分钟转数(主轴)	G98、G99	#	#	不指定

注:(1) #号表示如选作特殊用途,必须在程序格式说明中进行说明。

(2) 如在直线切削控制中没有刀具补偿,则 G42～G52 可指定作其他用途。

(3) 在表中左栏括号中的字母(d)表示:可以被同栏中没有括号的字母 d 所注销或代替,也可被有括号的字母(d)所注销或代替。

(4) G45～G52 的功能可用于机床上任意两个预定的坐标。

(5) 控制机上没有 G53～G59、G63 功能时,可以指定作其他用途。

3. 辅助功能

辅助功能即 M 代码,是控制机床相关部件的开、关功能的指令。如主轴的启、停和转向;切削液的开和闭;运动部件的夹紧和松开;刀库的启和停等辅助动作的控制。表 1-2 为 JB/T 3208—1999 标准中规定的 G 代码的定义。各种型号的数控装置具有的辅助功差别很大,而且有许多是自定义的。随着数控技术的发展,先进的数控系统不仅向用户编程提供了一般的准备功能和辅助功能,而且为编程提供了扩展数控功能的手段。FANUC 6M 数控系统的参数编程,应用灵活,形式自由,具备计算机高级语言的表达式、逻辑运算及类似的程序流程,使加工程序简练易懂,可实现普通编程难以实现的功能。

表 1-2 辅助功能 M 代码

代码(Ⅰ)	功能开始时间		功能保持到被注销或被适当程序指令代替(Ⅳ)	功能仅在所出现的程序段内有作用(Ⅴ)	功能(Ⅵ)
	与程序段指令运动同时开始(Ⅱ)	在程序段指令运动完成后开始(Ⅲ)			
M00		*		*	程序停止
M01		*		*	计划停止
M02		*		*	程序结束
M03	*		*		主轴顺时针方向
M04	*		*		主轴逆时针方向
M05		*	*		主轴停止
M06	#	#		*	换刀
M07	*		*		2 号冷却液开
M08	*		*		1 号冷却液开
M09		*	*		冷却液关
M10	#	#	*		夹紧
M11	#	#	*		松开
M12	#	#	#	#	不指定
M13	*		*		主轴顺时针方向,冷却液开
M14	*		*		主轴逆时针方向,冷却液开
M15	*			*	正运动
M16	*			*	负运动
M17、M18	#	#	#	#	不指定
M19		*	*		主轴定向停止
M20～M29	#	#	#	#	永不指定
M30		*		*	纸带结束
M31	#	#		*	互锁旁路
M32～M35	#	#	#	#	不指定
M36	*		*		进给范围
M37	*		*		进给范围 2
M38	*		*		主轴速度范围 1
M39	*		*		主轴速度范围 2
M40～M45	#	#	#	#	如有需要作为齿轮换挡,此外不指定
M46、M47	#	#	#	#	不指定
M48		*	*		注销 M49
M49	*		*		进给率修正
M50	*		*		3 号冷却液开
M51	*		*		4 号冷却液开
M52～M54	#	#	#	#	不指定
M55	*		*		刀具直线位移,位置 1
M56	*		*		刀具直线位移,位置 2
M57～M59	#	#	#	#	不指定
M60		*		*	更换工件

续表

代码(Ⅰ)	功能开始时间		功能保持到被注销或被适当程序指令代替(Ⅳ)	功能仅在所出现的程序段内有作用(Ⅴ)	功能(Ⅵ)
	与程序段指令运动同时开始(Ⅱ)	在程序段指令运动完成后开始(Ⅲ)			
M61	*		*		工件直线位移,位置1
M62	*		*		工件直线位移,位置2
M63～M70	#	#	#	#	不指定
M71	*		*		工件角度位移,位置1
M72	*		*		工件角度位移,位置2
M73～M89	#	#	#	#	不指定
M90～M99	#	#	#	#	永不指定

注:(1) #号表示:如选作特殊用途,必须在程序说明中说明。

(2) M90～M99可指定为特殊用途。

4. 插补功能

插补是指数控系统收到进给运动的信息后,运用相关软件和算法,在轮廓的起点和终点之间计算出若干个逼近理想轮廓的中间点的坐标值,然后以脉冲形式的指令对各坐标轴进行进给运动任务的分配,从而对沿指定轮廓的进给运动实现控制。CNC系统是通过软件插补来实现刀具运动轨迹控制的。考虑到轮廓控制的实时性要求,而软件插补的计算速度难以满足数控机床对进给速度和分辨力的要求,同时由于CNC不断扩展其他方面的功能也要求减少插补计算所占用的CPU时间。因此,CNC的插补功能实际上被分为粗插补和精插补,插补软件每次插补一个小线段的数据为粗插补,伺服系统根据粗插补的结果,将小线段分成单个脉冲的输出称为精插补。也有的数控系统采用硬件进行精插补。现代数控系统的插补功能越来越多,如SINUMERIK 840D数控系统具备样条插补、三阶多项式插补和曲线表等插补功能,为加工各类曲线曲面零件提供了便利条件。

5. 进给功能

CNC系统的进给功能用F指令代码直接指定加工的进给速度,单位一般为mm/min或mm/r。F指令代码也是一种续效代码。

(1) 切削进给速度:以每分钟进给的毫米数指定刀具的进给速度,如F100表示进给速度100mm/min。对于回转轴,表示每分钟进给的角度。

(2) 同步进给速度:当进给速度与主轴的转速有关时(如车削螺纹、攻螺纹等),以主轴每转一圈进给的毫米数来规定进给速度,如0.03mm/r。只有主轴上装有位置编码器的数控机床才能指定同步进给速度,用于切削螺纹。

(3) 进给倍率:进给倍率可以在0～200%变化,由操作面板上的倍率开关设置,每挡间隔10%。可以达到不用修改零件加工程序而改变实际进给速度,并可以在试切零件时随时改变进给速度或在发生意外时停止进给。编程时总是假定倍率开关指在100%的位置上。

6. 主轴功能

主轴功能用来指定主轴的转速,该代码为续效代码。辅助功能代码M03、M04必须与S指令一起使用,才能实现主轴的顺时针或逆时针旋转控制。

（1）转速的编码方式：一般用S指令代码指定。一般用地址符S后加两位数字或4位数字表示，单位分别为r/min和mm/min。

（2）指定恒定线速度：该功能保证刀具和工件的相对加工速度恒定，保证车床和磨床加工工件端面质量和不同直径的外圆的加工具有相同的切削速度。

（3）主轴定向准停：该功能使主轴准确停止在径向的某一位置，主要应用在具有自动换刀功能的数控系统中。

7. 刀具功能

在有自动换刀功能的数控系统中，刀具功能指令（T代码）用以选择所需的刀具号和刀补号。刀具功能字以地址符T为首，后面跟一串数字，数字的位数和定义由不同的机床自行确定，一般用两位和4位。辅助功能代码M06控制数控系统更换成由T指令指定的刀具。

8. 补偿功能

补偿功能是通过CNC系统存储器存储的补偿量，根据编程轨迹重新计算刀具的实际运动轨迹和坐标尺寸，从而加工出符合要求的工件。补偿功能主要有以下几类。

（1）刀具的尺寸补偿。如刀具长度补偿、刀具半径补偿和刀尖圆弧补偿。对于刀具磨损或重新安装刀具引起的刀具位置变化，建立、执行刀具位置补偿后，其加工程序不需要重新编制。具体实现办法是测出每把刀具的刀位点相对于某一理想位置的刀位偏差（X向与Z向）并输入到数控系统中指定的存储器内，程序执行刀具补偿指令后，当前刀具的实际位置就到达理想位置。

（2）丝杠的螺距误差补偿和反向间隙补偿或者热变形补偿。通过事先检测出丝杠螺距误差和反向间隙，输入到CNC系统中指定的存储器内，在实际加工中进行补偿，从而提高数控机床的加工精度。

9. 字符、图形显示功能

CNC控制器可以配置单色或彩色CRT或LCD，通过软件和硬件接口实现字符和图形的显示。通常可以显示程序、当前坐标位置、系统运行参数、各种补偿量、故障信息、人机对话编程菜单、零件加工图形及刀具实际移动轨迹的坐标等。

10. 自诊断功能

为减少停机时间，防止因故障的发生或在发生故障后查找故障的类型和部位消耗过多时间，CNC系统中设置了各种诊断程序。诊断程序一般可以包含在系统程序中，在系统运行过程中进行检查和诊断；也可以作为服务性程序，在系统运行前或故障停机后进行诊断，查找故障的部位。SIEMENS 810/820数控系统有CPU监控、EPROM自诊断、进给轴专用报警、位置反馈回路硬件故障、PLC报警等功能，有的数控系统还可以进行远程通信诊断。

11. 通信功能

为了适应柔性制造系统（FMS）和计算机集成制造系统（CIMS）的需求，CNC装置通常具有通信接口，如RS-232C接口、DNC接口，也有的CNC还可以通过制造自动化协议（MAP）接入工厂的通信网络。数控系统的网络化是以Internet技术、通信技术、数控技术和计算机技术等为基础，将远程设计、数控编程和数控加工等集成在一起，实现数控系统等数控设备的网络化和集成化，最终实现制造车间设备的集中控制管理、远程控制、远程故障诊断、网络制造、网上培训、网上营销及网上管理等功能，从而可以在全球范围内将具有不同数控类型的企业联系起来实现资源的共享和优化利用,这样不仅可以提高产品的加工质量和生产效率,还能敏捷地响应瞬息万变的市场。部分数控系统采用嵌入式数控系统,其通信功能主要包括数控系统内CNC主控单元与伺服驱动及I/O逻辑控制等各单元间的通信、车间级工业以太网络的通信和Intranet/Internet通信。

12. 人机交互图形编程功能

现代CNC系统为了提高数控机床的编程效率,快速完成结构形状较为复杂的加工零件的编程,一般都通过计算机辅助编程,尤其是利用图形软件进行自动编程,以提高编程效率。具备这种功能的CNC系统可以根据零件图直接编制程序,即编程人员只需输入图样上简单表示的几何尺寸就能自动地计算出全部交点、切点和圆心坐标,生成加工程序。有的CNC系统可根据引导图和显示说明进行对话式编程,并具有自动工序选择、刀具和切削条件的自动选择等智能功能。部分CNC系统(如日本FANUC系统)还备有用户宏程序功能。这些功能有助于那些未受过CNC编程专门训练的机械工人能够很快地进行程序编制工作。

1.3.2 数控系统的技术性能指标

1. 数控系统的CPU

数控系统的性能很大程度上取决于系统中使用的CPU的性能。微处理器芯片的迅速发展,为数控系统采用高速处理技术提供了保障。数控系统中采用的CPU已由20世纪80年代的16位(如FANUC 6M等)发展为当前的32位(如FANUC 15等)以及64位CPU的数控系统,20世纪90年代还出现了精简指令集(RISC)芯片的数控系统(如FANUC 16等)。随着CPU的最高工作频率不断升高,数控系统的运算速度也相应得到增强,当系统分辨力为0.1μm、0.01μm的状况下仍能获得很高的进给速度(100~240m/min)。

2. 数控系统的分辨力

现代数控系统能实现高精度、超精密加工,系统分辨力通常都在0.001mm,速度可达到100 000~240 000mm/min。超精密加工时分辨力为0.1μm(甚至0.01μm),速度为24 000mm/min。可以通过采用高分辨的传感器(16 000 000线/转),提高伺服控制分辨力,同时提高伺服系统的调节频率(电流环频率大于20kHz),提高系统的插补周期,使系统增益大幅提升,随动误差大幅降低,结合纳米插补技术,达到整体提高加工表面质量、改进低速平稳性的目的。FANUC将有关伺服技术称为HRV(高响应矢量控制),三菱将有关技术称为高响应电流控制技术。

3. 控制功能

控制轴数和同时控制(联动)轴数是数控系统功能的重要性能指标。FANUC 15可控制2~15根轴,SIEMENS 840D最多可控制31根轴,还具有多主轴控制功能。插补功能除了直线、圆弧插补外,许多数控系统增加了螺旋线插补、极坐标插补、圆柱面插补、抛物线插补、指数函数插补、渐开线插补、样条插补、假想轴插补以及曲面直接插补等功能。

4. 伺服驱动系统的性能

伺服装置是数控系统的重要组成部分,目前几乎绝大多数数控系统都采用了对位置环、速度环、电流环全部进行数字控制的交流伺服系统,而且许多公司都开发了具有前馈控制、非线性控制、摩擦扭矩补偿以及数字伺服自动调整等新功能的高性能伺服系统。

5. 数控系统内 PLC 功能

新型数控系统的 PLC 都有单独的 CPU，具有逻辑控制和轴控制功能，基本指令执行时间短，编程语言可用梯形图(Ladder Diagram)、C 等，基本指令执行时间是 0.2μs/step 以上，梯形图语言程序容量可达 16 000 步以上，输入点/输出点数为 768/512，且可扩展。PLC 的软件除用梯形图语言编写之外，还可用 Pascal、C 等语言编写。

6. 系统的通信接口功能

数控系统除 RS-232C 接口外，还配置了 DNC、RS-422(RS-485)等高速远距离传输接口。SIEMENS 840D、FANUC 15 等系统还具有 MAP 接口板，它可连接到 MAP 3.0 的局域网络(LAN)上，以适应工厂 FMS 或 CIMS 的需要。

7. 系统的开放性

随着市场全球化的发展，市场竞争空前激烈，要求制造商生产的数控系统不但价格低、质量好，而且要求交货时间短、售后服务好，充分满足用户特殊的需要，即要求产品具有个性化。传统的数控系统是一种专用封闭式系统，它越来越不能满足市场发展的需要。新的环境要求 CNC 进一步向开放式控制系统转化。目前，基于个人微型计算机的开放式数控系统得到了很大的发展，相关数控系统生产厂家都在进行开放式数控系统的研究。SIEMENS 公司的 CNC 系统具有开放式"原始设备制造商"(Original Equipment Manufacturer,OEM)程序，FANUC 公司的 CNC 系统也引入了"用户特定宏程序"。另外，各公司都推出了人机通信功能(Man Machine Communication,MMC)或称为人机控制功能(Man Machine Controller,MMC)。由高性能的硬件和软件组成的 MMC 具有较强的图形处理和数据处理功能，采用了在微型计算机上广为流行的"并行(Concurrent)DOS"操作系统(OS)，可支持多任务并行处理，可使用汇编、BASIC、C 以及 FORTRAN 语言进行开发。机床厂家和用户能够利用提供的数控系统子程序开发自身专用的软件，自动生成 NC 数据，通过高速窗口传送到 CNC 系统，也可以利用 MMC 和 PLC 的高速窗口在机床操作和排序方法上加上最适合该 CNC 机床的新功能，可同时并行处理有关 MMC 与 CNC 软件的功能。由此，CNC 系统变成了含有丰富的机床厂(或用户)专利(或诀窍)特征的个性化系统。理想的开放系统为数控软件、硬件均可选择、可重组、可添加，这就要求具有统一的软、硬件规范化标准。

8. 可靠性与故障自诊断

如何客观、正确地评价数控系统的运行状态，尤其对那些使用年限长、工作性能不稳定的系统，只有真正了解其状态，才能为更新、改造提供决策的依据。可靠性是一个至关重要的指标，一般都以平均无故障时间(MTBF)、平均修复时间、固有可用度、精度保持时间等 4 项指标来评定。国外有的系统的平均无故障时间达到 10 000h，而国内自主开发的数控系统仅能达到 3000～5000h。数控系统还应尽量缩短修复时间，即维修性能要好，要有自诊断功能，良好的检测方法，快速确定故障的部位，达到及时更换模块的效果。一般数控系统都具有软件、硬件的故障自诊断程序。故障的诊断与处理一般分为 3 个步骤进行，即故障检测、故障判断及隔离、故障定位。故障检测就是对数控系统进行测试，判断是否存在故障；第二阶段故障判断及隔离是正确定位所发生故障的类型，分离出故障的可能部位；第三阶段是将故障定位到可以更换的模块或印制电路板，从而及时修复数控机床故障。系统自诊断软件可由磁介质、EPROM 的形式提供，为了快速确定故障部位，有些数控系统还对 PLC

设计了单独的诊断线路和诊断软件,通过CRT可显示PLC标志、定时器、计数器内容、输入信号及输出信号等。现代部分数控系统还具有远程诊断服务功能,用户可通过远距离诊断接口和联网功能与数控系统远程维修服务中心联系取得技术支持,以解决故障中的疑难问题。表1-3描述了最常见的几种数控系统的特点。

表1-3 常见数控系统的特点

类别	型 号	特点及应用
FANUC	FS6系列	普及型的数控系统,系统具备一般功能和部分中高级功能,主要应用于中级的CNC系统,其中,6T主要应用于车床,6M主要应用于铣、镗床及加工中心。具有由用户自行制作的变量型子程序宏功能
	F10/11/12系列	多微处理器控制系统,主CPU采用MC68000处理器,另有图形控制CPU、对话式自动编程控制CPU、轴控制CPU;使用光导纤维,大幅减少电缆线数,提高了抗干扰性和可靠性。0MD主要应用于小型加工中心和数控铣床,0GCD主要应用于数控磨床,0GSD主要应用于数控平面磨床,0PD主要应用于数控冲床
	F0系列	体积小、价格低,适用于机电一体化的小型数控机床。0TTC主要应用于双刀架4轴数控车床,OMC主要应用于数控铣床和加工中心。FO-MA/MB/MEA/MC/MF主要用于加工中心、铣床和镗床;FO-TM/TB/TEA/TC/ TF主要用于车床;FO-TTA/TTB/TTC用于4轴车床;FO-GA/GB主要应用于磨床;FO-PB主要应用于回转头压力机
	FS15系列	采用高速信号处理器,应用现代控制理论的各种控制算法实现在线控制。采用高速、高效、高精度的数字伺服单元及绝对位置检测脉冲编码器,能使用在10 000r/min的高速运转系统中。增加了制造自动化协议(Manufacturing Automatic Protocol,MAP)、窗口功能等
	FS16系列	32位CISC(复合指令集计算机)上添加了32位RISC(精简指令集计算机),用于高速计算。执行指令速度可达到20~30MIPS。小型化的数控系统,控制单元与LCD一体化,带有丰富的网络功能
	FS18系列	采用高密度三维安装技术,其安装密度提高了3倍。采用2轴主轴控制、4轴伺服控制。在操作性能、机床接口、编程等方面与FS16系列之间有互换性
SIEMENS	SINUMERIK802S/C	主要应用于数控车床、数控铣床,可控制一个主轴和3个进给轴,其中,802S型号适于步进电动机驱动,802C型号适于伺服电动机驱动
	SINUMERIK802D	可控制一个主轴和4个进给轴,PLC I/O模块,具有图形式循环编程,车削、铣削/钻削工艺循环,FRAME(包括移动、旋转和缩放)等功能,为复杂加工任务提供智能控制
	SINUMERIK810D	高集成数字化CNC,主要应用于数字闭环驱动控制,最多可控6轴(包括一个主轴和一个辅助主轴),紧凑型可编程输入输出
	SINUMERIK840D	全数字模块化设计,可应用于各种复杂机床、模块化旋转加工机床,可控制31个坐标轴

续表

类别	型　　号	特点及应用
A-B (Allen-Bradley)	Bandit 系列	简易型数控系统系列，有 Bandit Ⅰ、Ⅱ、Ⅲ。其中，Bandit Ⅲ可用于简易加工中心，它的主控制器仅由两块电路板组成，硬件基本固定，但软件较灵活
	8400 系列	单微处理器控制系统，采用 8086 CPU，并带有 8087 协处理器，系统采用多种菜单页面。操作简单、价格低廉的数控系统系列，有 8400LC、8400MP、8400GP 和 8400C，适用于各种中小型数控机床。由中央处理单元模块、电源模板、CRT 及接口模板、通信接口以及操作面板组成
	8200 系列	小型 CNC 系统、结构紧凑，有 8200LC 和 8200MC 型，适用于数控钻床、数控镗床、数控车床、数控铣床、数控磨床、加工中心、数控滚齿机、数控火焰切割机和工业机器人等。多种 I/O 接口和通信接口，可连接到厂级宽带通信系统
	8600 系列	总统式模块化、多微处理器 CNC 系统，有 8600T（数控车床）、8600TC（数控车床和车削中心）、8600MC（数控铣床和加工中心）、8605、8610、8650、8600A 和 8600IWS 等

1.4 数控系统的发展历程及发展趋势

1952 年，MIT 研制出第一台试验性数控系统——电子管数控系统，标志着计算机技术成功应用于机械制造领域，数控系统开始在制造加工业发挥着越来越重要的作用。20 世纪 50 年代末，随着计算机和电子技术的发展，数控系统开始以晶体管元器件电路组成第二代数控系统。1965 年，随着中、小规模集成电路技术的发展，第三代基于集成电路的数控系统诞生，使得系统的可靠性和经济性都有很大的提高。20 世纪 70 年代，大规模、超大规模集成电路得到广泛的应用，基于小型高集成度计算机的第 4 代数控系统得以发展，并伴随着软件技术的发展，许多系统功能都转变为由软件代替完成，使系统的灵活性和可靠性得到了大幅提高，并降低了成本。1974 年，基于微型计算机的第五代数控系统应运而生，系统充分利用了微处理器的高速度、低成本、多功能等特点，满足了工业控制对数控系统的要求，并加速了计算机数控系统的发展。PC 推出后的微型计算机时代，第六代基于 PC 的数控系统诞生，通过采用通用的 PC 作为硬件平台，结合软件技术，使系统更加灵活，成本更低，研发周期更短，易于实现系统的开放化和网络化。

随着电子技术、控制技术、工程材料、检测系统与感知技术的飞速发展，尤其是 FMS 和 CIMS 等相关技术的兴起和不断成熟，现代数控系统的功能已经十分丰富，同时更高要求的加工任务以及一些相关领域技术的发展也对数控系统提出了新的要求。总的来说，高速、高精密、高可靠、多功能复合、智能化、开放性、网络化是数控系统发展的总趋势。

1. 高速、高精密、高可靠

工业自动化生产的首要目标是提高生产效率，降低加工成本。高速、高效的数控系统可以充分发挥刀具材料性能，提高加工零件的表面加工质量，提高生产效率。目前，随着工程材料等学科的发展，新一代现代刀具材料的性能已突破传统刀具材料的极限，达到了新的技术水平。对于数控加工制造而言，生产效率的提高不仅是进给速度与主轴转速的提高，更主要的是要提高数控系统的动态性能、运算速度、插补运算水平、超高速检测与通信技术、高速主轴与传动系统等相关技术水平。目前,随着高性能数控系统和伺服系统、高速切削加工机理分析理论、新型刀具材料、超高速主轴单元和高加速度新型电动机等技术不断突破,新一代高速高效的数控系统和数控机床将应运而生。快速准确的动态数字检测和传递、高响应速度实时处理、伺服驱动系统的实时响应、高速运动部件和平稳可靠运行是影响数控系统高速高效的主要制约因素。数控系统的性能直接影响加工零部件的精度,为达到高精度的要求,一般通过减少或补偿检测系统的测量误差,提高数控系统的控制精度,提高数控机床本体结构特性和热稳定性,采取相关辅助措施等手段。具体对数控系统而言,一般采用提高数控系统的分辨力,提高感知部件的测量精度,采用新的控制算法和控制方式。未来超精度加工将可以加工纳米级的微小零部件。现代数控系统的可靠性一般通过平均无故障运行时间(Mean Time Between Failures,MTBF)来衡量,通过采用冗余技术、故障诊断分析专家系统、系统恢复技术,数控系统的可靠性技术指标可以得到大幅提升。

2. 多功能复合、智能化

随着人工智能和计算机软件技术的渗透和发展,新一代数控系统在控制性能上朝着智能化、多功能化方向发展,通过采用先进的接口技术和CAD软件的自动编程等功能,引入神经网络、自适应控制、模糊控制系统等机理,使数控系统不但具有加工程序自生成、模糊控制、自适应、自补偿等功能,而且具有故障自诊断(如故障诊断专家系统),使系统监控功能更加完善。对伺服系统而言,其智能化主要表现为主轴交流驱动和智能化进给伺服驱动装置,能自动识别负载的动态变化并自动优化调整参数等。数控系统功能越来越丰富,为了防止数控系统的结构越来越复杂,目前正在从硬件数控向软件数控发展。传统FANUC 0数控系统、MITSUBISHI M50数控系统、SINUMERIK 810M/T/G数控系统都采用专用的封闭式体系结构。随着开放式体系结构的数控系统发展,数控系统制造商将数控软件技术和计算机丰富的软件资源相结合,开发的数控系统产品中越来越多的功能转为由软件来完成,如FANUC 18i、FANUC 16i、SINUMERIK 840D、Num 1060、AB 9/360等嵌入式PC开放式数控系统。

3. 开放性、网络化

为了满足市场和科学技术发展的需求,数控系统应能同时保证加工的多样化和专业化,传统的结构体系相对封闭的数控系统已面临极大挑战。为了使数控设备能网络化、柔性化、智能化和个性化,数控系统的结构体系应具备开放性。许多企业纷纷研究和研发这种系统,如美国空军与科学制造中心(NCMS)共同领导的"下一代集成加工工作站/机床控制器体系结构"(NGC),欧共体的"自动化系统中开放式体系结构"(OSACA),以及日本的OSEC计划等。开放式体系结构可以大量采用通用计算机技术,使编程、操作以及技术升级和更新变得更加简单快捷。许多数控系统供应商都提供软件集成的开放接口,但对编程接口的数据传送模式并没有统一的定义,也还未能达到相关应用软件"即插即用"的程度。目前主要商品化数控系统开放特征比较如表1-4所示。

表1-4　主要商品化数控系统

数控系统	人机界面	CNC	编程接口		通信接口	
	系统平台	系统平台	界面	CNC	局域网	I/O
SIEMENS 840D/840Di	微型计算机 Windows 95/NT	几乎完全封闭	完全开放	完全开放	以太网 完全开放	现场总线 完全开放

续表

数控系统	人机界面	CNC	编程接口		通信接口	
	系统平台	系统平台	界面	CNC	局域网	I/O
FANUC 210i/210is	微型计算机 Windows CE/NT	几乎完全封闭	完全开放	几乎封闭	以太网 完全开放	现场总线 完全开放
ISG Open CNC	微型计算机 Windows NT+RTX		完全开放	完全开放	以太网 完全开放	现场总线 完全开放
Allen Bradley 9/PC	微型计算机 Windows NT	几乎完全封闭	完全开放	部分开放	以太网 完全开放	现场总线 完全开放

根据 IEEE 的定义,开放式的数控系统应该可以使各种应用系统都有效地运行于不同的设备平台上,具有与其他应用系统相互操作及用户交互的特点。可以按 PC 与数控系统结合的结构形式将开放式的数控系统分为以下 3 类。

(1) PC 型开放式数控系统。采用通用 PC 作为其核心单元,所有的开放式功能全由相应功能软件实现,其系统组成框图如图 1-3 所示。这种系统提供最大的选择性和灵活性给用户,其 CNC 软件全部安装在 PC 中,而系统的硬件组成部分主要是 PC 与伺服驱动和外部 I/O 之间的标准化接口。用户可以在 Windows NT 操作平台上,根据自己所需的各种功能,利用开放式的 CNC 内核,构造多种类型的个性化高性能数控系统,与前几种数控系统相比,系统性价比高,具有较高的灵活性,因而最有生命力。这种系统的典型产品有美国 MDSI 公司的 Open CNC 数控系统、德国 Power Automation 公司的 PA8000 NT 数控系统等。

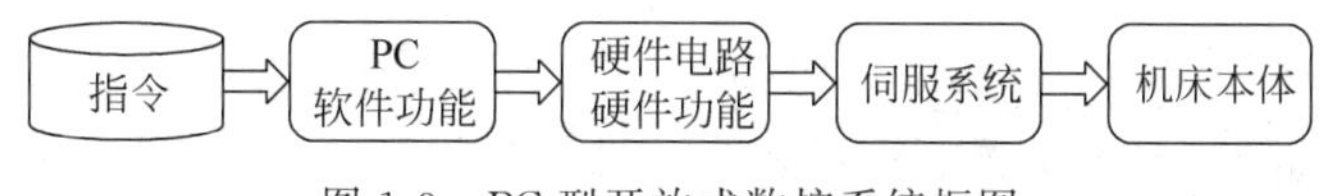

图 1-3 PC 型开放式数控系统框图

(2) 嵌入式 PC 开放式数控系统。PC 作为一个嵌入式的系统融合在 NC 系统中,主要完成非实时控制的功能控制,而 CNC 则运行以坐标轴运动为主的实时控制,如图 1-4 所示。这种系统相对传统的 NC 系统具有一定程度的开放性,但由于系统的 NC 部分仍然是传统意义的数控系统,使用者无法介入数控系统的核心。嵌入式 PC 开放式数控系统结构相对复杂、功能强大,价格昂贵。

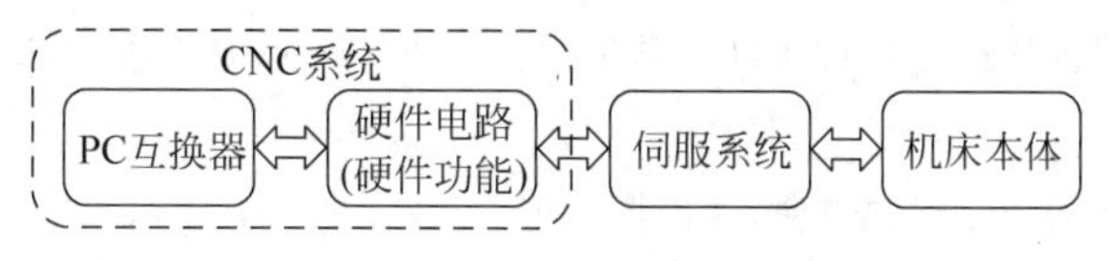

图 1-4 嵌入式 PC 开放式数控系统框图

(3) 嵌入式 NC 开放式数控系统。PC 通过 ISA 标准插槽接口与运动控制板卡相连接,运动控制板卡实时控制各个运动部件,PC 则完成一些实时性要求不高的功能,如图 1-5 所示。嵌入式 NC 开放式数控系统一般由开放体系结构的运动控制卡和 PC 构成。这种智能运动控制卡通常采用高速 DSP 单元作为其 CPU 处理核心,其本身就具有很强的运动控制能力和 PLC 控制能力,并可作为一个系统单独使用。用户根据这种运动控制卡提供的函数库可以在开放的 Windows 平台下开发按自己意图的控制系统。所以这种开放式结构运动控制卡被广泛应用于数控控制等各个领域。例如,美国 Delta Tau 公司用 PMAC 多轴运动控制卡构造PMAC-NC数控系统、日本MAZAK公司用三菱电动机的MELDASMAGIC 64构造MAZATROL 640数控系统等。

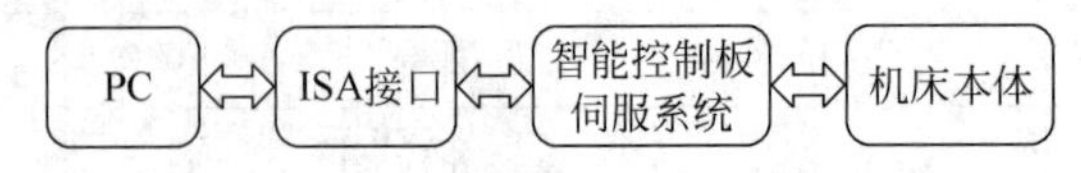

图1-5　嵌入式NC开放式数控系统

随着网络技术的成熟和发展,数控加工业又提出"e-制造"生产方式。这种数字制造生产方式主要基于数控系统的网络化。随着信息化技术的不断应用,越来越多的数控机床本身就带有具有远程通信服务等功能。数控系统的网络化主要是指其制造单元和控制部件通过Internet/Intranet等网络连接起来,并将制造过程中所需要的加工程序、机床运行状态、工具、检测与感知系统等信息共享,达到更高自动化水平和更高效率的整体运行目的。具体来说,网络化发展趋势又分为内部网络和外部网络。内部网络主要指数控系统内部的CNC单元与相关的伺服驱动及I/O逻辑控制单元的连接。为使数控系统具备开放性,各单元之间的互连应该有统一的标准,目前欧洲CNC制造商的数控产品广泛应用SERCOS(Serial Real-time Communication System)高速伺服控制接口协议,而采用PROFIBUS现场总线作为与I/O逻辑控制单元的接口。数控系统的外部网络主要指数控系统与系统外的其他系统或上位机的连接。目前广泛采用网络以实现对数控系统和装备进行远程监控,进一步实现无人化操作、远程加工、远程诊断、远程技术支撑等服务,达到提高整个加工系统的生产率的目的。企业广泛采用的网络生产管理系统通过企业内部网(Intranet)实时监视生产现场运行情况,以实现最优计划和调度以实现高效、高质量加工,并根据这种现代化的生产模式来创造新加工工艺、新方法。企业远程诊断软件可以在办公室实时操纵远在异地的车间相关机床设备,完成如编辑零件程序代码和PLC程序、实时监控各运动部件的状态、进行文件传输等任务。不仅用于故障发生后对数控系统进行诊断,还可用作用户的定期预防性诊断。另外,功能不断完善的CAD/CAM(计算机辅助设计与制造)系统能将CAD软件设计的产品3D模型数据直接转变为数控系统的加工程序,并同时完成工具清单、工艺卡和加工工艺图样,最终实现并行工程以缩短整个产品的生产周期。此外,企业通过网络与客户连接,为每一个客户设立一个准入接口,可方便快速地反映客户的要求和想法。机床联网还可以将较大程度提高多品种小批量的加工任务。数控系统的网络化进一步促进了柔性自动化制造等相关技术的发展,现代柔性制造系统从点(数控系统单元、数控复合加工系统和加工中心)、线(FMC、FMS、FTL、FML)向面(FA、独立制造岛)和体(分布式网络集成制造系统、CIMS)的方向发展。

数控机床作为"工业母机"或"现代工业心脏",是制造业最重要的高端装备之一。一定程度上代表了国家核心制造能力水平的高低。数控系统作为数控机床最核心的控制部件,一直被西门子、海德汉、发那科、三菱等国外公司垄断,尤其是高档数控系统,国产率不足10%。据MIR统计数据,我国2022年数控系统市场规模达135亿元,高档和标准型数控系统大都被国外垄断,国产数控系统仅在经济型数控系统有一定的占有率。

国家从"十一五"时期开始大力推动数控机床的研发,如国家科技重大专项"04专项"(高档数控机床与基础制造装备专项),促进了中高端数控机床的快速发展。《中国制造2025》明确将数控系统国产化作为制造业重点目标之。规划明确指出:高档数控机床与基础制造装备到2025年国内市场占有率超过80%,标准型、智能型数控系统国内市场占有率分别超过 80%、30%。国内数控系统产业发展迅速，规模不断扩大，华中数控、广州数控、沈阳高精等数控企业在高档数控系统方面取得了较快的进展，攻克了多轴联动、高速高精、高精度插补。加速了高档数控系统的自主可控和国产化的进程。

然而，国内高档数控系统产业的整体成熟度和发展水平与国外相比，还有一定的差距，尤其是在核心的关键零部件、可靠性和使用寿命等方面仍有一定 的差距，高端数控系统的占有率还亟待提升。在数控系统不断向智能化、信息化、复合化、高速高精、高可靠高集成等方向发展的今天，广大的数控系统企业、科研院所、从业者和学习者都应发扬斗争精神，增强斗争本领，披荆斩棘、攻坚克难，为我国推进新型工业化，加快建设制造强国，推动制造业高端化、智能化发展做出突出贡献。

习题与思考题

1. 什么是数字控制技术？什么叫数字控制系统？
2. 数控机床由哪几部分组成？各组成部分的主要功能是什么？
3. 简述数控系统的各组成部分和数控系统的功能。
4. 数控系统的技术性能指标有哪些？
5. 开放式的数控系统可以分成几类？每一类的特点是什么？
6. 简述数控系统的发展趋势。

第2章

NUMERICAL CONTROL SYSTEM

数控加工基础和数控系统控制原理

本章学习目标

- 掌握数控系统的一般工作过程
- 掌握数控加工工艺过程分析的基本内容
- 了解数控加工时的基点和节点计算及列表曲线的数学处理
- 掌握数控系统的常用插补方法
- 了解刀具半径补偿的建立、执行与取消过程

数控加工中的工艺分析是数控加工时的关键内容,能否正确处理将直接影响到加工程序的正解和合理性。本章先介绍CNC系统的一般工作过程,再介绍数控加工工艺过程分析的基本内容,最后介绍数控系统的常用插补方法和刀具半径补偿。

2.1 CNC系统的一般工作过程

在数控机床加工时,操作人员设计和确定加工内容及动作(如工步的划分与顺序、走刀路线、位移量和切削参数等),按规定的代码格式编制成加工程序并记录在控制介质上。加工时,数控系统通过输入装置将控制介质上的数控加工程序读入,在数控系统控制软件支持下对输入信息进行运算与处理,并不断地向直接指挥机床运动的机电功能转换部件——机床的伺服系统发送相应的控制指令,通过伺服系统对脉冲信号进行转换与放大处理,然后由驱动装置和传动机构驱动机床的进给部件按所编程序预定的轨迹进行运动,从而自动加工出所要求的零件形状。CNC系统的一般工作过程如图2-1所示。

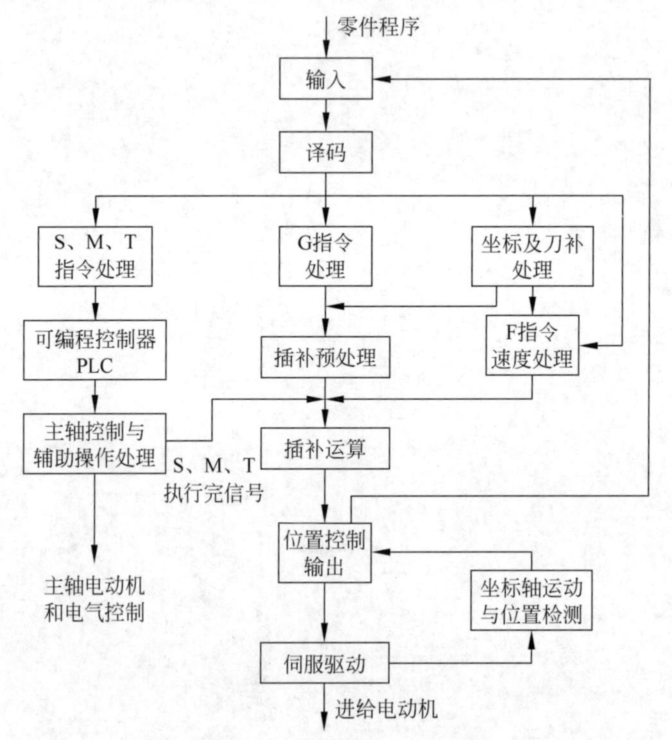

图2-1 CNC系统的工作过程

1. 输入

数控系统通过输入装置将零件加工程序、机床参数和刀具补偿参数读入 CNC 控制器。因为数控机床的相关参数已在出厂或安装调试时被设定好，所以输入 CNC 系统的主要是零件加工程序和刀具补偿数据。目前输入方式主要通过 RS-232C 接口、USB 接口、MDI 手动输入、上级计算机 DNC 通信输入等。数控系统一般有存储方式和 NC 方式两种不同的输入工作方式。其中，存储方式是一次性将整个零件程序全部输入到 CNC 内部存储器中，加工时再由存储器将程序一段一段地调出（如 USB 接口工作方式），该方式应用较多。NC 方式是一边输入一边进行加工的方式，即在前一程序段加工时，输入后一个程序段的内容，如 DNC 工作方式。

2. 译码

数控系统把零件加工程序中的一个程序段作为单位，并把其中的零件的轮廓信息（起点、终点、直线或圆弧等），F、S、T、M 等信息按照一定的语法规则解释、编译成计算机能够识别的数据形式，并以一定的数据格式存放在指定的内存专用区域，这个过程就是译码。数控系统编译过程中还要对零件加工程序进行语法检查，发现错误则立即报警。

3. 刀具补偿

为了便于编程人员编制零件加工程序，零件程序在编程时都是以零件轮廓轨迹来编程的，与刀具尺寸无关。刀具补偿的作用是把零件轮廓轨迹按系统存储的刀具尺寸数据自动转换成刀具中心（刀位点）相对于工件的移动轨迹。刀具补偿包括刀具半径补偿和刀具长度补偿。其中，刀具半径补偿的功能是根据刀具半径补偿值与零件轮廓轨迹计算出刀具中心运动轨迹；而刀具长度补偿的任务是根据刀具长度补偿值和程序值计算出刀具轴向实际移动值。程序输入和刀具参数输入分别进行。刀具补偿具体来说包括 B 机能刀具补偿功能和 C 机能刀具补偿功能。C 机能刀具补偿常在较高档次的 CNC 中应用，其能够进行程序段之间的自动转接和过切削判断等功能。

4. 进给速度处理

数控加工程序中 F 代码的指令值是指刀具相对于工件在各个坐标合成运动方向上的移动速度。速度处理的主要任务是要将合成运动方向上的速度分解成各进给运动坐标方向的分速度，为插补时计算各进给坐标的行程量做准备；同时对于机床允许的最低速度和最高速度限制进行判别处理；部分数控系统的 CNC 软件的自动加速和减速处理也在速度计算和处理时实现。

5. 插补

数控加工程序仅提供了刀具运动的起点、终点和运动轨迹（如对于加工直线的程序段仅给定起、终点坐标；对于加工圆弧的程序段除了给定其起、终点坐标外，还给定其圆心坐标或圆弧半径）。要实现轨迹加工，数控系统必须根据给定的直线、圆弧（曲线）函数，在理想的轨迹上的已知点之间进行数据密化，确定一些中间点，这个过程就是数控系统的插补。插补在每个规定的周期（插补周期）按指令进给速度计算出一个微小的直线数据段，经过若干个插补周期后，插补完一个程序段的加工，完成从程序段的起点到终点的数据密化工作。

6. 位置控制

如图 2-2 所示，数控伺服系统的位置环上有位置控制装置，其主要工作是在每个采样周期内，将实际反馈位置与插补运算所得出的理论位置进行比较，用比较所得的差值对进给电动机进行控制。位置控制可由软件或硬件来完成。为提高机床的定位精度,位置回路的增益调整、各坐标方向的螺距误差补偿和反向间隙补偿等通常也通过位置控制实现。

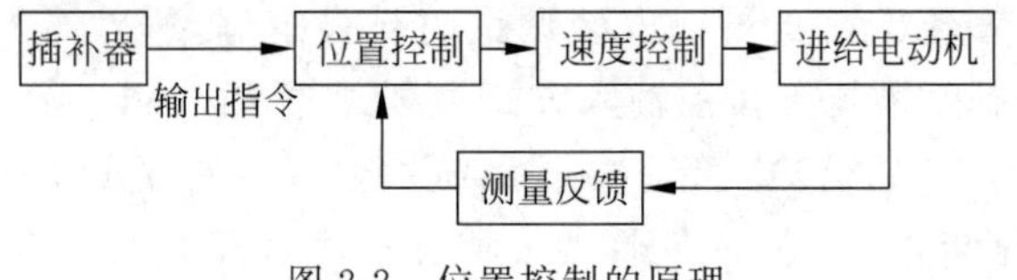

图 2-2　位置控制的原理

7. I/O 处理与显示

数控系统的I/O处理是指CNC与机床之间的信息传递和变换,如把CNC的输出命令(如换刀、主轴变速换挡、加冷却液等)变为执行机构的控制信号,实现对机床的控制,或将机床运动过程中的有关参数输入到CNC中。CNC系统的显示装置有CRT显示器或LCD数码显示器(一般位于机床的控制面板上),可以方便地为操作者显示零件程序、参数、刀具位置、机床状态、报警信息等。部分CNC装置中的显示功能还包括刀具加工轨迹的静态和动态模拟演示。

2.2　数控加工工艺分析与处理

数控加工的工艺分析与处理是一个十分重要的环节,它的合理与否将直接关系到所加工出的零件质量和加工效率能否满足相应要求。数控加工时不论是通过手工编程还是自动编程,工艺分析和处理都是必须首先考虑的,是对零件进行加工前的准备工作。由于数控加工的特殊性,要求操作者能对数控加工工艺有一定的了解。总的来说,数控加工的工艺设计主要包括选择并确定零件的数控加工内容、数控加工的工艺性分析、数控加工工艺路线设计、数控加工工序设计、数控加工专用技术文件编写等内容。

2.2.1　数控加工工艺概述

高质量的数控加工程序,源于周密、细致的技术可行性分析、总体工艺规划和数控加工工艺设计,所以数控加工工艺是数控编程的关键和基础。数控加工工艺设计的原则和内容和传统普通机床加工工艺基本相似,但数控加工因为其加工自动化等特点也存在着独有的内容和特点。因此在设计零件的数控加工工艺时,既要遵循普通加工工艺的基本原则和方法,又要考虑数控加工本身的特点和零件编程要求。

1. 数控加工工艺的特点

与普通机床加工相比,数控加工最大的不同表现在控制方式上。用普通机床加工零件时,操作者需要自行考虑和确定并通过手工操作方式来控制每一工序工步的安排、先后次序、位移量、走刀路线和有关切削参数的选择等。而用数控机床加工时,需要操作人员在加工前考虑和决定的操作内容及动作,通过编制相应的加工程序使数控系统自动加工出所要求的零件形状。由于在数控加工的整个过程中都是自动完成的,因此数控加工工艺具有以下特点。

(1) 数控加工工艺的内容十分详细具体。普通工艺规程一般只详细到工步,一些细节内容(如工步的划分、对刀点、换刀点和走刀路线等)无须工艺人员在设计工艺规程时进行过多的规定,譬如走刀路线的安排、切削用量的大小都由操作员根据自己的经验和习惯自行决定。数控加工工艺必须认真考虑具体至每一个操作细节,而且必须正确地选择并编入加工程序中。

（2）数控加工的工序内容复杂，工艺处理应相当严密。由于数控机床相对普通机床而言运行成本较高且对操作人员有较高要求，所以在安排数控加工零件时，应首先考虑结构相对复杂难以在普通机床上实现加工或使用数控加工能明显提高加工效率的零件。因此数控加工工序内容相对复杂。数控系统虽然自动化程度很高，但自适性差。尽管现代数控机床在自适应调整方面做了不少改进，但还很不完善，不能自行对加工过程中出现的问题进行合理调整，因此加工过程中的每一个细节在进行数控加工的工艺处理时都必须充分考虑。实践证明，加工工艺方面考虑不周或计算与编程时出现错误是数控加工出现差错或失误的主要原因，这也就要求数控系统的操作人员必须具备较扎实的工艺基础知识和较丰富的工艺设计经验。

（3）工序集中。现代高档数控机床具有良好的刚度、精度，较大的刀库容量，较宽的切削参数范围，多轴联动、多工位多面加工等特点，在一次装夹中可以实现多种加工，并完成粗加工到精加工的过程，甚至可以在同一个工作台面安装多个相同或相似的零件进行同时加工，因此工序相对集中，应合理考虑。

2. 数控加工工艺的主要内容

实践证明，数控加工工艺内容主要包括以下几方面。

（1）选择适合在数控机床上加工的零件，并确定零件的数控工序内容。

（2）根据加工零件图确定相应的加工内容及技术要求，确定零件的加工方案和工艺路线（如工序的划分、加工顺序的安排、与非数控加工工序的衔接等）。

（3）具体加工工序设计，如零件和夹具的定位与安装、刀具和夹具的选择、工步的划分、走刀路线和切削用量的确定等。

（4）数控加工工序程序的调整，如对刀点、换刀点的选择、刀补。

（5）数控加工中容差的合理分配。

（6）部分数控机床工艺指令的处理。

3. 数控加工误差的组成

数控加工是制造业中精度较高的加工形式，但是，即使精确到纳米的车床也难免有加工误差。数控加工误差δ主要是由编程误差δ_1、机床误差δ_2、定位和测量误差δ_3、对刀误差δ_4等误差综合形成。即

$$\delta=\delta_1+\delta_2+\delta_3+\delta_4$$

其中，

（1）编程误差δ_1是数控编程时数控系统产生的插补误差，主要因为插值时使用直线段和圆弧段逼近零件轮廓而产生。可以通过增加插值时的节点数减小，但相应的编程工作量也提高。其主要由逼近误差和圆整误差组成。逼近误差是在用直线段或圆弧段去逼近非圆曲线的过程中产生；而圆整误差是数控系统在进行数据处理时，将运算获得的坐标值四舍五入圆整成整数脉冲当量值而相应产生的误差。

（2）机床系统误差δ_2由数控系统误差、进给传动系统误差等组成。数控系统误差是指受机床机械本体影响产生的形位公差，此公差一般无法调整。另外还有受系统脉冲当量大小、均匀度及传动路线影响的数控伺服单元和驱动执行部件产生的重复定位误差，这些误差量一般是量小且变化不大的定量，在精密加工时才予以考虑。

（3）定位和测量误差δ_3是指因当被加工工件在夹具上定位或夹具在机床上定位不够

准确,或因受到量具测量精度以及测量者操作方法影响而引起的误差。此类误差可以通过精确的测量设备进行校正或补偿。

(4) 对刀误差 δ_4 是指在对刀过程中确定刀具与工件的相对位置时产生的误差,如刀具在移动到起刀点位置时受数控系统的进给修调比例值影响而产生误差。可以通过合理选择进给修调比例加以避免,如靠近起刀点位置时使刀具以最小挡进给修调运动以精确定位于起刀点。

在具体的生产过程中,应根据零件所要求的技术等级,有针对性地对某些误差进行减小和消除,以提高加工精度。

2.2.2 数控加工工艺分析

在进行工艺分析时,应参阅数控机床说明书、编程手册、切削用量表、标准工具、夹具手册等资料提供的相关说明,根据被加工零件的材料、轮廓几何形状、加工精度等级等选用合适的机床,并完成相应加工方案的制定,加工顺序确定,各工序所用刀具、夹具和切削用量的选择等。

1. 数控加工机床的合理选用

数控机床是机械、电子、电气、液压、气动、光学等一体化技术的产物,涉及电子元器件、电子计算机、传感技术、信息技术和自动控制技术。目前,数控机床因其先进性、复杂性和快速发展性在制造业获得了广泛的应用,但其价格相对高、型号档次多样、生产厂家标准不一等特点使得其选用比一般传统的加工机床更加复杂。

在数控机床上加工零件时,通常有两种情况。一种情况是已经有零件加工图样和毛坯,需要选择适合加工该零件的数控加工机床。第二种情况是选择适合在已有的数控机床上加工的零件。总之,这两种情况都要考虑毛坯的材料和类型、零件轮廓和形状复杂程度、几何尺寸大小、加工精度等级、零件数量、热处理工艺要求、加工成本等因素。概括起来,数控加工机床的合理选用有三个原则:

① 要保证加工出合格的产品,加工的零件完全满足相关技术要求;

② 有利于提高零件加工的生产率;

③ 尽可能降低零件加工成本。

在具体的数控加工机床的选择过程中,为了达到最佳的效果,应考虑以下几点。

(1) 确定数控加工机床最佳适用范围。每一种类型的数控加工机床都有自己最适合的典型加工零件类型,例如立式加工中心适合加工板类零件如箱盖、盖板、壳体、平面凸轮等单面零件的加工,而卧式加工中心则适宜箱体、泵体、阀体和壳体等零件类型的加工。因卧式加工中心价格比同等规格的立式加工中心要贵50%~100%,因此为在工艺内容相近的加工零件选用机床时,应优先选用经济性更好的机床。最后还应考虑生产节拍的适应性。

(2) 数控机床规格的考虑。数控加工机床的规格应与加工工件的外形尺寸、工序的性质相适应。其次,机床的切削用量范围应与工件要求的合理切削用量相应。数控机床主要的规格尺寸有工作台面尺寸、工作台T形槽、工作行程、主轴的调速范围和主轴电动机的功率等。其中,数控机床的自动换刀装置(ATC)和刀库容量也是一个很重要的考虑因素,应尽量选择结构简单、可靠性高的自动换刀装置;刀库中储存的刀具数量有十几把到40、60、100把不等,应根据实际可能的加工任务特点选择刀库容量,如果选用的加工中心准备用于柔性制造系统(FMS),其刀库容量应相应选取得较大。

(3) 数控加工机床加工精度的选择。在加工精度适应性上,应使所选的加工机床必须满足被加工零件群组的精度要求,在确保零件群组的加工精度的基础上不一味追求过高的精度。加工中心按加工精度等级可分为普通型和精密型,如表 2-1 所示为加工中心精度性能参数的主要指标。直线定位精度和重复定位精度综合评价了该轴各运动部件的综合精度,铣圆精度综合反映了数控机床的有关伺服跟随运动特性和数控系统插补功能的指标。

表 2-1　加工中心的精度

精 度 项 目	普通型/mm	精密型/mm
直线定位精度	±0.01/全程	±0.005/全程
重复定位精度	±0.006	±0.002
铣圆精度	0.03~0.04	0.02

2. 数控加工工艺性分析

数控加工工艺性分析涉及面很广,主要指如何保证零件制造过程中数控加工的可行性和经济性、程序实现的可能性和方便性。

1) 零件图上尺寸标注应使编程方便

(1) 加工零件图上的尺寸标注方法应该与数控加工的特点相适应。比如在数控加工零件图上直接给出各特征点的坐标尺寸,或从同一基准引出标注尺寸,这样既便于加工程序的编制,也便于各坐标尺寸之间的相互协调,在保持设计基准、工艺基准、检测基准与编程原点设置的一致性方面带来很大方便。

(2) 构成加工零件轮廓的几何元素的条件应充分。当构成零件几何元素的条件不充分时,编程将无法下手。对于手工编程,需要计算每个基点或节点的坐标值。对于自动编程,则需要对构成零件轮廓的所有几何元素充分定义。

2) 加工零件上各加工部位的结构应符合数控加工的工艺性

(1) 为减少刀具规格和换刀次数,便于加工程序编制,提高生产效益,加工零件的内腔和外形尽量采用统一的几何类型和尺寸。

(2) 内槽圆角半径不应过小,因为其直接决定着刀具直径的大小,如果内槽角相对内槽尺寸过小,加工内槽所需加工时间将大幅增加,因此内槽角半径应与内槽尺寸相适应。被加工轮廓的高低、转接圆弧半径的大小等直接影响零件工艺性的好坏。

(3) 因铣刀端刃铣削平面的加工能力较差,所以零件槽底圆角半径不应过大。

(4) 定位基准统一。统一的定位基准,可以避免因加工零件的重新安装定位导致加工后的两个面上轮廓位置及尺寸不协调。为了使基准统一,在加工零件上应有合适的孔作为定位基准孔,当没有合适的孔时,也要通过在毛坯上增加工艺凸耳或在后续工序要铣去的余量上设置工艺孔作为定位基准孔。当工艺孔制造也很难实现时,应尽量使用已经过精加工的较高精度的表面作为统一基准,使因重复装夹而产生的误差较小。

另外,还应考虑是否可以保证加工零件所要求的加工精度、尺寸公差等技术要求,是否存在重复尺寸和影响工序安排的封闭尺寸链等。

3. 加工方法的选择与加工方案的确定

1) 加工方法的选择

加工方法的选择,是为了保证加工表面的表面粗糙度和加工精度等技术要求。一般对于某一零件特征,可以通过多种加工方法来实现其精度及表面粗糙度的技术要求,因此在实际选择某一零件特征的加工方法时,应该结合加工零件的具体形状、尺寸大小和热处理要求进行全面考虑。例如,对于IT7级精度的孔,可以通过采用镗削、铰削、磨削等多种加工方法达到精度要求;但如果该孔是箱体上的孔,则一般采用镗削或铰削,而不宜采用磨削。如表2-2所示为常见的孔加工方法选择。铰孔加工方法适于小尺寸的箱体孔,而镗孔加工方法适宜孔径较大的孔,对于需经淬火的零件,热处理后应选磨孔来保证其精度要求。此外,加工方法的确定还应综合考虑工厂的生产设备实际情况、总体生产率和经济性的要求。如大批量生产时,应尽量采用高效率的先进工艺方法,考虑同时对多个加工表面进行加工等加工方法。相关的工艺手册对各种常用加工方法的经济加工精度及经济表面粗糙度都有汇总。随着相关技术的不断发展和应用,涌现出多种新型的加工方法,如电脉冲加工、电火花加工、电解加工、电抛光加工、激光切割、超声加工、电子束加工、高压水射流加工等,这些加工方法在特殊结构加工和零件材料难以加工等场合得到广泛的应用。在确定加工方法时可以适当考虑这些新型的加工方法以提高生产率和保证加工质量。

表2-2 孔加工方法选择

精度等级	孔径大小/mm	加工方法
IT9级(工件材料为淬火钢以外的金属)	小于10	钻→铰加工
	小于30	钻→扩加工
	大于30	钻→镗加工
IT8级(工件材料为淬火钢以外的金属)	小于20	钻→铰加工
	大于20	钻→扩→铰加工
IT7级	小于12	钻→粗铰→精铰加工
	12～60mm	钻→扩→粗铰→精铰加工
	加工毛坯已铸出或锻出毛坯孔的孔加工	粗镗→半精镗→孔口倒角→精镗加工

2) 加工方案的确定

当加工零件的质量要求较高时,一般是通过粗加工、半精加工、精加工和光整加工来逐步实现。粗加工主要实现大余量切除,提高生产率和降低成本是其主要目标,所以该阶段切削力、夹紧力和产生的切削热量都较大,这时应采用通用机床或成本较低的刀具进行加工;半精加工主要是为精加工做好准备或完成一些精度要求不高的表面加工,如攻螺纹和铣键槽等;精加工则使主要表面加工到图纸所规定的尺寸、精度和表面粗糙度;光整加工使精度要求更高的表面达到质量要求,因为切削量小,所以一般不用来实现工件的形状和位置精度。为使这些表面完全满足技术要求,不仅要根据质量要求选择相应的最终加工方法,还应正确选择从毛坯到最终成型的合适的加工方案。确定加工方案时应首先根据主要表面的精度和表面粗糙度等技术要求,初步确定可以达到这些要求的加工方法。例如,对于IT7级精度的孔径不大的孔,当其最终加工方法选择精铰时,则在精铰孔加工前通常还应经过钻孔、扩孔和粗铰孔等加工。在安排加工顺序时,应遵循先粗后精、先主后次、先基准后其他、先面后孔、工序集中、先内腔后外形等原则。

4. 工序与工步的划分

工序是产品制造过程中的基本环节,是构成生产的基本单位。一般称一个(一组)工人在一个工作地点对同一个或同时对几个工件进行加工所连续完成的那部分工艺过程为工序。工序又可分成若干工步。加工表面不变、切削刀具不变、切削用量中的进给量和切削速度基本保持不变的情况下所连续完成的那部分工序内容称为工步。

1）工序的划分原则

工序的划分是否合理将直接影响数控机床技术优势的发挥和零件的加工质量。在数控机床上加工零件，工序可以比较集中，在一次装夹中可以完成大部分或全部工序。因此为提高生产效率、保证加工质量和充分发挥数控机床的优势，数控加工工艺设计时应遵循工序最大限度的集中的原则。一般工序划分的原则如下。

（1）粗精加工分开。若零件全部特征都由数控机床加工，工序的划分一般按粗加工—半精加工—精加工依次分开。如果某一表面技术要求较高，为使零件完全不受切削热的影响，一般先搁置一段时间。一般精加工余量保持在0.12～0.16mm为宜。

（2）一次定位。重复定位一般会引起相应的重定位误差，为避免重复定位误差，应尽量采用一次定位的方式，按顺序换刀完成整个零件的所有加工或尽可能多的表面的加工。这样既可以减少辅助安装定位时间提高生产率，也可以提高加工精度。

（3）先面后孔，先进行内型腔加工工序，后进行外型腔加工工序。常见的工序划分可按零件加工部位来划分，这时一般先安排简单几何形状的部件加工工序，后安排复杂几何形状的部件加工工序；先安排平面加工工序，后安排孔加工工序。这是因为平面大而平整，可以用来作为稳定可靠的基准保证面和孔的相对尺寸精度。而且先加工孔后加工面会在孔口产生飞边和毛刺，增加了不必要的表面清理环节。

（4）尽量减少换刀，保证连续加工。在安排加工工序时，就尽可能按刀具进入加工位置的顺序集中工序，即在保证加工精度的前提下减小换刀次数和空行程，在一次装夹中尽可能使用同一把刀具完成多个加工表面的加工。对于一些精度要求不高的部位，可以使用同一把刀具完成同一个工位的多道工序。除有特殊要求，在同一个工步加工过程中，应尽量避免在加工轨迹上某个点上停顿，这是由于加工过程中整个系统是处于弹性变形动态平衡状态下的，若进给运动停止，则切削力会明显减小，原有的平衡状态会被打破，使刀具在停顿处留下切痕。

2）工序的划分

（1）按所用刀具划分工序。在一次装夹中，将尽可能多的同一把刀具能加工的部位作为一个工序，可以减少换刀次数、空行程的运行时间。虽然有些零件能在一次安装加工出很多待加工面，但也应考虑到程序长度的限制、控制系统（主要是内存容量）的限制和机床连续工作时间（如一道工序在一个班内不能结束）的限制等。由于程序过长会增加不可预计的出错，且错误查找与检索困难，因此一道工序的内容不能过多，零件的加工程序不宜过长。

（2）按加工部分和零件的装夹方式划分工序。对于加工内容很多、结构形状复杂的零件，各表面的技术要求和需要的定位方式不同，因此可按其结构特点将加工部位分成几部分，按加工部分和零件的装夹方式划分工序，如按内形和外形、曲面和平面等。

（3）以粗、精加工划分工序。可以根据零件的加工精度、刚度等因素来划分，即用不同的机床或刀具先粗加工再精加工。通常不允许将某个表面加工完后再加工其他加工表面。尤其对于某些易发生加工变形的零件，为了避免粗加工可能引起的较大的变形，一般要进行粗、精加工的工序分开。

3）工步的划分

在同一个工序内通常需要采用不同的刀具和切削用量来实现对不同的零件表面进行加

工。为了使复杂的工序便于分析和描述,工序内又可细分为多个工步。工步的划分主要从加工精度和效率两方面考虑。加工中心工步划分的原则如下。

(1) 加工零件某一表面按照粗加工、半精加工、精加工的顺序多工步依次完成,或者使所有零件加工表面按先粗后精加工分开进行。

(2) 当加工零件上同时有铣面和镗孔时,按先进行铣面加工,然后再进行镗孔的方法划分工步,可以使孔的精度得到提高。这是由于平面特征更适合作为装夹面或基准,但是数控机床在铣削时由于切削力和产生的切削热量较大,工件易发生变形,所以先铣面加工后镗孔加工时,应使其有一段时间恢复,以减少由于变形引起对孔加工的影响。

(3) 按刀具划分工步。在某些加工场合,数控机床的工作台所需的回转时间比换刀时间短,这时可采用按刀具划分工步,以提高加工效率。

总之,应根据具体零件的结构特点与工艺性、技术要求、本单位生产组织状况和机床具体情况等因素综合考虑工序与工步的合理划分。

5. 刀具的选择与切削用量的确定

刀具的选择和切削用量的确定是数控加工工艺中的重要环节,它直接影响数控加工机床的加工效率和零件加工质量。相对普通机床的刀具,由于数控机床加工方法的特点,数控机床对刀具的要求更高,有些刀具是专用的。

1) 刀具的选择

数控加工刀具可分为常规刀具和模块化刀具两大类。模块化刀具具有诸多优点,如可以加快换刀及安装时间,有效地消除刀具测量工作的中断现象,减少换刀停机时间,缩短生产加工时间,提高小批量生产的经济性;可以使刀具标准化、加工柔性化和更加合理化;扩大了刀具的利用率,充分发挥了刀具的性能。模块化刀具是数控加工刀具的发展方向,已形成了车削刀具系统、钻削刀具系统和镗铣刀具系统3大系统。从制造数控加工刀具所采用的材料上可将其分为高速钢刀具、硬质合金刀具、陶瓷刀具、立方氮化硼刀具、金刚石刀具等;从数控加工刀具的结构上可将其分为整体式、镶嵌式、减振式、内冷式、特殊式等。

数控机床的加工能力、工序内容、工件材质、加工轮廓类型、机床允许的切削用量及刀具的刚度和耐用度等都影响数控机床刀具的选择。数控加工刀具不仅要求精度高、刚度好、耐用度高、尺寸稳定、安装调整方便、更合理的几何角度参数、断屑和排屑性能好,还要求安装和调整方便。这也要求采用各方面性能优良的材质来制造数控加工刀具,并优选刀具参数。具体选取数控加工刀具时,应使刀具与被加工工件的尺寸和形状相适应。如平面零件周边轮廓的加工常采用立铣刀,加工毛坯表面或粗加工孔时常选镶硬质合金的玉米铣刀。

加工中心的各种刀具分别装在刀库中,按零件加工程序规定可以随时进行选刀和换刀工作。加工中心的刀库有一套连接普通刀具的接杆,可以使常用的标准刀具能被迅速、准确地装到机床主轴或刀库上。由于加工中心类型不同,其刀柄柄部的形式及尺寸不尽相同。JT(ISO 7388)表示加工中心机床用的锥柄柄部(带有机械手夹持槽),其后面的数字为相应的ISO锥度号,如50、45和40分别代表大端直径为69.85mm、57.15mm和44.45mm的7∶24锥度。ST(ISO 297)表示一般数控机床用的锥柄柄部(没有机械手夹持槽),数字意义与JT类相同。BT(MAS403)表示用于日本标准MAS403的带有机械手夹持槽连接。目前我国的加工中心采用TSG工具系统,其柄部有直柄(3种规格)和锥柄(4种规格)两种,共包括16种不同用途的刀具。

在数控加工过程中，可能会使用多把刀具，应根据机床的加工能力、工件材料的性能、加工工序、切削用量以及其他相关因素对所使用的刀具及刀柄进行合理选择。通常选用刀具要依照适用、安全、经济等原则。选择的刀具应能首先满足加工需要，并能达到要求的加工精度和表面质量。由于粗加工时快速去除材料会产生较大切削力和切削热量，所以应相应选择有足够的切削能力的刀具提高加工生产率；而在精加工时，为了把工件上每一个细节都加工且达到较好的表面质量，一般选用尺寸较小的刀具。其次，选择的刀具应能有效地去除材料，不产生折断和碰撞等现象，一般高速钢刀具可用于加工低硬度材料的工件，而硬质合金刀具可加工高硬度材料工件。最后，选择刀具还应考虑其经济性，选择综合成本较低的方案，一般选择好的刀具在成本投入较大，但其可在保证加工质量的同时提高加工效率，所以从宏观上看其也可以使综合成本降低。例如加工钢材工件时，当选用同样大小的高速钢刀具和硬质合金刀具时，其进给速度能分别达到100mm/min和500mm/min以上，因此，好的刀具虽然价格较高，但可以大幅缩短加工时间，使综合成本反而降低，但也不应一味追求高档次的刀具。

图2-3(a)展示了圆柱铣刀，该铣刀材料为高速钢，其主切削刃分布在圆柱上，主要用于卧式铣床加工平面，可选的直径范围为50～100mm，齿数为6～14个，螺旋角为30°～45°。图2-3(b)展示了硬质合金整体焊接式面铣刀，其主切削刃和副切削刃分别分布在铣刀的圆柱面和铣刀端面上，主要用于立式铣床上加工平面、台阶面等。图2-3(c)展示了高速钢立铣刀，该立铣刀端面中心有顶尖孔，其主切削刃和副切削刃分别分布在铣刀的圆柱面上铣刀端面上，柄部有直柄、莫氏锥柄、7∶24锥柄等多种形式，主要用于立式铣床上加工凹槽、台阶面、成型面(利用靠模)等。图2-3(d)展示了键槽铣刀，主切削刃和副切削刃分别位于端面刀齿上和圆柱面上，其直径范围为2～63mm，主要用于立式铣床上加工圆头封闭键槽等。图2-3(e)展示了直齿三面刃铣刀，其刀齿结构可为直齿、错齿和镶齿，主切削刃和副切削刃分别分布在铣刀的圆柱面和两端面上，直径范围为50～200mm，主要用于卧式铣床上加工槽、台阶面等。图2-3(f)展示了单角型角度铣刀，角度铣刀按外形不同可分为单刃铣刀、不对称双角铣刀和对称双角铣刀等，单角铣刀的主切削刃和副切削刃分别分布在圆锥面上和端面上，主要用于卧式铣床上加工各种角度槽、斜面等。模具铣刀按工作部分的形状可分为圆柱形球头型、圆锥形球头型和圆锥形立铣刀3种形式，图2-3(g)展示了圆柱形球头型模具铣刀，图2-3(h)展示了圆锥形球头型模具铣刀，图2-3(i)展示了圆锥形立铣刀，其主要用于立式铣床上加工模具型腔、三维成型表面等。

2）切削用量的确定

在数控加工中，切削用量的合理选择是数控加工工艺中的重要内容。随着CAD/CAM技术的不断发展和应用，特别是微型计算机与数控机床的融合，使得在数控加工中直接利用CAD的设计数据成为可能，传统的从二维图纸出发的设计、工艺规划及编程的整个过程得以改革，全部在计算机上完成，不需要输出专门的工艺文件。许多CAD/CAM软件包如Pro/ENGINEER和Mastercam等软件都提供自动编程功能，而且相关工艺规划的有关问题在这些软件的编程界面中也会有提示，譬如刀具的选择、加工路径的规划、切削用量的设定等，编程人员只要根据提示设置相关的参数，零件的数控加工程序就可以自动生成并可直接传输至数控机床以完成零件的加工。与普通机床加工明显不同，数控加工中的刀具选择和切削用量确定是在人机交互状态下完成的，因此，就要求数控加工程序编写人员应该对刀

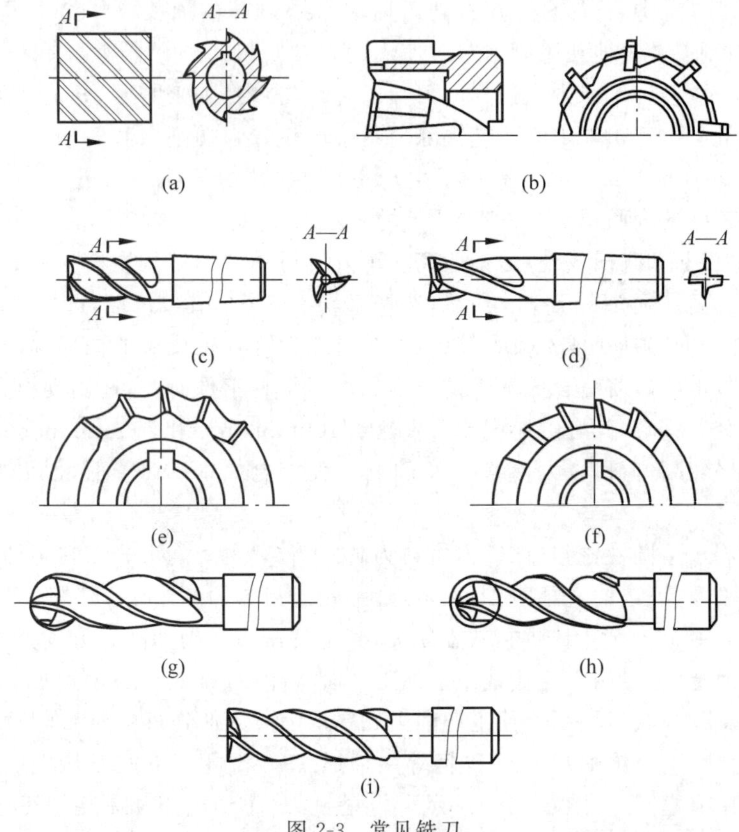

图 2-3 常见铣刀

具选择和切削用量确定等工艺分析和处理的基本原则有所掌握，并在编写数控加工程序时充分考虑数控加工的特点。一般来说，切削用量主要包括主轴转速(切削速度)、背吃刀量、进给量。在编写数控加工程序时，应对不同的加工方法选择不同的切削用量，并编入相应数控加工程序单内。

一般来说，合理选择切削用量的基本原则为：粗加工阶段主要以提高生产率为主，但也应兼顾加工经济性和加工成本；半精加工和精加工阶段主要应保证加工质量，在加工质量满足要求时再兼顾切削效率、加工经济性和加工成本。具体各种加工时的切削用量数值选用应综合考虑机床说明书、切削用量手册中的相关数据，结合实际情况和加工经验确定。

(1) 切削深度 a_p(mm)。也称背吃刀量，主要根据加工零件的加工余量和机床、夹具、刀具和工件组成的工艺系统的刚度来决定。在工艺系统刚度允许的情况下，应尽量以最少的进给次数完成加工余量的切除，最好能一步完成粗加工余量的切除，这样可以减少工步数，以便提高生产效率。当然在工艺系统刚度条件不佳或毛坯余量过大(或不均匀)的情况下，应通过多个工步来实现对粗加工余量的切除，而且工步越前，背吃刀量应取越大，如第一次走刀的切削深度取总加工余量的2/3～3/4。在中等功率的数控机床上，粗加工(表面粗糙度为 Ra10～80μm)的切削深度可达8～10mm，半精加工(表面粗糙度为 Ra1.25～10μm)时的切削深度可取为0.5～2mm，精加工(表面粗糙度为 Ra0.32～1.25μm)时的切削深度可取为0.2～0.4mm。数控机床的精加工余量可略小于普通机床。

(2) 切削宽度 L。是指在铣削加工过程中，刀具在其径向实际参与切削的刀具的宽度。

对于立式铣床，指的是水平方向的切削宽度。一般切削宽度 L 与刀具直径 d 成正比，与切削深度成反比。经济型数控加工中，一般 L 的取值范围为：$L=(0.6\sim0.9)d$。

（3）进给量。进给量有进给速度、每转进给量和每齿进给量3种表示方法，其中进给速度是指刀具上的基准点沿着刀具轨迹相对于工件移动时的速度。进给量的选择主要根据零件的表面粗糙度要求、加工精度要求、刀具及工件材质等因素，参考相关切削用量手册综合考虑。为保证加工质量，在某些特殊情况下，进给量的选择还应有所考虑，如在轮廓加工中，当拐角较大且进给速度较快时，应考虑轮廓拐角处超程问题，接近拐角时降低进给速度和离开拐角时提高进给速度。另外，进给量的选取还应与切削深度和主轴转速相适应，在保证满足工件加工质量的前提下，可以选择较高的进给速度（2000mm/min 以上），在切断、车削深孔或精加工时应选择较低的进给速度。当刀具空行程特别是远距离回零时可使用最高的进给速度。应该注意交流变频调速的数控车床低速输出力矩小，因而切削速度不能太低。表2-3给出了硬质合金外圆车刀切削速度的参考值。

表2-3　硬质合金外圆车刀切削速度的参考值

工件材料	热处理状态	切削深度		
		$a_p=(0.3,2]$mm	$a_p=(2,6]$mm	$a_p=(6,10]$mm
		进给量		
		$f=(0.08,0.3]$mm/r	$f=(0.3,0.6]$mm/r	$f=(0.6,1)$mm/r
		切削速度 v_c/(m/min)		
低碳钢、易切钢	热轧	140～180	100～120	70～90
中碳钢	热轧	130～160	90～110	60～80
	调质	100～130	70～90	50～70
合金结构钢	热轧	100～130	70～90	50～70
	调质	80～110	50～70	40～60
工具钢	退火	90～120	60～80	50～70
灰铸铁	HBS<190	90～120	60～80	50～70
	HBS=190～225	80～110	50～70	40～60
高锰钢			10～20	
铜及铜合金		200～250	120～180	90～120
铝及铝合金		300～600	200～400	150～200
铸铝合金（w_{Si}13%）		100～180	80～150	60～100

注：切削钢及灰铸铁时刀具耐用度约为60min。

（4）主轴转速 S(r/min)。根据允许的切削速度 v_c(m/min)和机床说明书选取标准值。

$$S=1000v_c/\pi D$$

式中，v_c 和 D 分别表示切削速度（由刀具的耐用度决定）和工件或刀具直径（mm）。在具体选取切削速度时应该注意：粗加工时切削深度和进给量均较大，应选择较低的切削速度，而精加工时应选择较高的切削速度；工件材料的加工性较差时，应选较低的切削速度，如加工灰铸铁的切削速度应较加工中碳钢低，而加工铝合金和铜合金的切削速度则较加工钢高得多；刀具材料的切削性能越好时，切削速度可选得越高，如硬质合金刀具的切削速度可选得比高速钢高好几倍，而涂层硬质合金、陶瓷、金刚石立方氮化硼刀具的切削速度又可选得比硬质合金刀具高许多；尽量避开积屑瘤产生的区域；在断续切削时适当降低切削速度以减小冲击和热应力；在加工大件、带外皮铸锻件、细长件和薄壁件时，应适当降低切削速度。

6. 夹具的选择和零件的装夹

在数控机床上加工零件时,必须使工件位于数控机床上的正确位置,即通常所说的“定位”,然后将它固定在定位后的位置,即通常所说的“夹紧”,这样才能保证工件的加工精度和加工质量。在机床上将工件进行定位与夹紧的全过程称为工件的装夹过程。工件的装夹方法有找正装夹法和夹具装夹法两种。对于单件、小批量生产,可以使用找正装夹方法,即以工件的有关表面或特意画出的线痕作为找正依据进行找正,将工件正确定位和夹紧,以完成加工。这种方法精度不高,生产率低,但安装方法简单,不需专门设备。夹具装夹方法主要通过夹具将加工零件进行定位和夹紧,以保证工件相对于刀具或机床的准确位置。夹具装夹方法不再需要找正便可将工件夹紧,且可通过夹具上的对刀装置保证工件加工表面相对于刀具的正确位置,装夹迅速、方便,能减轻劳动强度,不受操作人员技术水平的影响,显著地减少辅助时间,在提高劳动生产率的同时能比较容易和稳定地保证加工精度,能扩大机床的工艺范围。按夹具的通用特性,可将常用的夹具分为通用夹具、专用夹具、可调夹具、组合夹具和自动线夹具5大类。

(1) 通用夹具。通用夹具指结构、尺寸已标准化,在一定范围内可用于装夹不同工件的夹具,如图2-4所示,多由专门制造工厂供应,如三爪自定心卡盘、四爪单动卡盘、机器虎钳、回转工作台、万能分度头、中心架、电磁力工作台等。通用夹具不需调整或稍加调整即可装夹一定形状范围内的各种工件,有较强的适用性,可缩短工件生产准备周期,降低生产成本。但这种夹具精度不高,较难装夹形状复杂的工件,只适用于单件小批量零件的生产加工。

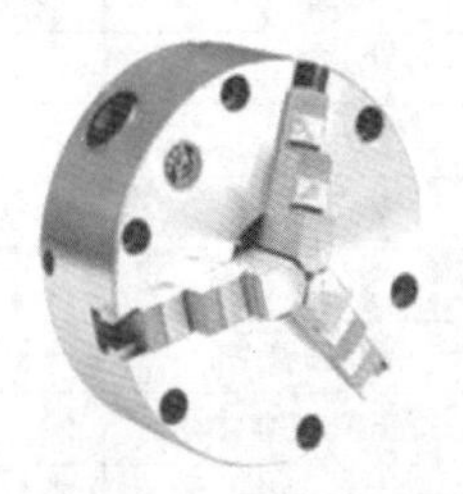

(a) 三爪自定心卡盘

(b) 四爪单动卡盘

(c) 回转工作台

图2-4 常见能用夹具

(2) 专用夹具。专用夹具是专门为某一工件的某道工序的加工任务而设计制造的夹具,可实现迅速装夹且达到较高精度,常用于批量较大、产品相对稳定的生产任务中。这种夹具设计制造周期较长,适应性和经济性较差。

(3) 可调夹具和成组夹具。可调夹具在加工完一种工件后只需调整或更换原来夹具上的个别定位元件和夹紧元件便可再次应用于类型相似和尺寸相近的工件。成组夹具是专门为成组工艺中某组零件设计的,其工件调整范围仅限于本组内的某些工件。通用可调夹具的通用范围大,适用性很广,在多品种、小批量生产中得到广泛应用,如滑柱钻模。成组夹具与可调夹具相比,具有设计合理、使用对象更明确、结构更加紧凑、调整方便等特点。

(4) 组合夹具。组合夹具是一种为适应某一工件的某道工序加工要求,由通用标准元件和部件等模块组合而成的夹具,具有组装迅速、周期短等优点,它可以不受生产类型的限制,随时组装,以适应多品种小批量生产和新产品试制等多种场合,一旦组装成某个夹具,则该夹具便成为专用夹具。其所使用的标准的模块元件用完后可以拆卸、重新组装成新的组合夹具。使用组合夹具可缩短生产准备周期,元件能重复多次使用,并具有可减少专用夹具数量等优点。一般组合夹具的外形尺寸较大,不及专用夹具那样紧凑。

(5) 自动线夹具。自动线夹具是为了满足生产流水线加工需求而产生的一种新型夹具,可分为固定式和随行式两种,其中固定式与专用夹具特点类似;而随行式夹具在使用时可以随着工件一起运动,完成将工件沿着自动生产线从一个工位移至下一个工位进行加工的动作。

数控车床上零件安装方法与普通加工机床一样,应尽量选用已有的通用夹具装夹,且应注意减少工件装夹次数,尽量做到在一次装夹中能把零件上所有要加工表面都加工出来。零件定位基准应尽量与设计基准重合,以减少定位误差对尺寸精度的影响。数控加工中心机床可以看成是一种功能较全的数控加工机床,可以完成多种传统机床上的多种加工。数控加工中心上夹具的任务除了夹具工件外,还要以各个方向的定位面为参考基准,以确定工件编程的零点,其 ATC(自动换刀)功能决定了在加工中不能使用支架、位置检测及对刀等夹具元件。数控加工中心上的加工零件一般都比较复杂,而且加工零件在一次装夹中,要完成通过使用多种刀具进行多种加工,如要粗铣、粗镗,精铣、精镗,这也要求数控机床夹具要能承受大切削力和满足定位精度的要求。数控加工中心的加工高柔性特点也要求其配套的夹具比普通夹具结构更加简单、紧凑、能灵活多变,夹紧动作更加准确和迅速,操作方便省力,以尽量减少辅助时间,而且要保证足够的刚性。根据数控加工中心机床的特点和加工需要,目前常用的夹具结构类型有组合夹具、专用夹具、可调夹具和成组夹具等。

1) 工件的定位原理

(1) 6 点定位原理。如图 2-5 所示,任何工件在三维空间都有 6 个自由度,分别是沿 X、Y、Z 三个坐标方向的移动自由度和绕 X、Y、Z 三个移动轴的旋转自由度。

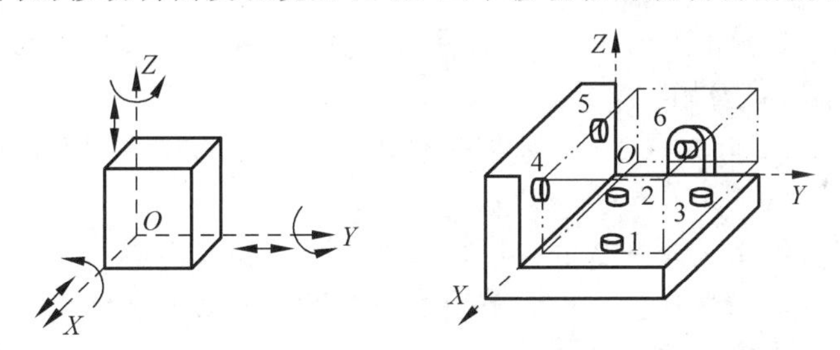

图 2-5 6 点定位原理

要确定工件在空间的位置,就必须消除其 6 个自由度,需要按一定的要求合理设置 6 个支撑点,也就是通常所说的定位元件,以限制加工工件的 6 个自由度,其中每一个支撑点限制相应的一个自由度,使工件在夹具中的位置完全确定,这就是工件定位的“6 点定位原理”。需要指出的是,工件形状不同,定位表面不同,定位点的布置情况也各不相同。实际加工中最常用的工件的定位方式有完全定位和不完全定位。工件的 6 个自由度都被限制的定位称为完全定位;工件被限制的自由度少于 6 个,但不影响加工要求的定位,称为不完全定位。

(2) 限制自由度与工件加工要求的关系。不同加工要求的工件加工表面对其安装和定位后的自由度也有要求,有些自由度对加工要求有影响,这种自由度就必须限制;而有的自由度对加工要求无影响,这些自由度就可以不必限制。

(3) 工件定位安装的基本原则。在数控机床上加工时,工件的安装原则与普通机床相同,也应该合理地选择定位基准和夹紧方案。为了提高数控机床的效率,在确定定位基准与夹紧方案时应注意以下几点基本原则。

① 尽量使设计基准、工艺基准和编程计算基准相互统一。

② 尽量避免采用占机调整式方案,以充分发挥数控机床的效能。

③ 尽量减少重复装夹次数,尽可能在一次定位和装夹后就能加工出零件上所有的待加工表面。

2) 夹具的选择和设计基本原则

机械夹具可以保证工件的加工精度,稳定产品质量,扩大机床工艺范围,改善机床用途和操作人员劳动条件,提高劳动生产率,因此得到广泛的应用。数控加工的独有特点对数控加工夹具提出了两个基本要求,即应保证夹具的坐标方向与机床的坐标方向相对固定,协调零件与机床坐标系的尺寸关系。夹具的设计和选择很大程度上取决于生产批量的大小,表2-4给出了划分批量类型的参考数据。

表2-4　划分批量类型的参考数据

生产批量类型	同一种加工零件的年产量		
	重型零件	中型零件	轻型零件
单件生产	1～5	1～10	1～100
小批量生产	6～100	11～200	101～500
中批量生产	101～300	201～500	501～5000
大批量生产	301～1000	501～5000	5001～50 000
大量生产	1001以上	5001以上	50 001以上

在实际选择或设计夹具过程中,还应考虑以下几点。

(1) 当零件加工批量不大时,应尽量采用组合夹具、可调夹具及其他通用夹具,以缩短生产准备时间、节省生产费用。

(2) 对于中、大批量和大量生产,为提高劳动生产率,应考虑采用专用高效夹具,并力求结构简单。

(3) 设计的夹具结构应力求简单、标准化,零件的装卸要快速、方便、可靠,并考虑多件同时装夹。一般在数控机床或加工中心上加工的零件都采用工序集中的原则,加工部位较多而批量较小,零件更换周期短,因此夹具标准化、通用化和自动化对加工率和经济性的提高有较大的影响。可尽量采用气动、液压和电磁夹具。条件允许情况下应考虑多件装夹以进一步提高生产效率。

(4) 加工部位要敞开,即夹具上各零部件不能妨碍数控机床对零件各待加工表面的加工,其定位、夹紧机构元件也不能与刀具运动轨迹发生干涉。

(5) 保证最小的夹紧变形。数控机床在加工过程中产生的切削力较大,为保证工件的装夹可靠,要求有较大的夹紧力,但如是夹紧力太大会使薄壁零件产生较大的弹性变形而引起加工误差。因此在装夹过程中,要选择合理的支撑点、定位点和夹紧部位,保证装夹可靠而又不发生过大变形。在某些情况下还可以对粗、精加工应用不同的夹紧力。

7. 对刀点与换刀点的确定

在编写数控加工程序时,首先应正确地选择"对刀点"和"换刀点"的位置。其中对刀点是数控机床加工工件时,其刀具相对工件运动的起点。由于程序也从该点开始执行,所以对刀点又称为起刀点或程序起点。对刀点选定后,即确定了机床坐标系与工件坐标系之间的相互位置关系。刀位点是刀具上代表刀具位置的参照点,其位置表示了刀具在机床上的相对位置。不同的刀具，刀位点不同，如车刀、镗刀的刀位点是指其刀尖，而立铣刀、端铣刀的刀位点是指刀具底面与刀具轴线的交点，球头铣刀的刀位点是指球头铣刀的球心，如图 2-6 所示。

对刀就是指加工开始前，将刀具移动到指定的对刀点上，使刀具的刀位点与对刀点重合。对刀点可选在工件上和非工件上，如选在夹具上，但必须与零件的定位基准有一定的尺寸关系，以确定机床坐标系与工件坐标系的相互关系。对刀点的选择基本原则有：对刀点应尽量选在零件的设计基准或工艺基准上，且便于用数字处理和简化程序编制；便于在机床上找正和加工中检查；引起的加工误差小。图 2-7 展示了对刀点和换刀点的选择。

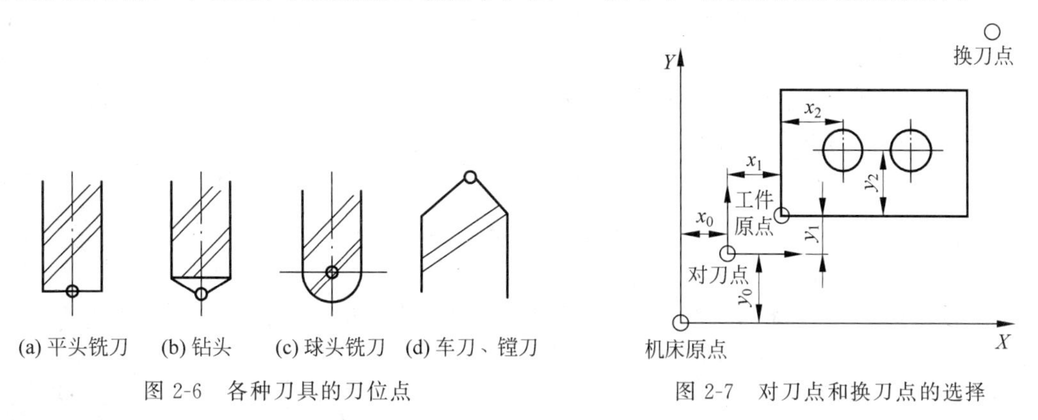

图 2-6　各种刀具的刀位点

图 2-7　对刀点和换刀点的选择

数控车削中心、数控镗铣加工中心、加工中心等多刀加工数控机床在加工过程中需要进行换刀操作，故编程时应考虑设置一个换刀位置进行不同工步间的换刀。换刀点是指数控机床在加工过程中需要换刀时应将刀具放置的相对位置点。在保证顺利换刀以及不碰撞工件和机床上其他部件的前提下，换刀点应该设在工件外部合适的位置。比如在车床上以刀架远离工件的行程极限点为换刀点，铣床上以机床参考点为换刀点，加工中心上则以换刀机械手的固定位置点为换刀点。

8. 加工路线的确定

在数控加工中，加工路线是指刀具刀位点相对于被加工工件运动的轨迹，其包含工步内容，也反映了工步顺序。因此，加工路线一经确定，各程序段的先后次序也基本确定。在进行加工路线的确定时，主要应考虑以下几点原则。

(1) 应保证被加工零件的精度和表面粗糙度满足要求，且效率较高。如切削外轮廓工件时，将铣刀的切入点和切出点选在零件轮廓两几何要素的交点上，而不应沿法向直接切入，否则在轮廓表面会产生划痕，图 2-8 展示了铣削外表面轮廓时的加工路线选择。而铣削内轮廓表面时，因为切入和切出无法向轮廓外（零件内）延伸，所以可以选择在轮廓表面的几何要素相切处沿轮廓的法线方向进行切入和切出，图 2-9 展示了铣削内轮廓表面时的加工路线选择。在加工位置精度要求较高的孔系时，应特别注意各孔加工的顺序的安排，特别注意把坐标轴的反向行程间隙代入，总的原则是各孔的加工顺序和路线应按同向行程进行，即采用单向趋近各定位点的方法。如图 2-10 所示，为保证消除反向误差，在加工完 1、2、3 孔后先将刀具移动到过渡点 O，经过过渡点后再开始 4、5、6 孔的加工，临时过渡点应该选在 4、5、6 孔的左侧，避免将横向的反向误差引入，这样可以达到较高的精度。

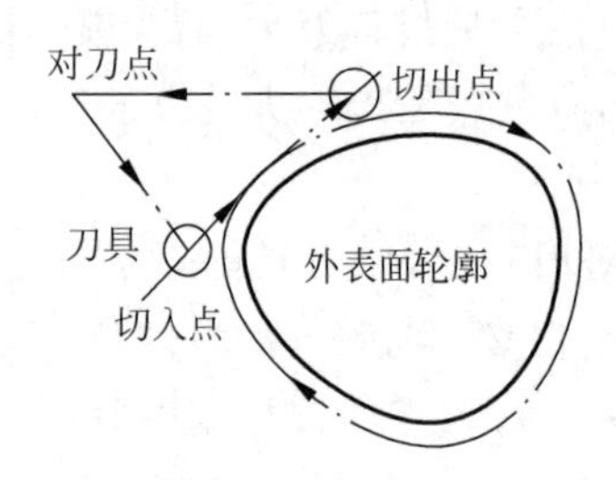

图 2-8　铣削外轮廓表面时的加工路线选择

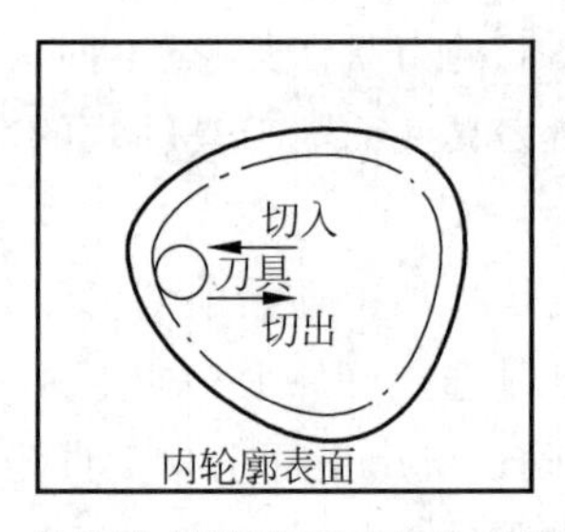

图 2-9　铣削内轮廓表面时的加工路线选择

(2) 应使数值计算简化,以便减少编程工作量。另外,在确定加工路线时,还应考虑机床、刀具和加工余量的实际情况,确定是一次走刀还是多次走刀,以及在铣削加工中采用顺铣还是逆铣。由于铣削加工的特殊性,顺铣和逆铣将得到不同的表面粗糙度,在精加工时,应尽量选择顺铣,尤其是当铣削铝镁合金、钛合金和其他耐热合金时。

(3) 为使程序段精简,提高加工效率,应使加工路线最短,减少刀具空行程的时间。如图 2-11 所示,为加工两圆周上均布的孔系,可以将一个圆周上的孔全部加工完后再进行第二个圆周上的孔加工,但这时的加工路线较长,如果按最近原则加工各孔,则加工路线将大幅缩短,而且在点位控制的数控钻床上加工时,其定位精度和定位速度都较高,所以加工路线的改变不会对加工质量造成影响。

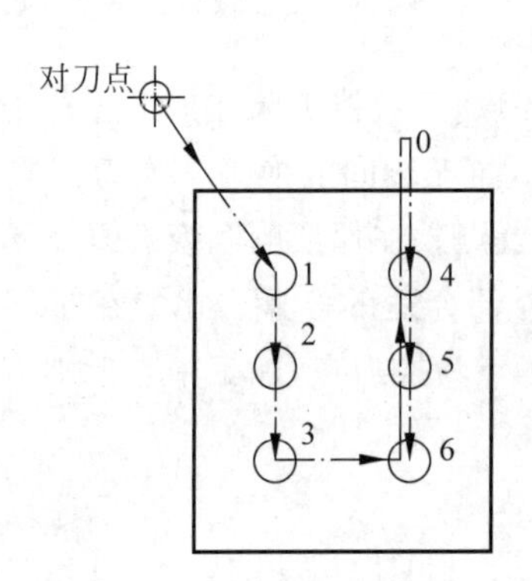

图 2-10　孔系加工方案

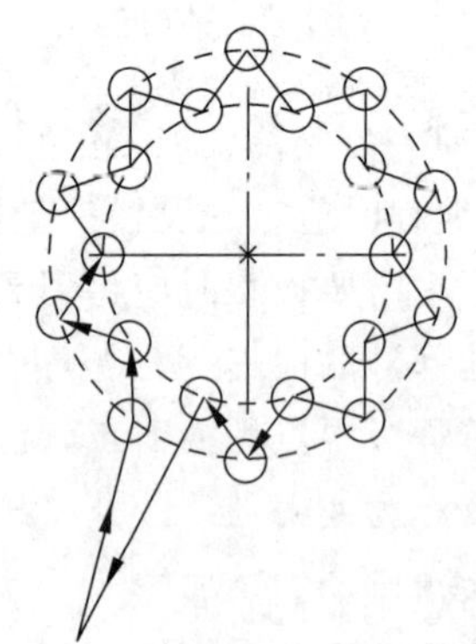

图 2-11　加工孔系时的最短加工路线选择

加工带封闭凹槽的零件时,由于行切法加工时刀具与零件轮廓的切点轨迹是一行一行的,虽然其加工路线总长度较短,但会在内轮廓表面上由于加工不连续而产生刀痕,造成较差的表面加工质量。环切法时刀具的走刀轨迹为沿型腔边界走等距轮廓线,能克服行切法时出现的刀痕,但是加工路线长度较长,影响了零件的加工效率。为达到较高的加工效率又不产生刀痕,可先采用行切法切除大量的余量后再采用环切法光整表面轮廓。

与普通车床上加工螺纹一样,在数控机床上车螺纹时,沿螺距方向的 Z 向进给量应和主轴的旋转速度保持严格的关系,而且应避免在进给机构加速或减速过程中切削,因此应在螺纹切入端和切出端(退刀槽)分别设置引入距离和超越距离来完成加减速过程,一般为 2～5mm,对大螺距和高精度的螺纹取大值。

9. 数控加工的工艺文件

数控加工工艺文件是按规定的图表和文字形式将零件的机械加工工艺过程和具体的机

床操作方法组织而成的工艺文件。工艺文件的内容和格式将因数控机床类型和零件加工要求不同而异，目前还没有统一的国际或国家标准，企业的工艺文件由各企业根据自身特点自行制定。数控加工工艺文件是数控加工工艺设计的内容之一，是数控加工、产品验收生产组织和管理工作的基本依据，也是操作者要遵守和执行的规程，同时还是以后产品零件加工生产在技术上的工艺资料的积累和储备。数控加工工艺文件主要包括机械加工工艺过程卡、机械加工工艺卡、机械加工工序卡、数控加工工序卡、数控加工程序单等。

1）机械加工工艺过程卡

机械加工工艺过程卡是以工序为单位简要说明产品、部件的加工（或装配）过程的一种工艺文件，是制定其他工艺文件的基础，是进行生产技术准备和编制生产作业计划的依据。表 2-5 和表 2-6 展示了加工小批量和中批量阶梯轴时的机械加工工艺过程卡。

表 2-5　阶梯轴单件小批量生产机械加工工艺过程卡

<table>
<tr><td colspan="6" rowspan="2">机械加工工艺过程卡</td><td colspan="2">产品型号</td><td></td><td colspan="2">零(部)件号</td><td></td><td colspan="2">共 1 页</td></tr>
<tr><td colspan="2">产品名称</td><td>阶梯轴</td><td colspan="2">零(部)件名</td><td>阶梯轴</td><td colspan="2">第 1 页</td></tr>
<tr><td colspan="2">材料牌号</td><td>45</td><td>毛坯种类</td><td>棒料</td><td>毛坯外形尺寸</td><td colspan="2">φ57×90</td><td>毛坯件数</td><td>1</td><td>每台件数</td><td>1</td><td>备注</td><td></td></tr>
<tr><td rowspan="2">工序</td><td rowspan="2">工序名称</td><td colspan="4" rowspan="2">工序内容</td><td rowspan="2">车间</td><td rowspan="2">工段</td><td rowspan="2">加工设备</td><td colspan="4">工　艺　装　备</td><td rowspan="2">工时/min</td></tr>
<tr><td colspan="2">夹具名称及型号</td><td>刀具名称及型号</td><td>量具与检测</td></tr>
<tr><td>10</td><td>车</td><td colspan="4">夹持毛坯外圆一端：
① 车端面
② 钻中心孔，夹持毛坯外圆另一端
③ 车另一端面
④ 钻中心孔</td><td>1</td><td>1</td><td>CA6140</td><td colspan="2">三爪卡盘</td><td>外圆车刀中心钻</td><td>游标卡尺 0～150</td><td>7</td></tr>
<tr><td>20</td><td>车</td><td colspan="4">以两端中心孔定位：
① 车大外圆
② 倒角，调头，以两端中心孔定位
③ 粗车小外圆（走刀三次）
④ 精车小外圆
⑤ 车台阶面
⑥ 切槽
⑦ 倒角</td><td>1</td><td>1</td><td>CA6140</td><td colspan="2">三爪卡盘</td><td>外圆车刀</td><td>游标卡尺 0～150</td><td>9</td></tr>
<tr><td>30</td><td>铣</td><td colspan="4">①粗铣键槽
②精铣键槽
③去毛刺
④终检</td><td>1</td><td>2</td><td>X62</td><td colspan="2">铣床通用夹具</td><td>键槽铣刀</td><td>游标卡尺 0～150</td><td>6</td></tr>
<tr><td>更改内容</td><td colspan="13"></td></tr>
<tr><td></td><td colspan="2"></td><td></td><td></td><td></td><td></td><td colspan="2">编制（日期）</td><td colspan="2">校对（日期）</td><td colspan="2">审核（日期）</td><td>会签（日期）</td></tr>
<tr><td></td><td colspan="2"></td><td></td><td></td><td></td><td></td><td colspan="2"></td><td colspan="2"></td><td colspan="2"></td><td></td></tr>
<tr><td>标记</td><td colspan="2">处数</td><td>更改文件号</td><td>签字</td><td>日期</td><td></td><td colspan="2"></td><td colspan="2"></td><td colspan="2"></td><td></td></tr>
</table>

表 2-6 阶梯轴中批量生产机械加工工艺过程卡

机械加工工艺过程卡	产品型号		零(部)件图号		共1页
	产品名称	阶梯轴	零(部)件名称	阶梯轴	第1页

材料牌号	45	毛坯种类	锻件	毛坯外形尺寸		毛坯件数	1	每台件数	1	备注	

工序号	工序名称	工序内容	车间	工段	加工设备	工艺装备			工时/min
						夹具名称及型号	刀具名称及型号	量具与检测	
10	铣	① 铣两端面 ② 钻中心孔	1	1	铣端面钻中心孔机床	专用铣夹具	端面铣刀 中心钻	专用卡规	2.0
20	车	① 车大外圆 ② 倒角 ③ 粗车小外圆 ④ 精车小外圆 ⑤ 车台阶面 ⑥ 切槽 ⑦ 倒角	1	1	普车 C616	三爪卡盘	外圆车刀	专用卡规	2.6
30	铣	① 粗铣键槽 ② 精铣键槽	1	1	铣键槽专用铣床	专用铣夹具	键槽铣刀	专用塞规	2.0
40	去毛刺	去毛刺,终检	1	1		钳工台	锉刀		0.5
更改内容									

						编制(日期)	校对(日期)	审核(日期)	会签(日期)
标记	处数	更改文件号	签字	日期	标记				

2) 数控加工工序卡

数控加工工序卡与普通加工工序卡有许多相似之处,但也存在一些较大区别,如数控加工工序卡中应反映使用的相关辅具、刃具切削参数、切削液等,以形成操作人员配合数控程序进行数控加工的主要指导性工艺资料。另外,数控加工大都采用工序集中原则,其每一加工工序可划分为多个工步,因此工序卡不仅应包含每一工步的加工内容,还应包含其程序段号、所用刀具类型及材料、刀具号、刀具补偿号及切削用量等相关内容。不同的厂家、不同的数控机床可采用不同的格式和内容的数控加工工序卡,表 2-7 是加工中心加工工序卡的一种格式。

表 2-7 数控加工工序卡

零件号		零件名称			编制		审核	
程序号					日期		日期	
工步号	程序段号	工步内容	使用刀具名称			切削用量		
			刀具号	刀长补偿	半径补偿	S功能	F功能	切深
	N__					v=__	f=__	
			T__	H__	D__	S__	F__	

续表

零件号			零件名称			编制		审核	
	N __					v= __	f= __		
			T __	H __	D __	S __	F __		
	N __					v= __	f= __		
			T __	H __	D __	S __	F __		
	N __					v= __	f= __		
			T __	H __	D __	S __	F __		
	N __					v= __	f= __		
			T __	H __	D __	S __	F __		
	N __					v= __	f= __		
			T __	H __	D __	S __	F __		
	N __					v= __	f= __		
			T __	H __	D __	S __	F __		
编制			校对		审核		会签		

3）数控刀具调整单

数控加工对刀具的各方面要求都十分严格，在加工前一般需要事先在机外对刀仪上将刀具的直径和长度等参数都调整好。数控刀具调整单主要由数控刀具卡片（简称刀具卡）和数控刀具明细表（简称刀具表）两部分组成，其中刀具卡主要反映刀具名称、编号、结构、规格、长度和半径补偿值、尾柄规格、组合件名称代号、刀片型号和材料等内容，它是调刀人员组装和调整刀具的主要依据。

4）数控加工程序单

人工手动编程时，数控编程人员根据零件工艺分析，进行相关数值计算，按照数控机床特定的程序格式和指令代码编制出数控加工程序单。程序单可帮助操作人员正确理解加工程序内容，是记录数控加工工艺过程、工艺参数、位移数据的清单。数控加工程序单的格式会因不同的数控系统而异，这也要求相关的编程人员或操作人员在操作和编程前仔细理解相关的规则和注意事项。FANUC 系统数控机床加工程序单的格式如表 2-8 所示。除此以外，对于轨迹复杂的数控铣削和圆弧切入、切出的铣削加工，由于刀具路线比较复杂，为减少可能存在的误差，在数控加工工艺文件中一般还应包括走刀路线示意图，即刀具轨迹图。

表 2-8　数控机床加工程序单

零件号				零件名称				编制				审核				
程序号								日期				日期				
N	G	X	Y	Z	I	J	K	R	F	M	S	T	H	P	Q	备注

2.3 数控加工中几何特征的数学处理

数控系统对几何特征的参数描述是指根据零件的加工图纸,按照已规划好的加工路线和允许的编程误差,计算出数控系统所需要的零件轮廓上(或刀具刀尖)行走轨迹轮廓上的一组坐标数据。

2.3.1 基点坐标的描述

零件的轮廓是由基点连接起来的许多直线、圆弧、二次曲线和特殊形状曲线组成。各几何元素间的连接点称为基点,显然,相邻基点间只能是一个几何元素,基点坐标是编程中必需的重要数据。根据数控系统的刀具补偿功能选项、零件轮廓或刀位点轨迹的基点坐标计算,可以通过代数法或几何法求得。其中,代数法是通过联立方程组的方法求解基点坐标,而几何法则利用几何元素间的三角函数关系求得各基点的坐标,计算比较简单、方便,与列方程组解法比较,工作量明显减少。另外,还可以采用计算机辅助编程计算等方法或相关CAD软件辅助来进行求解。

对于由直线和圆弧组成的零件轮廓,采用手工编程时,常利用直角三角形的几何关系进行基点坐标的数值计算。如图2-12所示,加工零件主要由直线和圆弧组成,点A、B、C、D、E各点为基点。其中的$A(0,0)$、$B(0,26)$、$D(110,12)$、$E(110,0)$各点的坐标值可以从图中很直观地得到。基点C是直线DC与圆弧BC的切点,可以通过联立直线DC与圆弧BC的方程求解,也可以通过三角形的几何关系求解:

$$\beta=\arccos\frac{\overline{OC}}{\overline{OD}}=\arccos\frac{30}{\sqrt{80^2+13^2}}$$

$$\alpha=\arctan\frac{\overline{AB}-\overline{DE}}{\overline{EF}}=\arctan\frac{13}{80}$$

$$X_c=\overline{BO}+\overline{OC}\sin(\alpha+\beta)=30+30\sin(\alpha+\beta)=59.2895$$

$$Y_c=\overline{AB}+\overline{OC}\cos(\alpha+\beta)=32.4905$$

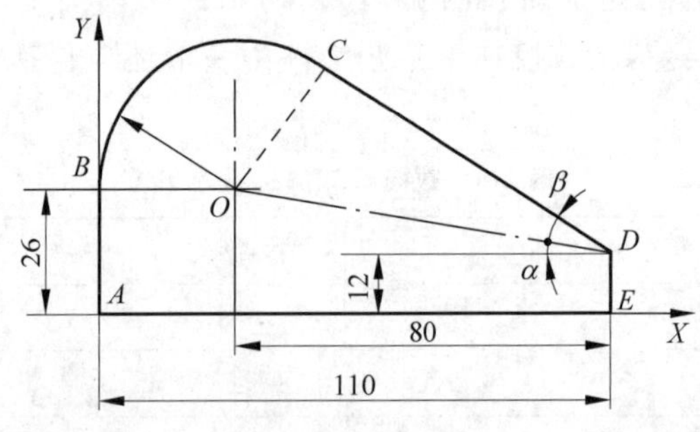

图2-12 零件图样

由此可知,对于简单的零件的基点计算也比较烦琐。对于复杂的零件,其计算工作量更是可想而知,要提高编程效率,可以应用CAD/CAM软件辅助编程,如使用CAD辅助绘图画出轮廓图后,轮廓上各个基点坐标都可通过软件的坐标测量和标注等功能获得。

2.3.2　节点坐标的描述

已知函数关系的曲线轮廓(如椭圆)可以用宏程序进行手工编程。但当零件的形状是由直线段或圆弧之外的其他难以用数学表达式描述的曲线构成,而数控系统又不具备该种类型曲线的插补功能时(如在没有曲线插补功能的数控系统中加工双曲线、抛物线、阿基米德螺线等),其数值计算就比较复杂,一般采用逼近法将组成零件轮廓曲线按数控系统插补功能的要求,在满足允许的编程误差的条件下,生成与之相逼近的直线和圆弧线段来代替该类型曲线,逼近线段与实际曲线的交点或切点称为节点。在选择相应的逼近方法后,应按节点划分程序段进行程序的编制,这时各节点的计算一般都比较复杂,靠手工计算已很难胜任,必须借助计算机辅助处理。为使编程简单,应使程序段数目尽量减少,即节点数目减少,但相应而产生的逼近线段的近似区间和误差就越大,为此一般要求逼近线段的误差应小于或等于编程允许误差,编程允许误差的选取应综合考虑工艺系统及计算误差的影响,一般取零件公差的1/10～1/5。

2.3.3　非圆曲线的数据处理

大部分数控系统一般只能作直线插补和圆弧插补,部分数控系统还具有抛物线插补等功能。当遇到加工零件的轮廓是非圆曲线的零件时,数学处理的任务是用直线段或圆弧段去逼近非圆轮廓。非圆曲线还可以细分为可用方程表达的非圆曲线和列表曲线两类。

1. 可用方程表达的非圆曲线的数学处理

可用方程表达的非圆曲线包括除圆以外的各种可以用方程描述的如抛物线、椭圆、双曲线圆锥等二次曲线、阿基米德螺线、对数螺旋线以及用各种参数方程、极坐标方程描述的平面曲线等。数控系统在加工这种类型的曲线时,应对其进行相应数学处理,以便以直线或圆弧对其进行逼近。这个过程比较复杂,一般借助计算机作辅助处理,或采用计算机自动编程高级语言来编制加工程序。常采用相互连接的弦线逼近和圆弧逼近方法,下面将分别进行介绍。

1）弦线逼近法

弦线逼近是指通过一系列首尾相连的弦线来逼近非圆曲线,由于弦线法插补的节点均在曲线轮廓上,因此计算和编程都比较简便,但其产生的插补误差较大,为防止插补误差过大而影响加工质量,必须控制弦线逼近时的插补段长度。通常使用等间距法、伸缩步长法、插补段法和等插补误差法等处理方法。

(1) 等间距直线段逼近法。如图2-13所示,等间距直线段逼近法将某一坐标轴(如 X 轴)划分成相等的间距,通过相应的曲线上的点的连接直线逼近轮廓曲线,其插补误差 δ 随所在点的曲率半径不同而变化。

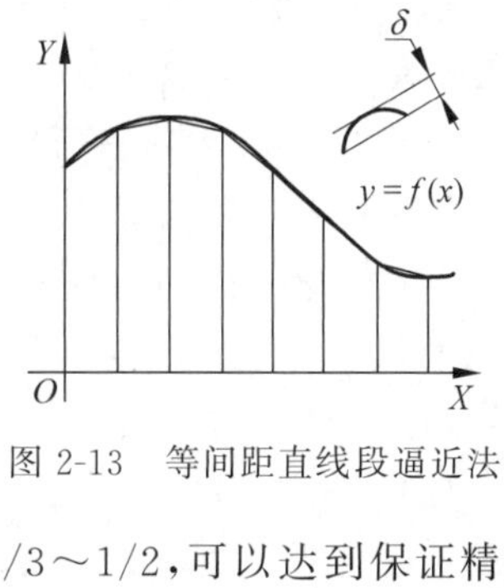

δ
Y
$y=f(x)$
O
X

图2-13　等间距直线段逼近法

(2) 等插补段逼近法。如图2-14所示,等插补段法的每个插补段长度相同,但曲线上各点的曲率不同,所以产生的插补误差会有所差异。一般的最大误差发生在曲线曲率半径最小处,所以限制此处产生的插补误差不大于允许误差的1/3～1/2,可以达到保证精度的目的。

(3) 等插补误差法。如图2-15所示,等插补误差法的任意相邻两节点间的逼近误差为等误差,而插补段的长度不等,因此又叫"变步长法",这种方法很容易保证误差不超过允许值,在曲率半径小的地方可以将插补段的度设短一点,反之则设置长一点,这样使插补段数目比等插补误差法少,但其计算复杂度会增加,常用于一些大型和形状复杂的非圆曲线零件。

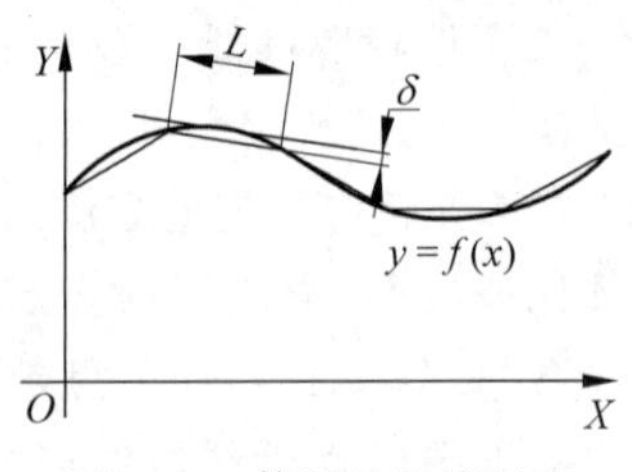

图2-14　等插补段逼近法

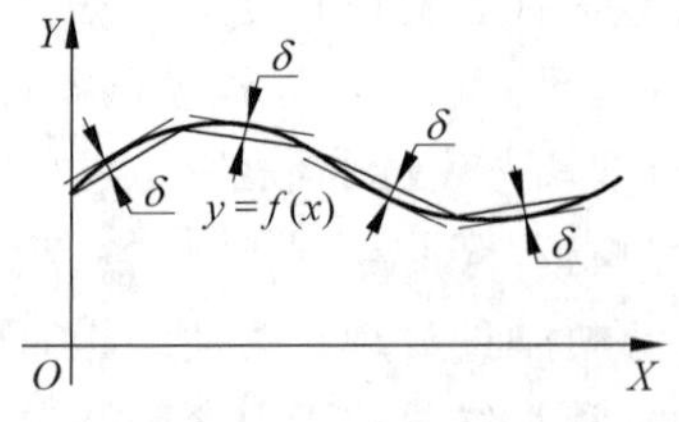

图2-15　等插补误差法

2) 圆弧逼近法

直线段逼近复杂曲线的零件加工方法存在零件表面有刀痕、用户的数控程序过长等缺点,为此对于复杂曲线的加工常使用圆弧逼近法。曲线的圆弧逼近有曲率圆法、三点圆法和相切圆法等方法。

(1) 曲率圆法圆弧逼近。通过一系列彼此相交的圆弧逼近非圆曲线,其从曲线的起点开始,作与曲线内切的曲率圆,并求出曲率圆的中心。

(2) 三点圆法圆弧逼近。三点圆法是在等误差直线段逼近求出各节点的基础上,通过连续三点作圆弧,并求出圆心点的坐标或圆的半径,并作为一个圆程序段。

(3) 相切圆法圆弧逼近。先用直线逼近方法求出各节点,再通过已知的4个节点分别作两个相切的圆,由于在前一个圆弧的起点处与后一个终点处均可保证与轮廓曲线相切,因此,整个曲线是由一系列彼此相切的圆弧逼近实现的。这种方法可简化编程,但计算过程烦琐。

因此弦线逼近法数学处理简单,计算的坐标数据较多,但加工表面质量不高。而圆弧逼近法可以大幅减少程序段的数目,有利于加工质量的提高,数学处理过程比直线段逼近复杂。

2. 列表曲线的数学处理

在实际生产中,当零件的轮廓(如飞机的机翼)由实验方法确定而难以用具体的数学表达式描述时,通常通过实验或数学计算等方法获得一系列分散离散点 $x=(0,1,2,\cdots,n)$ 上的函数值 $f(x_i)=y_i(i=0,1,2,\cdots,n)$,通常把这种用数据表格形式给出的 x_i 与 y_i 对应的函数 $y=f(x)$ 称为列表函数。列表曲线的特点是其上各坐标点之间没有严格的连接规律,但在加工中却往往需要曲线在各个坐标点有平滑的过渡,并规定了加工精度。

要在列表点之间用数学方程式表示的光滑曲线逼近或拟合列表点,数学方程式必须满足以下几个条件。

(1) 数学方程式给出的表示的曲线必须通过列表点。

(2) 数学方程式表示的曲线与列表点表示的轮廓凹凸特性应一致,即不应在列表点的凹凸性之外再增加新的拐点。

(3) 通常需要使用许多参数不同的方程式来描述一个列表曲线,为使数学描述不过于复杂又保证曲线的光滑性，在两相邻的方程式连接处的一阶导数或二阶导数要尽量连续，若保证一阶导数连续难度过大，则希望两者的差值要尽可能小。

计算机在对列表曲线进行数学处理时通常要经过插值、拟合和光顺等 3 个步骤。

1）插值

在许多场合下，由于受某些条件的限制，通过实验观测或数学计算得到的列表函数不能直接用来加工产品或工件的轮廓，例如离散点过于稀疏以致难以实现加工，这时就必须在所给函数列表中再插入一些所需要的中间值，这种坐标点密化的过程就是所谓的“插值”。其基本原理是先构造一个简单函数 $y=L(x)$ 作为对列表函数 $f(x)$ 的近似表达式，再计算 $L(x)$ 的值以得到 $f(x)$ 的近似值。

几种常见的插值方法有拉格朗日（Lagrange）插值法、牛顿插值法和样条插值法等。

（1）拉格朗日插值法。

拉格朗日插值法是 n 次多项式插值，其利用多项式计算简单方便的优点，通过构造插值基函数的方法解决了求 n 次多项式插值函数问题。其基本思想是将待求的 n 次多项式插值函数改写成另一种表达方式，再利用插值条件，确定其中的选定函数，从而求出插值多项式。

如图 2-16 所示，已知函数 $y=f(x)$ 在点 x_0、x_1 的函数值，$y=f(x_0)$、$y_1=f(x_1)$，根据几何学知识即可以求出通过两重合点的唯一的一次函数 $y=L_1(x)$ 使之适合

$$L_1(x)=f(x_0)+\frac{f(x_1)-f(x_0)}{x_1-x_0}(x-x_0)$$

从几何关系上看，$y=L_1(x)$ 表示通过两个重合点 (x_0,y_0)、(x_1,y_1) 的直线，因此这两点插值也称线性插值，上式称为线性插值公式。当两点的间距很小时，线性插值也能达到一定的精度。

如图 2-17 所示，如果已知不在一条直线上的三个型值点 (x_0,y_0)、(x_1,y_1)、(x_2,y_2)，由于不共线的三点的条件刚好可以确定二次多项式中的三个常数，因此刚好能解决三点问题，这就是所谓的抛物线插值或二次插值，其用通过三个不共线的点 (x_0,y_0)、(x_1,y_1)、(x_2,y_2) 所作的抛物线来近似逼近曲线 $y=f(x)$。其插值公式为

$$L_2(x)=\frac{(x-x_1)(x-x_2)}{(x_0-x_1)(x_0-x_2)}y_0+\frac{(x-x_0)(x-x_2)}{(x_1-x_0)(x_1-x_2)}y_1+\frac{(x-x_0)(x-x_1)}{(x_2-x_0)(x_2-x_1)}y_2$$

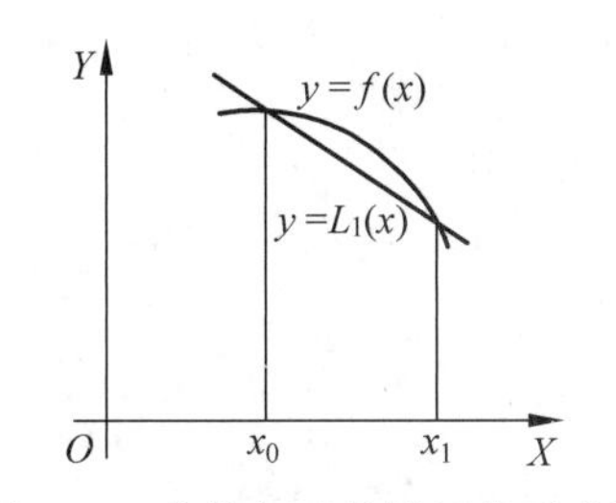

图 2-16　拉格朗日线性插值示意图

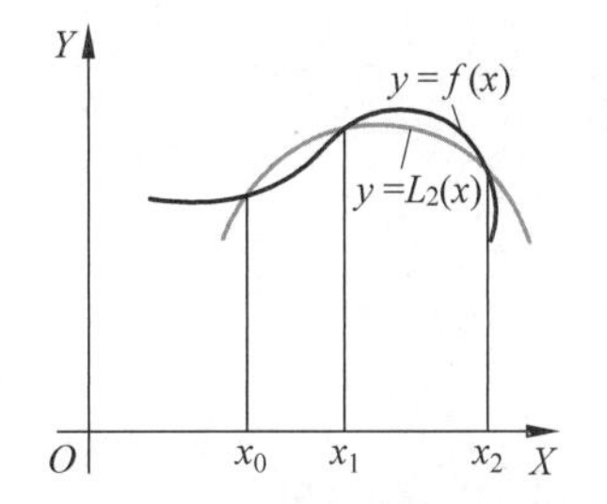

图 2-17　抛物线插值示意图

以此类推，对 4 个型值点通常要求插值多项式为三次，对 $n+1$ 个型值点则要求插值多项式为 n 次，拉格朗日插值多项式 $L_n(x)$ 可由递推推导而得

$$L_n(x)=\sum_{k=0}^{n}\frac{(x-x_0)(x-x_1)\cdots(x-x_{k-1})\cdots(x-x_n)}{(x-x_0)(x_k-x_1)\cdots(x-x_{k-1})(x_k-x_{k+1})\cdots(x_k-x_n)}y_k$$

从上式可知,在给定点 x 处,用插值多项式 $y=L_n(x)$ 计算的值作为函数 $f(x)$ 在点 x 处的近似值。x 点称为插值点,而插值多项式的次数称为插值的阶。根据 x 是否在插值区间内,将插值过程分为内插和外推两种情况。拉格朗日插值多项式插值具有含义直观、形式对称等优点,被广泛应用。但这种方法对于给定阶数 n,多项式中的 $n+1$ 项都必须全部计算出来;另外,当需临时增加一个新的插值点时,多项式必须重新计算,因此比较烦琐耗时,插值结果的误差也很难估计。

(2) 牛顿插值法。

拉格朗日插值法公式结构紧凑,在理论分析中使用很方便,但当其插值节点有所增减时其全部插值基函数均要随之变化,整个公式也将发生变化,计算过程全部要重新开始,限制了其在实际计算中的应用,牛顿插值法可以有效地克服这一缺点。设函数

$$f(x_i,x_{i+1})=\frac{y_{i+1}-y_i}{x_{i+1}-x_i}=\frac{f(x_{i+1})-f(x_i)}{x_{i+1}-x_i}$$

为一元函数 $f(x)$ 的一阶均差,即函数 $f(x)$ 在区间 $[x_i,x_{i+1}]$ 上应变量的增量与自变量增量的比值,描述了函数 $f(x)$ 在区间 $[x_i,x_{i+1}]$ 上的平均变化率。

例如:

$$f(x_0,x_1)=\frac{y_1-y_0}{x_1-x_0};\quad f(x_1,x_3)=\frac{y_3-y_1}{x_3-x_1};\quad f(x_3,x_4)=\frac{y_4-y_3}{x_4-x_3}$$

都是 $f(x)$ 的一阶均差。由于

$$f(x_i,x_{i+1})=\frac{y_i-y_{i+1}}{x_i-x_{i+1}}=\frac{f(x_i)-f(x_{i+1})}{x_i-x_{i+1}}=f(x_{i+1},x_i)$$

所以一阶均差具有对称性,即其与点的排列次序无关。根据一阶均差的定义,可将上节中所描述的线性插值式表达为

$$L_1(x)=f(x_0)+f(x_0,x_1)(x-x_0)$$

如果列表函数增加一个新点 (x_2,y_2),即在上述 $L_1(x)$ 上增加一项后,作出二次多项式

$$L_2(x)=L_1(x)+\lambda(x-x_0)(x-x_1)$$

式中,λ 是待定常数。由上式可知,$L_2(x)$ 与 $L_1(x)$ 多项式的值在点 x_0 和 x_1 上相等分别为 y_0 与 y_1,因此说 $L_2(x)$ 完全保留了 $L_1(x)$ 已适合的插值条件。待定常数 λ 可以对 $L_2(x)$ 加上新的插值条件 $L_2(x)=y_2$ 求得,现在令 $x=x_2$,即

$$y_2(x)=L_1(x_2)+\lambda(x_2-x_0)(x_2-x_1)$$

可得

$$\lambda=\frac{1}{(x_2-x_0)(x_2-x_1)}[y_2-x_0-f(x_0,x_1)(x_2-x_0)]$$

$$=\frac{f(x_0,x_2)-f(x_0,x_1)}{y_2-y_1}$$

其结果为函数 $f(x)$ 一阶均差 $f(x_i,x_{i+1})$ 的均差,称为二阶均差 $f(x_i,x_{i+1},x_{i+2})$。

因此,二次插值多项式可表达为

$$L_2(x)=f(x_0)+f(x_0,x_1)(x-x_0)+f(x_0,x_1,x_1)(x-x_0)(x-x_1)$$

可得

$$f(x_0,x_1,x_2)=\frac{y_0}{(x_0-x_1)(x_0-x_2)}+\frac{y_1}{(x_1-x_0)(x_1-x_2)}+\frac{y_2}{(x_2-x_0)(x_2-x_1)}$$

由上式可知，二阶均差也具有对称性，即与点的排列次序无关。如再增加一个数据点(x_3,y_3)，则可按上述相同步骤构造三次插值多项式 $L_3(x)$，其待定常数 λ 被称为函数 $f(x)$的三阶均差 $f(x_0,x_1,x_2,x_3)$。以此类推，可以归纳得出高阶均差的定义：$i-1$ 阶均差的均差称为 i 阶均差，即

$$f(x_0,x_1,\cdots,x_i)=\frac{f(x_1,x_2,\cdots,x_i)-f(x_0,x_1,\cdots,x_{i-1})}{x_i-x_0}$$
$$=\frac{y_0}{(x_0-x_1)(x_0-x_2)\cdots(x_0-x_i)}+\frac{y_1}{(x_1-x_0)(x_1-x_2)\cdots(x_1-x_i)}+\cdots+\frac{y_i}{(x_i-x_0)(x_i-x_1)\cdots(x_i-x_{i-1})}$$

可验证 i 阶均差也同样具有对称性，即与点的排列次序无关。

因此，可以定义牛顿插值形式的 n 次插值多项式，也称为均差插值多项式为

$$L_n(x)=f(x_0)+f(x_0,x_1)(x-x_0)+f(x_0,x_1,x_2)(x-x_0)(x-x_1)+f(x_0,x_1,x_2,x_3)(x-x_0)(x-x_1)(x-x_2)+\cdots+f(x_0,x_1,\cdots,x_n)(x-x_0)(x-x_0)\cdots(x-x_{n-1})$$

牛顿插值多项式的第 n 次多项式的系数是 n 阶均差，当增加一个新型值点后，只需累加最后一项的值即可得新的插值多项式，计算十分方便。

(3) 样条插值法。

以上介绍的拉格朗日插值和牛顿插值法稳定性好，其多项式无穷可导，其描述的曲线也较光滑，可以很好地保证小段曲线在连接处的连续性，但是当型值点过高，其插值多项式的次数也相应越高时，计算过程复杂，在保证曲线光滑性的情况下会使曲线发生扭摆，且其局部的微小变化会使整个多项式发生改变，很难满足实际生产中的要求。为了摆脱这些束缚，通常采用分段插值方法来降低插值曲线次数和插值多项式的阶数，以取得较好的效果，但这种方法分段之间的接点处不连续，无法保证曲线的光滑性，极大地限制了其应用。样条插值函数是一种分段的多项式，但其导数是连续的，因此被广泛应用于数控加工中以解决列表曲线插值拟合问题。目前通常采用三次样条插值函数通过给定的型值点来进行插值，称为第一次逼近，三次样条插值函数采用一、二阶导数连续的分段三次多项式，其逼近性质好，在理论和实际应用方面都已经非常成熟。

三次样条函数就是全部通过型值点，二阶连续可导的分段三次多项式函数。假设在区间$[a,b]$上有 $n+1$ 个有序的型值点

$$(x_0,y_0),(x_1,y_1),\cdots,(x_n,y_n)$$

其中，$a=x_0<x_1<\cdots<x_n=b$，如果函数 $s(x)$满足以下条件：

① $s(x_i)=y_i(i=1,2,\cdots,n)$；

② $s(x_i)$在开区间(a,b)上有连续的二阶导数；

③ 在每一个子区间$[x_{i-1},x_i](i=1,2,\cdots,n)$上 $s(x)$是 x 的三次多项式。

则称 $s(x)$是关于型值点列的三次样条函数。

三次样条函数插值是目前广泛应用的一种插值方法，其理论求解和实际应用方面都已

经趋于成熟,在此不作介绍。

2）拟合

数控系列加工列表曲线时,拟合过程通常经过两次拟合完成：第一次拟合是指通过建立描述该列表曲线的数学模型对列表曲线进行拟合,如上述的三次参数样条、圆弧样条、双圆弧样条等拟合方法,也称为第一次数学描述；第一次逼近所取得的结果一般都不能直接用于编程,所以应进行第二次拟合。所谓第二次拟合是指在得到拟合曲线后,再用直线段或圆弧段对拟合曲线进行逼近,求出各节点的坐标值的过程,也称为第二次数学描述。

在实际工程中,因实验数据常带有测试误差,如果严格要求所得曲线通过所有的型值点,反而会产生一定的误差,特别是个别较大误差会使插值效果显得很不理想。因此,在解决实际问题时,主要考虑如何尽可能反映出所给数据的走势,而不刻意追求拟合曲线通过每一个型值点的要求,如常用的最小二乘法拟合就是通过寻求拟合误差的平方和最小实现对曲线近似拟合。

已知平面的求一条符合要求的(比如精度要求)容易实现的曲线近似取代它。假设对型值点列$(x_i, y_i)(i=1,2,\cdots,n)$的拟合曲线方程为

$$y=f(x)=a_0+a_1x+\cdots+a_tx^t=\sum_{j=0}^{t}a_jx^j \quad (t<n)$$

通过联立以下线性方程组,可以解得多项式的各个系数a_j：

$$\begin{cases}a_0+a_1x_1+\cdots+a_mx_1^m=y_1\\ a_0+a_1x_2+\cdots+a_mx_2^m=y_2\\ \vdots \qquad\qquad \vdots \qquad\qquad \vdots\\ a_0+a_1x_n+\cdots+a_mx_n^m=y_n\end{cases}$$

但实际的联立求解可能比较困难,一般可给出一组解值$a_j(j=0,1,2,\cdots,t)$,代入上式,将其相应出现的偏差的平方和记为

$$S=\sum_{i=2}^{t}\Delta_i^2=\sum_{i=1}^{n}\left(\sum_{j=1}^{t}a_jx_i^j-y_i\right)^2$$

通过使偏差的平方和最小确定近似曲线系数的方法就叫最小二乘逼近法。要使偏差的平方和最小,则它对其系数(变量)$a_j(j=0,1,2,\cdots,t)$的偏导数应为0,亦即

$$\frac{\partial S}{\partial a_k}=2\sum_{i=1}^{t}\left(\sum_{j=0}^{t}a_jx_i^j-y_i\right)x_i^k=0 \quad (k=0\sim t)$$

则可记为

$$\begin{bmatrix}\sum\limits_{i-1}^{n}x_i^0 & \sum\limits_{i-1}^{n}x_i^1 & \sum\limits_{i-1}^{n}x_i^2 & \cdots & \sum\limits_{i-1}^{n}x_i^t\\ \sum\limits_{i-1}^{n}x_i & \sum\limits_{i-1}^{n}x_i^2 & \sum\limits_{i-1}^{n}x_i^3 & \cdots & \sum\limits_{i-1}^{n}x_i^{t+1}\\ \vdots & & & & \vdots\\ \sum\limits_{i-1}^{n}x^t & \cdots & \sum\limits_{i-1}^{n}x_i^{t+1} & \cdots & \sum\limits_{i-1}^{n}x_i^{2t}\end{bmatrix}\begin{bmatrix}a_0\\ a_1\\ \vdots\\ a_t\end{bmatrix}=\begin{bmatrix}\sum\limits_{i-1}^{n}y_ix_i^0\\ \sum\limits_{i-1}^{n}y_ix_i\\ \vdots\\ \sum\limits_{i-1}^{n}y_ix_i^t\end{bmatrix}$$

通过以上公式，就可以通过 $m+1$ 个方程解 $m+1$ 个未知数 a_j，即确定近似曲线的方程表达式。

3）光顺

飞机、船舶、汽车等上的运动物体的外形将直接影响其在流体中运动的运动阻力，合理的运动物体的外形应该符合流体力学的设计规律，即“光顺”。实践表明，光顺的轮廓表面应该至少是一阶导数连续，且其凹凸曲线走势符合设计目的，最后轮廓曲线的曲率大小变化要均匀。光顺问题是一个非常复杂的问题，已成为计算机辅助设计与制造的一个专门课题。

在实际的工程中，由一组型值点描述的轮廓可能在局部或整体范围内随机出现或正或负的计算误差和实验误差，这种误差会使曲线上出现不合理的拐点而使轮廓形状不够光顺。这就要求在程序编制过程中使用光顺方法对提供的数据进行检查。实践中常用的是局部回弹法。局部回弹法操作过程中每次只对某一个不“光顺”的型值点的纵坐标进行局部调整，分为粗光顺和精光顺两个步骤。其中，粗光顺是指使所有型值点都满足曲线的一阶导数连续，且曲率符号符合设计要求这两个必要条件；而精光顺是使所有型值点满足曲线的曲率大小变化均匀的要求。

2.4　数控加工的轨迹规划

数控系统在数控加工过程中主要解决工件或者刀具运动轨迹规划和协调控制等问题，而加工轨迹是由于工件或者刀具在一个一个脉冲当量的驱动下移动形成的，因此是由一条一条的小直线段构成的折线系列。例如，要加工平面曲线轨迹，需要两个运动坐标的协调运动，而如要加工空间曲线运动轨迹则要求三个或三个以上运动坐标的协调运动。此外，除了控制刀具相对于工件运动的轨迹外，还应合理控制相对运动的速度。

实际加工中零件外形各式各样，对这些复杂的零件轮廓都要用直线或圆弧进行逼近以便数控加工。大多数 CNC 系统一般都具有直线和圆弧插补功能，可以用小段的直线或圆弧来拟合非直线或圆弧组成的轨迹，某些要求较高的系统中还具有抛物线、螺旋线插补功能。所谓插补是指数据密化的过程，数控系统按照零件轮廓曲线上的已知点（如直线的端点，圆弧的端点和圆心），根据刀具参数、给定的进给速度和进给方向的要求，运用一定的算法自动计算出曲线上若干中间点，并自动地对各坐标轴进行脉冲分配，完成整个线段的轨迹运行，使数控机床加工出所要求的轮廓曲线。对于轮廓控制系统来说，插补是数控系统最重要的核心，工件或者刀具具体的运动轨迹由数控系统采用的插补方法决定，虽然各种插补方法都存在相应的误差，但是由于数控系统的脉冲当量较小，因此由插补引起的拟合误差可控制在加工误差范围内。具体来说，数控系统中完成插补功能的模块称为插补器，根据其实现原理，可以将其分为软件插补、硬件插补和软硬件结合插补等类型。根据其应用数控系统的类型，还可以分为脉冲增量插补和数据采样插补。其中，脉冲增量插补又称基准脉冲插补或行程标量插补，每次插补结束时产生一个行程增量，并以一个个脉冲的形式输出给步进电动机，在插补计算过程中不断向各个坐标发出相互协调的进给脉冲，驱动各坐标轴的电动机运动，适合开环数控系统。数据采样插补又称为时间标量插补法或数字增量插补法，使用这种方法时数控装置产生的是数字量，分为粗插补和精插补两步完成，适用于闭环和半闭环的直流或交流伺服电动机为驱动装置的位置采样控制系统。

2.4.1　逐点比较插补法

逐点比较插补法又称为代数运算法或区域判断法，被广泛应用于普通型数控系统实现直线、圆弧和非圆二次曲线插补。当刀具或工件在按要求的轨迹运动时，每走完一步都要比较与目标轨迹的偏差，由此比较的结果确定下一步的移动。这种方法运算简单直观，插补误差小于一个脉冲当量，输出脉冲均匀，且脉冲输出速度变化不大，方便调节，在两坐标联动的数控机床中应用广泛。

1. 逐点比较法直线插补

如图2-18所示，以XY平面第Ⅰ象限内的直线段OE以坐标原点为起点，终点为$E(x_e,y_e)$。

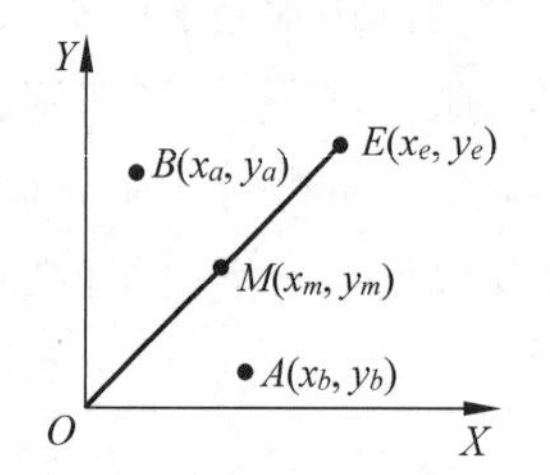

图2-18　逐点比较法直线插补

该直线可以用以下方程描述：

$$y=\frac{y_e}{x_e}x$$

即直线上的任意点，如$M(x,y)$点，都满足条件：

$$y_m x_e - x_m y_e = 0$$

在第Ⅰ象限中，对于位于直线下方的点，如图中所示的$A(x_a,y_a)$点，有

$$y_a x_e - x_a y_e < 0$$

同样，对于位于直线上方的点，如图中所示的$B(x_b,y_b)$点，则有

$$y_b x_e - x_b y_e > 0$$

定义直线插补偏差判别式F如下：

$$F = yx_e - xy_e$$

于是可以通过偏差判别函数F来判断点与直线的相对位置：

(1) 当点在直线上时，$F=0$。

(2) 当点在直线下方时，$F<0$。

(3) 当点在直线上方时，$F>0$。

引入第Ⅰ象限的直线插补规则：

(1) 当偏差判别式$F\geqslant 0$时，则沿X坐标轴的正方向进给一步。

(2) 当偏差判别式$F<0$时，则沿Y坐标轴的正方向进给一步。

通过以上的规则可以对每一点的偏差进行判别，然后根据判别的结果分别向X轴和Y轴发出正向运动的进给脉冲，使刀具沿相应坐标轴移动一步(一个脉冲当量)以逼近直线。在具体的电路和程序中，为了便于实现，通常不去计算每一个新加工点的偏差，而由上一个偏差值递推获得。

第Ⅰ象限中，当$F_i\geqslant 0$时，按规则判断应向X轴发出一进给脉冲，设坐标值的单位为脉冲当量，则新的加工动点坐标分别为

$$x_{i+1} = x_i + 1$$

$$y_{i+1} = y_i$$

新加工点 $P(x_{i+1}, y_i)$ 的偏差值为

$$F_{i+1} = x_e y_i - (x_i + 1) y_e = F_i - y_e$$

同理,第Ⅰ象限中,当 $F_{i,j} < 0$ 时,按规则判断应向 Y 轴发出一进给脉冲,则新的加工动点坐标分别为

$$x_{i+1} = x_i$$

$$y_{i+1} = y_i + 1$$

新加工动点 $P(x_{i+1}, y_i)$ 的偏差值为

$$F_{i+1} = x_e (y_i + 1) - x_i y_e = F_i + x_e$$

由此,可以得出新加工动点的偏差值用前一点的偏差递推公式:

$$F_{i+1} = F_i - y_e, \quad F_i \geqslant 0$$

$$F_{i+1} = F_i + x_e, \quad F_i < 0$$

以上说明都是在第Ⅰ象限进行考虑的,由于数控机床为满足加工要求,必须具备任何象限的插补能力,因此对于其他三个象限的插补也都应考虑。读者可自行对其他象限进行分析,当被插补的直线处于不同象限时,其计算公式及处理过程都完全一致,只是进给方向不同而已。至于实际输出驱动实现进给方式,如为 $-\Delta x$,应使 X 轴向步进电动机反向旋转。分别将第Ⅰ、Ⅱ、Ⅲ、Ⅳ象限内直线记为 $L1$、$L2$、$L3$、$L4$,各象限的直线插补进给与偏差公式如表 2-9 所示。

表 2-9　*XY* 平面内直线插补进给与偏差公式表

	线型	偏差	偏差计算	进给方向与坐标
Y, X, O, F≥0, F≥0, F<0, F<0, F<0, F<0, F≥0, F≥0	$L1, L4$	$F \geqslant 0$	$F_{i+1} = F_i - y_e$	$+\Delta x$
	$L2, L3$	$F \geqslant 0$		$-\Delta x$
	$L1, L2$	$F < 0$	$F_{i+1} = F_i + x_e$	$+\Delta y$
	$L3, L4$	$F < 0$		$-\Delta y$

综上所述,逐点比较法直线插补的全过程可由以下三步完成。

(1) 偏差判别。由刀具当前位置和给定轮廓的偏差的数值,可以判别加工动点与目标直线的相对位置,以此决定刀具移动方向。

(2) 坐标进给。根据偏差判别结果及所处象限,输出相应的脉冲,控制刀具相对于工件轮廓进给一步。

(3) 终点判别。判别刀具的当前动点是否已处于被加工线段的终点。到达时停止插补,并发出停机或转换新零件轮廓段信号;未到达则继续插补。终点判别可以采用总步长法,也就是采用被插补直线在两个坐标轴方向上应走的总步数 $n = |x_e| + |y_e|$ 作为终点标志。

根据前面的推导过程,4 个象限内直线插补的软件流程如图 2-19 所示。

例 2-1:加工第Ⅰ象限直线 OE,其起点在坐标原点,终点坐标为(6,4),试用逐点比较法插补该直线。

解:总步数 $n = 6 + 4 = 10$。

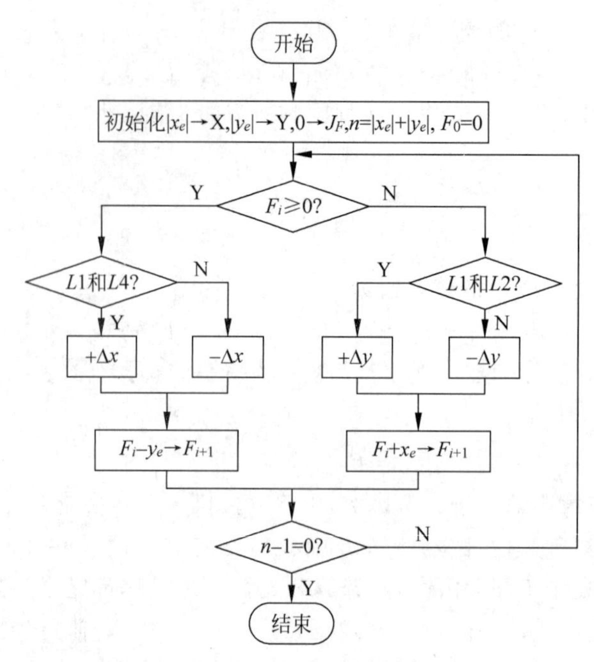

图 2-19 逐点比较法 4 象限直线插补流程图

开始时刀具在直线起点,即在直线上,故 $F_0=0$。表 2-10 中列出了直线插补运算过程,插补轨迹如图 2-20 所示。

表 2-10 直线插补运算过程

序号	偏差判别	进给	动点坐标	偏差计算	终点判别
0			$x_i=0, y_i=0$	$F_0=0$	$n=6+4=10$
1	$F_0=0$	$+\Delta x$	$x_i=1, y_i=0$	$F_1=F_0-y_e=0-4=-4$	$n=10-1=9$
2	$F_1<0$	$+\Delta y$	$x_i=1, y_i=1$	$F_2=F_1+x_e=-4+6=2$	$n=9-1=8$
3	$F_2>0$	$+\Delta x$	$x_i=2, y_i=1$	$F_3=F_2-y_e=2-4=-2$	$n=8-1=7$
4	$F_3<0$	$+\Delta y$	$x_i=2, y_i=2$	$F_4=F_3+x_e=-2+6=4$	$n=7-1=6$
5	$F_4>0$	$+\Delta x$	$x_i=3, y_i=2$	$F_5=F_4-y_e=4-4=0$	$n=6-1=5$
6	$F_5=0$	$+\Delta x$	$x_i=4, y_i=2$	$F_6=F_5-y_e=0-4=-4$	$n=5-1=4$
7	$F_6<0$	$+\Delta y$	$x_i=4, y_i=3$	$F_7=F_6+x_e=-4+6=2$	$n=4-1=3$
8	$F_7>0$	$+\Delta x$	$x_i=5, y_i=3$	$F_8=F_7-y_e=2-4=-2$	$n=3-1=2$
9	$F_8<0$	$+\Delta y$	$x_i=5, y_i=4$	$F_9=F_8+x_e=-2+6=4$	$n=2-1=1$
10	$F_9>0$	$+\Delta x$	$x_i=6, y_i=4$	$F_{10}=F_9-y_e=4-4=0$	$n=1-1=0$

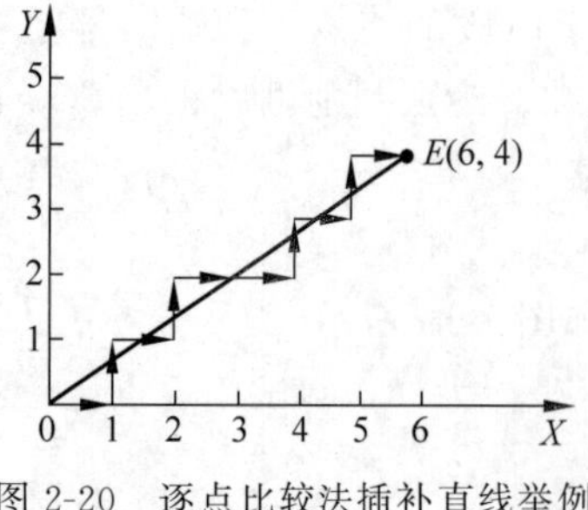

图 2-20 逐点比较法插补直线举例

2. 逐点比较法圆弧插补

圆弧逐点比较插补的运算过程与直线逐点比较插补过程基本一致,在刀具按圆弧轨迹运动加工零件时,不断比较刀具当前动点与被加工零件轮廓之间的相对位置,并根据比较结果决定下一步的进给方向(单方向),使刀具向减小偏差的方向不断进给。

设要加工如图 2-21 所示的 XY 坐标平面第Ⅰ象限逆时针圆弧 AE,其半径大小为 R,以原点为圆心,起点坐标为

$A(x_0, y_0)$，刀具动点 $M(x_i, y_j)$ 的加工偏差有以下三种情况。

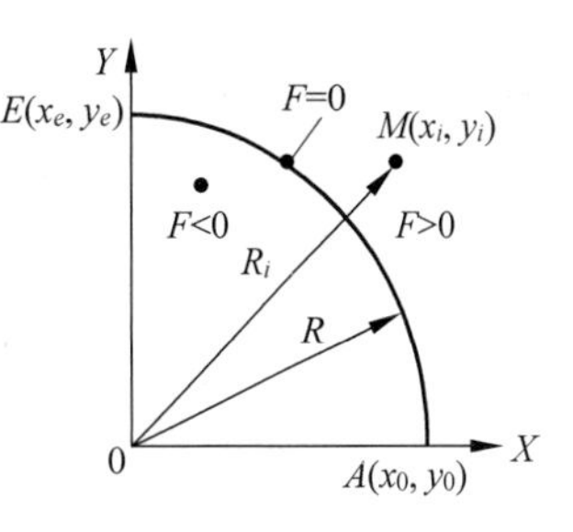

图 2-21　逐点比较法圆弧插补

若刀具动点 $M(x_i, y_j)$ 正好落在圆弧上，则 $R_i = R$：

$$x_i^2 + y_i^2 = x_0^2 + y_0^2 = R^2$$

若刀具动点 $M(x_i, y_j)$ 落在圆弧外侧，则 $R_i > R$：

$$x_i^2 + y_i^2 > x_0^2 + y_0^2$$

若刀具动点 $M(x_i, y_j)$ 落在圆弧内侧，则 $R_i < R$：

$$x_i^2 + y_i^2 < x_0^2 + y_0^2$$

取偏差判别函数为

$$F_i = (x_i^2 - x_0^2) + (y_i^2 - y_0^2)$$

则刀具动点与插补圆弧之间的关系可以通过偏差差别函数来判别：

(1) 当刀具动点在圆弧上时，$F = (x_i^2 - x_0^2) + (y_j^2 - y_0^2) = 0$。

(2) 当刀具动点在圆弧外侧时，$F = (x_i^2 - x_0^2) + (y_j^2 - y_0^2) > 0$。

(3) 当刀具动点在圆弧内侧时，$F = (x_i^2 - x_0^2) + (y_j^2 - y_0^2) < 0$。

引入第Ⅰ象限的圆弧插补规则：

(1) 当偏差判别式 $F \geqslant 0$ 时，则沿 X 坐标轴的负方向进给一步。

(2) 当偏差判别式 $F < 0$ 时，则沿 Y 坐标轴的正方向进给一步。

为处理方便，偏差判别函数在应用时一般使用递推公式。

当 $F_i \geqslant 0$ 时，刀具动点沿 $-X$ 方向进给一步，则新加工动点的坐标为

$$\begin{cases} x_{i+1} = x_i - 1 \\ y_{i+1} = y_i \end{cases}$$

新偏差为

$$F_{i+1} = (X_i - 1)^2 + Y_i^2 - R^2 = F_i - 2X_i + 1$$

同理，当 $F_i < 0$ 时，刀具动点沿 $+Y$ 方向进给一步，则新加工动点的坐标为

$$\begin{cases} x_{i+1} = x_i \\ y_{i+1} = y_i + 1 \end{cases}$$

新偏差为

$$F_{i+1} = X_i^2 + (Y_i + 1)^2 - R^2 = F_i + 2Y_i + 1$$

由此，可以得出新加工动点的偏差值用前一点的偏差递推公式：

$$F_{i+1} = F_i - 2X_i + 1, \quad F_i \geqslant 0$$

$$F_{i+1} = F_i + 2Y_i + 1, \quad F_i < 0$$

递推法把圆弧偏差运算式由平方运算化为加法和乘 2 运算，对二进制来说，乘 2 运算是容易实现的。圆弧所在象限和顺逆方向不同，相应的逐点比较插补的运算公式和进给方向也不同。4 个象限，每个象限有顺圆和逆圆两种情况，共 8 种情况的偏差判别和插补动作方法如表 2-11 所示，其中 SR_1、SR_2、SR_3、SR_4 分别表示第Ⅰ、第Ⅱ、第Ⅲ和第Ⅳ象限中的顺圆弧；NR_1、NR_2、NR_3、NR_4 分别表示第Ⅰ、第Ⅱ、第Ⅲ和第Ⅳ象限中的逆圆弧；表中的 X、X_{i+1}、Y_i、Y_{i+1} 都是动点坐标的绝对值。

表 2-11　圆弧逐点比较插补的运算过程

	线型	SR_1	SR_3	NR_2	NR_4	SR_2	SR_4	NR_1	NR_3
	$F_i \geqslant 0$	$-\Delta y$	$+\Delta y$	$-\Delta y$	$+\Delta y$	$+\Delta x$	$-\Delta x$	$-\Delta x$	$+\Delta x$
	偏差	$F_{i+1}=F_i-2Y_i+1$；$Y_{i+1}=Y_i \pm 1$				$F_{i+1}=F_i-2X_i+1$；$X_{i+1}=X_i \pm 1$			
	$F_i<0$	$+\Delta x$	$-\Delta x$	$-\Delta x$	$+\Delta x$	$+\Delta y$	$-\Delta y$	$+\Delta y$	$-\Delta y$
(图：y, NR_2, SR_1, $F\geqslant0$, $F<0$, SR_2, NR_1, O, x, NR_3, SR_4, SR_3, NR_4)	偏差	$F_{i+1}=F_i+2X_i+1$；$X_{i+1}=X_i \pm 1$				$F_{i+1}=F_i+2Y_i+1$；$Y_{i+1}=Y_i \pm 1$			

圆弧插补运算每进给一步也需要进行偏差计算和判别、坐标进给、终点判断三个工作节拍，其运算过程的流程图如图 2-22 所示。运算中 F 寄存偏差值 F_i；X 和 Y 分别寄存 x 和 y 动点的坐标值，开始分别存放 x_0 和 y_0；n 寄存终点判别值：

$$n=|x_e-x_0|+|y_e-y_0|$$

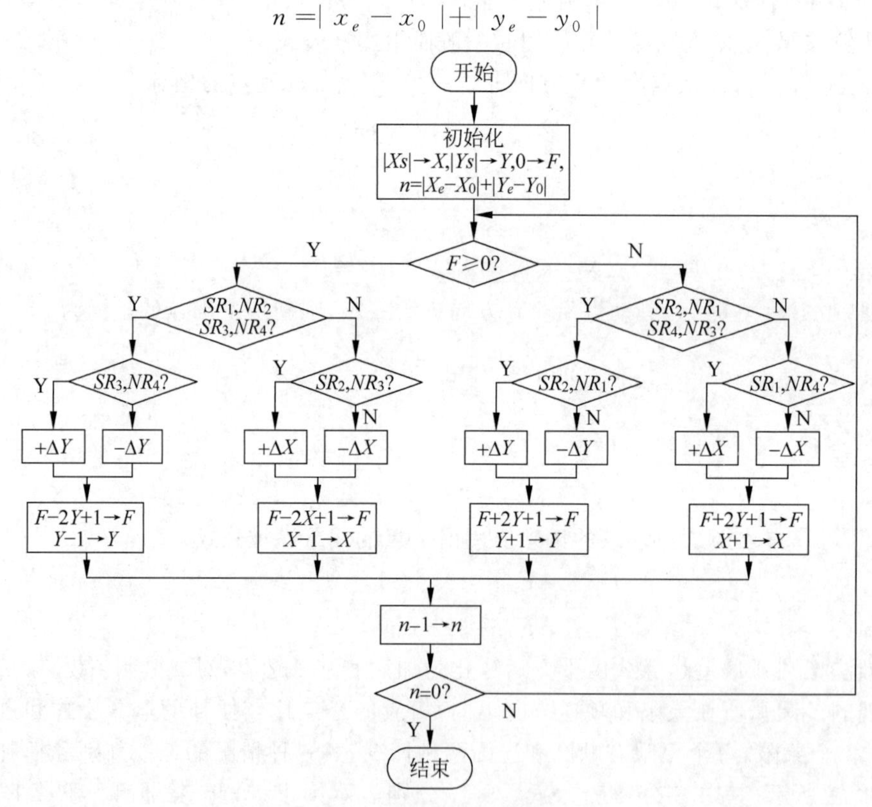

图 2-22　4 象限圆弧插补流程

例 2-2：第Ⅰ象限逆圆弧 AB，起点为 $A(6,0)$，终点为 $B(0,6)$，用逐点比较法插补 AB。

解：开始加工时刀具在起点，即在圆弧上，$F_0=0$，$n=|6-0|+|0-6|=12$。加工运算

过程如表 2-12 所示，插补轨迹如图 2-23 所示。

表 2-12　圆弧插补运算过程

序号	偏差判别	进给	偏差计算		终点判别
0			$F_0=0$	$x_0=6,y_0=0$	$n=12$
1	$F_0=0$	$-\Delta x$	$F_1=F_0-2x+1=0-2\times6+1=-11$	$x_1=5,y_1=0$	$n=12-1=11$
2	$F_1<0$	$+\Delta y$	$F_2=F_1+2y+1=-11+2\times0+1=-10$	$x_2=5,y_2=1$	$n=11-1=10$
3	$F_2<0$	$+\Delta y$	$F_3=-10+2\times1+1=-7$	$x_3=5,y_3=2$	$n=10-1=9$
4	$F_3<0$	$+\Delta y$	$F_4=-7+2\times2+1=-2$	$x_4=5,y_4=3$	$n=8$
5	$F_4<0$	$+\Delta y$	$F_5=-2+2\times3+1=+5$	$x_5=5,y_5=4$	$n=7$
6	$F_5>0$	$-\Delta x$	$F_6=5-2\times5+1=-4$	$x_6=4,y_6=4$	$n=6$
7	$F_6<0$	$+\Delta y$	$F_7=-4+2\times4+1=5$	$x_7=4,y_7=5$	$n=5$
8	$F_7>0$	$-\Delta x$	$F_7=5-2\times4+1=-2$	$x_8=3,y_8=5$	$n=4$
9	$F_8<0$	$+\Delta y$	$F_8=-2+2\times5+1=9$	$x_9=3,y_9=6$	$n=3$
10	$F_9>0$	$-\Delta x$	$F_9=9-2\times3+1=4$	$x_{10}=2,y_{10}=6$	$n=2$
11	$F_{10}>0$	$-\Delta x$	$F_{10}=4-2\times2+1=1$	$x_{11}=1,y_{11}=6$	$n=1$
12	$F_{11}>0$	$-\Delta x$	$F_{11}=1-2\times1+1=0$	$x_{12}=0,y_{12}=6$	$n=0$

例 2-3：加工第Ⅱ象限顺圆弧 CD，其起点 C 坐标为(−5,0)，终点坐标为(0,5)。试用逐点比较法对其进行插补并画出插补轨迹。

解：插补从圆弧的起点开始，$F_0=0$；终点判别寄存器 n 存入两坐标方向的总步数，$n=|0-5|+|5-0|=10$，每进给一步，n 减 1，直到 $n=0$ 时停止插补。应用第Ⅱ象限顺圆弧插补公式，其插补运算过程如表 2-13 所示，插补轨迹如图 2-24 所示。

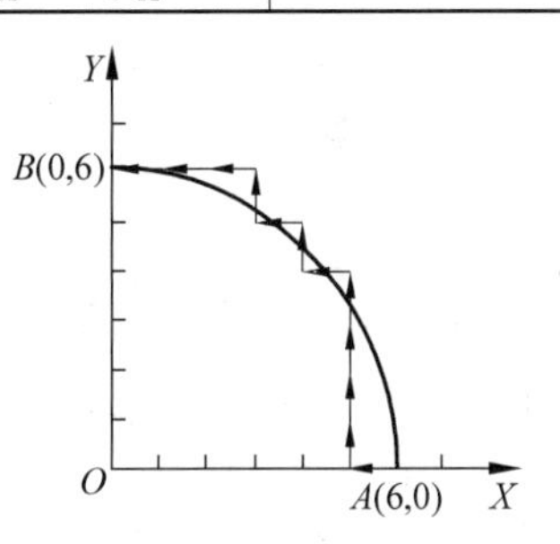

图 2-23　逆圆弧插补实例

表 2-13　第Ⅱ象限顺圆弧插补运算过程

序号	偏差判别	进给	偏差计算		终点判别
0			$F_0=0$	$x_0=-5,y_0=0$	$n=10$
1	$F_0=0$	Δx	$F_1=F_0-2x+1=0-2\times5+1=-9$	$x_1=4,y_1=0$	$n=10-1=9$
2	$F_1<0$	$+\Delta y$	$F_2=F_1+2y+1=-9+2\times0+1=-8$	$x_2=4,y_2=1$	$n=9-1=8$
3	$F_2<0$	$+\Delta y$	$F_3=-8+2\times1+1=-5$	$x_3=4,y_3=2$	$n=8-1=7$
4	$F_3<0$	$+\Delta y$	$F_4=-5+2\times2+1=0$	$x_4=4,y_4=3$	$n=7-1=6$
5	$F_4=0$	Δx	$F_5=0-2\times4+1=-7$	$x_5=3,y_5=3$	$n=6-1=5$
6	$F_5<0$	$+\Delta y$	$F_6=-7+2\times3+1=0$	$x_6=3,y_6=4$	$n=5-1=4$
7	$F_6=0$	Δx	$F_7=0-2\times3+1=-5$	$x_7=2,y_7=4$	$n=3$
8	$F_7<0$	$+\Delta y$	$F_8=-5+2\times4+1=4$	$x_8=2,y_8=5$	$n=2$
9	$F_8>0$	Δx	$F_9=4-2\times2+1=1$	$x_9=1,y_9=5$	$n=1$
10	$F_9>0$	Δx	$F_{10}=1-2\times1+1=0$	$x_{10}=0,y_{10}=5$	$n=0$

以上讨论都只局限于圆弧只处于某一个象限以内，在实际加工过程中，常有圆弧的起点和终点不在同一个象限，为实现一个程序段的完整功能，需设置圆弧自动过象限功能。根据圆弧过象限时会与坐标轴相交，相应的某个坐标值会有一个为零，可判别圆弧何时过象限。圆弧过象限后，圆弧线形发生了改变，相应的插补运算也应相应转换，这种转换也是有规律可循的，当圆弧起点为第Ⅰ象限，顺时针圆弧过象限的转换顺序是 $SR_1\rightarrow SR_4\rightarrow SR_3\rightarrow$

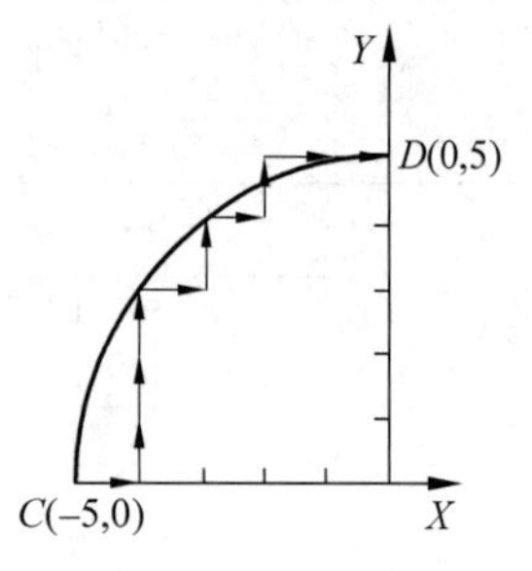

图 2-24　第Ⅱ象限顺圆弧插补实例

$SR_2 \to SR_1$，即每过1次象限，象限顺序号减1，当从第Ⅰ象限向第Ⅳ象限过象限时，象限顺序号从1变为4；逆时针圆弧过象限时也有相类似的规律，即象限顺序号加1。

当逐点比较法插补不是在XY平面，而是在其他平面时，可使用坐标变换方法来实现相应的转换。如在XZ平面内的直线与圆弧插补，可用z代替x坐标，就可以完成；而YZ平面的直线和圆弧插补，可以用y代替x，z代替y来完成。

2.4.2　数字积分插补法

数字积分插补法又称数字微分析器(Digital Differential Analyzer，DDA)，这种插补方法利用数字积分的原理来计算刀具沿坐标轴的位移，实现一次、二次，甚至高次曲线的插补和多坐标联动控制，使工件或者刀具沿所要加工的轮廓轨迹运动。该方法脉冲分配均匀、运算速度快、易于实现(只要输入不多的几个数据，就能加工出圆弧等形状较为复杂的轮廓曲线)多坐标联动和空间曲线插补，在轮廓控制系统中得到广泛应用。

如图2-25所示，从高等数学微积分可知，求函数$y=f(t)$的积分运算就是求函数曲线所包围的面积S。

$$S=\int_0^{t_n} y\,\mathrm{d}t$$

如果从$t=0$开始，取自变量t的一系列等间隔值为Δt，即将自变量的积分区间$[a,b]$等分成许多有限的小区间，每个小区间的宽度为Δt，高度为y_i，当Δt足够小时，可得

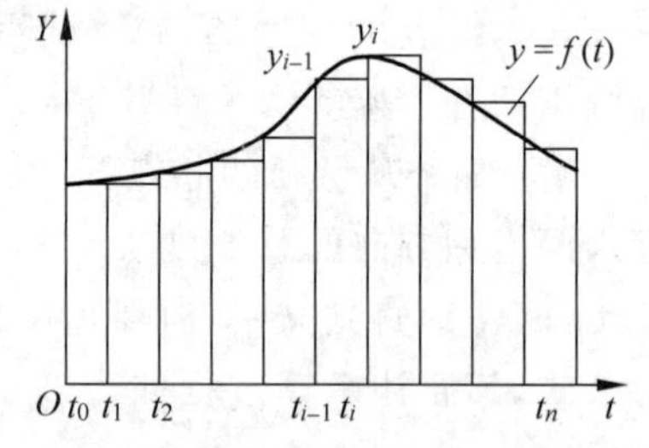

图 2-25　函数积分的几何描述

$$S=\int_0^{t_n} y\,\mathrm{d}t=\sum_{i=0}^{n} y_i \Delta t$$

在数学运算时，如果取$\Delta t=1$，即一个脉冲当量，则上式可以化简为

$$S=\sum_{i=0}^{n} y_i$$

由此，函数的积分运算变成了变量求和运算。当然，这种求和运算会引入一些离散化误差，但是如果选取的脉冲当量足够小，则用上式来代替积分运算所引起的误差可以限制在允许的范围。

1. DDA法直线插补

如图2-26所示，在XY平面对直线OE进行插补，直线的起点在原点，终点坐标为(x_e,y_e)，长度为$L\left(L=\sqrt{x_e^2+y_e^2}\right)$，设动点均匀移动速度为$V$，其在$X$轴和$Y$轴方向的速度分量分别为$V_x$、$V_y$，根据积分公式，在$X$轴和$Y$轴上的微小位移量$\Delta x$、$\Delta y$应为

$$\begin{cases}\Delta x=V_x \Delta t\\ \Delta y=V_y \Delta t\end{cases}$$

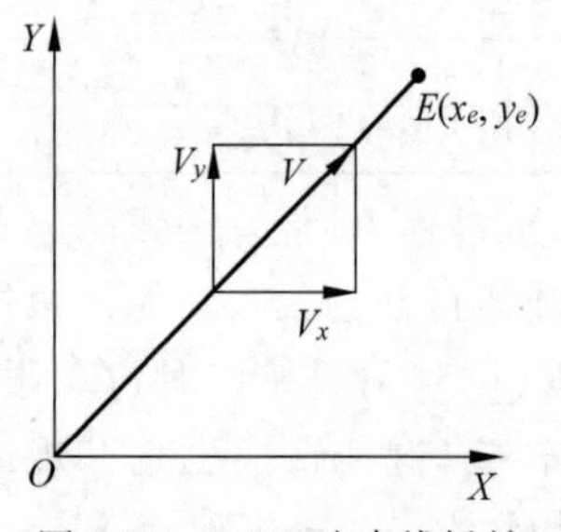

图 2-26　DDA法直线插补

另外，x_e、y_e、V_x、V_y、V和L满足下式：

$$\begin{cases} \dfrac{V_x}{V} = \dfrac{x_e}{L} \\ \dfrac{V_y}{V} = \dfrac{y_e}{L} \end{cases}$$

因此，

$$\begin{cases} V_x = kx_e \\ V_y = ky_e \end{cases}$$

其中，$k = \dfrac{V}{L}$。

在 Δt 时间内，动点在 X 和 Y 坐标轴上的位移增量应为

$$\begin{cases} \Delta x = kx_e \Delta t \\ \Delta y = ky_e \Delta t \end{cases}$$

由上式可知，动点从原点走向终点的过程，也就是在每个 Δt 时间内沿 X 轴和 Y 轴分别以增量 kx_e 和 ky_e 同时累加的结果，若 Δt 取为一个时间脉冲时间间隔，即 $\Delta t = 1$，则在经过 n 次累加后，动点到达终点，即

$$\begin{cases} x_e = \int_0^t kx_e \mathrm{d}t = k\sum_{i=1}^{n} x_e \Delta t = k\sum_{i=1}^{n} x_e = knx_e \\ y_e = \int_0^t ky_e \mathrm{d}t = k\sum_{i=1}^{n} y_e \Delta t = k\sum_{i=1}^{n} y_e = kny_e \end{cases}$$

由此可知，累加次数 n 和系数 k 之间存在关系 $n \cdot k = 1$，即 $n = 1/k$。为使各坐标轴每次分配进给脉冲时不超过一个脉冲，应使每次累加的增量 Δx 和 Δy 均小于 1，所以 k 的选择应使

$$\begin{cases} \Delta x = kx_e < 1 \\ \Delta y = ky_e < 1 \end{cases}$$

如果要将终点坐标 x_e 及 y_e 放入某字长为 N 的寄存器，受寄存器的最大容量限制，x_e 及 y_e 的最大允许值为：$2^N - 1$。为使

$$\begin{cases} \Delta x = k(2^N - 1) < 1 \\ \Delta y = k(2^N - 1) < 1 \end{cases}$$

可取

$$k = \frac{1}{2^N}$$

则

$$\begin{cases} kx_e = \dfrac{2^N - 1}{2^N} < 1 \\ ky_e = \dfrac{2^N - 1}{2^N} < 1 \end{cases}$$

根据累加次数与系数 k 的关系可知

$$n=2^N$$

由以上分析可得

$$\begin{cases} x_e=\sum_{i=1}^{n}\dfrac{x_e}{2^N} \\ y_e=\sum_{i=1}^{n}\dfrac{y_e}{2^N} \end{cases}$$

因此,DDA法直线插补的累加量为 $x_e/2^N$ 和 $y_e/2^N$,累加次数为 2^N 次。根据累加溢出原理,存放 $x_e(y_e)$ 和 $x_e/2^N(y_e/2^N)$ 的差别仅在于小数点左移 N 位,其插补结果等效,因此对 $x_e/2^N$ 和 $y_e/2^N$ 的累加可分别转变为对 x_e 和 y_e 的累加。如图2-27所示,直线插补器的关键部件是坐标累加器和被积函数寄存器,每个坐标进给都有相应的累加器和寄存器,插补开始前将累加器清零,被积函数寄存器中分别存放终点坐标值 x_e 和 y_e,每一个插补控制脉冲到来时,控制被积函数 x_e 和 y_e 向各自的积分累加器相加一次,将累加器的溢出作为驱动相应坐标轴的进给脉冲,溢出后的余数仍寄存在累加器中,因此累加器也称为余数寄存器。当累加次数刚好为寄存器的容量 2^N 时,溢出的脉冲数也刚好等于以脉冲当量为最小单位的终点坐标,刀具动点抵达终点。

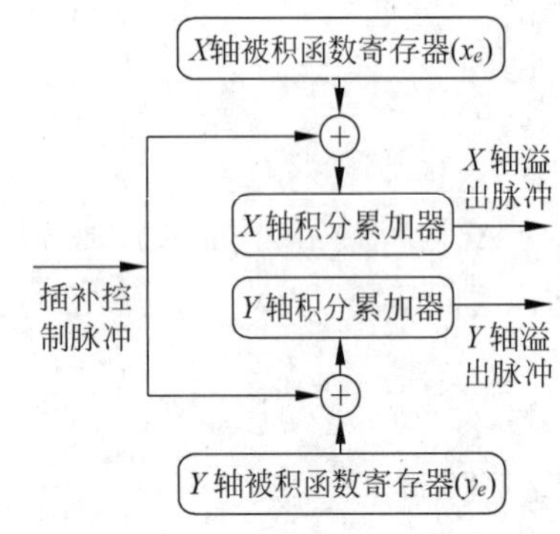

图2-27 DDA直线插补器示意图

由于一直线段的插补共需完成 2^N 次累加运算,因此可将累加次数是否等于 2^N 作为终点判别的依据,可以设置一个位数也为 N 位的终点寄存器,用来记录每次累加次数,当终点寄存器有溢出时,插补运算结束。与逐点比较法不同,用DDA法进行插补时,x 和 y 两坐标可同时进给,即可同时送出 Δx、Δy 脉冲。算法的流程图如图2-28所示,其中 J_x、J_y 为积分函数寄存器,X、Y 为余数寄存器,J_E 为终点计数器。

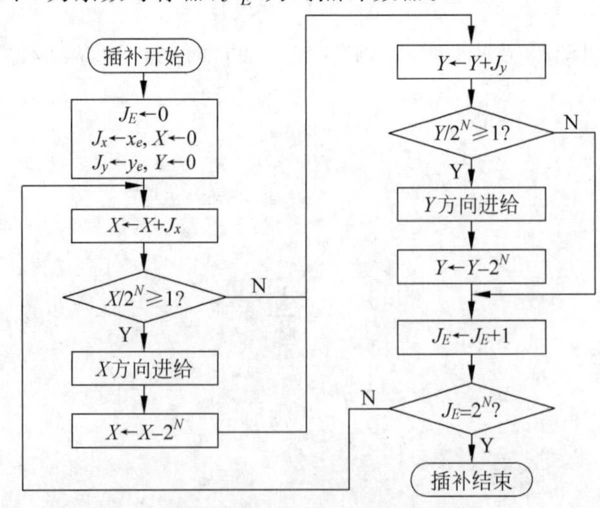

图2-28 DDA直线插补软件流程

例 2-4：直线 OE 的起点在坐标原点，终点坐标为(5,6)。试用 DDA 法直线插补此直线并画出插补轨迹。

解：$J_{Vx}=5$，$J_{Vy}=6$，选寄存器位数 $N=3$，则累加次数 $n=2^3=8$，运算过程如表 2-14 所示，插补轨迹如图 2-29 所示。

表 2-14 DDA 直线插补运算过程

累加次数 n	x 积分器 $J_{Rx}+J_{Vx}$	溢出 Δx	y 积分器 $J_{Ry}+J_{Vy}$	溢出 Δy	终点判断 J_E
0	0	0	0	0	0
1	0+5=5	0	0+6=6	0	1
2	5+5=8+2	1	6+6=8+4	1	2
3	2+5=7	0	4+6=8+2	1	3
4	7+5=8+4	1	2+6=8+0	1	4
5	4+5=8+1	1	0+6=6	0	5
6	1+5=6	0	6+6=8+4	1	6
7	6+5=8+3	1	4+6=8+2	1	7
8	3+5=8+0	1	2+6=8+0	1	8

对于其他象限的直线的 DDA 插补，可将其各终点坐标取绝对值，然后按上述方法进行插补，而脉冲进给方向应总是使直线终点坐标的绝对值增加。

2. DDA 法圆弧插补

数字积分直线插补的物理意义是使动点沿速度矢量的方向前进，这同样适合圆弧插补。下面以第Ⅰ象限逆圆弧为例说明 DDA 圆弧插补原理。

如图 2-30 所示，设刀具沿半径为 R 的圆弧轨迹 AB 移动，起点为 $A(x_0,y_0)$，终点为 $B(x_e,y_e)$，$M(x_i,y_i)$为圆弧上的任意动点，刀具沿圆弧切线的移动速度为 V，其在 X 轴和 Y 轴方向的分速度分别为 V_x 和 V_y。圆弧方程可表示为

$$\begin{cases} x_i = R\cos\alpha \\ y_i = R\sin\alpha \end{cases}$$

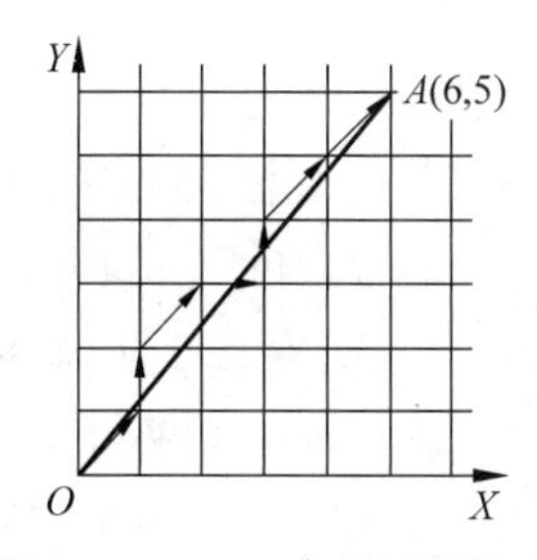

图 2-29 DDA 直线插补轨迹

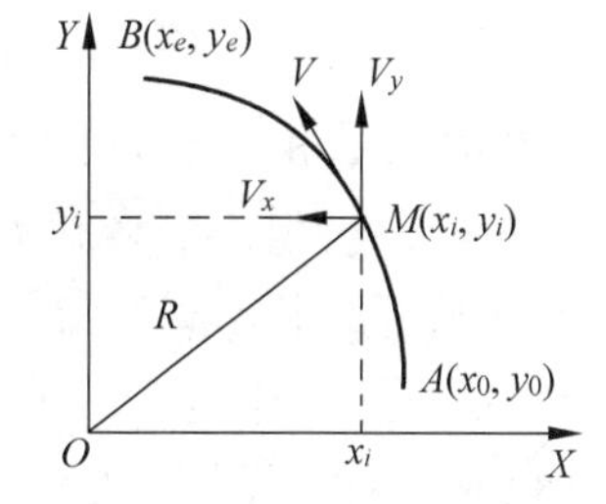

图 2-30 DDA 法圆弧插补

动点 M 在 X 轴和 Y 轴方向的分速度 V_x 和 V_y 的大小分别为

$$\begin{cases} V_x = V\sin\alpha = V\dfrac{y_i}{R} = \left(\dfrac{V}{R}\right)y_i \\ V_y = V\cos\alpha = V\dfrac{x_i}{R} = \left(\dfrac{V}{R}\right)x_i \end{cases}$$

当V恒定不变时,设$k=\frac{V}{R}=\frac{V_x}{y_i}=\frac{V_y}{x_i}$,在一个单位时间间隔$\Delta t$内,动点在$X$和$Y$方向移动的微小距离$\Delta x$和$\Delta y$分别为

$$\begin{cases}\Delta x_i = k y_i \Delta t \\ \Delta y_i = k x_i \Delta t\end{cases}$$

与DDA直线插补方法类似,设$\Delta t=1$,取累加器字长为N,其容量为2^N,$K=1/2^N$,则各坐标的位移量可表示为

$$\begin{cases}x=\int_0^t K y \mathrm{d}t=\frac{1}{2^N}\sum_{i=1}^{n} y_i \Delta t=\frac{1}{2^N}\sum_{i=1}^{n} y_i \\ y=\int_0^t K x \mathrm{d}t=\frac{1}{2^N}\sum_{i=1}^{n} x_i \Delta t=\frac{1}{2^N}\sum_{i=1}^{n} x_i\end{cases}$$

可见,用DDA算法进行圆弧插补时,被积函数寄存器里应存放加工动点的坐标值,若积分累加器有溢出,则相应坐标轴进一步。如图2-31所示,DDA圆弧插补法也可以用两个积分器来实现,与DDA直线插补相比的主要区别有以下三点。

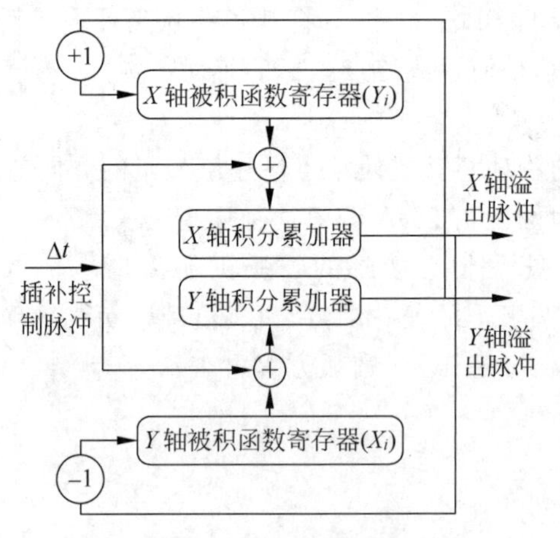

图2-31 DDA圆弧插补器示意图

(1) 被积函数器J_{Vy}和J_{Vx}分别存放动点坐标值x_i、y_i,与直线插补正好相反。

(2) 直线插补时J_{Vx}和J_{Vy}寄存器里存放的是终点坐标x_e和y_e,即在整个插补过程中是常数,而DDA圆弧插补时寄存器里存放的是当前动点坐标,在整个过程中是变量。因此在插补过程开始时,J_{Vx}和J_{Vy}分别寄存起点坐标y_0、x_0,在插补过程中,J_{Vx}和J_{Vy}分别寄存动点坐标y_i和x_i,而且在积分累加器有溢出时,要对相应的被积函数寄存器中的值进行修改。

(3) 由于DDA圆弧插补法的两轴可能不像直线插补那样同时到达终点,所以其终点判别一般是每轴采用一个终点判别计数器、分别判别各轴是否已达终点,即

$$N_x=|x_A-x_B|$$

$$N_y=|y_A-y_B|$$

对于其他象限的顺圆和逆圆插补运算,其运算过程和积分器结构基本上一致,但溢出后的进给方向不一样,并且修改J_{Vx}和J_{Vy}的内容方式也不同,圆弧插补时各寄存器和坐标

修改变换规则如表 2-15 所示。

表 2-15　DDA 圆弧插补时坐标值的修改规则

指标	SR_1	SR_2	SR_3	SR_4	NR_1	NR_2	NR_3	NR_4
Y_i	−1	+1	−1	+1	+1	−1	+1	−1
X_i	+1	−1	+1	−1	−1	+1	−1	+1
Δx	+	+	−	−	−	−	+	+
Δy	−	+	+	−	+	−	−	+

例 2-5：设有第Ⅰ象限逆圆弧 AB，起点 $A(6,0)$，终点 $E(0,6)$，设寄存器位数 N 为 3，试用 DDA 法插补此圆弧。

解：$J_{Vx}=0$，$J_{Vy}=6$，寄存器容量为 $2^N=2^3=8$。运算过程如表 2-16 所示，插补轨迹如图 2-32 所示。

表 2-16　DDA 圆弧插补计算举例

累加器 n	X 积分器				Y 积分器			
	J_{Vx}	J_{Rx}	Δx	J_{Ex}	J_{Vy}	J_{Ry}	Δy	J_{Ey}
0	0	0	0	6	6	0	0	6
1	0	0	0	6	6	6	0	6
2	0	0	0	6	6	8+4	1	5
3	1	1	0	6	6	8+2	1	4
4	1	2	0	6	6	8+0	1	3
5	2	4	0	6	6	6	0	3
6	3	7	0	6	6	8+4	1	2
7	4	8+3	1	5	5	8+1	1	1
8	5	8+0	1	4	4	5	0	1
9	5	5	0	4	4	8+1	1	0
10	6	8+3	1	3	3	停	0	0
11	6	8+1	1	2	3			
12	6	7	0	2	2			
13	6	8+5	1	1	1			
14	6	8+3	1	0	1			
15	6	停	0	0	0			

DDA 直线插补还可以实现多坐标直线插补联动。与两坐标插补类似，空间直线插补各坐标轴经过 2^N 次累加后分别到达终点，当 $\Delta t=1$ 时，有

$$\begin{cases} x_e=\sum\limits_{i=1}^{n}Kx_e\Delta t=Kx_e\sum\limits_{i=1}^{n}\Delta t=Kx_en \\ y_e=\sum\limits_{i=1}^{n}Ky_e\Delta t=Ky_e\sum\limits_{i=1}^{n}\Delta t=Ky_en \\ z_e=\sum\limits_{i=1}^{n}Kz_e\Delta t=Kz_e\sum\limits_{i=1}^{n}\Delta t=Kz_en \end{cases}$$

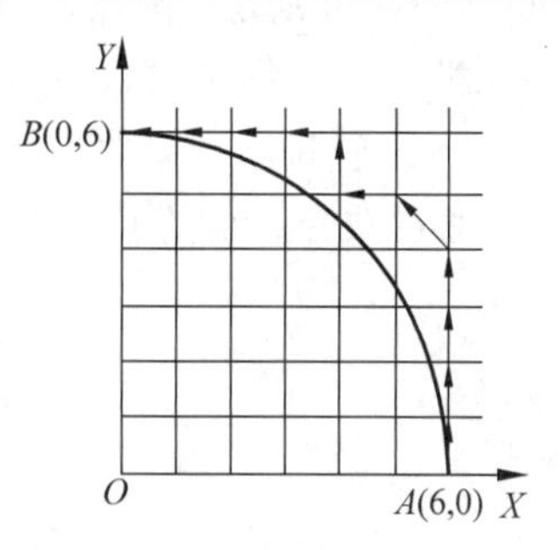

图 2-32　DDA 圆弧插补轨迹

与平面内两坐标直线插补一样，为使数控系统在每一个 Δt 到来时最多只产生一个进

给单位的位移增量，故 k 的选取也为 $1/2^N$。

由以上分析可知，使用DDA法插补时，直线插补与圆弧插补的进给速度可以分别表示为

$$V_L=\delta\frac{L}{2^N}f_{\mathrm{MF}}$$

$$V_R=\delta\frac{R}{2^N}f_{\mathrm{MF}}$$

式中，δ 为数控系统坐标轴的脉冲当量；L 为直线插补时直线段的长度；R 为圆弧插补时圆弧段的半径；N 为寄存器的字长；f_{MF} 为插补时钟频率。

由上式可知，插补进给速度与脉冲时钟频率(即迭代频率)f_{MF}、直线段的长度 L(或圆弧半径 R)成正比，还与余数寄存器的容量 2^N 成反比。显然，即使给定同样大小的速度指令，进给速度会随直线段的长度不同(或圆弧半径不同)而发生变化，引起各程序段的实际进给速度不一致。这种速度的不一致会使加工质量和加工效率受到影响，必须设法加以改善，为此人们采取许多改善措施，如左移规格化和设置进给速率编程(FRN)。

1）左移规格化

若寄存在寄存器中的某数的最高位为“1”，则该数为规格化数；反之，若最高位数为“0”，则该数为非规格化数。左移规格化就是指当在DDA插补算法里的被积函数过小时，将其中的数值同时左移使之至少一个为规格化数，使两个方向的脉冲分配速度扩大同样的位数而两者的比值不变，从而提高加工效率，并使进给脉冲均匀化的过程。例如，在DDA直线插补中，J_{Vx} 和 J_{Vy} 两个寄存器中寄放的数分别为“000110”和“000011”，将两者同时左移三位后，J_{Vx} 中的数就规格化成“110000”，而 J_{Vy} 中的数变成“011000”，即经过左移规格化处理后，X、Y 两方向脉冲分配速度都扩大同样倍数(左移位数倍)，而两者的比值不变，所以被插补直线的斜率也不变。经规格化后，每两次累加运算必然产生一次溢出，且溢出速度不受被积函数寄存器中寄存的数值大小影响，溢出脉冲比较均匀，所以加工的效率和质量都获得较大幅度的提高。左移规格化其实放大了被积函数，为维持溢出的进给脉冲总数不变，应相应地减少累加次数。通常可将“1”从终点判断计数器 J_E 的最高位输入，并进行右移相应次数，如果规格化时左移了 W 次，则将终点判断计数器 J_E 前 W 位右移成“1”，使累加次数变为 2^{N-W}，实现累加次数减少的目的。圆弧插补的左移规格化处理与直线插补基本相同，唯一的区别是：圆弧插补的左移规格化是使坐标值最大的被积函数寄存器的次高位为“1”(即保留一个前0)，以保证被积函数修改时不致直接导致溢出。

2）设置进给速率数法

通过数控系统的G93功能来设置实际进给速率(Feed Rate Number，FRN)，使

$$\begin{cases}\mathrm{FRN}=\dfrac{V}{L}=\dfrac{1}{2^N}\delta f_{\mathrm{MF}}\\[2ex]\mathrm{FRN}=\dfrac{V}{R}=\dfrac{1}{2^N}\delta f_{\mathrm{MF}}\end{cases}$$

即通过调整插补时的时钟频率，使其与给定的进给速度相协调，而不受直线长度和圆弧半径大小的影响。

3）余数积存器预置数

插补算法的特点决定了 DDA 直线插补和圆弧插补的误差分别小于（或等于）单个脉冲当量和两个脉冲当量。由 DDA 圆弧插补的例子可知，由于在起点时 X 方向被积函数寄存器里存放的数值为 0，而 Y 方向被积函数寄存器里存放的数值为圆弧半径值，因此造成后者连续溢出，而前者连续都没有溢出，在插补至终点时则出现相反的情况，造成两坐标方向的溢出脉冲速率相差很大，插补轨迹偏离要求的轨迹。为了提高插补精度，可通过减小脉冲当量和设置余数寄存器预置数的方法。减小脉冲当量，即减小 Δt 的大小，可以减小插补误差。另外，通过预置余数寄存器 J_{Rx}、J_{Ry} 的初值，如将余数寄存器 J_{Rx}、J_{Ry} 的最高有效位置“1”，其余各位均置“0”，即所谓的“半加载”，只需再累加 2^{N-1} 次，就可以产生一个溢出脉冲，达到改善溢出脉冲时间分布、减少插补误差的目的。如果将余数寄存器 J_{Rx}、J_{Ry} 的初值设置成寄存器的最大容量值（如 Q 位寄存器置初值 2^Q-1），就称为“全加载”，这种方法可以使被积函数寄存器中存入较小的积分器提早发生溢出，改善了插补精度。

2.4.3　比较积分插补法

DDA 法能灵活地实现多种函数的插补和多坐标控制，但其插补速度随被积函数值大小而变化，存在速度调节不够方便的缺点。逐点比较法则以走一步判断一次的方式进行插补，其进给脉冲频率完全受指令进给速度的控制，速度平稳、调节方便，但其使用方便性上不如 DDA 插补法。比较积分法又称为脉冲间隔法，其综合了逐点比较法和数字积分法的优点，以判断方式进行插补，其进给脉冲频率完全受指令进给速度的控制，速度比较平稳、调节方便。比较积分法以直线插补为基础，其他线型都按直线插补进行转换，具有直线、圆弧、椭圆、抛物线、双曲线、指数曲线和对数曲线等插补功能；其插补精度高、运算简单、速度控制容易。

1. 比较积分法直线插补

设一已知直线方程为

$$y=\frac{y_e}{x_e}x$$

直接比较两个积分 $y_e\mathrm{d}x$ 和 $x_e\mathrm{d}y$ 的关系可得

$$\int y_e\mathrm{d}x=\int x_e\mathrm{d}y$$

或

$$\sum_{i=0}^{x-1}y_e=\sum_{j=0}^{y-1}x_e$$

即 X 方向每发一个进给脉冲，相当于积分值增加一个量 y_e；而 Y 方向每发出一个进给脉冲，相当于积分值增加一个量 x_e；为了得到直线，必须使两个积分相等。把时间间隔作为积分增量，X 轴上每隔一段时间 y_e 发出一个脉冲，就得到一个时间间隔 y_e；Y 轴上每隔一段时间 x_e 发出一个脉冲，就得到一个时间间隔 x_e。参照逐点比较法，引入一个误差判别函数，这个判别函数定义为 X 轴脉冲总时间间隔与 Y 轴脉冲总时间间隔之差：

$$F=\sum_{i=0}^{x-1} y_e-\sum_{j=0}^{y-1} x_e$$

若 X 轴进给一步,则有

$$F_{i+1}=F_i+y_e$$

若 Y 轴进给一步,则有

$$F_{i+1}=F_i-x_e$$

若 X 轴和 Y 轴同时进给一步,则有

$$F_{i+1}=F_i+y_e-x_e$$

用一个脉冲源控制运算速度,脉冲源每发出一个脉冲,计算一次误差值 F,由得到的误差值决定下一个脉冲的进给。若 $F>0$,说明 X 轴输出脉冲时间超前,控制 Y 轴进行 x_e 的累加;若 $F<0$,说明 Y 轴输出脉冲时间超前,控制 X 轴进行 y_e 的累加。依次进行下去,即可实现直线插补。

2. 比较积分法圆弧插补

设第Ⅰ象限顺圆圆弧 AE 以坐标原点为圆心,起点为 $A(x_0,y_0)$,终点为 $E(x_e,y_e)$,圆弧方程可表示为

$$x^2+y^2=R^2$$

对上式两端同时微分,可得

$$\frac{\mathrm{d}y}{\mathrm{d}x}=-\frac{x}{y}$$

即

$$-y\mathrm{d}y=x\mathrm{d}x$$

利用矩形公式对上式求积,可得

$$\sum_{y_e}^{y_0} y\Delta y=\sum_{x_0}^{x_e} x\Delta x$$

设 $\Delta x=\Delta y=1$;$x_e=x_0+m$;$y_e=y_0-n$,经变量替换,上面的积分求和公式变为

$$\sum_{i=0}^{m}(x_0+i)=\sum_{j=0}^{n}(y_0-j)$$

将上式展开,得

$$x_0+(x_0+1)+(x_0+2)+\cdots=y_0+(y_0-1)+(y_0-2)+\cdots$$

上式左端和右端可以分别表示为公差为1和-1的数列,表明在插补过程中,X 轴每发出一个进给脉冲,对被积函数 x 进行加1修正;而 Y 轴每发出一个进给脉冲,对被积函数 y 进行减1修正,由此插补出整个圆弧。

对于第Ⅰ、Ⅲ象限顺圆和第Ⅱ、Ⅳ象限逆圆同样可得

$$\sum_{i=0}^{m}(x_0+i)=\sum_{j=0}^{n}(y_0-j)$$

对于第Ⅱ、Ⅳ象限顺圆和第Ⅰ、Ⅲ象限逆圆可得

$$\sum_{i=0}^{m}(x_0-i)=\sum_{j=0}^{n}(y_0+j)$$

3. 直线及一般二次曲线的插补算法

运用脉冲间隔插补法，可以很方便地实现各种二次曲线如抛物线、椭圆、双曲线等的插补。通过改变表示插补脉冲分配过程的等差数列的公差大小和符号，可直观地实现对二次曲线的插补。

适用于直线、圆和一般二次曲线加工的比较积分法(先以 X 轴作为基准轴)程序流程图如图 2-33 所示，每一个输出脉冲，都需要经过偏差判别、坐标进给、终点判断和新偏差计算等工作。用 d_1 和 d_2 分别表示以上推导公式中 X 轴和 Y 轴进给脉冲时间间隔等差数列的公差。用 U 和 V 分别表示 X 轴和 Y 轴进给脉冲的时间间隔。从上述分析可知，插补直线时，U 和 V 的初始值分别为 y_0 和 x_0；而对于圆弧插补，其初始值则分别为 x_0 和 y_0；对于其他二次曲线插补的初始值可表示为 $U_0=x_0|d_1|$，$V_0=y_0|d_2|$。比较积分法的插补步骤如下。

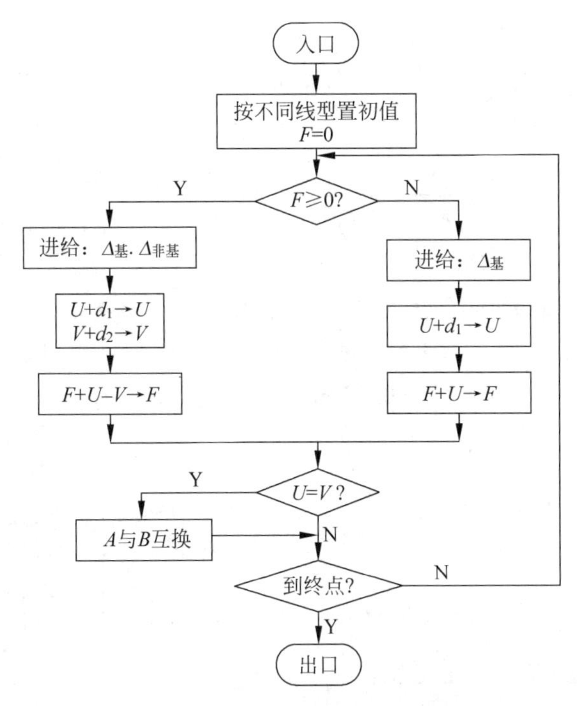

图 2-33　比较积分法插补程序流程

(1) 基准轴确定。插补时取脉冲间隔小的轴作为基准轴，基准轴在每一个时钟脉冲到来时都走一步，而非基准轴则根据判别函数 F 来决定是否走一步。例如，以 Y 轴为基准轴时，当 $F\geqslant 0$，则 X 和 Y 轴同时走一步；而当 $F<0$ 时只在 Y 轴方向进给一步。

(2) 偏差更新。在动点到达新的坐标位置后，对偏差值重新计算。例如，在插补直线时，当只有 Y 轴进给时，$F_{n+1}=F_n-x_e$；而只有 X 轴有进给时，新的偏差 $F_{n+1}=F_n+y_e$；当 X 轴和 Y 轴都有进给时，新的偏差 $F_{n+1}=F_n-x_e+y_e$。

(3) 时间间隔 U 和 V 修正。对于直线插补，由于其每次累加的被积函数都相同，所以无须进行此步，其他二次曲线的插补在每进给一步时应对时间间隔进行修正：当 X 轴进给时，$U=U+d_1$；当 Y 轴进给时，$V=V-d_2$。

(4) 基准轴改变判别。当 $U=V$ 时，应更换基准轴，并在偏差计算式中将两者调换。

(5) 过象限处理。当插补的曲线有过象限情况时需修正进给轴进给的方向。

(6) 终点判别。重复执行上述各步骤，直到当 x 和 y 分别达到 x_e 和 y_e 时插补结束。

例 2-6：第Ⅰ象限直线 OE 的起点在坐标原点，终点为 $E(6,4)$，试用比较积分法插补该直线。

解：X 轴进给脉冲时间间隔 $U=4$，Y 轴脉间 $V=6$，因此确定 X 轴为基准轴，在每次运算后 X 轴都发出一个脉冲，然后根据偏差运算结果决定 Y 轴是否同时要走一步。终点判断计数值为两个轴进给脉冲数的总和。插补过程如表 2-17 所示，插补轨迹如图 2-34 所示。

表 2-17　比较积分法直线插补过程

序号	脉间 U	脉间 V	计算 F	判别 F	进给	终点判别
0	4	6	$F_0=0$			$n=10$
1	4	6	$F_0=0$	$F_0=0$	$+\Delta x,+\Delta y$	$n=10-2=8$
2	4	6	$F_1=F_0+y_e-x_e=-2$	$F_1<0$	$+\Delta x$	$n=8-1=7$
3	4	6	$F_2=F_1+y_e=2$	$F_2>0$	$+\Delta x,+\Delta y$	$n=7-2=5$
4	4	6	$F_3=F_2+y_e-x_e=0$	$F_3=0$	$+\Delta x,+\Delta y$	$n=5-2=3$
5	4	6	$F_4=F_3+y_e-x_e=-2$	$F_4<0$	$+\Delta x$	$n=3-1=2$
6	4	6	$F_5=F_4+y_e=2$	$F_5>0$	$+\Delta x,+\Delta y$	$n=2-2=0$

例 2-7：第Ⅰ象限逆圆弧 AB，其起点 $A(6,0)$，终点 $B(0,6)$，试用比较积分插补法对圆弧进行插补。

解：插补开始时，脉冲时间间隔 U 和 V 分别为 6 和 0，因此取 Y 轴为基准轴。随着插补过程的进行，U 逐渐减小，而 V 逐渐增大，当 V 大于 U 时，X 轴变成基准轴。计数长度为两个轴进给脉冲数的总和，即 $n=6+6=12$。插补计算过程列于表 2-18 中。插补轨迹如图 2-35 所示(折线)。

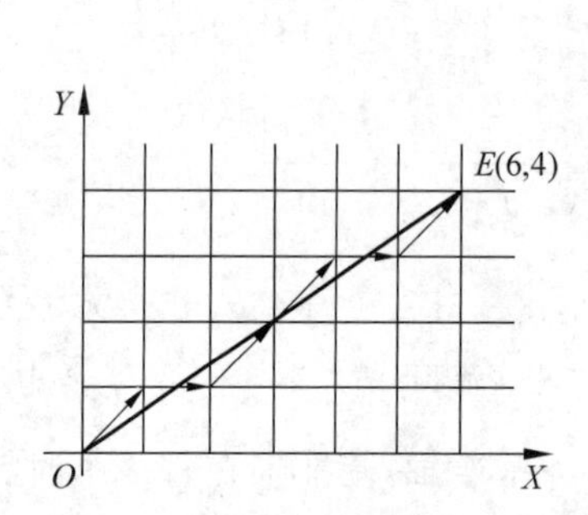

图 2-34　比较积分法插补举例(例 2-6)

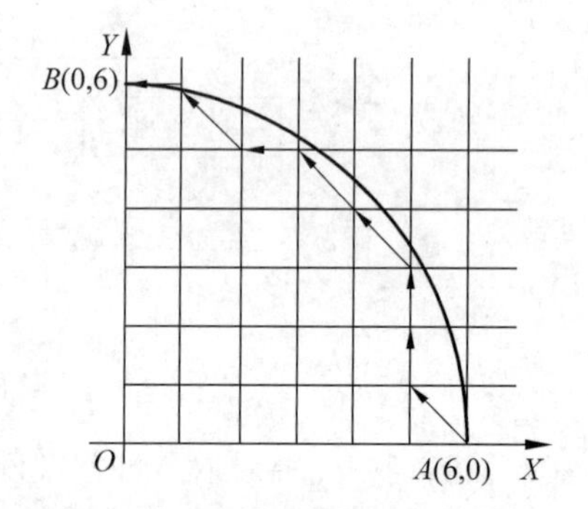

图 2-35　比较积分插补法举例(例 2-7)

表 2-18　比较积分法圆弧插补过程

序号	脉冲时间 A	脉冲时间 B	计算 F	判别 F	进给	终点判别	基准轴
0	6	0	0			$n=12$	
1	6	0	$F_0=0$	$F_0=0$	$+\Delta y,-\Delta x$	$n=10$	
2	5	1	$F_1=0+1-5=-4$	$F_1<0$	$+\Delta y$	$n=9$	Y
3	5	2	$F_2=-4+2=-2$	$F_2<0$	$+\Delta y$	$n=8$	
4	5	3	$F_3=-2+3=1$	$F_3>0$	$+\Delta y,-\Delta x$	$n=6$	

续表

序号	脉冲时间 A	脉冲时间 B	计算 F	判别 F	进给	终点判别	基准轴
5	4	4	$F_4=0+4-4=0$	$F_4=0$	$+\Delta y,-\Delta x$	$n=4$	X
6	3	5	$F_5=0+3-5=-2$	$F_5<0$	$-\Delta x$	$n=3$	
7	2	6	$F_6=-2+2=0$	$F_6=0$	$+\Delta y,-\Delta x$	$n=1$	
8	1	6	$F_7=0+1-6=-5$	$F_7<0$	$-\Delta x$	$n=0$	

2.4.4 数据采样插补法

脉冲增量插补只适合开环的数控系统，对于分辨力较小的闭环和开环数控系统，一般都采用数据采样插补。数据采样插补法根据加工程序中给定的进给速度，将加工轮廓曲线分割成一系列首尾相连的进给段——轮廓步长，每个进给段都在一个插补采样周期完成。每一插补周期调用插补程序一次，计算出下一周期各坐标轴应该行进的增长段 Δx 或 Δy 等，再计算相应动点位置的坐标值。这种方法特别适合闭环和半闭环并使用交流或直流电动机作为系统执行机构的位置采样控制系统。数据采样插补由粗插补和精插补两个步骤组成。

在计算机数控系统中，数据采样插补常使用时间分割插补算法来实现。具体过程是把加工一段直线或圆弧的整段时间分为许多相等的时间间隔，该时间间隔称为单位时间间隔，也即插补周期，每经过一个插补周期就进行一次插补计算，算出进给量，再根据刀具运动轨迹与各坐标轴的几何关系求出各轴在一个插补周期内的进给量。这种插补方法主要应解决两个问题，一是如何选择插补周期，二是如何计算下一个周期内的进给量。

插补周期选择会对插补误差及更高速运行有影响，且与插补运算时间有密切关系。插补算法一旦选定，则完成该算法的时间也就确定了。但在 CNC 系统中，计算机除了完成插补运算外，还要执行显示、监控和精插补等多项实时任务，所以一般来说，插补周期可以大于或等于插补运算所占用的 CPU 时间和完成其他实时任务所需时间之和。

插补周期与位置反馈采样周期有一定的关系，插补周期应是采样周期的整数倍，该倍数应等于轮廓步长实时精插补时的插补点数。例如，日本 FANUC 公司的 7M CNC 系统和美国 A-B 自动化公司的 7360CNC 系统都采用了时间分割插补算法，其插补周期分别为 8ms 和 10.24ms，采样周期分别为 4ms 和 10.24ms(7360CNC 系统通过 10.24ms 的实时时钟中断来实现)。在时间分割法中，每经过一个单位时间间隔就进行一次插补计算，计算出各坐标轴在一个插补周期内的进给量。如在 7M 系统中，设 F 为程序编制中给定的速度指令(单位为 mm/min)，插补周期为 8ms，则一个插补周期的进给量

$$l=\frac{F\times 1000\times 8}{60\times 1000}=\frac{2}{15}F$$

由上式计算出一个插补周期的进给量 l 后，根据刀具运动轨迹与各坐标轴的几何关系，就可得到各轴在一个插补周期内的进给量。

如图 2-36 所示，数据采样插补法通过用一系列首尾相连的微小直线段来逼近给定轨迹具体实现。这些微小直线段是根据进给速度(F 指令)，将给定轨迹按每个插补周期 T_S 对应的进给量(轮廓步长或进给步长 Δl)来分割的。每个 T_S 内计算出下一个周期各坐标进给位移增量($\Delta x,\Delta y$)，即下一插补点的指令位置；CNC 装置按给定采样周期 T_C(位置控制

周期)对各坐标实际位置进行采样,并将其与指令位置比较,得出位置跟随误差,由此对伺服系统进行控制。

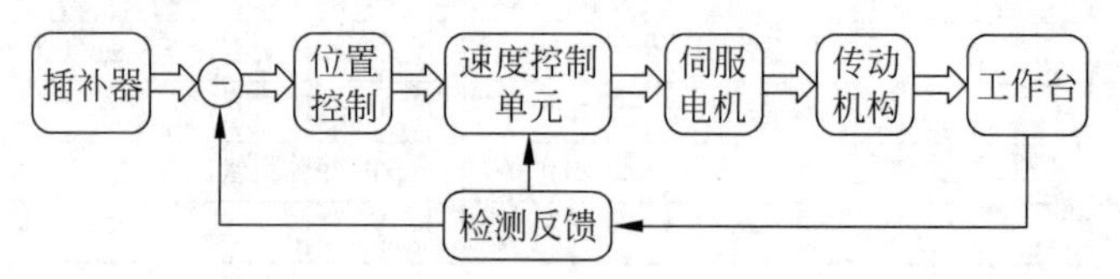

图2-36　数据采样插补法基本原理图

1. 时间分割直线插补

时间分割直线插补法是典型的数据采样插补方法,其根据加工指令中的进给速度,计算出每一插补周期的轮廓步长,即下一个插补周期内各个坐标的进给量。在进给过程中,对实际的动点位置进行采样,并与插补计算的坐标值比较获得位置误差,在下一个采样周期内对误差进行修正。

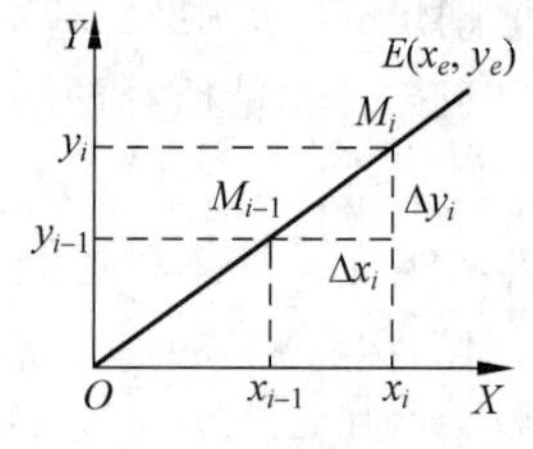

图2-37　时间分割法直线插补

如图2-37所示,设刀具在XY平面中做直线运动,起点为坐标原点,终点为$E(x_e,y_e)$,OE与X轴夹角为α,Δl为一次插补的进给步长。由图2-37可以确定轮廓步长$\Delta l=FT_S$及其相应的坐标增量是固定的。

$$\begin{cases}\tan\alpha=\dfrac{y_e}{x_e}\\\cos\alpha=1/\sqrt{1+\tan^2\alpha}\end{cases}$$

从而求得本次插补周期内X轴和Y轴的插补进给量

$$\begin{cases}\Delta x=\Delta l\cos\alpha\\\Delta y=\dfrac{y_e}{x_e}\Delta x\end{cases}$$

数控系统在实时计算各插补周期中插补点的坐标值时还有多种算法,如一次算法

$$\begin{cases}\Delta x=\dfrac{\Delta l}{L}x_e\\\Delta y=\dfrac{\Delta l}{L}y_e\end{cases}$$

其中,L为直线轮廓的长度。

在直线插补中,各坐标轴的脉冲当量很小,加上位置检测反馈的补偿,可以认为插补所形成的每个小直线段与给定的直线重合,不会造成轨迹误差。

2. 数据采样法圆弧插补

由于圆弧是二次曲线,圆弧插补的基本思想是在满足精度要求的前提下,用弦线或割线逼近圆弧,所以其插补点的计算要比直线复杂得多。时间分割圆弧插补算法中,有若干种具体方法。下面介绍日本FANUC公司7系采用的直线函数法。

在图2-38中,欲加工圆心在原点,半径为R的第Ⅰ象限顺圆圆弧,$B(x_{i+1},y_{i+1})$点是继$A(x_i,y_i)$点之后的插补瞬时点。插补实质上是求在一次插补周期的时间内,X轴和Y轴的进给量Δx和Δy。图中弦AB是圆弧插补时每周期的进给步长Δl,AP是A点处的圆弧切线,M是弦AB的中点,δ称为角步距,$OM\perp AB$,$ME\perp AF$,E为AF的中点。从图

中可以看出圆心角有以下关系：

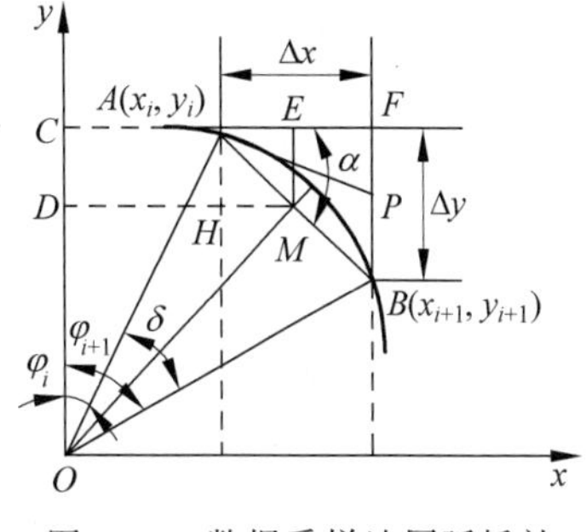

图 2-38　数据采样法圆弧插补

$$\varphi_{i+1}=\varphi_i+\delta$$

由于$\triangle AOC$ 和$\triangle PAF$ 为相似三角形，所以

$$\angle AOC=\angle PAF=\varphi_i$$

显然

$$\angle BAP=\frac{1}{2}\angle AOB=\frac{1}{2}\delta$$

因此

$$\alpha=\angle BAP+\angle PAF=\varphi_i+\frac{1}{2}\delta$$

在$\triangle MOD$ 中，

$$\tan\left(\varphi_i+\frac{\delta}{2}\right)=\frac{DH+HM}{OC-CD}$$

将 $\tan\alpha=\frac{FB}{FA}=\frac{\Delta y}{\Delta x}$，$DH=x_i$，$OC=y_i$，$HM=\frac{1}{2}\Delta x=\frac{1}{2}\Delta l\cos\alpha$ 和 $CD=\frac{1}{2}\Delta y=\frac{1}{2}\Delta l\sin\alpha$ 代入上式，可得

$$\frac{\Delta y}{\Delta x}=\tan\alpha=\tan\left(\phi_i+\frac{\delta}{2}\right)=\frac{\Delta x}{\Delta y}=\frac{x_i+\Delta x/2}{y_i-\Delta y/2}=\frac{x_i+\frac{\Delta l}{2}\cos\alpha}{y_i-\frac{\Delta l}{2}\sin\alpha}$$

在上式中，$\cos\alpha$ 和 $\sin\alpha$ 都是未知数，难以求解，因此采用近似算法，用 $\cos45^\circ$ 和 $\sin45^\circ$ 来取代，这样造成的 $\tan\alpha$ 误差最小，即

$$\tan\alpha=\frac{x_i+\frac{1}{2}\Delta l\cos\alpha}{y_i-\frac{1}{2}\Delta l\sin\alpha}\approx\frac{x_i+\frac{1}{2}\Delta l\cos45^\circ}{y_i-\frac{1}{2}\Delta l\sin45^\circ}$$

因此，可以求得

$$\begin{cases}\Delta x=\Delta l\cos a=\dfrac{\Delta l}{\sqrt{1-\tan^2\alpha}}\\[2ex]\Delta y=\dfrac{(x_i+\Delta x/2)\Delta x}{y_i-\Delta y/2}\end{cases}$$

上式反映了圆弧上任意相邻两点坐标之间的关系，只要计算出 Δx 和 Δy，就可以求出新的插补点坐标

$$\begin{cases}x_{i+1}=x_i+\Delta x\\[2ex]y_{i+1}=y_i-\Delta y\end{cases}$$

由于采用近似算法而造成了 $\tan\alpha$ 的偏差，但这种算法能够保证圆弧插补每瞬时点位于圆弧上，它仅造成每次插补进给量 l 的微小变化，所造成的进给速度误差小于指令速度的 1%，而这种微小变化在实际切削加工中是允许的，因此可以认为插补的速度仍是均匀的。

在圆弧插补中，如果采用弦线逼近圆弧，如图 2-39(a)所示，则

$$R^2-(R-e_r)^2=\left(\frac{\Delta l}{2}\right)^2$$

即

$$2Re_r-e_r^2=\frac{\Delta l^2}{4}$$

舍去高阶无穷小,则半径误差 e_r 可近似为

$$e_r=\frac{\Delta l^2}{8R}=\frac{(FT_s)^2}{8R}$$

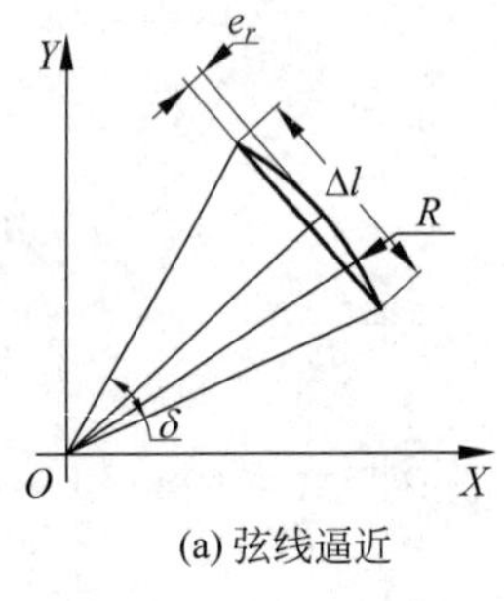

(a) 弦线逼近

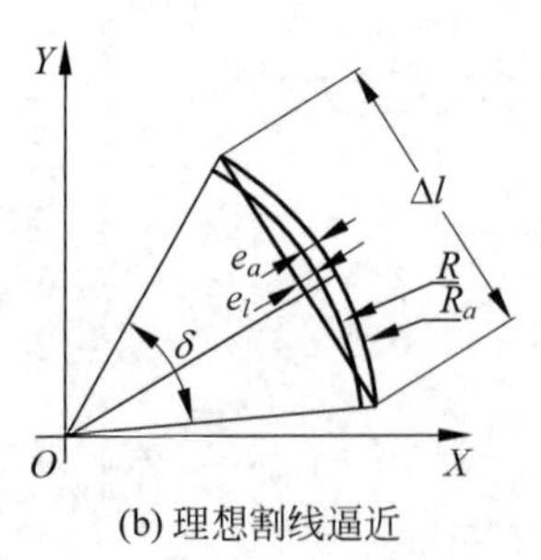

(b) 理想割线逼近

图 2-39 径向误差

当使用理想割线逼近圆弧时,因为内外差分弦使内外半径产生的误差相等,即

$$e_a=e_l=e_r$$

从图 2-39(b)中可得

$$(R+e_a)^2-(R-e_l)^2=\frac{\Delta l^2}{4}$$

有

$$e_r=\frac{\Delta l^2}{16R}=\frac{(FT_s)^2}{16R}$$

可知,当轮廓步长相等时,采用理想割线逼近产生的半径误差是内接弦线逼近法的一半,但其计算复杂,实际中较少采用。因此,在使用数据采样法插补圆弧时,半径误差与圆弧半径成反比,而与进给速度和插补周期的平方成正比,进给速度越高,插补周期进给的弦长越长,误差就越大。为此,当使用内接弦线逼近法加工某段圆弧时,为了将径向绝对误差限制在某个范围以内,应对进给速度进行限制。由以上分析可以求出

$$\Delta l\leqslant\sqrt{8e_rR}$$

即

$$F\leqslant\sqrt{8e_rR}/T$$

2.5 刀具半径补偿

如图 2-40 所示,在数控轮廓加工过程中,由于刀具具有一定的半径(如铣刀半径,线切割机的钼丝半径),刀具与工件接触的部位并不是其中心而是其外圆,因此刀具中心运动轨迹并不等于零件的实际轮廓,而是偏移轮廓一个刀具半径值。如加工内轮廓时应使刀具向轮廓内侧偏移一个半径距离,而加工外轮廓时则向轮廓外侧偏移一个半径距离。这种刀具

的偏移就称为刀具半径补偿。图 2-40 中的粗实线为零件的轮廓,细实线为刀具中心轨迹,按细实线的方向对零件进行加工时,由于刀具总处于轨迹前进方向的左边,因此称为左刀补,用 G41 指令实现。如果按图中的反方向加工,即刀具总处于轨迹前进方向的右边,则称为右刀补,用 G42 指令来实现。

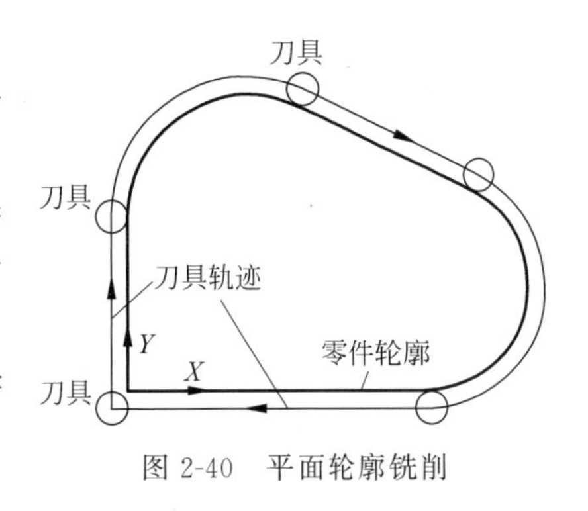

图 2-40　平面轮廓铣削

现代数控系统都具备了较完善的刀具半径补偿功能,可以自动完成刀具的半径补偿,编程人员可以按零件的轮廓进行加工程序的编制工作。在具体的加工任务中,数控系统根据按零件轮廓编制的程序和预先设定的偏移参数自动生成刀具中心轨迹。数控系统因为具有半径补偿功能而使得编程的工作量大幅简化。刀具半径补偿工作过程可分为以下三步。

(1) 建立刀具半径补偿。刀具从起点接近工件,刀具中心在编程轨迹基础上,从与编程轨迹重合过渡到与编程轨迹向左(G41)或向右(G42)偏离一个偏置量的过程,这个过程中不能对零件进行加工。

(2) 进行刀具半径补偿。执行有 G41、G42 指令的程序段后,刀具中心轨迹始终与编程轨迹相距一个偏置量的距离。

(3) 取消刀具半径补偿。刀具离开工件,使刀具中心轨迹终点过渡到与编程轨迹终点(如起刀点)重合的过程,这个过程中不能对零件进行加工。

数控系统的刀具半径补偿方法按功能可分为 B 功能刀具半径补偿和 C 功能刀具半径补偿。

2.5.1　B 功能刀具半径补偿

B 功能刀具半径补偿是根据零件尺寸的刀具半径值计算出刀具中心的运动轨迹,也称为基本的刀具半径补偿,其特点是刀具中心轨迹的段间连接都以圆弧进行,所以算法简单,实现比较容易。但其圆弧连接点也存在一些缺陷,编程人员必须先估计刀补后可能出现的间断点和交叉点等情况,进行人为处理。如当加工外轮廓尖角时,由于段间连接采用圆弧,往往将尖角加工成圆角;而在加工内轮廓时,则要求程序编制时人为编制一个辅助加工的过渡圆弧,而且为了避免过切,这个辅助过渡圆弧的半径要大于刀具的半径,这都为工件加工程序的编程增加了麻烦,同时也限制了该方法的应用。

1. B 功能直线刀具补偿计算

对轮廓曲线中的直线段而言,刀具补偿后的轨迹是与原直线平行且间隔刀具半径 r 距离的直线,因此只需要根据直线和 r 计算出刀具中心轨迹的起点和终点坐标值。如图 2-41 所示,被加工直线段 OA 的起点在坐标原点,终点为 $A(x,y)$。假定刀具当前中心在 O' 点,其坐标已知,刀具半径为 r,直线与水平线夹角 α 已知。现要计算刀具下一个移动目标点 A' 的坐标。

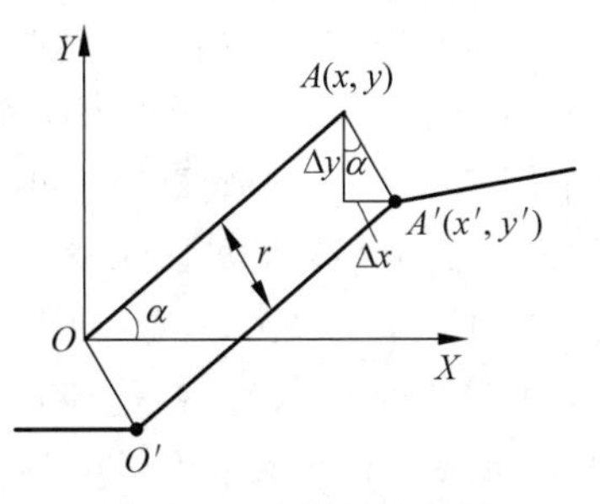

图 2-41　直线刀具补偿

刀具补偿矢量 AA' 在 X 轴和 Y 轴上的投影坐标分别为

$$\begin{cases}\Delta x = r\sin\alpha = r\dfrac{y}{\sqrt{x^2+y^2}} \\ \Delta y = -r\cos\alpha = -r\dfrac{x}{\sqrt{x^2+y^2}}\end{cases}$$

因此

$$\begin{cases}x' = x + \Delta x = x + \dfrac{ry}{\sqrt{x^2+y^2}} \\ y' = y + \Delta y = y - \dfrac{rx}{\sqrt{x^2+y^2}}\end{cases}$$

2. B功能圆弧刀具补偿计算

对于圆弧轮廓而言，刀具中心轨迹在刀具补偿后是与圆弧同心的一段圆弧，假定刀具当前在 A' 点，因此只需计算刀补后圆弧的终点坐标值。如图2-42所示，被加工圆弧 AB 的圆心在坐标原点，起点为 A，终点为 B，圆弧半径为 R，刀具半径为 r。

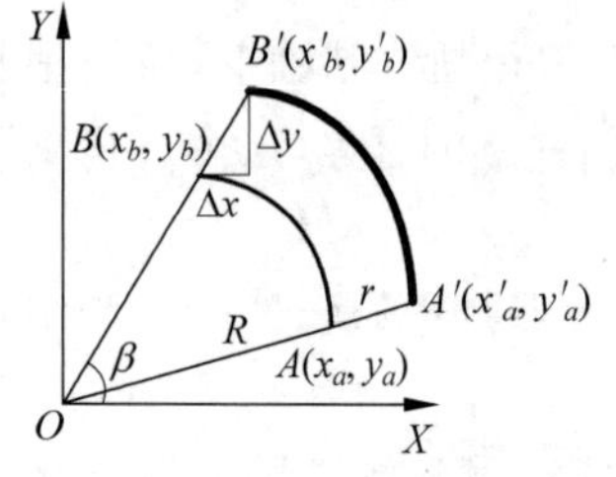

图2-42 圆弧刀具半径补偿

直线 BB' 在 X 轴和 Y 轴上的投影分别为

$$\begin{cases}\Delta x = r\cos\beta = r\dfrac{x_b}{R} \\ \Delta y = r\sin\beta = r\dfrac{y_b}{R}\end{cases}$$

因此 B' 点的坐标为

$$\begin{cases}x'_b = x_b + \Delta x = x_b + \dfrac{rx_b}{R} \\ y'_b = y_b + \Delta y = y_b + \dfrac{ry_b}{R}\end{cases}$$

2.5.2 C功能刀具半径补偿

由以上的分析可知，B功能刀具补偿法只能计算出直线或圆弧终点的刀具轨迹，而对于两个程序段之间在刀补后可能出现的一些特殊情况没有考虑。而且其在确定刀具轨迹时，采用的是读一段、算一段，再走一段单节拍的控制处理方法。为了充分考虑下一段加工轨迹对本段加工轨迹的影响，C功能刀具半径补偿采用的方法是双节拍工作方式，即一次处理两个程序段，在计算完第一段后，提前读入和计算第二段，然后根据计算结果来确定这两段其刀具中心轨迹的段间转接情况，根据转接情况对第一段的轨迹作适当的修改(如在转接点处插入过渡圆弧或直线)，依次进行下去，以完成整个加工程序。如图2-43所示，实线为编程轮廓，加工外轮廓时会在两个程序段之间会出现 A' 和 B' 两个间断点，加工内轮廓时会出现交叉点 C''。当数控系统只具有B功能刀具半径补偿时，编程人员必须事先对可能出现的间断点和交叉点进行估计，并进行人为的处理，如在两个间断点之间加入过渡圆弧段 $A'B'$，在交叉点之间增加一个过渡圆弧 AB(使用的刀具半径要小于过渡圆弧的半径)。当数控系统具有C功能刀具半径补偿时，可由数控装置直接算出刀具中心轨迹的转接交点 C' 和 C''，然后将原来的程序轨迹进行伸长或缩短修正即可完成加工。

如图 2-44 所示为 CNC 系统采用 C 功能刀具补偿方法的原理示意图，程序轨迹作为输入数据送入工作寄存器 AS 前，首先经缓冲寄存区中进行缓冲，以节省数据读入时间，通过在工作寄存区存放正在加工的程序段消息，而缓冲寄存区 BS 已存放下一个程序段的加工消息，运算器对工作寄存区中的程序段进行刀具补偿计算，将结果输送到输出寄存区 OS，直接作为伺服系统的控制信号。缓冲寄存区 BS、刀具补偿缓冲区 CS、工作寄存器 AS 实际上各自包括一个计算区域，当系统启动后，BS 将第一段程序段读入，经计算后送入刀具补偿缓冲区 CS 暂存，缓冲寄存区 BS 接着读入第二段程序段，并计算第二段程序段的编程轨迹，数控装置对第一段和第二段程序的连接方式进行判别，并对刀具补偿缓冲区 CS 中的第一段编程轨迹进行修正，修正后将第一段编程轨迹消息送入工作寄存器 AS，将第二段编程轨迹由缓冲寄存区 BS 送往刀具补偿缓冲区 CS，工作寄存器 AS 中的内容经输出寄存区 OS 输出，并由数控系统伺服装置开始执行。

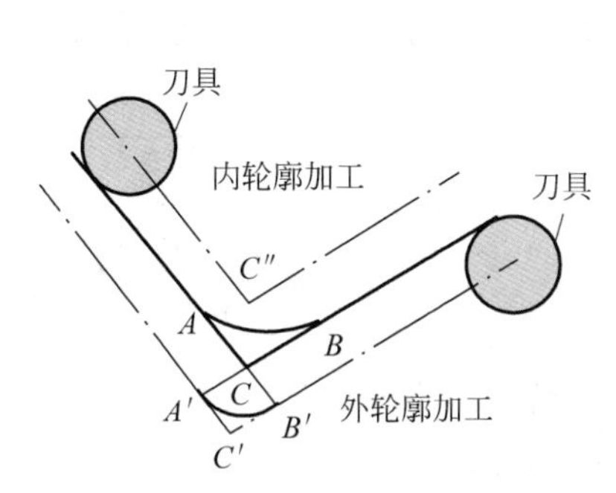

图 2-43　刀具半径补偿的交叉点和间断点

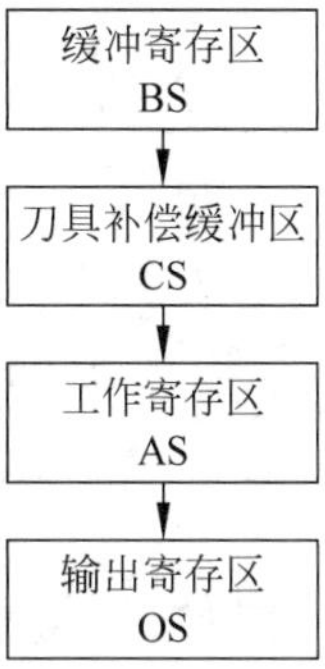

缓冲寄存区
BS
↓
刀具补偿缓冲区
CS
↓
工作寄存区
AS
↓
输出寄存区
OS

图 2-44　C 功能刀具补偿工作流程

2.5.3　C 功能刀具半径补偿的转接形式和过渡方式

C 功能刀具半径补偿采用直线过渡，在实际加工过程中，各段刀具中心轨迹的转接形式随前后相邻两段编程轨迹线型不同会有多种方式。对于具有圆弧插补和直线插补两种功能的 CNC 系统，会有以下 4 种转接形式。

(1) 直线与直线转接形式。

(2) 直线与圆弧转接形式。

(3) 圆弧与直线转接形式。

(4) 圆弧与圆弧转接形式。

图 2-45 表示了在左刀补 G41 的情况下，两个直线相邻程序段的刀具中心轨迹在连接处

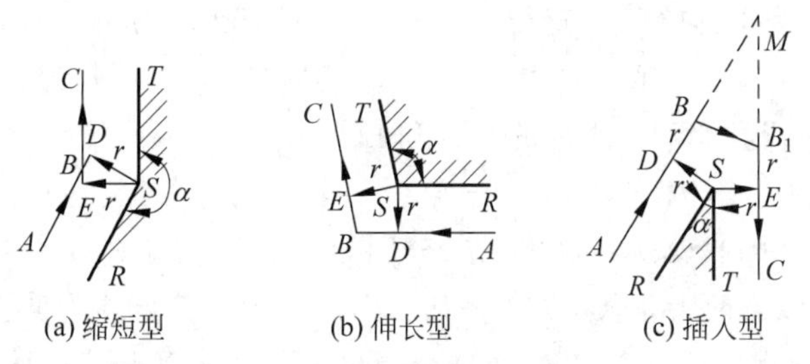

(a) 缩短型　(b) 伸长型　(c) 插入型

图 2-45　直线与直线转接情况

的过渡形式。两编程轨迹在交点处非加工侧的夹角称为矢量夹角,根据两段编程轨迹的矢量夹角和刀补方向的不同,刀具中心从一个编程段到另一个编程段的段间连接方式即过渡方式有缩短型、伸长型和插入型三种。刀具半径补偿功能在实施过程中,各种转接形式和过渡方式的情况,如表 2-19 和表 2-20 所示。

表 2-19　刀具半径补偿的建立和撤销

矢量夹角	刀补建立(G42)		刀补撤销(G42)		过渡方式
	直线-直线	直线-圆弧	直线-直线	圆弧-直线	
$\alpha \geqslant 180°$	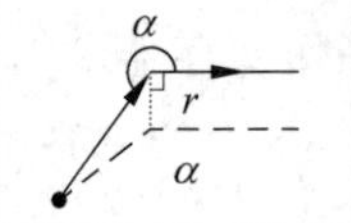	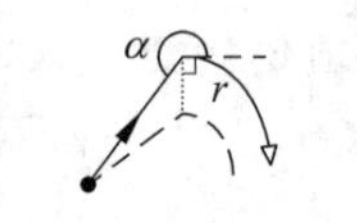	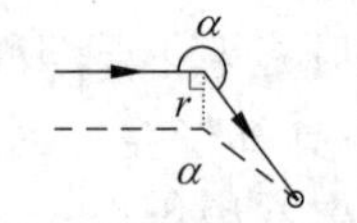	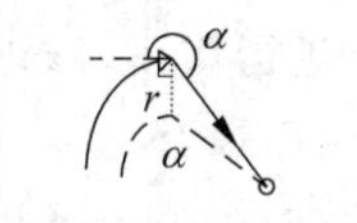	缩短型
$90° \leqslant \alpha < 180°$	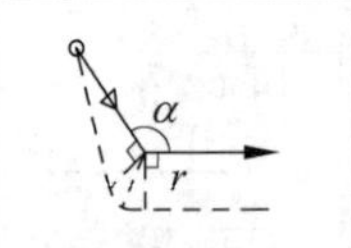	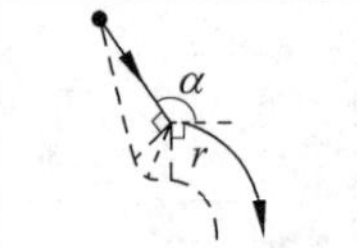	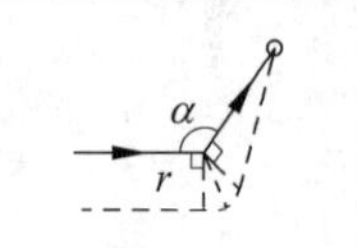	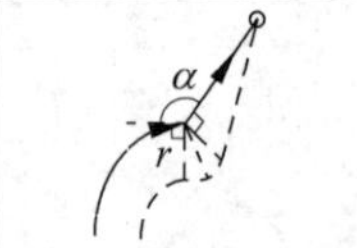	伸长型
$\alpha < 90°$	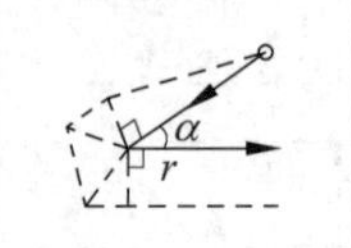	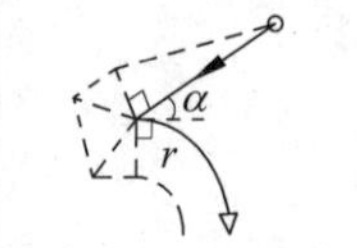	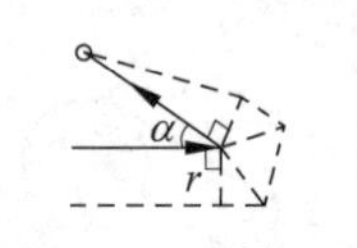	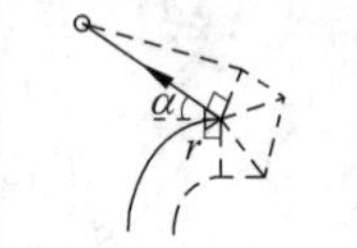	插入型

表 2-20　刀具半径补偿的进行过程

矢量夹角	刀补进行(G42)				过渡方式
	直线-直线	直线-圆弧	圆弧-直线	圆弧-圆弧	
$\alpha \geqslant 180°$	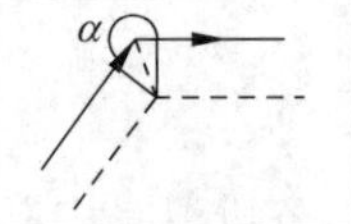	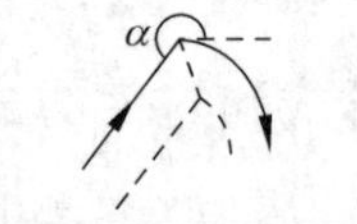	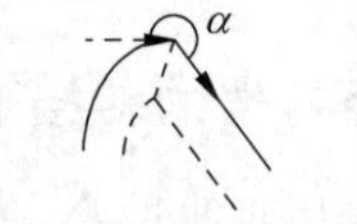	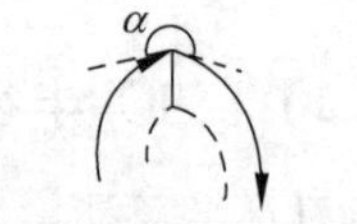	缩短型
$90° \leqslant \alpha < 180°$	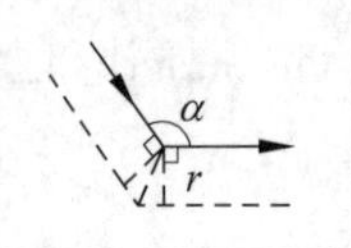	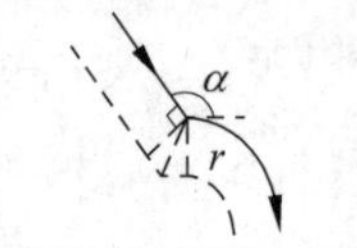	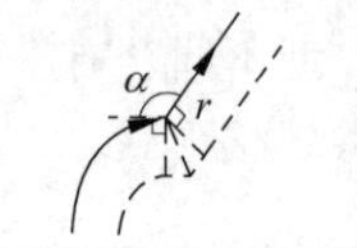	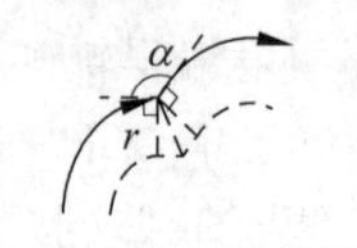	伸长型
$\alpha < 90°$	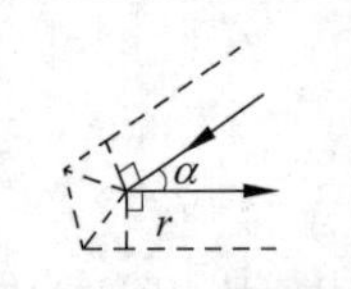	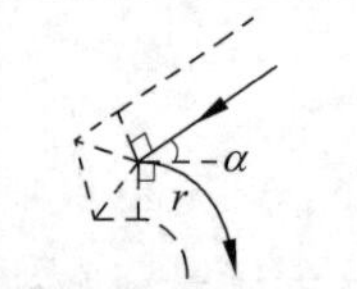	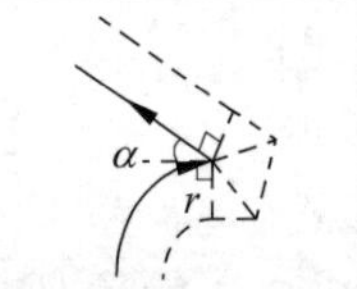	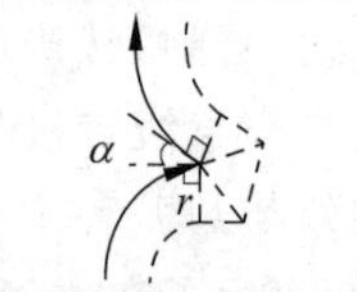	插入型

图 2-45 中,α 角为工件轮廓两直线段在转接处两个运动方向之间的夹角,其变化范围为 $0° < \alpha < 360°$,图 2-45(a)中的矢量夹角 $\alpha > 180°$,其轮廓编程轨迹为 $RS \to ST$,刀具中心轨迹为与 RS 和 ST 平行且相间 r 距离的 AD 和 EC,由于 AD 和 EC 相交于 B 点,AB 和 BC 相对于编程轨迹缩短一个 BD 与 BE 的长度,这种转接为缩短型。图 2-45(b)中的矢量夹角 $90° < \alpha < 180°$,其刀具中心轨迹 AD 和 EC 分别为对编程轨迹 RS 和 ST 的偏置,由于 AD 和 EC 没有交点,所以将两者延长为 $AB \to BC$,因此这种转接方式为伸长型。伸长后的刀具中心轨迹相当于将编程轨迹 RS 和 ST 伸长一个 DB 与 BE 的长度。图 2-45(c)中矢量夹角 $\alpha < 90°$,若仍采用伸长型进行转接,刀心轨迹为 $AM \to MC$,相对于编程轨迹 $RS \to ST$ 来说,

刀具非切削的空行程时间长，为减少刀具空行程时间，在中间插入过渡直线 BB_1，并令 BD、B_1E 和刀具半径 r 三者相等，相当于在 AB 和 B_1C 程序段中插入一个附加程序段，这种转接就称为插入型转接。

以上所讲的是直线与直线转接的形式，对于其他直线与圆弧或圆弧与圆弧的连接，只需将圆弧转变为相应的切线，并将切线作为上述的编程直线段就可同样完成处理，如表 2-20 所示。

2.5.4 转接矢量的计算

刀具中心轨迹的计算任务是求算其组成线段各交点的坐标值，计算的依据是编程轨迹和刀具中心偏移量（即刀具半径矢量）。图 2-46 中 $\boldsymbol{SD}$ 和 $\boldsymbol{SB}$ 为刀具半径矢量，$\boldsymbol{RS}$、$\boldsymbol{ST}$ 为编程矢量，这些矢量和矢量夹角 α_1 都是已知的。从直线转接交点 S 指向刀具中心轨迹交点 C 的矢量 $\boldsymbol{SC}$ 为转接矢量，是未知的。因此刀具中心轨迹的计算任务主要是求转接矢量的过程。

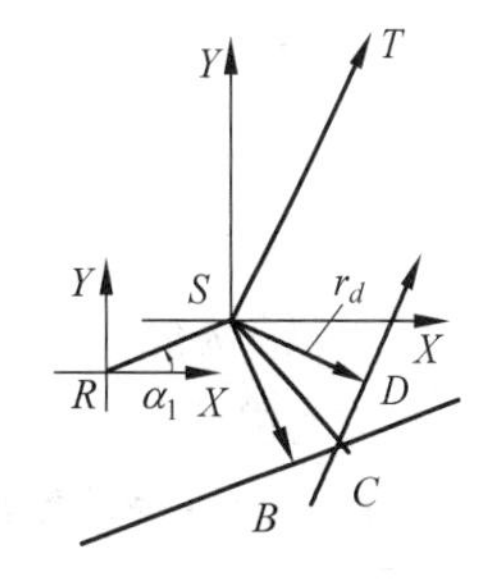

图 2-46　转接矢量的计算

根据刀具半径矢量 $\boldsymbol{SD}=\boldsymbol{SB}=\boldsymbol{r}_d$，以计算 $\boldsymbol{SB}$ 为例，可得其坐标分量分别为

$$\text{G42：}\begin{cases} r_{dx}=|\boldsymbol{r}_d|\cdot\sin\alpha_1 \\ r_{dy}=|\boldsymbol{r}_d|\cdot(-\cos\alpha_1) \end{cases}$$

$$\text{G41：}\begin{cases} r_{dx}=|\boldsymbol{r}_d|\cdot(-\sin\alpha_1) \\ r_{dy}=|\boldsymbol{r}_d|\cdot\cos\alpha_1 \end{cases}$$

如果计算矢量 $\boldsymbol{SD}$，则将 α_1 换为 AF 与 X 轴的夹角。交点矢量的计算与交接的方式有关。

1. 伸长型转接矢量的计算

如图 2-47 所示，已知：α_1、α_2，$\boldsymbol{SB}=\boldsymbol{SD}=\boldsymbol{r}_d$，为计算 $\boldsymbol{SC}$，首先计算 $\boldsymbol{BC}$：

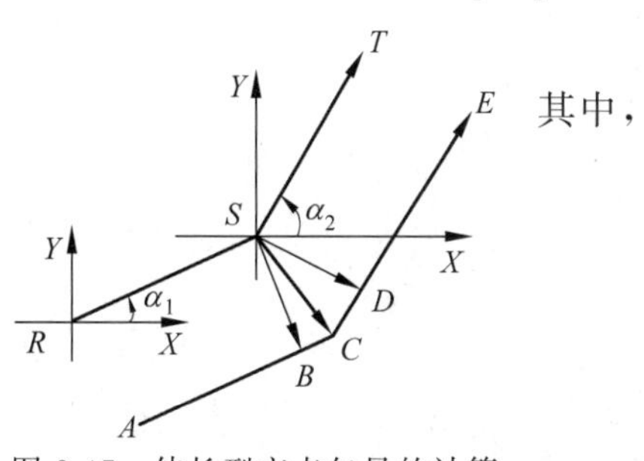

图 2-47　伸长型交点矢量的计算

$$\boldsymbol{BC}=r_d\cdot\tan\angle BSC$$

其中，

$$\angle BSC=\frac{1}{2}\angle BSD$$

$$\angle BSD=\angle BSX-\angle DSX$$

$$\angle BSX=90^\circ-\alpha_1$$

$$\angle DSX=90^\circ-\alpha_2$$

因此，

$$\angle BSC=\frac{1}{2}\angle BSD=\frac{1}{2}(\alpha_2-\alpha_1)$$

$$\boldsymbol{BC}=\boldsymbol{r}_d\cdot\tan\angle BSC=\boldsymbol{r}_d\cdot\tan\frac{1}{2}(\alpha_2-\alpha_1)$$

转接矢量

$$\boldsymbol{SC}=\boldsymbol{SB}+\boldsymbol{BC}$$

可得其在各坐标轴上的分量

$$\begin{cases} \boldsymbol{SC}_x = \boldsymbol{SB}_x + \boldsymbol{BC}_x \\ \boldsymbol{SC}_y = \boldsymbol{SB}_y + \boldsymbol{BC}_y \end{cases}$$

$$\boldsymbol{SC}_x = \boldsymbol{SB}_x + \boldsymbol{BC}_x = \boldsymbol{r}_d \cdot \sin\alpha_1 + \boldsymbol{BC}\cos\alpha_1$$

可得

$$\boldsymbol{SC}_x = \boldsymbol{r}_d \cdot \sin\alpha_1 + |\boldsymbol{BC}|\cos\alpha_1 = \boldsymbol{r}_d \cdot \sin\alpha_1 + \boldsymbol{r}_d \cdot \tan\frac{1}{2}(\alpha_2 - \alpha_1)\cos\alpha_1$$

同理可得

$$\begin{aligned} \boldsymbol{SC}_y &= \boldsymbol{SB}_y + \boldsymbol{BC}_y = \boldsymbol{r}_d \cdot \cos\alpha_1 + |\boldsymbol{BC}|\sin\alpha_1 \\ &= \boldsymbol{r}_d \cdot \cos\alpha_1 + \boldsymbol{r}_d \tan\frac{1}{2}(\alpha_2 - \alpha_1)\sin\alpha_1 \end{aligned}$$

在求得转接矢量后，对应于编程轨迹 $\boldsymbol{RS} \to \boldsymbol{ST}$，刀具中心轨迹为 $\boldsymbol{AB} + (\boldsymbol{SC} - \boldsymbol{SB}) \to (\boldsymbol{SD} - \boldsymbol{SC}) + \boldsymbol{DE}$。

2. 插入型转接矢量的计算

对于插入型转接矢量的计算，如图 2-48(a)所示，已知：α_1、α_2，$\boldsymbol{SB} = \boldsymbol{BC} = \boldsymbol{SD} = \boldsymbol{C'D} = \boldsymbol{r}_d$，求转接矢量 $\boldsymbol{SC}$ 和 $\boldsymbol{SC'}$。

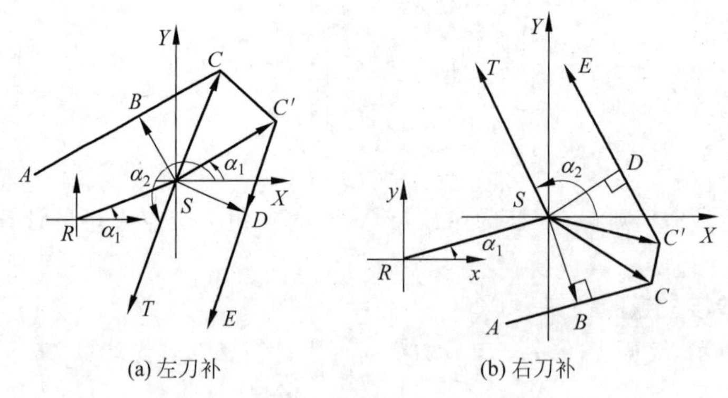

图 2-48　插入型转接矢量的计算

1）左刀补 G41 情况

从图中可以看出

$$\boldsymbol{SC} = \boldsymbol{SB} + \boldsymbol{BC}$$

其在各坐标轴上的分量为

$$\begin{cases} \boldsymbol{SC}_x = \boldsymbol{SB}_x + \boldsymbol{BC}_x \\ \boldsymbol{SC}_y = \boldsymbol{SB}_y + \boldsymbol{BC}_y \end{cases}$$

即

$$\begin{aligned} \boldsymbol{SC}_x &= \boldsymbol{SB}_x + \boldsymbol{BC}_x = \boldsymbol{r}_d \cdot \cos(90° + \alpha_1) + \boldsymbol{r}_d \cos\alpha_1 \\ &= \boldsymbol{r}_d(\cos\alpha_1 - \sin\alpha_1) \\ \boldsymbol{SC}_y &= \boldsymbol{SB}_y + \boldsymbol{BC}_y = \boldsymbol{r}_d \cdot \sin(90° + \alpha_1) + \boldsymbol{r}_d \sin\alpha_1 \\ &= \boldsymbol{r}_d(\cos\alpha_1 + \sin\alpha_1) \end{aligned}$$

同理，对于 $\boldsymbol{SC}$

$$\boldsymbol{SC}'=\boldsymbol{SD}-\boldsymbol{C}'\boldsymbol{D}$$

其在各个坐标轴上的分量为

$$\begin{aligned}\boldsymbol{SC}'_x&=\boldsymbol{SD}_x-\boldsymbol{C}'\boldsymbol{D}_x=\boldsymbol{r}_d\cdot\cos(90^\circ+\alpha_2)-\boldsymbol{r}_d\cos\alpha_2\\&=\boldsymbol{r}_d(-\sin\alpha_2-\cos\alpha_2)\\\boldsymbol{SC}'_y&=\boldsymbol{SD}_y-\boldsymbol{C}'\boldsymbol{D}_y=\boldsymbol{r}_d\cdot\sin(90^\circ+\alpha_2)-\boldsymbol{r}_d\sin\alpha_2\\&=\boldsymbol{r}_d(\cos\alpha_2-\sin\alpha_2)\end{aligned}$$

2）右刀补 G42 情况

按上述方法同样可以获得右刀补情况下的插入型转接矢量：

$$\begin{aligned}\boldsymbol{SC}_x&=\boldsymbol{SB}_x+\boldsymbol{BC}_x=\boldsymbol{r}_d\cdot\cos(3\pi/2+\alpha_1)+\boldsymbol{r}_d\cos\alpha_1\\&=\boldsymbol{r}_d(\sin\alpha_1+\cos\alpha_1)\\\boldsymbol{SC}_y&=\boldsymbol{SB}_y+\boldsymbol{BC}_y=\boldsymbol{r}_d\cdot\sin(3\pi/2+\alpha_1)+\boldsymbol{r}_d\sin\alpha_1\\&=\boldsymbol{r}_d(-\cos\alpha_1+\sin\alpha_1)\\\boldsymbol{SC}'_x&=\boldsymbol{SD}_x-\boldsymbol{C}'\boldsymbol{D}_x=\boldsymbol{r}_d\cdot\cos(\alpha_2-\pi/2)-\boldsymbol{r}_d\cos\alpha_2\\&=\boldsymbol{r}_d(\sin\alpha_2-\cos\alpha_2)\\\boldsymbol{SC}'_y&=\boldsymbol{SD}_y-\boldsymbol{C}'\boldsymbol{D}_y=\boldsymbol{r}_d\cdot\sin(\alpha_2-\pi/2)-\boldsymbol{r}_d\sin\alpha_2\\&=\boldsymbol{r}_d(-\sin\alpha_2-\cos\alpha_2)\end{aligned}$$

获得 $\boldsymbol{SC}$ 和 $\boldsymbol{SC}'$ 后，对应于编程轨迹 $\boldsymbol{RS}\rightarrow\boldsymbol{ST}$，刀具中心轨迹为 $\boldsymbol{AB}+(\boldsymbol{SC}-\boldsymbol{SB})\rightarrow\boldsymbol{SC}'-\boldsymbol{SC}\rightarrow(\boldsymbol{SD}-\boldsymbol{SC}')+\boldsymbol{DE}$。

2.5.5 刀具半径补偿的实例

为说明刀具半径补偿的具体工作过程，下面以一个实例来说明数控系统如何完成具体的刀具半径补偿功能。零件编程轨迹为从起点 O 到终点 E，如图 2-49 所示，刀具半径补偿过程和加工步骤大致如下。

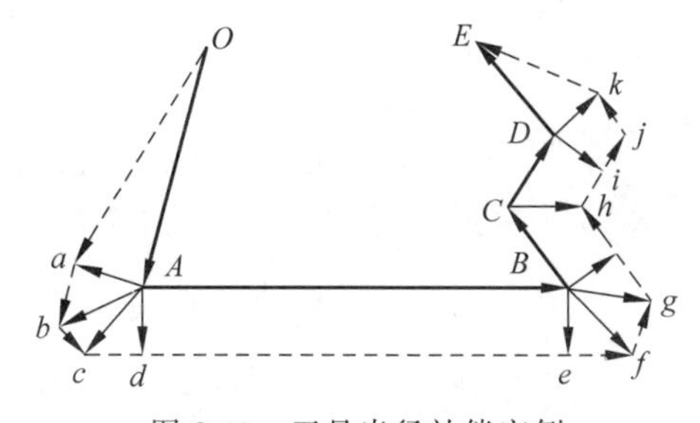

图 2-49 刀具半径补偿实例

（1）读入 OA 程序段，建立刀具半径补偿，继续下一段。

（2）读入 AB 程序段，由 OA 和 AB 两段得出 $\angle OAB$ 大小，因为矢量夹角 $<90^\circ$，可判断此段间转接的形式是插入型转接，且是右刀补，按相应的公式计算出刀具半径矢量 $\boldsymbol{Aa}$ 和 $\boldsymbol{Ad}$、转接矢量 $\boldsymbol{Ab}$ 和 $\boldsymbol{Ac}$ 三点的坐标值，并输出 Oa、ab、bc 三条直线段供插补程序运行。

（3）读入 BC，因为矢量夹角 $\angle ABC<90^\circ$，该段间转接的过渡形式是插入型，则计算出 g、f 点的坐标值，并输出直线段 df 和 fg。

(4) 读入 CD,因为矢量夹角$\angle BCD>180°$,该段间转接的过渡形式是缩短型,则计算出 h 点的坐标值,由于是内侧加工,因此需进行过切判别,若过切则报警,并停止输出,否则输出直线段 gh。

(5) 读入 DE(假定有撤销刀补的指令 G40),因为矢量夹角 $90°<\angle ABC<180°$,尽管是刀补撤销段,该段间转接的过渡形式是伸长型,则计算出 i、j 和 k 点的坐标值,然后输出直线段 hj、jk、kE。

(6) 刀具半径补偿处理结束,加工结束。

习题与思考题

1. 数控机床加工工艺主要包括哪些内容?
2. 数控加工路线的确定应注意哪些问题?
3. 什么是基点和节点?如何对列表曲线表示的零件轮廓进行加工?
4. 如何合理选择数控机床类型?
5. 如何选择数控加工时的切削用量?
6. 什么是插补?常用的插补方法有哪些?
7. 数字积分法插补直线和圆弧时有什么区别?
8. 用逐点比较法对直线 OA 进行插补,轨迹起点为 $O(0,0)$,终点为 $A(5,7)$,写出运算过程,并画出插补轨迹。
9. 用逐点比较法对第Ⅱ象限圆弧 AB 进行插补,轨迹起点为 $A(0,4)$,终点为 $B(-4,0)$,试写出插补运算过程,并画出插补轨迹。
10. 用数字积分法插补第Ⅰ象限直线 AB 进行插补,起点坐标为 $A(0,0)$,终点为 $B(5,3)$,写出运算过程,并画出插补轨迹。
11. 用数字积分法对第Ⅰ象限圆弧 AB 进行插补,其起点为 $A(3,0)$,终点为 $B(0,3)$,试写出插补运算过程并绘制插补轨迹。
12. 刀具半径补偿的主要用途是什么?B 功能刀具补偿和 C 功能刀具补偿有什么不同点?

数控加工程序编制基础

本章学习目标

- 掌握数控加工程序的两种编程方法的特点
- 掌握数控加工程序的程序格式
- 了解数控编程时的常用准备功能和辅助功能指令使用规范
- 掌握常见数控机床的坐标系
- 了解数控车床和数控铣床(加工中心)编程

数控加工程序提供了零件在加工过程中所需的工艺过程、工艺参数、刀具位移量与方向及其他辅助功能(主轴正、反转,刀具交换,冷却液开、关,工件夹紧、松开等)等全部信息,是控制数控加工过程的源程序。本章首先介绍数控加工程序的定义和两种编程方法,再介绍数控加工程序的各个组成部分以及常用准备功能和辅助功能指令使用规范,然后分别介绍数控车床和数控铣床(加工中心)编程方法,最后介绍常用的自动编程软件,并通过 Mastercam 软件介绍了自动编程的大概过程。

3.1 数控加工程序编制的定义和方法

数控编程的主要任务是计算加工走刀中的刀位点。刀位点一般取为刀具轴线与刀具表面的交点,多轴加工中还要给出刀轴矢量。在普通机床上加工零件时,一般通过操作人员在工艺文件的指导下,控制相应的进给以达到所需的尺寸和形状。在加工过程中的所有操作机床的步骤,如开停机、改变主轴的转向和转速、改变进给运动的速度和方向、开关切削液等都由操作人员手工操纵实现。在零件的加工过程中引入数字控制技术后,刀具的运动轨迹完全由数控系统的指令控制,这些用来控制机床运动的若干指令的组合就称为数控程序。数控程序的使用,虽然没有改变常规的机械加工过程中刀具切削的基本原理,但使得数控加工过程同机械加工技术、计算机应用技术以及数字控制等相关技术紧密地结合在一起,从而能够自动完成各种复杂形状零件的机械加工,同时也使得数控加工与常规的机械加工过程有着显著的区别。

所谓数控编程就是根据被加工零件的图纸和技术要求,把零件的工艺过程、工艺参数、机床的运动、刀具位移量以及其他辅助功能(冷却、换刀、夹紧)等必要信息按运动顺序以数控系统所规定的指令和格式记录在程序单上,并经校核的全过程。

数控编程经过了机器语言编程、高级语言编程、代码格式编程、人机对话编程与动态仿真等阶段的发展。20 世纪 70 年代,国际标准化组织(ISO)和美国电子工业协会(EIA)分别对数控机床坐标轴和运动方向、数控程序编程的代码、字符和程序段格式等制定了若干标准和规范,我国按照 ISO 标准也制定了相应的国家标准和部颁标准,从而出现了用代码和标示符号,按照严格的格式书写的数控加工源程序——代码格式编程程序。因为这种编程方法和过程极为简化,使得数控程序编制人员只需查阅相应的系统说明书就能掌握数控编程,从而使数控加工走向更大范围、更广领域的应用。

数控加工程序编制方法主要分为手工编程与自动编程两种,即数控程序的编制可以由操作人员手工完成,即手工编程(Manual Programming)方法,还可以由计算机辅助完成,即计算机辅助数控编程(Computer-aided NC Programming)。

1. 手工编程

手工编程是指整个过程从零件图纸分析、工艺处理、数值计算、程序单编写到程序校核等各步骤都由操作人员完成。手工编程虽然比较简单,容易掌握,适应性较强,但对编程人员的要求较高,不仅要熟悉数控代码和编程规则,还必须具备机械加工工艺知识和数值计算能力。这种方法适合点位加工、坐标计算较为简单、程序段不多,或几何形状不太复杂的零件的加工,如简单的直线与圆弧组成的轮廓加工。相关统计显示,一个零件的手工编程用时与数控机床实际加工时间之比平均约为 30∶1,且数控机床不能工作的原因中,有20%～30%是由于加工程序的编制造成的。但手工编程方法的重要性不容忽视,因为其是编制数控加工程序的基础,也是数控机床加工调试的主要方法,是数控机床操作人员必须掌握的基本功。

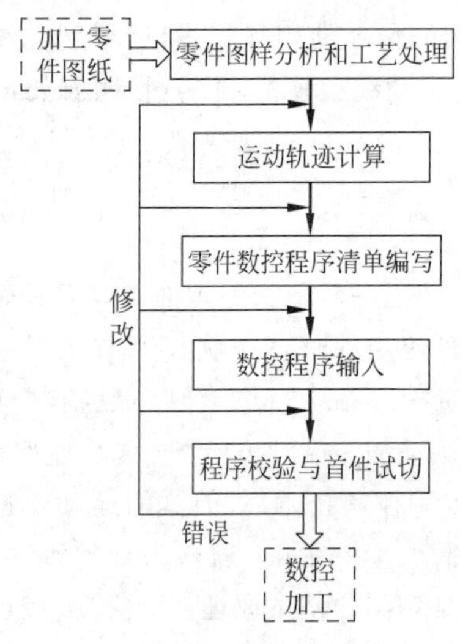

图 3-1 手工编程主要内容

如图 3-1 所示,手工编程的主要内容一般包括零件图样分析、加工工艺过程确定、运动轨迹计算、程序清单编写、程序检查和输入、工件试切。

1) 零件图样分析和工艺处理

在确定某加工零件的加工工艺过程时,编程人员应首先根据图纸对零件的几何形状尺寸、技术要求进行工艺分析,然后明确加工内容,选择加工方案,确定加工顺序,设计夹具,选择刀具,确定合理的走刀路线和切削用量等。除考虑通常的工艺原则外,还应考虑如何充分发挥数控系统的性能,如正确选择对刀点及进刀方式,力求走刀路线最短,走刀和换刀次数最少,尽量减少加工辅助时间等。

2) 运动轨迹计算

数控编程前应根据零件的几何特征和图纸要求,编程人员按已确定的加工路线和允许的零件加工误差,建立相应工件坐标系,并在工件坐标系上计算出刀具的运动轨迹的坐标值,如对于形状比较简单的由直线和圆弧组成的零件,只需计算运动轨迹的起点和终点、圆弧的圆心、两几何元素的交点或切点等的坐标值;对于非圆曲线或曲面组成型状复杂的零件,当数控系统的插补功能不能满足零件的几何形状时,则还必须计算出曲面或曲线上一定数量的离散点,点与点之间用直线或圆弧逼近,根据要求的精度计算出节点间的坐标值。

3) 零件数控程序清单编写

根据制定的加工路线、切削参数、刀具号码、刀具补偿、辅助动作及刀具运动轨迹的坐标值,编程人员可以按照数控系统规定的功能指令代码及程序格式,逐段编写零件加工程序,并进行校核,检查上述两个步骤的错误。

4）数控程序输入

将编制好的程序单上的内容，经转换记录在相关控制介质上，作为数控系统的输入信息，若程序较简单，现代数控系统也可直接通过键盘输入。在通信控制的数控机床中，程序还可以通过相应的计算机通信接口传送。

5）程序校验与首件试切

所制备的控制介质上的程序清单必须经过进一步的校验和试切，验证为正确无误后才能正式投入使用。校验的方法是将程序内容输入数控装置中，采用空走刀运转或画图运转等形式检查机床运动轨迹与动作的正确性。如果是平面工件，可以使用笔和坐标纸分别代替代刀和工件，画出加工路线以检查运动轨迹是否正确。若数控系统具有屏幕图形显示功能和动态模拟功能，可以采用图形模拟刀具与工件切削过程的方法进行检验。虽然这些方法都切实有效，但只能检验出运动是否正确，还不能确定被加工零件的精度是否满足要求，因此必须进行零件的首件试切以进行实际切削检查实验。首件试切时，可以使用单程序段的运行方式进行加工，监视加工状况。如有错误或误差产生，应分析错误的性质和产生的原因，进行相应的程序修改或尺寸补偿。

2. 计算机辅助数控编程

计算机辅助数控编程也称自动编程，是指大部分或全部程序编制工作都由计算机和相应的应用软件完成，自动生成数控加工程序的过程，如坐标值的计算、零件加工程序清单的编写、控制介质的制备等。这种编程方法充分利用了计算机高速运算和存储的功能，解决了手工编程无法完成的复杂零件编程难题，减小了编程人员的劳动强度和编程中出错的可能，缩短了编程所需时间。计算机辅助数控编程由于采用了计算机代替编程人员来完成烦琐的刀具中心运动轨迹计算、零件加工程序清单编制、加工过程动态模拟，所以效率高、可靠性好，尤其适用于形状复杂，具有非圆曲线轮廓、三维曲面等零件的加工程序编写。下面以法国达索公司CAD/CAM软件CATIA完成数控程序的编制来说明计算机辅助数控编程的过程。

如图3-2所示，CATIA的数控编程都需经过获取或建立、分析零件几何模型，进行加工工艺分析、处理和规划，完善零件模型、设置加工参数，计算、生成和检验刀具中心运动轨迹，生成数控程序等几个步骤。

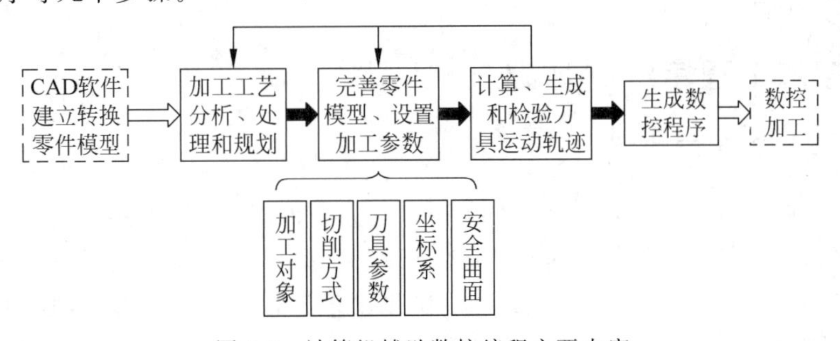

图3-2 计算机辅助数控编程主要内容

（1）获取或建立、分析零件几何模型。

计算机辅助数控编程必须有CAD模型作为加工对象，即CAD模型是数控编程的前提和基础。大多数的CAD/CAM软件都具有强大的CAD系统，可以建立零件的CAD几何三维模型,建立的三维模型可以通过切换模块引入相应的数控加工模块中。另外,也可以通过其他三维造型CAD软件,如SolidWorks、Pro/ENGINEER、Unigraphics等快速建立CAD/几何三维模型,并转换成如iges、step等公共的数据转换格式,通过数据转换接口,导入CAD/CAM软件中。

(2) 进行加工工艺分析、处理和规划。

主要包括加工机床、区域和加工性质的确定、走刀方式和刀具的选择、主轴转速和切削进给的选定等内容。其中,加工机床的确定是指通过对零件模型的分析,确定加工零件上的哪些特征应在哪一类数控机床上完成加工,如各类复杂平面、曲面和壳体类零件(如各种模具、样板、凸轮等)可以选择在数控铣床上完成加工,而对箱体类零件如主轴箱体、泵体、阀体、内燃机缸体等进行多面加工,则可利用回转工作台在卧式加工中心上完成加工;加工区域的确定是指按零件的形状特征和技术要求,将加工对象分成多个不同的加工区域以达到提高加工效率和加工质量的目的;加工工艺路线规划是指加工余量分配、粗精加工的划分和加工流程规划等内容;最后还应明确合适的刀具、主轴转速和切削进给速度、切削方式等加工工艺内容。

(3) 完善零件模型、设置加工参数。

为了便于加工,常需要在CAD模型上进行一些相关的完善和补充,如确定和统一工件坐标系,增加必要的安全曲面,减少对加工无影响的元素和特征,确定刀具边界。加工参数的设置则包括刀具和相应的机械参数的设置,包括主轴转速、加工毛坯类型和尺寸、切削方式、切削进给、进退刀位置及方式、切削液控制等的设置,这一部分实质上是对工艺分析和规划的具体实施。

(4) 计算、生成和检验刀具中心运动轨迹。

刀具中心运动轨迹一般由计算机和相应的软件模块按照相应的设置好的参数自动进行计算和完成,为了保证生成的数控加工程序正确,通常还应对刀具中心运动轨迹进行检验,发现问题及时调整和修改,以确保生成的数控加工程序准确无误。

(5) 生成数控程序。

将检验后的正确无误的刀具中心运动轨迹以相应的数控系统规定的标准格式转换为数控代码,并完成输出和保存。

3.2 数控加工程序编制基础

3.2.1 数控加工程序格式

数控加工程序是由程序名、程序主体和程序结束符号组成的,其核心是一系列程序段和程序块,程序段是可作为一个单位来处理的、连续的字组,是数控加工程序中的一条语句,用于描述准备功能、刀具坐标位置、工艺参数和辅助功能等,一个数控加工程序由若干个程序段所组成。国际标准化组织对数控机床的数控程序的编码字符和程序段格式、准备功能和辅助功能等制定了若干标准和规范。

1. 程序号

程序号写在程序的最前面,必须独占一行。为便于区别,每个存储在系统存储器中的程序都要指定一个程序号,且同一数控系统中的程序号不可以重复。不同的数控系统的程序号地址符有所不同，一般用 O、P 和%等。在 SIEMENS 系统中，程序号可由任意字母、数字和下画线等组成。一般情况下，程序号的前两位多以英文字母开头，如 AA369、BB246 等。而在 FANUC 系统中，程序名书写格式则为 O＊＊＊＊（其中 O 为地址符，其后为 4 位数字，数值为 0000～9999），在书写的时候，数字前几位的 0 可以省略不写，如 O0030 可写成 O30。

2. 字符与代码

字符（Character）是构成数控程序的最小单元，是用来组织、控制或表示数据的一些符号化标记，如数字、字母、标点符号、数学运算符等，其包括数字 0～9，字母 A～Z 和符号三个类别。由于数控系统只能接收二进制信息，所以一般通过相应的标准代码将字符转换成“0”和“1”组合的代码来表达。国际上广泛采用的标准代码有 ISO 标准代码和 EIA 标准代码。虽然这两种标准代码的编码方法有所不同，但在多数现代数控机床上可以通过系统控制面板上的开关或相应地选择 G 功能指令来选择某种代码。

3. 字

字由一个英文字母与随后的若干位十进制数字所组成，其中的英文字母称为地址符。数控加工程序中的字是指一系列按规定排列的字符，作为一个信息单元存储、传递和操作。常用的地址符的功能如表 3-1 所示。

表 3-1　常用地址码的含义

地址码	机能	含义	地址码	机能	含义
O	程序号	程序编号	S	主轴机能	主轴转速指令
N	顺序号	顺序编号	T	刀具机能	刀具编号指令
G	准备功能	机床动作方式指令	M	辅助机能	接通、断开、启动、停止指令
X. Y. Z	坐标指令	坐标轴移动指令	B		工作台分度指令
A. B. C. U. V. W		附加轴移动指令	H. D	补偿	刀具补偿指令
R		圆弧半径	P. X	暂停	暂停时间指令
I. J. K		圆弧中心坐标	I	重复	固定循环重复次数
F	进给机能	进给速度指令	P. Q. R	参数	固定循环参数

1）顺序号 N＊＊

顺序号（Sequence Number）即程序段号或程序段序号。顺序号位于每个程序段之首，由地址符 N 和后续 1～4 位数字组成。数控加工中的顺序号实际上是程序段的名称，数控系统按照程序段编写时的排列顺序逐段执行，通过顺序号可对程序进行校对和检索修改或作为条件转向的目标。编程时一般以间隔 10 递增的方法依次对每个程序段命名，即 N10，N20，N30，…。在调试和修改时，可以方便地使用顺序号 N11、N12 等在 N10 和 N20 之间插入程序段。

2）准备功能字 G＊＊

准备功能字（Preparatory Function 或 G-function）又称为 G 功能或 G 指令，由地址符 G 和其后的两位数字组成，是用于建立机床或控制系统工作方式的一种指令。各数控系统对准备功能字的规定不尽相同，表 3-2 所示为 FANUC 系统与 SIEMENS 数控系统准备功能字的对比。

表3-2 G功能字含义表

G功能字	FANUC系统	SIEMENS系统	G功能字	FANUC系统	SIEMENS系统
G00	快速移动点定位	快速移动点定位	G65	用户宏指令	……
G01	直线插补	直线插补	G70	精加工循环	英制
G02	顺时针圆弧插补	顺时针圆弧插补	G71	外圆粗切循环	米制
G03	逆时针圆弧插补	逆时针圆弧插补	G72	端面粗切循环	……
G04	暂停	暂停	G73	封闭切削循环	……
G05	—	通过中间点圆弧插补	G74	深孔钻循环	……
G17	*XY* 平面选择	*XY* 平面选择	G75	外径切槽循环	……
G18	*ZX* 平面选择	*ZX* 平面选择	G76	复合螺纹切削循环	……
G19	*YZ* 平面选择	*YZ* 平面选择	G80	撤销固定循环	撤销固定循环
G32	螺纹切削	—	G81	定点钻孔循环	固定循环
G33	—	恒螺距螺纹切削	G90	绝对值编程	绝对尺寸
G40	刀具半径补偿注销	刀具补偿注销	G91	增量值编程	增量尺寸
G41	刀具半径补偿——左	刀具补偿——左	G92	螺纹切削循环	主轴转速极限
G42	刀具半径补偿——右	刀具补偿——右	G94	每分钟进给量	直线进给率
G43	刀具长度补偿——正	—	G95	每转进给量	旋转进给率
G44	刀具长度补偿——负	—	G96	恒线速控制	恒线速度
G49	刀具长度补偿注销	—	G97	恒线速取消	注销G96
G50	主轴最高转速限制	—	G98	返回起始平面	……
G54～G59	加工坐标系设定	零点偏置	G99	返回R平面	……

3) 尺寸字

尺寸字(Dimension Word)是用于确定机床各坐标轴位移的方向和数据的,主要由坐标轴的地址代码、“+”“-”符号、数字构成。其中,第一组X,Y,Z,U,V,W,P,Q,R用于进给运动;第二组A,B,C,D,E用于回转运动;第三组I,J,K用于插补参数字等。在一些数控系统中,还有用P指令表示暂停时间、用R指令表示圆弧的半径等。数控系统可以用准备功能字来选择坐标尺寸的制式,通过参数来选择不同的尺寸单位,如FANUC系统用G21和G22来分别选择米制单位和英制单位,采用米制时,一般单位为mm。

4) 进给功能字

进给功能字(Feed Function或F-function)又称为F功能或F指令,由地址符“F”和其后的若干数字位构成,用于指定刀具对于工件的相对速度。F进给功能字有两种表示方法,即编码法和直接指定法。编码法是指地址符F后所跟的数字代码不直接表示进给速度大小,而是机床进给速度数列的编号,具体的进给速度还需根据相关表格查询确定;而现代数控系统通常采用直接指定法,F后面所带的数字就直接表示进给速度。对于车床,F可分为每分钟进给(mm/min)和主轴每转进给(mm/r)两种,对于其他数控机床,一般只用每分钟进给。

5) 主轴转速功能字

主轴转速功能字(Spindle Speed Function或S-Function)又称为S功能或S指令,由地址符“S”和其后的若干数字构成,用于指定主轴转速。主轴速度单位用r/min表示。对于某些具有恒线速度功能的数控车床,加工程序中的S指令可用来指定车削加工的线速度。

6）刀具功能字

刀具功能字(Tool Function 或 T-function)又称为 T 功能或 T 指令,由地址符“T”和后面若干位数字构成,用于更换刀具时指定加工时所用刀具的编号或显示待换刀号。其后的数字还能指定刀具长度补偿和刀尖半径补偿。

7）辅助功能字

辅助功能字(Miscellaneous Function 或 M-function)也称 M 功能或 M 指令,由地址符“M”和其后的两位数字构成,用于指定数控机床辅助装置的“通断动作”。

8）程序段结束字

程序段结束字(End of Block)加在每一个程序段的结尾,FANUC 数控系统采用“; ”作为程序结束字,而有的数控系统也使用 LF 作为程序段结束字。

数控系统各字都有一定的输入指令数值范围,如表 3-3 所示。数控系统实际使用范围由于受机床本身的限制,因此实际使用时主要参考数控机床的相关操作手册确定。如表中 *X* 轴的移动范围和进给速率 F 范围分别可达±99 999.999mm 和 100 000.0mm/min,但实际上数控系统的 *X* 轴行程和最大进给速率分别限制在 650mm 和 3000mm/min 以下,因此在编制数控加工程序时一定要参照数控机床的使用说明书进行合理选择。

表 3-3　数控系统各字的输入指令数值范围

功　能	地　址	公制/英制
程序号	:(ISO) O(EIA)	1～9999/1～9999
顺序号	N	1～9999/1～9999
准备功能	G	0～99/0～99
尺寸	X、Y、Z、Q、R、I、J、K	±99 999.999mm/±9999.9999inch
	A、B、C	±99 999.999deg/±9999.9999deg
进给功能	F	1～100 000.0mm/min/0.01～400.0inch/min
主轴转速功能	S	0～9999/0～9999
刀具功能	T	0～99/0～99
辅助功能	M	0～99/0～99
暂停	X、P	0～99 999.999sec/0～99 999.999sec
子程序号	P	1～9999/1～9999
重复次数	L	1～9999/1～9999
补偿号	D、H	0～32/0～32

4. 数控加工程序的构成

加工工程序的一般构成如下:

```
%                                      //开始符
O2000                                  //程序名
N10 G00 G54 X40 Y58 M03 S2500        }
N20 G01 X88.1 Y30.2 F500 T0201 M08   }  //程序主体
N30 X100                              }
⋮
N130 M30                               //结束符
```

其中,程序结束符号 M30(某些数控系统使用 M02)通常要求独占一行,保证最后程序段的正常执行。此外,数控加工程序子程序的结束符号因不同的系统而各异,如 FANUC 系统采用 M99,而 SIEMENS 系统则通常采用 M17、M02、REF。

5. 数控加工程序中的主程序和子程序

当对有多个相同特征(形状和尺寸都相同)的加工零件进行编程时,若按通常的方法编程,则一个数控加工程序中可能会多次重复出现某一组程序段,为缩短程序,则可以将这组重复的程序段串按一定格式做成固定程序,单独加以命名并存储在子程序存储器中,这组程序段串就称为子程序,而程序中子程序以外的部分便称为主程序。主程序在执行过程中如需执行某一子程序即可调用,并且可以多次调用,有些数控系统还可以进行子程序的多层嵌套使用,从而可以极大增加程序编制的灵活性,简化了编程工作,缩短了程序总长度,节约了程序存储器的容量。在主程序中,调用子程序的指令是一个程序段,其格式随具体的数控系统而定,FANUC6T 系统子程序调用由程序调用字、子程序号和调用次数组成,如:

```
M98 P __ L __;
```

式中,M98 表示子程序调用字;P 后所带的参数为所要调用的子程序号;L 后所带的参数为子程序重复调用次数。指令 M99 用于子程序返回主程序,表示子程序运行结束,返回到主程序从调用子程序的程序段后开始继续执行程序。嵌套即子程序执行过程中又调用下一级子程序,此时上一级子程序相当于主程序,下一级子程序相当于子程序。具体的子程序可嵌套层数由采用的数控系统所决定,如 FANUC6T 系统中可以有两层嵌套。

3.2.2 数控机床相关坐标系

数控机床上的动作和加工是由数控装置根据数控加工程序控制完成的,所以为了确定数控机床上的成型运动和辅助运动,必须先确定机床上运动的位移和运动的方向,即确定机床的相关坐标系。坐标系一经建立,只要不切断电源,坐标系就不会变化。

数控车床有三个坐标系,即机床坐标系、编程坐标系和工件坐标系。

1) 机床坐标系

机床坐标系是数控机床上由生产厂家在机床装配和调试时确定的固定的坐标系,其原点是在制造数控机床时的固定坐标系原点,是机床加工的基准点,也称机床零点、机床原点或机械原点,其坐标和运动方向视机床的种类和结构而定。在实际使用时机床坐标系是根据机床的参考点确定的,机床参考点是指机床制造厂家根据机床零点固定的一个点,机床系统启动后,都要执行返回参考点的操作,相应的机床坐标系就建立了。参考点的另外一个作用是使测量系统置零,移动部件返回参考点后,测量系统即可以参考点作为基准,随时测量运动部件的位置。

2) 编程坐标系

编程坐标系是编程人员在编程序时根据零件图样及加工工艺等建立和使用的坐标系。由于编程坐标系一般供编程使用,所以确定编程坐标系时不必考虑工件毛坯在机床上的实际装夹位置。编程原点是根据加工零件图样及加工工艺要求选定的编程坐标系的原点,应尽量选择在零件的设计基准或工艺基准上,而编程坐标系的各轴方向应该与所使用的数控机床相应的坐标轴方向一致。一般为使编程方便,一律假定工件固定不动,而通过刀具运动完成加工,把 Z 轴与工件轴线重合,X 轴放在工件端面上。

3) 工件坐标系

工件坐标系是机床进行加工时使用的坐标系,它应该与编程坐标系一致。能否让编程坐标系与工件坐标系一致是操作的关键。对于加工人员来说，主要不是考虑如何编程，而是在装夹工件、调试程序时，如何方便地完成加工，为此通过数控系统中的设定将编程原点转换为加工原点，并确定加工原点的位置。

编程人员在编制程序时，只要根据零件图样就可以选定编程原点、建立编程坐标系、计算坐标数值，而不必考虑工件毛坯装夹的实际位置。对于加工人员来说，则应将编程原点转换为加工原点，并确定加工原点的位置，在数控系统中给予设定（即给出原点设定值），设定加工坐标系后就可根据刀具当前位置，确定刀具起始点的坐标值。数控机床在加工时按照准确的加工坐标系位置开始加工。

1．机床坐标轴

根据 ISO 841 标准，数控机床坐标系用右手笛卡儿坐标系作为标准确定。数控机床的运动轴可分为平动轴和转动轴，且各轴的运动可以通过刀具产生运动完成，也可以通过工件产生运动完成。为了编程和加工的方便，我国 JB/T 3051—1999《数控机床　坐标和运动方向的命名》规定，不论机床的具体运动如何（工件静止、刀具运动，或刀具静止而工件运动），机床的运动统一按工件静止而刀具相对工件运动来描述。机床的直线运动以右手笛卡儿坐标系表达，其平动轴用基本坐标轴 X、Y、Z 表示，转动轴则以绕 X、Y 和 Z 轴转动的 A、B、C 轴表示，其转动的正方向按右手螺旋定则确定，如图 3-3 所示。具体的判断法则如下。

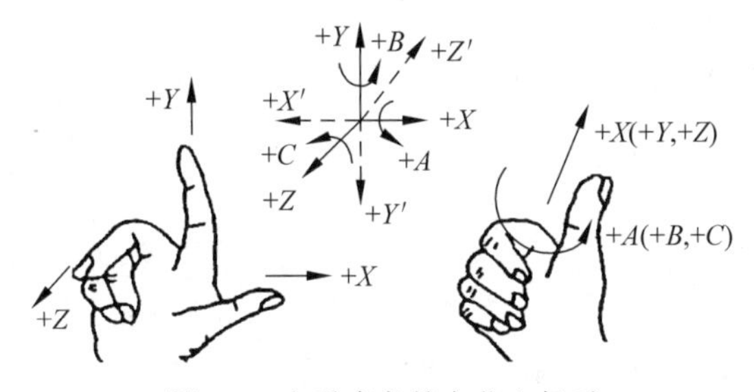

图 3-3　右手直角笛卡儿坐标系

(1) 伸出右手的大拇指、食指和中指，使三指两两垂直，大拇指指向 X 轴正方向，食指指向 Y 轴正方向，则中指指向的就是 Z 坐标正方向。

(2) 根据右手螺旋定则，大拇指指向 $X(Y,Z)$轴的正方向，四指环绕的方向就是 $A(B,C)$ 轴的正方向。

2．机床坐标轴方向的确定

机床坐标轴定义顺序是先确定 Z 轴，然后确定 X 轴，最后按右手螺旋定则确定 Y 轴。

1) Z 轴的确定

Z 坐标的运动方向是由传递切削动力的主轴决定的，即机床主轴沿其轴线方向运动的平动轴为 Z 轴。机床的主轴是指产生切削动力的轴，例如车床上的工件旋转轴和铣床、钻床、镗床上的刀具旋转轴。如果机床上有几个主轴或主轴能够摆动，则以主轴轴线垂直于工件装夹平面的主轴方向为 Z 坐标方向。无主轴机床的 Z 轴选定为垂直于工件装夹平面的方向。指定增大刀具与工件间距离，即离开工件的方向为 Z 坐标的正方向。如图 3-4 所示为数控车床和数控铣床的坐标系。

2) X 轴的确定

X 坐标一般指定为垂直于 Z 轴且平行于工件的装夹平面，一般位于水平面内。确定不

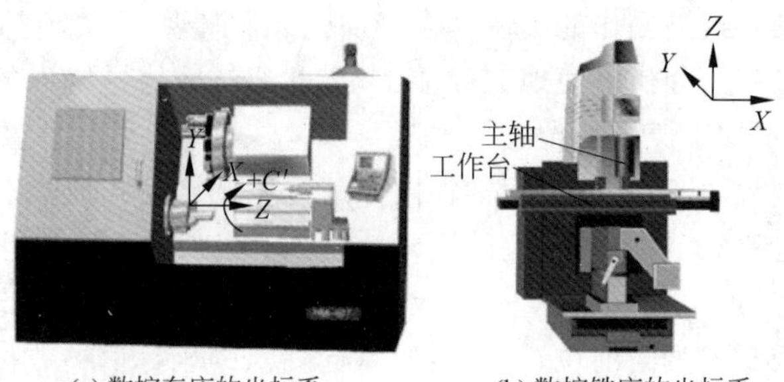

(a) 数控车床的坐标系　　(b) 数控铣床的坐标系

图 3-4　数控机床的坐标系

同类型的机床 X 轴的方向时,要考虑两种情况:如果工件做旋转运动(如车床和磨床等),则 X 坐标的正方向指定为刀具离开工件的方向;对于铣床、钻床等刀具做旋转运动的机床,若 Z 轴是水平的,X 轴规定为观察者从刀具向工件方向看时沿左右运动的轴,且向右为正;若 Z 坐标垂直,则 X 轴规定为观察者面对刀具主轴向立柱(若有两个立柱则选左侧立柱)方向看时沿左右运动的轴,$+X$ 运动方向指向右方。

3) Y 轴的确定

Y 轴的确定可以根据已确定的 X、Z 坐标,根据右手直角坐标系法则来确定。

4) A、B 和 C 坐标的定义

A、B、C 分别表示绕 X、Y、Z 轴的旋转运动,其正方向可相应地根据右手螺旋定则判定,如图 3-3 所示。

5) 附加坐标系的定义

X、Y、Z 一般称为主坐标系或第一坐标系,而把平行于 X、Y、Z 主要坐标的其他坐标称为附加坐标,可分别用 U、V、W,P、Q、R 来指定第二、第三坐标系。同样,若除第一回转坐标系 A、B、C 外还有其他旋转坐标系,可用 D、E、F 来表示。

6) 对于工件运动的相反方向

为了编程方便,在确定坐标系时一律看作工件相对静止而刀具运动。实际应用时,对于如车床等工件运动而不是刀具运动的机床,必须将前述为刀具运动所作的相关坐标系的规定作相反的安排。通常用不带“'”的字母(如 $+X$)表示刀具相对于工件的正向运动的指令,而带“'”的字母(如 $+X'$)表示工件相对于刀具正向运动的指令,二者表示的运动方向正好相反。编程和工艺人员只考虑工件静止而刀具运动的情况,即不带“'”的运动方向。

3. 绝对坐标系与相对坐标系

绝对坐标系中所有的坐标均以固定坐标原点为起点确定坐标值。相对坐标系也称为增量坐标系,其中的坐标点以坐标系内某一点作为起点,如控制刀具直线行走时,终点坐标以起点坐标为基准,即相对坐标系的坐标原点是移动的,坐标值与运动方向有关。通常用 U、V、W 来分别表示与 X、Y、Z 平行的增量坐标。如图 3-5 所示,假定运动轨迹是由 P_1 点到 P_2 点,则在描述 P_2 点时可以用绝对坐标(30,50)和相对坐标(−20,40)来表示。

在编程过程中,绝对坐标系和增量坐标系都可采用,具体应该根据加工精度和编程方便等综合考虑并合理选用。如某零件图纸上所有的尺寸标注都由一个固定基准引出,则应该选绝对坐标编程;而如果所有尺寸都是基于特征之间的标注,则应该选用增量坐标编程。

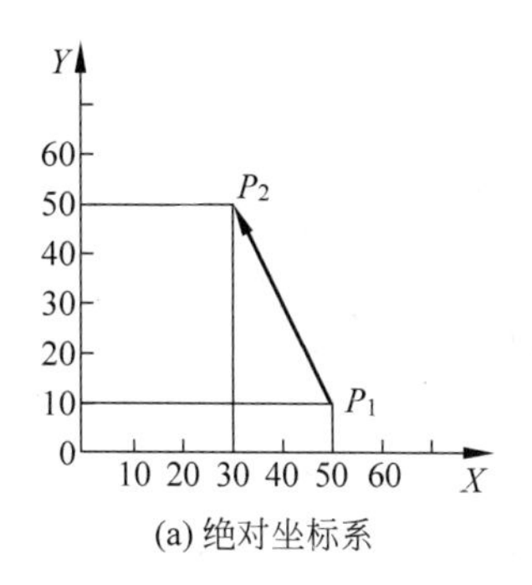

(a) 绝对坐标系

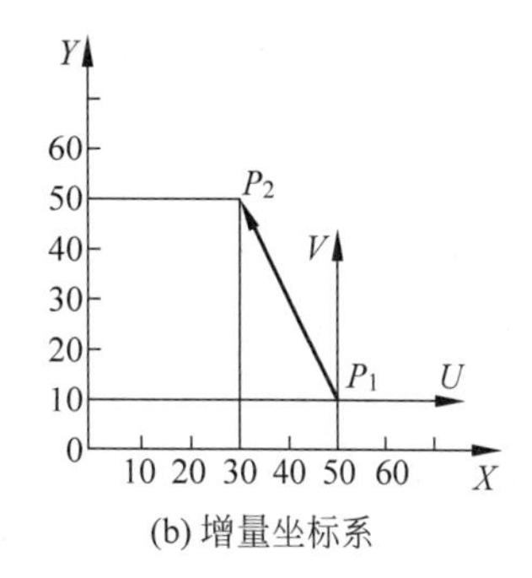

(b) 增量坐标系

图 3-5　绝对坐标系和增量坐标系

3.2.3 数控程序常用功能指令及其使用

数控加工程序中所用的各种代码，如准备功能指令、辅助功能指令、主运动和进给速度指令、刀具指令等是数控程序编制的基础，本节主要对这些功能指令的使用和功能进行说明。由于数控系统的各个生产厂家对编程的许多细节都不统一，因此编程时还应具体参照数控机床的编程手册，按相关的规定进行编程，否则将造成数控系统无法运行等错误。本节中所有的方法和应用都基于 ISO 标准进行说明。

1. 常用准备功能指令及用法

准备功能 G 代码指令非常丰富，包括坐标系设定、加工平面选择、参考点设定、坐标尺寸表示方法、定位、插补、刀补、固定循环、速度指令、安全和测量功能等与机床运动有关的一些指令。ISO 标准中规定的 G 代码如表 1-1 所示。

1）G90/G91——绝对/相对坐标编程

指令格式：G90(G91)G01 X __ Y __ Z __ F __;

指令功能：G90 指定程序使用绝对坐标编程，G91 指定程序使用相对坐标编程。

指令说明：G90 和 G91 分别指定其后的值为绝对坐标和增量坐标。同一坐标轴方向的尺寸字的地址符是相同的，同一条程序段中只能使用两者中的一种，且不能混用。在有的数控系统中增量坐标不使用 G91 而直接用 U、V、W 地址符表示增量尺寸编程，这种表达方式使得绝对尺寸和增量尺寸两种方法在同一程序段中可以混用，为编程带来了方便。

例 3-1：如图 3-6 所示，假设刀具处在 P_1 点，要求按 $P_1P_2P_3$ 轨迹完成加工，当使用绝对坐标编程时两条直线插补的程序段如下。

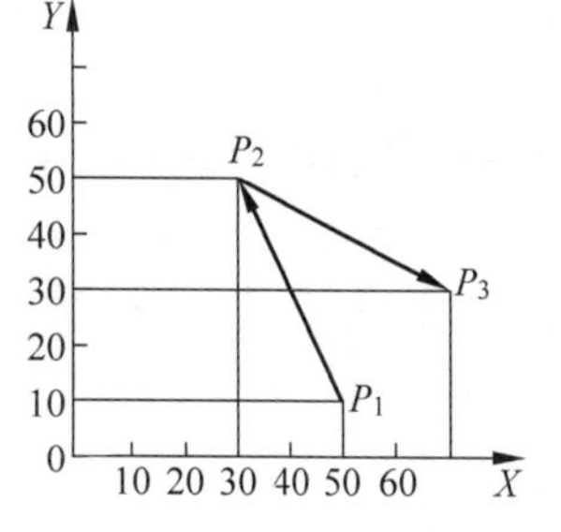

图 3-6　绝对/相对坐标编程

```
G90 G01 X30 Y50 F __;
G01 X70 Y30;
```

当使用相对坐标编程时程序段如下。

```
G91 G01 X-20 Y40 F __;
G01 X40 Y-20;
```

当使用 U、V、W 地址符进行编程时的程序段如下。

```
G01 U-20 V40;
G01 U40 V-20;
```

2) G92——工件编程坐标系设定

指令格式：G92 X_ Y_ Z_;

指令功能：G92指令可以通过刀具对刀点在距工件坐标系原点的距离设定工件坐标系。

指令说明：由于用绝对坐标编程时其基准点是工件坐标系的原点，因此在加工前应通过相应指令建立起机床坐标系与工件编程坐标系的关系。该指令规定了对刀点到工件原点的距离，*X*、*Y*、*Z* 即为对刀点在工件坐标系中的坐标。执行指令后，数控系统内部即对(*X*、*Y*、*Z*)进行记忆，并建立一个使刀具当前点坐标值为(*X*、*Y*、*Z*)的坐标系，系统控制刀具在此坐标系中按程序进行加工。对于不运动的坐标可以省略。该指令不产生任何运动，只是建立起坐标系。

例3-2：如图3-7所示为数控车床工件坐标系设定的例子，按图中的尺寸，其指令为

```
G92 X35 Z50;
```

执行指令后，系统就在以距当前刀具点(−35,−50)的位置为原点建立起了工件坐标系。首件加工后，如果发现工件因在机床上的安装位置不准而引起了某种加工误差时，可以不必移动工件，只对G92所设定的坐标进行修改就可以对产生的误差进行消除。

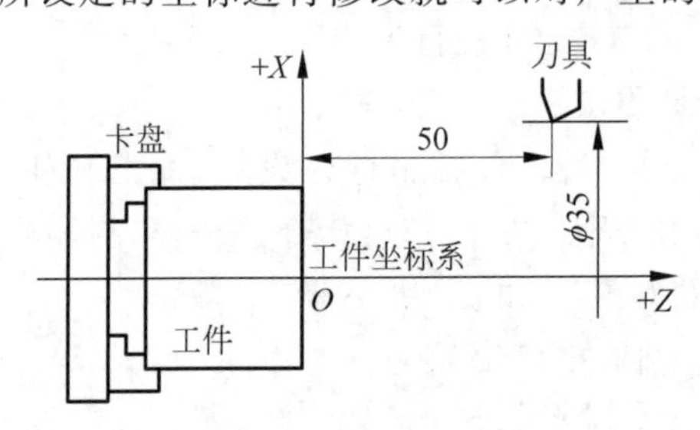

图3-7　工件坐标系设定

3) G54～G59——通过零点偏移设定工件坐标系

指令格式：G90 G55 G00　X_ Y_ Z_;

指令功能：G54～G59指令把测量系统的原点在相对机床基准的规定范围内移动。

指令说明：为编程计算方便，根据零件图纸所标尺寸基点和有关形状公差要求，数控系统可以分别用G54～G59设定6种(当不用G92指令设定工件坐标系时)不同的工件零点偏置，实际上也是将编程坐标系进行了相应的平移。偏置值可通过MDI方式输入相应项中，使用时通过G54～G59进行相应的调用。

例3-3：如图3-8所示，P_1P_2 直线轨迹可以利用 P_1 点和 P_2 点在G55坐标系的坐标编程如下。

```
G55;
G90 G00 X20 Z15;
G01 X10 Z32 F_;
```

4) G17～G19——坐标平面选择指令

指令格式：G17 G02 X_ Y_ R_ F_;

指令功能：G17～G19指令分别表示设定选择 *XY*、*ZX*、*YZ* 平面为当前工作平面。

指令说明：当数控机床可以多轴联动时，需要用G17～G19指令来分别指定加工平面，

如图3-9所示。设定后的程序段中的坐标地址应与所设定的坐标平面相符,否则会出现编程出错。由于大部分运动都在 XY 平面,故G17可以省略。由于数控车床总是在 XZ 平面进行加工,因此在数控车床加工程序中无须写G18指令。

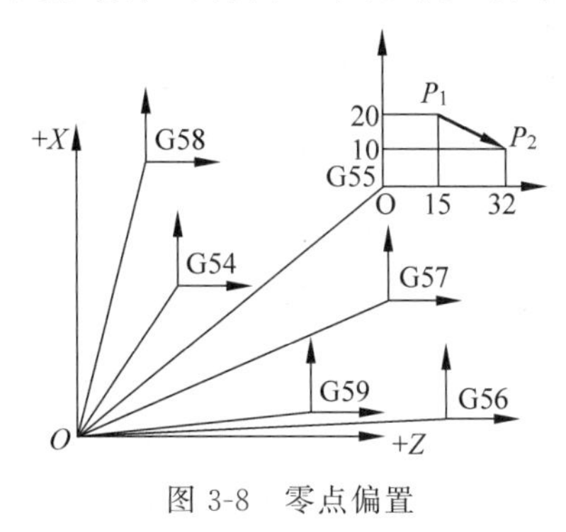

图3-8　零点偏置

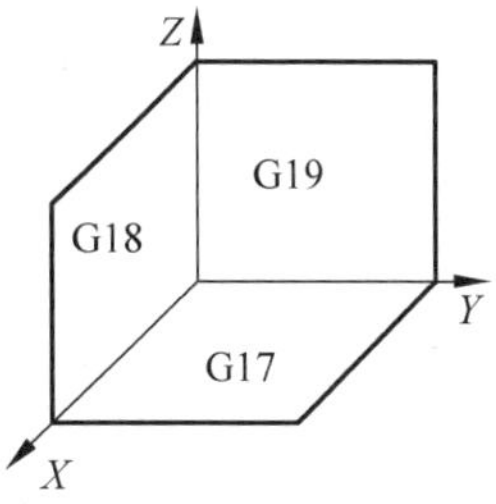

图3-9　加工平面选择

例3-4:加工 ZX 平面的逆圆弧指令为

G18 G03 X __ Z __ I __ K __ F __;

5) G00——快速定位指令

指令格式:G00 X __ Y __ Z __;

指令功能:G00指令可以使刀具以点位控制方式从当前点快速移动到 X、Y 和 Z 所指定的目标点上。

指令说明:X、Y 和 Z 在G90时,为目标点的绝对坐标值,在G91时为目标点相对于起始点的增量坐标。对于不运动的坐标可以省略,如在数控车床上加工时,只有 X 和 Z 坐标。刀具在运动时,其进给路线轨迹根据具体控制系统设计不同,有可能为折线。运动速度不能使用F指令设定,可通过参数设定对各轴快速进给速度进行相应的指定,当趋近目标点时,自动由1~3级降速实现精确定位。

例3-5:如图3-10所示从刀具起点 P_1 点到目标点 P_2 点的快速定位指令为

G90 G00 X30 Y50;

或

G91 G00 X-20 Y40;

执行这两条语句后数控系统可能由 P_1P_2、$P_1P_3P_2$、$P_1P_4P_2$ 这3种轨迹方式到达 P_2 点。

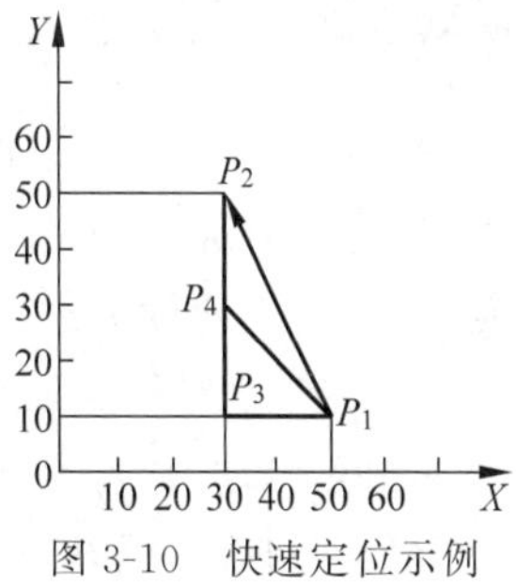

图3-10　快速定位示例

6) G01——直线插补指令

指令格式:G01 X(U) __ Y(V) __ Z(W) __ F __;

指令功能:使刀具按直线轨迹对工件进行切削加工,终点坐标值使用 X、Y、Z 或 U、V、W 来分别表示绝对坐标和增量坐标,切削速度通过F指令进行设定。

指令说明:对于不运动的 X、Y、Z 或 U、V、W 坐标可以省略。进给方式有每分钟进给(单位为mm/min)和主轴每转进给(单位为mm/r)两种,由其他指令设置。使用G01指令时可以采用绝对坐标编程,也可采用相对坐标编程。

例 3-6：如图 3-11 所示为车削加工一个轴类零件，工件坐标系原点选定在工件右端面中心，当用绝对值编程时其程序如下。

N10 G92 X200.0 Z100.0；(设定工件坐标系)
N20 G00 X50.0 Z2.0 S800 T01 M03；(由 P_0 点快速定位至 P_1 点)
N30 G01 Z-40.0 F80；(刀具从 P_1 点按 F 速度直线插补进给到 P_2 点)
N40 X80.0 Z-60.0；(刀具从 P_2 点按 F 速度直线插补进给到 P_3 点)
N50 G00 X200.0 Z100.0；(由 P_3 点快速返回至 P_0 点)
N60 M02；(程序结束)

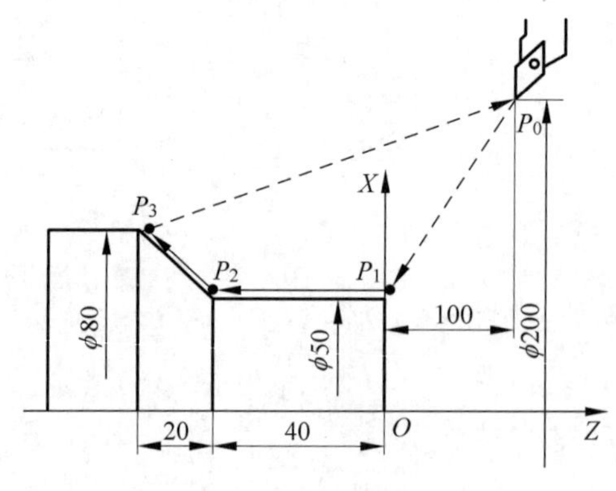

图 3-11　直线插补举例

当使用增量值编程时程序如下。

N10 G00 U-150.0 W-98.0 S800 T01 M03；(由 P_0 点快速定位至 P_1 点)
N20 G01W-42.0 S800 T01 M03；(刀具从 P_1 点按 F 速度直线插补进给到 P_2 点)
N30 U30.0 W-20.0 F80；(刀具从 P_2 点按 F 速度直线插补进给到 P_3 点)
N40 G00 U120.0 W160.0；(由 P_3 点快速返回至 P_0 点)
N50 M02；(程序结束)

7) G02/G03——圆弧插补指令

指令格式：G02 X＿ Y＿ Z＿ I＿ J＿ K＿ F＿；(圆心法)
G02 X＿ Y＿ Z＿ R＿ F＿；(半径法)

指令功能：G02 为顺圆弧插补，G03 为逆圆弧插补。使刀具按圆弧轨迹对工件进行切削加工，终点坐标值使用 X、Y、Z 表示，圆心可以通过相对坐标 I、J、K 坐标指定，或通过 R 指定半径，切削速度通过 F 指令进行设定。

指令说明：对于不运动的 X、Y、Z 或 U、V、W 坐标可以省略。X、Y、Z 可以是绝对坐标值或者相对坐标值，I、J、K 不受 G90 和 G91 的限制，一般为相对于起点的圆心增量坐标。圆心法通过圆弧起点、终点和半径确定圆弧，如图 3-12 所示，在给定圆弧起点、终点和半径的前提下，有两段圆弧 S_1 和 S_2 可以与之对应，但两段圆弧必有一段所对的圆心角小于或等于 180°，而另一段所对的圆心则大于 180°。为了唯一限定使用哪种方式，指定 R 后所带的半径如果为正则表示加工的圆弧所对的圆心角小于 180°，而如果所对圆心角为负则表示加工的圆弧所对的圆心角大于 180°，圆心法不能用于加工整圆。如图 3-12 所示的圆弧 S_1 和 S_2(P_1 为起点，P_2 为终点，P_2 的坐标为 px，py)的加工程序为

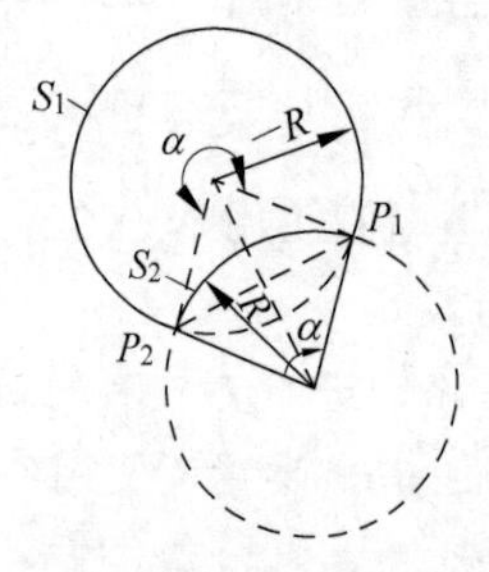

图 3-12　圆弧半径法编程时的 R 参数

G90 G02 Xpx Ypy R-r F100.0；(S_1 圆弧)
G90 G02 Xpx Ypy Rr F100.0；(S_2 圆弧)

所谓圆弧的顺逆判断，是指从所在平面 $XY(XZ,YZ)$ 的 $Z(Y,X)$ 轴的正向往负方向看去，以第一轴为基准，看圆弧的转向，具体不同平面上的顺逆判断如图 3-13 所示。

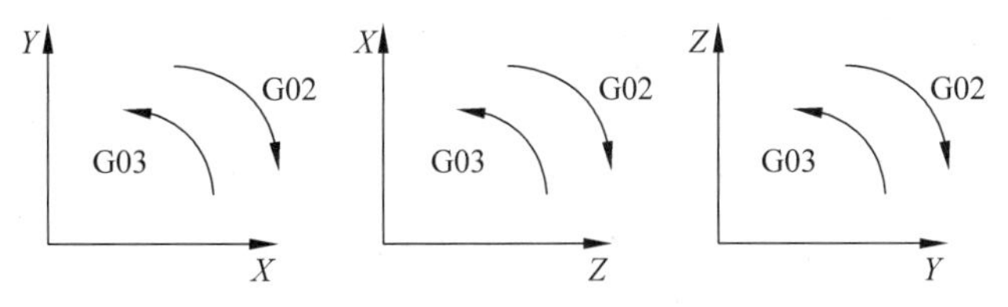

图 3-13　不同坐标平面上的顺逆圆弧判断

例 3-7：如图 3-14 所示，设刀具起点在 P_1 点，要求的加工轨迹为 $P_1 \to P_2 \to P_3 \to P_4$，则在绝对编程方式下，半径法加工程序如下。

N10 G92 X0 Y50.0 Z0；(建立工件坐标系)
N20 G90 G02 X20.0 Y30.0 R20.0 F100；(顺圆弧插补加工至 P_2 点)
N30 G03 X70.0 Y30.0 R25.0；(逆圆弧插补加工至 P_3 点)
N40 G02 X90.0 Y50.0 R-20.0；(顺圆弧插补加工至 P_4 点)
N50 M02；(程序结束)

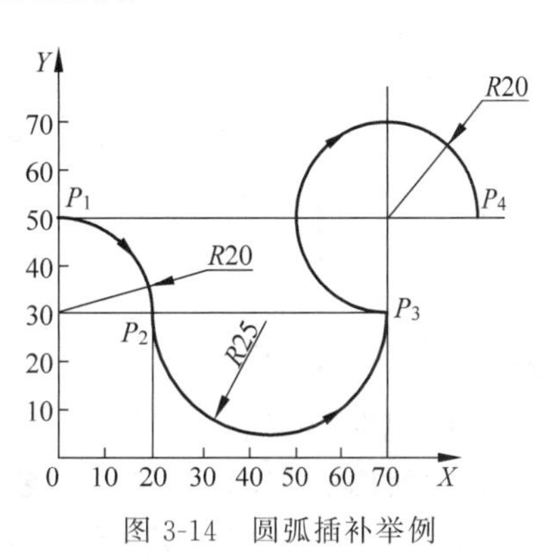

图 3-14　圆弧插补举例

或使用圆心法加工程序如下。

N10 G92 X0.0 Y50.0 Z0；(建立工件坐标系)
N20 G90 G02 X20.0 Y30.0 J-20.0 F100；(顺圆弧插补加工至 P_2 点)
N30 G03 X70.0 Y30.0 I25.0；(逆圆弧插补加工至 P_3 点)
N40 G02 X90.0 Y50.0 J20.0；(顺圆弧插补加工至 P_4 点)
N50 M02；(程序结束)

当使用增量坐标编程时，其加工程序如下。

N10 G91 G02 X20.0 Y-20.0 R20.0 F100；(顺圆弧插补加工至 P_2 点)
N20 G03 X50.0 Y0 R25；(逆圆弧插补加工至 P_3 点)
N30 G02 X20 Y20 R-20；(顺圆弧插补加工至 P_4 点)
N40 M02；(程序结束)

如何使用增量坐标编程，通过圆心法完成本例的编程，请读者思考。

8) G04——暂停(延迟)指令

指令格式：G04 X __；
　　　　　G04 P __；

指令功能：G04 指令使刀具在当前位置作短时间暂停或延迟，实现无进给的光整加工，地址符 P 和 X 后所带参数为暂停的时间长短或工件转数。其中，X 所带参数单位一般为秒，而 P 后所带参数为毫秒。

指令说明：若刀具在车槽、镗平面、锪孔等加工时，进给完后立即退刀，所加工的平面可能会产生螺旋面而达不到所要求的表面质量要求，为此使刀具在加工完后作短暂的无进给加工，以获得圆整而光滑的工件表面。G04 为非模态指令，仅在本程序段有效，且程序段内不能包括其他指令。

例 3-8：如图 3-15 所示，为保证锪孔加工的孔底面表面质量，可用以下程序保证孔底平整。

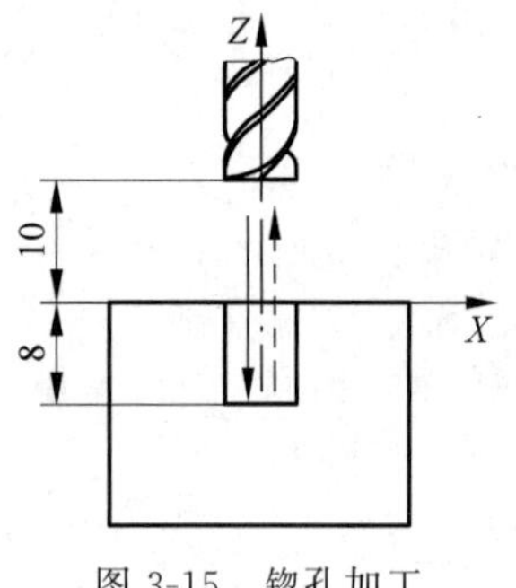

图 3-15　锪孔加工

```
N10 G91 G01 Z-18.0 F80;
N20 G04 X4.0;
N30 G00 Z18.0;
N40 M02;
```

9) G41、G42、G40——刀具半径补偿指令

指令格式：G01 G41 X _ Y _ D _ F _；(G41 与 G01 构成的指令格式)

指令功能：G41 为刀具半径左补偿，G42 为刀具半径右补偿，G40 为刀具半径补偿注销指令。用 D 后所带的数字表示偏置号，如 D01。

指令说明：当用圆形刀具对工件进行加工时，决定工件尺寸的并不是刀具中心而是刀具的外轮廓。因此当数控系统不具备自动刀具半径补偿机能时，需要编程人员根据工件轮廓与刀具半径计算刀具中心的运动轨迹。这种计算是非常复杂的，而且当刀具磨损、重磨以及更换导致刀具半径有变化时，必须重新计算，这种工作烦琐且难以保证加工精度。现代数控系统一般都具备刀具半径自动补偿功能，可极大简化程序的编制，编程人员只需向数控系统输入刀具半径值后就可以按工件轮廓尺寸直接编程。数控系统根据程序中的刀具偏置方向及偏置号，自动计算刀具中心运动轨迹并按其运动。刀具半径左(右)补偿指顺着刀具前进的方向观察，刀具在工件轮廓的左边(右边)。当使用 G40 取消刀具半径补偿后，刀具中心与编程轨迹重合。G41、G42、D 都为续效指令。如图 3-16 所示，当所加工的零件特征为一凸台，即所示的工件轮廓为外轮廓时，如果数控系统没有自动半径补偿，那么编程时应按图中的刀具中心轨迹 1 进行编程，此时因为刀具在工件轮廓的左侧，所以应使用 G41 左补偿指令；当所加工的特征为一型腔，即所示的工件轮廓为内轮廓时，刀具应按刀具中心轨迹 2 运动，此时因为刀具在工件轮廓的右侧，所以应使用 G42 右补偿指令。

例 3-9：如图 3-17 所示为刀具半径补偿示例，为加工图示的凸台，刀具中心应按图中双点画线所示的轨迹运动，刀具起点在坐标系原点位置，加工完后应回刀具起点，相应的加工程序如下。

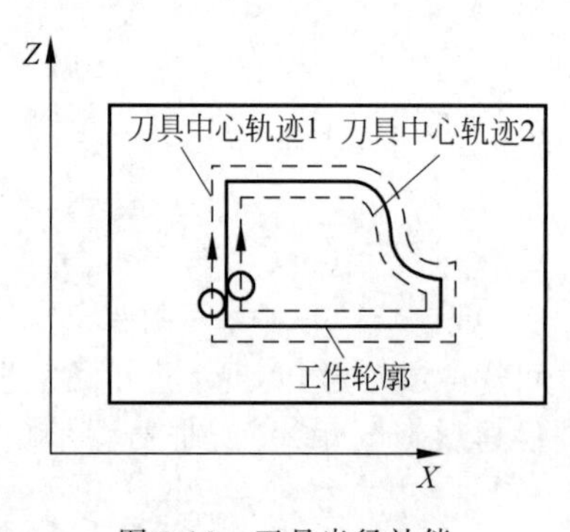

图 3-16　刀具半径补偿

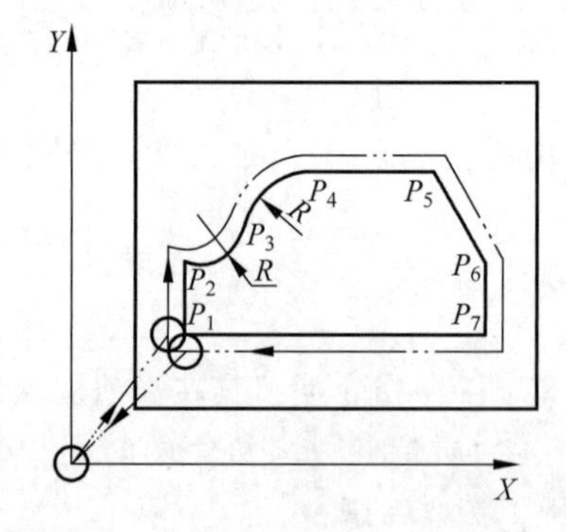

图 3-17　刀具半径补偿功能应用举例

O1000	程序名
N10 G92 X0 Y0;	
N20 G90 G00 G41 XP1x YP1y T1; D01	建立刀具补偿

```
N30 G01 XP2x YP2y F __;              执行刀具补偿
N40 G03 XP3x YP3y F __;              执行刀具补偿
  ⋮
N90 G01 XP1x YP1y;                   执行刀具补偿
N100 G00 G40 X0 Y0;                  取消刀具补偿
N110 M02;                            程序结束
```

10) G43、G44、G40(G49)——刀具长度补偿(偏置)指令

指令格式：G01 G43 Z __ H __ F __;(G43 与 G01 构成的指令格式)

G00 G49 Z __;

指令功能：G43 为刀具长度正偏置，G44 为刀具长度负偏置，H 为刀具长度补偿代号，可取 H00～H99，G40(或 G49)为刀具长度偏置注销指令。

指令说明：刀具长度补偿常用来补偿编程刀具与实际使用刀具之间的长度差，一般用于刀具轴向方向的补偿，该指令使得刀具在轴向的实际位移量大于或小于程序给定值。该指令使实际终点坐标值(A_2)等于程序给定值(A_1)加上或减去补偿值(A)。如图 3-18 所示为钻头钻孔示意图，正偏置 G43 指令使实际终点坐标值(A_2)等于程序给定值(A_1)加上补偿值(A)；相应的负偏置 G44 使实际终点坐标值(A_2)等于程序给定值(A_1)减去补偿值(A)，注意这里的 A_1、A_2 和 A_3 都是具有方向性的代数值。刀具长度偏置指令使编程人员不一定要知道实际使用的刀具长度，可按假定的刀具长度进行编程，且在加工过程中如果刀具长度发生了变化后不需要更改数控加工程序，而只需将实际刀具长度与编程假定值之差输入数控系统的长度偏置存储器中即可。

以上的刀具半径补偿和刀具长度偏置可统称为刀具补偿，通过刀具补偿功能，可以使数控系统加工具有如下优点。

(1) 同一加工程序实现粗、精加工和内、外轮廓面的加工。

不改变加工程序的内容，只对偏置量进行相应的改变和调整就可以用同一个加工程序对加工零件轮廓进行粗加工和精加工。如图 3-19 所示，在用同一把半径为 R 的刀具对腰形零件进行加工时，设精加工余量为 Δ，只需在粗加工时将偏置量设为 $R+\Delta$，而精加工时将偏置量改为 R 即可实现不改变加工程序分别完成粗、精加工。

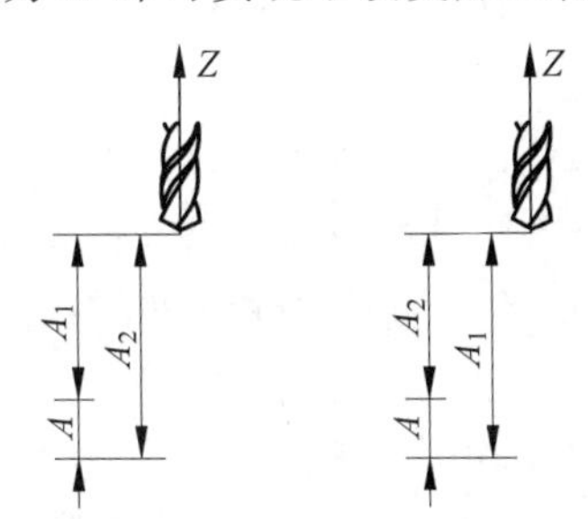

图 3-18 刀具长度偏置示意图

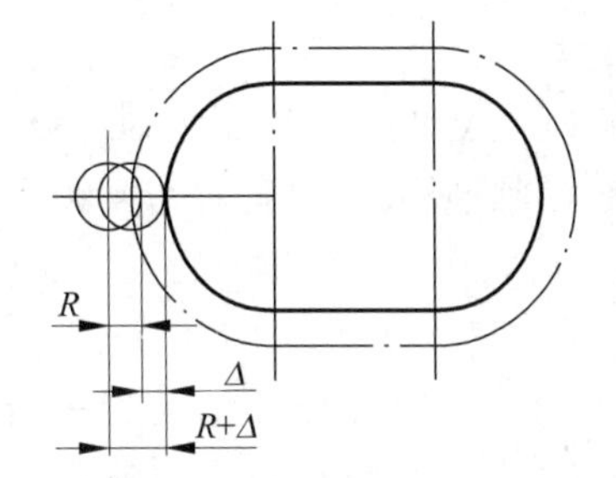

图 3-19 同一程序完成粗加工和精加工

如图 3-16 所示，通过相应地设置 G41 和 G42 或改变其偏置量的正负，就可以使用同一个程序完成同一基本尺寸的内外轮廓面。

(2) 简化数控程序的编制。

当数控系统具有自动刀具半径补偿功能时，可以省去手工编程时的刀具中心轨迹计算而直接按零件轮廓尺寸编程即可。加工时数控系统会根据零件轮廓和所输入的相应偏置量

自动获得刀具中心轨迹,并按刀具中心轨迹运动,完成加工。

当数控系统具有刀具长度补偿功能时,编程人员编程时可以不考虑各把加工刀具实际的不同长度尺寸而直接以刀具假想长度进行编程,数控系统加工时会根据输入的刀具长度补偿偏置量和程序中的假想长度自动计算出刀具在轴向的实际位置。因此,加工程序不受刀具磨损、新刀更换、刀具安装误差的影响,当有这方面的现象出现时只需改变相应的偏置量,而不用重新对刀或重新调整刀具。

2. 常用辅助功能指令及用法

辅助功能 M 代码指令以地址符"M"后跟两位数字组成,从 M00～M99 共 100 种,主要是控制机床辅助动作的指令,如主轴的启停和正反转、冷却液的开停、工作台等运动部件的夹紧与松开、换刀、计划停止、程序结束等。由于辅助功能指令与插补运算没有直接关系,所以可写在程序段的后面。M 功能非常重要,能否正确使用 M 代码直接关系到整个数控加工过程。由于各个生产厂家及机床的结构和规格都不尽相同,这里介绍几种常用的 M 代码。

1) M00——程序停止

当 M00 所在程序段执行完其他段指令后,机床的主轴、进给、冷却液都停止或关闭,进入程序暂停状态。机床操作人员可在暂停后进行某些手动操作,如手动变速和换刀、工件调头、工件加工尺寸测量等。当按下"启动"键后,后续的程序段可以继续执行。

2) M01——计划(任选)停止

该指令与 M00 类似,也称可选择的程序停止,M01 指令的特点是只有在操作者预先按下操作面板上的"任选停止"按钮的前提下才起作用,如果操作面板上没有对 M01 进行使能,即使有 M01 指令,数控系统也不做任何停止动作。在批量生产时,有时为了保证产品的质量,对加工零件进行某些关键尺寸的抽样检查,M01 可以完全满足这种要求,即在要抽样检查时按下"任选停止"按钮,而正常加工时无须改变加工程序就可使 M01 指令对加工不造成任何影响。

3) M02——程序结束

该指令一般放于最后一条程序段中,表示加工结束,用于全部程序执行完成后使机床的主轴、进给、冷却全部停止,并使数控系统处于复位状态。此时,光标停在程序结束处。

4) M03、M04、M05——主轴旋转方向指令

M03、M04、M05 分别控制主轴正转、反转和停止运转。对于数控车床和车削中心,M03 和 M04 使主轴或旋转刀具正转和反转。而对于主轴箱内有机械传动装置的数控车床,应在改变主轴转向之前,使用 M05 使主轴停转,然后再使用 M03 或 M04 指令换向。

5) M06——换刀指令

对于具有刀库的数控机床,该指令用于数控机床自动换刀。对于一些带有转盘式刀库且不用机械手换刀的加工中心,其换刀程序可以使用 M06 T07。执行该指令后,首先执行 M06 指令,主轴上的刀具与当前刀库中处于换刀位置的空刀位进行交换;然后刀库转位寻刀,将 7 号刀转换到当前的换刀位置再次执行 M06 指令,将 7 号刀装入主轴。因此此换刀指令每次都试执行两次 M06 指令。另一类是 M06 与 T 指令不在同一程序段中,如:

```
G91 G00 Z0 T10;
M06;
```

即先选刀然后再换刀,这样不容易混淆。

6）M07、M08、M09——冷却液开停

M07 用于指定 2 号雾状冷却液开启，M08 指定 1 号液状冷却液开启，M09 指定已开启的冷却液关闭。

7）M10、M11——运动部件松紧

M10 和 M11 分别用于工作台、工件、夹具和主轴等运动部件的夹紧和松开。

8）M19——主轴定向停止

使主轴在预定的角度位置上停止。如某些数控机床在自动换刀时要求主轴准确停在某个固定位置便于机械手换刀。某些数控系统，如 FANUC 0i 数控系统的主轴如果经过拆卸，必须对定向停止位置进行精调，否则会由于定向停止位置的改变而损坏换刀装置。

9）M30——程序结束

M30 一般独占一个程序段用来表示整个程序的结束。与 M02 不同的是，M30 可使光标自动返回到程序开头处，使程序返回到开始状态，所以操作人员一按“启动”键就可以再一次运行程序。

3.3 数控车床加工程序编制

数控车床、车削中心是目前机械加工行业中使用最为广泛的机床之一，其具有广泛的加工工艺性能，主要用来加工回转体零件，能对轴类和盘类零件进行内外直线圆柱、斜线圆柱、圆弧和各种螺纹、槽、蜗杆、孔等复杂工序的加工，如图 3-20 所示为卧式车床的典型加工工序。数控车床和车削中心可在一次装夹中完成多道工序，极大提高了加工精度和生产效率。数控车床在加工工艺、工艺装备、编程指令应用等方面都有鲜明的特色，为了充分利用数控车床和车削中心的优点，应合理运用数控编程技巧，编制高效率的加工程序，以最大限度地体现数控车床的优越性。

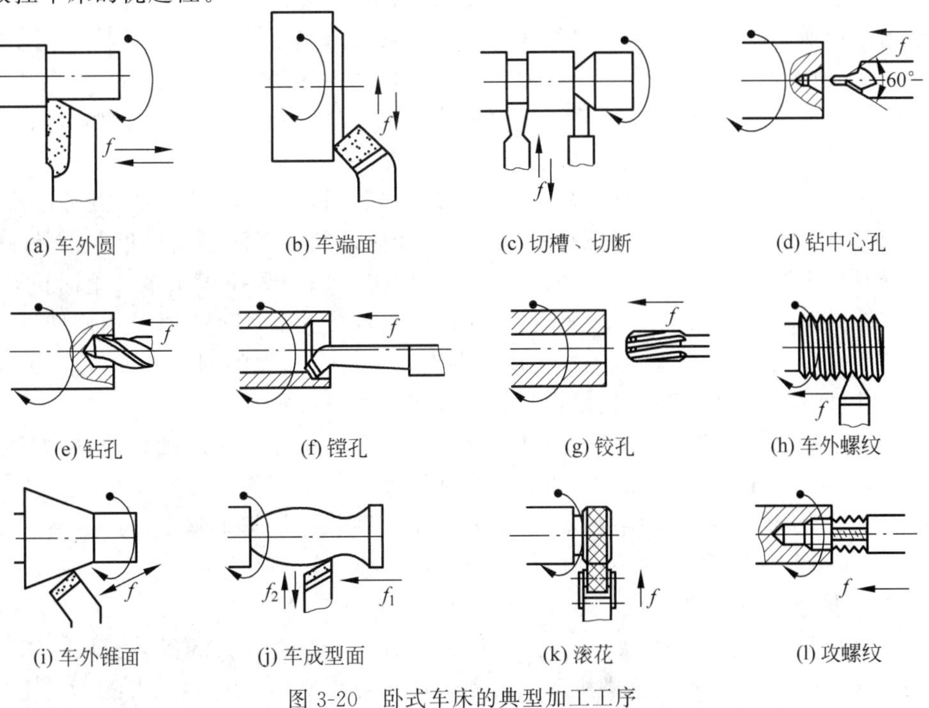

图 3-20 卧式车床的典型加工工序

3.3.1 数控车床编程概述

1. 数控车床的结构与分类

数控车床比普通车床结构刚性要好,可以满足高速和强力车削的要求,且其可靠性好,能适应精密加工和长时间连续工作。数控车床的组成结构可大体分为车床主体、数控装置和伺服系统三大部分。其机械结构系统主要由主轴、进给传动机构、刀架、床身、辅助装置(自动换刀机构、润滑与切削液装置、排屑、过载限位)等部分组成。

(1) 主轴。主轴部件是数控车床最重要的部件之一,其回转精度和功率大小、回转速度将直接影响到零件的加工精度和加工效率。另外,自动化程度要求高的数控车床还要求主轴具有同步运行、自动变速及定向准停等功能。

(2) 床身和导轨。数控车床的床身和导轨是保证进给运动准确性的重要部件,很大程度上决定了车床的刚度、精度及低速进给时的平稳性,因此是影响零件加工质量的重要因素之一。数控车床的床身和导轨有多种形式,如水平床身、倾斜床身(导轨倾斜的角度分别为30°、45°、60°和75°)、水平床身斜滑板及立床身等。导轨具体结构有金属型滑动导轨、新型的滑动导轨(如液体静压导轨、气体静压导轨、贴塑导轨)和滚动导轨。液体静压导轨在两导轨工作面间形成具有一定压力的静压油膜,以降低摩擦系数,多用于进给运动导轨。气体静压导轨使两导轨工作面间隔有一层恒定压力的气体,可得到较高精度的运动,但其承载能力小,常用于负荷不大的场合。贴塑导轨在导轨的摩擦表面上贴附一层由塑料等化学材料组成的薄膜软带,其摩擦系数小,耐磨性、化学稳定性、可加工性能、耐腐蚀性及吸振性好,润滑条件优越且成本低。滚动导轨的摩擦系数很小(一般为0.0025~0.005),其动、静摩擦系数很接近,因而运动轻便灵活,且低速运动平稳性好,在很低的运动速度下都不会出现爬行,位移精度和定位精度高;但其抗震性差,结构比较复杂,相应的制造成本也较高。

(3) 机械传动机构。数控车床由于采用相关伺服驱动技术与普通车床有质的区别,其传动机构比普通车床简单,摒弃了进给箱和交换齿轮架,直接用伺服电动机通过滚珠丝杠实现进给运动,使传动链更短,有利于提高数控车床的刚度和精度等性能指标。如全功能型数控车床进给传动系统一般采用交、直流伺服进给驱动装置,并通过滚珠丝杠螺母副带动溜板和刀架移动,以满足高精度、快速响应、低速大转矩等方面的要求。

(4) 自动转位刀架。简称为刀架,分为排式刀架和回转式刀架两大类,其分度准确,定位可靠,转位速度快,重复定位精度高,夹紧性好,能保证数控车床的高精度和高效率,是数控车床普遍采用的一种最简单的自动换刀装置。两坐标联动数控车床多采用回转刀架,加工盘类零件时使用回转轴垂直于主轴的刀架,而加工轴类和盘类零件时使用回转轴平行于主轴的刀架。四坐标轴控制的数控车床床身上安装有两个独立的回转刀架,每个刀架都可分别控制,因此加工范围和加工效率得到了扩大和提高。

(5) 辅助装置。数控车床为完成某些零件的加工,可选配相应的辅助装置,如尾座、对刀仪、冷却装置、位置检测反馈装置、自动排屑装置等。

随着数控车床制造技术的不断发展,数控车床品种和规格越来越多,形成了产品繁多、规格不一的局面,因而可按多种不同的分类方法和标准对其进行分类。

1) 按数控车床主轴的配置形式和位置分类

(1) 立式数控车床。简称数控立车,一般配置有一个直径较大的供装夹用的圆形工作台,主轴轴线处于竖直位置。这类机床主要用于径向尺寸较大、而轴向尺寸相对较小的盘类零件的加工。

(2) 卧式数控车床。其主轴线处于水平位置，与立式数控车床相比，卧式数控车床的结构形式较多、加工功能更丰富、使用面更广。可细分为数控水平导轨卧式车床和数控倾斜导轨卧式车床，其中倾斜导轨结构形式车床可有更好的刚性和排屑性，主要用于轴向尺寸较长或小型盘类零件的车削加工。

2) 按数控系统控制的轴数或刀架数量分类

(1) 两轴控制的数控车床。常见的数控车床一般都为两轴控制的，其中只有一个刀架，能实现两坐标轴控制。

(2) 四轴控制的数控车床。四坐标轴控制的数控车床有两个独立刀架和两个独立的滑板，因此也称为双刀架四坐标数控车床。每个刀架的切削进给量可以分别单独控制，因此两刀架上的刀具可以同时以同一工件的不同部位进行加工，适合加工较大批量的曲轴、飞机零件等形状复杂的零件。

3) 按加工零件的基本类型分类

(1) 卡盘式数控车床。数控车床没有配置尾座部件，通过卡盘对工件进行夹持，适合加工盘类(含短轴类)零件。

(2) 顶尖式数控车床。数控车床配有普通尾座或数控尾座，通过主轴顶尖和尾座顶尖联合夹持，适合加工较长的轴类零件及直径不太大的盘类和套类零件。

4) 按数控系统的功能分类

(1) 经济型数控车床。经济型数控车床属低档型，通常在普通车床的基础上采用步进电动机和单片机对进给系统的控制进行改造而成，其成本较低，自动化程度、功能和加工精度不高，一般用于精度要求不高的回转类零件的加工、课程实践或实习培训。

(2) 全功能型数控车床。是一种档次高一些的机床，根据加工要求在结构上进行专门设计并配备通用数控系统，一般采用闭环或半闭环控制系统，具有刀具半径补偿、固定循环等功能，可同时控制两个坐标轴，即 X 轴和 Z 轴，具有高刚度、功能强、高精度、高自动化和高效率等特点。适用于一般回转类零件的车削加工。

(3) 车削中心。在全功能型数控车床的基础上，车削加工中心增加了 C 轴和铣削动力头，还可以配备刀库和换刀机械手，可通过对 X、Z 和 C 坐标轴的控制实现 X、Z 轴，X、C 轴或 Z、C 轴的联动。除可以进行一般车削加工外，全功能型数控车床还可以实现径/轴向铣削、曲面铣削、中心线不在零件回转中心的孔和径向孔的钻削等功能。

(4) 柔性制造单元(Flexible Manufacturing Cell，FMC)。FMC 车床一般是由数控车床、机器人或其他物料储运系统等构成的柔性加工单元，可以实现工件搬运、装夹、拆卸和加工调整准备等工作的高度灵活的自动化。

2. 数控车床的加工特点及适应范围

(1) 自动化程度高，可加工高复杂度零件。数控车床的加工过程是数控系统按输入的程序自动完成的，机床的操作者只需完成简单的对刀、装卸工件等工作，因此可以减轻操作者的体力劳动强度。但是，由于数控车床的技术含量高，操作者的脑力劳动也相应提高。

(2) 传动链短，刚性高，可加工高精度和质量稳定的零件。数控车床横向和纵向进给运动不再使用挂轮、离合器等传统部件，而分别由两台伺服电动机驱动，传动链大大缩短，加上数控车床其他的机械结构如床身和导轨的设计，数控车床的刚性高，可以满足高精度的加工要求。另外,数控车床具有更高的定位精度和重复定位精度,可以保证零件获得较高的加工精度,同时具有尺寸的一致性。

(3) 轻拖动,生产效率高,可加工较大批量工序复杂的零件。数控车床由于采用滚珠丝杠副来移动刀架(工作台),因此其摩擦小,移动轻便。在一次装夹中可以完成多个加工表面的加工,或通过增加车床的控制坐标轴,同时加工出两个工序的相同或不同的零件,综合效率明显提高,也便于实现工序复杂较大批量零件车削全过程的自动化。

(4) 初始投资较大,维修要求高,可向更高级的制造系统发展。数控车床是技术密集型的机电一体化的典型产品,其设备费用昂贵,首次加工准备周期较长,维修成本也较高。

3. 数控车床和车削中心的编程特点

(1) 数控车床上加工的毛坯一般为圆形棒料,加工余量较大时,可用车床系统的固定循环指令实现某个加工平面的反复加工,可简化编程。数控车床的数控装置中大多都有外圆车削、端面车削和螺纹车削等多种形式的循环功能。

(2) 由于数控车床上加工的都是轴类回转类零件,而这类零件的径向尺寸一般都以直径方式标注,为了编程方便和避免尺寸换算过程中可能出现的错误,可采用数控车床的直径编程功能。一般数控车床在出厂时都设定为直径编程,如要采用半径编程应对数控装置中的相关参数进行设置。但是应注意在直径编程方式下并不是所有 X 轴方向的尺寸都用直径值,如通常Ⅰ地址符后所带的应使用半径值。本书如无特殊说明,各例中都为直径编程方式。

(3) 车刀的刀位点在刀尖上,但实际刀尖会因为磨损等原因产生圆弧,其刀位点在圆弧中心,编程时可假定车刀为理想的尖点,根据工件轮廓进行加工程序的编制。而在实际加工过程中将理想的刀尖点和实际的刀位点的差值作为刀具半径补偿值,将其输入存储器中,刀具就可以自动进行补偿。另外,当刀具位置变化、刀具几何形状改变及刀尖圆弧半径发生改变后,只需把这种改变的尺寸作为刀补值就可以自动补偿,不需要对加工程序进行任何修改。

(4) 在同一个数控车床加工程序段中,可以根据零件图上标注的尺寸灵活采用绝对编程或增量编程。大多数数控车床采用 X、Z 表示绝对坐标,用 U、W 表示增量坐标。

(5) 为提高加工效率,在车削加工时,进退刀采用快速走刀,车削起点应设置合理,既不影响换刀也不过远,应综合考虑工件毛坯余量和刀补建立过程。

例 3-10:编制如图 3-21 所示锥度部分外圆加工程序。

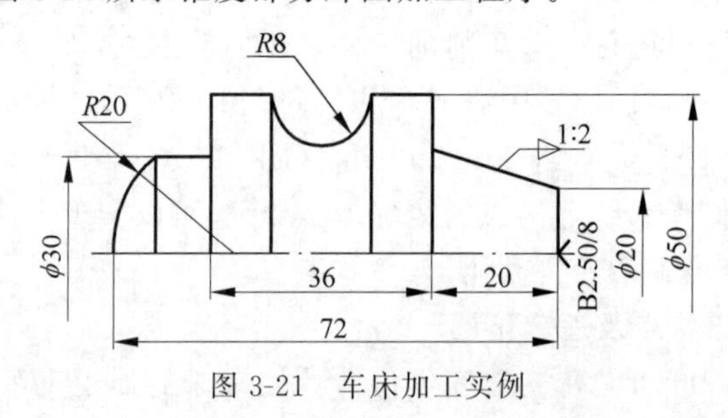

图 3-21　车床加工实例

解:参考程序如下。

O0003	右端精加工程序
G98 G40 G21;	每分钟进给,取消刀补,毫米输入方式
T0101;	使用1号刀,1号刀补
G00 X100 Z100;	快速定位
M03 S1000;	主轴正转,转速1000r/min

```
G00 X0 Z2;             快速定位
G42 G01 Z0 F50;        采用刀尖圆弧半径补偿
X20;
X30 Z-20;              加工锥面
X52;
G40 G00 X150 Z20;      退刀,取消刀尖圆弧半径补偿
M00 M05;               程序暂停,主轴停转,手动顶上顶尖
T0202;                 换2号刀,2号刀补
M03 S1000;             主轴正转,转速1000r/min
G00 X52 Z-38;          快速定位至内凹圆弧加工起刀点
G42 G01 X50 Z-30;      刀尖圆弧半径补偿加工内凹圆弧
G02 Z-46 R8;
G40 G01 X52 Z-38;      退刀,取消刀尖圆弧半径补偿
G00 X100 Z100;         退刀
M30;                   程序结束
O0004                  调头精加工另一端程序
G98 G40 G21;           每分钟进给,取消刀补,毫米输入方式
T0101;                 换1号刀,1号刀补
G00 X100 Z100;         快速定位
M03 S1000;             主轴正转,转速1000r/min
G00 X0 Z2;             快速定位至程序起点
G42 G01 Z0 F50;        采用刀尖圆弧半径补偿加工左端轮廓
G03 X30 Z-6.771 R20;
G01 Z-16;
X52;
G40 G01 X52 Z2;        退刀,取消刀尖半径补偿
G28 U0 W0;             刀具返回参考点
M30;                   程序结束
```

3.3.2 数控车床坐标系

1. 数控车床的机床坐标系

机床坐标系是数控车床以数控车床原点为坐标原点建立的固有的坐标系,它是制造和调整数控车床以及工件坐标系设置的基础。数控车床的机床坐标系一般定义在主轴旋转中心与车头端面的交点,但也有的数控车床将机床原点与机床参考点重合,如CJK6063。一般情况下,数控车床的机床坐标系在出厂前就已经调整好,出厂后不允许用户随意变动。

如图3-22所示,数控车床的机床坐标系以机床原点为坐标原点,以主轴旋转方向为Z轴,其正方向为刀具远离工件方向;以平行于车床横向拖板的工件径向为X轴,其正方向为离开工件旋转中心的方向。数控车床的参考点为机床上的固定点,其固定位置在X向与

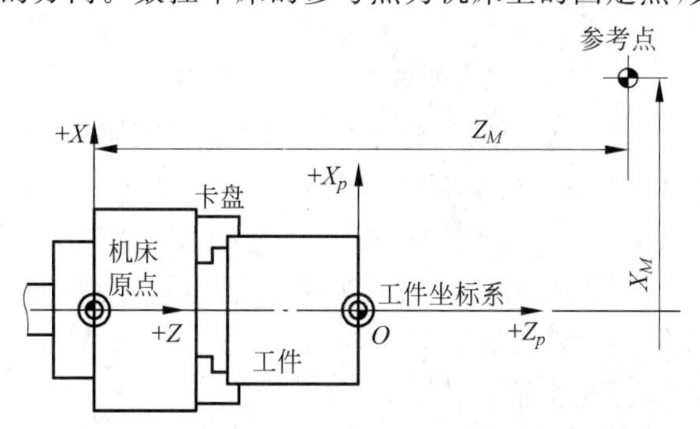

图3-22　数控车床的机床坐标系和工件坐标系

Z 向的极限位置(X_M,Z_M),由数控机床制造厂家在两个进给轴上分别用限位开关精确调整好后把坐标值输入数控系统中。一般数控系统根据两轴上安装的机械挡块及行程开关来控制回参考点的运动。

2. 数控车床的工件坐标系

工件坐标系主要用来确定工件几何形体上各要素的位置关系,一般是由编程人员在编程时以工件图纸上确定的工件原点为坐标原点而建立起的坐标系。工件坐标系的各坐标轴与机床坐标系相应的坐标轴平行,如图 3-22 所示。

工件坐标系的 X 轴正方向和刀具及刀架的实际布置有关,常见的刀架布置形式有前置刀架和后置刀架,其中前置刀架的刀具和刀架位于靠近操作者一侧,X 的正向如图 3-23(a)所示;而后置刀架的刀具和刀架远离操作者一侧,X 的正向如图 3-23(b)所示。

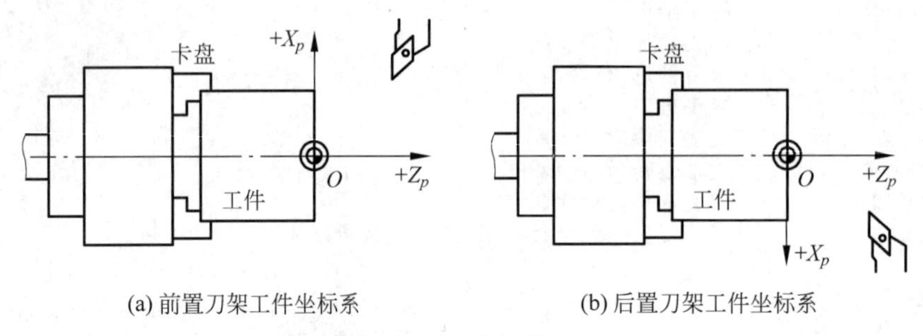

图 3-23　工件坐标系

3. 数控车床工件坐标系的设定

数控车床工件坐标系的设定即指为了使机床能正确加工,通过相应的指令和操作建立起工件坐标系和机床坐标系之间的关系,使数控系统对工件毛坯安装好后所处的位置有所认识。

在数控车床上,一般通过 G50(或 G92)指令来确定工件坐标系在机床坐标系中的位置。其指令编程格式为

G50(或 G92)X__ Z__;

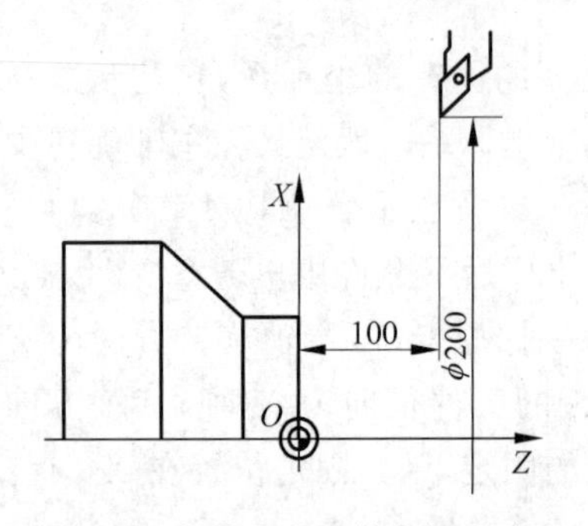

图 3-24　数控车床工件坐标系建立

其中,地址符“X”与“Z”后的数值为当前刀位点在工件坐标系中的坐标。通过该指令可以指明刀具起刀点在工件坐标系中的坐标,即建立起了工件坐标系。数控系统在执行该指令后使其屏幕显示的坐标值发生改变,由原来的机床坐标系中的坐标值变为 G50 指令设定的坐标系中的坐标值,但刀具相对于机床的实际位置没有改变,即该指令不产生任何刀具的移动。例如在图 3-24 中,使用 G50 X200 Z100;指令就可将工作坐标系设定在工件右端面中心处。

在实际操作中,通常使用基准刀试切工件以建立工件坐标系的方法,所谓基准刀一般指装夹在 01 号刀位用来试切和建立工件零点的车刀(一般使用 90°外圆车刀)。试切法对刀和使用 G50 建立以工件右端面上回轴中心为坐标原点的工件坐标系的具体操作如下。

(1) 以手动方式操作基准刀试切工件右端面后,使刀具沿 X 轴正方向(保持刀具在 Z 坐标方向所处位置)退出,停止主轴旋转。

(2) 以 MDI 方式将 G50 Z0 输入数控系统,按“循环启动”键后,工件坐标系的 Z 坐标零

点就建立了。

(3) 以手动方式操作基准刀具试切工件的一段外圆面后，使刀具沿 Z 轴正方向(保持刀具在 X 坐标方向所处位置)退出，停止主轴旋转。

(4) 用游标卡尺或相关测量工具准确测量试切完的工件外径 ϕa，在 MDI 方式下输入"G50 X$\underline{\phi a}$"，按"循环启动"键，工件坐标系的 X 坐标零点就建立了。

有时为使编程方便，也以工件左端面的回转中心为零点建立工件坐标系，其建立过程也大致相同，只是在上述步骤(2)中 Z 后所带的数值应该改为工件右端面和试切完后右端面的距离值，这个距离值可根据工件的特征位置确定。

3.3.3　数控车削加工的夹具与刀具系统

数控车削加工主要是对有回转表面的比较规则的工件进行，但也可以对一些形状复杂不规则的工件进行加工，如曲轴及其他偏心工件、十字孔工件、双孔连杆、齿轮油泵体等。在零件的安装方法上数控车床与普通车床没有差别，也应该尽量遵守设计、工艺与编程计算的基准统一和尽量减少装夹次数这两个原则，以选择合理的定位基准和夹紧方案。

1. 数控车床的夹具

数控车床上的工件装夹方式主要有普通装夹和复杂精密工件装夹两种方式。其中，普通装夹主要指通过可调卡爪的卡盘(三爪、四爪)和顶尖(主轴顶尖和尾座顶尖)分别对盘类(或短轴类)零件和轴类零件进行固定，并分别通过卡盘和主轴上的拨动卡盘带动被加工零件旋转。对于一些外形复杂或不规则的工件，可以通过花盘、角铁和专用夹具进行装夹。如图 3-25 所示为花盘的实物图和安装示意图。

(a) 实物图

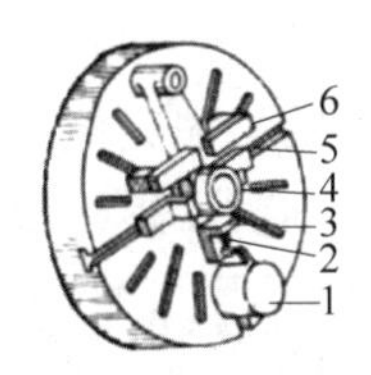

(b) 安装示意图

图 3-25　花盘

1—配重块；2—可调螺栓；3—弯板；4—工件；5—T 形槽；6—压板

2. 数控车床的刀具

数控车削对刀具提出了更高的要求，不仅需要刚性好、耐用度高、精度高，而且要求尺寸稳定、断屑和排屑性能好、安装调整方便，以满足数控机床高效率和高精度的要求。因此数控刀具的选择直接影响到数控车床整体的加工效率和加工质量，通常应考虑数控机床具体的加工内容范围、工件材料和加工能力。通常采用适应高速切削的新型优质材料(如高速钢、超细粒度硬质合金)制造数控加工刀具，并优选刀具参数，使用可转位刀片。

从刀片和刀体连接方式可将数控车床上使用的刀具分成焊接式车刀和机夹可转位车刀两种，其中焊接式车刀指硬质合金刀片和刀体是通过焊接的方法固定在一起的，其结构简单、制造方便、刚性好；但是由于硬质合金刀片和刀柄不能回收或重复利用，所以会造成刀具材料浪费，而且由于焊接加工时存在焊接应力，可能会使刀具性能受到影响。机夹可转位车刀一般由刀片、刀柄和其他组件装配构成，其可以充分利用刀片的每个切削刃和切削面，常见刀片外形可以有圆形、菱形、三角形、正方形、五边形等多种。从功能上看,数控车削常用的车刀一般可分为尖形车刀、圆弧形车刀以及成型车刀三类。目前,数控车床上使用的刀具大多已经系列化和标准化,如可转位机夹外圆车刀、端面车刀等的刀柄和刀头都有相关的国家标准及系列化型号。

3. 数控车床的对刀和对刀点

数控车削加工中,在加工程序执行前为确定零件的加工原点和建立准确的加工坐标系,要对安装好的刀具进行对刀操作。对刀的实质是调整和确定随编程而改变的工件坐标系的程序原点尽量重合于唯一的机床坐标系中的位置。对刀是数控车削加工中主要的操作和重要的技能,其准确与否直接影响到零件加工完后的加工精度和加工效率高低。通过对刀操作还可以解决刀具的不同尺寸对加工尺寸的影响。常用的对刀方法可分为一般手动对刀、机外对刀仪对刀和自动对刀三种。

1) 一般手动对刀

一般手动对刀是指在车床上使用相对位置检测进行手动对刀。在实际操作过程中,不必对每把刀具都进行对刀操作,一般先将基准车刀进行对刀,然后分别测量刀架上其他车刀相对基准车刀刀具刀位点的位置偏差值,因此数控车床的一般手动对刀过程可细化为基准车刀的对刀和各个刀具相对位置偏差的测量两部分。其中的位置偏差值测量可通过测量各刀具相对于刀架中心(或相对于刀座装刀基准点)在 X、Z 方向与基准刀的偏置大小来得到。在刀具安装完成后,通过试切法建立工件坐标系和机床坐标系的关系。由于每一把刀具的刀位点不可能完全重合,如刀具重新安装或磨损等原因都会使刀具的刀位点发生改变,按先前建立的工件坐标系进行加工会产生误差,这种情况下可以把每一把刀具的刀位点对准工件上同一个固定点,由基准刀具和其他刀具在该点的机床坐标差值(可根据 CRT 显示的机床坐标获得)获到各刀具的刀偏置值。这种方法操作比较简单,但是其作为一种占机调整和操作方式,因此将在一定程度上影响数控车床的生产率。

2) 机外对刀仪对刀

机外对刀仪对刀实质上是通过相关的仪器设备测量刀具假想刀尖点与刀架上某一基准(相当于基准刀的刀位点)之间 X 及 Z 方向的距离。这种方法可以不占机调整,预先将刀具在机床外校对好,装上数控机床后只需将对刀长度输入相应刀补存储器中即可。由于数控加工中心中的刀具通过刀夹安装在刀架上,所以机外对刀必须连所用刀夹一起校对。对刀刀具台应根据具体的刀架及其相应的刀夹相应制作,且其与刀夹的连接结构和尺寸应同机床刀台相应刀位的结构、尺寸和精度完全一致。具体操作时,将刀具随同刀夹一起紧固在对刀机床刀具台上,通过 X 向和 Z 向进给手柄和投影放大镜使假想刀尖点完全重合于理想点,通过微型读数器分别读出 X 和 Z 向的对刀长度,这个对刀长度即为输入数控系统的刀补值。由于这种方法的对刀不占用机时,所以较一般对刀方法可提高数控车床的利用率。但是由于对刀也要使用刀夹,所以使用这种方法时应配备两份刀具和刀夹。

3) 自动对刀

自动对刀是通过刀尖检测系统实现的,通常由对刀控制装置和自动对刀仪组成,配合数控系统使用,刀尖以设定的速度向接触式传感器接近,传感器在触及刀尖瞬间发出跳变信号,该信号发向对刀控制装置引起中断程序使数控系统伺服机构停止运动,数控系统记下该轴对刀基准点的瞬间坐标值后控制伺服机构及时后退一定距离,并自动修正刀具补偿值;

然后再进行另一坐标方向的自动对刀，记下此轴对刀基准点的坐标数据后经计算作为预设工件坐标系的零点。这种方法对刀精度高，且对刀速度快，减少了数控车削加工的辅助时间，有效提高了车削加工质量和加工生产率。

4. 数控车床的刀具补偿

在数控车削加工中，刀具补偿是加工中需要处理的重要问题。目前全功能的数控车床或车削加工中心基本上都具有刀具自动补偿功能。实际加工时可按工件轮廓尺寸编制程序，建立和执行刀补后，数控系统自动计算并将刀位点自动调整到刀具运动轨迹上。数控车床刀具补偿功能包括刀具位置补偿和刀尖圆弧半径补偿。在加工程序中用刀具功能指令（T＊＊＊＊，如T0202）指定，其中地址符“T”后前两个数字表示刀具号，后两个数字为刀具补偿号。常取刀具补偿号与刀具号相同，以便使用和编程方便。

1）刀具位置补偿

在数控车床加工过程中，通常使用多把车刀进行加工，如图3-26所示为常见的车刀形状，图中的粗黑点表示刀具的刀位点。刀具的磨损或重新安装都会引起刀具位置的变化，如果不进行相应的调整和补偿，会引入加工误差。通过数控系统的刀具位置补偿功能建立和执行刀具位置补偿后，加工程序不需要修改或重新编制，极大方便了零件成批加工。刀具位置补偿包括刀具几何尺寸补偿和刀具磨损补偿，分别用来对刀具形状（刀具附件位置上的偏差）和刀尖磨损进行补偿。

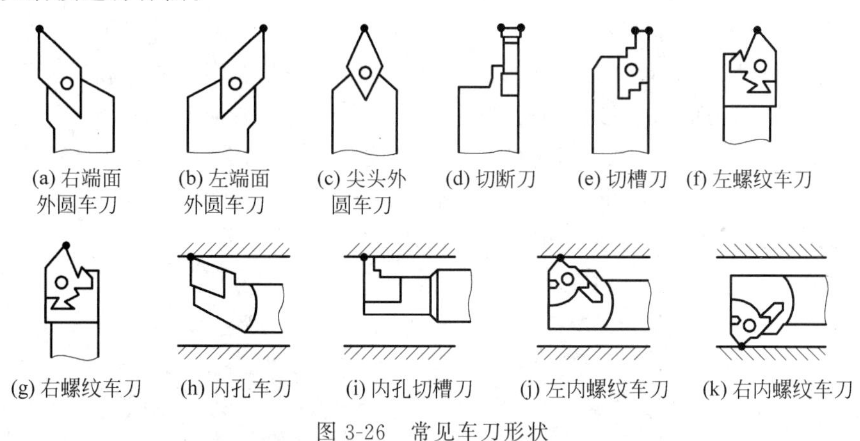

图3-26　常见车刀形状

在实际加工工件时，测出每把刀具相对基准刀具刀位点的偏移量作为刀位偏差，如图3-27所示，如换第二把刀具加工时，如果不进行刀具补偿，新的刀位点将不能保证在(X,Z)位置处，应把$\Delta X=X_{T1}-X_{T2}$，$\Delta Z=Z_{T1}-Z_{T2}$分别作为第二把刀X和Z方向的偏移量，并将偏移量输入指定的存储器内，程序执行刀具补偿指令后，刀具的实际位置就会根据原来位置和刀补值进行相应的调整，然后再按加工程序所规定的轨迹进给。

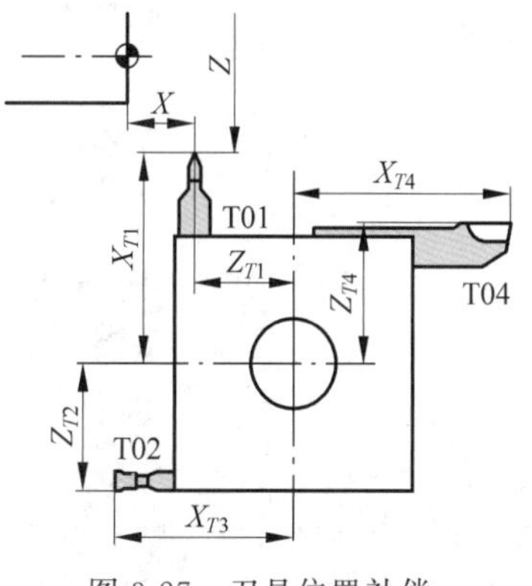

图3-27　刀具位置补偿

2）刀尖圆弧半径补偿

数控车削编程时可以把车刀的刀尖看成一个理想的点（该点即为假想刀尖，如图3-28中的P点）并按工件轮廓编制加工程序，但是在实际加工中，为了提高刀具的强度和寿命常将车刀刀尖磨成半径不大的圆弧,加上刀具在车削过程中的磨损,实际的刀尖为一小半径的圆弧(如图3-28中的P_1P_2圆弧),而刀尖点转变为圆弧的圆心。如粗车和精车加工所使用的车刀的圆弧半径R分别为0.8mm和0.2～0.4mm。在实际车削加工时,为确保工件轮廓形状,应将刀具刀尖圆弧的圆心轨迹与工件轮廓偏移一个半径值R,而不与被加工工件轮廓重合,以加工出所需的工件轮廓,这种偏移称为刀具半径补偿。

用圆弧刀尖的外圆车刀实际车削加工时,由于实际起作用的是刀尖圆弧与工件外轮廓轨迹的各个切点,而且按一般对刀方法对刀时的对刀点分别为P_1点和P_2点,因此在实际车削过程中,切削点将随所加工轮廓不同而在刀尖圆弧上不断变动,从而在被加工工件上产生"过切"或"欠切"。如图3-28所示,当车削台阶面(A、E)或工件右端面(B、F)时,车刀圆弧切点与假想刀尖点坐标值相同,因此对加工表面的尺寸和形状影响不大,只在端面的中心位置和台阶的拐角位置产生残留误差。当车削圆锥面(C)时,对锥面的起点和终点尺寸将产生较大的影响(圆锥的锥度不受影响),通常使外圆锥面变大,而且刀尖圆弧半径越大,相应产生的圆弧误差也越大。当加工圆弧(D)时,圆弧的圆度和圆弧半径都将受影响,且在加工外凸圆弧和内凹圆弧时,会分别使加工后的圆弧半径变小和变大。

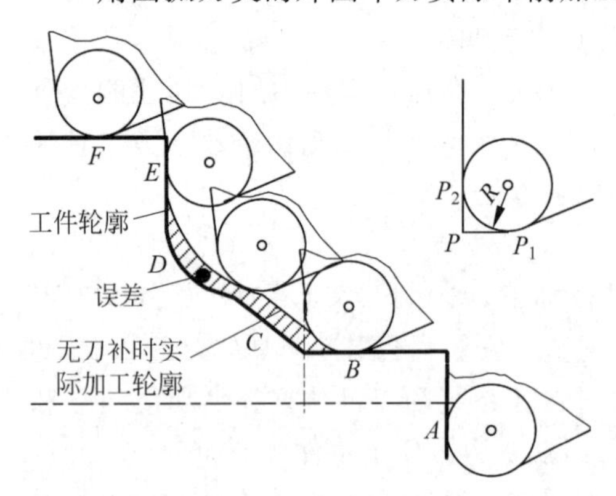

图3-28　刀尖圆弧半径补偿说明

从几何上看,车刀的刀尖形状和切削时所处位置的不同,相应的刀具的补偿量与补偿方向也应有所区别。数控车床采用刀尖圆弧补偿功能进行加工时,为使系统能正确计算出刀具中心的实际运动轨迹,在给出圆弧半径R后,还应根据各种刀尖形状及刀尖位置的不同,给出数控车刀的理想刀尖位置号,如图3-29所示,图中P为假想刀尖点。

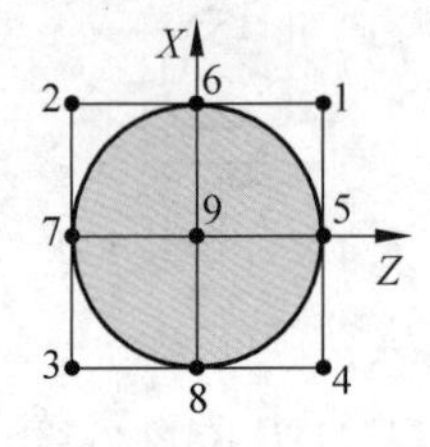

(a) 刀架后置时数控车刀切削沿位置

(b) 刀架前置时数控车刀切削沿位置

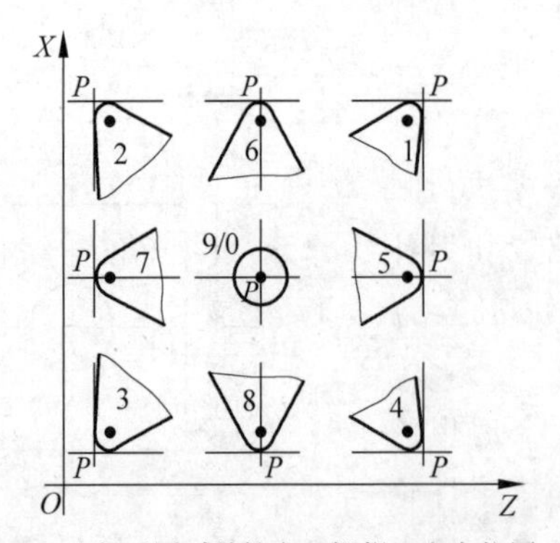

(c) 刀架后置时数控车刀假想刀尖点位置

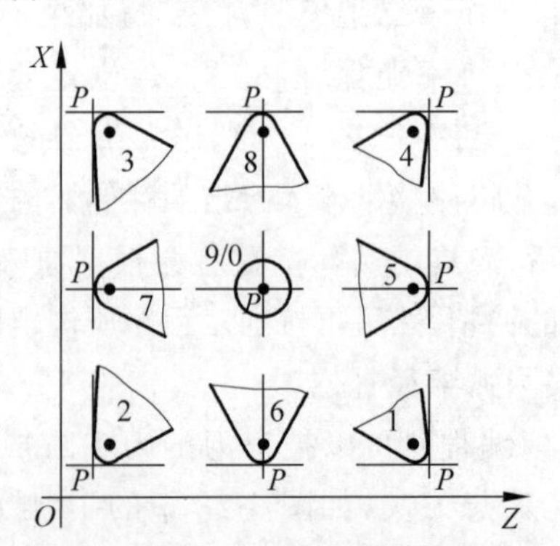

(d) 刀架前置时数控车刀假想刀尖点位置

图3-29　数控车刀形状和位置与刀尖方位参数的关系

3.3.4　数控车削加工常用编程指令

1. F和S相关指令

在数控车床中,F指令用于控制切削进给量,车削进给方式有两种,即每转进给模式和每分钟进给模式,其单位分别为mm/r和mm/min。数控车削加工时,可以根据需要将主轴转速设置成恒速切削,在这种模式下数控系统将根据工件不同位置的直径值计算主轴转速。S后面的数字表示主轴转速,单位为r/min。

1) G95——每转进给量模式

编程格式:G95 F_;

G95是一种模态指令,其中,F后面的数字表示的是主轴每转进给量,单位为mm/r。

例:G95 F0.5;表示进给方式为主轴每转一周刀具相应进给为0.5mm。

2) G94——每分钟进给量模式

编程格式:G94 F_;

G94是一种模态指令,其中,F后面的数字表示的是每分钟进给量,单位为mm/min。

例:G94 F200;表示进给方式为刀具每分钟进给200mm。

3) G96——恒线速控制

编程格式:G96 S_;

其中,S后面的数字表示恒定的线速度,单位为m/min。

例:G96 S250;表示指定车刀切削点线速度控制在250m/min。

4) G97——恒线速控制取消

编程格式:G97 S_;

该指令取消G96指令的恒线速控制,使主轴转变为每分钟固定转数。其中,S后面的数字表示恒线速度控制取消后的主轴转速,如S未指定,将保留G96的最终值。

例:G97 S2500;表示取消恒线速控制,使主轴转速在2500r/min。

5) G50——最高转速限制

编程格式:G50 S_;

为防止主轴转速因编程失误而引起转速过高,将主轴的最高转速设置一个范围,S后面的数字表示最高转速,其单位为r/min。

例:G50 S4000;表示允许最高转速为4000r/min。

2. 螺纹切削指令(G32)

编程格式:G32 X(U)_ Z(W)_ F_;

G32——螺纹切削指令可以完成圆柱螺纹、端面螺纹和圆锥螺纹的车削。通常使用G32 Z_ F_(即终点的 X 坐标不变)来加工圆柱螺纹;使用G32 X_ F_(即终点的 Z 坐标不变)加工端面螺纹;使用G32 X_ Z_ F_加工圆锥螺纹。指令中X、Z为螺纹终点绝对坐标值;U、W为螺纹终点相对螺纹起点坐标增量;F为螺纹导程(螺距),其单位为mm/r。在螺纹切削方式下移动速率控制和主轴速率控制功能将被忽略。螺纹切削应注意在两端设置足够的升速进刀段 δ_1 和降速退刀段 δ_2。由于锥螺纹的几何形状是锥形,所以在锥螺纹加工过程中不能使用恒线速控制功能,以免加工出的螺纹螺距变化。螺纹的大径由外圆车削保证,按螺纹公差确定其尺寸范围。而螺纹小径由螺纹车削时的终点坐标确定,一般分多次进给完成,常用螺纹切削的进给次数与背吃刀量可参见相应的机械加工手册,表3-4列出了部分参数。当加工轴上无退刀槽或需加工的螺纹为多线导程时,可采用以下编程格式:

G32 X(U)_ Z(W)_ R_ E_ P_ F_;

其中,R为Z向退尾量,一般取2倍导程,退尾方向由Z轴正方向确定,一致时取"+",反之取"-";E为X向相应退尾量,一般取牙型高度值,退尾方向由X轴正方向确定,一致时取"+",反之取"-";P为螺纹起点处的主轴转角,单头时为0,可省略。

表3-4 常用螺纹切削的进给次数与吃刀量

米制螺纹								
螺距		1.0	1.5	2	2.5	3	3.5	4
牙深(半径量)		0.649	0.974	1.299	1.624	1.949	2.273	2.598
切削次数及吃刀量(直径量)	1次	0.7	0.8	0.9	1.0	1.2	1.5	1.5
	2次	0.4	0.6	0.6	0.7	0.7	0.7	0.8
	3次	0.2	0.4	0.6	0.6	0.6	0.6	0.6
	4次		0.16	0.4	0.4	0.4	0.6	0.6
	5次			0.1	0.4	0.4	0.4	0.4
	6次				0.15	0.4	0.4	0.4
	7次					0.2	0.2	0.4
	8次						0.15	0.3
	9次							0.2
英制螺纹								
牙/in		24	18	16	14	12	10	8
牙深(半径量)		0.678	0.904	1.016	1.162	1.355	1.626	2.033
切削次数及吃刀量(直径量)	1次	0.8	0.8	0.8	0.8	0.9	1.0	1.2
	2次	0.4	0.6	0.6	0.6	0.6	0.7	0.7
	3次	0.16	0.3	0.5	0.5	0.6	0.6	0.6
	4次		0.11	0.14	0.3	0.4	0.4	0.5
	5次				0.13	0.21	0.4	0.5
	6次						0.16	0.4
	7次							0.17

注:①从螺纹粗加工到精加工,主轴的转速必须保持一个常数;②在没有停止主轴的情况下,停止螺纹的切削将非常危险;因此螺纹切削时进给保持功能无效,如果按下"进给保持"键,刀具在加工完螺纹后停止运动;③在螺纹加工中不使用恒定线速度控制功能;④在螺纹加工轨迹中应设置足够的升速进刀段和降速退刀段,以消除伺服滞后造成的螺距误差。

例3-11:如图3-30所示圆柱螺纹M30×2,升速进刀段$\delta_1=2$mm,降速退刀段$\delta_2=1$mm。其螺纹加工程序如下。

```
…
G00 X29.4;
Z2.0;                (第一次粗车螺纹进刀点)
G32 Z-21.0 F0.2;     (第一次螺纹加工)
G00 X32;
Z2.0;
X29;                 (第二次精车螺纹进刀点)
```

```
G32 Z-23.0 F0.2;      (第二次螺纹加工)
G00 X32.0;
Z2.0;
  …
```

例 3-12：如图 3-31 所示为使用 G32 进行圆锥螺纹切削，圆锥螺纹导程为 4mm，$\delta_1=3$mm，$\delta_2=2$mm，走刀轨迹为 $A\to B\to C\to D\to A$，设每次背吃刀量为 1mm，切削深度为 2mm，其加工程序如下。

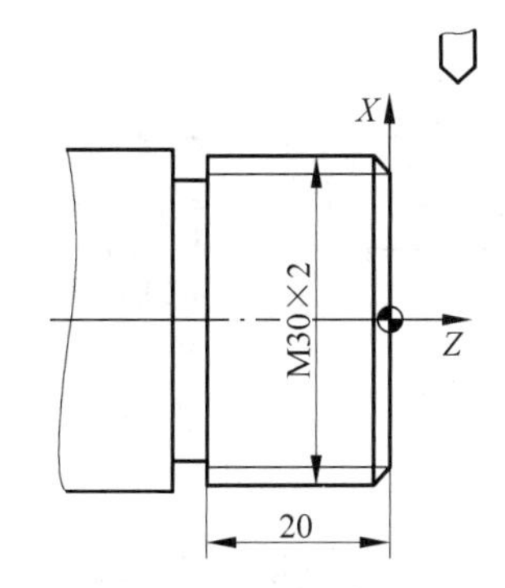

图 3-30　G32 螺纹车削圆柱螺纹举例

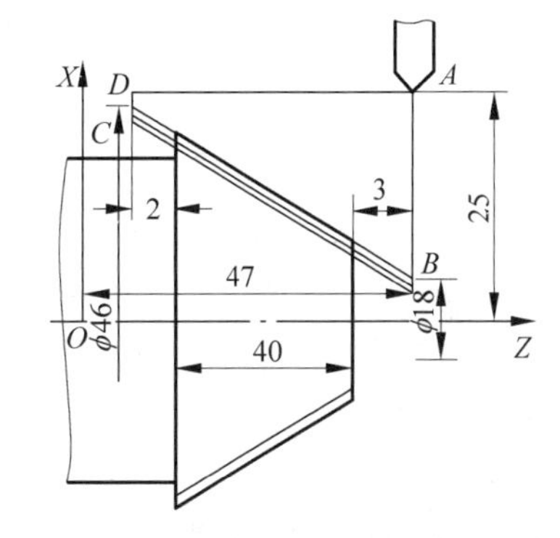

图 3-31　G32 螺纹车削圆锥螺纹举例

```
…
G00 X16.0;                  快速移动至螺纹进刀点
G32 X44.0 W-45.0 F4.0;      第一次车削螺纹
G00 X50.0;                  快速移动至 D
W45.0;                      快速移动至 A
G00 X14.0;                  快速移动至螺纹进刀点
G32 X42.0  W-45.0 F4.0;     第二次车削螺纹
G00 X50.0;                  快速移动至 D
W45.0;                      快速移动至 A
…
```

3. 车削单一固定循环相关指令

为了使编程工作简化，数控车床的数控系统的单一固定循环功能可以将一系列连续加工动作(如切入—切削—退刀—返回)简化成一个程序段。

1) G90——圆柱面或圆锥面单一固定切削循环

编程格式：G90 X(U)__ Z(W)__ F__；(圆柱面切削循环)

编程格式：G90 X(U)__ Z(W)__ I__ F__；(圆锥面切削循环)

其中，X、Z 分别表示圆柱面切削的终点坐标值；U、W 表示圆柱面切削的终点相对于循环起点增量坐标分量；I 表示圆锥体切削起点和终点的半径差，I 值为负时表示切削起点的 X 向坐标小于终点的 X 向坐标，反之则大于。如图 3-32 所示，使用 G91 加工圆锥面时，以 P_0 为循环起点，P_2 为循环终点，以 $P_0\to P_1\to P_2\to P_3\to P_0$ 轨迹进给，其中 $P_0\to P_1$ 和 $P_3\to P_0$ 运动为快速进给，而 $P_1\to P_2$ 和 $P_2\to P_3$ 进给速度为按 F 指定的进给速度进给。

例 3-13：如图 3-33 所示，当使用 G90 指令对工件进行编程时，加工过程和程序如下。

```
N10 G50 X150.0 Z200.0 M08; 建立工件坐标系
N20 G00 X94.0 Z10.0 T0101 M03; 快速移动至工件右上方(94,10)处
N30 Z2.0; 快速移动到(94,2)处
```

N40 G90 X80.0 Z-49.8 F0.25; 以 P_0 为循环起点,P_2 为循环终点,以 $P_0 \to P_1 \to P_2 \to P_3 \to P_0$ 轨迹进给,其中 $P_0 \to P_1$ 和 $P_3 \to P_0$ 运动为快速进给,$P_1 \to P_2$ 和 $P_2 \to P_3$ 进给速度为按进给速度 0.25mm/min 进给

N50 X70.0; 以 P_0 为循环起点,(70,−49.8)为循环终点加工第二个固定循环

N60 X60.4; 以 P_0 为循环起点,(60.4,−49.8)为循环终点加工第二个固定循环

N70 G00 X150.0 Z200.0 T0000; 快速返回

N80 M02; 程序结束

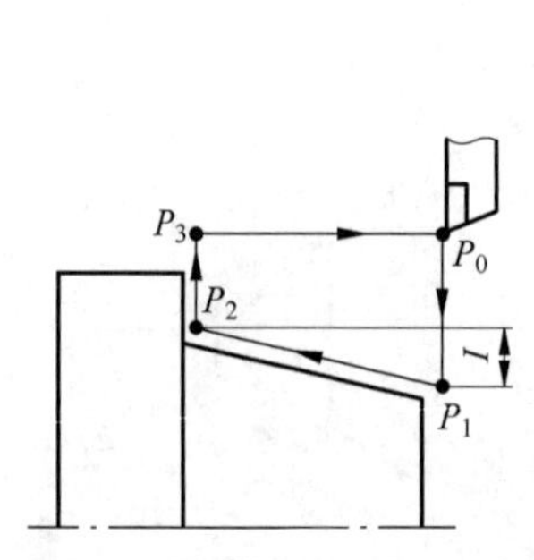

图 3-32 G90 圆锥面单一固定切削循环

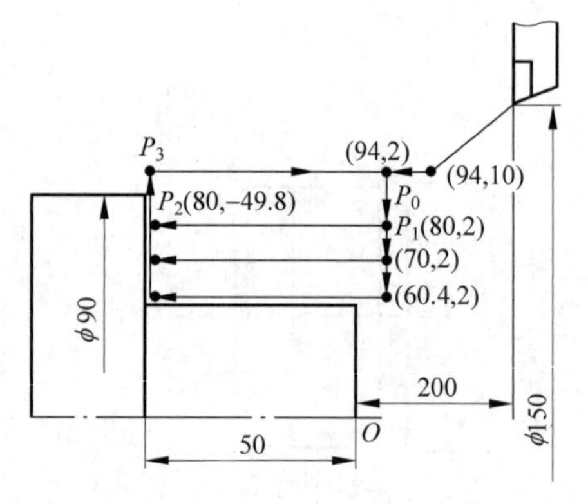

图 3-33 G90 圆柱面单一固定切削循环举例

2) G94——端面车削循环

编程格式:G94 X(U)__ Z(W)__ F__;(端面车削循环)

编程格式:G94 X(U)__ Z(W)__ K__ F__;(带锥度的端面车削循环)

G94 可用于零件毛坯端面余量较大时,在精车前用粗车去除大部分余量。指令中的 X、Z 表示端面切削的终点绝对坐标值;还可以采用相对坐标编程,使用 U、W 表示端面切削的终点相对于循环起点的增量坐标;K 表示端面切削的起点相对于终点在 Z 轴方向的坐标差值。当循环起点在 Z 向坐标比循环终点小时 K 为负,反之为正。如图 3-34(a)所示,端面车削循环由 4 个步骤组成,刀具从循环起点 P_0 开始,以 P_2 为循环终点,以 $P_0 \to P_1 \to P_2 \to P_3 \to P_0$ 为走刀轨迹,其中 $P_0 \to P_1$ 和 $P_3 \to P_0$ 轨迹为快速进给,$P_1 \to P_2$ 和 $P_2 \to P_3$ 轨迹的进给速度为进给指令 F 所规定的数值。

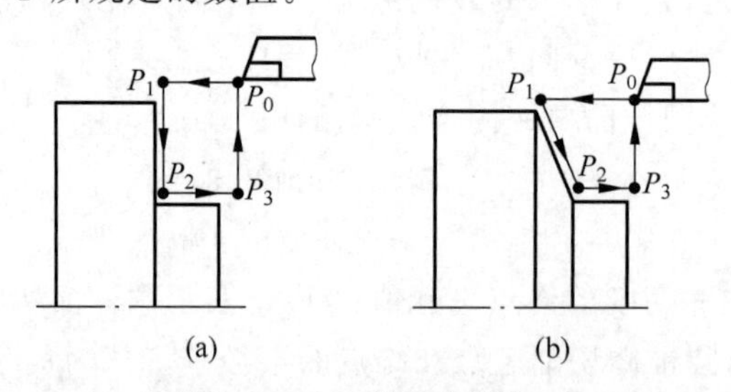

图 3-34 G94 端面车削循环

例 3-14:如图 3-34(a)所示,假设 P_0 点的坐标为(85,5),P_2 点的坐标为(30,−15),则应用端面切削循环功能时零件加工程序如下。

…

G00 X85.0 Z5.0; 快速移动至循环起点

G94 X30.0 Z-5.0 F0.2; 第一次端面车削循环加工至(30,−5)

Z-10.0; 第二次端面车削循环加工至(30,−10)

```
Z-15.0; 第三次端面车削循环加工至(30,-15)
...
```

例 3-15：如图 3-34(b)所示，假设刀具当前位置在 P_0 点，P_2 点的坐标为(20，−10)，则应用端面切削循环功能时零件加工程序如下。

```
...
G94 X20.0 Z0 K-5.0 F0.2; 第一次端面车削循环加工至(20,0)
Z-5.0; 第二次端面车削循环加工至(20,-5)
Z-10.0; 第三次端面车削循环加工至(20,-10)
...
```

3）G92——直螺纹和锥螺纹切削循环

```
G92 X(U)______ Z(W)______ F ______ ;(直螺纹切削循环)
G92 X(U)______ Z(W)______ I ______ F ______ ;(锥螺纹切削循环)
```

螺纹切削循环指令通过一个程序段把切入—螺纹切削—退刀—返回 4 个动作的指令作为一个循环。指令中 X(U)、Z(W)表示螺纹切削的终点坐标值；I 为螺纹切削起始点与切削终点的半径差。I=0 表示加工圆柱螺纹。I 为负时表示加工圆锥螺纹时 X 向切削起始点坐标小于切削终点坐标，反之则大于。

例 3-16：通过 G92 指令加工如图 3-31 所示的圆锥螺纹，其加工程序如下。

```
...
G00 X50.0 Z47.0;
G92 X44.0 Z4.0 I-28.0 F2.0;
X42.0;
G00 X200.0 Z200.0;
...
```

4. 复合固定循环

除了单一固定循环指令外，在数控车削加工中还可以采用复合固定循环指令使程序得到进一步简化。当实际加工余量较大时，如切除铸、锻件的毛坯余量或阶梯相差较大的轴等，都需要通过多次重复进行的动作来完成加工，采用复合循环编程，只需对零件的轮廓定义之后，通过指定每次的切深或切削循环次数，数控车床即可自动完成从粗加工到精加工的全过程，达到缩短程序段的长度、减少程序所占内存的目的。各类数控系统对复合循环指令的形式和使用方法都不尽相同。复合固定循环指令主要有 G71(外圆粗切循环)、G72(端面粗车循环指令)、G73(成型车削循环)、G74(深孔钻削固定循环)、G75(切槽固定循环)、G76(螺纹加工固定循环)、G70(精加工指令)等。

1）G71——外圆粗切循环

编程格式：

```
G71 UΔd Re;
G71 Pns Qnf UΔu WΔw F__ S__ T__;
```

G71 是一种用于需多次走刀的外圆柱面粗加工复合固定循环。指令中，Δd 表示以背吃刀量(半径值)；e 表示为每次切削的退刀量；ns 和 nf 分别表示精加工轮廓程序段中开始程序段和结束程序段的段号；Δu 和 Δw 分别表示 X 轴向精加工余量和 Z 轴向精加工余量。在具体使用 G71 指令时，应注意精加工程序段(即 ns～nf 程序段)中的 F、S、T 指令对粗车循环无影响。另外，零件轮廓必须符合 X 轴和 Z 轴方向同时单调增大或单调减少，否则在精加工程序段中第一条指令必须在 X、Z 向同时有运动。

例 3-17：如图 3-35 所示，使用外圆粗切循环进行车削加工程序编写如下。

```
O1005                                   程序名
N10 G50.0 X200.0 Z140.0 T0101;
N20 G00 G42 X120.0 Z10.0 M08;
N30 G96 S120.0;
N40 G71 U2.0 R0.5;
N50 G71 P60 Q120 U2.0 W2.0 F0.25; 外圆粗切循环
N60 G00 X40.0;                 //ns,精加工开始段
N70 G01 Z-30.0 F0.15;
N80 X60.0 Z-60.0;
N90 Z-80.0;
N100 X100.0 Z-90.0;
N110 Z-110.0;
N120 X120.0 Z-130.0;           //nf,精加工结束段
N130 G70 P60 Q120;             精加工循环
N140 G00 X125.0;
N150 X200.0 Z140.0;
N160 M02;                      程序结束
```

图 3-35　G71 外圆粗切循环举例

2）G72——端面粗切循环

编程格式：

G72 U$\underline{\Delta d}$ R$\underline{e}$;

G72 P$\underline{ns}$ Q$\underline{nf}$ U$\underline{\Delta u}$ W$\underline{\Delta w}$ F__ S__ T__;

端面粗切循环与外圆粗切循环相似，是一种适于 Z 向余量小、X 向余量大的棒料粗加工的复合固定循环。指令中各参数使用都与 G71 相同。

例 3-18：按如图 3-36 所示尺寸编写端面粗切循加工程序。

```
O1001                                          程序名
N10 G50 X200.0 Z200.0 T0101;
N20 M03 S800.0;
N30 G90 G00 G41 X176.0 Z2.0 M08;
N40 G96 S120.0;
N50 G72 U3.0 R0.5;
N60 G72 P70 Q120 U2.0 W0.5 F0.2;               端面粗切循环
N70 G00 X160.0 Z60.0;                          //ns,精加工程序开始段
N80 G01 X120.0 Z70.0 F0.15;
N90 Z80.0;
N100 X80.0 Z90.0;
N110 Z110.0;
N120 X36.0 Z132.0;                             //nf,精加工程序结束段
N130 G70 P70 Q120;                             精加工循环
N131 G00 G40 X200.0 Z200.0;
N140 M30;
```

3）G73——成型车削循环

编程格式：

G73 U$\underline{\Delta i}$ W$\underline{\Delta k}$ R$\underline{d}$;

G73 Pns Qnf UΔu WΔw F __ S __ T __;

成型车削循环也称封闭切削循环，是一种适于对铸、锻毛坯切削的复合固定循环，其对零件轮廓的单调性没有任何要求，如图 3-37 所示。指令中 Δi 和 Δk 分别表示 X 轴向总退刀量和 Z 轴向总退刀量；d 表示重复加工次数；其余参数含义与 G71 相同。

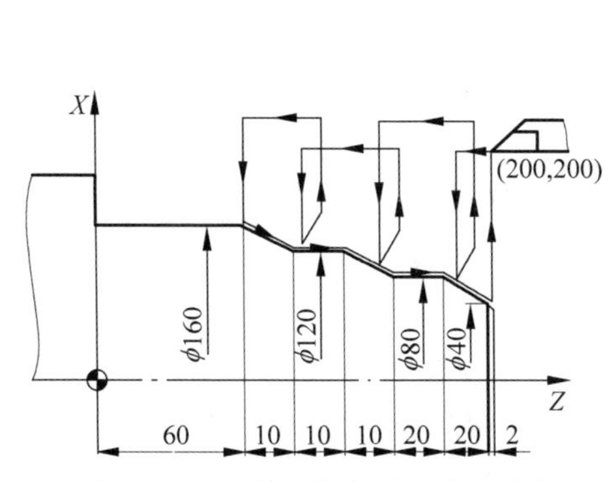

图 3-36 G72 端面粗切循环指令举例

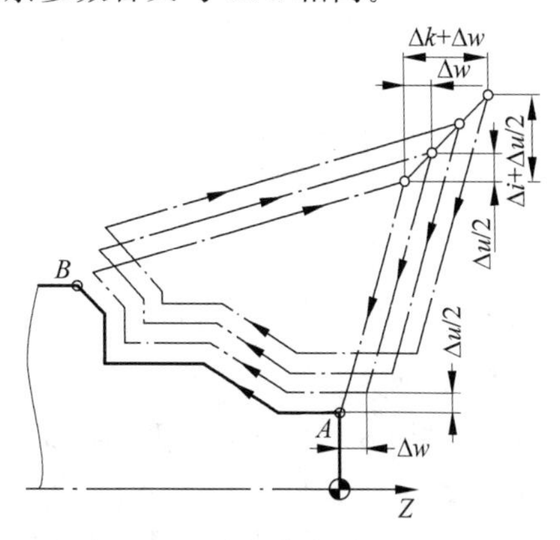

图 3-37 G73 成型车削循环指令示意图

例 3-19：按如图 3-38 所示尺寸编写封闭切削循环加工程序。

O1000	程序名
N10 G50 X200.0 Z200.0 T0101;	建立工件坐标系
N20 M03 S2000.0;	主轴旋转
N30 G00 G42 X140.0 Z40.0 M08;	建立刀具补偿
N40 G96 S150.0;	主轴恒速旋转
N50 G73 U9.5 W9.5 R3;	
N60 G73 P70 Q130 U1.0 W0.5 F0.3;	第一次成型车削循环
N70 G00 X20.0 Z0;	精加工开始程序段
N80 G01 Z-20.0 F0.15;	精加工外圆柱面
N90 X40 Z-30.0;	精加工外圆锥面
N100 Z-50.0;	
N110 G02 X80.0 Z-70.0 R20.0;	精加工外圆弧面
N120 G01 X100.0 Z-80.0;	
N130 X105.0;	精加工结束程序段
N140 G70 P70 Q130;	精加工循环
N150 G00 X200.0 Z200.0 G40;	回刀
N160 M30;	主程序结束

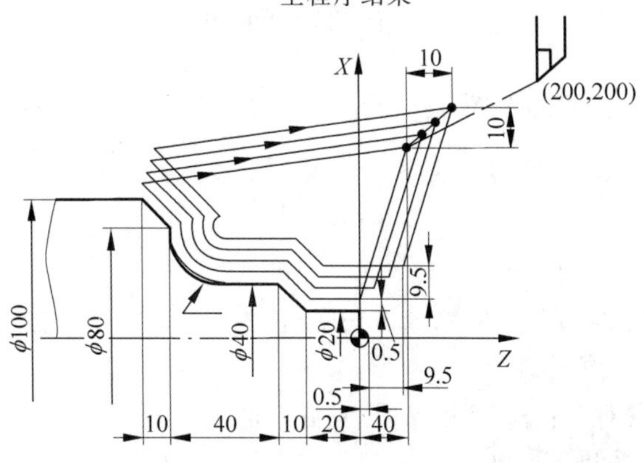

图 3-38 G73 成型车削循环举例

4）G70——精加工循环

编程格式：: G70 P$\underline{ns}$ Q$\underline{nf}$;

为达到所需要的尺寸，在使用G71、G72、G73完成粗加工后，需使用G70指令进行精车削加工。在G70指令执行后，刀具回到G71、G72、G73程序段开始的切削点，且在精加工时，执行精加工程序段(即ns～nf程序段)中的F、S、T指令，而不受G71、G72、G73程序段中F、S、T指令的影响。指令中各参数含义与G71指令相同。

5）复合螺纹切削循环

编程格式：

G76 P$\underline{m}$ R$\underline{r}$ E$\underline{e}$ A$\underline{\alpha}$ X(U)__ Z(W)__ I$\underline{i}$ K$\underline{k}$ U$\underline{d}$ V$\underline{d_{min}}$ Q$\underline{\Delta d}$ F$\underline{f}$;

复合螺纹切削循环指令可以自动完成一个螺纹段的全部加工任务，极大地简化了手工编程工作，由于其进刀方法有利于改善刀具的切削条件，因此在编程中应优先考虑应用该指令。其中，如图3-39所示，m 表示精加工重复次数，精整次数可取01～99；r 表示螺纹 Z 向的退尾长度，其数值可取01～99；e 表示螺纹 X 向的退尾长度，其数值可取01～99；α 表示刀具的刀尖角，即螺纹的牙型角，可取80°、60°、55°、30°、29°、0°，常取60°；$X(U)$、$Z(W)$表示螺纹终点的绝对(增量)坐标值；i 表示锥螺纹的起点与终点的半径差；k 表示螺纹牙型高度(半径值)；d 表示精加工余量；d_{min} 表示最小切入深度；Δd 表示第一次切削深度(半径值)；f 表示螺纹导程。

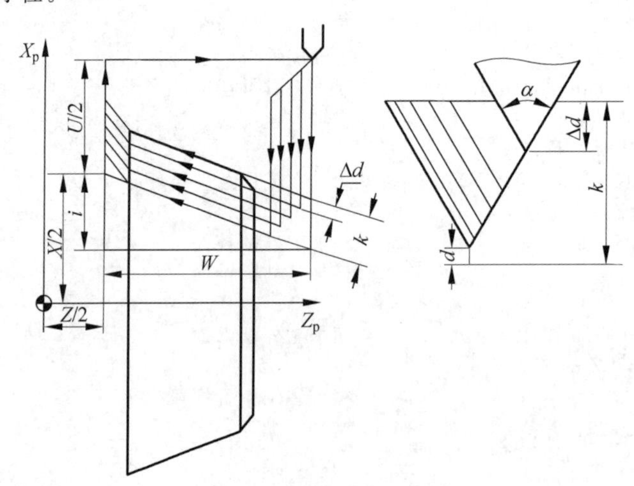

图3-39　G76复合螺纹切削循环示意图

3.3.5　数控车削加工编程实例

例3-20：编制如图3-40所示轴类零件的车削加工程序，选择毛坯材料为45钢，毛坯直径为ϕ22mm。

1. 确定工艺方案及加工路线

工艺方案及加工路线的确定应综合考虑零件图纸上的技术要求、所选用的毛坯和刀具特征，以及所具备的加工条件。

(1) 采用三爪卡盘对工件进行夹持，并使毛坯伸出卡盘75mm以上，采用一次装夹完成粗车和精车加工，由于长度不是很大，可以根据需要选用顶尖顶持另一端。

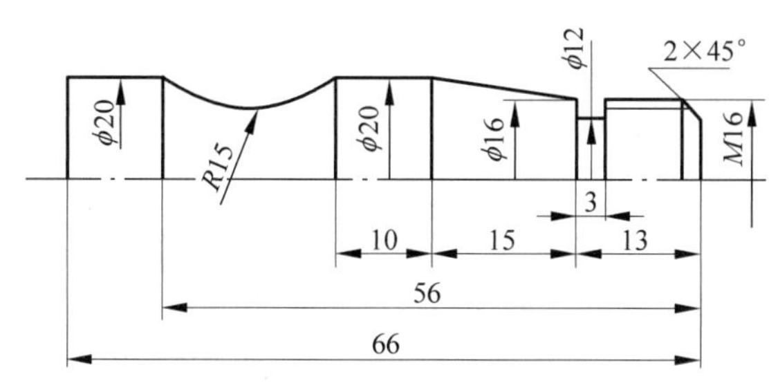

图3-40　数控车削加工编程实例

(2) 粗车外圆 ϕ 20 全长→粗车螺纹外径及锥面→粗车 R15 圆弧面→粗车端面→精车零件全表面→切退刀槽→车削螺纹→切断工件。

2. 加工机床设备选择

根据零件图纸要求,选用 CK6236S 型数控车床完成加工。

3. 刀具选择

根据加工需要,选用 T01 外圆车刀,T02 螺纹车刀,T03 切断刀。加工前将刀具安装在刀架上,并且完成基准刀对刀操作,将所有其他刀具的刀偏值输入相应的刀具参数中。

4. 切削用量的选择

根据机床的性能、相关手册及实际操作经验确定各工步的切削用量,具体切削用量如程序中所示。

5. 工件坐标系、对刀点、换刀点确定

以工件右端面中心点为工件原点建立工件坐标系,将 X22,Z100 处设为换刀点。

6. 根据机床指定的指令代码和格式,将全部工艺过程编写成程序清单

该工件的加工程序和简单说明如下。

```
O0001                               指定程序名
N10 M03 S01;                        主轴正转,低速启动
N20 T0101;                          取1号外圆车刀,实行1号刀补
N30 G00 X20.5 Z2;                   刀具快速移动坐标处,准备粗车 φ22 毛坯
N40 G01 Z-70 F50;                   粗车 φ20 圆柱表面
N50 G00 X22 Z2;                     快退
N60 G00 X18 Z2;                     准备粗车 φ16 表面及锥面第一次
N70 G01 X18 Z-16;                   粗车 φ16 表面至 Z-16 处
N80 G00 X20 Z2;                     快退到工件右端坐标点
N90 G00 X16.5 Z2;                   准备粗车 φ16 表面第二次
N100 G01 X16.5 Z-13;                粗车 φ16 螺纹表面
N110 G00 X22 Z-13;                  快退
N120 G00 X22 Z-38;
N130 G01 X20.5 Z-38;                移至 R15 圆弧表面粗加工起点
N140 G02 X20.5 Z-56 R17;            粗车 R15 圆弧
N150 G00 X22 Z0;                    快速回到工件右端坐标点
N155 G01 X-0.5;                     精车右端面(由于对刀时已车削端面,也可以省略)
N160 G00 X8 Z2;
N170 G01 X16 Z-2 F20;               精车倒角 2×45°
N180 G01 X16 Z-13;                  精车 φ20 螺纹表面
N190 G01 X20 Z-28;                  精车锥面
N200 G01 X20 Z-38;                  精车 φ20 长度 10 的圆柱表面
```

```
N210 G02 X20 Z-56 R15;          精车R15圆弧面
N220 G01 X20 Z-66;              精车左端φ20圆柱面
N230 G00 X22 Z100;              快速返回到Z100处
N240 T0303;
N250 G00 X18 Z-13;              3号切刀转位,实行3号刀补,移至退刀槽坐标点
N260 G01 X12 Z-13 F5;           切退刀槽
N270 G01 X18 Z-13 F500;         工进快速退出工件
N280 G00 X22 Z100;              快速返回到Z100处
N290 T0202;                     2号螺纹车刀转位
N300 G00 X18 Z2;                快速移到坐标处,准备车螺纹,实行2号刀补
N310 G92 Z15.8 Z-11 F1.25;
N320 X15.6;
N330 X15.4;
N340 X15.2;                     循环车削螺纹M16
N350 X15.1;
N360 X15.02;
N370 G00 X22 Z100;              快速返回到Z100处
N380 T0303;                     3号切刀转位,实行3号刀补
N390 G00 X22 Z-69;              快速移到坐标致点
N400 G01 X1 F5;                 切断工件
N410 G01 X22 F500;              刀具快速退出工件
N420 M05;                       主轴停止
N430 G28 X0 Z0 T0300;           快速返回零点,取消刀补
N440 M30;                       程序结束
```

3.4 数控铣床和加工中心程序编制

数控铣床是实际机械加工生产中最常用的数控加工设备之一,现代数控铣床通过其具有的连续控制和多轴联动功能,能加工复杂的二维曲面和三维空间曲面零件,还能实现钻孔、铰孔、镗孔和攻丝等工序的加工。通过两轴半联动控制,数控铣床可以对工件的水平面(*XY*)、正平面(*XZ*)和侧平面(*YZ*)上的零件特征进行加工。通过三轴甚至更多轴联动控制,数控铣床可以对复杂的曲面零件特征进行加工。

数控加工中心(Machining Center,MC)是一种高效率自动化机床,其具有刀库和自动换刀装置,集车、铣、镗、钻、扩、铰和攻螺纹等多种加工功能于一体,适用于加工凸轮、箱体、支架、盖板、模具等各种复杂形状的中小批量零件。加工中心按其主轴的布置可分为立式加工中心、卧式加工中心和复合加工中心,最常见的是三轴立式加工中心。其中,立式加工中心应用范围广泛,其主轴垂直于工作台,可以完成板材类、壳体类零件上形状复杂的平面或模具的内、外型腔等零件特征的加工;卧式加工中心的主轴轴线与工作台台面平行,可以完成箱体、泵体、壳体等零件特征的加工;复合加工中心有立、卧双主轴或可作90°内任意转动的单主轴,在工件一次装夹中可完成5个空间各表面的加工。

3.4.1 数控铣削(加工中心)编程概述

1. 数控铣床(加工中心)的编程特点

加工中心和数控铣床的编程方法大致相同,加工坐标系的设置方法也一样,其主要的准备功能和辅助功能如表3-5和表3-6所示。在对数控铣床和加工中心进行编程时应该注意如下一些特点。

表 3-5　数控铣床主要的准备功能

代码	组号	意　　义	代码	组号	意　　义
G00	01	快速定位	G43	10	刀具长度正向补偿
G01		直线插补	G44		刀具长度负向补偿
G02		顺圆插补	G49		刀具长度补偿取消
G03		逆圆插补	G50	04	缩放关
G04	00	暂停	G51		缩放开
G07	16	虚轴设定	G52	00	局部坐标系设定
G09	00	准停校验	G53		直接机床坐标系编程
G17	02	XY 平面	G54	11	选择坐标系 1
G18		ZX 平面	G55		选择坐标系 2
G19		YZ 平面	G56		选择坐标系 3
G20	08	英寸输入	G57		选择坐标系 4
G21		毫米输入	G58		选择坐标系 5
G22		脉冲当量	G59		选择坐标系 6
G24	03	镜像开	G60	00	单方向定位
G25		镜像关	G61	12	精确停止校验方式
G28	00	返回到参考点	G64		连续加工方式
G29		由参考点返回	G65	00	子程序调用
G40	09	刀具半径取消	G68	05	旋转变换
G41		刀具半径左补偿	G69		旋转取消
G42		刀具半径右补偿			
G73	06	深孔高速钻循环	G90	13	绝对值编程
G74		反攻丝循环	G91		增量值编程
G76		精镗循环	G92	00	坐标系设定
G80		固定循环取消	G94	14	每分进给
G81		定心钻循环	G95		每转进给
G82		带停顿的钻孔循环	G98	15	固定循环后返回起始点
G83		深孔钻循环	G99		固定循环后返回 R 点
G84		攻丝循环			
G85		镗孔循环			
G86		镗孔循环			
G87		反镗循环			
G88		手动精镗循环			
G89		镗孔循环			

表 3-6　数控铣床主要的辅助功能

指令	功　　能	说　　明
M03	主轴正转	
M04	主轴反转	
M05	主轴停	
M06	换刀	
M07	切削液开	
M09	切削液关	

续表

指令	功　能	说　明
M19	主轴定向停止	
M20	取消主轴定向停止	
M30	主程序结束	切断机床所有动作,并使程序复位
M98	调用子程序	其后P地址指定子程序号,L地址指定调运次数
M99	子程序结束	子程序结束,并返回到主程序中M98所在程序行的下一行

(1) 数控铣床(加工中心)分别用G90和G91指令指定绝对值编程或相对坐标编程。

(2) 对复杂零件的编程通常采用CAM自动编程,而一些简单零件的编程可使用手工编程。

(3) 数控铣床和加工中心具有多种插补功能,如极坐标插补、抛物线插补、螺旋线插补等,编程时应合理运用这些功能,以提高加工效率和加工精度。

(4) 对于一些具有对称特征的零件可以通过数控系统的镜像功能简化编程,如零件上的特征关于X轴、Y轴和原点对称时可以分别使用相应的镜像功能完成加工。

(5) 通过数控铣床和加工中心的子程序功能,可以完成特征相同或尺寸递增(递减)的零件的加工。除此之外,还可以通过变量功能,实现对某些尺寸参数不同而结构相似的零件的加工,合理使用这些功能可以极大地简化程序编制工作。

2. 数控铣削加工中的工艺分析和处理

1) 数控铣削加工对象和内容的选择

在具体实际生产加工中,应根据实际的需要和经济性等多方面综合考虑,从而合理选择数控铣削加工的内容和对象。通常选择下列加工内容作为数控铣削加工对象。

(1) 被加工零件上的内、外复杂曲线轮廓,尤其是在普通机床上难以观察、测量和加工的曲线,由数学表达式给出的非圆曲线与列表曲线等曲线轮廓特征。

(2) 具有三维空间曲面的或已给出数学模型的空间曲面特征。

(3) 几何结构复杂,工件标注尺寸较多,或检测困难的零件加工特征。

(4) 形状尺寸精度、位置定位精度和表面粗糙度等要求较高的零件,如发动机缸体上的高精度孔系和大尺寸型面。

(5) 采用数控铣削能明显提高生产率或减轻体力劳动强度的零件。

2) 零件图和零件毛坯的工艺性分析

在考虑零件图和工件毛坯的工艺性方面时应主要注意:零件图纸上的技术要求能否用当前的数控设备达到;零件尺寸规格尽量标准化,以便采用标准刀具;加工轮廓上内壁圆弧尺寸往往限制刀具的尺寸,因此槽底圆角和内槽内转接圆弧不能过大或过小;零件的刚度是否足够,在加工过程中会不会发生过大变形;数控铣削常以板料、铸件自由锻及模锻件为加工毛坯,应主要考虑毛坯的余量尺寸大小和外表面的相关特征。

3) 加工顺序和加工路线的确定

数控铣削通常应遵守“先粗后精”、“基准先行”、“先面后孔”和“先主后次”等原则。数控铣削的加工线应注意切入和切出的形式;合理选择顺铣和逆铣。具体设计铣削加工工艺时,最好采用圆弧切入切出,在铣削过程中不停顿。当使用铣刀圆周上的切削刃来铣削工件的平面时,如果铣刀的旋转切入方向和工件的进给方向相同,称这种加工方式为顺铣,反之称为逆铣，如图 3-41 所示。顺铣和逆铣的选择应视零件图样的加工要求、毛坯的材质，以及机床和刀具特性综合考虑。一般为了考虑进给传动间隙，都应尽量采用顺铣加工方式。由于顺铣的切削是从工件的表面开始吃刀量从大到小切削，而逆铣则是从工件内部开始吃刀量从小到大切削，所以为了提高零件表面加工质量和刀具耐用度，对于铝镁合金、钛合金和耐热合金等材料，常采用顺铣加工方式；而对表皮硬且余量较大的零件毛坯，如黑色金属锻件或铸件，则应采用逆铣加工方式。

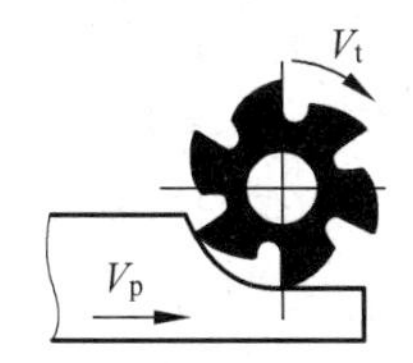

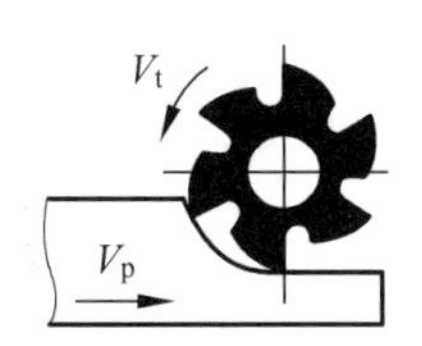

图 3-41　顺铣和逆铣铣削加工

3. 数控铣削的刀具和换刀

可转位硬质合金面铣刀和立铣刀常被用于铣削平面，在粗铣时，为减小切削扭矩宜采用直径较小的铣刀；而在精铣时，则可采用直径大一些的铣刀以提高切削效率和加工精度，还可采用立方氮化硼刀片的面铣刀进行精铣以满足更高的要求。加工较为平坦的曲面时宜采用环形铣刀。球头铣刀、环形铣刀、鼓形铣刀、圆锥立铣刀等刀具常被用来加工立体型面和变斜角轮廓。针对特殊形状的型面还可设计制造相应形状的专门成型铣刀。常采用高速钢或硬质合金立铣刀铣削凸台或凹槽，当凹槽的内表面精度要求较高时，可使用直径小于槽宽的立铣刀先铣削凹槽的正中间部分，再利用刀具偏置功能使刀具按铣槽中间的加工程序继续铣削凹槽的两侧。

加工中心在加工时所需要的刀具较多，换刀次数比较频繁，要求自动换刀装置的定位精度高，动作平稳，安全可靠，精度保持性好。换刀所需时间长短是反映加工中心性能的主要技术指标之一。加工中心通过配备自动换刀装置，具有自动换刀功能，不同加工中心的换刀过程不完全相同，通常选刀和换刀可分开进行。选刀是指根据程序中的刀具指令从刀库中选出所指定刀具，并把它送到换刀位置；换刀是指根据程序中的换刀指令卸下主轴上的刀具，装上选刀机构选出的刀具，并将换下的刀具送回刀库。选刀动作可与机床的加工同时进行，即利用切削时间进行选刀。

多数加工中心都规定了固定的换刀点位置，各运动部件只有移动到这个位置，才能开始换刀动作。换刀完毕后需要启动主轴，方可进行后面程序内容的加工。不同的数控系统的换刀编制方法可能不同，以下是 VB610 立式加工中心的换刀程序。

```
G00 G91 G30 X0 Y0 Z0 T01 ;              快速移动至换刀点，选择 01 号刀具
M06;                                    换已选择的 01 号刀具
G00 G90 G54 X-150.0 Y-35.0 S400.0;      使用新刀具进行加工
G43 Z0 H01 M13 T02;                     仍使用 T01 刀具加工，同时选择 T02 刀具
…
G91 G30 X0 Y0 Z0;                       返回换刀点
M06;                                    换上已选择的刀具
```

4. 安全高度的确定

在铣削加工零件时，为节省空刀时间，在程序的开始段和结束段通常采用快速移动定位，为了保证刀具在停止状态时，不与加工零件或夹具发生碰撞，起刀点和退刀点必须离开

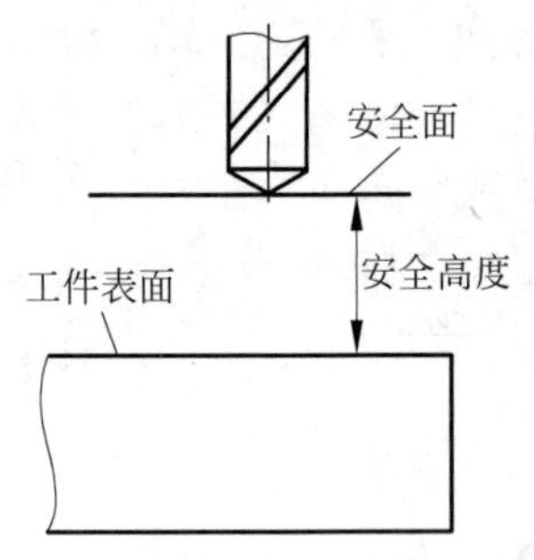

图 3-42 数控铣削加工的安全高度

零件表面一定的安全高度，如图 3-42 所示。刀具刀位点在安全高度位置时所处的平面也称为安全面。安全高度不能设得太小，也不能设得太大。刀具从安全面高度下降到切削工件表面时，不能直接从零件理论轮廓下刀，而应离开工件毛坯边缘一个距离，以免发生危险，且下刀运动过程应使用直线插补运动(G01)，而不能用快速运动(G00)。通常在安全高度之上完成刀具长度补偿。

5. 数控铣床的工件坐标系

工件坐标系原点的选择主要考虑便于编程中坐标值的计算、测量和对刀。具体的选择原则：为了使零件坐标值便于计算，工件坐标原点应选在零件图的尺寸基准上；对称零件的工件坐标原点应选在对称中心上；*Z* 轴方向的零点，一般设在工件最高表面；通常把一般零件和毛坯材料的坐标原点分别设在工件外轮廓的某一角上和表面中心处。

除了可用 G92 指令设定工件坐标系外，铣削加工编程还可以使用 G54～G59 对坐标系进行设定，但在使用 G54～G59 时是有区别的。G92 指令是通过刀具在工件坐标系中所处的当前位置来设定加工坐标系的，指令在使用时必须后带刀具在工件坐标系中所处的 *X* 坐标和 *Z* 坐标。而 G54～G59 指令是安装工件后测量 *X*、*Y*、*Z* 各轴方向的偏置量，通过 MDI 方式在设置参数下设定工件加工坐标系偏置值存在存储器中，一旦设定，加工原点在机床坐标系中的位置保持不变，它与刀具所处的当前位置无关，除非再通过 MDI 方式修改。数控系统工件执行程序时，从相应存储器中读取数据，并按照工件坐标系中的坐标值运动。

G54～G59 指令程序段可以和 G00、G01 指令组合，使用 G54 设定工件坐标系的程序段为：

```
G54 G90 G00(G01) X__ Y__ Z__(F__);
```

其中，X、Y、Z 后所带的坐标值并不是用于设定工件坐标系，而是使数控系统执行该程序段时，将刀具以 G00(G01)方式移动到工件坐标系下 X、Y、Z 后所带的坐标值处。即该指令执行后，所有坐标值指定的坐标尺寸都是选定的工件加工坐标系中的位置。

G54～G59 各指令设置加工坐标系的方法完全相同，但机床厂家为了满足用户的不同需要，在 G54 和 G55～G59 的使用时有一定的不同，在用 G54 设置机床原点时，回参考点后机床坐标值显示为 G54 的设定值；而利用 G55～G59 设置加工坐标系时，回参考点后机床坐标值显示零值。

3.4.2 数控铣削(加工中心)编程要点

1. 初始状态的设置

通常在数控铣削加工程序开始时对数控系统的各个初始状态进行设定，以保证程序的安全运行。如：

```
G90 G80 G40 G17 G49 G21;
```

其中，G90 表示选择绝对坐标编程方式；G80、G40 和 G49 分别用来取消循环、取消刀具半径补偿和取消刀具长度补偿；G17 用来选择 *XY* 平面为加工平面；G21 表示选择公制尺寸单位。

2. 回参考点控制指令

1）G28——自动返回到参考点

指令格式：G28 X _ Y _ Z _;

该指令可以使刀具以点位方式经指定的中间点快速返回到参考点。其中,X、Y、Z为指令中间点的坐标,可以是绝对坐标和增量坐标,在G90时为终点在工件坐标系中的坐标;在G91时为终点相对于起点的位移量。该指令常用来自动换刀,在执行前取消各种刀补,相应的轴能够自动地定位到参考点上。G28指令可以记忆中间点的坐标值,直至被新的G28指令替换。如:

```
G90 G00 X150.0 Y150.0 Z200.0;
G28 X300.0 Y300.0 Z500.0;
```

2）G29——自动从参考点返回

指令格式：G29 X _ Y _ Z _;

该指令通常紧跟G28指令之后,如图3-43所示,使刀具从参考点经由G28指令指定的中间点而定位于指定点。其中,X、Y、Z为该指定点的坐标值,用G90和G91分别表示终点在工件坐标系中的坐标为绝对坐标和增量坐标。G29指令仅在其被规定的程序段中有效。如:

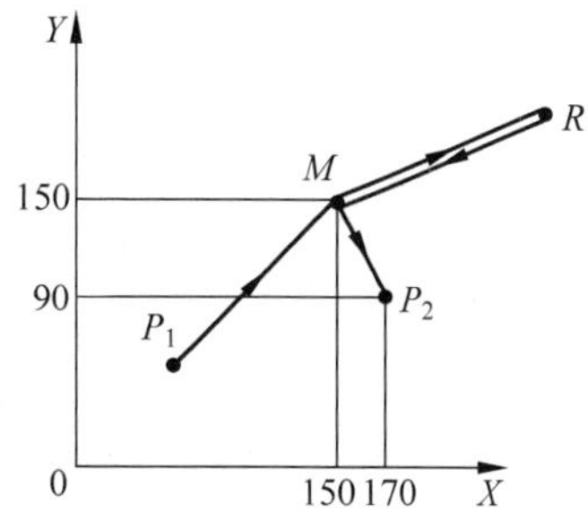

图3-43　G28与G29应用示意图

G90 G28 X150 Y150;	刀具从当前点 P_1 出发,经中间点 M(150,150)回参考点 R
M06;	换刀
G29 X170 Y90;	刀具从参考点 R 出发经中间点 M 到 P_2 点

3. 刀具补偿

1）G40、G41、G42——刀具半径补偿

指令格式：

```
G17(G18,G19) G41(G42) G00 X _ Y _(X _ Z _,Y _ Z _) D _;
G40  X _ Y _(X _ Z _,Y _ Z _);
```

其中,G17、G18或G19用来指定刀具补偿和指令中其他的插补指令是在哪个平面上进行;刀补号地址符"D"后跟的数值是刀补号,指调用内存中相应刀具半径补偿存储器的数值。G40用于取消刀具半径补偿。在多轴联动控制中,平面选择的切换必须在补偿取消方式下进行,否则数控系统将报警。G41和G42分别是在相对于刀具前进方向左侧和右侧进行补偿,称为左刀补和右刀补。G40、G41、G42同组模态代码,可相互注销。

例3-21：如图3-44所示,加工开始时刀具距离工件表面50mm,切削深度为10mm,加工程序如下。

O1000	程序名
N10 G92 G00 X0.0 Y0.0 Z50.0;	
N20 G91 G17;	指定刀补平面
N30 G41 G00 X20.0 Y10.0 D01;	建立刀补,刀补号D01
N35 G00 Z-48 M03 S500;	刀具移动至安全平面
N38 G01 Z-12 F200;	下刀
N40 G01 Y40.0 F100;	执行刀补,切削至 B 点
N50 X30.0;	切削至 C 点
N60 Y-30.0;	切削至 D 点

```
N70 X-40.0;                          切削至 E 点
N80 G00 Z60 M05;                     抬刀,主轴停
N85 G40 X-10.0 Y-20.0;               解除刀补
N90 M30;                             主程序结束
```

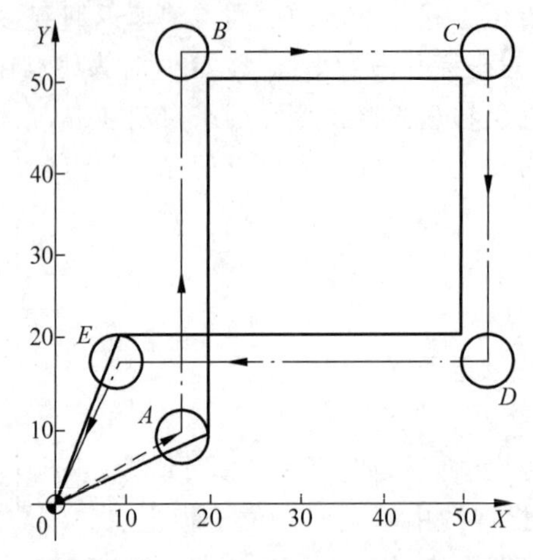

图 3-44　数控铣削刀具半径补偿举例

如按绝对坐标编程,相应的加工程序如下。

```
O5000
N10 G92 X0.0 Y0.0 Z50;
N20 G90 G17 G00;
N30 G41 X20.0 Y10.0 D01;
N35 Z2 M03 S500;
N38 G01 Z-10 F200;
N40 G01 Y50.0 F100;
N50 X50.0;
N60 Y20.0;
N70 X10.0;
N80 G00 Z50 M05;
N90 G40 X0 Y0;
N100 M30;
```

2) G43、G44、G49——刀具长度补偿

指令格式:

```
G43(G44) Z_ H_;
G49(H00);
```

G43 和 G44 分别是为刀具长度正补偿和负补偿。其中,H 为长度补偿偏置号(H00～H99),可通过 MDI 在相应的偏置存储器中的对偏置量进行设定。指令 G49 或 H00 用来取消刀具长度补偿。G43、G44、G49 为同组模态代码,可相互注销。刀具长度补偿同时只能加在一个轴上,必须取消上一次的刀具长度补偿才能进行另一轴的刀具长度补偿。例如下列程序段一起使用时将出现错误。

```
G43 Z_ H_;
G43 X_ H_;
```

例 3-22:设 1 号刀补偏置值设定为－4.0,如图 3-45 所示的零件加工程序如下。

```
O6000                                程序名
N10 G91 G00 X120.0 Y80.0 M03;        快速定位至 A 孔上方,使用增量编程,轨迹 a
S500;
N20 G43 Z-32.0 H01;                  快速下刀至安全平面,建立刀补,轨迹 b
N30 G01 Z-21.0 F1000;                钻削 A 孔,轨迹 c
N40 G04 P2000;                       A 孔底部暂停 2s,轨迹 d
```

```
N50 G00 Z21.0;                  抬刀至安全平面,轨迹 e
N60 X30.0 Y-50.0;               快速定位至 B 孔上方,轨迹 f
N70 G01 Z-42.0;                 钻削 B 孔,轨迹 g
N80 G00 Z42.0;                  抬刀至安全平面,轨迹 h
N90 X50.0 Y30.0;                快速定位至 C 孔上方,轨迹 i
N100 G01 Z-25.0;                钻削 C 孔,轨迹 j
N110 G04 P2000;                 A 孔底部暂停 2s,轨迹 k
N120 G00 Z57.0 G49;             抬刀,取消刀补
N130 X-200.0 Y-60.0;            返回起刀点
N140 M05;                       主轴停
N150 M30;                       主程序结束
```

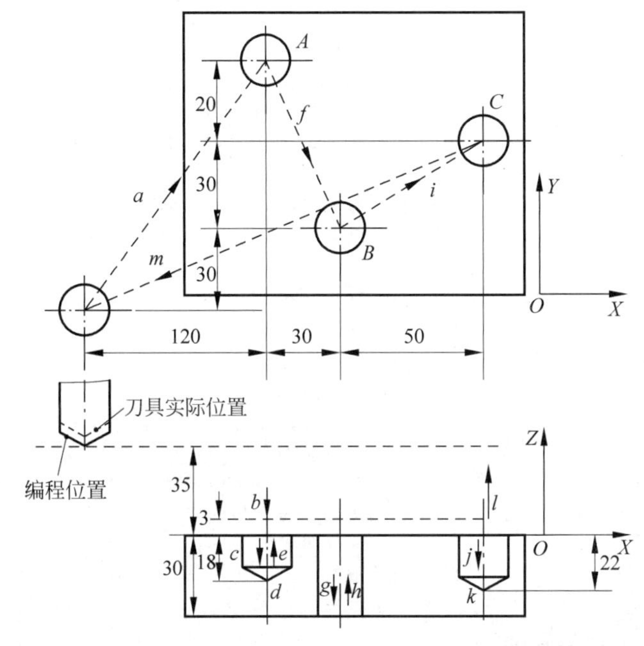

图 3-45 数控铣削时刀具长度补偿举例

4. 子程序功能

指令格式：M98 P __;

该指令用于调用预先编制好的子程序。在数控加工中,常会遇到同一个工件有多处相同的加工内容,即一些相同的程序段在一个程序中多次出现,为了简化编程,这些相同的程序段单独列出,并按一定的格式编制成子程序。主程序通过多次调用或嵌套调用子程序实现某一相同加工内容的加工。子程序的编号与一般程序基本相同,只是程序结束字为 M99。其中,P 后共有 8 位数字表示子程序调用情况,前 4 位为调用次数(省略时为调用一次),后 4 位为所调用的子程序文件名。

例 3-23：如图 3-46 所示,在一块平板上走出 6 个边长为 10mm 的正方形轨迹,每边的槽深为 −2mm,工件上表面为 Z 向零点。为简化程序,采用子程序的方式实现铣削加工。

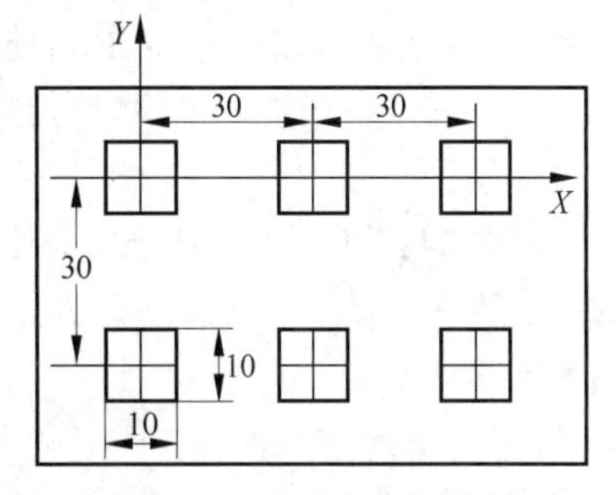

图 3-46 子程序功能举例

主程序:

```
O7006                              主程序程序名
G90G80G40G49G17G21;                初始化
G54;                               建立工件坐标系
T01M06;                            使用1号刀具
G00X-5.0 Y5.0 S800;                快速移动到第一个正方形的左上角
G43H01Z40.0M03;                    建立刀具长度补偿,并移动至安全平面
G00 Z3;                            下刀
M98 P0220;                         调用子程序0220加工正方形
G90 G01 X25.0 Y5.0;                移动到第二个正方形的左上角
M98 P0220;                         调用子程序0220加工正方形
G90 G01 X55.0 Y5.0;                移动到第三个正方形的左上角
M98 P0220;                         调用子程序0220加工正方形
G90 G01 X-5.0 Y-25.0;              移动到第四个正方形的左上角
M98 P0220;                         调用子程序0220加工正方形
G90 G01 X25.0 Y-25.0;              移动到第五个正方形的左上角
M98 P0220;                         调用子程序0220加工正方形
G90 G01 X55.0 Y-25.0;              移动到第六个正方形的左上角
M98 P0220;                         调20号切削子程序切削正方形
G90 G01 Z40.0 F2000;               抬刀
M30;                               程序结束
```

子程序:

```
O0220                              子程序名
N10 G91 G01 Z-5 G94 F100           在正方形左上点切入2mm
N20 G01 X 10.0;                    切削至右上角
N30 G01 Y-10.0;                    切削至右下角
N40 G01 X-10.0;                    切削至左下角
N50 G01 Y10.0;                     切削至左上角
N60 G01 Z 5 F2000;                 抬刀
N70 M99;                           子程序结束
```

5. G24、G25——镜像功能

指令格式:G24 X _ Y _ Z _;

M98 P _;

G25 X _ Y _ Z _;

镜像功能可以根据指令指定的对称轴、线、点对某个子程序的加工特征进行镜像。G24和G25分别用来建立和取消镜像功能,X _ Y _ Z _用来指定镜像位置,M98用来调用子程序,P后所带的即为被调用程序的文件名。一般应先镜像,然后进行刀具长度补偿、半径补偿。

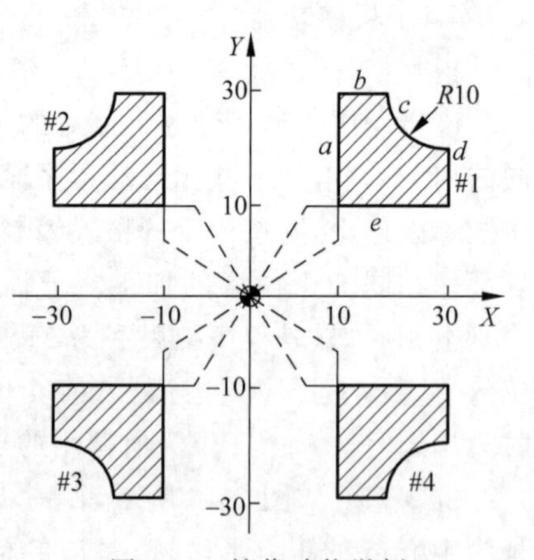

图3-47 镜像功能举例

例3-24:使用镜像功能编制如图3-47所示轮廓的加工程序:设刀具起点距工件上表面为100mm,切削深度为8mm。

```
O0024                              主程序名
N10 G92 X0 Y0 Z0;                  指定工件坐标系
N15 G91 G17 M03 S600;              工作平面选择,主轴转速指定
```

```
N20 M98 P100;                    调用子程序加工#1号岛
N25 G24 X0;                      Y轴镜像,镜像位置为X=0
N30 M98 P100;                    调用子程序加工#2岛
N35 G24 Y0;                      X、Y轴镜像,镜像位置为(0,0)
N40 M98 P100;                    调用子程序加工#3岛
N45 G25 X0;                      X轴镜像继续有效,取消Y轴镜像
N50 M98 P100;                    调用子程序加工#4岛
N55 G25 Y0;                      取消镜像
N60 M30;                         程序结束
O100                             子程序
N100 G41 G00 X10 Y5 D01;         建立左刀补
N120 G43Z-98 H01;                建立刀具长度补偿
N130 G01 Z-10 F300;              下刀
N140 Y25;                        加工#1岛a边
N150 X10;                        加工#1岛b边
N160 G03 X10Y-10 I10 J0;         加工#1岛c边
N170 G01 Y-10;                   加工#1岛d边
N180 X-25;                       加工#1岛e边
N185 G49 G00 Z105;               抬刀,取消刀具长度补偿
N200 G40 X5 Y10;                 取消刀具半径补偿
N210 M99;                        子程序结束
```

6. G50、G51——缩放功能

指令格式：G51 X _ Y _ Z _ P _;

M98 P _;

G50;

缩放功能用来表示以给定点为缩放中心,将图形放大到原始图形的若干倍,以加工出形状相同但尺寸不同的工件。其中,指令中的X、Y、Z用于给出缩放中心的坐标值,P指定缩放倍数。G51可指定平面和空间缩放,G50指定缩放功能关。G51、G50为模态指令,且默认值为G50。有刀补时,先进行缩放,然后进行刀具长度补偿、半径补偿。

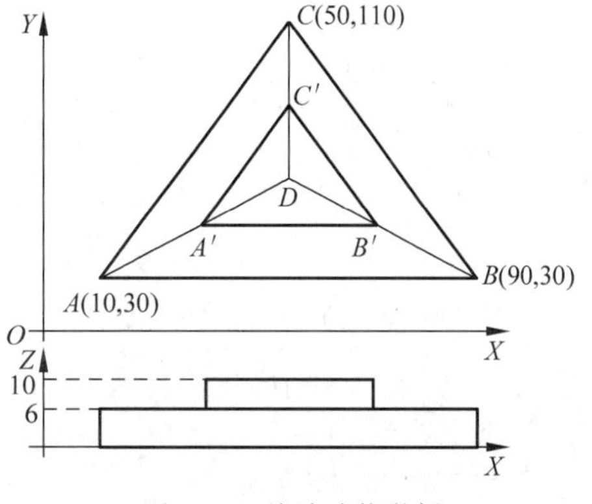

图3-48 缩放功能举例

例3-25：加工如图3-48所示的两个形状相同的三角形,中间的三角形是大三角形尺寸的一半。

参考加工程序如下。

```
O0051                            主程序
G92 X0 Y0 Z60;                   设定坐标系
G91 G17 M03 S600 F300;           选择工作平面,设定主轴转速和进给速度
G43 G00 X50 Y33.094 Z-46 H01;    建立刀具长度补偿
#51=14;                          设高度变量
M98 P100;                        调用子程序加工三角形ABC
#51=8;                           设高度变量
G51 X50Y33.094 P0.5;             缩放中心(50,33.094),缩放系数0.5
M98 P100;                        加工三角形A′B′C′
G50;                             取消缩放
G49 Z46;                         抬刀
M05 M30;                         主程序结束
```

```
O100                                  子程序
N100 G42 G00 X-44 Y-23.094 D01;       建立右刀补
N120 Z[-#51];                         下刀
N150 G01 X84;                         加工三角形底边
N160 X-40 Y80;                        加工右侧边
N170 X-44 Y-88;                       加工左侧边
N180 Z[#51];                          抬刀
N200 G40 G00 X44 Y28;                 取消刀补
N210 M99;                             子程序结束
```

7. G68、G69——旋转变换

格式：G68　X __ Y __ R __;

M98 P __;

G69;

G68 和 G69 分别为开启和关闭坐标旋转功能。该指令表示以指定点(X,Y)为旋转中心，将指定的零件特征旋转一定角度，R 为旋转角度，单位是为°，其大小范围为 $0° \leqslant P \leqslant 360.000°$

例 3-26：使用数控系统的旋转变换功能加工如图 3-49 所示的零件。

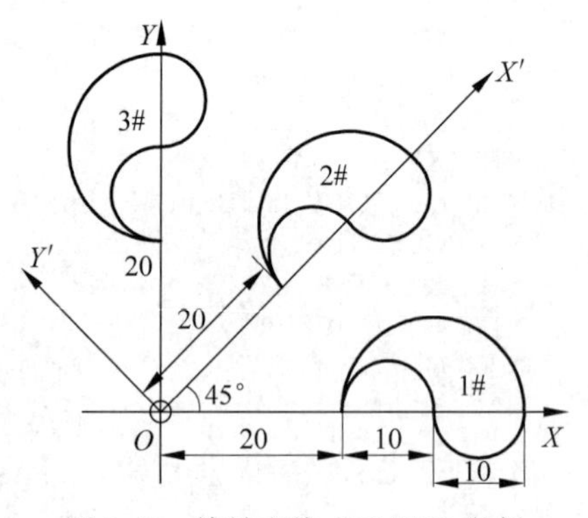

图 3-49　旋转变换 G68/G69 举例

```
O0068                                 主程序
N10 G92 X0 Y0 Z50;                    设定坐标系
N15 G90 G17 M03 S600;                 选择加工平面,设定主轴转速
N20 G43 Z-5 H02;                      建立刀具长度补偿
N25 M98 P200;                         调用子程序加工 1#
N30 G68 X0 Y0 P45;                    旋转 45°
N40 M98 P200;                         调用子程序加工 2#
N60 G68 X0 Y0 P90;                    旋转 90°
N70 M98 P200;                         调用子程序加工 3#
N20 G49 Z50;                          抬刀,取消刀具长度补偿
N80 G69 M05 M30;                      取消旋转,主程序结束
O100                                  子程序
N100 G41 G01 X20 Y-5 D02 F300;        建立左刀补
N105 Y0;                              靠近加工岛
N110 G02 X40 Y0 I10 J0;               第一段大圆弧
N120 X30 I-5;                         第二段小圆弧
N130 G03 X20 I5;                      第三段小圆弧
N140 G00 Y-6;                         退刀
N145 G40 X0 Y0;                       取消刀补
N150 M99;                             子程度结束
```

8. 固定循环功能

虽然对一些固定相同的零件特征可以通过调用子程序功能完成，但其功能受到限制，特别是在钻不同孔深的孔时，处理起来难度较大。在数控加工中，某些加工中心的数控系统将某些连续加工动作作为固定循环功能，以简化编程，如钻孔、镗孔和攻螺纹等。如数控系统将钻孔的孔位平面定位、快速引进、工作进给、快速退回等一系列连续加工动作预先编好程序，存储在内存中，并且通过某个 G 代码调用，这种动作循环的 G 代码就称为循环指令。如表 3-7 所示为常用的固定循环功能。

表 3-7　数控铣削(加工中心)常用的固定循环功能

指　　令	钻削(−Z)	在孔底的动作	退刀(+Z)	应　　用
G73	间歇进给	—	快速移动	高速钻削深孔
G74	切削进给	停刀→主轴正转	切削进给	左旋攻丝
G76	切削进给	主轴定向停止	快速移动	精镗孔
G81	切削进给	—	快速移动	钻孔,打中心孔
G82	切削进给	停刀	快速移动	钻孔,锪孔
G83	间歇进给	—	快速移动	钻深孔
G84	切削进给	停刀→主轴反转	切削进给	攻丝
G85	切削进给	—	切削进给	镗孔
G86	切削进给	主轴停止	快速移动	镗孔
G87	切削进给	主轴正转	快速移动	精镗孔(背镗)
G88	切削进给	停刀→主轴停止	手动移动	镗孔
G89	切削进给	停刀	切削进给	镗孔
G80	—	—	—	取消固定循环

孔加工的固定循环指令 G73、G74、G76、G80～G89 的动作基本相同,归纳起来由下述 6 个动作构成,如图 3-50 所示。图中的虚线表示刀具快速运动,实线表示进给运动。

(1) 刀具快速移动到 XY 平面孔的加工位置处定位。

(2) 沿 Z 轴快速运动到安全平面。

(3) 刀具切削动作由安全平面开始进行钻孔加工。

(4) 在孔底进行如暂停等动作。

(5) 快速退回到安全平面或参考点。

(6) 快速返回初始点。

其中,刀具在动作(4)完成后可以由孔底直接返回起始平面,也可以返回至安全平面,视具体情况而定。常使用 G99 和 G98 分别指定返回至安全平面和起始平面。

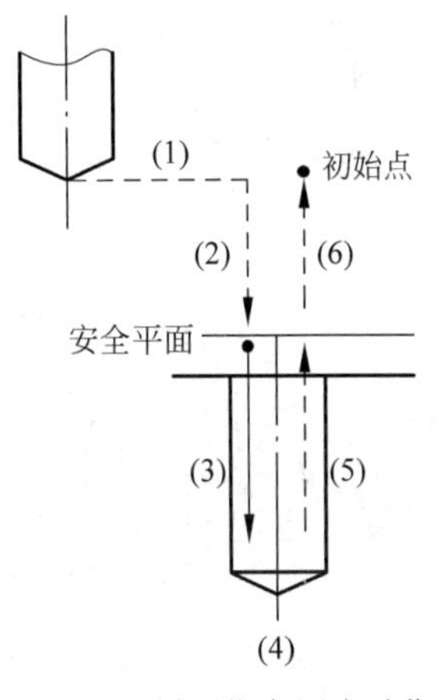

图 3-50　循环指令固定动作

固定循环的程序格式:

G90(G91) G98(G99) G73～G89 X _ Y _ Z _ R _ Q _ P _ I _ J _ K _ F _ L _;

其中,数据形式(G90,G91)指令分别用于指定绝对坐标编程或增量坐标编程,返回点平面(G98,G99)指令分别指定返回起始点和安全平面,孔加工方式(G73～G89)指令用于指定钻孔加工、高速钻孔加工、镗孔加工等,孔位置数据(X __ Y __ Z __)分别用于指定孔的位置坐标和孔深坐标、孔加工数据(Q,P)和循环次数(L)。具体各参数的含义如下:

X、Y:表示被加工孔在 XY 平面的位置。

Z:使用 G91 时为 R 点到孔底的 Z 方向距离;使用 G90 时为孔底 Z 轴坐标。

R:使用 G91 时为初始点到 R 点的 Z 方向距离;使用 G90 时为 R 点的 Z 轴坐标值。

Q:当使用 G73 或 G83 时,表示每次进给深度增量值。

K:当使用 G73 或 G83 时,表示每次刀具位移增量值。

I、J：表示刀尖向反方向的移动量。

P：表示刀具在孔底的暂停时间。

F：表示切削进给速度。

L：表示固定循环次数。

1）G73——高速深孔加工循环

指令格式：G98(G99) G73 X_ Y_ Z_ R_ Q_ P_ K_ F_ L_;

该固定循环用于深孔钻削，在钻孔时为便于排屑和断屑，在 Z 轴方向采取间歇进给，适合高效率的加工深孔。注意当 Z、K、Q 移动量为零时，该指令不执行。Q 的绝对值应大于 K 的绝对值。

例 3-27：

```
O0073
N10 G92 X0 Y0 Z80.0;
N15 G00;
N20 G98 G73 G91 X100.0 Z0 R40.0 P2 Q-10.0 K5.0 F200.0 I2;
N30 G00 X0 Y0 Z80.0;
N40 M30;
```

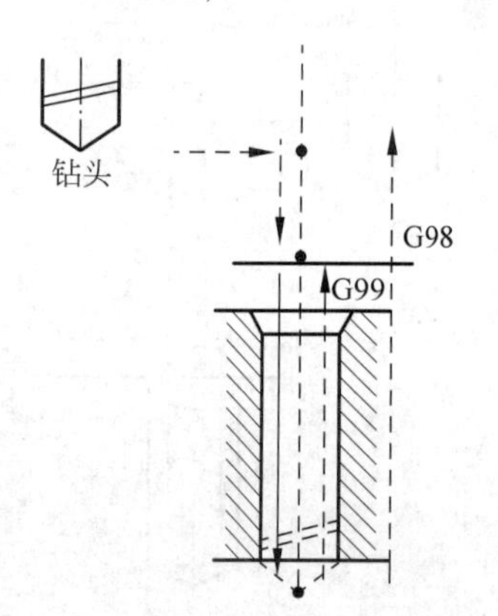

图 3-51　钻孔循环 G81 动作示意

2）G81——钻孔循环(定点钻)

指令格式：G98(G99)G81 X_ Y_ Z_ R_ F_ L_;

该指令用于钻一般的通孔或螺纹孔，如图 3-51 所示为 G81 指令的动作循环，包括 X、Y 坐标定位、快进、工进和快速返回等动作。如果 Z 的移动位置为零，该指令不执行。

3）G82——带停顿的钻孔循环

指令格式：G98(G99)G82 X_ Y_ Z_ R_ P_ F_ L_;

该指令主要用于加工沉孔、盲孔，也可用于锪孔、反镗孔。与 G81 不同的是，该指令在孔底加工完后会暂停一定时间，以提高孔深精度和提高孔底表面质量。其他动作与 G81 相同。P 表示孔底暂停时间。

4）G83——深孔加工循环

指令格式：G98(G99)G83 X_ Y_ Z_ R_ Q_ P_ K_ F_ L_;

该固定循环指令用于深孔加工时的往复排屑钻孔，如图 3-52 所示，其在 Z 轴下钻一定孔深后，快速退到参照 R 点，然后快进到距已加工孔底上方为 K(取正)的位置，再加工进钻孔，如此间歇进给使深孔加工时更利于排屑、断屑和冷却，其加工过程如图 3-52 所示，其中 k 表示距已加工孔底上方的距离。

5）G84——攻丝循环(右旋螺纹孔加工循环)

指令格式：G98(G99) G84 X_ Y_ Z_ R_ P_ F_ L_;

该指令用于攻右旋螺纹，向下切削时主轴正转攻丝，到孔底时主轴停止旋转，并反转退出，如图 3-53 所示。其中，F 表示螺纹导程，攻丝时速度倍率不起作用。如果 Z 的移动量为零时，该指令不执行。

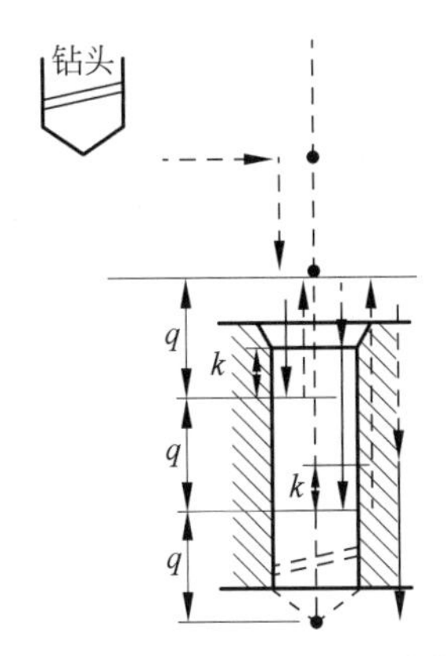

图 3-52　深孔加工循环 G83 动作示意

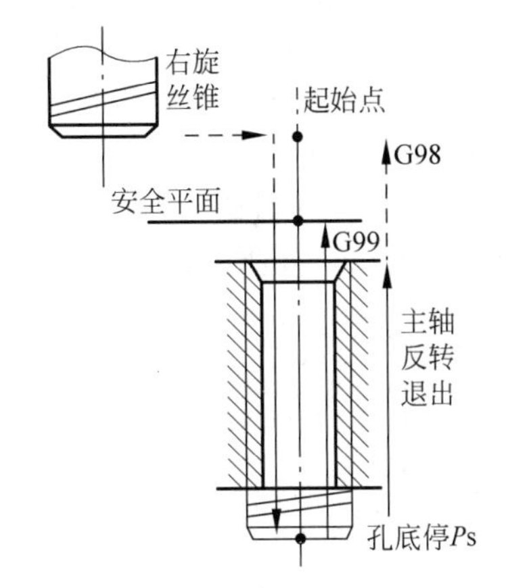

图 3-53　攻丝循环 G84 动作示意

例 3-28：

```
O0174
N10 G92 X0 Y0 Z100.0 F200.0;
N20 G98 G84 G91 X100.0 Y100.0 Z-10 R40.0 P10 F1.5;
N30 G0 X0 Y0 Z100.0;
N40 M30;
```

6）G74——反攻丝循环（左旋螺纹孔加工循环）

指令格式：G98(G99)G74X _ Y _ Z _ R _ P _ F _ L _;

该指令用于切削左旋螺纹孔，切削时主轴反转攻丝，到孔底时主轴停止，且正转退回。其他运动均与 G84 指令相同。

7）G85——镗孔循环

指令格式：G98(G99)G85 X _ Y _ Z _ R _ P _ F _ L _;

该指令用于镗削精度要求不高的孔，整个过程中主轴旋转，如图 3-54 所示，刀具按 F 进给速度进给镗孔，到达孔底时延时，然后按 F 进给速度退回。如果 Z 移动量为零，该指令不执行。

例 3-29：

```
O0076
N10 G92 X0 Y0 Z80;
N15 G00;
N20 G99 G85 G91 X100 R-40 P2 Z-40 I2 F200;
N30 G00 X0 Y0 Z80;
N40 M30;
```

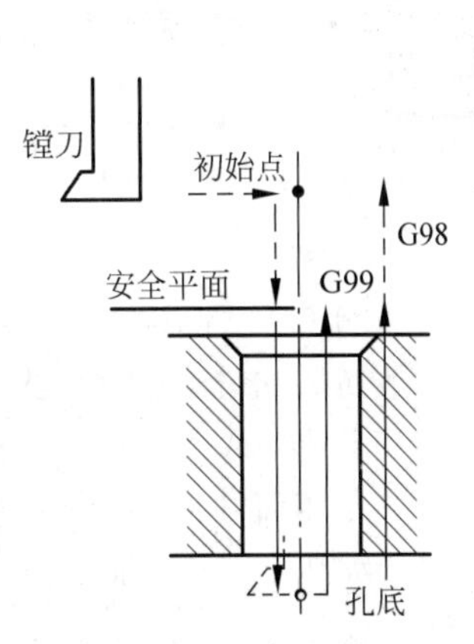

图 3-54　镗孔循环指令 G85 动作示意

8）G76——精镗循环

指令格式：G98(G99)G76 X _ Y _ Z _ R _ P _ I _ J _ F _ L _

该指令用于精镗孔，与 G85 不同的是，主轴在孔底定向停止后，向刀尖反向移动一段距离，然后快速退刀返回。其中，I、J 分别用于表示刀尖反向位移量（其值只能为正）。

9）G80——取消固定循环

该指令用于取消固定循环，机床回到执行正常操作状态。同时加工数据如 R 点和 Z 点都将被取消,但其中的移动速率指令会继续有效。另外,如果出现了G00或G01指令,孔的循环加工方式也会被取消,与G80指令作用完全一致。

在使用固定循环指令时应注意,如果连续加工的孔间间距较小,或者初始平面到安全平面的距离较短时,为防止主轴进入切削动作前还未达到正常转速,可在孔的加工动作之间插入G04指令,以使主轴获得加速时间。

3.4.3　数控铣削(加工中心)编程实例

例3-30:在配置FANUC Oi-MB数控系统的三坐标联动立式加工中心上加工如图3-55所示的零件,毛坯材料为45钢。

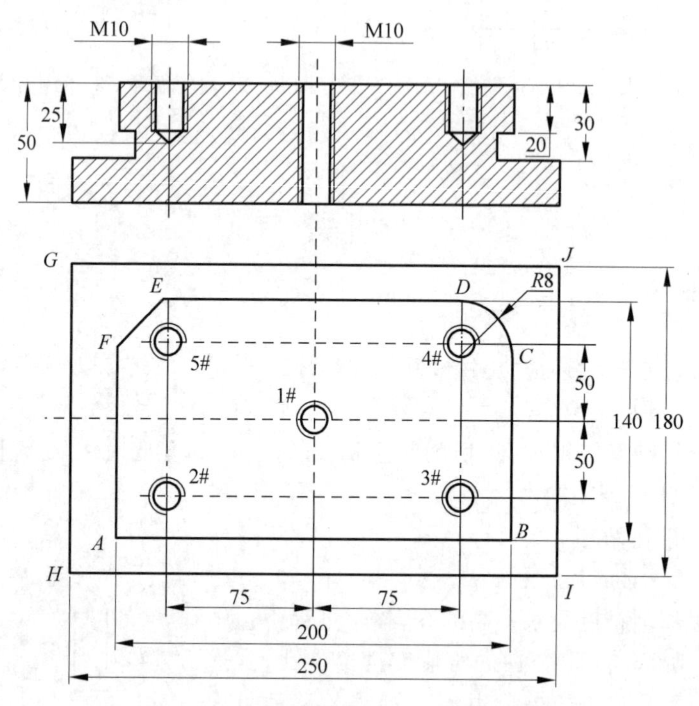

图3-55　数控铣削(加工中心)编程实例

工艺分析及加工路线的确定如下。

(1) 使用立铣刀(T01)铣外轮廓。

走刀路线:$A\rightarrow B\rightarrow C\rightarrow D\rightarrow E\rightarrow F\rightarrow A$。

(2) 使用面铣刀(T02)铣上表面。

(3) 使用$\phi 8.5$的中心钻(T03)打中心孔。走刀路线:$H1\rightarrow H2\rightarrow H3\rightarrow H4\rightarrow H5$。

(4) 使用$\phi 8.5$的钻头(T04)钻孔。

(5) 使用M10×P1.5的丝锥(T05)攻丝。

所使用的刀具如表3-8所示。

表3-8　数控铣削实例中用到的刀具

刀号(补偿号)	刀具名称	规格/mm	主轴转速/(r/min)	进给速度/(mm/min)
T01(H01)	立铣刀	$\phi 20$	600	100
T02(H02)	面铣刀	$\phi 80$	400	300

续表

刀号(补偿号)	刀具名称	规格/mm	主轴转速/(r/min)	进给速度/(mm/min)
T03(H03)	中心钻	ϕ8.5	1000	100
T04(H04)	钻头	ϕ8.5	1000	100
T05(H05)	丝锥	M10×P1.5	200	300

参考程序如下。

```
O0005                                   程序文件名
N1 G40 G80 G17;                         初始化
N2 G00 G91 G30 X0 Y0 Z100 T01;          回换刀点和选01号刀具
N3 M06;                                 换01刀
N50 G00 G90 G54 X-125.0 Y-90.0 S600;    快速定位于左下角A附近起刀
N51 G43 Z-25.0 H01 M13;                 建立T01长度补偿,下刀
N52 G01 G42 X-101.0 Y-70.0 D01 F100;    建立右刀补,T01半径补偿
N53 X100.0;                             铣轮廓AB
N54 Y60.0;                              铣轮廓BC
N55 G03 X90.0 Y70.0 R10.0;              铣轮廓CD
N56 G01 X-90.0;                         铣轮廓DE
N57 X-100.0 Y60.0;                      铣轮廓EF
N58 Y-71.0;                             铣轮廓FA
N59 G00 G40 X-130.0 Y-85.0;             取消刀具半径补偿
N60 Z100.0;                             抬刀
N2 G00 G91 G30 X0 Y0 T02;               回换刀点和选T01
N3 M06;                                 换上T02
N4 G00 G90 G54 X-150.0 Y-35.0 S400.0;   快速定位于上平面的左下侧
N5 G43 Z0 M13 T03 H02;                  Z向移动刀具至零点,2号刀具2号长度补偿
N6 G01 X148.0 F300.0;                   铣下半平面
N7 G00 Y35.0;                           快速定位于上平面的右上侧
N8 G01 X-145.0;                         铣上半平面
N9 G00 Z100.0;                          抬刀
N10 G91 G30 X0 Y0;                      回换刀点,同时取消长度补偿
N11 M06;                                换上T03
N12 M01;                                任选停止
N13 G00 G90 G54 X0 Y0 S1000;            快速定位于#1点
N14 G43 Z20.0 H03 M13 T04;              Z向移动刀具至初始点,T03长度补偿
N15 G99 G81 Z-5.0 R5.0 F100;            钻#1中心孔
N16 X-75.0 Y-50;                        钻#2中心孔
N17 X75.0;                              钻#3中心孔
N18 Y50.0;                              钻#4中心孔
N19 X-75;                               钻#5中心孔
N20 G80;                                取消固定循环
N21 G00 Z100.0;
N22 G91 G30 X0 Y0;                      回换刀点
N23 M06;                                换上04号刀具
N24 M01;                                任选停止
N25 G00 G90 G54 X0 Y0 S1000;            快速定位于H1点
N26 G43 Z20.0 H04 M13 T05;              T03长度补偿,选T04
N27 G99 G81 Z-55.0 R5.0 F100;           钻#1光孔
N28 X-75.0 Y-50;                        钻#2光孔
N29 X75.0;                              钻#3光孔
N30 Y50.0;                              钻#4光孔
N31 X-50.0;                             钻#5光孔
N32 G80;                                取消固定循环
N33 G00 Z100.0;
```

```
N34 G91 G30 X0 Y0;                    回换刀点
N35 M06;                              换上T05
N36 M01;                              任选停止
N37 G00 G90 G54 X0 Y0 S200;           快速定位于#1点
N38 G43 Z20.0 H05 M13;                建立05号刀具长度补偿
N39 M29 S200;                         刚性攻丝
N40 G84 Z-55.0 R5.0 F300;             加工#1螺纹孔
N41 X-75.0 Y-50;                      加工#2螺纹孔
N42 X75.0;                            加工#3螺纹孔
N43 Y50.0;                            加工#4螺纹孔
N44 X-75;                             加工#5螺纹孔
N45 G80;                              取消固定循环
N46 G00 Z100.0;
N47 G91 G30 X0 Y0;                    回换刀点
N62 M30;                              程序结束
```

3.5 数控自动编程技术

现代加工技术中,计算机辅助设计(CAD)、计算机辅助制造(CAM)、计算机辅助测量(CAT)、反求工程(RE)、计算机辅助工程(CAE)、计算机集成制造系统(CIMS)和快速原型制造(RP)等在现代化制造型企业中获得了广泛且有效的应用,其成功应用使产品设计、制造方式都发生了革命性的变化。

3.5.1 CAD/CAM集成技术

CAD/CAM技术是先进制造技术的重要组成部分,是工程制造技术与计算机技术紧密结合而发展起来的一项综合性应用技术,直接代表了一个企业的设计和制造水平,并与生产产品的加工质量、生产成本和生产周期息息相关。

CAD(Computer Aided Design,计算机辅助设计)是一种新的设计方法,具有几何特征建模、工程绘图(二维工程平面图、三维立体图等)、工程分析(可靠性分析、有限元分析、动态特性分析和最优化设计等)、动态模拟仿真等功能。通过CAD技术,工程人员可以借助计算机的高速数据处理能力完成工程设计的全过程,从而使设计制造周期缩短,开发周期和生产成本大幅降低,极大提升生产企业创新和开发能力。

CAM(Computer Aided Manufacturing,计算机辅助制造)通常指利用计算机相关技术辅助完成从生产准备工作到产品制造过程中的所有的活动,在机械制造加工中主要是通过计算机来完成数控加工程序的编制,如刀具路线的规划、刀具轨迹仿真以及后置处理和NC代码生成等。实际的生产加工时经常通过CAM相关技术实现程序编制和加工过程,以加工出满足技术要求的零件。

CAM和CAD密不可分,其集成比任一辅助单元更为重要。随着计算机辅助技术、信息技术和网络技术的发展,以信息集成为基础的集成化的CAD/CAM系统应运而生,借助于计算机数据库技术、网络通信技术和接口技术,将生产工厂的各个环节和子系统有效结合,实现更高效和更合理的综合系统。如CIMS(Computer Integrated Manufacturing System,计算机集成制造系统)技术以企业为单位,将其相关生产管理、工程设计、具体加工、产品质量等信息有效融合,构成一个有机的统一系统。CAD/CAM集成技术极大缩短了产品的开发、设计和制造周期,显著提高了产品质量和生产率,产生了巨大的经济效益。

为实现CAD/CAM系统的几何建模、数字计算、图形处理、工程分析、加工信息处理、数据存储、人机交互、输入和输出等功能,其必须具备相关硬件子系统和软件子系统,CAD/CAM系统的组成如图3-56所示。

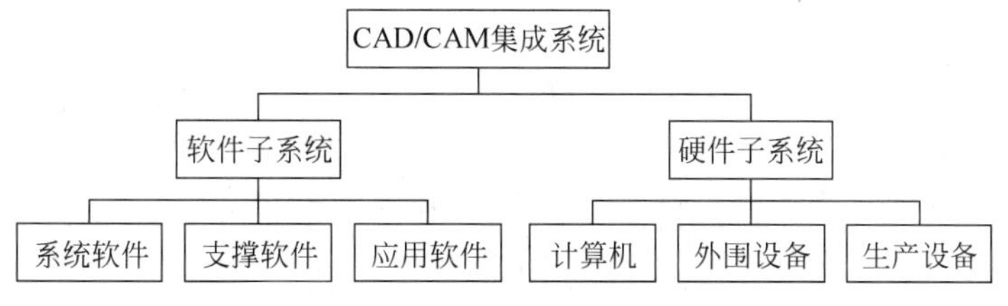

图3-56 CAD/CAM系统的基本组成

CAD/CAM系统的硬件子系统是实现系统各项功能的物质基础,主要由计算机、存储设备、人机交互设备、输出设备和相关附加生产加工设备等组成,如图3-57所示。

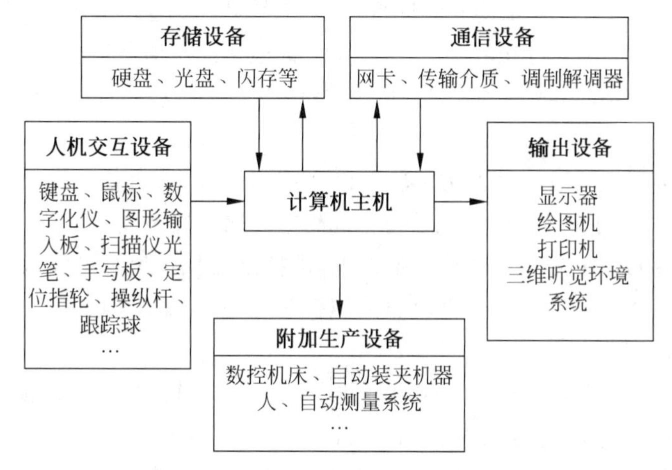

图3-57 CAD/CAM硬件子系统组成

CAD/CAM系统的软件子系统水平的高低将直接影响到CAD/CAM系统的整体功能、生产效率,根据系统中执行的对象任务不同,可细化为系统软件、支撑软件和应用软件。其中,系统软件目的是使计算系统中的各种资源得到充分合理的应用,形成用户和系统的一个连接纽带,主要功能是对处理机、存储、设备、文件和作业等相关作业进行有效管理。支撑软件是指在系统软件的基础上开发出来的为满足生产加工需要而采用的通用软件或工具软件,是整个系统的核心,例如二维和三维CAD绘图软件,有限元静动态和热特性分析CAE软件,工艺过程设计、数控加工等CAM软件。应用软件是指在系统软件的基础上,由用户自行开发的为解决实际问题而设计的相关应用程序。CAD/CAM系统的工作流程如图3-58所示。

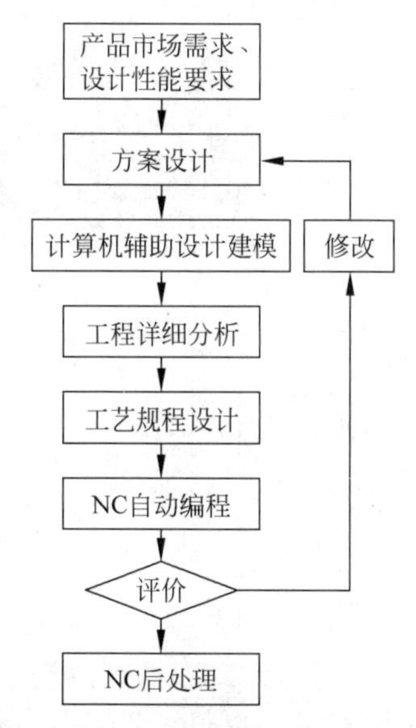

图3-58 CAD/CAM系统工作流程

随着CAD/CAM技术的不断应用和发展,CAD/CAM技术正以三维超变量化技术、基于知识工程的

CAD技术和虚拟现实技术等为研究热点，朝着集成化、网络化、智能化和标准化的方向发展。

3.5.2 常见自动编程软件简介

随着计算机辅助设计与制造技术逐渐成熟，尤其对一些加工精度高、形状特征复杂的零件的生产都趋向采用一体化集成形式的软件来完成数控加工自动编程，以减少加工前的准备工作，提高加工精度和加工灵活性。这些软件通过人机交互方式完成零件几何建模，工艺规划和实施，自动生成刀具轨迹和程序代码，并按要求生成数控加工程序并将其送往数控单元，实现对零件的全自动数控加工。常见的自动编程软件有美国CNC Software公司的MasterCam软件，美国Parametric Technology Corporation公司的Pro/ENGINEER软件，这些自动编程软件的操作步骤大致可分为以下几步。

(1) 零件数控加工工艺分析，与手工编程类似。

(2) 用自动编程软件对加工的零件进行二维、三维几何造型。或通过如SolidWorks等优秀的三维造型软件对零件进行几何特征建模，生成标准化的图形文件后导入自动编程软件中。

(3) 通过对已建立的零件三维图分析，选择加工表面，确定加工参数，由自动编程软件生成刀具加工轨迹。

(4) 由自动编程软件通过动态仿真验证已生成的刀具轨迹，如果出错可返回修改。

(5) 后置处理，针对所使用的数控系统生成相应的加工程序代码，并制作数控程序文件。

(6) 将数控加工程序文件输到数控系统中，以控制数控系统自动完成加工。

下面列举一些常见的CAD/CAM软件，以供选用时参考。

1. Pro/ENGINEER

Pro/ENGINEER是美国PTC公司所开发的一个大型软件包，其包括70多个专用功能模块，其中6大主模块分别为工业设计(CAID)模块、机械设计(CAD)模块、功能仿真(CAE)模块、制造(CAM)模块、数据管理(PDM)模块和数据交换(Geometry Translator)模块。Pro/ENGINEER系统用户界面由原来的瀑布式菜单转换为图形窗口界面，符合工程人员和操作人员的设计思想和习惯。如图3-59所示为Pro/ENGINEER软件的工作界面。

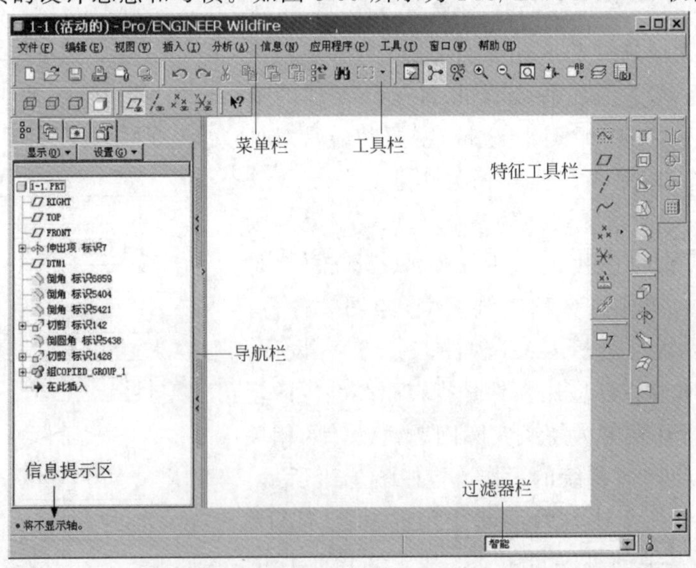

图3-59 Pro/ENGINEER工作界面

Pro/ENGINEER 是一个全参数化的基于特征的系统，其从产品设计到生产全过程及所有的功能模块都基于同一个统一的数据库，所有的工程项目全关联，可以使所有的用户能够同时对某一个产品进行设计制造工作，不论在 3D 或 2D 图形上作出修改时，其相关的 2D 图形或 3D 实体模型均自动修改，同时装配、制造等相关设计也会自动更新，以确保资料的正确性和实时性，避免了反复修正的耗时，确保工程数据的完整与设计修改的高效，为并行工程打下了基础。

2. MasterCam

MasterCam 是专门从事 CNC 程序软件专业化的美国 CNC Software，Inc 公司出品的 CAD/CAM 软件，自 1984 年以来，软件不断升级改进，现已集二维绘图、三维曲面设计、体素拼合、数控编程、刀具路径模拟等功能于一身，尤其是对复杂曲面的生成与加工具有独到的优势，受到广大机械加工行业工程师的青睐，如图 3-60 所示为 MasterCam 软件的工作界面。除可自动生成 NC 程序以外，MasterCam 本身也具有较强的 CAD 绘图功能，可直接在系统内建立零件模型，然后转换成相应的数控加工程序，也可以将其他 CAD 绘图软件建立的零件图形，经标准转换文件导入系统，然后生成数控加工程序，还可以通过 BASIC、FORTRAN、Pascal 和 C 等语言进行程序设计，经由 ASCII 码转换至系统中。使用 MasterCam 软件自动编程时，一般先利用系统的 CAD 功能模块对零件进行造型，然后再利用系统 CAM 功能模块自动产生刀具路径，再通过后置处理程序产生 NC 代码，经动态验证无误的 NC 代码可以通过 DNC 传输软件送往数控机床，实现数控机床的自动加工。

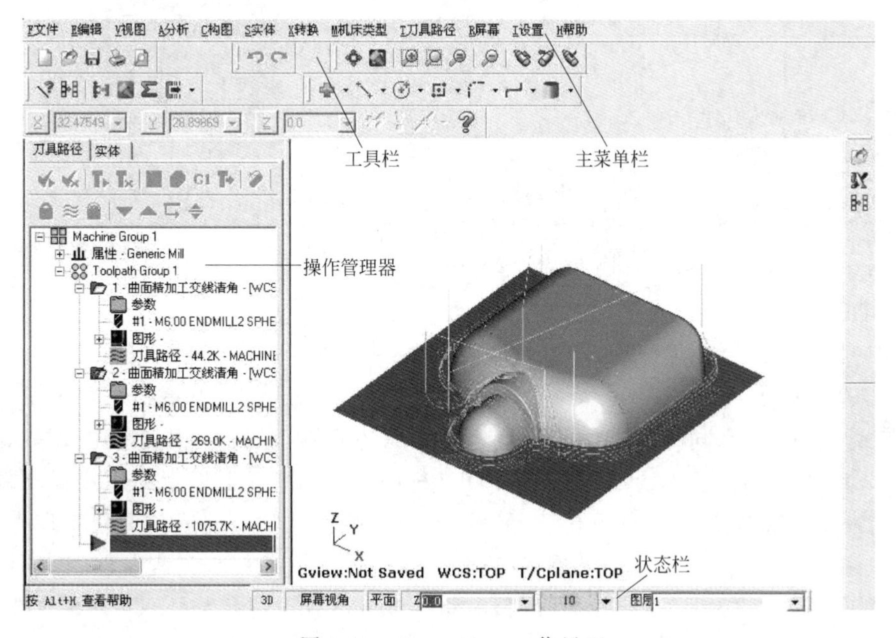

图 3-60　MasterCam 工作界面

3. UG(Unigraphics)

UG 是美国 Unigraphics Solutions 公司的旗舰产品，是世界著名的 CAD/CAM/CAE 一体化软件，被广泛应用于航空航天、汽车、通用机械、工业设备、医疗器械等多个行业以及其他高科技应用领域，用来完成产品的设计、分析、加工、检验和产品数据管理全过程。20 世纪 90 年代初，美国通用汽车公司选中 Unigraphics 作为其 CAD/CAM/CIM 主导系统,这进一步推动了系统的发展。1991年,UGS公司并入美国EDS公司,2012年推出了UG NX 8.5最新版本。据统计,全球500强公司中40%的制造企业是UG用户。UG对参数化建模方法进行了改进,采用变量化技术和实体、线框和表面功能融为一体的复合建模技术对零件进行设计和建模。将参数化技术中的单一尺寸参数分成型状约束和尺寸约束两类,且在建模过程中可以欠约束,使设计人员在产品设计初期将主要精力放在设计思想和方法上,而不一定要马上确定各形状和特征之间的严格尺寸关系,符合概念设计思路。另外,该软件还具有较强的数据库管理和有限元分析前后处理功能。总之,UG现已成为世界一流的集成化机械CAD/CAM/CAE软件,并被业内多家公司认定为计算机辅助设计、制造和分析的企业标准。UG软件的工作界面如图3-61所示。

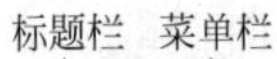

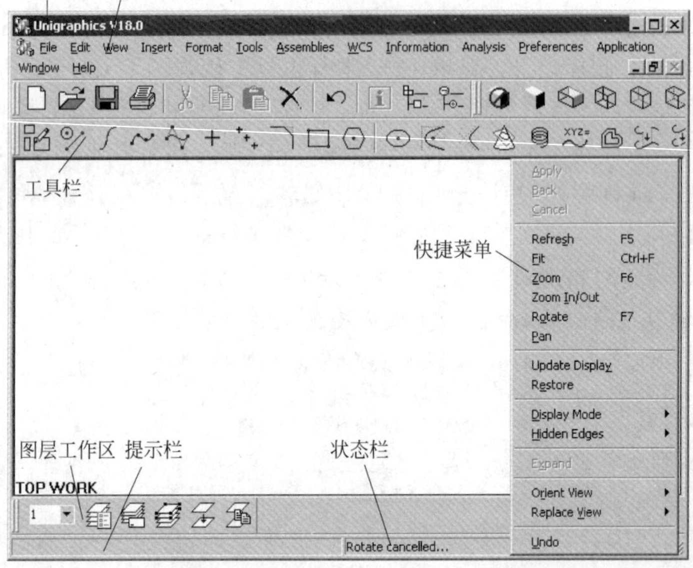

图3-61 UG(Unigraphics)工作界面

4. I-DEAS

I-DEAS(Intergrated Design Engineering Analysis Software)是美国SDRC(Structure Dynamics Research Corporation)公司(现已归属UGS公司)推出的一款CAD/CAE/CAM一体化软件。SDRC公司将其创建的变量化技术成功应用于三维实体建模中,并创建了业界最具革命性的VGX超变量化技术,使I-DEAS具备动态引导器以帮助用户提高效率,能完成从三维实体造型设计、工程分析、产品设计、仿真分析、试验、制造和工程管理直至数控加工的整体研发过程。I-DEAS主要有工程设计、实体建模、装配、工程制图、机构设计、制造、有限元分析、测试数据分析、数据管理、电路板设计等几个主模块。I-DEAS软件的工作界面如图3-62所示。

5. CATIA

CATIA(Computer Aided Tri-Dimensional Interactive Application)由法国Dassault System公司与IBM合作研发,是著名的三维CAD/CAM/CAE/PDM应用系统。CATIA起源于航空工业,美国波音公司通过CATIA建立起了一整套777飞机无纸生产系统并取得了重大的成功。其集成解决方案覆盖所有的产品设计与制造领域,目前主要应用于概念

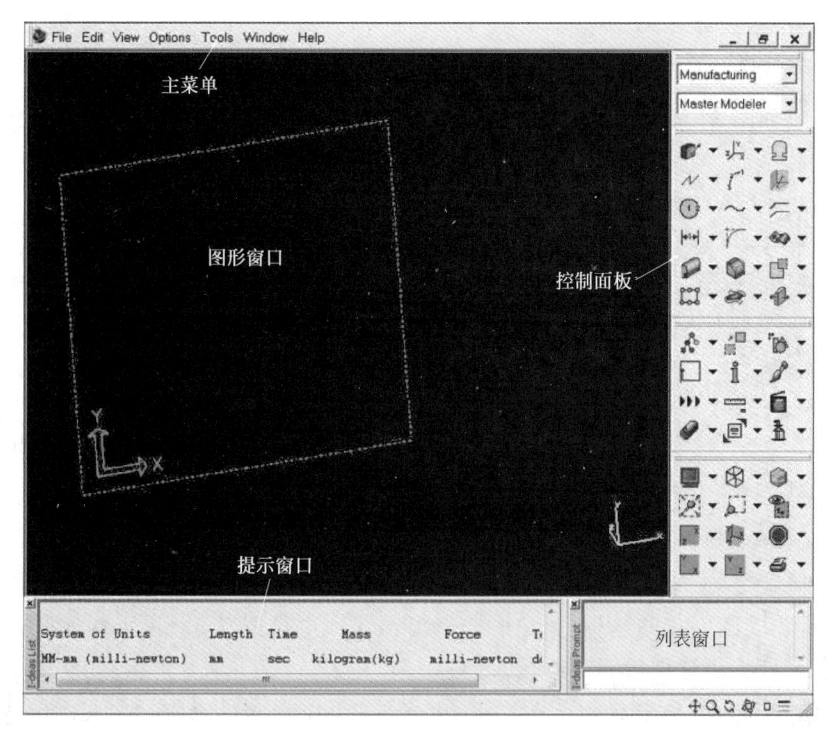

图 3-62 I-DEAS 工作界面

设计、机械制造、工程设计、成品定义和制造、电子行业及整个产品生命周期的使用和维护，其特有的 DMU 电子样机模块功能及混合建模技术更是推动着企业竞争力和生产力的不断提高，其强大的功能已得到各行业的认可，在欧洲汽车业已成为事实上的标准。CATIA 率先采用自由曲面建模方法，在三维复杂曲面建模及其加工编程方面极具优势。CATIA 软件的工作界面如图 3-63 所示。

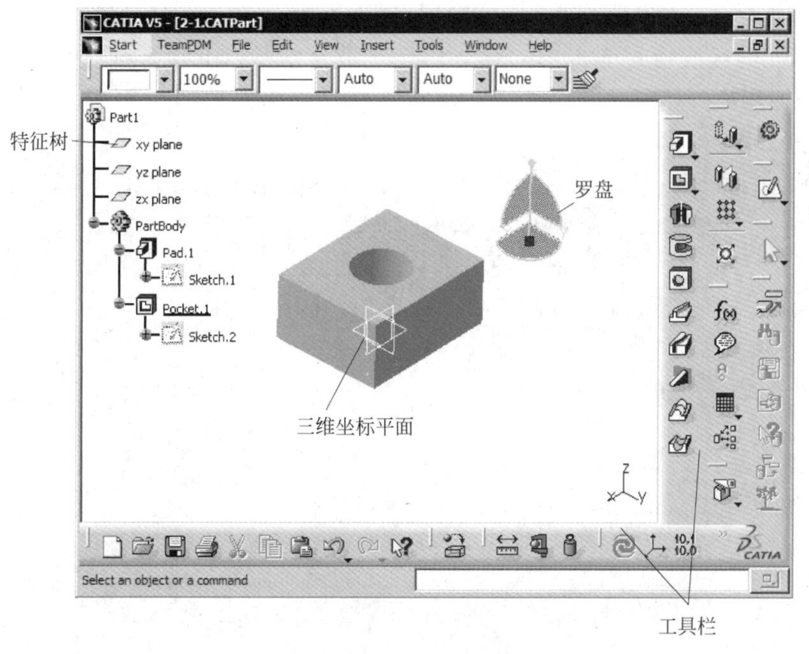

图 3-63 CATIA 工作界面

3.5.3 MasterCam 自动编程应用实例

本节通过如图 3-64 所示零件的加工,简要介绍 MasterCam 的建模、车端面、粗车、精车和截断车削等自动编程过程。

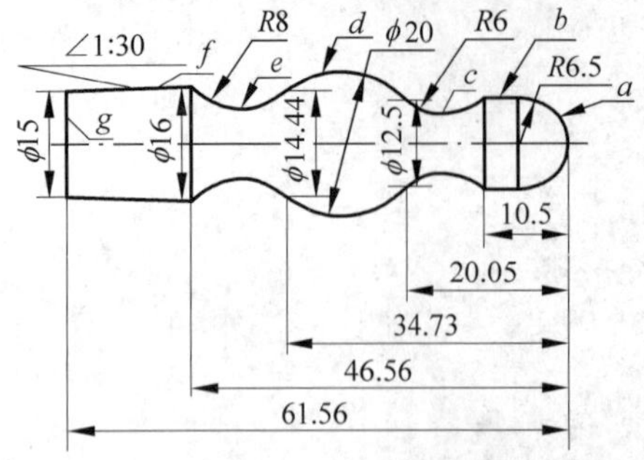

图 3-64 MasterCam 自动编程应用实例

1. 建模

按以下步骤建立工件模型,注意绘制图形时,X 方向输入的坐标值为直径值;加工时,对话框中 X 方向的值也为直径值。

(1) 启动 MasterCam 的 Lathe(车削)模块。

(2) 在 Lathe 窗口界面菜单中设置 Cplane(构图面)为+DZ,Gview(视图)为顶视图 top。

(3) 设置图 601 坐标系的原点 O。在主菜单中单击 Create(绘图)→Point(点)→Position(位置)→Origin 即确定原点。

(4) 绘制弧线 a。在主菜单中单击 Create→Polar(极坐标)→Arc(圆弧)→Sketch(任意选择)→提示输入圆心点的坐标(0,-6.5)→提示输入半径值 6.5→提示输入圆弧 a 起始角 0°→提示输入圆弧 a 终止角 90°→绘出圆弧 a。

(5) 绘制直线 b。单击 Create→线 line→水平线 Horizontal→提示区提示输入线 b 的第一个端点(13,-6.5)→输入第二个端点(13,-10.5)即可。

(6) 绘制圆弧线 c。单击 Create→Arc→端点圆弧 Endpoint→输入圆弧起点坐标(13,-10.5)→输入第二点坐标(12.5,-20.05)→输入半径值 6→光标移到需保留的圆弧段上点击即可。

(7) 按以上方法同样绘制圆弧 d 和 e。

(8) 绘制直线 f。单击 Create→Line→端点线 Endpoint→输入第一点坐标(16,-46.56)→输入第二点坐标(15,-61.56)即可。

(9) 绘制垂直线 g。单击 Create→Line→垂直线 Vertical→输入第一点坐标(15,-61.56)→输入第二点坐标(0,-61.56)即可。返回主菜单→File→Save(存盘)。

2. 设置工件

(1) 分别单击 Main Menu→Toolpaths→Job Setup,系统弹出如图 3-65 所示对话框。

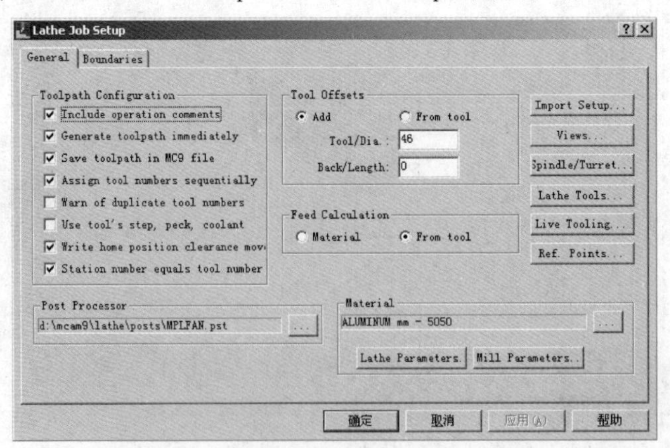

图 3-65 设置工件界面

① 通过 Tool Offsets 设置刀具偏移。

② 通过 Feed Calculation 设置工件材料。

③ 通过 Toopath Configuration 设置刀具路径参数。

④ 通过 Post Processor 设置后置处理程序。

(2) 单击 Boundaries 标签设置工件毛坯,如图 3-66 所示。

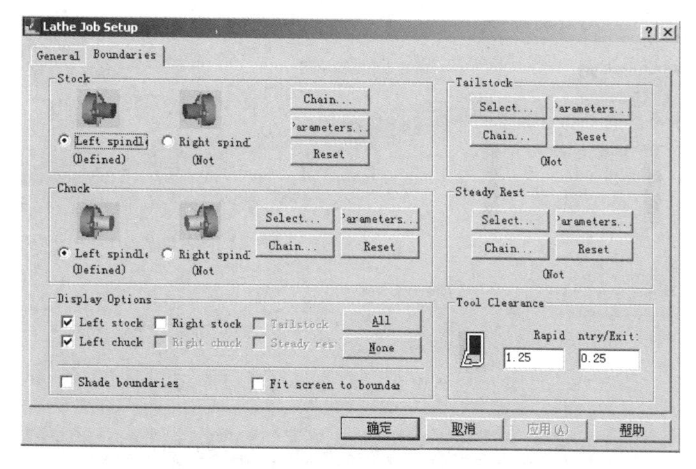

图 3-66　设置工件毛坯界面

① 通过 Stock 项目设置工件毛坯大小。选择 Parameters→Take from 2 point 设置毛坯的左下角点为(0,−100),右上角点为(30,10),生成虚线如图 3-67 所示的毛坯。

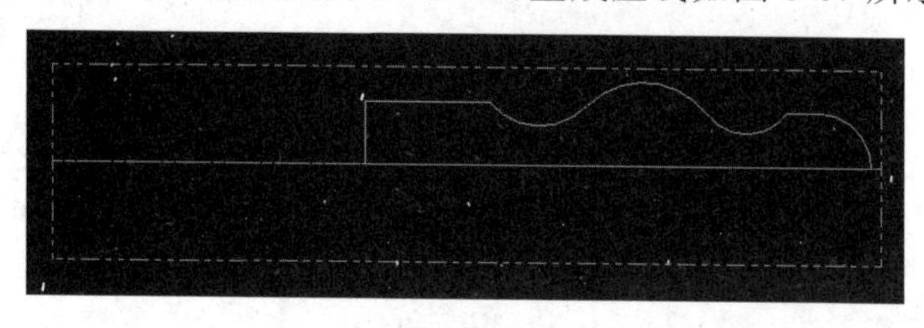

图 3-67　绘制的轮廓形状

② 通过 Tailstock 设置尾座顶尖的参数(此例可不设置)。

③ 通过 Chuck 设置卡盘的参数(略)。

④ 通过 Steady Rest 设置辅助支撑的参数(略)。

⑤ 单击“确定”按钮,工件设置完成。

3. 生成车端面刀具路径

(1) 单击 Main Menu→Toolpaths→Face,系统弹出如图 3-68 所示的对话框。

(2) 在“刀具参数”选项卡中选择刀具,并设置其他参数。

(3) 单击“车端面的参数”标签,并设置参数,如图 3-69 所示。选项中各参数的含义如下。

① Entry。Entry 输入框用于输入刀具开始进刀时距工件表面的距离。

② Rough stepover。当选中 Rough stepover 复选框时,按该输入框设置的进刀量生成端面车削粗车刀具路径。

③ Finish stepover。当选中 Finish stepover 复选框时,按该输入框设置的进刀量生成端面车削精车刀具路径。

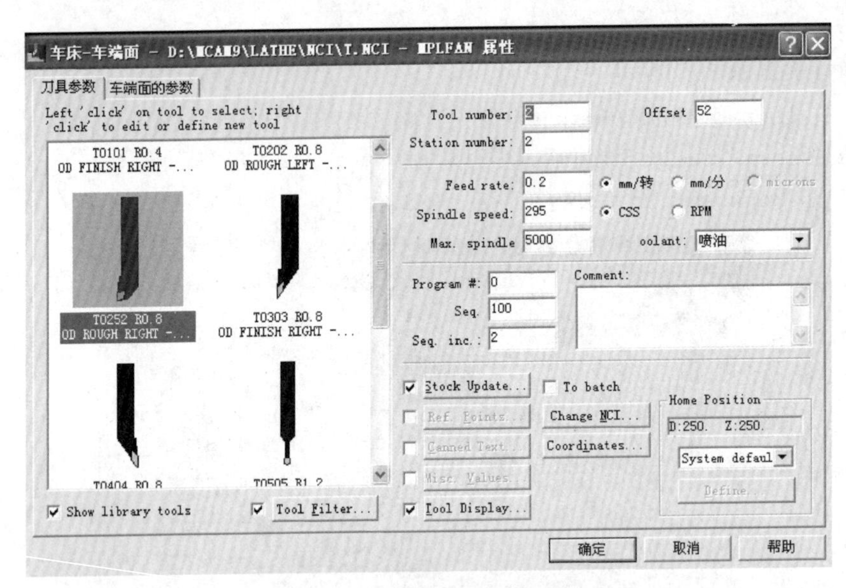

图 3-68 生成车端面刀具路径界面

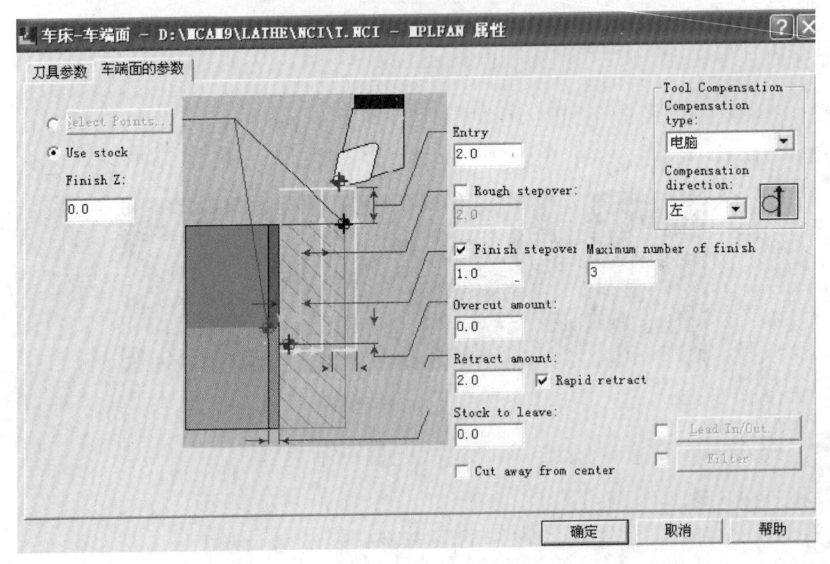

图 3-69 车端面参数设置界面

④ Maximum number of finish。设置端面车削精车加工的次数。

⑤ Overcut amount。该输入框用于输入在生成刀具路径时,实际车削区域超出由矩形定义的加工区域的距离。

⑥ Retract amount。该输入框用于输入退刀量,当选中 Rapid retract 复选框时快速退刀。

⑦ Stock to leave。该输入框用于输入加工后的预留量。

⑧ Cut away from center。当选中该复选框时,从距工件旋转轴较近的位置开始向外加工,否则从外向内加工。

(4) 选择 Select Points,确定加工区域。

(5) 单击“确定”按钮,退出车端面参数设置。生成如图 3-70 所示的刀具路径。

4. 生成轮廓粗车加工刀具路径

(1) 单击 Main Menu→Toolpaths→Rough→Chain。选取所加工的外圆柱表面,如图 3-71 中白色线条所示,然后选择 Done。

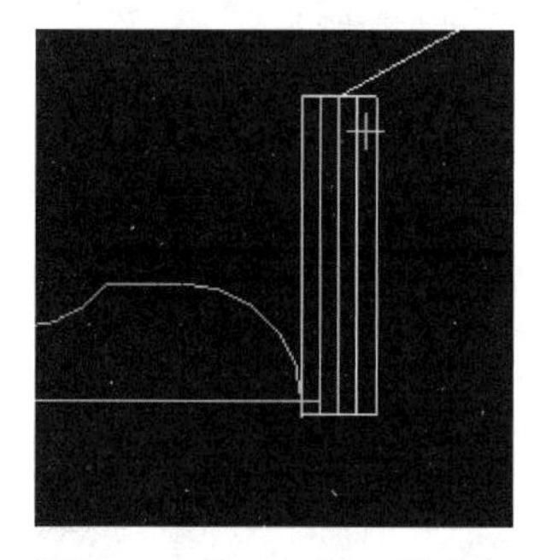

图 3-70　端面切削刀具路径

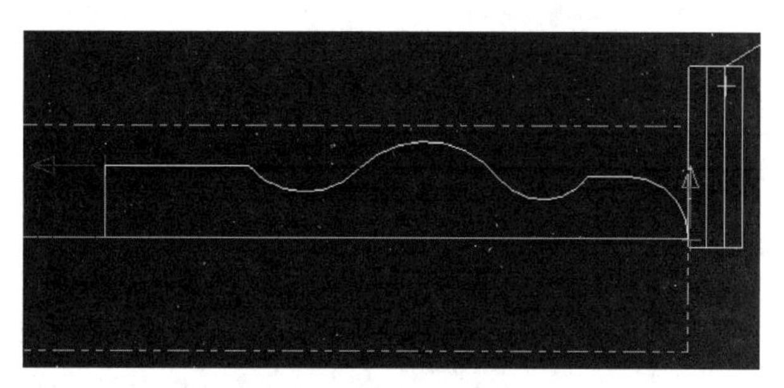

图 3-71　选取所加工的外圆柱表面

(2) 系统弹出如图 3-72 所示的对话框。

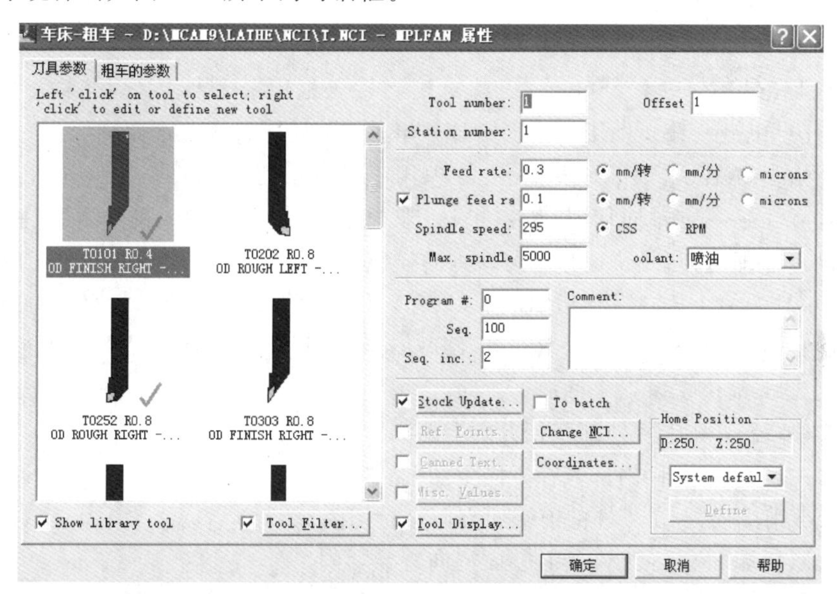

图 3-72　刀具参数设置界面

(3) 在“刀具参数”选项卡中选择刀具,并设置其他参数。

(4) 单击“粗车的参数”标签,并设置参数。如图 3-73 所示,选项中各参数的含义如下。

① Overlap。当选中该复选框时,相邻粗车削之间设置有重叠量。重叠距离由该复选框下面的输入框设置。若设置为进刀重叠,则将在工件外形留下凹凸不平的扇形,MasterCam 通过设置重叠量,使得粗车加工留下的材料都有一样的厚度。当设置了重叠量时,每次车削的退刀量等于设置的切削深度与重叠量之和。

② Repth of cut。Repth of cut 输入框用来设置每次车削加工的切削深度。切削深度的距离是以垂直于切削方向来计算的。当选中 Equal steps 复选框时,将最大切削深度设置为刀具允许的最大值。

③ Stock to leave in X。Stock to leave in X 输入框用于输入在 X 轴方向上的预留量。

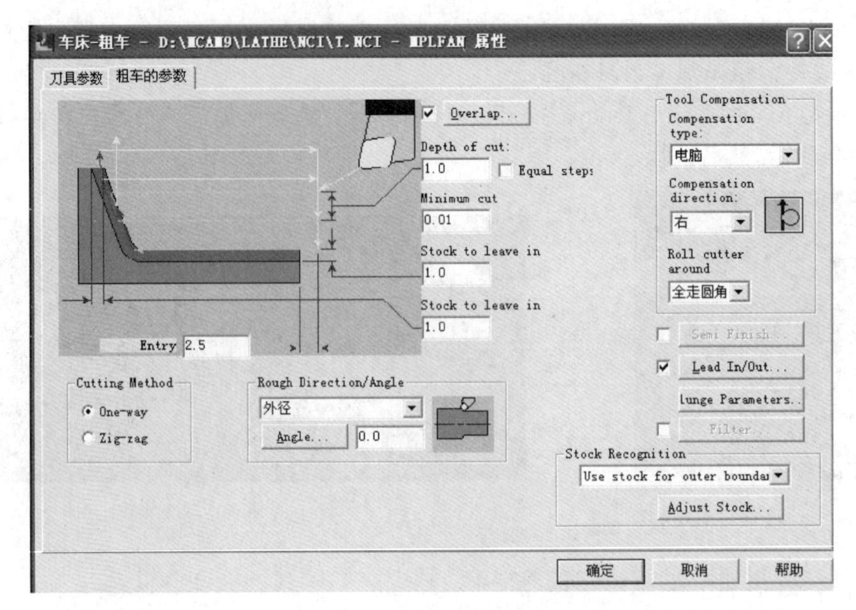

图 3-73　粗车的参数设置界面

④ Stock to leave in Z。Stock to leave in Z 输入框用于输入在 Z 轴方向上的预留量。

⑤ Entry。Entry 输入框用于输入刀具开始进刀时距工件表面的距离。

⑥ Cutting Method。Cutting Method 框用于设置粗切加工的模式。MasterCam 中提供两种选样：One-way(单向切削)和 Zig-zag(双向切削)。在单向切削中，刀具在工件的一个方向切削后立即退刀，并快速移向另一方向，接着下刀进行下一次切削加工。而双向切削中，刀具在工件的两个方向进行切削加工，只有刀具双向刀具时才能进行双向切削。

⑦ Rough Direction/Angle。Rough Direction/Angle 栏用于设置粗切方向和粗切角度。MasterCam 提供了以下 4 种加工方向：

- OD(外径)：在工件外部直径方向上切削。
- ID(内径)：在工件内部直径方向上切削。
- Face(前端面)：在工件的前端面方向进行切削。
- Back(后端面)：在工件的后端面方向进行切削。

粗切角度可以被设置为介于 0°～360°的任意数值，一般情况下，外径或内径车削都采用 0°粗切角，端面车削则采用 90°粗切角。

⑧ Tool Compensation。刀具偏移方式设置。

⑨ Lead In/Out。添加进刀/退刀刀具路径设置。

⑩ Plunge Parameters。设置底切参数。单击 Plunge Parameters 按钮，系统弹出如图 3-74 所示的 Plunge Cut Parameters 对话框。该对话框用来设置在粗车加工中是否允许底切，若允许底切，则设置底切参数。

- 当选择 Plunge Cutting 栏中的 Do not allow tool to plunge along cut 单选按钮时，切削加工跳过所有的底切部分，这时需要生成另外的刀具路径进行底切部分的切削加工。
- 当选择 Plunge Cutting 栏中的 Allow tool to plunge along cut 单选按钮时，系统可以进行底切部分的加工，这时系统激活 Tool Width Compensation 栏。

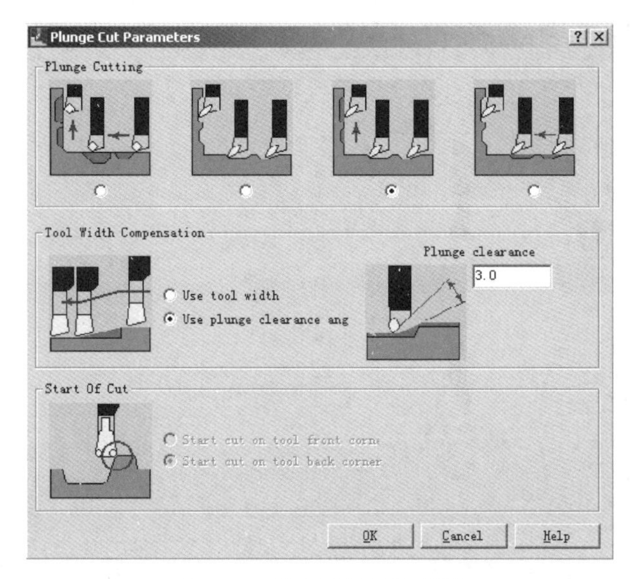

图 3-74　设置底切参数界面

- 当选择 Tool Width Compensation 栏中的 Use plunge clearance angle 单选按钮时，激活 Plunge clearance 输入框，系统按 Plunge clearance 输入框中输入的角度在底切部分进刀。
- 当选择 Tool Width Compensation 栏中的 Use tool width 单选按钮时，激活 Start of Cut 栏。这时系统根据刀具的宽度及 Start of Cut 栏中的设置进行底切部分的加工。
- 当在 Start of Cut 栏选中 Start cut on tool front corner 单选按钮时，系统用刀具的前角点刀底切加工。
- 当在 Start of Cut 栏选中 Start cut on tool back corner 单选按钮时，系统用刀具的后角点刀底切加工。通常这时刀具应设置为前后均可加工，否则将会引起工件或刀具的损坏。

（5）确定。生成如图 3-75 所示的刀具路径。

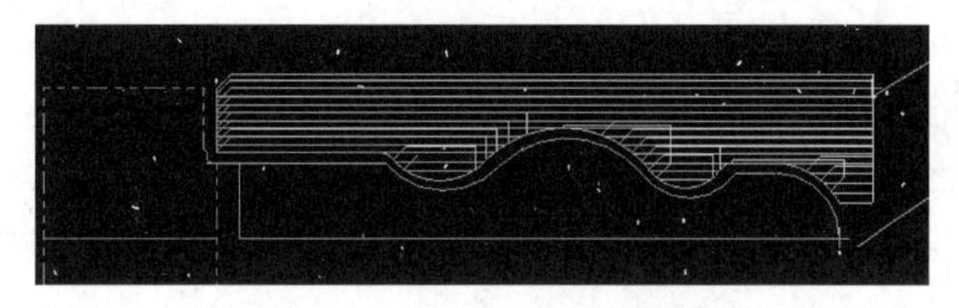

图 3-75　粗车刀具路径生成

5. 生成精车加工刀具路径

精车是沿工件的外侧、内侧或端面外形做一次或多次的车削。一般用于精车加工的工件在进行精车加工前应进行粗车加工。要生成精车加工刀具路径，除了要设置共有的刀具参数外，同样还要设置一组精车加工刀具路径特有的参数。精车加工参数在如图 3-76 所示的对话框中进行设置。下面接着前面的例子来介绍生成精车加工刀具路径及 NC 文件的方法。

（1）单击 Main Menu→Toolpaths→Finish→Chain。选择精加工的外圆柱表面，然后选择 Done。

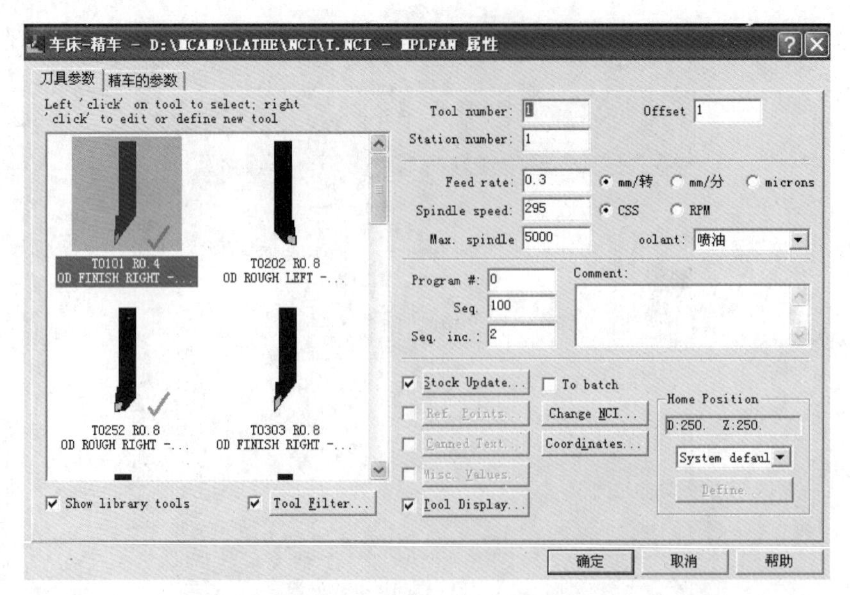

图 3-76 精车刀具参数设置

(2) 在“刀具参数”选项卡中选择刀具,并设置其他参数,如图 3-76 所示。

(3) 单击“精车的参数”标签,并设置参数。其中各参数与“粗车的参数”选项卡中的参数基本相同,如图 3-77 所示。其中增加的 Number of finish 输入框用来设置精车加工的次数。精车加工的次数应设置为粗车加工预留量除以 Finish stepover 输入框中输入的精车加工进刀量。

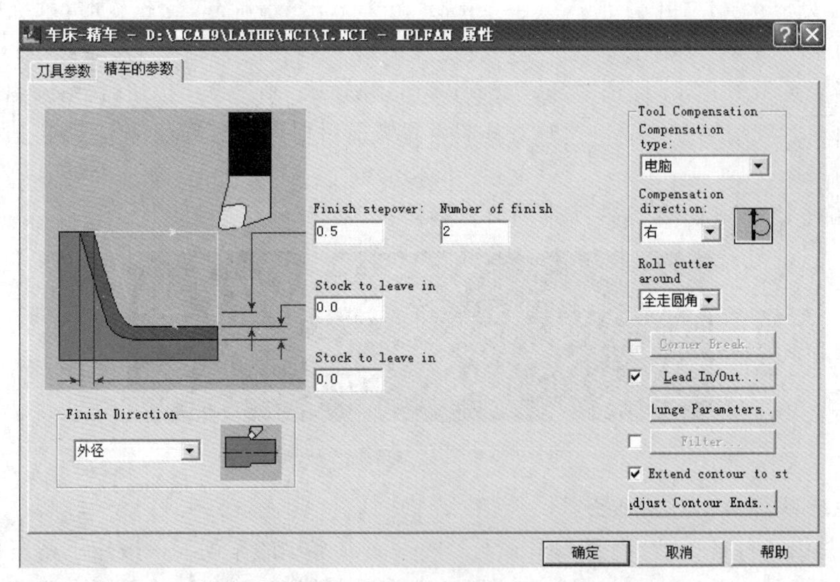

图 3-77 精车参数设置

(4) 确定。生成如图 3-78 所示的刀具路径。

6. 刀具路径检查

通过 Main Menu→Toolpaths→Operations 或通过 Main Menu→NC utils 进入刀具路径检查,操作过程与铣削加工相同。动态仿真结果如图 3-79 所示。

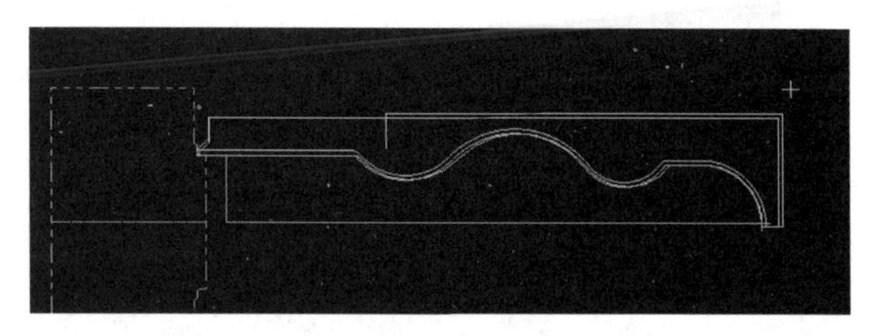

图 3-78　精车刀具路径生成

图 3-79　动态仿真结果

7. 后处理生成数控程序

(1) 全选之后进行后处理，如图 3-80 所示。

(2) 选择“保存 NC 文件”，如图 3-81 所示，单击“确定”按钮。

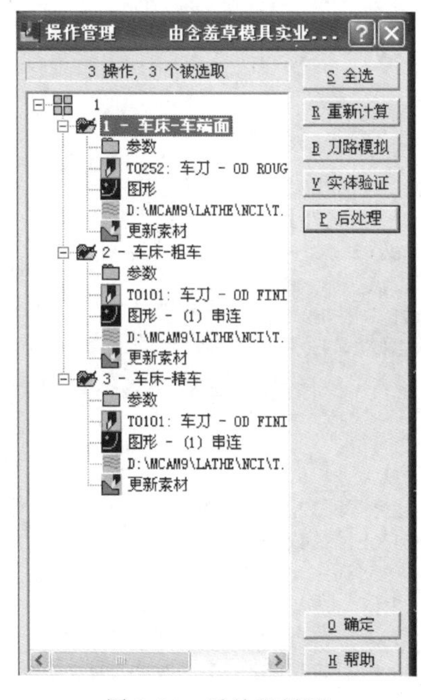

图 3-80　后处理界面

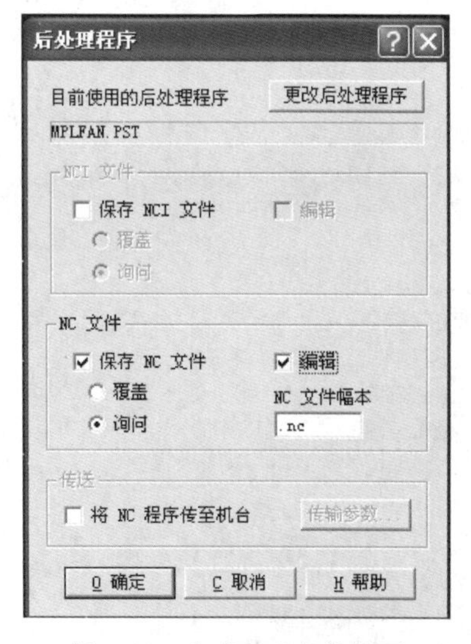

图 3-81　生成 NC 文件界面

(3) 生成如下程序。

```
%
O0000
G21
(PROGRAM NAME-T DATE=DD-MM-YY
-28-10-12 TIME=HH:MM-23:07)

(TOOL-2 OFFSET-52)
(LFACE OD ROUGH RIGHT-80 DEG.
INSERT-CNMG 12 04 08)
G0T0252
G97S2762M13
G0G54X34.Z63.56
G50S3600
G96S295
G99G1X-1.6F.2
G0Z65.56
X34.
Z62.56
G1X-1.6
G0Z64.56
X34.
Z61.56
G1X-1.6
G0Z63.56
G28U0.W0.M05
G1Z-2.279
X25.571
X28.399Z-.865
G0Z65.06
X21.951
G1Z-2.279
X23.961
X26.789Z-.865
G0Z65.06
X20.213
G1Z37.689
G3X21.951Z33.323R11.4
G1Z-2.279
X22.351
X25.18Z-.865
G0Z65.06
X18.476
G1Z39.373
G3X20.613Z37.171R11.4
G1X23.442Z38.585
G0Z65.06
X16.738
G1Z40.579
G3X18.876Z39.041R11.4
G1X21.704Z40.456
G0Z65.06
X15.
T0200
M01
(TOOL-1 OFFSET-1)
(LROUGH OD FINISH RIGHT-35 DEG.
INSERT-VNMG 16 04 08)
G0T0101
G97S3308M13
G0G54X28.39Z65.06
G50S3600
G96S295
G1Z-2.279F.3
X30.
X32.828Z-.865
G0Z65.06
X26.78
G1Z-2.279
X28.79
X31.619Z-.865
G0Z65.06
X25.171
G1Z-2.279
X27.18
X30.009Z-.865
G0Z65.06
X23.561
G0Z65.06
X11.05
G1Z59.885
G3X13.425Z58.098R7.9
G1X16.253Z59.513
G0Z65.06
X9.075
G1Z60.827
G3X11.45Z59.649R7.9
G1X14.278Z61.064
G0Z65.06
X7.1
G1Z61.502
G3X9.475Z60.661R7.9
G1X12.303Z62.076
G0X15.5
Z50.66
X15.
G3X14.037Z49.603R1.4F.1
G1X13.336Z49.299
Z42.249F.3
G2X13.452Z42.202R4.6
G1X13.457Z42.2
G3X15.4Z41.32R11.4
G1X18.228Z42.735
G0Z49.473
X13.736
```

```
G1Z41.519
G3X16.359Z40.802R11.4
X17.138Z40.329R11.4
G1X19.966Z41.743
G0Z65.06
X13.025
G1Z58.485
G3X15.Z54.66R7.9
G1Z50.66
Z41.519
G3X15.4Z41.32R11.4
G1X18.228Z42.735
G0X22.451
Z33.323
X21.951
G3X20.301Z29.065R11.4F.1
G1Z-2.279F.3
X22.351
X25.18Z-.865
G0Z29.6
X20.701
G3X18.65Z27.415R11.4F.1
G1Z-2.279F.3
X20.701
X23.529Z-.865
G0Z27.759
X19.05
G3X17.Z26.23R11.4F.1
G1Z-2.279F.3
X19.05
X21.879Z-.865
G0Z26.489
X17.4
G3X15.668Z25.465R11.4F.1
X15.573Z25.417R1.4
G2X15.162Z25.212R6.599
G1Z16.073F.3
G2X16.035Z15.657R6.6
G3X17.Z14.6R1.4
G1Z-.4
Z-2.279
X17.4
X20.228Z-.865
G0Z25.412
X15.562
G2X13.324Z24.002R6.6F.1
G1Z17.283F.3
G2X15.562Z15.873R6.6
G1X18.39Z17.287
G0Z24.319
X13.724
G2X9.486Z20.642R7.6
X14.724Z14.902R7.6
G3X15.Z14.6R.4
G1X12.48Z48.927F.1
G2X11.673Z48.428R4.6
G1Z43.152F.3
G2X13.452Z42.202R4.6
G1X13.457Z42.2
G3X13.736Z42.086R11.4
G1X16.565Z43.5
G0Z48.693
X12.073
G2X10.009Z45.79R4.6F.1
X12.073Z42.887R4.6F.3
G1X14.901Z44.301
G2X11.486Z20.642R6.6F.1
X13.724Z16.966R6.6F.3
G1X16.552Z18.38
G0X24.551
Z64.06
X-.8
G1Z62.06
G3X14.Z54.66R7.4
G1Z50.66
G3X13.357Z49.971R.9
G1X12.045Z49.42
G2X9.009Z45.79R5.1
X12.826Z41.812R5.1
G1X12.829Z41.811
G3X15.851Z40.33R10.9
X20.951Z33.323R10.9
X14.944Z25.81R10.9
G1X14.883Z25.779
G2X10.486Z20.642R7.1
X15.38Z15.28R7.1
G3X16.Z14.6R.9
G1Z-.4
Z-3.279
X18.828Z-1.865
G0X23.551
Z63.56
X-.8
G1Z61.56
G3X13.Z54.66R6.9
G1Z50.66
G3X12.714Z50.354R.4
G1X11.372Z49.79
G2X8.009Z45.79R5.6
X12.201Z41.422R5.6
G1X12.202Z41.421
G3X15.085Z40.008R10.4
X19.951Z33.323R10.4
X14.22Z26.154R10.4
G1X14.192Z26.141
G0X22.551
G28U0.W0.M05
T0100
```

```
G1Z-.4
Z-3.279
X17.828Z-1.865
M30
%
```

习题与思考题

1. 加工中心可分为哪几类？其主要特点有哪些？

2. 加工中心与数控铣床的主要区别有哪些？

3. 加工中心适合加工什么样的零件？

4. 加工如图3-82所示的回转类零件，工件材质为45钢或铝；毛坯为直径ϕ55mm、长115mm的棒料。该工件不需调头加工，工件原点定于工件右端面，用三爪自定心卡盘夹紧工件并找正，保证伸出长度不少于90mm；用01号外圆刀粗精加工工件外轮廓；用02号切断刀切4×2的螺纹退刀槽；用03号外螺纹刀加工M44×2的螺纹；用02号切断刀切断工件，保证总长。取ϕ50尺寸的编程中值为ϕ49.99；螺纹底径查表得ϕ41.402。试对以下加工程序的每条程序段进行注释说明。

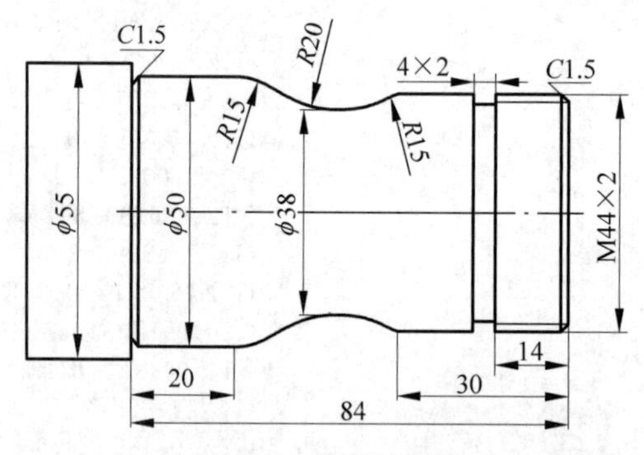

图3-82　练习题4图

```
O1000;
N10 G00 X100 Z100;
N15 T0101;
N20 M03 S800;
N25 M07;
N30 G00 X52 Z2;
N35 G71 U1 R1 P70 Q150 E0.4 F120;
N40 G00 X37 S1000;
N45 G01 X44 Z-1.5 F80;
N50 Z-18;
N60 X43.997;
N65 Z-30.23;
N70 G03 X41.4268 Z-36.3046 R15;
N75 G02 X44.8572 Z-55.6017 R20;
N80 G03 X50 Z-64 R15;
N85 G01 Z-86;
N90 X100;
N95 Z100;
N100 T0202;
N105 S450;
N110 G00 Z-18;
N115 G00 X46;
N120 G01 X40 F15;
N125 G04 P2;
N130 G00 X100;
N135 Z100;
N140 T0303;
N145 M03 S400;
N150 G00 X46 Z2;
N155 G76 C2 A60 X41.402 Z-15 K1.299U N0.1 V0.1 Q0.3 F2;
N160 G00 X100;
N165 Z100;
N170 T0202;
N175 G00 Z-86.5;
N180 G00 X54;
N185 G01 X47 Z-88 F15;
N195 X0;
N200 G00 X100;
N205 Z100;
N210 M05;
N215 M09;
N220 M30;
```

5. 试编写如图3-83所示零件的加工程序。

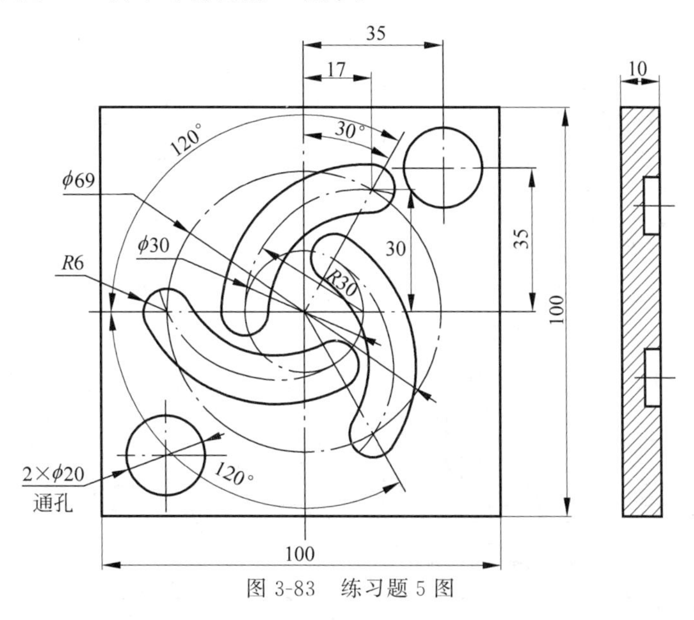

图3-83　练习题5图

要求：

(1) 写出该零件的加工工艺并选择刀具。

(2) 编写该零件在加工中心上的加工程序。

(3) 坐标系及切削用量自定。

6. 如何理解CAD、CAM、CAD/CAM集成系统以及CIMS的含义?

7. 国内外现流行的CAD/CAM支撑软件有哪些类型? 各列举两或三种典型的支撑软件并阐述其主要功能。

8. 试述CAD/CAM系统的基本组成及其在系统中的作用。

9. 在如图3-84所示的零件中选一个零件,使用数控车床编程技巧,编制其数控加工程序。毛坯材料选用45钢,毛坯直径为φ22mm。要求程序段要有说明,螺纹切深每次不大于0.2mm,粗精加工编程速度F(60～30)mm/min,切削深度最大为3mm;坐标系可建立在工件右端面或左端面。

10. 加工如图3-85所示的平面凸轮轮廓,毛坯材料为中碳钢,尺寸如图3-85所示。零件图中23mm深的半圆槽和外轮廓不加工,只讨论凸轮内滚子槽轮廓的加工程序。

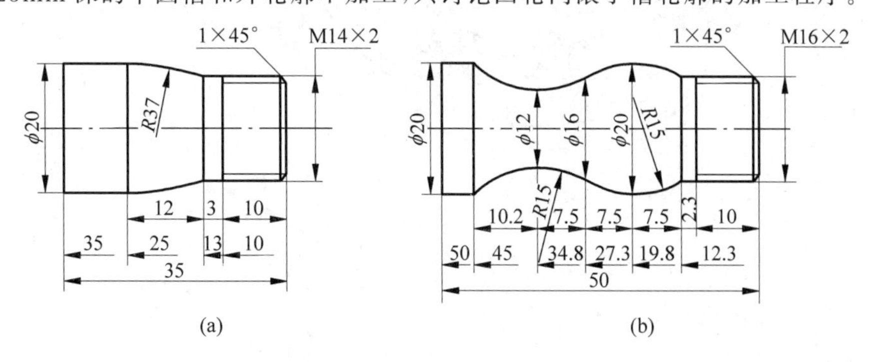

图3-84　练习题9图

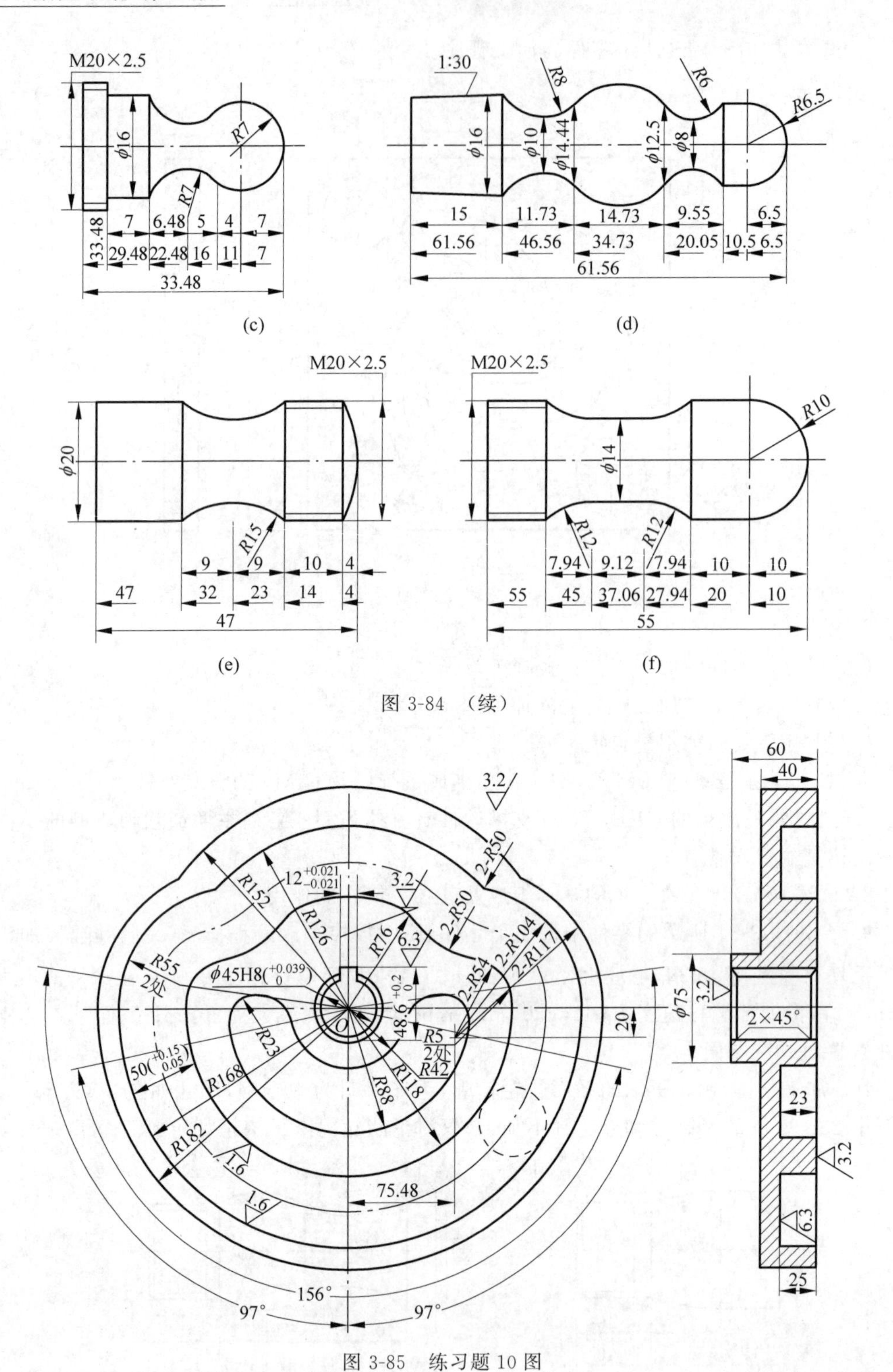

图 3-84 (续)

图 3-85 练习题 10 图

第4章
NUMERICAL CONTROL SYSTEM

计算机数控装置

本章学习目标

- 掌握数控装置的软硬件结构
- 了解开放式数控系统和嵌入式数控系统的特点
- 了解数控装置的常用接口
- 掌握数控装置的PLC基本结构和类型
- 了解数控系统的PLC编程

数控装置是数控系统的核心，其根据数控加工程序控制数控系统的工作台面和主轴分别作出相应的移动和转动，从而完成零件的加工过程。本章首先介绍数控装置的软硬件结构，然后介绍目前的研究热点——开放式数控系统和嵌入式数控系统的特点，数控装置与外界的常用接口，最后介绍数控系统的PLC模块及其编程。

4.1 概述

数控装置是数控机床的核心。与早期的数控系统不同，计算机数控装置在控制性能和编辑操作等诸多方面都有较大的提升。借助于计算机相关技术和相应的高性能硬件，现代数控系统的数控装置可以完成正确识别和解释数控加工程序，进行各种零件轮廓几何信息和命令逻辑信息的处理，并将处理结果分发给相应的单元，具体承担用户程序的输入、预处理、插补运算及输出控制数控机床的执行部件运动以实现零件的加工、反馈控制、参数显示等任务。总的来说，数控系统的各种功能都由数控装置的软件或硬件来实现。数控系统的硬件结构主要由通过I/O接口相互连接的数控装置、输入/输出装置、驱动装置和机床电器逻辑控制装置等组成。通过软件和硬件的配合，实现零件加工程序的输入、相关数据的处理、插补运算和信息输出，最终实现对执行部件的控制，使数控机床高效率地生产出合格的产品。

CNC装置在正确识别和解释数控加工程序后，完成各种零件轮廓几何信息和命令信息的分析和处理，并将处理得到的结果输出给相应的单元。数控装置输出的结果可分为连续控制量输出和离散的开关控制量输出两类，其中连续控制量用来驱动控制装置；离散的开关控制量用来控制机床电器逻辑控制装置，两类信息结合在一起控制机床各组成部分实现各种数控功能。CNC装置的功能多种多样，而且随着技术的发展，功能越来越丰富，具体来说，其主要功能如下。

（1）丰富的人机对话功能，承担加工程序的输入及编辑。通过软件实现菜单结构的操作界面，零件加工程序的编辑环境，系统和机床的参数、状态、故障、查询或修改画面等显示。

（2）正确识别和解释标准化的指令代码组成的数控加工程序，进行各种零件轮廓几何信息和命令逻辑信息的处理，提供高性能的进给控制功能。例如，准备功能G代码的功能有基本移动、程序暂停、平面选择、坐标设定、刀具补偿、基准点返回、米-英制转换、子程序调用等，另外还有固定循环功能、插补功能、进给功能、辅助功能、主轴功能、刀具管理功能、补偿功能等。

(3) CNC装置通信功能可以实现与外界信息和数据交换,通常CNC装置都具有RS-232C接口,有的系统能通过DNC实现直接数值控制的加工。为适应FMS、CIMS、IMS等大型制造系统的要求,高档的系统还可与MAP(制造自动化协议)相连。

(4) 具备一定的故障诊断、反馈控制功能。这些自诊断功能主要是用软件来实现,在故障出现后,CNC装置迅速查明故障的类型及部位,以便于及时排除故障,减少故障停机时间。诊断程序会因CNC的不同而不同,其可以包含在系统程序之中,在系统运行过程中进行自检,也可以作为服务程序,在系统运行前或故障停机后进行诊断、查找故障的部位,有的CNC装置可以进行远程诊断功能。

以上这些功能仅是CNC功能的主要部分。随着现代数控的发展,很多新的功能将不断增加及完善。

此外,现代数控装置还有一个很大的特点是摒弃了传统的电气逻辑控制装置,采用可编程逻辑控制器实现如主轴的启停和旋向控制,刀具的更换,工件的夹紧、松开,切削液的开关以及润滑系统的运行等各种开关量的控制。

4.2 计算机数控(CNC)装置硬件

如图4-1所示,CNC装置硬件一方面具有一般微型计算机的基本结构,如CPU、存储器、输入/输出接口等;另一方面又具有数控机床完成特有功能所需的功能模块和接口单元,如手动数据输入(MDI)接口、PLC接口等。CNC系统的软件是一种用于数控加工的实时计算机操作系统,其构成如图4-2所示。在CNC装置中硬件是基础,软件在硬件的支持下运行,共同完成数控系统的各个功能。

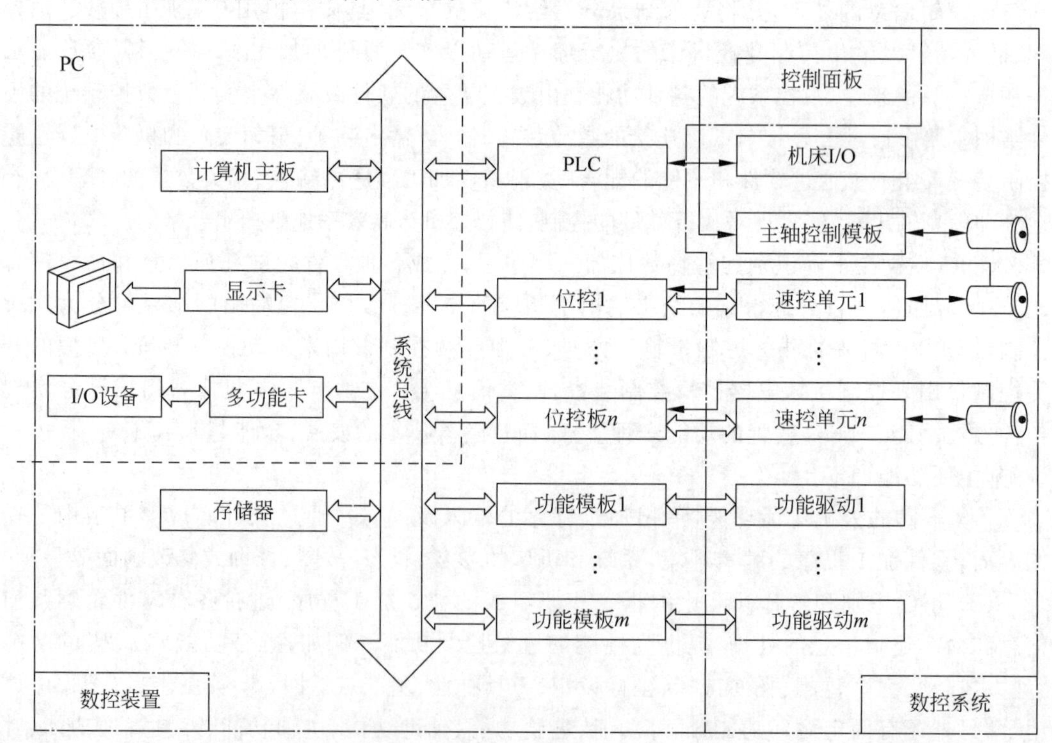

图4-1 CNC系统硬件框图

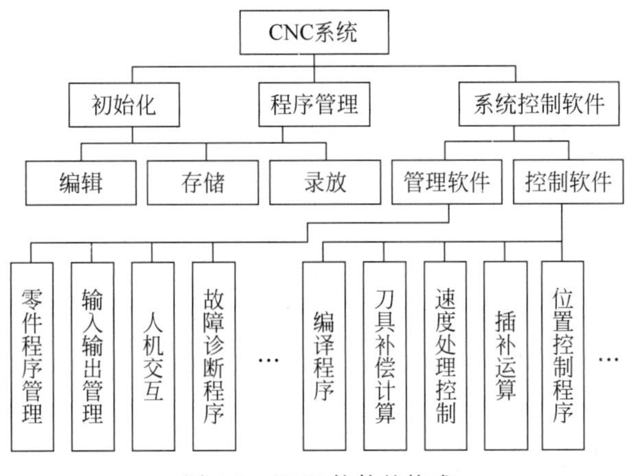

图 4-2 CNC 软件的构成

按数控系统内部的 CPU 数量可将 CNC 装置分为单微处理器结构和多微处理器结构；而按印制电路板的插接方式，可将 CNC 装置分成大板式结构和功能模块化结构两大类。大板结构形式的 CNC 装置把大部分硬件电路都集中设计在一块 PCB 板上，并通过其相应插槽扩展其他辅助功能 PCB 板，由 PC 板、主电路板、位置控制板、图形控制板、附加 I/O 板和电源单元等构成整个数控装置的硬件，结合模块化系统软件实现预定的数控功能。主 CPU 和各轴的位置控制电路等装在主电路板上，而插在大板的插槽内的各小板负责完成某些特定功能，如零件程序存储器板、ROM 板和 PLC 板等。这种硬件构成方式系统集成度高、结构紧凑、体积小、可靠性高、价格低，有很高的性价比，便于数控机床的一体化设计，但其硬件功能不易变动，不利于组织生产。

另一种应用较多的结构形式是基于总线模块化的开放系统结构，其将整个装置按功能的相对独立性划分为多个模块，并将这些模块做成结构尺寸相同的 PCB 板，通过母板和某种总线协议（工业 PC 总线、STD 总线、VME 总线、Multibus 总线或者自行定义的总线）构成整个装置，结合模块化的软件共同完成数控系统的全部功能。其特点是将 CPU、存储器、输入/输出控制分别做成插件板（称为硬件模块），甚至将 CPU、存储器、输入输出控制组成独立的微型计算机级的硬件模块。软硬件模块形成一个特定的功能单元，称为功能模块。目前，CNC 技术上已经趋于成熟，按其精度和功能等特征可以大致分为以下三种形式。

（1）高档型：总线式、模块化结构。

（2）中档型：以单板（或专用芯片及模板）组成结构紧凑的 CNC。

（3）低档型：基于通用计算机基础开发的 CNC。

4.2.1 单 CPU 结构

单微处理器结构的 CNC 装置采用一个微处理器来完成所有的系统管理功能和数控功能（如数控加工程序的输入、数据预处理、插补计算、位置控制、人机交互处理和诊断），其他功能部件，如存储器、各种接口、位置控制器等都通过内部控制总线、地址总线和数据总线与微处理器相连。如图 4-3 所示为单微处理器结构的计算机数控装置组成图，其除了具有普通计算机相同的 CPU、存储器、总线、输入/输出接口外，还具有专门的用于数控机床执行部件运动位置控制的位置控制器。

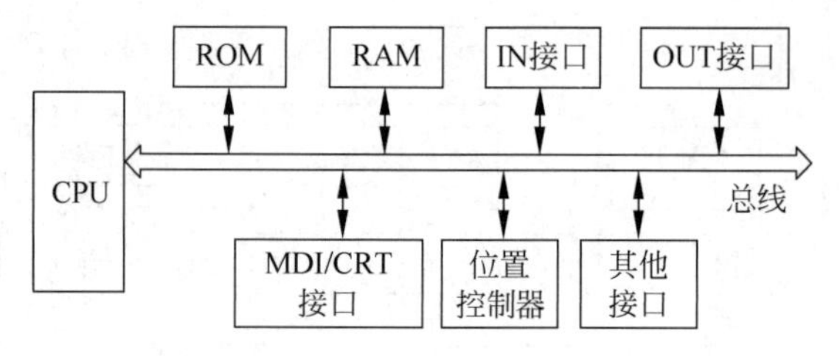

图 4-3 单微处理器硬件结构

1. CPU

CPU是整个数控装置的核心,包括CPU、时钟、总线驱动及地址译码,它是一个最基本的单元,主要完成控制(内部控制、对零件加工程序的输入/输出控制,对机床加工现场状态信息的记忆控制等)和运算(完成一系列的数据处理工作:译码、刀补计算、运动轨迹计算、插补运算和位置控制的给定值与反馈值的比较运算等)两方面的任务。CNC装置中目前常用的CPU有8位、16位、32位和64位,如Intel公司的8085、8086、80186、80286、80386、80486;Zilog公司的Z80、Z8000、Z80000;Motorola公司的6800、68000、68010、68020、68030。在经济型CNC系统中,常采用8位微处理器芯片或8位、16位的单片机芯片。中高档的CNC通常采用16位、32位甚至64位的微处理器芯片。具体选用时应该根据机床实时控制和处理速度的要求,按照字长、运算速度和寻址能力等参数指标综合考虑。

2. 系统总线(母板)

单CPU结构的计算机数控系统常采用总线结构作为内部进行数据信息交换的通道,总线按其传递的信息类型可分为数据总线(各部分之间传送数据,线的根数与数据宽度相等)、地址总线(传送地址信号,确定数据总线上传输的数据来源或目的地)和控制总线(传送控制信号,如读写控制、中断复位)三组。传输信息的高速和多任务性使总线的结构和标准不断发展。

3. 输入/输出接口

该模块是CNC装置与外界(数控机床)进行数据和信息交换的接口。信号经该模块寄存在寄存器中,CPU通过该接口可以定时获取数据和状态;同时,CNC装置中的CPU也定时将数据和控制信号输送给外部设备。一般输入/输出设备有磁盘驱动器、磁带机、打印机等。

4. 键盘/显示设备

显示设备、键盘是CNC人机对话的基本部件。一般将显示器与键盘制作在同一个面板上,并且键盘只用一些数控语言所用的键。MDI是通过操作面板上的键盘,手动输入数据的接口。显示是在CNC软件的配合下,将相关的信息显示在显示器上。现代CNC产品的键盘采用触摸屏键,提高了可靠性。

5. 存储器

CNC装置的存储器包括ROM(只读存储器)和RAM(随机存储器)。系统程序由CNC装置的生产厂家固化存入只读存储器EPROM中,只能由CPU读出,不能写入,即使断电,其中的信息也不会丢失。RAM中主要的内容是运算的中间结果、需要显示的数据、运行中的状态、标志信息等,可以随时被CPU读或写,断电后消失,因此常将零件的加工程序、机床参数和刀具参数等存放在CMOS RAM(带备用电池)中或者磁泡存储器中,以防止掉电丢失。

6. 位置控制器和速度控制器

位置控制器又称为位置控制环，是进给电动机的驱动部件，其主要功能是控制数控机床的进给运动的坐标轴位置，如工作台沿各坐标轴移动，主轴的移动和旋转。轴控制是数控机床上要求最高的位置控制，除了对每个轴单独位置的精度有严格要求外，还要求在多轴联动系统中有很好的实时动态配合。在加工中心中为了能自动更换不同位置的刀具，通常有刀库位置控制，这时可以选用具有准停功能的主轴电动机驱动，用来实现例如某些高性能的CNC 机床上要求主轴在某一给定角度位置能停止转动等功能。速度控制器指进给电动机和主轴电动机的控制转换器。

7. PLC

PLC 模块接收来自操作面板和机床上的有关信息，实现对设备动作和各种开关量的顺序控制，主要有 MST 等功能的实现，如主轴启停和换向，更换刀具，工件的夹紧和松开，液压、冷却和润滑系统的运行、报警等。

8. 通信接口

该模块主要用来实现与外部设备的信息传输功能，通常采用 RS-232C、RS-422/485、DNC 和 USB 等接口。

可见，单微处理 CNC 装置结构的特点是 CPU 通过总线与各个控制单元相连，实现集中控制，分时处理。其结构简单，易于实现，但功能受 CPU 字长、数据宽度、寻址能力和运算速度等因素的影响与限制。另外，数控系统的插补等功能由软件完成，因此数控功能的扩展和提高与处理速度形成了矛盾。为了增强这种类型的 CNC 装置的功能，可采取采用高性能的微处理器、增加浮点协调处理机、采用大规模集成电路完成实时性要求较高的控制任务、由硬件分担精插补等措施。

4.2.2　多 CPU 结构

随着功能的增加、要求的加工速度提高，单微处理器数控系统已不能满足要求，在多微处理器结构 CNC 装置中含两个或两个以上的微处理器(图 4-4)，每个微处理器负责和分担系统的一部分工作，并通过数据总线或其他通信方式共享系统的公用存储器与 I/O 接口以实现数据交换，实现分散控制，并行处理，已成为数控系统的主流。多 CPU 互连方式有总线互连、多级开关互连、环形互连、交叉形状互连和混合交换互连等形式。目前使用的多微处理器系统根据微处理器之间的关系有三种不同的结构，即主从式结构、总线式多主 CPU 结构和分布式结构。

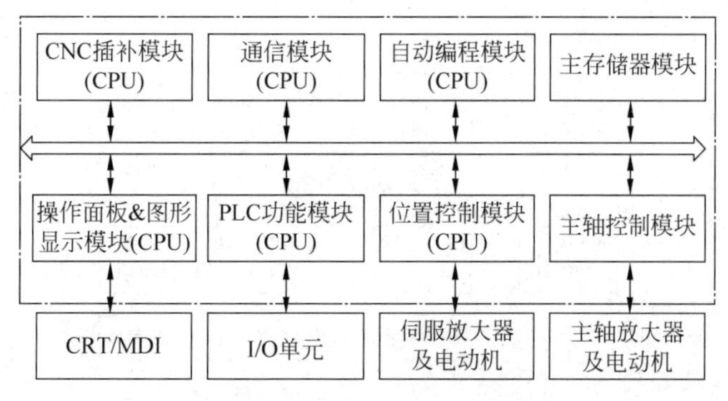

图 4-4　多 CPU 硬件结构

1. 功能模块

多CPU结构的数控装置的结构采用模块化技术,采用了相互紧耦合的功能模块和多功能组件电路。

1) CNC管理模块

该模块实现管理和组织整个CNC系统工作的各功能模块,如系统的初始化、总线裁决、中断管理、系统错误识别和处理、系统软硬件故障诊断等。

2) CNC插补模块

主要负责数控代码编译、刀具补偿、坐标计算和转换、进给速度处理等插补前的预处理工作,并根据编译指令结果和数据按指定的插补算法进行插补计算,为各个坐标轴提供位置给定值。

3) 存储器模块

该模块用于存放程序和数据。可分为主存储器和局部存储器,主存储器模块是各功能模块间数据传送的共享存储器,而每个CPU控制模块中的局部存储器存放各个功能模块完成功能所需的数据和信息。

4) 位置控制模块

该模块对数控系统进给运动的坐标轴位置进行控制(对主轴的控制一般只包括速度控制),具体包括位置控制和速度控制。其将插补后的坐标作为位置控制模块的给定值,与位置检测装置系统测得的实际位置比较,经过一定的控制算法,实现自动加/减速、C轴位置控制(位置、速度)、滞后量监控、刀库位置控制(简易位置控制)、漂移补偿,通过相应的速度控制模拟电压驱动进给伺服电动机,实现高精度的位置闭环控制。其中,进给轴位置控制的硬件一般由大规模专用集成电路位置控制芯片和其他位置控制模板组成。

5) PLC模块

该模块介于数控装置与数控机床之间,根据输入的相关信号进行逻辑运算和处理,完成输入/输出控制功能,如机床电气设备的启停、分度台旋转、刀具更换、工件数量和运转时间的计算等。

6) 操作面板监控和显示模块

该模块主要实现输入和输出零件程序、参数、各种操作命令等,还包括显示所需要的各种接口电路。

数控装置的具体功能模块还可以根据实际的需要来扩充和增加。

2. 共享总线型

FANUC 15数控系统是一种共享总线结构型的多CPU数控系统,图4-5中虚线包含的

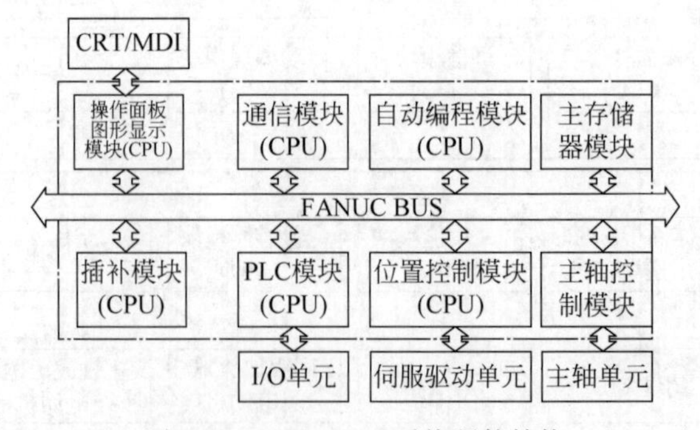

图4-5 FANUC 15系统硬件结构

部分即为其数控装置。在这种结构的CNC系统中,将系统按照功能划分为多个主模块(带CPU)和从模块(不带CPU)等若干个功能模块,只有主模块有权控制系统总线,在任一时刻只能有某一个主模块占用总线,当有多个主模块同时请求使用总线时会产生竞争总线问题。

因此必须要有仲裁电路来裁决多个主模块要求使用系统总线的竞争,总线仲裁将每个主模块按其负责功能的重要程度预先安排好其优先级别,当出现竞争时,总线仲裁判别出各模块优先权的高低,按一定的规律将总线使用权分配给某一个主模块。总线裁决有串行方式和并行方式两种。串行总线裁决所有主设备的总线请求是"或"的关系,如图4-6所示,当其中某一个模块有总线请求时,总线仲裁就可以检测到并发出应答信号。该应答信号首先送到主模块1,如果其请求了总线则由主模块1占用总线,且发出总线忙信号给总线仲裁及其他设备,当该模块使用完后,总线后忙信号撤销,其他模块的总线请求才能响应。如果主模块1未请求总线,则该应答信号通过主标志1传送到主模块2,以此类推,直到某主模块请求了总线,则该模块如同上述主模块1一样占用总线。这种串行方式的总线裁决各模块的优先权是与其所处的连接位置决定的。如果几个主模块同时申请占用总线,处于串行链前端的主模块优先获得总线使用权,优先权按其连接位置依次降低。

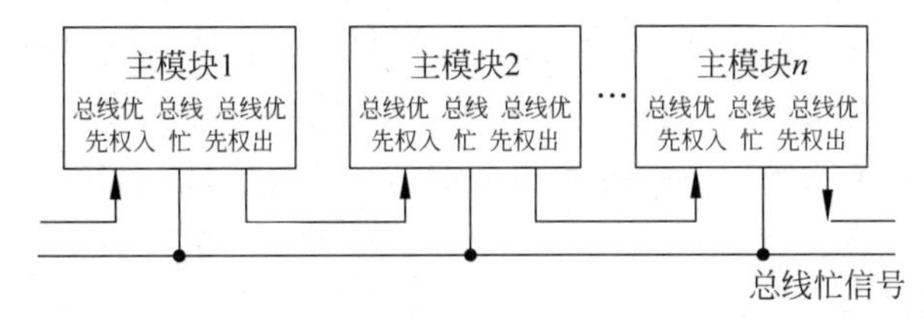

图4-6　串行总线裁决

并行仲裁方式各主模块的总线请求信号及应答信号线都是独立的,如图4-7所示,优先权编码器和译码器构成总线仲裁逻辑电路,总线仲裁逻辑电路就是各主模块的优先权决定部件,当有多个主模块同时要求使用总线时,就向优先权编码器提出请求,由总线逻辑电路根据其存储的优先级别首先给优先级最高的主模块发出应答信号。这种方式的仲裁当其中有一个主模块损坏时并不影响其他主模块的正常工作,裁决时间短,但其控制逻辑复杂且连线也较多。

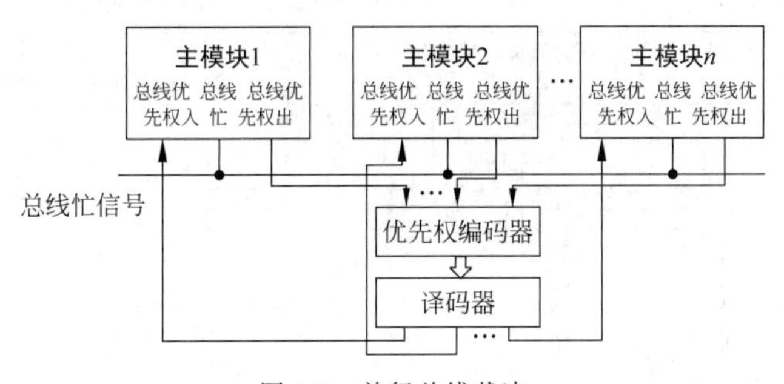

图4-7　并行总线裁决

公共存储器直接插在系统总线上,有总线使用权的主模块都能访问。数控装置内部有两个或两个以上的CPU能控制系统总线或主存储器,具体在使用时有紧耦合和松耦合两种形式。其中的紧耦合是指两个或两个以上的CPU在集中的操作系统下构成处理部件之间相关性强的紧耦合,以共享资源;而松耦合是指两个或两个以上的CPU在多重操作系统下构成功能模块之间相关性弱或具有相对独立性的松耦合,以实现并行处理。

所有主从模块都安插在配有总线(如FANUC BUS)插座的机柜内,根据不同的配置可有7、9、11或13个功能模块插件板,各模块通过共享总线,有效连接在一起形成一个完整的多任务实时系统,实现CNC装置预定功能。FANUC 15系统的CNC装置的主CPU为32位的68020芯片,系统总线采用32位高速多主总线结构,其PLC、进给控制、插补、图形控制、通信自动编程模块中都有各自的CPU。

共享总线型数控装置中的每个微处理器独立执行程序,分别完成数控系统的一部分功能,既降低了主CPU的负担,比单微处理器结构极大提高了处理速度,还可以使用较低档的CPU完成高性能的控制,满足高运算速度、高进给速度、高精度、高效率、高可靠性、多轴控制等数控技术发展的要求。因为在多CPU结构CNC系统中,CNC系统多采用模块化设计,功能模块由一定的软件和硬件模块构成和实现,各模块间通过符合工业标准的接口进行信息交换。模块化的结构使系统结构简单紧凑、设计制造周期短、系统组配灵活、性价比高,并且具有良好的适应性和扩展性。模块化的数控装置在某个功能模块出现故障时并不影响其他模块正常工作,使数控不至于因某一个微小的故障就不能工作,而且插件模块更换方便,所以极大提高了系统的可靠性,适合多轴控制、高进给速度、高精度的数控系统。

总线是这种形式的数控系统的最主要问题,因为系统总线如果出现故障,将使整个系统全局都受到影响,且使用总线常要经过仲裁过程,因此信息传输率降低。无源总线因造价低等优点而常被采用。

3. 共享存储器型

共享存储器型多CPU数控装置中的各CPU之间的互联和通信通过多端口存储器来实现。由于某一时刻可能有多个CPU对多端口存储器进行读或写,因此有多端口控制逻辑电路来解决访问冲突。这种类型的数控装置由于随着CPU数量的增多会因争用共享而造成信息传输的阻塞,极大降低了系统效率,因此很难实现扩展。

图4-8是一种共享存储器型结构的数控装置,共有三个CPU,分别为CRT显示处理器、插补处理机和主处理器,其中CRT显示处理器主要负责根据主处理器的命令显示相应的数据和信息;插补处理器主要完成插补运算、位置控制、机床输入/输出和接口控制器;

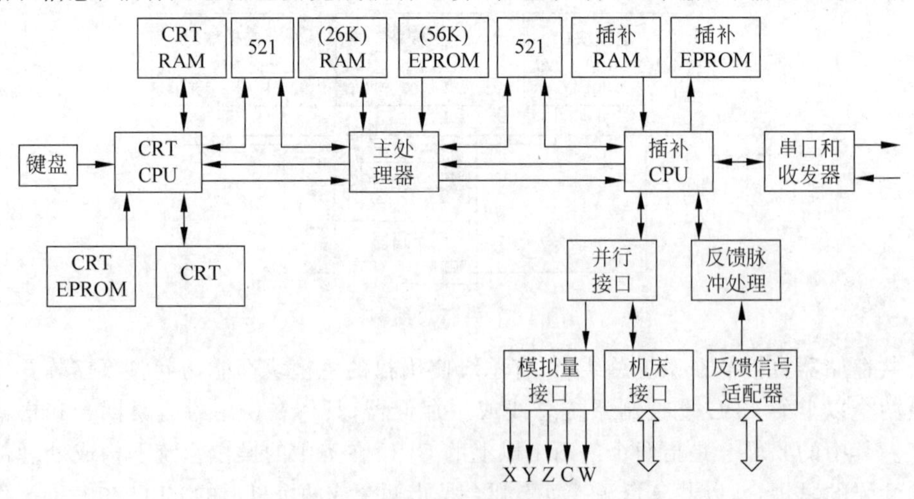

图4-8　多CPU共享存储器型结构框图

主处理器用编辑数控加工程序、译码、刀具和机床参数的输入等管理。为了完成数控系统的相应功能，各处理器有相应的 EPROM 和 RAM，如主处理器的 EPROM 用来存放系统程序，RAM 用来存放零件加工程序和预处理信息及系统的工作状态和标志；CRT 处理器的 EPROM 用来存放显示控制程序，RAM 用来存储相关的数据、状态及开关编码、页面缓冲信息等；插补处理器的 EPROM 用于插补控制程序，RAM 用来存放各轴的实际位置、操作面板上的开关状态。为了实现各处理器之间的信息交换，在 CRT 处理器和插补处理器的 RAM 区都分别设置了公用存储器，如插补处理器的 RAM 中的公用存储器用来向主处理器提供机床操作面板开关状态及所需显示的位置信息。公用存储器具体的实现方法是主处理器通过发送总线请求保持给 CRT 处理器和插补处理器来实现的。

为更好地完成多任务并行实时处理数控功能，多微处理器数控装置采用共享总线和共享存储器的混合结构形式，如图 4-9 所示，系统有公用的存储器，各主模块的 CPU 还有各自的存储器。当有多个主模块请求使用总线时，由总线仲裁控制器按优先级分配总线使用。

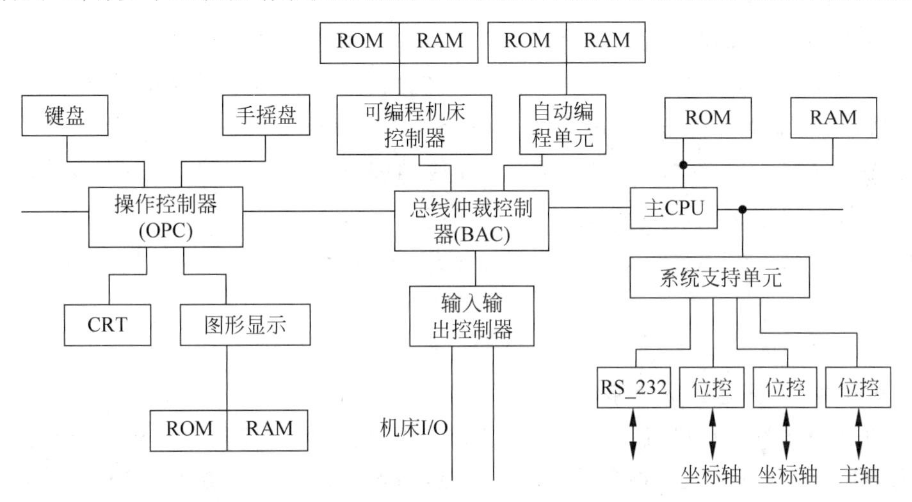

图 4-9　多 CPU 共享总线和共享存储器型结构图

4.2.3　开放式数控系统

目前，大多数商品化数控系统，如 FANUC 数控系统、SIEMENS 数控系统、A-B 数控系统、NUM 数控系统及我国的一些数控系统生产企业生产的数控系统多数都属于专用型系统。对于专用型 CNC 装置，由于专门针对 CNC 设计及大批量生产和保密的需要，其硬件和软件是由制造厂专门设计和制造的，一般具有专用性强、布局合理、结构紧凑等优点，并可获得较高的性价比；但是没有通用性，硬件之间彼此不能交换，各个厂家的产品之间不能互换，与通用计算机不能兼容，并且维修、升级困难，费用较高。

开放式数控系统是一种模块化的、可重构的、可扩充的通用数控系统，它以工业 PC 作为 CNC 装置的支撑平台，再由各专业数控厂商根据需要装入自己的控制卡和数控软件构成相应的 CNC 装置。由于工业 PC 大批量生产，成本很低，因而也就降低了 CNC 系统的成本，同时工业 PC 维护和升级均很容易。可以按 PC 与数控系统结合的结构形式将开放式的数控系统分为以下三类。

1. PC型开放式数控系统

采用通用PC作为其核心单元,所有的开放式功能全由相应功能软件实现,其系统组成框图如图4-10所示。这种系统提供最大的选择性和灵活性给用户,其CNC软件全部安装在PC中,而系统的硬件组成部分主要是PC与伺服驱动和外部I/O之间的标准化接口。用户可以在Windows NT操作平台上,根据自己所需的各种功能,利用开放式的CNC内核,构造多种类型的个性化高性能数控系统,与前几种数控系统相比,系统性价比高,具有较高的灵活性,因而最有生命力。这种系统的典型产品有美国MDSI公司的Open CNC数控系统、德国Power Automation公司的PA8000 NT数控系统等。

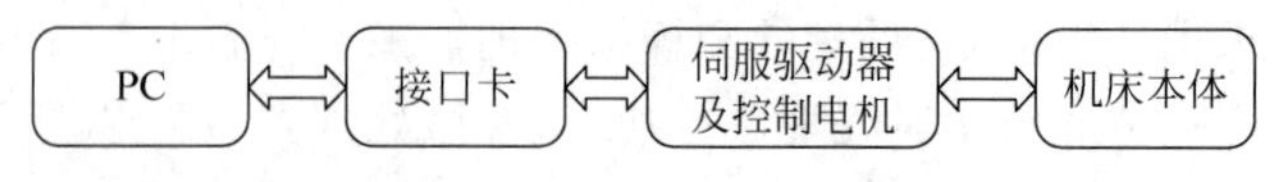

图4-10　PC型开放式数控系统框图

2. 嵌入式PC开放式数控系统

PC作为一个嵌入式的系统融合在NC系统中,主要完成非实时控制的功能控制,而CNC则运行以坐标轴运动为主的实时控制,如图4-11所示。这种系统相对传统的NC系统具有一定程度的开放性,但由于系统的NC部分仍然是传统意义的数控系统,使用者无法介入数控系统的核心。嵌入式PC开放式数控系统结构相对复杂、功能强大,价格昂贵。

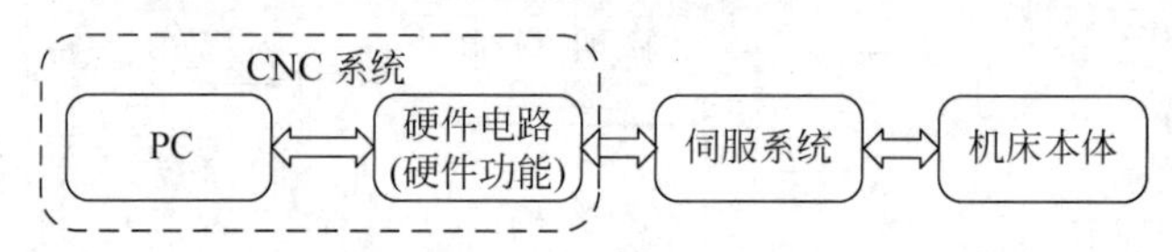

图4-11　嵌入式PC开放式数控系统框图

3. 嵌入式NC开放式数控系统

PC通过ISA标准插槽接口与运动控制板卡相连接,运动控制板卡实时控制各个运动部件,而PC则完成一些实时性要求不高的功能,如图4-12所示。嵌入式NC开放式数控系统一般由开放体系结构的运动控制卡和PC构成。这种智能运动控制卡通常采用高速DSP单元作为其CPU处理核心,其本身就具有很强的运动控制能力和PLC控制能力,并可作为一个系统单独使用。用户根据这种运动控制卡提供的函数库可以在开放的Windows平台下开发按自己意图的控制系统,所以这种开放式结构运动控制卡被广泛应用于数控等各个领域。例如,美国Delta Tau公司用PMAC多轴运动控制卡构造PMAC-NC数控系统、日本MAZAK公司用三菱电动机的MELDASMAGIC 64构造MAZATROL 640数控系统等。

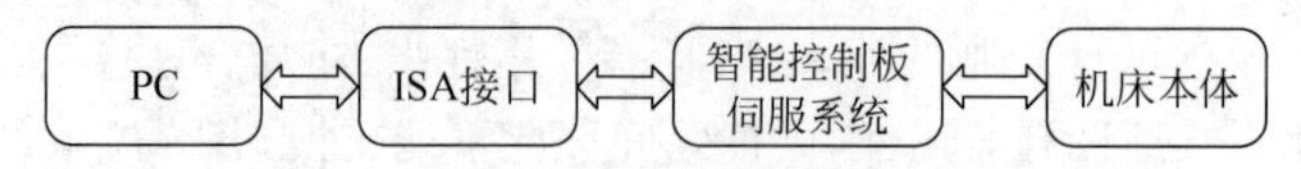

图4-12　嵌入式NC开放式数控系统

随着网络技术的成熟和发展,数控加工业又提出"e-制造"生产方式。这种数字制造生产方式主要基于数控系统的网络化。随着信息化技术的不断应用,越来越多的数控机床本身就具有远程通信服务等功能。数控系统的网络化主要是指其制造单元和控制部件通过Internet/Intranet等网络连接起来,并将制造过程中所需要的加工程序、机床运行状态、工具、检测与感知系统等信息共享,达到更高自动化水平和更高效率的整体运行目的。具体来说,网络化发展趋势又分为内部网络和外部网络。内部网络主要指数控系统内部的CNC

单元与相关的伺服驱动及 I/O 逻辑控制单元的连接。为使数控系统具备开放性，各单元之间的互联应该有统一的标准，目前欧洲 CNC 制造商的数控产品广泛应用 SERCOS（Serial Real-time Communication System）高速伺服控制接口协议，而采用 Profibus 现场总线作为与 I/O 逻辑控制单元的接口。数控系统的外部网络主要指数控系统与系统外的其他系统或上位机的连接。目前广泛采用网络以实现对数控系统和装备进行远程监控，进一步实现无人化操作、远程加工、远程诊断、远程技术支撑等服务，达到提高整个加工系统的生产率的目的。企业广泛采用的网络生产管理系统通过企业内部网（Intranet）实时监视生产现场运行情况以实现最优计划和调度以及高效、高质量加工，并根据这种现代化的生产模式来创造新加工工艺、新方法。企业远程诊断软件可以在办公室实时操纵远在异地的车间相关机床设备，完成如编辑零件程序代码和 PLC 程序、实时监控各运动部件的状态、进行文件传输等任务，不仅用于故障发生后对数控系统进行诊断，还可用作用户的定期预防性诊断。另外，功能不断完善的 CAD/CAM（计算机辅助设计与制造）系统能将 CAD 软件设计的产品 3D 模型数据直接转变为数控系统的加工程序，并同时完成工具清单、工艺卡和加工工艺图样，最终实现并行工程以缩短整个产品的生产周期。此外，企业通过网络与客户连接，为每一个客户设立一个准入接口，可方便快速地反映客户的要求和想法。将机床联网还可以较大程度地提高多品种小批量的加工任务。数控系统的网络化进一步促进了柔性自动化制造等相关技术的发展，现代柔性制造系统从点（数控系统单元、数控复合加工系统和加工中心）、线（FMC、FMS、FTL、FML）向面（FA、独立制造岛）和体（分布式网络集成制造系统、CIMS）的方向发展。

4.2.4 嵌入式数控系统

随着嵌入式技术在工业控制领域的广泛应用，将嵌入式技术应用到数控领域对数控系统的发展产生了深远的影响。嵌入式数控系统指在数控装置中采用了嵌入式微处理器，如比较常用的有 ARM、嵌入式 x86、MCU 等，这种类型的数控装置相比其他的数控装置的计算速度更快，与外界的接口也更丰富。图 4-13 为嵌入式数控系统的结构框图。

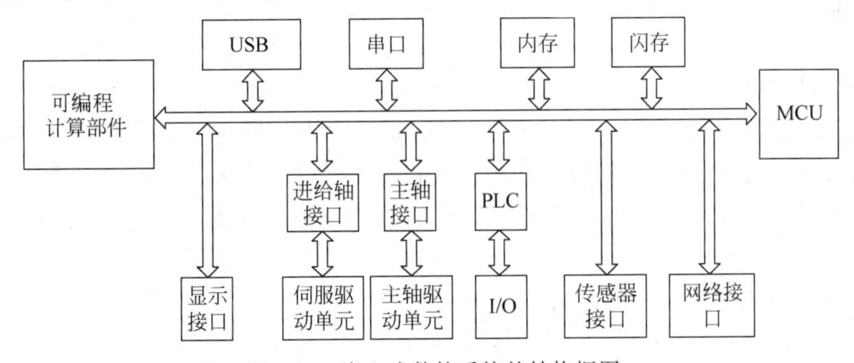

图 4-13 嵌入式数控系统的结构框图

如图 4-14 所示为嵌入式数控系统软件体系结构图，可分为系统平台和应用软件两大部分。为实现对机床厂和用户这两个不同层次的开放，上层应用软件分为数控应用程序接口和操作界面组件两个层次。底层模块必须具有多任务的处理能力，因为其要完成插补任务，如粗插补、精插补、单段、跳段、并行程序段处理，都对外开放；PLC 任务，如 MST 处理、急停和复位、刀具寿命管理等；位置控制任务；公用数据区管理及伺服任务。上层软件包括解释器模块、MDI运行模块、程序编辑模块、自动加工模块等,其通过共享内存、FIFO和中断与底层模块进行数据交换负责零件程序文件的编辑、管理和解释,相关参数的设置,PLC的状态、加工轨迹、加工程序行等的显示。数控应用软件开发接口(NCAPI)提供通用接口函数,可以针对不同的要求分别开发出具体的数控系统。

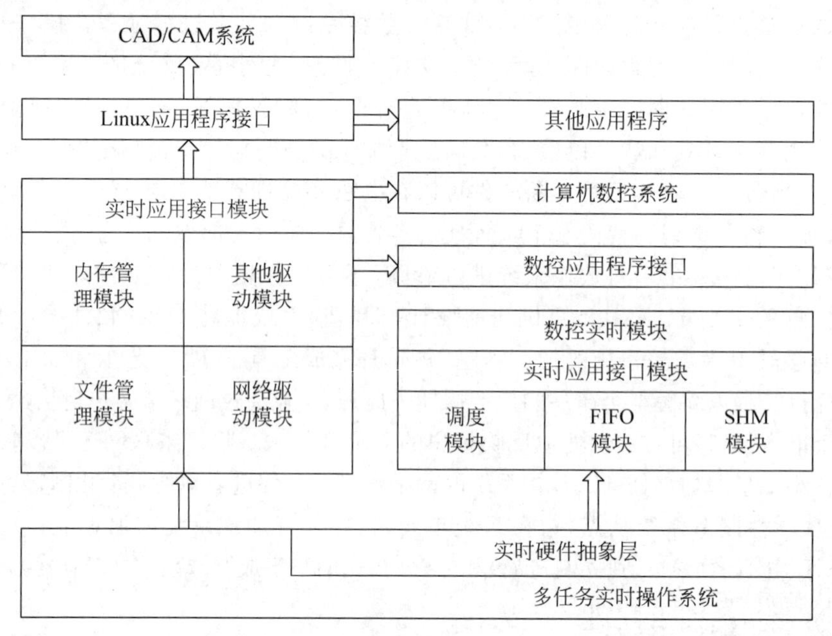

图4-14　嵌入式数控系统软件体系结构图

4.3 计算机数控(CNC)装置软件

4.3.1 计算机数控装置软件的组成

计算机数控系统是一种实时多任务系统,其很多功能都由软件在硬件的基础上来实现,在其软件的设计中采用了许多计算机软件结构设计的思想和技术。数控装置的软件是为完成CNC系统的各项功能而专门设计和编制的,也称为系统软件或系统程序。不同的数控装置因其功能和实现算法不同,所以其在结构和规模上有很大差别。在计算机数控装置的发展过程中,软件和硬件的分工界面并不是固定的,越来越多的数控系统趋向于将诸多功能交由软件来实现。硬件处理速度快,但成本较高;软件设计移植灵活,但处理速度较慢,如图4-15所示为三种不同的软硬件分工界面示意图。

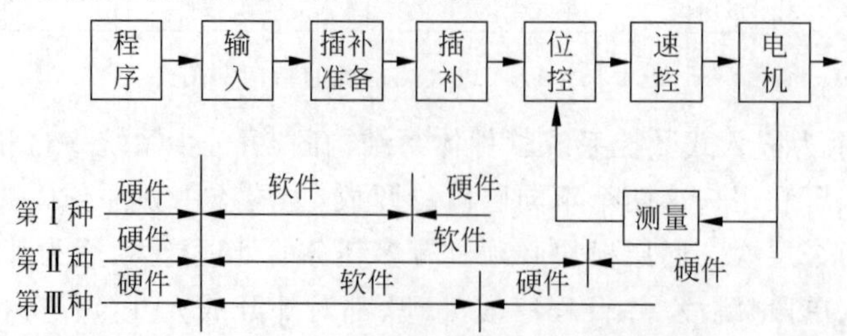

图4-15　三种不同的软硬件分工界面示意图

如图4-16所示,CNC装置的软件可分为管理软件和控制软件两部分,系统的管理部分主要为某个系统建立一个软件环境,对各种资源进行有效管理,如输入、I/O处理、通信、显示、诊断以及加工程序的编制和管理等;而系统的控制部分主要完成系统中一些实时性要求较高的关键控制功能,如译码、刀具补偿、插补和位置控制等。

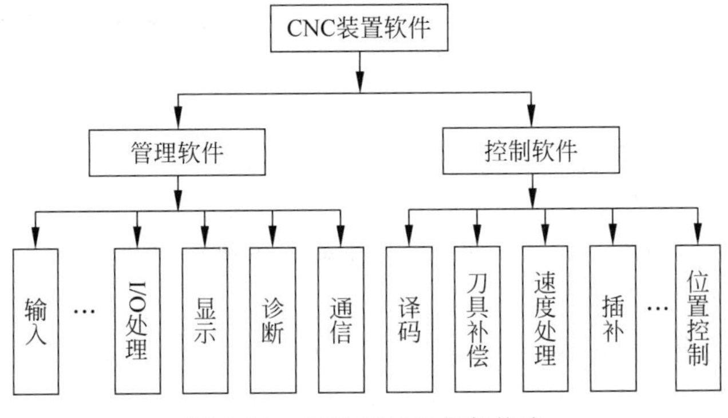

图4-16 CNC装置的软件构成

4.3.2 数控装置软件结构特点

在单微处理器数控系统中,常采用前后台型和中断型软件结构,而在多微处理器数控系统中每个微处理器分别承担一定的任务,通过通信进行相互协调,在使用时常将微处理器作为一个功能单元配备相应的算法构成一定的软件结构类型。这两种数控装置的软件结构都具有多任务并行处理和多重实时中断的特点。

1. 多任务并行处理

在数控系统进行数控加工时,通常有多种任务要同时处理和控制,例如管理软件中的显示模块在和控制软件进行插补和速度处理时要同步运行,以显示当前数控系统的工作状态,而在控制软件中的译码和刀具补偿计算同时,为了保证加工的连续性,必须使这些模块与插补和位置控制同时进行。图4-17表示了数控装置软件任务的并行处理,双向箭头表示数控装置的两模块之间存在并行处理关系。

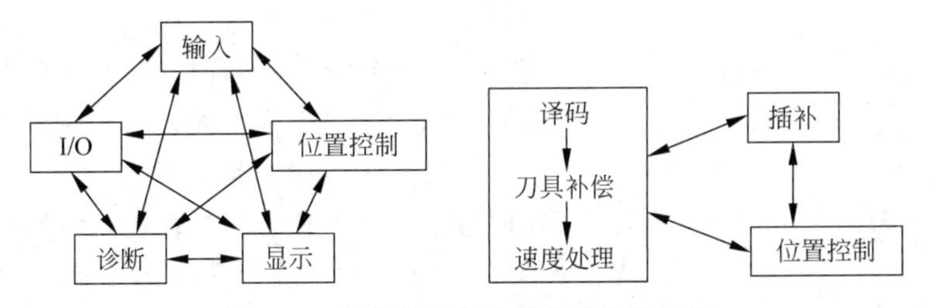

图4-17 数控装置软件任务的并行处理

数控装置的并行处理是指为了提高运行速度,数控装置在同一时刻内完成或处理两种或两种以上功能相同或不同的工作。数控装置的并行处理方法可分为资源共享、资源重复和时间重叠三种方法。其中,资源共享根据“分时共享”的原则,允许多个用户按时间顺序使用同一设备。目前数控装置广泛使用“资源重复”并行处理技术,如采用两套或多套主微处理器结构提高系统的速度和可靠性。时间重叠是根据软件技术中的流水线处理技术,允许多个处理过程在时间上相互错开,轮流使用同一设备的几部分。目前数控装置的软件结构主要采用“资源分时共享”和“资源重叠的流水处理”两个方法。资源分时共享是指在规定的时间片内,按各任务实时性的要求,规定它们占用 CPU 的时间,使它们分时共享系统的各种资源,在任何一个时刻只有一个任务占用 CPU,在一个时间片,CPU 并行地执行了两个或两个以上的任务,主要需要解决各任务的优先级分配和时间片分配问题。在多 CPU 结构的数控系统中,根据各任务之间的关联程度,可采用并发处理(关联程度不高的任务分别在不同的 CPU 上同时执行)和流水处理(关联程度较高的任务顺序执行)两种并行处理技术。

流水处理的关键是时间重叠,是以资源重复的代价换得时间上的重叠,即通过空间复杂性的代价换得时间上的快速性。这种处理方式将大任务分成一个个彼此相互关联的小子任务,并将这些小任务如一条生产线一样按一定的顺序安排好,如将插补准备分为译码、刀补、速度预处理三个子任务,设每个子任务的处理时间为 $\Delta t_1+\Delta t_2+\Delta t_3$,以顺序方式处理每个程序段,则整个插补准备程序段的数据转换时间为 $t=\Delta t_1+\Delta t_2+\Delta t_3$,其时间关系如图 4-18(a)所示,在两个程序段的输出之间有长度为 t 的时间间隔。如图 4-18(b)所示,采用流水处理方式时,两个程序段输出之间的时间间隔仅为 Δt_1,大大缩短了输出时的时间间隔。

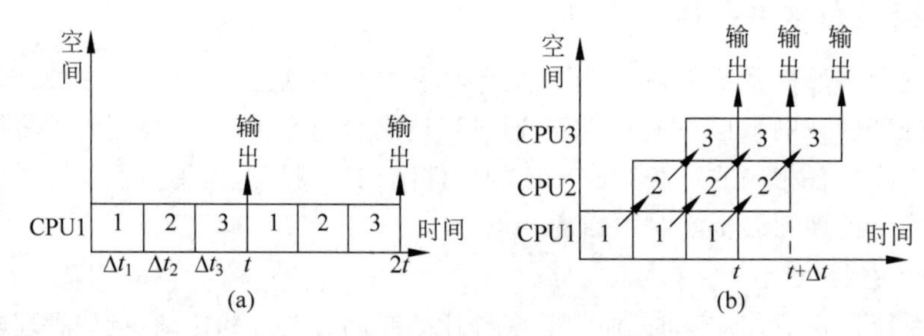

图 4-18 顺序处理和时间重叠流水处理

2. 中断型结构模式

中断型软件结构示意图如图 4-19 所示,在初始化之后,整个数控系统软件的各种功能模块分别安排在不同级别的中断服务程序中,通过中断服务管理系统对各级中断服务程序实施调度管理,完成数控加工的各种功能,整个数控装置的软件实际上构成了一个庞大的多重中断系统。

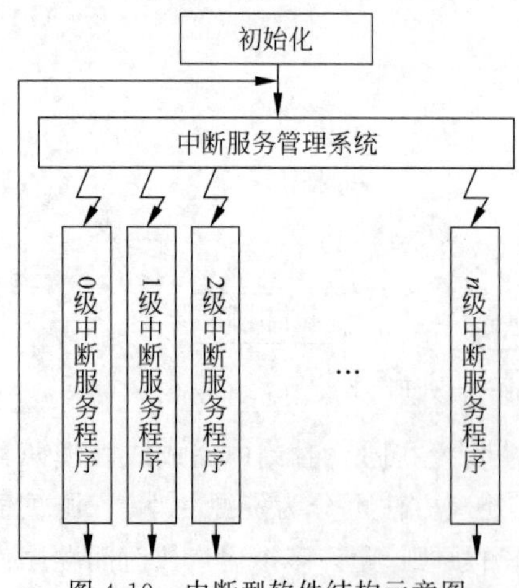

图 4-19 中断型软件结构示意图

数控系统的中断级别可高达 8 级中断,一般将实时性要求高的任务安排在优先级别高的中断服务程序中,而实时性要求不高的安排在中断级别较低的中断服务程序中,如为了接通电源就执行初始化 RAM 工作寄存器和其他一些状态,将其设为低级中断(0 级中断),只要系统中没有其他中断级别请求,总是执行 0 级中断。开机后,系统程序首先进入初始化程序,进行初始化状态的设置、ROM 检查等工作。初始化后,系统转入 0 级中断 CRT 显示处理。而其他的程序模块,如将 CRT 显示控制设为 1 级中断,数控系统的各种工作方式的处理设为 2 级中断,数控装置的输入输出处理设为 3 级中断，报警功能设为 4 级中断(硬件中断)，插补运算、终点判别、伺服系统位置控制等处理、加减速控制设为 5 级中断。

如表 4-1 所示为 FANUC-BESK 7CM CNC 系统的各级中断服务功能，系统的各个功能模块的中断分为 8 级。其中，显示功能和系统测试分别被安排为最低和最高级别，因为机床的刀具运动实时性很强，所以伺服系统的位置控制也被设置为较高的优先等级。

表 4-1　FANUC-BESK 7CM CNC 系统的各级中断服务功能

中断级别	主要功能	中断源
0	控制 CRT 显示	硬件
1	译码、刀具中心轨迹计算，显示器控制	软件，16ms 定时
2	键盘监控，I/O 信号处理，穿孔机控制	软件，16ms 定时
3	操作面板和电传机处理	硬件
4	插补运算、终点判别和转段处理	软件，8ms 定时
5	纸带阅读机读纸带处理	硬件
6	伺服系统位置控制处理	4ms 实时钟
7	系统测试	硬件

数控装置软件的每一级中断都包括若干个功能，如表 4-2 所示为 FANUC-BESK 7CM CNC 系统 1 级中断包含的 13 种功能，对应着口状态字中的 13 个位，每位对应于一个处理任务。

表 4-2　FANUC-BESK 7CM CNC 系统 1 级中断包含的 13 种功能

口状态字	对应口的功能
0	显示处理
1	公英制转换
2	部分初始化
3	从存储区(MP、PC 或 SP 区)读一段数控程序到 BS 区
4	轮廓轨迹转换成刀具中心轨迹
5	“再启动”处理
6	“再启动”开关无效时，刀具回到断点“启动”处理
7	单击“启动”按钮时，要读一段程序到 BS 区的预处理
8	连续加工时，要读一段程序到 BS 区的预处理
9	纸带阅读机反绕或存储器指针返回首址的处理
A	启动纸带阅读机使纸带正常进给一步
B	置 M、S、T 指令标志及 G96 速度换算
C	置纸带反绕标志

3. 前、后台型结构模式

前、后台型结构模式适合单 CPU 数控装置，该结构模式的数控装置软件可分为前台程序和后台程序两大部分。其中，前台程序是一个实时中断服务程序，主要负责与数控系统动作直接相关的实时功能，如插补运算、伺服、位置控制、机床监控和故障处理等实时功能；后台程序是一个循环执行程序，也叫背景程序，主要负责一些实时性要求不高的功能，如完成管理功能和输入输出、译码、数据处理和刀具补偿等非实时性插补准备工作。背景程序在循环运行过程中，前台的相关实时中断程序可以不断地定时插入，与后台程序互相配合，共同

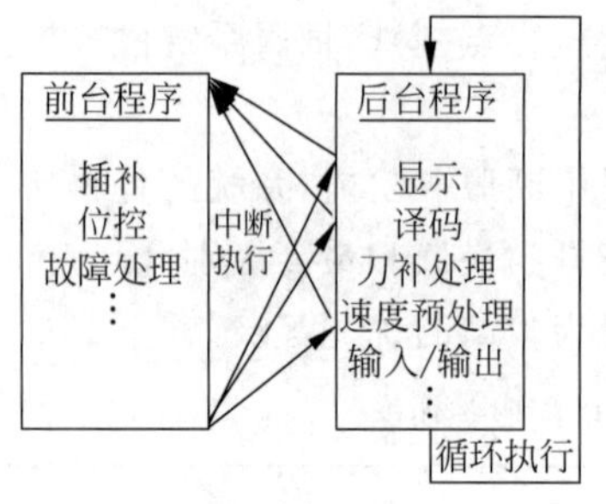

图 4-20 前后台程序运行关系图

完成零件加工任务。前后台程序的运行关系如图 4-20 所示,程序在启动后,首先进入背景循环程序,即运行初始化程序,并开放定时中断,间隔一定时间就发生一次中断,并执行相应中断服务程序,而背景程序停止运行,并在实时中断服务程序执行完成后返回执行后台程序,在中断程序和后台程序有条不紊地协调下完成数控装置的所有功能和任务。

如图 4-21 所示为前、后台型软件结构的 A-B7360 数控系统的软件结构框图,是一种典型的前后台型,系统的输入/输出、显示、译码等都位于其背景程序中作为循环执行的主程序,其中断服务子程序按中断优先级从高到低有阅读机中断(在输入零件程序时启动了阅读机时发生)、10.24ms 实时时钟中断(定时发生,该时间是系统的实际位置采样周期,也是采用数据采样插补方法时的插补周期)和键盘中断(键盘方式下发生)等,中断服务程序按其优先级的高低可以随时插入背景程序中。

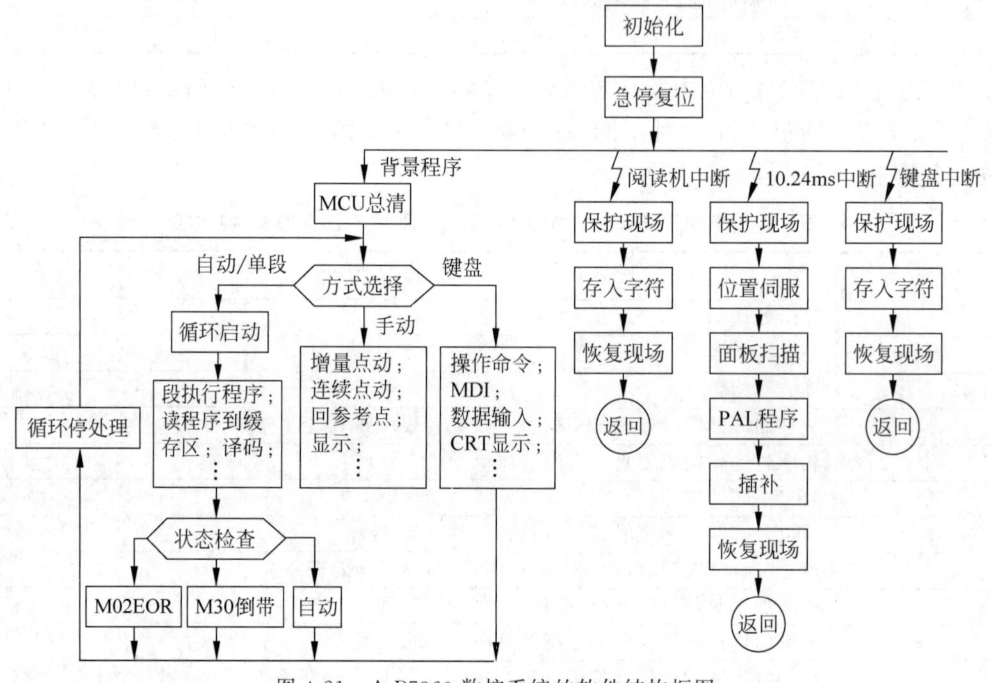

图 4-21 A-B7360 数控系统的软件结构框图

4.4 计算机数控装置的接口

数控装置的接口是指在数控系统工作时,数控装置与数控系统的功能部件(如输入/输出设备、PLC 模块、进给伺服模块和主轴模块)进行信息传递、交换和控制的端口。数控装置的接口在数控系统中有很重要的位置,因为不同功能的模块必须通过接口电路才能与数控系统有效连接起来。根据 ISO 4336—1981(E)标准的规定,数控装置常用接口可分为以下 4 大类。

(1) 电源及保护电路。由数控系统强电线路中的电源控制电路构成。强电线路必须通过断路器、热动开关、中间继电器等器件转换成直流低压下工作触点的开关动作才能与低压下工作的控制电路和弱电线路连接。

(2) 与驱动指令有关的连接电路。

(3) 数控系统与测量传感器之间的连接电路。此类接口与第二类接口属于数控控制及伺服控制接口,用来传送数控系统与伺服电动机、位置和速度检测、伺服驱动单元等之间的控制信息与反馈信息。常用的接口电路有开关量和模拟量输入/输出接口、网络和其他通信接口。

(4) 开关信号与代码信号连接电路。此类接口用来传送数控系统与外部之间的开关信号与代码信号,当数控系统带有PLC时,则通过PLC传送(极少数高速信号除外)。

由于相关的技术在"通信技术""微机原理"课程中都有介绍,本节主要介绍数控系统特有的各接口的特点。

4.4.1 键盘输入及接口

数控系统中的键盘用来向数控装置输入零件加工程序、加工所需要的相关数据及相关控制命令等信息,是数控系统最常用的输入设备。数控系统中使用的键盘有全编码键盘和非编码键盘两种基本类型。其中,全编码键盘的每一个键都对应相应的ASCII代码或其他编码,经过消除抖动、多键和串键等动作后,由键盘硬件逻辑电路产生一个选通脉冲向CPU申请中断,CPU响应中断后,通过译码执行该键的功能。非编码键盘通过相应的软件识别键盘矩阵中被按下的键,如行扫描和列扫描方法,得到与被按键对应的编码。如图4-22所示是一常见的8×8键盘阵列结构图,微处理器的地址线低8位$A_0 \sim A_7$通过反相驱动器接矩阵的列,而其地址线的高8位$A_8 \sim A_{15}$通过译码接至三态缓冲器的控制端,键盘阵列的行经反相三态缓冲器接至微处理器的数据总线上,微处理器通过地址总线读取键盘的键值。因此键盘也如其他单元一样占用内存空间,若高位地址译码的信号是30H,则3000H～30FFH的存储空间被键盘占用。8行8列共64个键位可供使用。

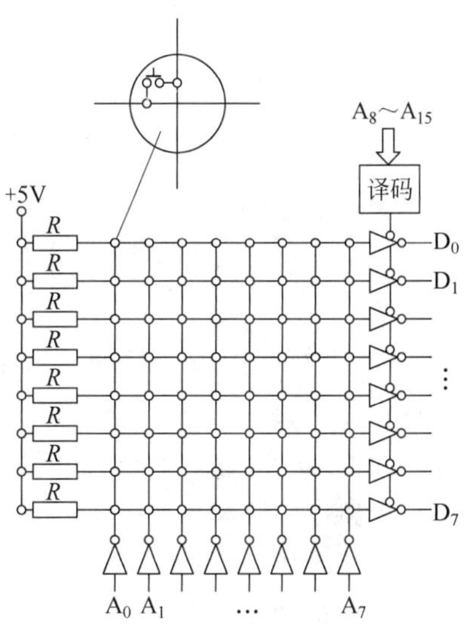

图4-22 键盘阵列

4.4.2 显示接口

显示器是数控机床最常用的输出设备,也是实现人机对话的一种重要手段,CNC控制器可以配置单色或彩色CRT、发光二极管(LED)、液晶(LCD)或者更高级的屏幕显示器(LRT)等,通过软件和硬件接口实现字符和图形的显示。通常可以显示程序、参数、各种补偿量、坐标位置、故障信息、人机对话编程菜单、零件图形及刀具实际移动轨迹的坐标等。例如,系统操作者通过相应的按键选择了系统的某种工作方式,系统应通过相应的状态信息将当前的工作方式显示出来。

LED显示器可以有7段、8段、米字形显示器等多种形式。如图4-23所示,为了保证字形的显示,在每一位7段显示器输入端设置一个字形锁存器及相应的三极管驱动电路来保持字形。CPU向各字形锁存器送出相应编码以控制显示内容,当显示内容不变时,不需微处理器的控制。为了避免由于每一位LED显示器独占一个数码锁存器及一套驱动器造成硬件过于庞大,可使用多路复用的方法,图中各LED显示器通过两个接口与CPU相连接,它们共用一个数据锁存器和驱动器,用一个字位锁存器来控制具体由哪一位LED显示器显示字形。为使各位显示的字形保持,须由程序周期性地轮流循环接通各显示器,这种工作方式称为显示器的扫描。

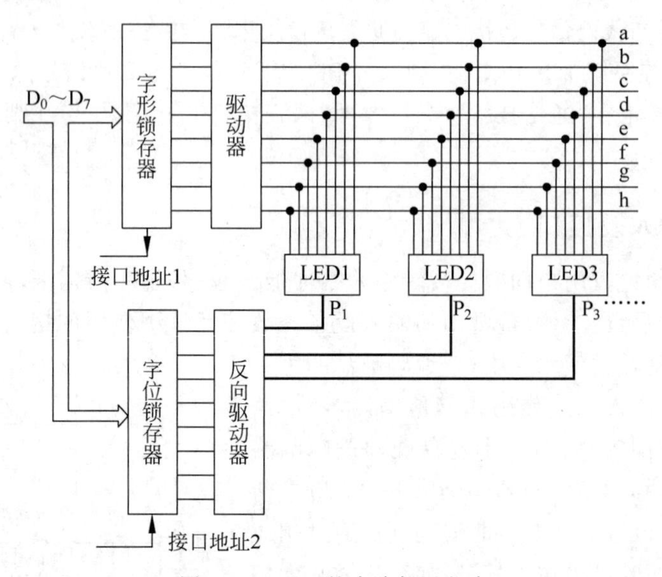

图 4-23　LED的多路复用电路

如图4-24所示,显示器的显示存储器用来实现帧面信号的重复再生,以逐帧重复显示稳定的帧面,其每一个存储单元对应屏幕上的一个字符位置,显示时先选中与屏幕上某一位置相对应的显示存储器地址,再写入要显示字符的ASCII码即可。显示存储器接受CPU和硬件电路中的分频器产生10条地址线($C_1 \sim C_6$,$R_1 \sim R_4$)的访问。当CPU要访问时,由地址线产生VID=0信号,CPU可以向显示存储器执行写操作,将要显示字符的ASCII码写入相应地址的显示存储器中。

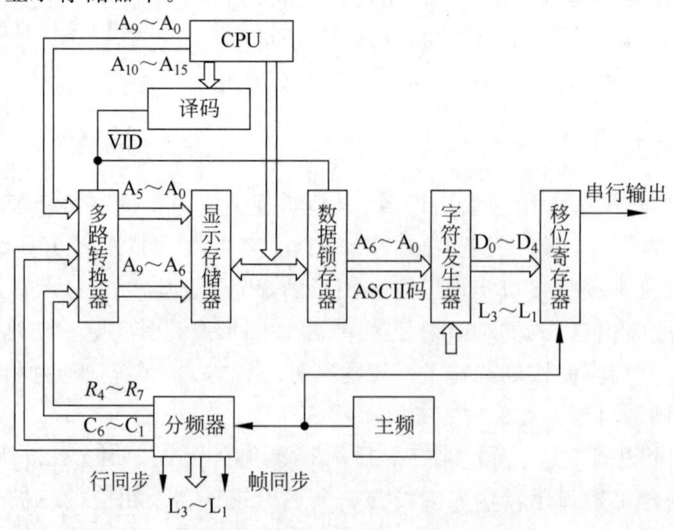

图 4-24　显示器原理框图

为了更直观和形象地显示数控系统的状态，数控系统通过图形显示功能显示零件轮廓、刀具轨迹，甚至动态仿真。图形的显示与字符显示基本一致，只是显示存储器中的映像信息不同，显示存储器在字符显示时存储的是屏幕上某个位置要显示字符的 ASCII 码，而在显示图形时，则存储若干个像素。图形可看成是由成千上万个像素构成，只要将每个像素点通过像素矩阵描述，并通过软件来控制各个像素点的色彩，就可以显示各种需要的图形。

4.4.3　通信和网络接口

在现代化的制造工厂中，随着自动化技术和通信技术的发展，数控系统中的数控装置不仅要与内部的输入输出设备相连，还要通过计算机网络或有关的通信设备与上级计算机或 DNC 计算机直接通信，有效交换相关的控制信号和信息，因此数控装置还应具有网络通信接口。

1. 开放系统互连参考模型 OSI/RM

为了实现不同数控系统厂家的数控系统之间以及不同网络之间的数据通信，就必须遵循相同的网络体系结构模型，否则不同的数控系统就无法有效接成网络，这种共同遵循的网络体系结构模型就是国际标准——开放系统互连参考模型，即 OSI/RM。ISO 发布的最著名的 ISO 标准是 ISO/IEC 7498，又称为 X.200 建议，它依据网络的整个功能将 OSI/RM 划分成 7 个层次，以实现开放系统环境中的互连性、互操作性和应用的可移植性。

OSI/RM 采用结构化描述方法，根据网络中各节点都有相同的层次、不同节点的同等层具有相同的功能、同一节点内相邻层之间通过接口通信、每一层使用下层提供的服务，并向其上层提供服务、不同节点的同等层按照协议实现对等层之间的通信等分层原则将整个网络的通信功能划分成 7 个层次，如图 4-25 所示。

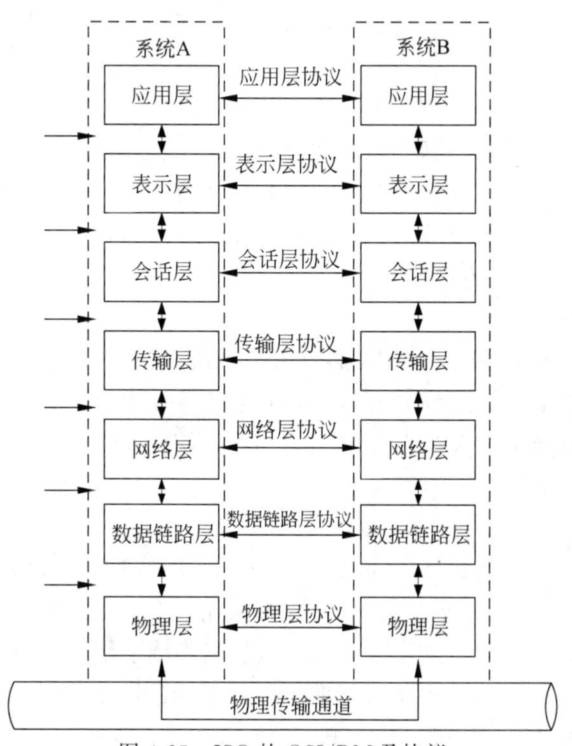

图 4-25　ISO 的 OSI/RM 及协议

ISO/RM 的最高层为应用层,面向用户提供应用的服务;最低层为物理层,连接通信媒体实现数据传输。协议中的低三层起传输控制层的作用,主要负责有关通信子网的工作,解决网络中的通信问题;协议中的高三层起应用控制层的作用,主要完成有关资源子网的工作,负责解决应用进程的通信问题;传输层为通信子网和资源子网的接口,起到连接传输控制层和应用控制层的作用。层与层之间的联系是通过各层之间的接口实现的,上层通过接口向下层提供服务请求,而下层通过接口向上层提供服务。

第1层:物理层,规定通信设备机械的、电气的、功能的和过程的特性,用以建立、维护和拆除物理链路连接,其典型的协议有 EIA-232-D(前身为 RS-232-D 标准)。

第2层:数据链路层,用于建立、维持和拆除链路连接,提供相邻节点间帧传送的差错控制,其典型的协议有 OSI 标准协议集中的高级数据链路控制协议 HDLC。

第3层:网络层,主要功能是利用数据链路层提供的两相邻节点间的无差错数据传输功能,完成节点间数据传送,以及数据包的路由选择。

第4层:传输层,为上层提供端到端(最终用户到最终用户)透明的、可靠的数据传输服务。此外,通过复用、分段和组合、连接和分离、分流和合流等技术措施,提高吞吐量和服务质量。

第5层:会话层,数据的管理和同步,按照在应用进程之间的约定和正确的顺序收、发数据,进行各种形式的对话。

第6层:表示层,为应用层提供信息表示方式的服务,如数据格式的变换、文本压缩、加密技术等。

第7层:应用层,为网络用户或应用程序提供各种网络服务,如文件传输、电子邮件、分布式数据库、网络管理等,提供字符代码、数据格式、控制信息格式、加密等的统一表示。

2. TCP/IP

TCP/IP 即传输控制协议/网际协议,源于美国 ARPANET,其主要目的是提供与底层硬件无关的网络之间的互联,包括各种物理网络技术。TCP/IP 并不是单纯的两个协议,而是一组通信协议的聚合,所包含的每个协议都具有特定的功能,完成相应的 OSI 层的任务。在国际标准 ISO/OSI 尚未完全被采纳时,TCP/IP 是用户和厂家共同承认的标准,已在现代制造业的 CIMS 开发中获得应用。

3. IEEE 802 标准

IEEE 802 协议主要针对 OSI/RM 的数据链路层,将该层划分为两个子层次。将涉及硬件的部分和与硬件无关的部分分开,将数据链路层分为逻辑链路控制 MAC 子层和媒体访问控制 MAC 子层。MAC 子层定义了几种媒体访问控制方法,如 IEEE 802.3、IEEE 802.4 和 IEEE 802.5 等。

4. MAP/TOP 协议

MAP(Manufacturing Automation Protocol,制造自动化协议)/TOP(Technical and Office Protocol)是美国通用汽车公司提出的 MAP 和美国波音公司开发的 TOP 合并而成,形成了一套既可支持生产,又可支持办公的完整的网络体系结构,并被广泛应用于各种不同类型的企业,成为应用于工厂自动化的标准工业局部网的协议,也被选为支持企业 CIMS 的计算机网络标准。FANUC、SIEMENS、A-B 等公司表示支持 MAP,在它们生产的 CNC 装置中可以配置 MAP 2.1 或 MAP 3.0 的网络通信接口。如图 4-26 所示为 MAP 和 TOP 的结构。

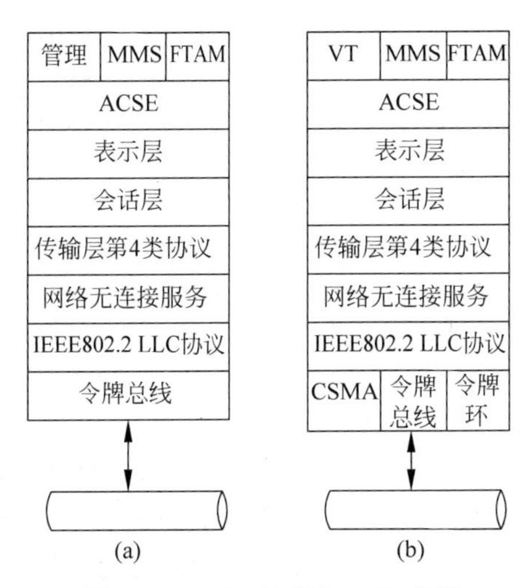

图 4-26　MAP 协议和 TOP 协议

4.4.4　现场总线接口

传统的数控系统的控制器与驱动模块和 PLC 的输入、输出之间是直接相连的，由于伺服电动机的线数较多，当 I/O 点数和系统轴数较多时，布线可能非常复杂，维护困难，不容易扩展，影响系统的可靠性。随着由 IEC 提出的用于连接工业底层设备的现场总线被广泛应用于工业自动化加工控制领域，尤其是在分布式数控系统中现场总线网中的应用，数控系统与驱动和数字 I/O(PLC 的 I/O)的连接趋向现场总线连接，其采用一根通信线或光纤将数控系统的所有驱动和 I/O 连接起来，用以传送各种信号，实现对伺服驱动的智能化控制。这种方式连线少，扩展方便，易维护，可靠性高，易于实现重配置和扩展。目前常见的各种现场总线及其应用场合和主要参数如表 4-3 所示。

表 4-3　各种现场总线及其应用场合和主要参数

总线类型	可应用的场合			传输率	报文尺寸	最远传输距离/m
	过程控制	制造业	生产线			
LonWorks	√	√	√	1.2Mb/s	228B	
PROFIBUS	√	√		12Mb/s	256B	1188.7
Fieldbus	√	√	√	2.5Mb/s	128B	22 677
ArcNet	√	√	√	5Mb/s	507B	6069
ControlNet	√	√	√	5Mb/s	510B	8229.6
Genius I/O	√	√	√	450kb/s	128B	2286
Interbus-S		√		500kb/s	288b	12 801
SERCOS	√	√		10Mb/s	16B	
SDS		√		125kb/s	108b	487.7

SERCOS(SErial Real-time COmmunication System)接口是数字控制器与伺服驱动器间的串行实时通信总线，是最早被实际现场应用证明的、用于运动控制的开放式接口国际标准(IEC 61491)和中国国家标准(GB/T 18473—2001)，得到了众多厂商的广泛支持和应用，对分布式多轴运动的数字控制提供较好的应用。SERCOS 从 1989 年诞生到现在共经历了

SERCOSⅠ、SERCOSⅡ和SERCOSⅢ三代的发展(其中SERCOSⅠ和SERCOSⅡ被统称为SERCOS)。SERCOSⅠ和SERCOSⅡ分别采用SERCON410B和SERCON816作为接口控制器,采用光纤作为传输介质,最高可分别达到4Mb/s和16Mb/s的数据通信速率,可分别支持16位和32位宽度的数据总线,传输距离可达200km。为了提高传输速率和提高兼容性,SERCOSⅢ采用SERCON100M芯片和SERCON100S芯片分别作为主站的控制芯片和从站设备的控制芯片,将SERCOS总线与工业以太网结合起来,可达到高达100 Mb/s的传输速率；能兼容以前SERCOS总线的所有协议；降低了硬件的成本(低到模拟连接的水平)；支持与安全相关的数据传输并提高了线路断开时的容错能力；集成了IP协议并支持从站之间的交叉通信；支持多个运动控制器的同步。

如图4-27所示为使用SERCOS接口作为数控装置和伺服系统的连接示意图,分别为通过SERCOS接口作为位置传输的数字式位置/速度接口,其调节器可安排在伺服装置中。数控装置将位置(速度)指令通过SERCOS接口输出,伺服装置通过SERCOS接口接收位置(速度)命令。

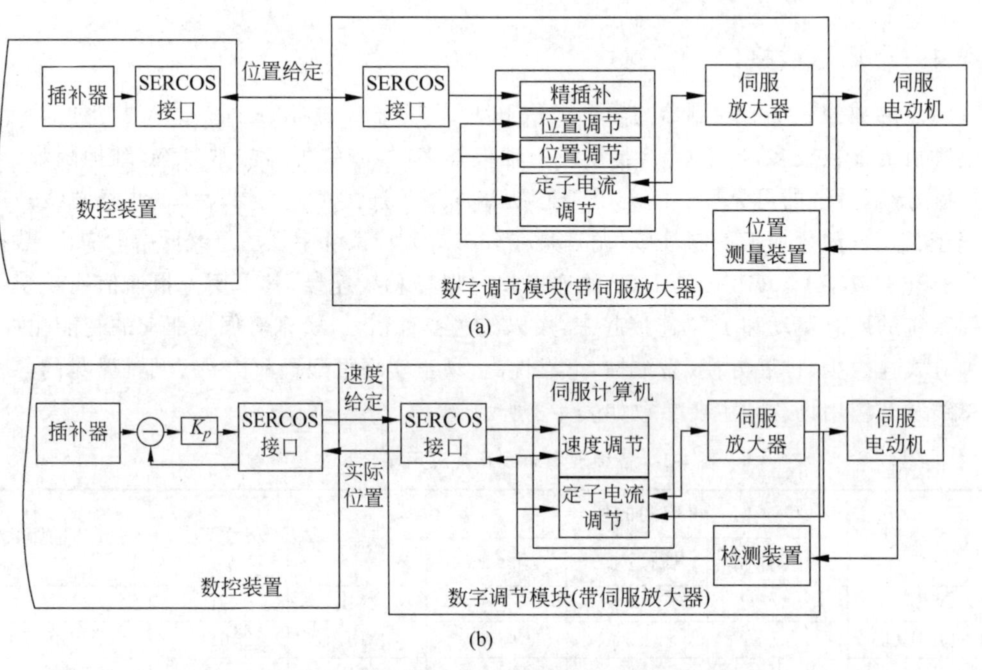

图4-27　具有SERCOS位置和速度接口的现代伺服系统结构

4.5　数控系统中的可编程逻辑控制器

可编程控制器(Programmable Controller)简称PC,为了与个人计算机的简称PC相区别,使用PLC表示。国际电工委员会(IEC)颁布了对PLC的规定：可编程控制器是一种数字运算操作的电子系统,专为在工业环境下应用而设计。

4.5.1　概述

作为一种被广泛使用的工业控制装置,PLC是在传统的顺序控制器基础上引入了微电子技术、计算机技术、自动控制技术和通信技术取代了继电器、执行逻辑、计时、计数等顺序控制功能，通过采用可编程序的存储器，用来在其内部存储执行逻辑运算、顺序控制、定时、计数和算术运算等操作的指令，并通过数字的、模拟的输入和输出，控制各种类型的机械或生产过程。

近年来，美国、日本、德国等生产PLC的厂家已超过150多家，相关PLC产品达到数百种。PLC的功能也在不断增加，主要表现在以下几方面。

1. 处理速度提高，控制规模不断扩大

单台PLC已可控制成千乃至上万个点，多台PLC通过同位连接可实现数万个点的控制，而每个点的平均处理时间从10μs左右缩短到1μs以内。

2. 指令系统功能增强，通信与联网功能增强

PLC除能进行逻辑运算、计时、计数、算术运算、PID运算、数制转换、ASCII码处理等外，还具有处理中断、调用子程序等高级功能，使得PLC能够实现逻辑控制、模拟量控制、数值控制和其他过程监控。多台PLC之间通过通信互相交换数据，与上位计算机通信，接收计算机的命令，并将执行结果返回给计算机。

3. 编程容量增大，编程语言多样化

PLC可编程容量越来越大，现已达到几十KB，甚至上百KB的编程容量。除了使用梯形图语言和语句表语言，还可使用流程图语言或高级语言对PLC进行编程。

在数据系统中，除了对各坐标轴的位置进行连续控制外，还需要控制主轴的启停、换向，换刀，工件夹紧和松开，液压、冷却和润滑系统的运行和关闭等动作。为实现这些动作的控制，数控系统应用PLC置于数控系统与数控机床之间，接收数控装置发送来的M.S.T指令信息，手动/自动运行方式信息及各种使能信息，并向机床执行部件发送控制信息，以控制机床的执行元件，如接触器、电磁铁、继电器以及各种状态指示和故障报警等，控制主轴、刀库等外部执行机构的动作，当前PLC已成为数控机床电气控制系统的主要控制装置。如图4-28所示为CNC装置内部信息流示意图。

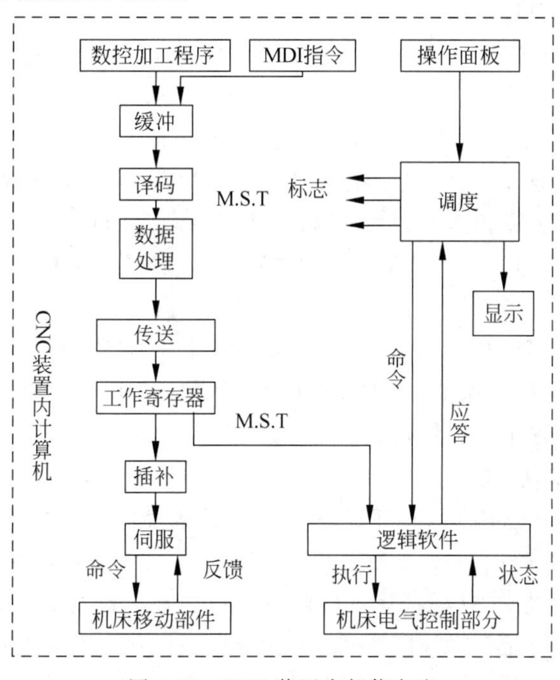

图4-28 CNC装置内部信息流

4.5.2 通用型PLC的基本结构

为适应顺序控制和实时性的要求,PLC相对计算机省去了一些数字运算功能,而对其逻辑运算控制功能进行了强化,因此其可以看成一种功能介于继电器控制和计算机控制之间的自动控制装置。PLC系统的基本功能结构框图如图4-29所示,其具有与计算机类似的一些功能器件和单元,具体包括通过总线连接的以下模块:CPU、用于存储系统控制程序和用户程序的存储器ROM和RAM、与外部设备进行数据通信的接口及工作电源等,其中CPU、存储器、输入/输出接口三部分称为PLC的基本组成部分。

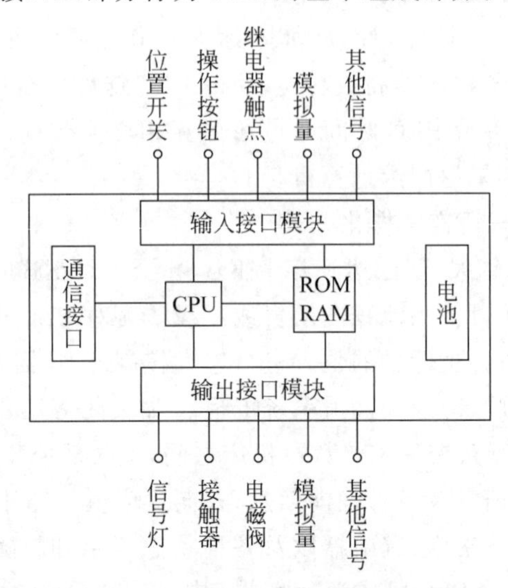

图4-29 PLC系统的基本功能结构框图

1. 中央处理单元CPU

可编程序控制器的CPU与通用PC中的CPU一样,由它读取指令、解释指令及执行指令,因此它是PLC系统的核心部分。具体工作时,CPU通过通信接口接收和存储从编程器输入或编程软件下载的用户程序和数据,通过扫描方式查询现场各种输入装置的各个信号状态或数据,将其存入输入过程状态寄存器或数据寄存器中,读取和解释从存储器逐条读取的用户程序,根据逻辑运算和算术运算的结果,按指令规定的任务产生相应的控制信号,并更新有关标志位的状态和输出状态寄存器的内容,去开启或关闭有关的控制电器。

2. 存储器

PLC存储器主要有随机存取存储器(RAM)和只读存储器(ROM),其中,RAM用于存放用户编制的梯形图等程序和工作数据,ROM(一般使用EPROM)则用来存放各种模块化应用功能子程序、监控程序和各种系统参数等。

3. 输入/输出(I/O)模块

PLC中的I/O模块是PLC的CPU与被控设备或控制开关之间相连接的接口部件。例如,控制过程中各种参数按钮、开关以及一些传感器检测信号都要通过输入部分转换成PLC可接收的信号,而经CPU处理后的信号则需通过输出部分转换成控制现场需要的信号,用以驱动相应的执行元件,如电磁阀、电磁离合器等。I/O模块可多可少,通常按I/O点数确定模块规格及数量,受CPU所能管理的基本配置的能力限制。I/O模块集成了PLC

的I/O电路，其输入暂存器反映输入信号状态，输出点反映输出锁存器状态。

4. 电源模块

PLC中的电源主要为PLC各模块的集成电路提供工作电源，可与CPU模块的电源合二为一，也可以各自分开。常用的电源输入为24V直流电压或交流AC 220V/110V。

5. 通信接口

PLC通过通信接口与其他PLC或上位计算机以及其他智能设备之间交换信息，形成一个分散集中控制的统一整体。PLC一般都有RS-232接口，通过双绞线、同轴电缆或光缆，可以在几十千米的范围内交换信息。PLC还可以通过工业标准总线实现与计算机之间的通信，这使得不同机型的PLC之间、PLC与计算机之间可以方便地进行通信与互联。

6. PLC软件

PLC基本软件包括系统软件和用户软件，用来与PLC的硬件环境配合实现PLC的功能。其中，系统软件一般包括操作系统(管理PLC的各种资源，协调系统各部分之间的关系，并为用户应用软件提供了一系列管理手段)、语言编译系统和各种功能软件等。用户应用软件则是面向用户或具体生产过程的相关应用程序。

如表4-4所示，按PLC的输入输出点数和存储器容量的大小，以及指令多少和功能的强弱，可将PLC大致分为小型、中型、大型三类。

表4-4 PLC的规模分类

PLC规模	输入/输出点数 (二者中的大值)	程序存储容量/KB
小型	小于128点	≤1
中型	128～512点	1～4
大型	512点以上	>4

4.5.3 数控系统中PLC的功能

在数控系统中使用PLC代替传统的继电器控制，使数控系统的结构更加紧凑，功能更加强大，设计施工周期更短，维护更加方便，响应速度、柔性和可靠性大大提高。在数控机床、加工中心等自动化程度高的加工设备和生产制造系统中，PLC已逐渐成为一种不可缺少的控制装置。具体来说，采用PLC完成的功能如下。

1. 伺服控制功能和M、S、T功能

伺服控制功能是指PLC通过驱动装置驱动主轴电动机、伺服进给电动机和刀库电动机等运转。M、S、T功能是指数控系统的辅助功能、刀具功能和主轴运转方式及转速等功能，可以通过数控加工程序和操作面板上的相关按钮进行控制。其中，辅助功能是指冷却液的开、关，卡盘的夹紧、松开等动作；而主轴功能是指主轴的正转、反转、转速(PLC接收来自数控装置的S指令，将其转换为二进制数后通过D/A转换，控制主轴的转速)、停止和定向准停等控制；刀具功能是指控制换刀机械手的换刀动作等控制功能。

2. 机床外部开关量信号控制功能和输出信号控制功能

PLC根据各类行程开关、温控形状、接近形状等开关类信号的状态，经逻辑运算后输出给控制对象，如对刀库、机械手和回转工作台、冷却泵电动机、润滑泵电动机及电磁制动器等

装置进行控制。

3. 报警处理功能和互联控制

PLC模块还具有诊断功能,其收集强电柜、数控机床和伺服驱动装置等模块的故障信号,将相应报警标志位对应的模块发出报警信号,以便故障诊断。PLC还可以通过相关的通信接口实现各种信息和数据的传输。

4.5.4　数控机床PLC的类型

根据PLC与数控系统的相对位置关系,可将PLC分为内装型(Built-in)PLC和外置或独立型(Stand-alone)PLC。

1. 内装型PLC

如图4-30所示,内装型PLC是指专为实现数控机床顺序控制而设计制造的PLC模块,其与数控系统集于一体,与数控系统的信息交互可以通过CNC系统内部的公共RAM区实现,与数控机床的液压、气压、冷却、润滑、排屑等辅助装置之间的信息交互可以通过数控装置的输入/输出接口实现。内装式PLC与CNC之间没有连线,信息交换量大,响应速度快,安装调试方便,结构紧凑,可靠性和柔性好,因此被广泛使用,其特点如下。

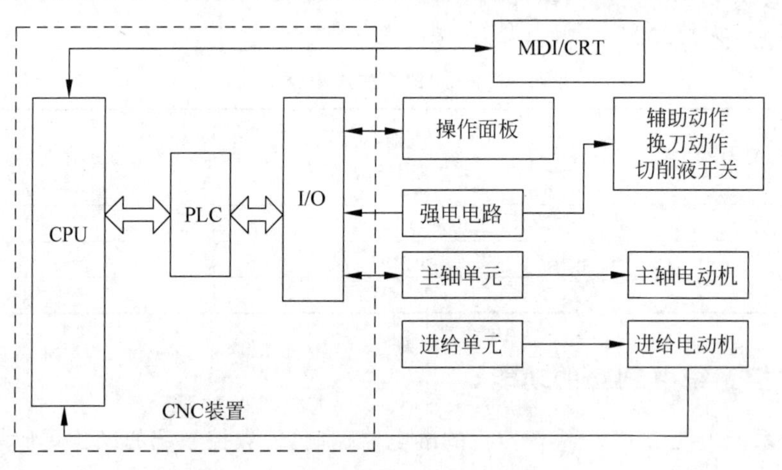

图4-30　内装型PLC的CNC系统框图

1) 内装型PLC功能针对性强,技术指标合理实用

内装型PLC可以看作CNC装置自带的PLC附加功能,可作为一种基本的配置提供给用户使用。其性能指标参数根据所从属的CNC系统的规格、性能和适用机床的类型确定,如I/O点数、程序最大步数、每步执行时间、程序扫描时间、功能指令数目等参数都要与其所在的CNC系统相匹配,因此PLC的硬件和软件都被作为CNC系统的附加功能并与之统一设计制造,具有的功能针对性强,技术指标较合理、实用,适用于单台数控机床及加工中心等场合。

2) 系统结构灵活

内装型的PLC可单独使用一个CPU,或与数控系统共用一套CPU,可与CNC其他电路制作在同一块PCB板上,也可以单独做成一块附加PCB板,一般将其以附加板的形式插装到CNC的主机中,使用CNC系统本身的I/O接口,而不单独配备I/O接口,可由数控装置提供其控制部分及部分I/O电路所用电能。

3）可具有高级控制功能

采用内装型的PLC结构时，扩大了CNC系统内部直接处理窗口通信的功能，数控系统可以具有某些高级控制功能，如梯形图编辑和传送功能等，且造价低，提高了系统的性价比。国内常见的内装型PLC的系统有FANUC公司的FS-0(PMC-L/M)、FS-0 Mate(PMC-L/M)、FS-3(PLC-D)、FS-6(PLC-A、PLC-B)、FS-10/11(PMC-1)、FS-15(PMC-N)；SIEMENS公司的SINUMERIK 810、SINUMERIK 820；A-B公司的8200、8400、8600等。

2. 独立型PLC

如图4-31所示，独立型PLC也可称为通用型PLC，其完全独立于CNC装置，具有完备的硬件和软件，能满足数控系统对输入/输出信号接口技术规范、输入/输出点数、程序存储容量，以及运算和控制功能等要求，能独立完成CNC系统要求的控制任务。但它的作用与内装型PLC一样，都是配合CNC装置实现刀具轨迹控制和机床顺序控制。独立型PLC有如下特点。

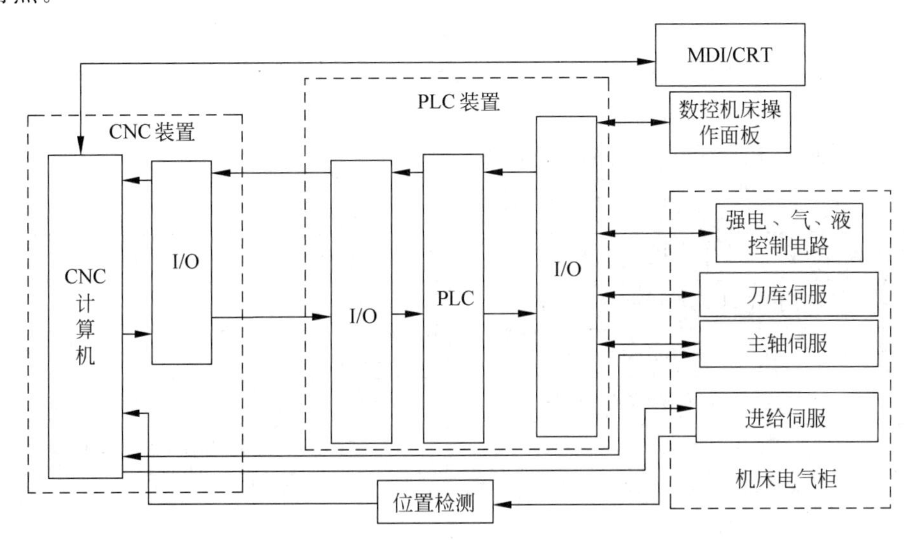

图4-31 独立型PLC的数控系统框图

1）完备的硬件和软件功能

独立型PLC具有完备的硬件和软件功能，比内装型PLC功能更加丰富，可以灵活地选购通用型的PLC。其本身就可以看作一个完整的计算机系统，具有CPU、存储器、I/O接口、通信接口及电源等。因此，独立型PLC可适用于FMS，是CIMS形式中的CNC与上级计算机联网的重要设备。

2）可采用模块化结构

独立型PLC同时与机床侧的I/O和CNC装置侧的I/O连接，在数控机床的应用中大多采用模块化结构，I/O点数和规模可通过I/O模块插板的增减灵活配置，具有安装方便、功能易于扩展和变更等优点。如对于数控车床、数控铣床和加工中心等所需PLC的I/O点数大多在128点以下的单台数控设备，选用微小型PLC即可；而对于大型或高档数控机床，由于其I/O点数过多，则应选用中型或大型PLC。有的独立型PLC还通过远程终端连接器构成具有大量I/O点数的网络，实现大范围的集中控制。

国内常用的独立型PLC有SIEMENS公司的SIMATIC S5系列产品、A-B公司的PLC

系列产品、FANUC 公司的 PMC-J 等。

4.5.5 PLC 控制程序的编制

PLC 提供了完整而特有的编程语言,其与计算机语言有明显的特点,可通过编程语言,按照不同的控制要求编制不同的控制程序。常用的方法有梯形图法(Ladder)、语名表法(Statement List)和功能块图法(Function Block)。

1. 梯形图

到目前为止,梯形图方法是使用最广泛的编程方法,在形式上类似于继电器控制电路图,比较直观易懂,特别适用于数字量逻辑控制。图 4-32 为梯形图的结构,图中左右两条竖线通称为母线,梯形图就是由两条母线之间的节点、线圈、功能块构成的一个或多个网络,将包括母线与一个网络统称为一个梯级(Rung),每个梯级可由一行或数行构成,可见梯形图只描述了电路工作的顺序和逻辑关系。大多数 PLC 编程人员和维护人员选择梯形图编程。

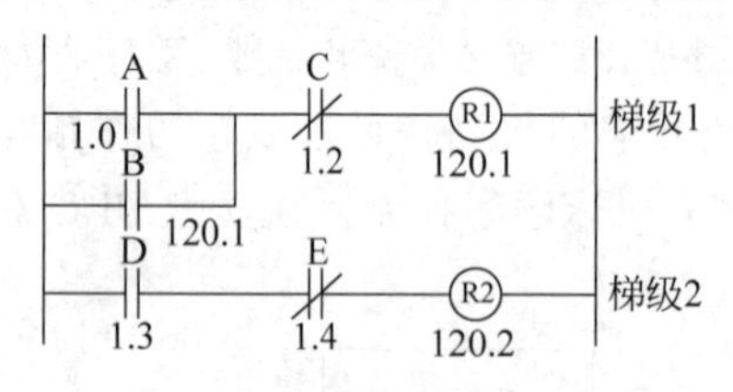

图 4-32 PLC 梯形图编程

表 4-5 所示为 FANUC 系列梯形图的图形符号。

表 4-5 梯形图中的图形符号

符 号	说 明	符 号	说 明
─┤├─	PLC 中的继电器常开触点	─△─	PLC 中的定时器常开触点
─┤/├─	PLC 中的继电器常闭触点	─△─	PLC 中的定时器常闭触点
─┫├─	从 CNC 侧常开输入信号	─○─	PLC 中的继电器线圈
─┫/├─	从 CNC 侧常闭输入信号	─●─	输出到 CNC 侧的继电器线圈
─┤▯├─	从机床侧(包括机床操作面板)输入的常开信号	─□─	输出到机床侧的继电器线圈
─┤▯/├─	从机床侧(包括机床操作面板)输入的常闭信号	─◎─	PLC 中的定时器线圈

2. 语句表

语句表(STL)也称指令表,STL 文本型的程序和汇编语言比较相似,程序格式为:

指令助记符 (操作数),(操作数)

CPU 按指定的顺序从上(指令开始)到下(指令结束)执行每一条指令,程序结束后再返回到开头位置重复执行。例如,如图 4-32 所示的梯形图程序可表示为:

```
RD          A     1.0
OR          B     120.1
AND,NOT     C     1.2
WRT         R1    120.1
RD          D     1.3
AND,NOT     E     1.4
WRT         R2    120.2
```

其中,指令语句的操作码 RD、OR、AND、WRT 等助记符分别为读、或、与、写,A、R1、1.0、

120.1 等均为操作数。由此可知，这种 PLC 编程方法系统化，但比较抽象，可先使用梯形图表达，然后写成相应的指令语句输入 PLC。语句表编程更适合熟悉 PLC 和逻辑编程的有经验的程序员。表 4-6 和表 4-7 分别为 FANUC PLC 的 12 条基本指令和 23 条功能指令。基本指令主要进行逻辑运算，功能指令是针对数控机床的操作功能要求而设计的，实际上是一个子程序，当 PC 执行梯形图中的相应功能指令时，就调用这个程序。

表 4-6　FANUC PC 基本指令

序号	指令	处理的内容
1	RD	读出给定信号的状态，并把它写入 ST0 位
2	RD・NOT	读出给定信号的状态变反并送入 ST0 位
3	WRT	将 ST0 的逻辑运算结果写入指定的继电器地址单元
4	WRT・NOT	将 ST0 的逻辑运算结果变反写入指定的继电器地址单元
5	AND	逻辑乘
6	AND・NOT	将给定的信号状态变反且逻辑乘
7	OR	逻辑加
8	OR・NOT	将给定的信号状态变反且逻辑加
9	RD・STK	堆栈寄存器的内容(包括 ST0)左移一位，并将给定信号写入 ST0 位
10	RD・NOT・STK	同 RD・STK，但将给定信号取反后写入 ST0 位
11	AND・STK	ST0 和 ST1 内容逻辑乘后，其结果置入 ST0，原堆栈寄存器的内容右移一位
12	OR・STK	ST0 和 ST1 内容逻辑加后，其结果置入 ST0，原堆栈寄存器的内容右移一位

表 4-7　FANUC PC 功能指令

序号	指令	步数	执行时间(常数)	处 理 内 容
1	END1(SUB1)	2	39	高级顺序程序结束
2	END2(SUB2)	2	0	低级顺序程序结束
3	TMR	2	19	定时器处理
4	DEC	3	22	译码处理
5	CRT(SUB5)	2	32	计数器处理
6	ROT(SUB6)	4	109	旋转控制
7	COD(SUB7)	4	65	代码转换
8	MOVE(SUB8)	4	42	逻辑与后数据传送
9	COM(SUB9)	2	7	公共线控制
10	JMP(SUB1O)	2	119	转移
11	PAR1(SUB11)	2	19	奇偶校验
12	MWRT(SUB12)	2	59	写入保持型存储器
13	DCNV(SUB14)	3	63	数据转换(二进制-BCD)
14	COMP(SUB15)	3	45	比较
15	COIN(SUB16)	3	45	符合检验
16	DSCH(SUB17)	4	165	数据检索
17	XMOV(SUB18)	4	62	检索数据传输
18	ADD(SUB19)	3	69	算术加
19	SUB(SUB20)	3	69	算术减
20	MUL(SUB21)	3	129	算术乘
21	DIV(SUB22)	3	129	算术除
22	NUME(SUB23)	3	49	定义常数
23	DISP(SUB49)	3	81	在 CNC 的 CRT 屏幕上进行信息显示

3. 功能块图

PLC 的功能块图(FBD)编程方法是指通过类似与门、或门的方框来表示逻辑运算关系,通过对方框左侧进行输入,右侧进行输出,完成 PLC 的程序编制。

4.5.6 PLC 在数控系统中的应用

为说明 PLC 在数控机床上的应用,本节简单介绍数控机床主轴定向控制和主轴运动控制的实现过程。

1. 主轴准停

如图 4-33 所示为主轴定向功能的 PLC 控制梯形图。数控机床主轴定向控制是使主轴停在某一个固定的圆周位置,以便于自动更换刀具和加工沿圆周分布的零件特征。图 4-33 中的 M06 是换刀指令；M19 是主轴定向指令；AUTO 为自动工作状态信号(AUTO 为"0"时表示手动,为"1"时表示自动运行)；RST 为 CNC 系统的复位信号；ORCM 为主轴定向继电器,其触点输出到机床控制主轴定向；ORAR 为从机床输入的定向到位信号；R1 为报警继电器。通过 M06 和 M19 两信号作为主轴定向控制的主指令信号。为了检测主轴定向收到指令后是否在规定的时间内完成,设置 TMR 定时器,具体的时间设定应视需要而定,可通过 MDI 面板进行设定延时时间,存储在第 TM01 号定时继电器中,如 4.5s,当在规定的时间内没有实现定向准停,则发出报警信号。

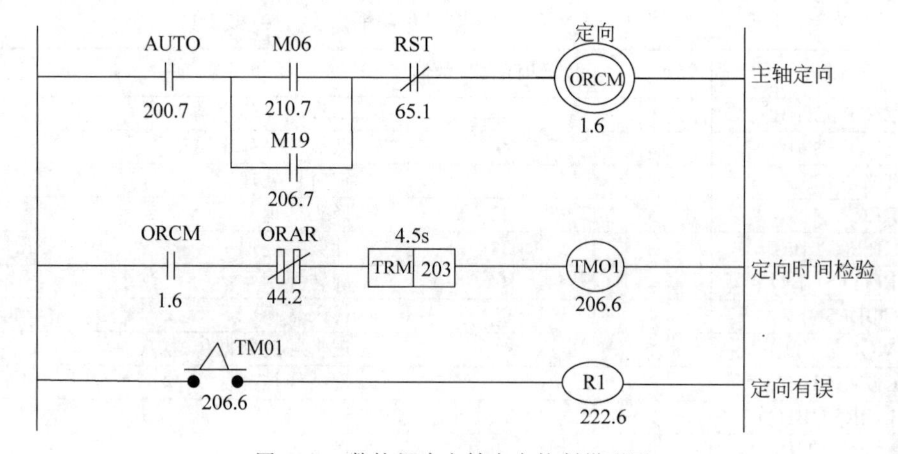

图 4-33 数控机床主轴定向控制梯形图

2. 主轴运动控制

如图 4-34 所示为主轴运动控制的局部梯形图,该梯形图可以通过自动和手动两种方式实现主轴的旋转方向控制和主轴转速控制。HS・M 输入为控制方式信号,为"1"时表示手动,为"0"时表示自动,在 HS・M 为 1(AUTO 常闭触点为"1")时,继电器 HAND 线圈接通,通过其自身的常开触点闭合,实现自保,从而一直处于手动工作方式下。当选择自动工作方式时,AS・M 为"1",使系统继电器 AUTO 线圈接通,同样通过 AUTO 常开触点和 HAND 常闭触点自保。通过在手动和自动的梯级中分别设置自动和手动的常闭触点达到互锁的功能。

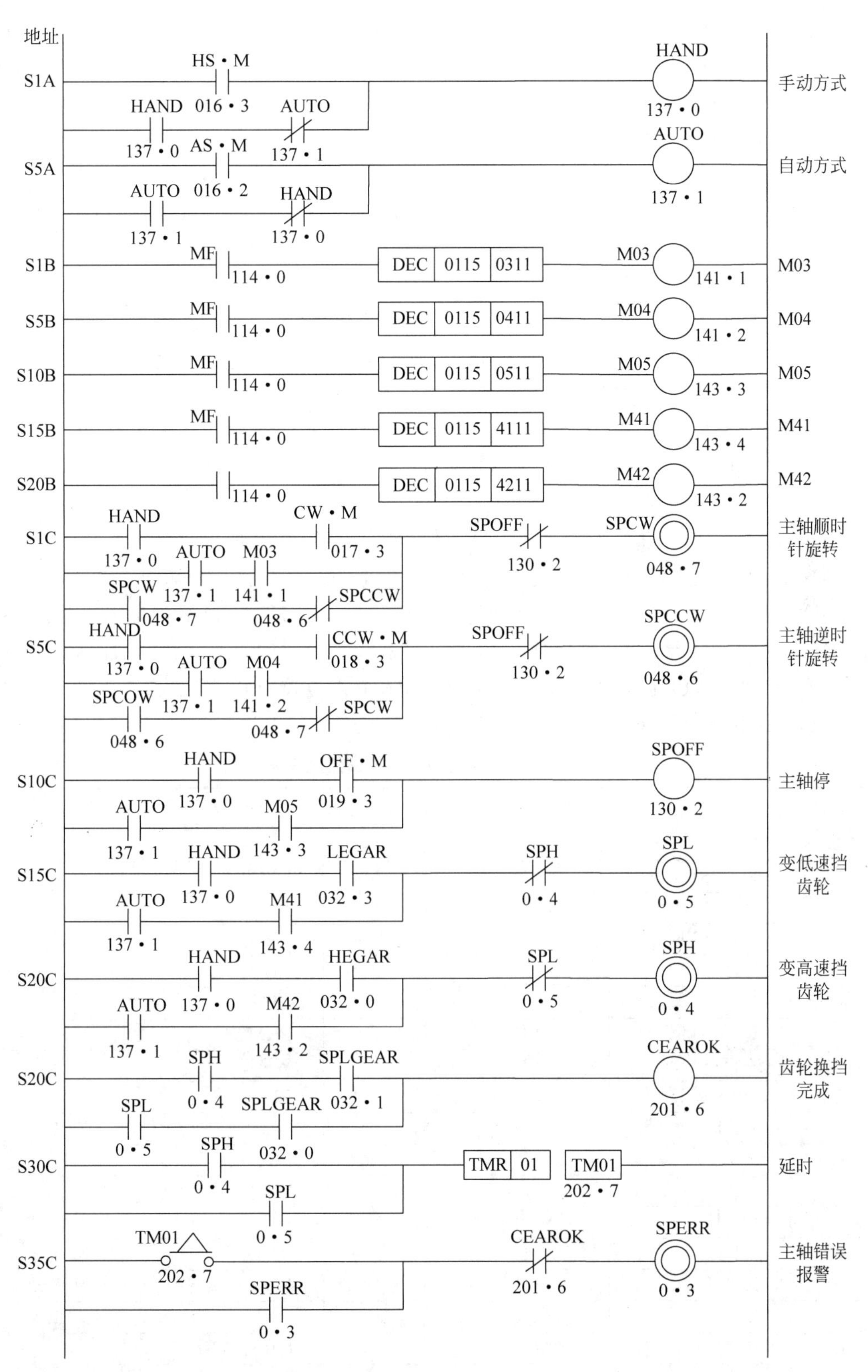

图 4-34　主轴运动控制的局部梯形图

从梯级“主轴顺转”中可以看出,手动方式下可将主轴旋转方向旋钮置于主轴顺时针旋转处,使CW·M触点为“1”,经主轴停常开触点SPOFF后,控制主轴顺时针旋转并自保。同样,在自动工作方式下,通过指令M03使SPCW线圈通电并自保,完成主轴顺时针旋转控制。“主轴逆转”梯级用于控制主轴逆时针运转,其控制分析方法相同。由于主轴顺转和逆转继电器的常闭触点SPCW和SPCCW分别接在对方的自保线路中,两个转向控制之间实现了互锁。

在“主轴停”梯级中,手动工作方式下按下主轴停止旋钮开关,使OFF·M=1,使主轴停止的软继电器线圈通电,使“主轴顺转”和“主轴逆转”两个梯级断开,使其中的线圈断电。自动工作方式下通过程序给出主轴顺时针旋转指令M03使主轴停转。

图中DEC为译码功能指令。当零件加工程序中有M03、M04或M05指令时,经过一定的时延,开始执行DEC指令,分别使M03、M04或M05软继电器接通,其接在相应梯级中的常开触点闭合,分别实现主轴顺转、主轴逆转和主轴停转。

在主轴旋转加工过程中,当需要主轴转速改变时,应相应改变齿轮换挡,具体可通过零件加工程序给出换挡指令,M41和M42代码分别为主轴齿轮低速挡指令和主轴齿轮高速挡指令。

当执行M41(M42)指令时,经一定的时延,DEC执行译码功能,使M41(M42)软继电器接通,其接在“变低速挡齿轮”(“变高速挡齿轮”)梯级中的常开触点闭合,从而使SPL(SPH)继电器接通,齿轮箱齿轮换到低速挡(高速挡)。“延时”梯级中的常开触点SPL(SPH)使TMR开始计时,经过延时后,如果能发出齿轮换挡到位开关信号,即SPGEAR=1,说明换挡成功。SPGEAR的常闭触点使SPERR软继电器断开,不报错。

该梯形图相应的程序编码表如表4-8所示。

表4-8 主轴运动控制局部梯形图的顺序程序表

步序	指令	地址数·位数	步序	指令	地址数·位数
1	RD	016.3	19	RD	114.0
2	RD·STK	137.0	20	DEC	0115
3	AND·NOT	137.1	21	PRM	0511
4	OR·STK		22	WRT	143.3
5	WRT	137.0	23	RD	114.0
6	RD	016.2	24	DEC	0115
7	RD·STK	137.1	25	PRM	4111
8	AND·NOT	137.0	26	WRT	143.4
9	OR·STK		27	RD	114.0
10	WRT	137.1	28	DEC	0115
11	RD	114.0	29	PRM	4211
12	DEC	0115	30	WRT	143.2
13	PRM	0311	31	RD	137.0
14	WRT	141.1	32	AND	017.3
15	RD	141.0	33	RD·STK	137.1
16	DEC	0115	34	AND	141.1
17	PRM	0411	35	OR·STK	
18	WRT	141.2	36	RD·STK	048.7

续表

步序	指令	地址数・位数	步序	指令	地址数・位数
37	AND・NOT	048.6	61	RD・STK	
38	OR・STK		62	AND・NOT	0.4
39	AND・NOT	130.2	63	WRT	0.5
40	WRT	048.7	64	RD	137.0
41	RD	137.0	65	AND	032.2
42	AND	018.3	66	RD・STK	137.1
43	RD・STK	137.1	67	AND	143.2
44	AND	141.2	68	RD・STK	
45	RD・STK		69	AND・NOT	0.5
46	RD・STK	048.6	70	WRT	0.4
47	AND・NOT	048.7	71	RD	0.4
48	RD・STK		72	AND	32.1
49	AND・NOT	130.2	73	RD・STK	0.5
50	WRT	048.6	74	AND	32.0
51	RD	137.0	75	RD・STK	
52	AND	019.3	76	WRT	201.6
53	RD・STK	137.1	77	RD	0.4
54	AND	143.3	78	OR	0.5
55	RD・STK		79	TMR	01
56	WRT	130.2	80	WRT	202.7
57	RD	137.0	81	RD	202.7
58	AND	032.3	82	OR	0.3
59	RD・STK	137.1	83	AND・NOT	201.6
60	AND	143.4	84	WRT	0.3

4.5.7　常用PLC功能简介

如表4-9所示，目前数控系统中常用的PLC有LOGO！系统PLC、S7-200系统PLC、紧凑型可编程序控制器SIMATIC S7-300C系统、通用型可编程序控制器SIMATIC S7-300系列、PLC SIMATIC S7-400系列等。

表4-9　西门子PLC系列表

序号	类　　型	适用场合	序号	类　　型	适用场合
1	西门子LOGO！	通用逻辑模块	3	西门子S7-300C	中/小型
2	西门子S7-200	微型PLC	4	西门子S7-300、S7-400	中/大型

西门子LOGO！(图4-35)是西门子公司推出的一项面向未来的技术，已经发展成标准组件产品，因而它相对应用更加容易，功能更加完善。现在LOGO！系列PLC有两个型号：基本型LOGO！和经济型LOGO！。加上各式各样的扩展模块，西门子LOGO！系列PLC事实上已经成为一项能覆盖各方面的成熟技术。西门子LOGO！的通用逻辑控制模块有8种基本功能和26种特殊功能，可以代替很多定时器、继电器、时钟和接触器的功能，取代了数以万计的继电器设备。它空间体积小，易于安装，编程十分简单，不需要任何接线和过大的

附件和放置空间,可使控制柜的体积更小,而且随时能够扩展功能,而且具有很强的抗震性和电磁兼容性(EMC),完全符合各项工业标准,能够应用于各种气候条件,因此西门子LOGO!系列PLC的应用不仅降低了成本,也节省了用户约70%的安装调试时间。

图4-35　西门子LOGO!系列PLC

具体来说,LOGO!是西门子公司研制的通用逻辑模块,它集成了控制器;操作面板和带背景灯的显示面板;电源;扩展模块接口;存储器卡、电池卡、存储器/电池集成卡、LOGO! PC或者USB PC电缆的接口;可选文本显示器(TD)模块的接口;预先配置的标准功能。例如,接通断开延时、脉冲继电器和软键;定时器;数字量和模拟量标志;输入和输出。LOGO!系列PLC具体的技术规范如附录D附表D-1所示。

S7-200系列PLC可提供4个不同的基本型号的8种CPU供选择,CPU单元设计集成的24V负载电源可直接连接到传感器和变送器(执行器),CPU221,222具有180mA输出,CPU224、CPU224XP、CPU226三者可分别输出280mA、400mA两种规格。具体的规格性能如附录D附表D-2所示。

S7-200CN系列PLC可提供4个不同的基本型号的8种CPU供选择,各型号的技术示范如附录D附表D-3所示。

SIMATIC S7-300可编程序控制器是模块化中小型PLC系统,各种单独的模块之间可进行广泛组合以用于扩展,其无排风扇结构、易于实现分布、易于用户掌握等特点使其成为各种从小规模到中等性能要求控制任务的方便又经济的解决方案。系统具有最高的工业环境适应性,如高电磁兼容性、强抗振动、冲击性等,标准型的温度为0～60℃,环境条件扩展型系统的温度为−25～+60℃,并具有更强的耐受震动和污染特性。系统由以下部分组成。

(1) 中央处理单元(CPU)。

各种CPU有各种不同的性能,例如,有的CPU上集成有输入/输出点,有的CPU上集成有PROFIBUS-DP通信接口等。

(2) 信号模块(SM)。

用于数字量和模拟量输入/输出。

(3) 通信处理器(CP)。

用于连接网络和点对点连接。

(4) 功能模块(FM)。

用于高速计数,定位操作(开环或闭环控制)和闭环控制。

客户根据需要,还可以选择配置以下设备。

(5) 负载电源模块(PS)。

用于将SIMATIC S7-300连接到AC 120/230V电源。

(6) 接口模块(IM)。

用于多机架配置时连接主机架(CR)和扩展机架(ER)。S7-300通过分布式的主机架(CR)和三个扩展机架(ER),可以操作多达32个模块。运行时无须风扇。

(7) SIMATIC M7自动化计算机。

AT-兼容的计算机用于解决对时间要求非常高的技术问题。它既可作为CPU,也可以作为功能模块使用。

SIMATIC S7-300可编程序控制器具备多种功能支持和帮助用户对系统进行编程、启动和维护。

1. 高速的指令处理

0.6~0.1ms的指令处理时间在中等到较低的性能要求范围内开辟了全新的应用领域。

2. 浮点数运算

用此功能可以有效地实现更为复杂的算术运算。

3. 方便用户的参数赋值

一个带标准用户接口的软件工具给所有模块进行参数赋值,这样就节省了入门和培训的费用。

4. 人机界面

方便的人机界面(HMI)服务已经集成在S7-300操作系统内,因此人机对话的编程要求大大减少。SIMATIC人机界面从S7-300中接收数据,S7-300按用户指定的刷新速度传送这些数据。S7-300操作系统自动地处理数据的传送。

5. 诊断功能

CPU的智能化诊断系统可连续监控系统的功能是否正常、记录错误和特殊系统事件(例如:超时、模块更换等)。

6. 口令保护

多级口令保护可以使用户高度、有效地保护其技术机密,防止未经允许的复制和修改。

7. 操作方式选择开关

操作方式选择开关像钥匙一样可以拔出,当钥匙拔出时,就不能改变操作方式。这样就可防止非法删除或改写用户程序。

8. SIMATIC S7-300具有丰富的通信接口

多种通信处理器用来连接AS-i接口、Profibus和工业以太网总线系统。

通信处理器用来连接点到点的通信系统。多点接口(MPI)集成在CPU中,用于同时连接编程器、PC、人机界面系统及其他SIMATIC S7/M7/C7等自动化控制系统。

SIMATIC S7-300的用户界面提供了通信组态功能,这使得组态非常容易、简单,其CPU支持下列通信类型。

1) 过程通信

通过总线(AS-i或PROFIBUS)对I/O模块周期寻址(过程映像交换),如S7-300通过通信处理器,或通过集成在CPU上的PROFIBUS DP接口连接到Profibus DP网络上。带有Profibus DP主站/从站接口的CPU能够实现高速的、用户方便的分布式自动化组态。从用户观点出发,通过Profibus DP分布式I/O就像处理集中的I/O一样,具有相同的组态、地址和编程。相关可以作为主站和从站的设备如表4-10所示。

表 4-10 通过 PROFIBUS 的过程通信的主站和从站设备

主 站*	从 站
• SIMATIC S7-300 (通过带 Profibus DP 接口 CPU 或通过 Profibus DP) • SIMATIC S7-400 (通过带 Profibus DP 接口的 CPU 或通过 Profibus DP CP) • SIMATIC C7 (通过带 Profibus DP 接口的 C7 或通过 Profibus DP CP) • S5-115U/h、S5-135U 和 带 IM308 的 S5-155U/H • 带 Profibus DP 接口的 S5-95U • SIMATIC 505	• ET200B/L/M/S/X 分布式 I/O 设备 • 通过 CPU342-5 的 S7-300 • CPU315-2 DP、CPU316-2 DP 和 CPU318-2 DP • C7-633/p CP、C7-633 DP、C7-634/P DP、C7-634 DP、C7-626 DP

* 由于性能的原因,在一条线上不要连接两个以上的主站。

2) 数据通信

在自动控制系统之间或人机界面(HMI)和几个自动控制系统之间,数据通信会周期地进行或被用户程序或功能块调用。S7-300 具有多种数据通信方式。

(1) 用全局数据通信进行联网的 CPU 之间数据包周期的交换。

(2) 用通信功能块对网络其他站点进行由事件驱动的通信。

3) 通过 MPI 的标准通信

扩展通信通过 MPI、K 总线、Profibus 和工业以太网(S7-300 只能作为服务器)。

在紧凑型 CPU 中所采用的创新设计,现在也应用到了全新标准型 CPU312、314 和 315-2DP。这些全新标准的 CPU 将取代以前的型号(CPU318-2DP 除外),相关的 CPU 参数如附录 D 附表 D-4 所示。通过采用这些新型的 CPU,使得系统缩短机器时钟时间(命令执行时间减少到原有的 1/3 或 1/4)、减少工程成本、降低运行成本、降低安装空间需求、降低采购成本、增加灵活性。

S7-400 采用模块化设计,其组成部分如图 4-36 所示。它所具有的模板的扩展和配置功

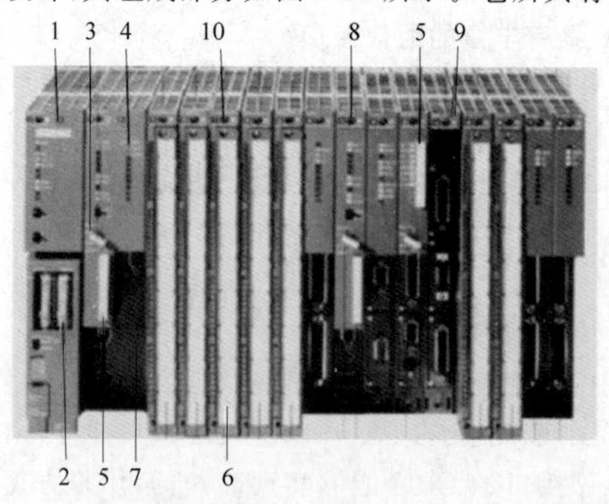

图 4-36 基于 CR2 机架的 SIMATIC S7-400 可编程序控制器

1—电源模板; 2—后备电池; 3—模式开关(钥匙操作); 4—状态和故障 LED; 5—存储器卡; 6—有标签区的前连接器; 7—CPU 1; 8—CPU 2; 9—I/O 模板; 10—IM 接口模板

能使其能够按照每个不同的需求灵活组合。系统包括电源模板、中央处理单元(CPU)、各种信号模板(SM)、通信模板(CP)、功能模板(FM)、接口模板(IM)、SIMATIC S5模板。最多有21个扩展单元(EU)都可以连接到中央控制器(CC);通过接口模板连接(IM);集中式扩展;用EU进行分布式扩展;用ET 200进行远程扩展。

系统的特点如下。

(1) 功能强大,适用于中高性能的控制领域。

(2) 解决方案满足最复杂的任务要求。

(3) 功能分级的CPU以及种类齐全的模板。

(4) 实现分布式系统和扩展通信能力都很简便,组成系统灵活。

(5) 用户友好性强,操作简单,免风扇设计。

(6) 随着应用的扩大,系统扩展可靠。

系统的功能如下。

(1) 高速指令处理。

(2) 用户友好的参数设置。

(3) 口令保护。

(4) 系统作用。

(5) 用户友好的操作员控制和监视功能(HMI)已集成在SIMATIC的操作系统中。

(6) CPU的诊断功能和自测试智能诊断系统连续地监视系统功能并记录错误和系统的特殊事件。

(7) 模式选择开关。

在通信时,SIMATIC S7-400作为DP主站,可通过集成在SIMATIC S7-400 CPU上的Profibus DP接口(选件)与外界连接。通过全局数据(GD)通信,网络上的CPU之间可周期地交换数据包。应用通信功能块,网络上各站点之间进行基于事件驱动的通信。可通过MPI、PROFIBUS或工业以太网进行联网。多点接口(MPI)通信接口集成在SIMATIC S7-400的CPU中,它的用途很广泛。

(1) 编程和参数设置。

(2) 控制与监视。

(3) 灵活的配置选择。

(4) 作为DP主站。

(5) 在同等通信伙伴间建立简单的网络结构。

(6) 多种连接能力:MPI支持最多32个站点的同时连接。

(7) 通信连接,S7-400 CPU可同时建立最多64个站的连接。

(8) 最多32个MPI节点,数据传输速率最大为12Mb/s。

SIMATIC S7-400大范围的可选CPU(S7-400有7种CPU),大大增加了性能级别的可用性,各CPU的适用范围如表4-11所示。

表4-11 SIMATIC S7-400 CPU的适用范围

型号	适用范围
CPU412-1和CPU412-2	中等性能范围的小型安装

续表

型　号	适 用 范 围
CPU414-2 和 CPU414-3	中等性能范围,满足对程序规模和指令处理速度以及复杂通信的更高要求
CPU416-2 和 CPU416-3	高性能范围中的各种高要求的场合
CPU417-4DP	更高性能范围的最高要求的场合
CPU417H	用于 SIMATIC S7-400H

习题与思考题

1. 数控装置的组成部分有哪些？各有什么作用？
2. 数控装置的功能有哪些？
3. 数控装置的硬件结构是什么？
4. 数控装置的软件包括哪些内容？其特点是什么？
5. 数控系统的 PLC 有哪些作用？其由哪些部分构成？
6. 数控装置中的 PLC 有哪两种结构形式？各有什么特点？
7. 数控装置中的软件设计中如何解决多任务并行处理？

数控伺服系统

本章学习目标

- 掌握数控伺服系统的控制原理和组成
- 掌握数控伺服系统的分类和每种类型的数控伺服系统的特点
- 了解数控伺服系统的4种常用驱动装置及其控制方法

数控伺服系统是数控机床的执行机构，是数控系统与机床的连接环节，其以机床的移动部件的位置或速度作为控制对象，因此也称为位置随动系统，其接收数控装置输出的插补结果，并控制电动机驱动机床移动部件，完成预期的运动。数控伺服系统的性能直接决定了数控加工系统的精度、稳定性、可靠性和加工效率。本章首先介绍数控伺服系统的组成和分类方法，然后介绍数控伺服系统常见的4种伺服驱动装置和其相应的控制方法。

5.1 概述

5.1.1 数控伺服系统组成

如图5-1所示，数控伺服系统主要由功率驱动（由驱动信号产生电路和功率放大器组成）、执行元件、机床以及反馈检测单元（闭环或半闭环系统中存在）组成。功率驱动模块将插补器送来的进给指令转化为执行元件所需的信号形式，执行元件则将功率驱动模块输出的驱动信号转化为相应的机械位移，带动机床的工作台或刀具按系统指令实现特定运动。

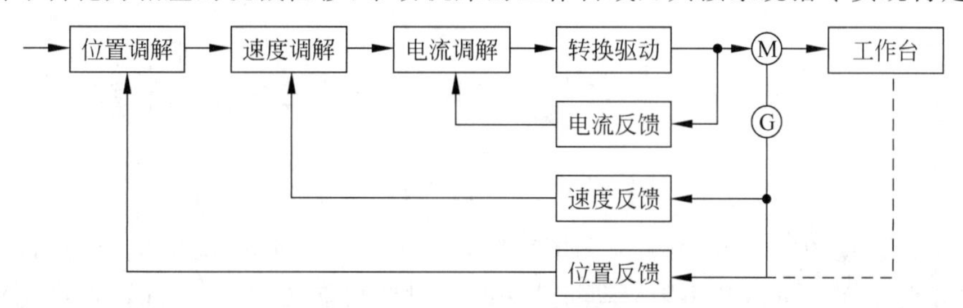

图5-1 数控机床伺服系统的基本组成

闭环伺服系统主要由功率驱动、执行元件、机床以及反馈检测单元、比较环节等组成。执行元件常常不能保证工作台和刀具准确到达指令所期望的位置，闭环伺服系统通过反馈检测单元将工作台或刀具的实际位置反馈到输入端，通过比较环节将指令信号和反馈信号进行比较，以比较所得的差值作为伺服系统的跟随误差，经功率放大，控制执行元件带动工作台或刀具朝着减小误差的方向运动。位置控制严格来说包括位置控制、速度控制和电流控制，主要用于控制进给运动坐标轴的位置。由数控加工的特点可知，对进给轴的控制是要求最高的位置控制，不仅对单个轴的运动速度和位置精度的控制有严格要求，而且在多轴联动时，还要求各进给运动轴有很好的动态配合，才能保证加工精度和表面质量。速度控制功能包括速度控制和电流控制，一般用于对主运动坐标轴的控制。

开环伺服系统不包括相应的反馈检测单元和比较环节，主要由功率驱动、执行元件和机床组成。其中的执行元件通常选用步进电动机,它对系统的特性具有重要的影响。

5.1.2 伺服系统控制原理

数控伺服系统接收数控装置输出的插补结果,如指令脉冲或数字量信息,通过功率放大控制伺服电动机驱动机床的移动部件,完成预期的直线或转角位移运动。因此,伺服系统的输出就是能直接驱动伺服电动机的电压或电流。高性能的闭环或半闭环伺服系统还由检测元件反馈实际输出,并由位置调节器构成闭环控制。

如图5-2所示为一个双闭环数控机床伺服系统组成结构图,其由速度环和位置环分别构成内环和外环。速度环通过检测元件获取的位置量的微分得到速度,速度控制单元由速度调节器、电流调节器及功率驱动放大器等组成。位置控制模块、速度单元、位置检测及反馈控制等构成系统的位置环,主要应用于系统要求最高的位置控制——进给运动坐标轴,实现对机床运动坐标轴的控制,使之满足一定的位置精度。在多轴联动时,进给轴的控制不仅是单个轴的运动速度和位置精度控制,还要求进给运动轴有很好的动态配合,才能保证加工零件的精度和表面质量。在满足位置控制的前提下,速度控制按系统的参数与控制速度使之以最快速度响应且无超调,满足进给要求。具体来说,速度控制功能包括速度控制和电流控制,一般用于对主运动坐标轴的控制。而位置控制功能包括位置控制、速度控制和电流控制。

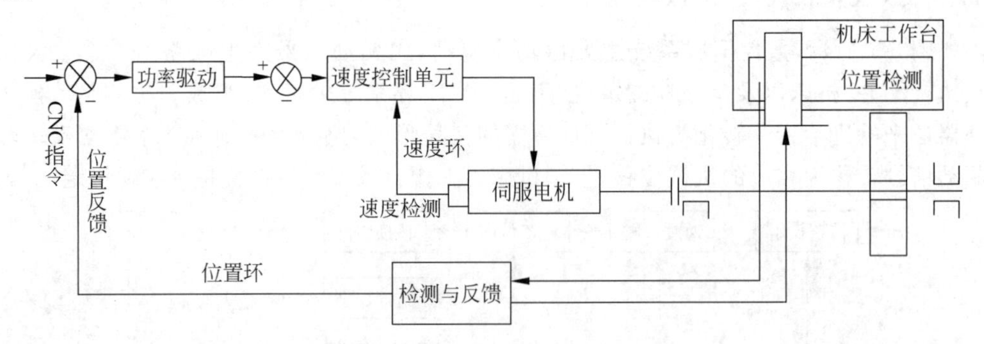

图5-2　伺服系统的基本性能指标

数控机床运动中,伺服进给运动和主轴运动是机床的基本成型运动。数控机床技术水平的提高首先依赖于进给和主轴驱动特性的改善以及功能的扩大,为此数控机床对进给伺服系统的位置控制、速度控制、伺服电动机、机械传动等方面都有很高的要求。

进给伺服系统是数控装置和机床机械传动部件间的联系环节,包含机械、电子、电动机等各种部件,涉及强电与弱电控制,是一个比较复杂的控制系统。主轴驱动控制一般只要满足主轴调速及正、反转即可,但当要求机床有螺纹加工、准停和恒速加工等功能时,就对主轴提出了相应的位置控制要求。此时,主轴驱动控制系统可称为主轴伺服系统,其控制相对进给伺服控制系统较为简单。由于每种数控系统所面向的加工任务不同,相应对于进给伺服系统的要求也各不一样,但通常可概括为以下几方面。

1. 控制精度高,分辨力低

为了满足数控加工精度的要求,关键是保证伺服系统的位移精度和定位精度。位移精度是指指令脉冲理想的机床工作台进给的位移量与在该指令脉冲作用下工作台实际位移量之间的符合程度,两者误差愈小,伺服系统的位移精度愈高。定位精度是指输出量能复现输入量的精确程度。目前，数控机床伺服系统位移精度可达到在全程范围内±5μm。数控加工对定位精度和轮廓加工精度要求都比较高，定位精度为±0.001mm，甚至0.1μm，高的可达到±0.01～±0.005μm。轮廓加工精度与速度控制和联动坐标的协调控制有关。速度控制对静态、动态精度要求都比较高，要求高的调速精度和较强的抗负载扰动能力。当多轴联动加工时，还要求能够较好地协调控制各个坐标轴，这样可减小零件轮廓误差。

分辨力指当伺服系统接收CNC送来的一个脉冲时，工作台相应移动的单位距离。数控系统的分辨力主要取决于系统稳定工作性能和系统所采用的位置检测元件。为达到较好的加工精度，对伺服系统的分辨力也提出了相应的要求。目前，数控测量装置的分辨力可达到0.1μm，闭环伺服系统都能达到1μm的分辨力，而高精度数控机床可达到0.1μm的分辨力，甚至更低。

2. 稳定性好，可靠性高

伺服系统的稳定性是指系统在突变的指令信号或外界扰动的作用下，能在短暂的调节过程后，以最大的速度达到新的或恢复到原有的平衡状态的一种性能。伺服系统的稳定性直接影响数控加工精度和表面粗糙度。较强的抗干扰能力是获得均匀进给速度、合格加工精度的重要保证。例如，当伺服系统在不同的负载情况下或切削条件发生变化时，刚性良好的系统使进给速度维持恒定，受负载力矩变化的影响很小。具体来说，静态速降应小于5%，动态速降应小于10%。

另外，伺服系统应对温度、湿度、粉尘、油污、振动、电磁干扰等环境参数的适应性强，性能稳定，使用寿命长，平均无故障时间间隔长。

3. 快速响应性好，无超调

快速响应是伺服系统的动态性能指标之一，反映了系统对插补指令的跟踪精度。为了保证轮廓切削形状精度和加工表面粗糙度，要求伺服系统有良好的快速响应特性，即要求跟踪指令信号的响应要快。目前数控机床的插补周期一般都在10ms以内，即在这段时间内指令就变化一次，伺服系统应快速跟踪指令信号，伺服电动机迅速加减速，以实现执行部件的加减速控制，并且要求很小的超调量。具体来说，就对伺服系统的动态性能提出三方面的要求：①在伺服系统处于频繁的启动、制动、加速、减速等动态过程中，为了提高生产率和保证加工质量，则要求加、减速度足够大，以缩短过渡过程时间。一般电动机速度由0到最大，或从最大减少到0，时间应控制在200ms以下，甚至少于几十毫秒，且速度变化时不应有超调；②当负载突变时，过渡过程前沿要陡，恢复时间要短，且无振荡；③超调要小，甚至没有超调，否则在定位或进给过程中有可能碰撞刀具或工件而发生刀具干涉现象。在过渡过程中快速性和超调量之间往往是矛盾的，实际的系统设计和应用中必须根据工艺要求进行折中选择。

4. 调度范围宽

调度范围指数控机床要求电动机额定负载时能提供的最高转速和最低转速之比。通常可表示为

$$R_n = \frac{n_{max}}{n_{min}}$$

其中，n_{max} 和 n_{min} 一般是指额定负载时的转速，对于少数负载很轻的机械，也可以是实际负载时的转速。主轴伺服系统主要是速度控制，它要求1∶100～1∶1000调速范围内的低速

(额定转速以下)恒转矩调速和1∶10以上的恒功率高速(额定转速以上)调速范围。

为适应不同的加工要求,例如所加工零件的材质、尺寸以及加工用刀具的种类和冷却方式等的不同,要求进给速度可以在很宽的范围内无级变化,伺服系统需要具有足够宽的调速范围和优异的调速特性。进给速度的变化范围一般由电动机转速的变化范围经过机械传动后得到。对于一般的数控系统而言,伺服系统在0~24m/min进给速度范围内就能满足工作要求。目前,先进的伺服系统调度范围为在分辨力为1μm的情况下,进给速度范围为0~240m/min,且可无级连续可调。代表当今世界先进水平的实验系统的速度控制单元调速范围已达1∶100 000。对于一般的数控系统,还可以提出以下更细致的技术要求。

(1) 在1∶24 000调速范围内(1~24m/min),要求速度均匀、稳定、无爬行,且速降小。伺服控制系统的总体控制效果是由位置控制和速度控制一起决定的(也包括电流控制)。对速度控制不能过分地追求像位置控制那么大的控制范围,否则速度控制单元将会变得相当复杂,既提高了成本又降低了可靠性。一般来说,对于进给速度范围为1∶20 000的位置控制系统,在总的开环位置增益为$20s^{-1}$时,只要保证速度控制单元具有1∶1000的调速范围就可以满足需要,这样可使速度控制单元线路既简单又可靠。

(2) 在工作台停止运动时,要求电动机仍有电磁转矩以维持定位精度,使定位误差不超过系统的允许范围,即电动机处于伺服锁定状态。

(3) 在1mm/min以下时具有一定的瞬时速度,但平均速度很低。

5. 低速大转矩

数控加工系统在进行粗切削加工时,一般采用大切削量和低速进给,这就要求伺服系统在低速运行时有大的转矩输出。主轴坐标的伺服控制在低速时为恒转矩控制,为减小或消除难以解决的爬行现象及低速振动噪声,应能提供较大转矩。进给坐标的伺服控制属于恒转矩控制,在整个速度范围内都要保持这个转矩。

伺服电动机作为伺服系统的执行元件是一个非常重要的部件,因此要求伺服系统具有高精度、快响应、宽调速和大转矩的要求,尤其对进给伺服电动机要求更高。具体要求如下。

(1) 电动机从最低进给速度到高速范围内都能平滑运转,且转矩波动小。在最低转速仍有平稳的速度而无爬行现象。

(2) 电动机在加减速时要求有很快的响应速度,因为电动机可能经常在过载条件下工作,这就要求电动机负载特性应硬,有较强的抗过载能力,具有较长时间的大过载能力,能在数分钟内过载数倍(直流伺服电动机为4~6倍,交流伺服电动机为2~4倍)而不损坏,以满足低速大转矩的要求。

(3) 电动机跟随控制信号的变化能在较短时间内达到规定的速度,以满足快速响应的要求。要求电动机必须具有较小的转动惯量、较大的堵转转矩、尽可能小的机电时间常数和启动电压。

(4) 电动机可以承受频繁的启动、制动和正反转。

5.2 伺服系统的分类与特点

数控伺服系统按调节原理和有无反馈环节可分为开环伺服系统、半闭环伺服系统和闭环伺服系统。在半闭环或闭环伺服系统中,按反馈与比较控制方式可将其细分为相位伺服系统、脉冲伺服系统、全数字伺服系统和幅值伺服系统;按使用的驱动元件的工作原理可分为电液伺服系统和电气伺服系统，电气伺服系统又可细分为步进伺服系统、直流伺服系统、交流伺服系统和直线式伺服系统；按其用途和功能可分为主轴伺服系统和进给伺服系统。

5.2.1　按调节原理分类

1. 开环伺服系统

如图5-3所示，开环伺服系统不具有任何反馈装置，这种系统通常使用功率步进电动机或电液脉冲马达作为执行驱动元件。这种系统工作原理的实质是将指令数字脉冲信号转换为电动机的角度位移，系统靠驱动装置（即驱动电路）本身实现运动和定位，不使用任何位置检测元件。执行元件接收来自数控装置根据所要求的进给速度和进给位移确定的一定频率和数量的进给指令脉冲，经过驱动电路放大后，转过与指令脉冲的个数成正比的角度，经过传动系统转换成工作台的一个当量位移，其运动速度由相应的进给脉冲频率决定。

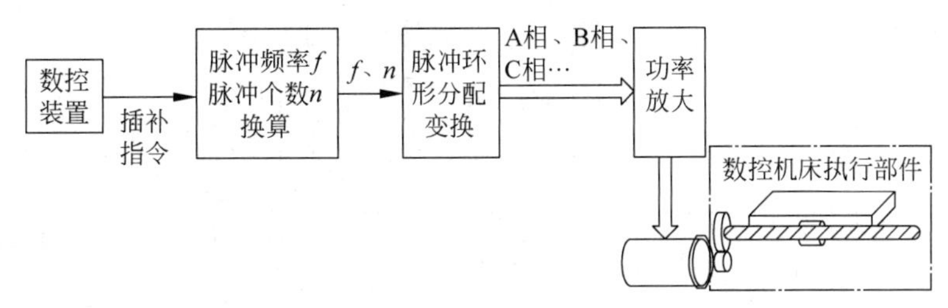

图5-3　数控开环伺服系统

开环系统没有检测反馈装置对运动部件的实际位移量进行检测，所以结构简单，易于控制，但不能进行运动误差的校正，精度差，步进电动机的步距角误差、齿轮和丝杠组成的传动链误差都将直接影响加工零件的精度。另外，一般的开环系统低速不平稳，高速扭矩小。因此，受开环控制系统中步进电动机的功率和转速值大小所限，一般正常工作转速不超过1000r/min，主要应用于轻载、负载变化不大或经济型数控机床上。

2. 闭环伺服系统

闭环伺服系统运动执行元件不能反映运动的位置，因此需要位置检测装置。闭环伺服系统也称误差控制随动系统，系统的位置检测装置安装在进给系统末段端的执行部件上，以实时检测进给系统的位移量或位置（图5-4）。CNC装置将输出的位移指令和机床工作台或刀架端实际位置反馈信号的差值进行比较，以此构成闭环位置控制，根据其差值不断控制运动，使运动部件严格按照实际需要的位移量运动。在闭环控制中还引入了内部有电流环的速度环，通过对实际速度与给定速度的比较和调整，实现以电动机运行状态实时进行校正、控制，达到速度稳定和变化平稳的目的，以此改善位置环的控制品质。

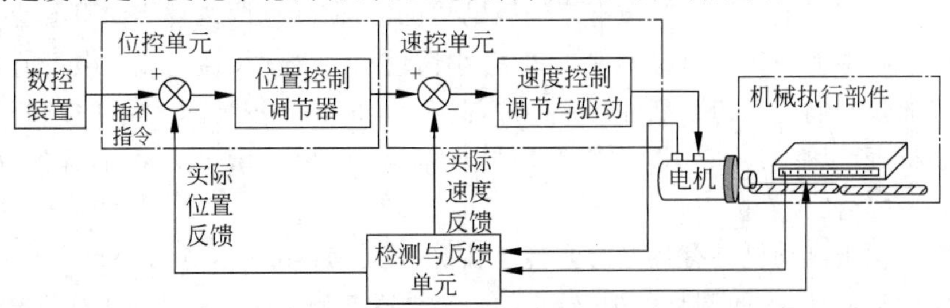

图5-4　数控闭环伺服系统

由于闭环伺服系统是反馈控制,反馈测量装置精度很高,所以系统运动精度主要取决于检测装置的制造精度和安装精度,而传动部件制造过程中存在的精度误差、环内各元件的误差以及它们在运动时造成的误差都可以得到补偿,从而系统的跟随精度和定位精度很高。目前闭环系统的分辨力多数为 1μm,定位精度可达±0.01～±0.005mm;高精度系统分辨力可达 0.1μm。但由于伺服系统中增加了位置检测、反馈比较及伺服放大等环节,使系统变得更加复杂,尤其是机械传动链的刚度、磨损、变形,齿隙,导轨的低速运动特性,机床结构的抗震性等因素都会影响整个系统的稳定性,导致闭环伺服系统容易出现振荡,调试相对困难。

3. 半闭环系统

半闭环伺服系统的位置检测元件不是直接安装在进给坐标的最终运动部件上(图 5-5),而是通过旋转变压器或脉冲编码器检测电动机或丝杠的转角,经过中间机械传动部件的位置转换来间接获得数控系统移动部件的实际位置测量(电动机或丝杠的转角和移动部件的位移量之间是线性关系),从而通过间接测量形成等效反馈信号。

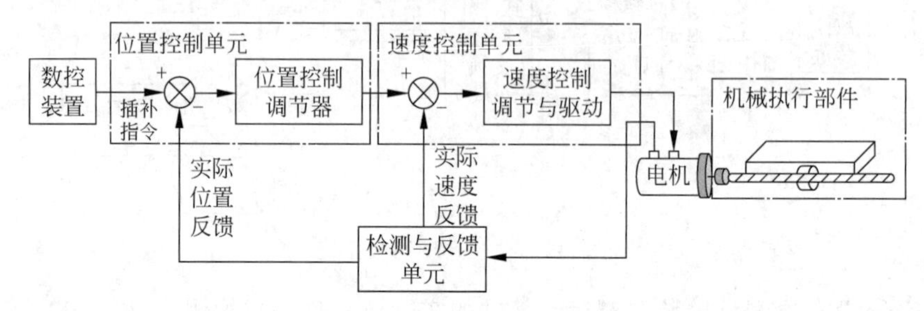

图 5-5 数控半闭环伺服系统

在这种由等效信号构成的半闭环伺服系统中,由于坐标运动的传动链有一部分(从旋转轴到工作台直线位移之间的机械传动链)在位置闭环以外,在环外的传动误差没有得到系统的反馈补偿,因此半闭环伺服系统的精度低于闭环伺服系统。从控制结构上看,半闭环伺服系统和闭环伺服系统是一致的,不同点只是半闭环伺服系统的环内不包括某些机械传动部件,由于这些部件的传动误差均未被补偿,综合精度略低于闭环系统。由于齿隙非线性环节没有被反馈通道所包含,所以半闭环伺服系统的稳定性容易得到保证。目前半闭环系统被广泛采用,只在某些传动部件精密度高、性能稳定、使用过程温差变化不大的高精度数控机床上才使用全闭环伺服系统。

5.2.2 按使用的伺服电动机分类

1. 直流伺服系统

小惯量直流伺服电动机和永磁直流伺服电动机(大惯量宽调速直流伺服电动机)常被用于直流伺服系统中作为伺服执行元件。其中,小惯量伺服电动机通过减少电枢的转动惯量,以获得较好的快速响应性和平稳性。它一般都被设计成具有较高的额定转速和较低的转动惯量的电动机,所以在实际应用时,需要经过中间机械传动(如齿轮减速副)部件获得合适的转速,再与传动丝杠相连接。

永磁直流伺服电动机具有良好的低转速性能(能在 1r/min 甚至在 0.1r/min 下平稳地运转)、较大转动惯量、大的调整范围、较小的力矩波动等优点,能长时间工作在较大过载转矩下,可不需中间机械传动装置而直接与传动丝杆相连。因此直流伺服系统在 20 世纪 70

年代以来在数控系统中得到广泛应用，许多数控机床上至今仍使用永磁直流伺服电动机构成直流伺服系统。这种伺服电动机的缺点是受电刷的影响，其转速的提高受到限制，一般的永磁直流伺服电动机额定转速为1000～1500r/min，而且价格较贵，结构也比较复杂。

2. 交流伺服系统

交流伺服系统常使用交流异步伺服电动机（一般用于主轴伺服电动机）和永磁同步伺服电动机（一般用于进给伺服电动机）作为执行部件。其中，交流伺服电动机没有电刷换向器，且转子惯量较直流电动机小，克服了直流伺服电动机一些固有的缺点，因此动态响应特性好，维护保养简单，输出功率高（在同样体积下，交流电动机的输出功率可比直流电动机提高10%～70%），可以达到更高的电压和转速（交流电动机的容量可以比直流电动机造得大）。从20世纪80年代后期开始，交流伺服系统在数控系统中得到大量使用，目前部分厂家已全部使用交流伺服系统。

5.2.3　按使用的驱动元件分类

1. 电液伺服系统

电液伺服系统采用液压元件作为执行元件，驱动元件常用的有电液脉冲马达和电液伺服马达，在数控机床发展的初期得到广泛使用。电液伺服系统的优点包括刚性好、时间常数小、反应快和速度平稳，而且低速下可以得到很高的输出力矩，但其液压系统需要配套的油箱、油管等供油系统，因此体积大，存在噪声、漏油等问题，逐步被电气伺服系统所取代。在某些特殊要求的场合，电液伺服系统仍被采用。

2. 电气伺服系统

随着电子工业的发展，全部采用电子器件和电动机部件的电气伺服系统制造成本越来越低，可靠性越来越高，操作维护方便。电气伺服系统中主要的驱动元件有步进电动机、直流伺服电动机和交流伺服电动机。和电液伺服系统相比，电气伺服系统具有无噪声、无污染和低维修保养费用等优点，但其反应速度和低速下力矩输出性能不如电液伺服系统，随着电动机的驱动线路、结构特点不断改善，性能大大提高，电气伺服系统已经在很大范围取代了电液伺服系统。

5.2.4　按控制轴分类

1. 进给伺服系统

进给伺服系统控制数控机床工作台或刀具的移动，实现各坐标轴的进给运动，控制量一般是角度或直线位移量，其进给速度与数控加工程序中的F功能相对应。进给伺服系统包括速度控制环和位置控制环，具有定位和轮廓跟踪功能，是数控机床中要求最高的伺服控制。其主要性能参数有各轴转矩大小、调速范围的大小、调节精度的高低以及动态响应的快慢等。

2. 主轴伺服系统

数控机床的主轴系统和进给系统有很大的差别，一般的主轴控制只是一个速度控制系统，主要实现主轴的旋转运动，提供切削过程中的转矩和功率，因此主轴传动系统应主要考虑是否具有足够的功率、较宽的恒功率调节范围及速度调节范围等。根据数控机床主传动系统的工作特点，早期的数控机床主轴传动系统全部采用三相异步电动机加上多级变速箱的结构。为保证在额定转速范围内任意转速的调节，完成在转速范围内的无级变速，交流主轴伺服系统被广泛应用于主轴伺服系统。具有准停控制功能的主轴与进给伺服系统一样,有时就用进给伺服系统来替代主轴伺服系统。此外,刀库的位置控制是为了在刀库的相应位置选择指定的刀具,其性能要求与进给坐标轴的位置控制相比要低很多,故称为简易位置伺服系统。

5.2.5 按反馈比较控制方式分类

1. 脉冲、数字比较伺服系统

脉冲、数字比较伺服系统是闭环伺服系统中的一种控制方式,它将数控装置发出的指令信号(数字或脉冲)与检测装置测得的反馈信号(数字或脉冲)进行比较,以此产生位置误差,伺服系统控制伺服电动机向减小误差的方向运动,直至误差达到允许范围,实现闭环控制。

脉冲比较伺服系统如图5-6所示。系统接收数控装置的插补器的指令脉冲F,反馈脉冲来自安装在伺服电动机输出轴(或丝杠)上的光电编码器检测元件,比较环节采用可逆计数器,可进行加法运算(当指令脉冲为正、反馈脉冲为负时)和减法(当指令脉冲为负、反馈脉冲为正时)运算。指令脉冲的正负依次对应工作台的正方向和反方向运动。两个脉冲源是相互独立的,而脉冲频率随转速变化而变化。可逆计数器前的脉冲分离处理电路是为了防止因脉冲到来的时间不同或执行加法和减法计数发生重叠而产生误操作。系统中的12位可逆计数器的值反映了位置偏差,其允许的计算范围是$-2048\sim+2047$,位置偏差值经12位数/模转换模块,形成作为伺服系统速度控制单元的速度给定电压(双极性模拟电压),实现根据位置偏差控制伺服电动机的转速和转向。

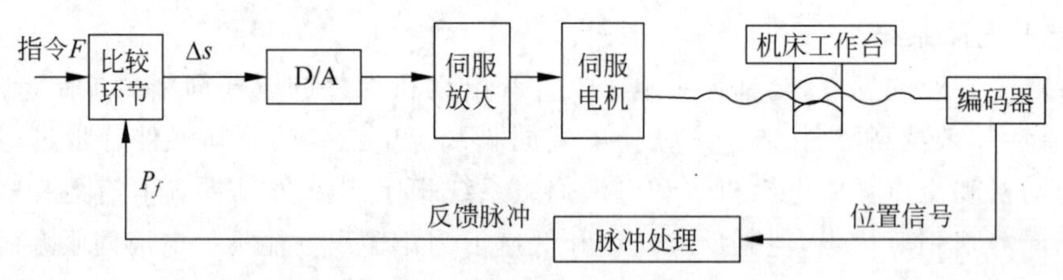

图5-6 脉冲比较伺服系统

闭环脉冲比较伺服系统的工作原理简述如下。

(1) 开始时指令脉冲$F=0$,工作台处于静止状态,无反馈脉冲($P_f=0$),比较环节的输出$\Delta s=F-P_f=0$,伺服放大和伺服电动机的相应速度输出为零,工作台保持在静止状态。

(2) 当数控装置给定正向($F>0$)指令脉冲时,设初始状态工作台没有移动,即反馈脉冲P_f为零,比较环节的输出$\Delta s=0$,因此指令经伺服放大后驱动伺服电动机带动工作台正向进给。随着伺服电动机的不断运转,位置检测元件不断反馈脉冲信号,脉冲比较环节对指令脉冲F和通过采样的反馈脉冲P_f进行比较,按负反馈控制原理驱动工作台重新稳定在指令所规定的位置上,最终使F和P_f的脉冲个数相等,偏差$\Delta s=0$。

(3) 当数控装置给定负向($F<0$)指令脉冲时,控制过程与当F为正向指令脉冲的控制过程类似,只是此时$\Delta s<0$,伺服电动机驱动工作台反方向进给并最终准确地在指令所规定的反向的某个稳定位置上停止。

(4) 比较环节输出的位置偏差信号Δs是数字量,经数/模转换后方能变为相应的模拟给定电压,使模拟调速系统工作。

在脉冲比较伺服系统中，为了获得位置的偏差，必须先对指令脉冲 F 与反馈脉冲 P_f 进行比较。如图 5-7 所示，脉冲比较电路主要由脉冲分离和可逆计数器两部分组成。

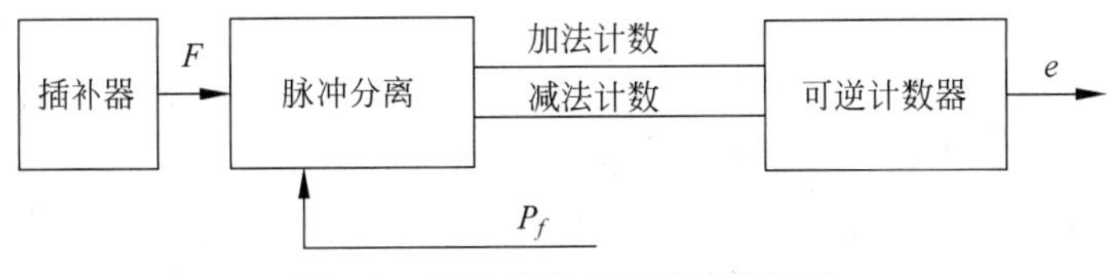

图 5-7 脉冲分离与可逆计数框图

为了实现脉冲比较，可逆计数器用来根据输入指令脉冲和反馈脉冲的正负分别作加法计数和减法计数：若指令脉冲(反馈脉冲)为正(负)时，可逆计数器执行加法计数；当指令脉冲(反馈脉冲)为负(正)时，可逆计数器执行减法计数。来自插补器和光电编码器的指令脉冲 F 和反馈脉冲 P_f 虽然经过一定的整形和同步处理，但由于其脉冲源具有一定的独立性，且脉冲的频率随运转速度的不同而不断变化，因此脉冲到来的时刻可能会相互错开或重叠。

可逆计数器在进给控制的过程中随时接收加法或减法两路计数脉冲，当这两路具有一定的时间间隔的计数脉冲先后分别到来时，计数器完成先加后减(或先减后加)的准确可靠工作。但是，当计数脉冲输入端同时进入两路脉冲时，这种脉冲的"竞争"可能会使计数器的内部操作产生错误，最终影响脉冲比较的可靠性。解决办法一般为在指令脉冲与反馈脉冲进入可逆计数器之前进行脉冲分离处理。脉冲分离的主要功能是：当加、减脉冲同时到来时由硬件逻辑电路保证，先作加法计数，经过几个时钟的延时然后再作减法计数；若加、减脉冲先后到来时，则按预定的要求经加法计数或减法计数的脉冲输出端进入可逆计数器。如图 5-8 所示为脉冲分离原理图，其中 U_1、U_4、U_5、U_8、U_9 为或非门；而 U_2、U_3、U_6、U_7 为触发器；U_{10}、U_{11} 为单稳态触发器；U_{12} 为由时钟脉冲(可取 1MHz)CP 同步控制的 8 位移位寄存器。

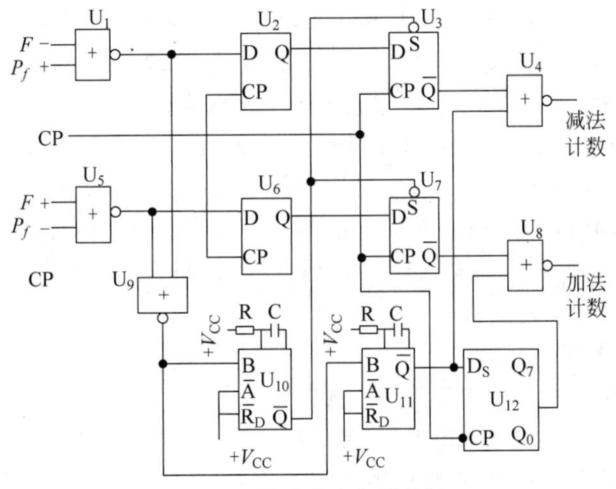

图 5-8 脉冲分离电原理图

当指令脉冲 F 与反馈脉冲 P_f 分别到来时，或非门 U_1 和 U_5 中同一时刻只有一路有脉冲输出，因此 U_9 始终输出低电平。若作加法计数，计数脉冲自 U_2、U_3 至 U_4 输出，记作 UP；若作减法计数，计数脉冲自 U_6、U_7 至 U_8 输出，记作 DW。而在这种情况下单稳态触发器 U_{10}、U_{11} 和移位寄存器 U_{12} 都不起作用。若当指令脉冲 F 与反馈脉冲 P_{f} 同时到来时，U_1 与 U_5 的输出同时为"0"，则 U_9 的输出为"1"，单稳 U_{10} 和 U_{11} 有脉冲输出，U_{10} 输出

的负脉冲同时封锁 U_3 与 U_7,使不"竞争"情况下的计数脉冲通路被禁止。U_{11} 的正脉冲输出分成两路,先经 U_4 输出作加法计数,再经 U_{12} 延迟4个时钟周期由 U_8 输出作减法计数。

可逆计数器一般由多个集成的4位二进制可逆计数器组成,其位数与允许的位置偏差 e 有关。控制系统在制动或加速进给时可能会由于机械系统的惯性而出现较大的偏差,因此计数器的位数不能取得过小。如图5-9所示的可逆计数器由三个4位计数器组成,其内部以4位为一组,按二进制数进位和借位的接法互连,一位作符号位,其允许的计数范围为 $-2048\sim+2047$,外部共输入三个信号:加法计数脉冲输入信号UP、减法计数脉冲输入信号DW和清零输入信号CLP。

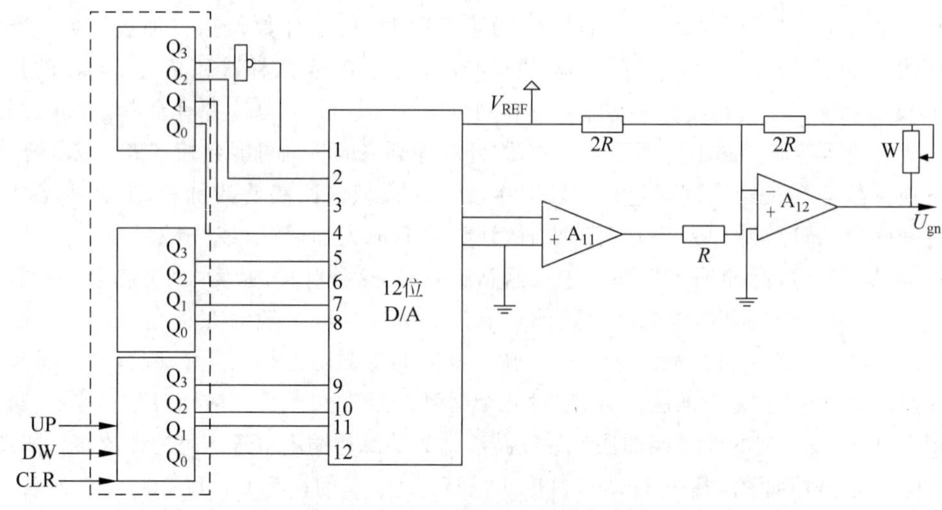

图5-9　可逆计数器和数/模转换

数/模转换器的输出通过运算放大器 A_{11} 和 A_{12} 实现双极性模拟电压 U_{gn} 输出。当可逆计数器清零时,设数/模转换器的端口1为最高数据位,端口12为最低数据位,则数/模转换器输入的数字量为800H,在 U_{gn} 端输出为零。当输入的数字量为FFFH(000H)时,U_{gn} 的电压可达 $+V_{REF}$($-V_{REF}$)。通过改变基准电压 V_{REF} 和适当调整输出端电位器W,可获得所需的电压极性与满刻度数值。U_{gn} 可用作伺服放大器的速度给定电压,而伺服电动机的转向和转速可根据位置偏差来控制,实现工作台向指令位置精确进给。

脉冲、数字比较伺服系统具有结构简单、易于实现、整机控制稳定等优点,因此在一般数控伺服系统中得到广泛应用。

2. 相位比较伺服系统

相位比较伺服系统采用相位比较法实现位置闭环控制,是高性能数控系统中常用的一种伺服系统。在相位比较伺服系统中,位置检测装置采取相位工作方式,指令信号与反馈信号都变成某个载波的相位,然后通过两者相位的比较,获得实际位置与指令位置的偏差,实现闭环控制。相位伺服系统的核心问题是,如何把位置检测转换为相应的相位检测,并通过相位比较实现对驱动执行元件的速度控制。

相位比较伺服系统的结构框图如图5-10所示。主要由基准信号发生器、脉冲调相器、检测元件、鉴相器、伺服放大器、伺服电动机等组成。系统接收数控装置的插补器的指令脉冲 F,由脉冲调相器根据基准信号将指令脉冲转换成重复频率为 f_0 的脉冲信号 $P_a(\theta)$。系统中的感应同步器作为位置检测元件工作在相位工作方式,将定尺的相位检测信号经整形放大后得到位置检测信号 $P_b(\theta)$，两个同频率的脉冲信号 $P_a(\theta)$ 和 $P_b(\theta)$ 的相位差 $\Delta\theta$ 即为指令位置和实际位置的偏差，其大小和极性可由鉴相器判定检测。鉴相器作为比较环节，其输出的电压信号与相位差 $\Delta\theta$ 成正比，经放大后控制速度单元驱动电动机带动工作台运动，实现位置跟踪。

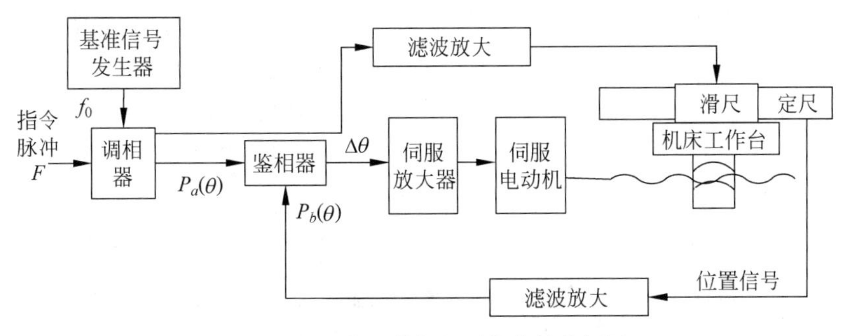

图 5-10　相位比较伺服系统的结构框图

相位比较伺服系统的工作原理简述如下。

(1) 当工作台处于静止状态时，如指令脉冲 $F=0$，则鉴相器的输入信号 P_a、P_b 为同频率同相位的脉冲信号，表示当前没有偏差，鉴相器的输出 $\Delta\theta=0$，伺服放大器的速度给定为零，伺服电动机的相应电枢电压也为零，伺服电动机和工作台保持在静止状态。

(2) 当进给脉冲 $F>0$ 时，经脉冲调相，转换为频率为 F_0 相移为 $+\theta$ 的脉冲信号 P_a，因工作台静止，所以 $P_b=0$，鉴相器的输出 $\Delta\theta=P_a-P_b=+\theta>0$，伺服放大器驱动伺服电动机使工作台产生相应的正向运动，直至 $\Delta\theta=0$。

(3) 当指令脉冲 $F<0$ 时，经脉冲调相，转换为频率为 F_0 相移为 $-\theta$ 的脉冲信号 P_a，此时鉴相器的输出 $\Delta\theta=-\theta<0$，伺服电动机驱动工作台作负向运动，直至 $\Delta\theta=0$。

总之，数控机床的工作台根据指令脉冲 F 的正负作正向或反向的运动，最终 P_a、P_b 在新的位置上保持同频同相的稳定状态，当指令脉冲 $F=0$ 时，工作台迅速制动。

相位伺服系统采用感应式检测元件，如旋转变压器、感应同步器等，可得到满意的精度。此外，由于其具有载波频率高、响应速度快、抗干扰性强等优点，很适合连续控制的伺服系统。

如图 5-11 所示为脉冲调相器(数字移相电路)组成原理框图，它主要负责完成按指令脉冲的要求对载波信号进行相位调制。

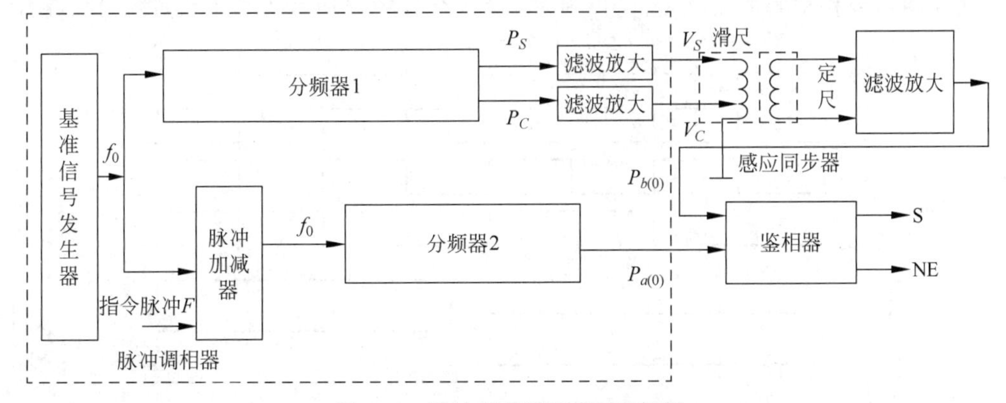

图 5-11　脉冲调相器组成原理框图

为获得频率稳定的载波信号,脉冲调相器中的基准脉冲 f_0 由基准脉冲发生器产生(由石英晶体振荡器组成),基准脉冲 f_0 信号被送往基准分频通道(M 分频的二进制计数器,当输入 M 个计数脉冲后产生一个溢出脉冲)和调相分频通道(M 分频的二进制计数器,首先经过脉冲加减器)。

感应同步器滑尺的两组绕组(正弦和余弦绕组)激磁需要两路频率、幅值相同,但相位互差 90°的电压信号。可将基准分频通道中的最末一级计数触发器分成两个,如图 5-12 所示,最后一级触发器的输入脉冲相差 180°,经过一次分频后 θ 输出端的相位相差 90°。

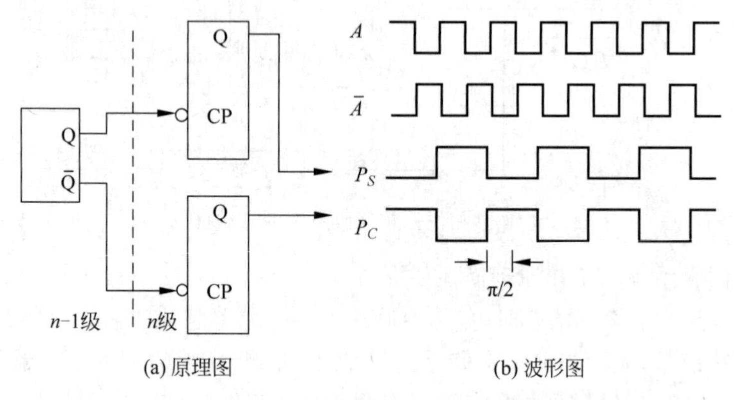

图 5-12 基准分频器末级相差 90°输出

为了使脉冲调相器基准分频通道输出的矩形脉冲直接用作滑尺激磁的正弦、余弦信号 V_S 和 V_C,应先滤除高频分量及相应功率放大。感应同步器在其定尺处通过电磁感应获得相应的感应电势 u_0,经滤波放大后,可获得作为位置反馈的脉冲信号 $P_b(\theta)$。

调相分频通道在指令脉冲的作用下输出脉冲信号 $P_a(\theta)$,加减器在该通道中的作用如下。

(1) 当指令脉冲 $F=0$ 时,调相分频计数器与基准分频计数器同频同相工作,输出信号 $f_0'=f_0$,此时脉冲信号 $P_a(\theta)$ 和 $P_b(\theta)$ 同频同相,相位差 $\Delta\theta=0$。

(2) 当 $F\neq0$ 时,按照正指令脉冲使 f_0' 脉冲数增加,负指令脉冲使 f_0' 脉冲数减少的原则,加减器使得输入到调相分频器中的计数脉冲个数发生相应变化。分频器产生溢出脉冲的时刻将提前或推迟产生,因此,在指令脉冲的作用下,脉冲信号 $P_a(\theta)$ 和 $P_b(\theta)$ 不再保持同相,相位差的大小和极性与指令脉冲 F 有关。

为说明指令移相的情况,如图 5-13 所示,设两个分频器均由 4 个十六进制计数触发器

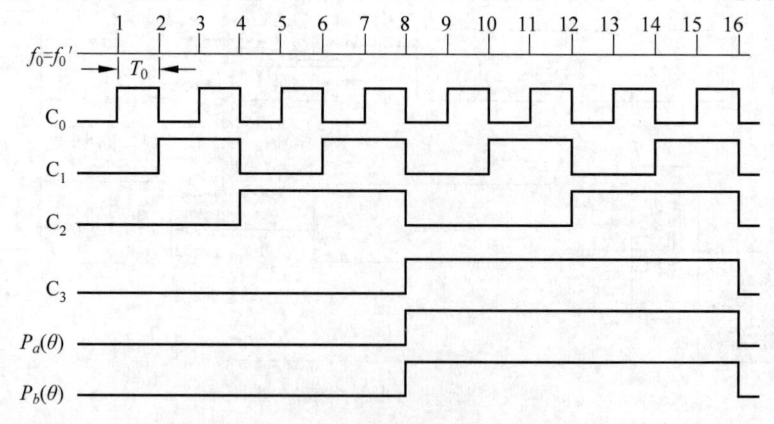

图 5-13 $F=0$ 时,时序波形图($\Delta\theta=0$)

$C_0 \sim C_3$ 组成,分频数 $M=2^4=16$,即16个输入脉冲对应一个溢出脉冲信号。

(1) 当指令脉冲 $F=0$ 时,调相分频计数脉冲 f'_0 与基准脉冲 f_0 相等。计数触发器 $C_0 \sim C_3$(设 C_0 为最低位,C_3 为最高位)按二进制数方式逐个进位计数。工作时的时序波形如图5-14所示,由于 $F=0$,f'_0 与 f_0 相等,因此反映指令脉冲输入的 $P_a(\theta)$ 应该与位置反馈信号 $P_b(\theta)$ 同频同相,两者的相位差 $\Delta\theta=0$。

(2) 当指令脉冲 $F=+1$ 时,波形图如图5-14所示,脉冲移相的输入端接收到一个正向指令脉冲。计数脉冲 f'_0 在基准脉冲的基础上插入了一个脉冲,因此调相分频计数器将比基准分频器提前一个时钟周期 T_0 产生溢出脉冲。

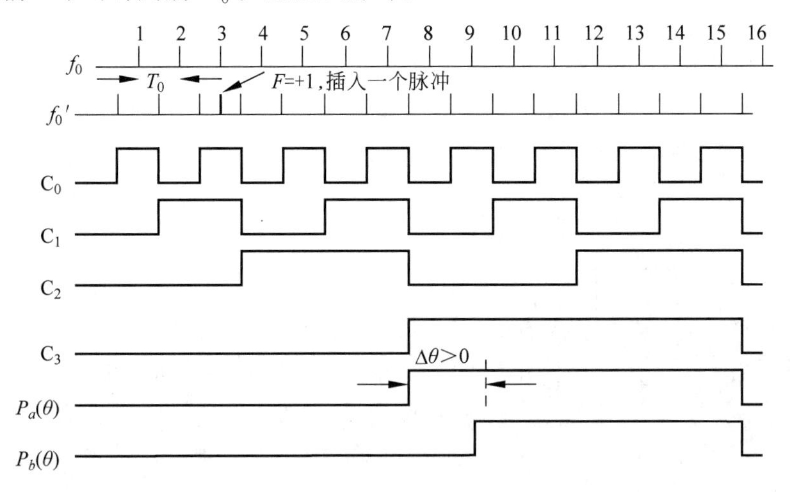

图5-14 $F=+1$ 时,时序波形图($\Delta\theta>0$)

因此,此时 $P_a(\theta)$ 的波形相位将超前 $P_b(\theta)$,记作 $\Delta\theta=+T_0>0$。

(3) 当指令脉冲 $F=-1$ 时,波形图如图5-15所示,此时加入一个负向指令脉冲,则 f'_0 在 f_0 的基础上减去一个时钟脉冲周期 T_0 才有溢出脉冲,则 $P_a(\theta)$ 波形的相位应滞后于 $P_b(\theta)$,记作 $\Delta\theta=-T_0<0$。

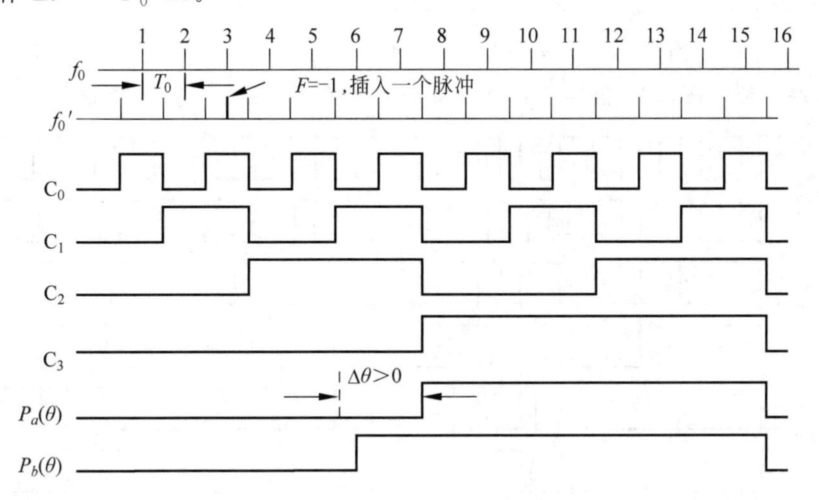

图5-15 $F=-1$ 时,时序波形图($\Delta\theta<0$)

由上述指令移相原理可知，由于指令脉冲所形成的相应的相移角 $\Delta\theta$(记作 θ_0)的量值与分频器的容量相关(例如当分频系数 $m=16$，相应的相移角 $\theta_0=360°/16=22.5°$)，当要求相移角 θ_0 为某个定值时，其相应的分频系统 m 可由下式计算获得：

$$m=360°/\theta_0$$

例如，设某数控机床的脉冲当量为 $\delta=0.002\text{mm}$，感应同步器的极距 $2\tau=2\text{mm}$，则单位脉冲所对应的相位角 $\theta_0=\delta\times360°/2=0.002\times360°/2=0.36°$。可知分频系数 $m=360°/\theta_0=360°/0.36°=1000$。分频器输入的基准脉冲频率将是激磁频率的 m 倍。例如，本例的感应同步器激磁频率为 10kHz，分频系数 $m=1000$，则基准频率 $f_0=1000\times10\text{kHz}=10\text{MHz}$。

鉴相器能够鉴别出输入信号的相位差的器件，使输出电压与两个输入信号之间的相位差有确定关系的电路。在数控伺服系统中，鉴相器的任务就是把指令信号的相位与实际位置检测所得的相位之间相位差以适当的方式表示出来。如图5-16所示是一种鉴相器逻辑原理图，由脉冲移相和位置检测所得的脉冲信号 $P_a(\theta)$ 和 $P_b(\theta)$ 分别输入鉴相器的计数触发器 T_1 和 T_2，经二分频后输出的脉冲信号 A、$\bar{A}$ 和 B、$\bar{B}$ 频率各降低一半。鉴相器的第一个输出信号为 A 和 B 信号的半加和，即 $S=A\bar{B}+\bar{A}B$，其量值反映了相位差 $\Delta\theta$ 的绝对值；第二个输出信号 NE 为一个 D 触发器的输出端信号，其输出的电压高低由 D 端和 CP 端的相位超前或滞后的关系所决定。

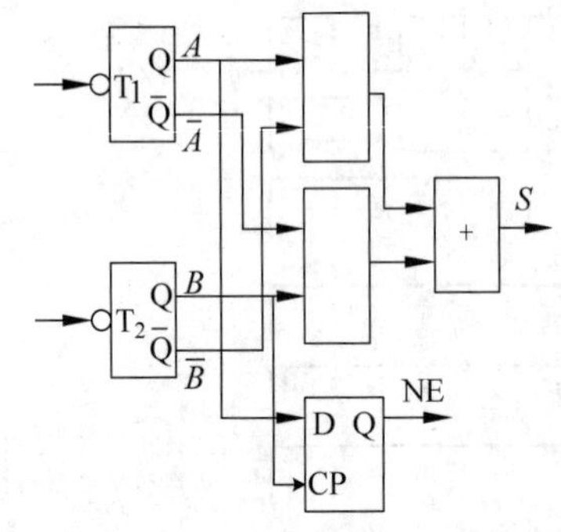

图5-16　半加器鉴相器

由半加原理可知，当同频脉冲信号 A 和 B 相位相同时，半加和信号 $S=0$。而当 A 和 B 不同相时，半加和信号 S 将是一个脉冲宽度与两者相位差(超前或滞后)成正比的周期方波脉冲。通过低通滤波的方法可取出其直流分量作为相位差 $\Delta\theta$ 的电平指示。如图5-17所示，相位差 $\Delta\theta$ 的极性由 NE 信号表示，对于由下降沿触发的 D 触发器，当 A 滞后于 B 由"1"变为"0"，则 D 触发器将被置"1"，输出高电平。反之，当接于 D 端的 S 信号超前 B 时，即 A 领先于 B 由"1"变为"0"，则 D 触发器的 Q 端就被置"0"，输出低电平。因此若把该输出端记作 NE，NE=0 表示指令信号的相位超前于位置信号，相位差为正；而 NE=1 表示指令信号的相位滞后位置信号，相位差为负。图5-17分别表示相位差 $\Delta\theta$ 在4种情况下，鉴相器输入信号 $P_a(\theta)$ 和

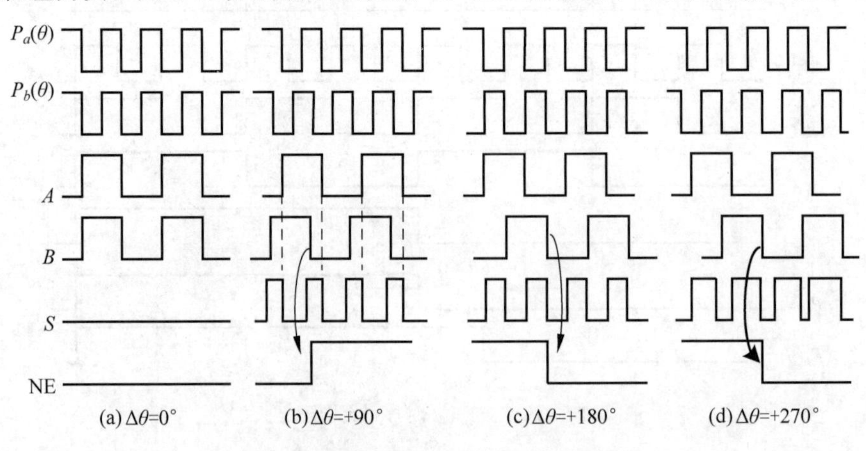

图5-17　鉴相器输入、输出工作波形图

$P_b(\theta)$二分频后的信号 A、B 以及输出信号 S 和 NE 的波形。当 $P_a(\theta)$和 $P_b(\theta)$的相位差超过 180°后，两者的超前和滞后的关系会发生颠倒。

3. 幅值比较伺服系统

幅值比较伺服系统是以位置检测信号的幅值大小来反映机械位移的数值，并以此信号作为位置反馈信号与指令信号进行比较构成的闭环控制系统。一般将位置检测幅值信号转换成数字信号再与指令数字信号相比较，从而获得位置偏差信号以构成闭环控制系统。所用的位置检测元件应工作在幅值工作方式，感应同步器和旋转变压器都可以用于幅值伺服系统。幅值伺服系统实现闭环控制的过程与相位伺服系统有许多相似之处。

幅值比较伺服系统结构框图如图 5-18 所示，比较器比较指令脉冲 F 和反馈脉冲 P_f，当其输出不为零时，经数/模转换，向速度控制电路发出电动机运转的信号，电动机开始带动工作台运动。同时，位置检测元件检测工作台的实际位移，经鉴幅器与电压频率变换器处理，转换成相应的数字脉冲信号，其两路输出一路作为位置反馈脉冲 P_f，另一路作为检测元件的激磁电路。当指令脉冲与反馈脉冲相等，比较器输出为零，表示工作台实际位移等于指令信号要求的距离，使电动机停转；若两者不等，说明有误差生成，电动机会继续朝误差减小的方向运转，直到比较器输出为零。

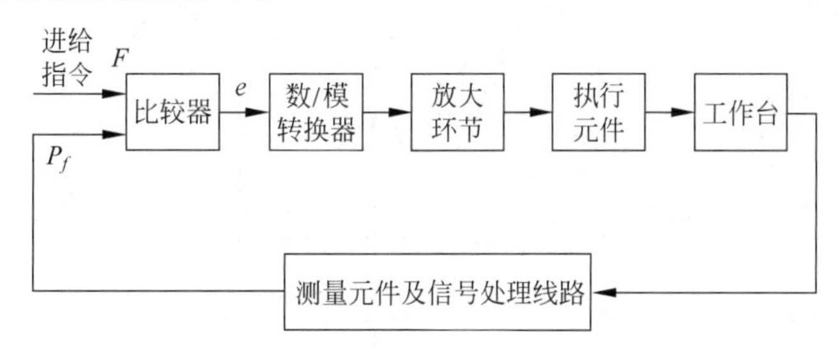

图 5-18　幅值比较伺服系统结构框图

幅值比较伺服系统的工作原理简述如下。

(1) 当脉冲指令 $F=0$ 时，设工作台处于静止状态（系统的设定值与反映工作台实际位移的电角度相等，$\theta_d=\theta$），鉴幅器检测到的检测元件输出电压幅值为零，由电压-频率变换器所得的反馈脉冲 P_f 也为零，因此偏差信号 $\Delta s=F-P_f=0$，则伺服电动机调速部分的速度给定为零，工作台继续静止。

(2) 当脉冲指令 $F>0$ 时，工作台正向运动，在伺服电动机未转动之前，反映工作台实际位移的电角度 θ 未变，所以反馈脉冲 P_f 也为零，因此偏差信号 $\Delta s=F-P_f>0$。Δs 经数/模转换后作为伺服电动机调速系统的速度给定值，驱动伺服电动机带动工作台正向运动。

(3) 当脉冲指令 $F<0$ 时，工作台负方向运动。整个系统的工作方式（检测、比较和判别等）和控制过程与 $F>0$ 时相似，只是工作台向反向移动。

如图 5-19 所示是一个数控伺服系统中的鉴幅器原理框图，其中 e_0 是由旋转变压器转子感应产生的包含高次谐波和干扰信号的交变电势，低通滤波器 1 可以滤除各谐波的影响并获得与激磁信号同频的基波信号，设系统的激磁频率为 800Hz，采用 1000Hz 的低通滤波器。运算放大器 A_1 为比例放大器，A_2 为 1∶1 的倒相器。一对互为反相的开关信号 SL 和 SL′分别实现对 K_1、K_2 两个模拟开关的通断控制，其开关频率与输入信号相同。A_1、A_2、K_1、K_2 组成对输入的交变信号的全波整流电路，在 $0\sim\pi$ 的前半周期中，SL=1，K_1 接通，

A_1 的输出端与鉴幅输出部分相连；在 $\pi \sim 2\pi$ 的后半周期中，$SL'=1$，K_2 接通，输出部分与 A_2 相连。因此，经整流后的电压 U_1 将是一个单向脉动的直流信号。低通滤波器 2 的上限频率设计成低于基波频率，在此可设为 600Hz，则所输出的 U_2 是一个平滑的直流信号。

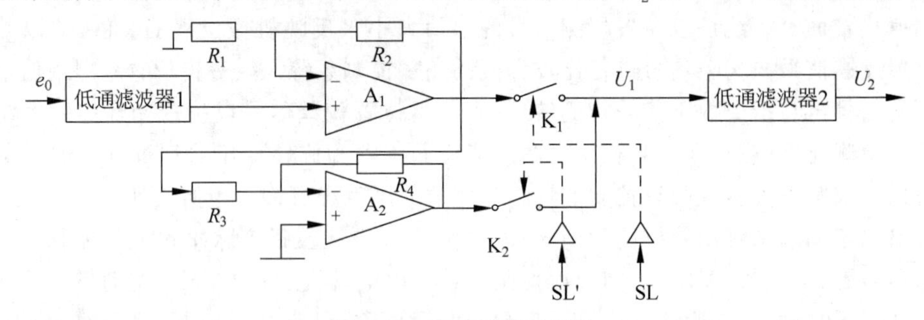

图 5-19　鉴幅器原理框图

在工作台作正向或反向进给时，输入的转子感应电势 e_0，开关信号 SL、脉动的直流信号 U_1 和平滑直流输出 U_2 的波形图如图 5-20 所示，鉴幅器输出信号 U_2 的极性反映了工作台进给的方向，而 U_2 绝对数值的大小反映了 θ 与 φ 的差值。

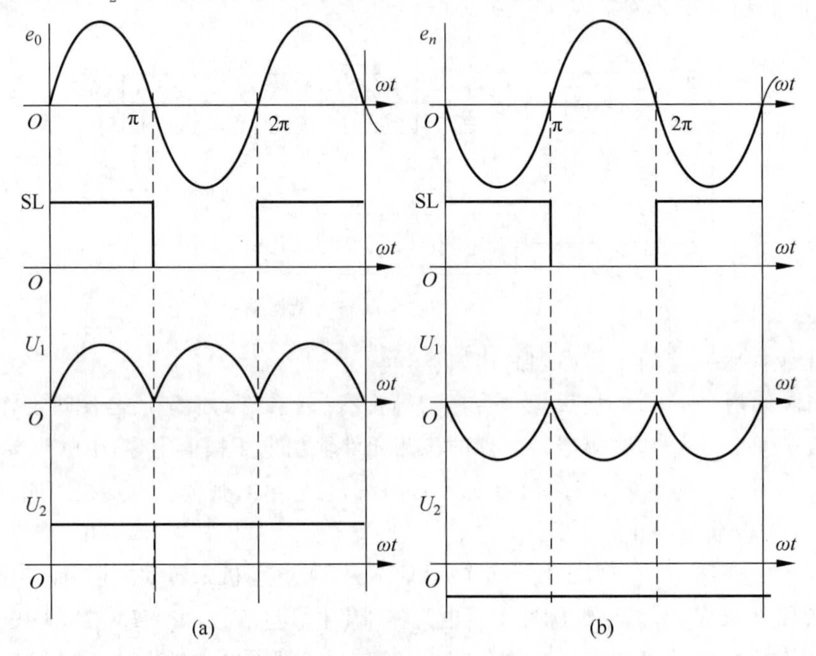

图 5-20　鉴幅器输出波形图

电压-频率变换器的任务是把鉴幅后输出的模拟电压 U_F 变换成相应的脉冲序列，该脉冲序列的重复频率与直流电压的电平高低成正比。单极性的直流电压可以通过压控振荡器变换成相应的频率脉冲，而双极性的 U_F 应先经过极性处理，然后再作相应的变换。

在位置检测器取得的幅值信号转变成为相应的脉冲和电平信号后即可用来作为位置闭环控制的反馈信号。但若要真正完成位置伺服控制，幅值系统还有激磁角 ϕ 的跟随变化问题。

综上所述，幅值工作方式下的位置变压器定子的两绕组激磁电压信号，是一组同频同相，但幅值分别随某一可知变量 φ 作正弦、余弦函数变化的正弦交变信号。因此控制 φ 角的变化就可以实现幅值相应的改变。调幅的要求可通过使用多抽头的函数变压器或脉冲调宽式等方案来实现。多抽头的函数变压器方法对加工精度要求很高,控制线路也比较复杂;而脉冲调宽式方法完全采用数字电路,易于实现整机集成化,可以达到较高的位置分辨力和动静态检测精度。

脉冲宽度调制是通过控制矩形波脉宽等效地实现正弦波激磁的方法,其波形如图 5-21 所示。

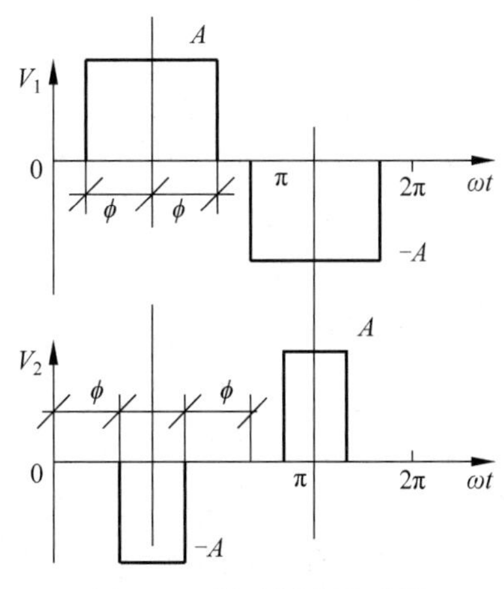

图 5-21　脉冲调宽波形图

设 V_1 和 V_2 分别是放置在变压器定子正弦、余弦激磁绕组的双极性矩形波激磁信号。矩形波幅值的绝对值均为 A,在一个周期内,V_1、V_2 的取值为

$$V_1=\begin{cases}A,\dfrac{\pi}{2}-\phi\leqslant \omega t\leqslant \dfrac{\pi}{2}+\phi\\ -A,\dfrac{\pi}{2}-\phi\leqslant \omega t\leqslant \dfrac{2\pi}{2}+\phi\\ 0,\quad\quad 其他\end{cases}$$

$$V_2=\begin{cases}-A,\phi\leqslant \omega t\leqslant \pi-\phi\\ A,\pi+\phi\leqslant \omega t\leqslant 2\pi-\phi\\ 0,\quad\quad 其他\end{cases}$$

其中,ϕ 表示正弦波激磁中影响正弦波幅值的电气角,在此表现为影响矩形脉冲宽度的参数。V_1 和 V_2 的脉宽分别为 2ϕ 和 $\pi-2\phi$。用傅里叶级数对 V_1 和 V_2 展开,在$[-\pi,\pi]$内可展开成如下正弦级数:

$$F(\omega t)=\sum_{h=1}^{\infty}b_k\sin k\omega t=b_1\sin\omega t+b_3\sin\omega t+b_5\sin 5\omega t+\cdots$$

式中,系数 b_k 为

$$b_k=\frac{2}{\pi}\int_0^{\pi}f(\omega t)\sin k\omega t\,\mathrm{d}\omega t$$

(1) 令 $f(\omega t)=V$,若只计算基波分量,则

$$\begin{aligned}b_1&=\frac{2}{\pi}\int_0^{\pi}V_1\sin\omega t\,\mathrm{d}\omega=\frac{2A}{\pi}\int_{\frac{\pi}{2}-\phi}^{\frac{\pi}{2}+\phi}\sin\omega t\,\mathrm{d}\omega t\\&=\frac{2A}{\pi}\left[-\cos\left(\frac{\pi}{2}+\phi\right)+\cos\left(\frac{\pi}{2}-\phi\right)\right]\\&=\frac{2A}{\pi}[\sin\phi+\sin\phi]=\frac{4A}{\pi}\sin\phi\end{aligned}$$

所以 $f_1(\omega t)=\dfrac{4A}{\pi}\sin\phi\sin\omega t$。

(2)令 $\mathrm{d}(\omega t)=V_2$,若只计算基波分量,则

$$\begin{aligned}b_1&=\frac{2}{\pi}\int_0^{\pi}V_2\sin\omega t\,\mathrm{d}\omega=-\frac{2A}{\pi}\int_{\phi}^{\pi-\phi}\sin\omega t\,\mathrm{d}\omega t\\&=-\frac{2A}{\pi}[-\cos(\pi-\phi)+\cos\phi]=-\frac{4A}{\pi}\cos\phi\end{aligned}$$

所以,$f_2(\omega t)=-\dfrac{2A}{\pi}\cos\phi\sin\omega t$。

若令 $U_m = 4A/\pi$,则矩形激磁信号的基波分量为

$$\begin{cases} f(\omega t) = U_m \sin\varphi \sin\omega t \\ f(\omega t) = -U_m \cos\varphi \cos\omega t \end{cases}$$

从以上分析可知,当消除高次谐波的影响后,用脉冲宽度调制的矩形波激磁与正弦波激磁其幅值工作方式的功能完全相当。因此可将正弦、余弦激磁信号幅值的电气角 φ 的控制,转变为对脉冲宽度的控制。

从结构上和安装维护上而言,以上三种伺服系统中的幅值和相位比较伺服系统比脉冲、数字比较伺服系统复杂、要求高,所以一般情况下脉冲、数字比较伺服系统应用得最广泛,而相位比较系统要比幅值比较系统应用更广泛。

随着计算机技术、微电子技术和伺服控制技术的不断发展,高速和高精度的全数字伺服系统在数控伺服系统中获得广泛应用。伺服控制技术也因此从模拟方式、混合方式向全数字方式方向发展。全数字控制伺服系统是用计算机软件实现数控系统中位置环、速度环和电流环的控制。许多新的控制技术和改进伺服性能的措施也不断地被数字伺服系统所采用,进一步提高了系统的控制精度和品质。在全数字伺服系统中,插补运算得到的位置指令直接被计算机数控系统以数字信号的形式传送给伺服驱动单元,伺服驱动单元具有位置反馈和位置控制功能,其速度环和电流环都具有数字化的测量元件,速度控制、电流控制、伺服电动机的速度调节分别由专用的 CPU 独立完成。CNC 与伺服驱动之间采用专用接口芯片通信。

普通数控机床的伺服系统根据传统的反馈控制原理设计而成,很难达到无跟踪误差控制,不能同时保证高速度和高精度的运行。而全数字控制伺服系统可以采用多种现代控制技术,通过计算机控制,具有更高的动、静态控制精度,可实现最优控制,达到同时满足高速度和高精度的要求,其检测灵敏度、时间及温度漂移和抗干扰性能等方面都优于混合式伺服系统。相关的控制技术如下。

(1) 预测控制。预测控制的出现为解决大延迟系统控制的难题开辟了一条新的途径,通过预测数控伺服系统的传递函数来调节输入控制量,以产生符合要求的输出,最终实现减小伺服系统跟踪误差的目的。

(2) 前馈控制。数控伺服系统是一个复杂的控制系统,传统伺服控制系统主要是对伺服位置偏差、速度偏差进行 PID 调节控制,由于没有利用已知的后继插补输出条件、机床移动部件的惯性、摩擦阻尼滞后等信息,在高速加工中的动态跟随误差会比较大。在现代数控系统中,一般采用前馈控制减少伺服系统滞后,实际上构成了具有反馈和前馈复合控制的系统结构,从理论上而言,可以完全实现"无差调节",即同时消除系统的静态位置误差、速度与加速度误差以及外界扰动引起的相关误差,如 SIEMENS 840Di 数控系统采用的速度前馈及转矩前馈跟踪误差补偿等技术。

(3) 学习控制(重复控制)。智能型的伺服控制,适合具有周期性重复性的操作控制指令情况下的加工,可以获得高速、高精度的效果。当系统跟踪第一个周期指令时产生伺服滞后误差,系统经过对前一次的学习,能记住这个误差的大小,在第二次重复这个加工过程中进行相应的处理能够做到精确、无滞后地跟踪指令。

通过总线通信方式,全数字控制伺服系统可以极大地减少连接电缆的数量,使数控系统

更易于安装维护，进一步提高了系统可靠性；另外，全数字式伺服系统具有丰富的自诊断、自测量和显示功能。目前，全数字控制伺服系统在数控机床的伺服系统中得到了越来越广泛的应用。

5.3 常用执行元件及其控制

数控机床伺服驱动系统以机床工作台、主轴或刀架等相关移动部件的位置和速度为控制量，按 CNC 装置的进给指令脉冲，通过齿轮和丝杠驱动各加工坐标轴带动工作台或刀架按指令运动，使刀具与工件产生各种相对复杂的机械运动，完成所需要的复杂形状工件加工。数控伺服系统中的执行元件的性能将直接影响整个系统的参数，常用的执行元件有步进电动机、直流伺服电动机、交流伺服电动机、直线电动机等。

5.3.1 步进电动机伺服系统

步进电动机是一种将电脉冲信号转换成机械角位移的电气转换装置，常用作开环数控伺服系统的执行元件。步进电动机在接通电源但无脉冲时并不转动，转子保持原有位置不变而处于定位状态，仅当有脉冲输入时，转子才转过一个固定的角度，电脉冲的数量决定了转子的角位移量，电脉冲的频率与转子的转速成正比，旋旋方向取决于脉冲的顺序，在时间上与输入脉冲同步。只要控制步进电动机输入脉冲的数量、频率和电动机绕组的通电相序，即可获得所需的转角大小、转速和方向。步进电动机中的变频信号源是一种脉冲信号发生器，它可以在几赫兹到几万赫兹的频率范围内连续可调，按照运行指令把不同频率的脉冲输送到脉冲分配器，实现对步进电动机实行各种运行状态的控制。脉冲分配器接收输入脉冲和方向指令，向功率驱动器供给控制信号。脉冲分配器输出的脉冲经功率放大器放大后驱动步进电动机工作。步进电动机自 20 世纪 70 年代以来被广泛应用，其特点归纳如下。

(1) 控制系统简单，使用数字信号直接进行开环控制，电动机本体部件少(无刷)，整个系统具有较高的性价比和可靠性。

(2) 系统响应速度快，启、停、正反转及变速迅速，停止时可以实现通电自锁。

(3) 有一定的精度，灵敏度高，位移与输入脉冲信号相对应，步距误差不长期积累，可以组成结构较为简单而又具有一定精度的开环控制系统，也可以在要求高精度时组成闭环控制系统。

(4) 调速范围广，速度可在相当宽的范围内平滑调节，一台控制器可以同时控制多部电动机完全同步运行。

(5) 步进电动机带惯性负载能力差，由于存在失步和低频共振，其加减方法根据应用状态的不同而复杂化。

1. 步进电动机的分类及结构

步进电动机可以按多种方式进行分类。按其输出扭矩(功率)大小和使用场合，步进电动机可分为控制步进电动机(输出力矩在百分之几到十分之几牛·米，只能驱动较小的负载，要与液压扭矩放大器配用，才能驱动机床工作台等较大的负载)和功率步进电动机(输出力矩在 5～50N·m，可以直接驱动机床工作台等较大的负载)；按其励磁相数，步进电动机可分为三相、四相、五相、六相甚至八相步进电动机等；按其工作原理，步进电动机又可分为磁阻式(反应式，转子无绕组，由被激磁的定子绕组产生反应力矩实现步进运行)、感应子式和永磁式步进电动机；按其结构，步进电动机分为径向式(单段式，电动机各相按圆周依次排列)、轴向式(多段，电动机各相按轴向依次排列)和印刷绕组式步进电动机。

步进电动机本体、步进电动机驱动器和控制器是构成步进电动机系统不可分割的三大部分。总的来说，各种类型的步进电动机都是由定子和转子组成，但是在具体的结构形式上各有差异。反应式步进电动机有轴向分相和径向分相两种，以三相径向式反应式步进电动机为例，其结构如图5-22所示，定子由定子铁芯和定子绕组组成。定子铁芯由电工钢片叠压而成，定子绕组是绕置在定子铁芯上6个均匀分布的齿上的线圈，形成6个均匀分布的磁极，极与极之间的夹角为60°，在直径方向上相对的两个铁芯上的线圈串联在一起，构成一相励磁控制绕组。每个定子极上均布置了5个呈梳状排列的齿，齿槽距相等，齿间夹角为9°，共构成A、B、C三相按径向排列的励磁绕组。转子为铁芯(硅钢，无绕组)，其上均匀布置了40个齿，齿槽等宽，齿间夹角也是9°。三相定子磁极和转子上相应的齿在空间位置依次错开1/3齿距，即3°。任一相绕组通电，便形成一组定子磁极。当A相磁极上的齿与转子上的齿对齐时，B相磁极上的齿刚好超前(或滞后)转子上的齿1/3齿距角，C相磁极上的齿帽超前(或滞后)转子齿2/3齿距角。步距角(步进电动机每走一步所转过的角度)的大小等于错齿的角度，而错齿角度的大小取决于转子上的齿数。总的来说，磁极数越多，转子上的齿数越多，步距角会越小，相应步进电动机的位置精度越高，但机械结构也越复杂。

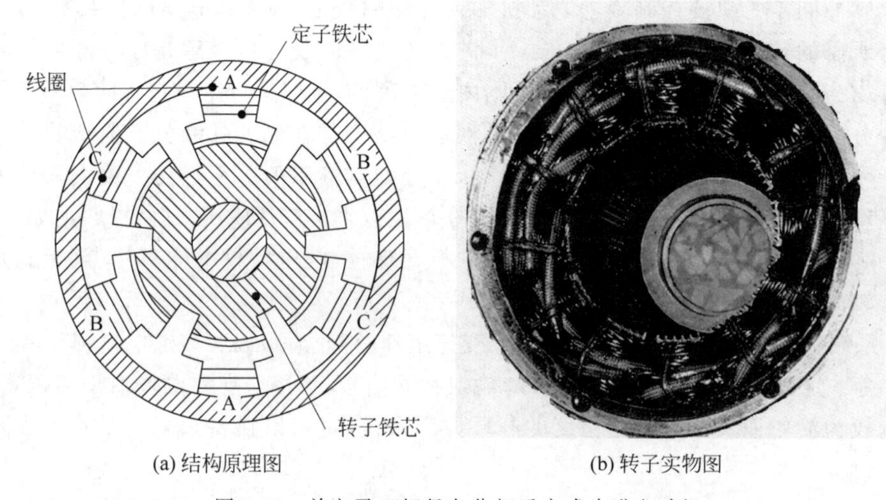

(a) 结构原理图　　(b) 转子实物图

图5-22　单定子三相径向分相反应式步进电动机

反应式步进电动机还有一种轴向分相的多段式结构形式，其定子和转子铁芯在轴向都分成多段(三、四、五、六段等)，形成独立的一相定子铁芯、定子绕组和转子，依次错开排列为A、B、C、D、E等相，每相是独立的，各段定子铁芯(由硅钢片叠成)形状如内齿轮；转子(由硅钢片叠成)形如外齿轮。各段定子上的齿在圆周方向均匀分布，彼此之间错开1/5齿距，其转子齿彼此不错位。当设置在定子铁芯环形槽内的定子绕组通电时，形成某一相环形绕组。

感应子式步进电动机由磁性转子铁芯通过与由定子产生的脉冲电磁场相互作用而产生转动，其结构与反应式步进电动机结构类似，其定子和转子铁芯的磁场和齿槽相同，但感应子式步进电动机在轴向存在恒定磁场，该磁场可以改善步进电动机的动态特性。励磁感应子式步进电动机的轴向磁场是通过转子上的励磁绕组产生，而永磁感应子式步进电动机的轴向磁场由在转子中部的一段环形磁钢和在环形磁钢的两端的两段铁芯轴向充磁建立。

永磁式步进电动机由磁性转子铁芯通过与由定子产生的脉冲电磁场相互作用而产生转动，其转子为永久磁铁，定子为绕有励磁绕组的软磁材料。永磁式电动机结构形式较多，常见形式有隐极式和爪极式。隐极式步进电动机结构与磁阻式步进电动机一样，具有二、三、四、五相等多种绕组，而爪极式步进电动机结构一般采用二相或四相绕组。

2. 工作原理

以反应式(磁阻式)步进电动机为例，三相反应式步进电动机工作原理如图 5-23 所示，当某一相定子励磁绕组加上电脉冲(通电)时，该相磁极产生磁场，并对转子的某一对齿产生电磁转矩，使靠近该通电绕组磁极的转子转动，当转子某对齿的中心线与定子磁极中心线对齐时，因为磁阻最小，转矩为零，从而停止转动。如果按一定次序切换定子绕组上各相电流，即使定子励磁绕组顺序轮流通电，A、B、C 三相的磁极就依次产生磁场，使转子按一定方向"步进式"转动。

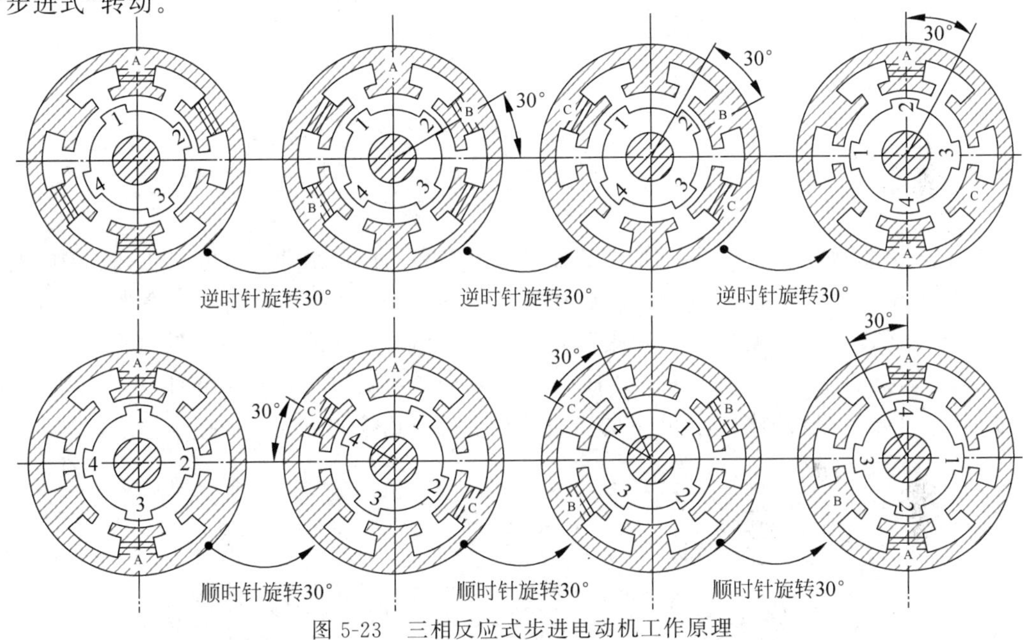

图 5-23　三相反应式步进电动机工作原理

为了便于理解，设每个定子磁极有一个齿，转子有 4 个齿，首先定子 A 相通电，B、C 两相断电，转子 1、3 齿按磁阻最小路径被磁极 A 产生的电磁转矩吸过去，当 1、3 齿与 A 对齐时，转动停止；接着将 B 相通电，A、C 两相断电，磁极 B 又同样使距它最近的一对转子齿 2、4 产生转矩，使转子继续按逆时针方向转过 30°；接着 C 相通电，A、B 相断电，转子同样又逆时针旋转 30°，以此类推，定子按 A→B→C→A…的顺序通电，转子就一步步地按逆时针方向转动，每步转过的角度为 30°。如果改变各相励磁绕组的通电顺序，如按 A→C→B→A…使定子绕组通电，步进电动机就按顺时针方向每步 30°方式转动。这种控制方式就叫单三拍方式。这种方式下由于每次只有某一相绕组处于通电状态，在各相通电状态切换瞬间会暂时失去自锁转矩的情形，这将使步进电动机容易失步，并且任一时刻都只有某一相绕组处于通电吸引转子，因此易在平衡位置附近产生振荡。

为了避免单三拍方式的缺点，在实际应用时不采用单三拍工作方式，而采用双三拍控制方式。如图 5-24 所示，双三拍控制方式下的通电顺序按 AB→BC→CA→AB…(逆时针方向)或 AC→CB→BA→AC…(顺时针方向)进行。

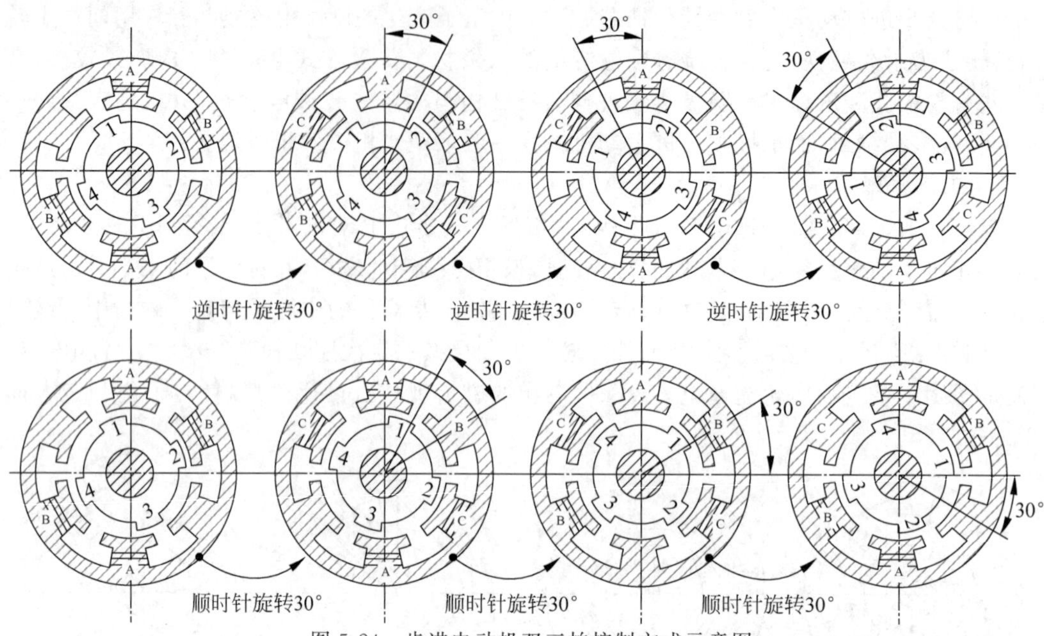

图 5-24　步进电动机双三拍控制方式示意图

与单三拍控制方式不同,双三拍控制任一时刻都有二相绕组片于通电状态,而且在切换时总有某一相保持绕组通电,所以工作较稳定。如图 5-25 所示,如果通电顺序为 A→AB→B→BC→C→CA→A…,就是三相六拍工作方式,步进电动机每步按逆时针方向转过 15°。同样,如果通电顺序为 A→AC→C→CB→B→BA→A…,则步进电动机每步按顺时针方向转过 15°。可知三相六拍控制方式下的步距角是三相三拍控制方式下的一半。

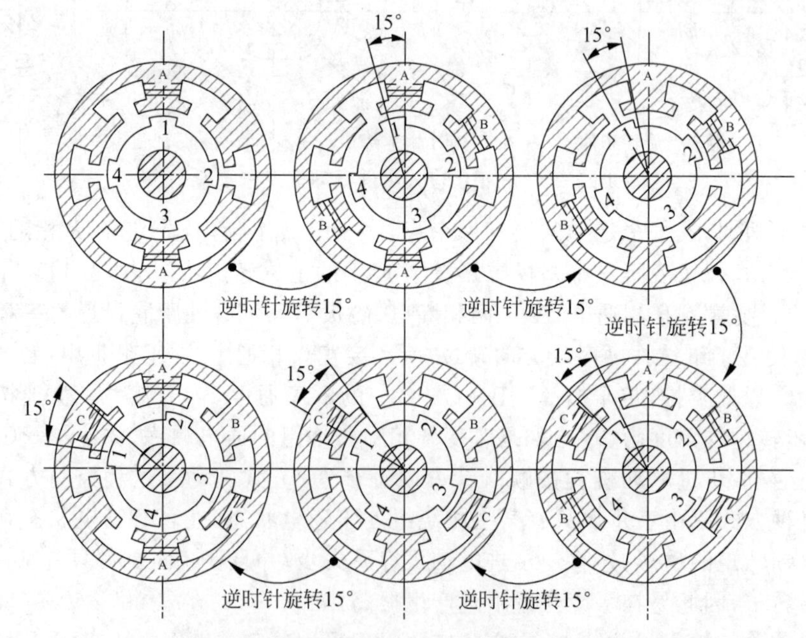

图 5-25　步进电动机三相六拍控制方式示意图

实际上,步进电动机的转子上有40个齿,在三相单三拍工作方式下的步距角为3°,而在三相六拍控制方式下为三相三拍控制方式步距角的一半,即1.5°。

总之,步进电动机的“步进式”转动是由绕组的控制电流脉冲(指令脉冲)决定的,其脉冲数量决定了其转动的步数(即角位移的大小);而其脉冲频率决定它的转动速度;改变绕组的通电顺序,就可以改变它的旋转方向。由此可见,步进电动机控制十分方便,但缺点是效率低,带惰性负载能力差,尤其在高速时容易失步。

3. 步进电动机的常用术语及主要特性

(1) 步距角θ(°)。指步进电动机定子绕组通电状态每改变一次,电动机转子所应转过的角度的理论值,也即每给一个电脉冲信号所对应的转子转过的角度,可按以下的计算公式获得:

$$\theta_b = 360°/(Z \cdot N)$$

式中,Z为步进电动机转子齿数;$N=km$为运行拍数,通常等于相数或相数的整数倍,m为电动机相数;k为通电方式系数(单拍时$k=1$,单双拍时$k=2$,例如三相三拍时,$k=1$,三相六拍时,$k=2$)。

步距角θ理论上应是整圆周(360°)的等分值,但实际上的步距角往往会存在误差。一般用步距误差即每转内各步距误差的最大值来作为步进电动机的静态步距误差,其大小主要受相关零部件的制造精度、齿槽和气隙的分布不均匀等因素影响。步进电动机的静态步距误差通常在10′以内。

(2) 齿距角。指定子或转子上相邻的两个齿中心线之间的夹角,通常定子和转子具有相同的齿距角。

(3) 零位或初始稳定平衡位置。指步进电动机各绕组不改变其通电状态,转子在理想空载状态下的平衡位置。

(4) 失调角。指转子偏离理论平衡点的角度。如果在电动机轴上外加一个负载转矩,使转子按一定方向转过一个角度θ,此时角度θ就称为失调角。

(5) 矩角特性。步进电动机在空载时,若其某相绕组通电,根据步进电动机的工作原理,电磁力矩会使得转子齿与该相应定子齿完全对齐,使转子上没有力矩输出。如果在电动机轴上加负载转矩M,则步进电动机转子就要转过一个角度θ(与M同方向)才能重新稳定下来,这时转子上受到的电磁转矩T和负载转矩M相等。矩角特性是指不改变各相绕组的通电状态,即单相或几相绕组同时通以直流电流时,电磁矩与失调角的关系,即

$$T = -\frac{Z_S Z_R}{2} l_t F^2 G_1 \sin Z_R \theta$$

式中,Z_S、Z_R为定、转子齿数;G_1为定、转子比磁导的基波分量;l_t为定、转子铁芯长度;F为定子励磁磁动势。

各相距角特性差异不应过大,否则会影响步距精度及引起低频振荡。

(6) 最大静转矩。矩角特性上转矩最大值T_k称为最大静转矩,它反映了步进电动机承受负载的能力。在静态稳定区内,当外加转矩去除时,转子在电磁转矩作用下,仍能回到稳定平衡点位置($\theta=0$)。最大静转矩越大,步进电动机的自锁力矩越大,其静态误差也越小。即最大静态转矩越大,电动机带负载的能力越强,运行的快速性和稳定性越好。

(7) 最大静转矩特性。绕组电流改变时,最大静转矩与相应电流的关系 $T_k=f(I)$ 为最大转矩特性。最大静转矩与通电状态和各相绕组电流有关,但电流增加到一定值时使磁路饱和,就对最大静转矩影响不大了。

(8) 误差。步进电动机的误差有两种:一是最大步距误差,是指电动机旋转一周内相邻两步之间最大步距和理想步矩角的差值,用理想步距的百分数表示;二是最大累计误差,是指任意位置开始经过任意步之间,角位移误差的最大值。

(9) 响应频率。当步进电动机可以任意运动而不丢步时,其最大频率称为响应频率,通常用启动频率 f_s 来作为衡量的指标。它是指在一定的负载下直接启动而不失步的极限频率,称为极限启动频率或突跳频率。若启动时频率大于突跳频率,步进电动机就不能正常启动。空载启动时,步进电动机定子绕组通电状态变化的频率不能高于该突跳频率。

(10) 连续运行最高工作频率。指步进电动机启动以后,在额定负载下其运行速度连续上升时,步进电动机能不失步运行的最高极限频率,称为连续运行频率。其值远大于启动频率,其决定了定子绕组通电状态最高变化频率的参数,也决定了步进电动机的最高转速。它也随着电动机所带负载的性质和大小而异,与驱动电源也有很大关系。

(11) 启动矩频特性。负载惯量一定时,启动频率与负载转矩之间的关系称为启动矩频特性,也称牵入特性。

(12) 运行矩频特性。矩频特性 $T=F(f)$ 是在负载惯量一定,连续稳定运行时输出转矩与连续运行频率之间的关系,又称牵出特性。动态转矩的基本趋势是随连续运行频率的增大而降低,运行矩频特性曲线上每一个频率对应的转矩称为动态转矩。在实际应用中一定要充分考虑动态转矩随连续运行频率的上升而下降的特点。

(13) 惯频特性。在一定的负载力矩下,步进电动机的频率和负载惯量之间的关系,称为惯频特性。具体而言,惯频特性分为启动惯频特性和运行惯频特性。

(14) 加减速特性。步进电动机的加减速特性主要描述步进电动机由静止到工作频率或由工作频率到静止的加速或减速过程中,定子绕组通电状态的变化频率与时间的关系。当要求步进电动机启动到大于突跳频率的工作频率时,变化速度须逐渐上升;另外,当从最高工作频率或高于突跳频率的工作频率停止时,变化速度也须逐渐下降。上升和下降的加速时间、减速时间不能过小,否则会出现失步或超步等现象。一般用加速时间常数和减速时间常数来描述步进电动机的升速和降速特性。目前,实际应用中主要通过软件实现步进电动机的加、减速控制。比较常见的加、减速控制实现方法有指数规律和直线规律加减速控制,指数规律加减速控制一般适用跟踪响应要求较高的切削加工中;直线规律加减速控制一般适用速度变化范围较大的快速定位方式中。

在实际应用中,步进电动机的惯频特性和动态特性等也都是很重要的特性。惯频特性主要描述步进电动机带动纯惯性负载时启动频率和负载转动惯量之间的关系;而动态特性主要描述步进电动机各相定子绕组通断电时的动态过程,它决定了步进电动机的动态精度。

4. 步进电动机的驱动控制

除步进电动机本身的性能以外,步进电动机驱动器的性能也很大程度上影响整个步进电动机驱动系统的总体性能。如图5-26所示为步进电动机驱动控制模块的组成框图,其一般由环形分配器(简称环分)、信号放大与处理级、推动级、驱动级等各部分组成,功率步进电动机的驱动器还有多种保护路线。

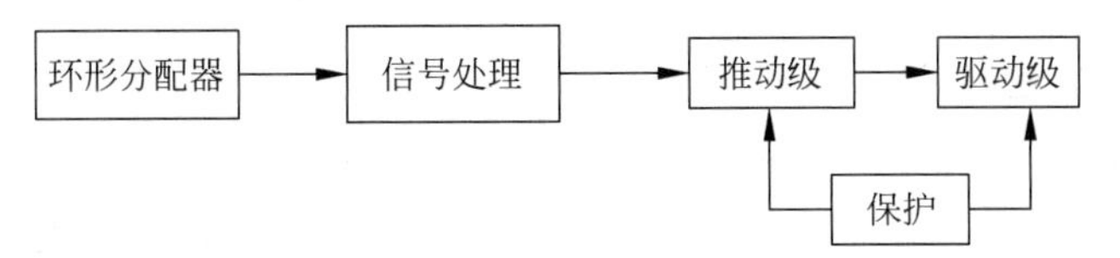

图 5-26　步进电动机驱动控制模块组成框图

环形分配器应根据步进电动机的相数和控制方式进行设计,用以控制步进电动机的通电运行方式,将数控装置送来的一系列指令脉冲按一定的顺序和分配方式,实现单个步进信号转换成步进电动机的控制信号,如三相六拍分配信号、五相十拍分配信号等,实现各相绕组的通电、断电,实现电动机的正反转控制。环形分配器可以由硬件完成,称为硬件环形分配器;也可以由软件来完成,称为软件环形分配器。环形分配器的输出是周期性的,又是可逆的。

信号处理级接收来自环形分配器输出的各相导通或截止的信号,实现信号必要的转换、合成,产生斩波、抑制等特殊功能的信号,从而产生特殊功能的驱动。在实际应用中,信号处理级与各种保护电路、各种控制电路组合,形成较高可靠性的驱动输出。

推动级负责电平转换,同时将较小的信号加以放大,变成足以推动驱动级动作的较大信号。其中的功率放大器用以将 TTL 电平的通电状态信号经过多级功率放大,用于控制步进电动机各相绕组电流按一定顺序切换。每相绕组分别由一组功率放大器控制,根据功率的不同,绕组电流从几安到十几安不等。

保护级的作用是保护驱动级功率器件,以作电流保护、过热保护、过电压保护、欠压保护等用。

1) 环形分配器

输入环形分配器的指令脉冲来自数控装置插补器的输出,为适应步进电动机的运行特点,通常还要将指令脉冲进一步进行加减速处理,使脉冲频率平滑上升或下降,防止失步或过冲。环形分配器的实现方式很多,可以用硬件实现、软件实现及软硬件相结合的方法。

(1) 硬件环形分配器。

硬件环形分配器的种类很多,具体可由与非门、D 触发器或 JK 触发器等构成,也可采用通用可编程逻辑器件或专用集成芯片实现,甚至采用小规模可编程逻辑器件 GAL 也可固化环形分配逻辑。目前市场上有许多专用的集成度高、可靠性好、具有可编程功能的集成电路环形分配器,例如国产的 PM03、PM04、PM05 和 PM06 专用集成电路,可分别用于 PM 系列三相、四相、五相和六相步进电动机的控制。进口的步进电动机专用集成芯片 PMM8713、PM8714 可分别实现四相(或三相)和五相步进电动机的控制。而 PPM101B 则是可编程的专用步进电动机控制芯片,通过编程可用于三相、四相、五相步进电动机的控制。

如图 5-27 所示为三相步进电动机中硬件环形分配驱动与数控装置的连接图,环形分配器的输入、输出信号一般为 TTL 电平,输出信号 A、B、C 信号为高、低电平分别表示相应的绕组通电和失电;CLK 为数控装置所发脉冲信号,每一个脉冲信号的上升沿(下降沿)到来时，环形分配器使绕组改变一次通电状态；数控装置发出DIR方向控制信号，其电平的高低对应步进电动机绕组通电顺序的改变，即步进电动机的正、反转；FULL/HALF电平用于控制电动机的整步(三拍)/半步(六拍)运行。

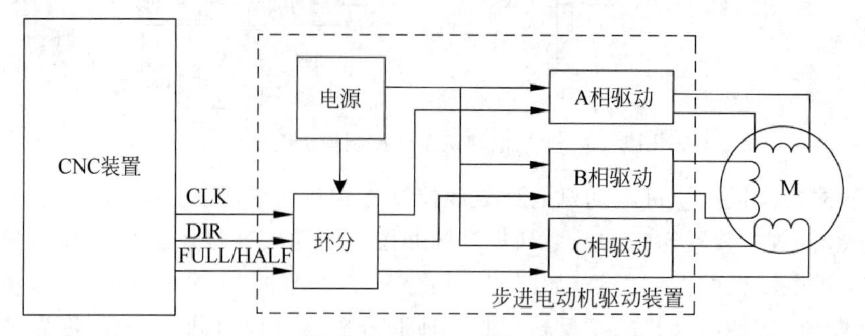

图5-27　硬件环形分配驱动与数控装置的连接

如图5-28所示为三相六拍环形分配器的原理电路图，分配器由三个D触发器和若干个与非门组成。CP端接进给脉冲控制信号，E端接电动机方向控制信号。当方向控制信号E=1时，每来一个进给脉冲CP，则步进电动机正向走一步；当E=0时，每来一个进给脉冲CP，则步进电动机反向走一步。环行分配器的输出端Q_A、Q_B、Q_C分别控制电动机的A、B、C三相绕组。

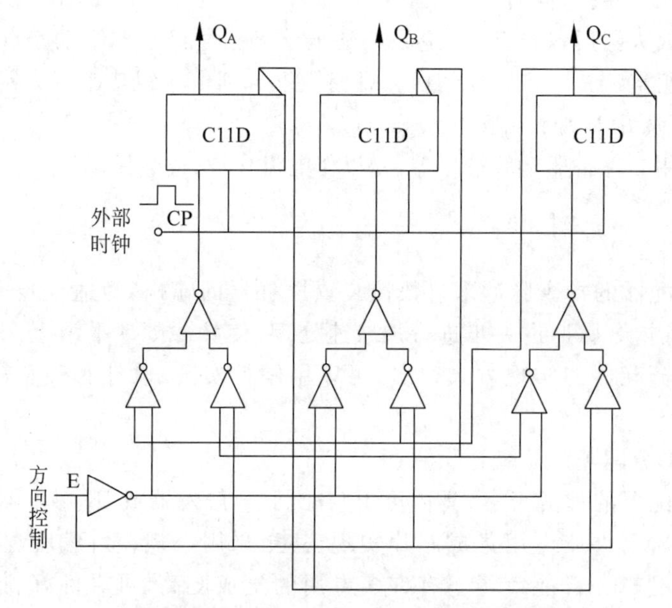

图5-28　正、反向进给的环形分配器原理图

由CH250三相反应式步进电动机环形分配器的专用集成电路芯片构成的反应式步进电动机三相六拍工作时(通过其控制端的不同接法可以实现三相双三拍工作方式)的接线图如图5-29所示。

(2) 软件环形分配器。

基于计算机控制的步进电动机驱动系统中，可以采用软件的方法实现环形脉冲分配功能。与硬件环形分配器不同，软件环形分配由数控装置中的软件部分来完成环形分配的任务，其接口直接输出速度和顺序控制脉冲信号，驱动步进电动机各相绕组的通、断电状态。

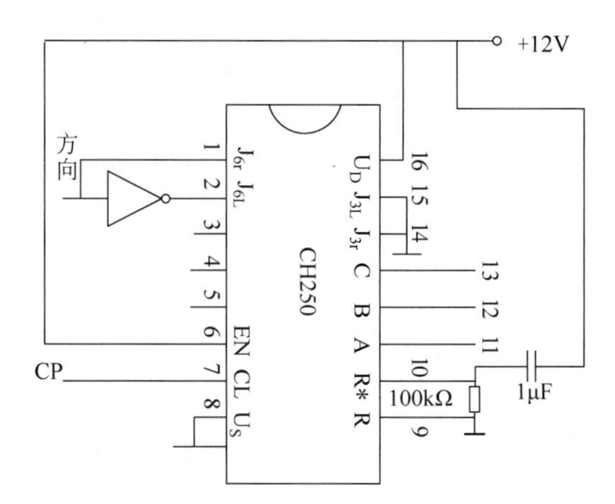

图 5-29　CH250 外形和三相六拍接线方式

通过编制不同的环形分配程序，可以在不改变硬件的基础上实现功能的改变，可以达到简化系统、提高性价比、实现步进电动机的灵活控制等特点。软件环形分配器的设计方法有查表法、比较法、移位寄存器法等，最常用的是查表法。下面以三相反应式步进电动机的环形分配为例，说明查表法软件环形分配器的工作原理。

如图 5-30 所示为一个两坐标步进电动机伺服进给系统电路连接原理框图。计算机的 PIO（并行输入/输出接口）的 PA_0～PA_5 6 个引脚经各自的光电耦合、功率放大之后，分别与 X 方向（A、B、C 相）和 Z 方向（a、b、c 相）三相定子绕组连接。当采用三相六拍方式时，电动机正转的通电顺序为 A→AB→B→BC→C→CA→A（a→ab→b→bc→c→ca→a）；电动机反转的顺序为 A→AC→C→CB→B→BA→A（a→ac→c→cb→b→ba→a）。如表 5-1 所示，基于 PIO 接口的接线方式，按步进电动机运转时绕组励磁状态转换方式得出环形分配器输出状态表，分别将表示 X 方向、Z 方向步进电动机各个绕组励磁状态的二进制数分别存入内存的 EPROM 地址 2A00H～2A05H、2A10H～2A15H 中（地址可由用户设定），并分别设定表头的地址为 TAB0 和 TAB6，表尾的地址为 TAB5 和 TAB11。然后编写 X 向和 Z 向正、反方向进给的子程序，按从表头开始逐次加 1 的顺序变化，电动机正向旋转。步进电动机运行时，调用该子程序，如果按从表尾开始逐次减 1 的顺序变化，电动机则反转。

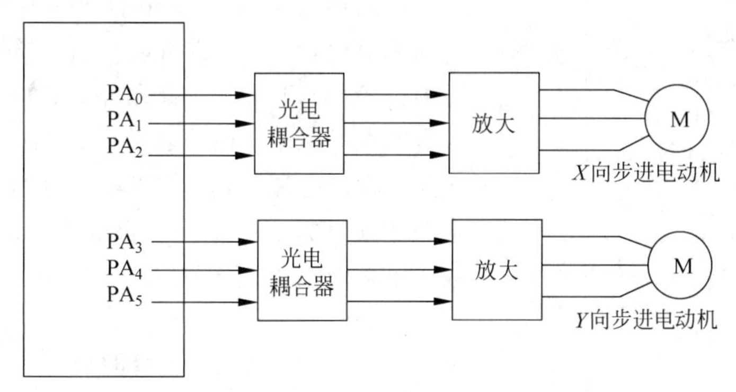

图 5-30　两坐标步进电动机伺服进给系统框图

表 5-1　步进电动机环形分配器的输出状态表

X 向步进电动机

节拍	C	B	A	存储单元		电动机状态	方向
	PA_2	PA_1	PA_0	内存地址	内容		
1	0	0	1	2A00H	01H	A	正
2	0	1	1	2A01H	03H	AB	转
3	0	1	0	2A02H	02H	B	↓
4	1	1	0	2A03H	06H	BC	反
5	1	0	0	2A04H	04H	C	转
6	1	0	1	2A05H	05H	CA	↑

Z 向步进电动机

节拍	c	b	a	存储单元		电动机状态	方向
	PA_5	PA_4	PA_3	内存地址	内容		
1	0	0	1	2A10H	08H	A	正
2	0	1	1	2A11H	18H	AB	转
3	0	1	0	2A12H	10H	B	↓
4	1	1	0	2A13H	30H	BC	反
5	1	0	0	2A14H	20H	C	转
6	1	0	1	2A15H	28H	CA	↑

采用软件脉冲分配器会增加软件编程的复杂程度,但同时也省去了硬件环形脉冲分配器,从而减少了硬件器件,简化了系统结构,降低了成本,提高了系统的可靠性。

2) 步进电动机伺服系统的功率驱动

从环形分配器输出的进给控制信号的电流很小(毫安级),一般需要进行功率放大后,才能达到步进电动机定子绕组所需的安培级电流以驱动步进电动机。功率放大电路将环形分配器输出的各相通电逻辑信号进行相应功率放大,控制步进电动机各相绕组电流按一定顺序切换,一般步进电动机的每一相都有自己的功率放大电路。功率放大电路的结构和性能直接影响整个步进电动机的性能。步进电动机功率放大电路形式很多,所采用的功率半导体元件可以是大功率晶体管 GTR,也可以是功率场效应管 MOS、可关断可控硅 GTO 和混合元件。具体应用上,功率放大电路最早采用单电压驱动电路,后来出现了高低电压切换驱动电路、恒流斩波驱动电路、调频调压驱动电路和细分驱动电路等。为了更好地掌握不同功率放大电路的性能,下面对这些功率放大电路的工作原理进行介绍。

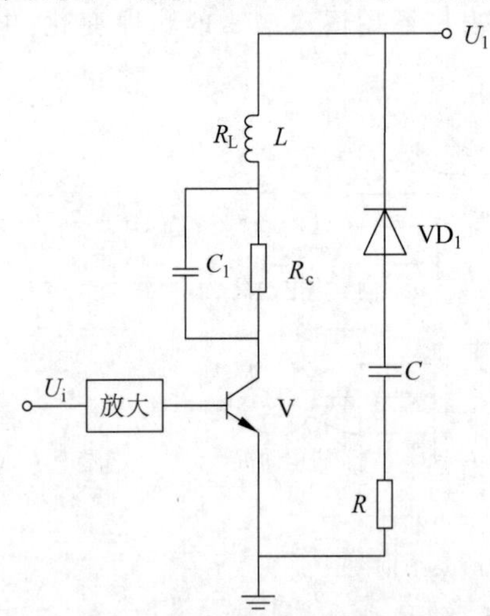

图 5-31　单电源功率放大电路原理图

(1) 单电压功率放大电路。

如图 5-31 所示为一种典型的单电压简单驱动电路,它一般由光电耦合器、限流功率电阻以及大功率晶体管组成,可以作为步进电动机某一相绕组的驱动电路。图中 L 为步进电动机励磁绕组的电感，R_L 为步进电动机励磁绕组的电阻，R_c 是大功率限流电阻，用于限制稳态电流。为了减小回路的时间常数$L/(R_a+R_c)$，使回路电流上升沿变陡，将限流电阻 R_c 并联了一电容 C_1，以提高步进电动机的高频性能和启动性能。续流二极管 VD_1 和阻容吸收回路 RC 在 V 由导通到截止瞬间释放电动机电感产生高的反电势，构成功率管 V 的保护电路。

此电路结构简单，但是限流电阻 R_c 消耗能量大，电流脉冲前后沿不够陡，在改善了高频性能后，低频工作时会增加振荡，使得低频特性变坏。另外，由于电流较大，在大功率电阻上的功耗较高，发热严重，电路体积也很大，实际中很少采用这种电路。

（2）高低电压功率放大电路。

为了克服单电压简单驱动电路的缺点，高低电压切换驱动电路的给步进电动机绕组提供高低两种电压供电，高压充电、低压供电，高压充电以保证电流以较快的速度上升，低压供电维持绕组中的电流为额定值。高压由电动机参数和晶体管的特性决定，一般在 80V 至更高范围；低压即步进电动机的额定电压，一般为几伏，不超过 20V。步进电动机的绕组每次通电时，首先接通高压，以保证电流以较快的速度上升，然后改通低压，维持绕组中的电流为额定值。通常高压导通时间固定在 100～600μs 的某一值(t_H)。

如图 5-32 所示为一种高低电压功率放大电路原理图。图中主回路由高压管 V_1、电动机绕组，低压管 V_2 串联而成，电源 U_H 为高电压电源，具体可取为 80～150V；U_L 为低电压电源，具体可取为 5～20V。低压管的输入信号来自环形分配器，其脉宽由环分输出决定。在绕组指令脉冲到来时，脉冲的高电平(上升沿)同时使 V_1 和 V_2 导通。V_H 是由 V_L 的前端经微分和整形获得，形成脉冲宽度工作频率变化的定宽脉冲，一般将高压脉宽整定为 1～3ms，设 V_H 的脉宽为 t_H，V_L 的脉宽为 t_L，在相绕组导通的过程中，在前沿开始的 t_H 时间内，由于高低压输入信号同时有效，使高低压管同时导通电流的通路如图 5-32(b)所示，绕组电流由高压电源供给。此时，机能组电流有很陡的前沿，并迅速形成上冲，当 t_H 过后

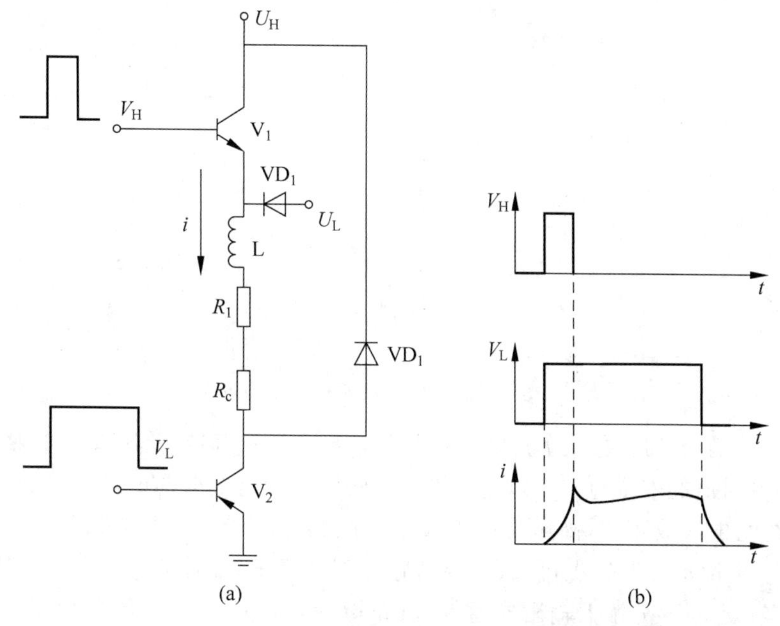

图 5-32　高低压驱动电路原理图

高压管转为截止状态,电动机由低电压 U_L 供电,维持规定电流值,t_L 继续处于导通状态,电流路径如图所示,由于绕组阻值很小,所以低压电源只需数伏就可以提供较大的电流。

低频工作时,由于电动机反电势较小,绕组电流在 t_H 时间内几乎完全由高电压的大小来决定。因为 U_H 电压很高,绕组回路电阻很小,所以绕组电流上升很快,能超过绕组的额定电流,但 t_H 时间过后,高压立即关闭,电流在低压回路迅速下降,直到变为由低压电源所决定的绕组电流大小。采用高压驱动,电流增长快,绕组电流前沿变陡,因此提高了电动机的工作频率和高频时的转矩,同时由于额定电流是由低电压维持,只需阻值较小的限流电阻 R_c,故系统功耗较低。其不足之处是高低压衔接处的电流波形在顶部有下凹,影响电动机运行的平稳性。

(3) 斩波恒流功放电路。

高低压驱动的目的主要是使导通相电流不论在锁定低频或高频工作时,都保持额定值,但高低压切换驱动电路的电流波形会造成高频输出转矩的下降。斩波恒流驱动方式可较好地解决这一问题,斩波驱动电路的控制原理是检测流过绕组的电流值,当其值降到下限设定值时,便通过高压功率管导通使绕组电流迅速上升,上升到上限设定值时,便立即关断高压管。通过使高压管在一个步进周期内多次通断,最终保证绕组电流维持在额定值附近上、下限波动,接近恒定值,达到提高绕组电流的平均值,有效地抑制电动机输出转矩的降低的目的。斩波恒流功放电路原理如图5-33所示。

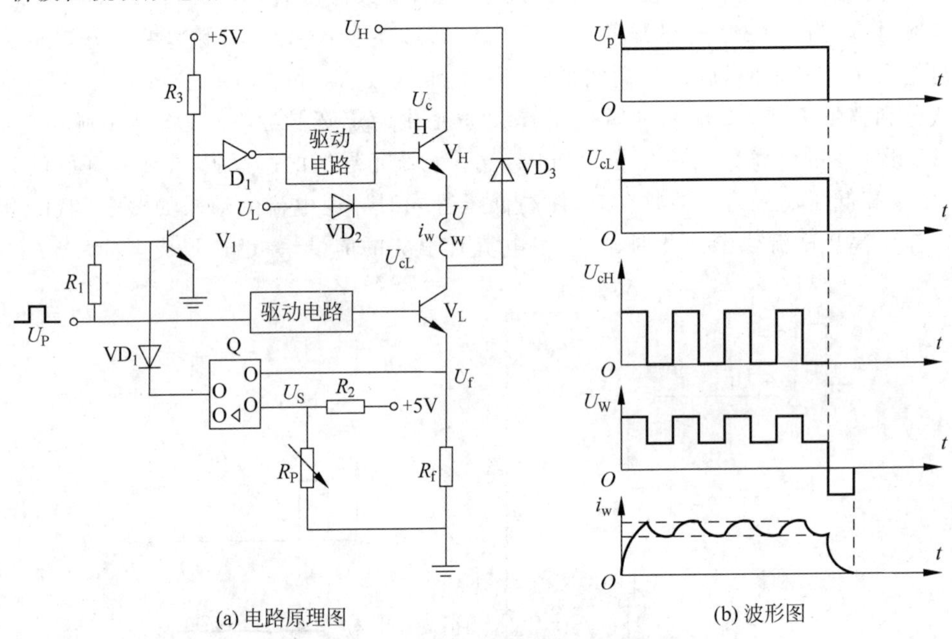

(a) 电路原理图　　(b) 波形图

图5-33　斩波恒流驱动原理图及波形图

环形分配器输出的脉冲作为斩波恒流功放电路的输入信号,低压管的发射极串联了一个大功率、小电阻值的取样电阻 R_f,电动机绕组的电流经这个取样电阻通地,取样电阻的压降与电动机绕组电流成正比,高压功率管 V_H 的通断同时受步进脉冲信号 U_p 和运算放大器Q的控制。由逻辑电路知识可知,在导通脉冲到来之前,晶体管 V_L 和 V_H 都截止,取样电阻电流为零;当环形分配器输出导通信号(正脉冲)时,环形分配器输出的相绕组导通脉冲一路经驱动电路驱动低压管 V_L 导通，另一路通过晶体管 V_1 和反相器 D_1 及驱动电路驱动高压管 V_H 导通，这时绕组由高压电源 U_H 供电。晶体管 V_L 和 V_H 两管导通，由于 U_H 电压较高，高电压 U_H 经 V_H 向电动机的绕组供电，由于电动机绕组有较大的电感，所以电流呈指数上升，但所加电压较高，所以电流上升较快。当绕组中的电流上升到额定值以上某个数值时，取样电阻 R_f 上的电压 U_f 不断升高，当其升高到比运算放大器 Q 同相输入电压 U_s 大时，Q 输出端变成低电平，使 V_1 的基极通过二极管 VD_1 接低电平，V_1 截止，D_1 输出低电平，V_H 截止，关断高压供电，绕组转由低压 U_L 供电。当绕组上流过的电流下降，取样电阻上得到的电压小于给定电压时，运算放大器 Q 输出高电平使 VD_1 截止，V_1 导通，D_1 输出高电平，通过驱动电路使 V_H 导通，绕组又转由高压 U_H 供电。在步进脉冲有效期内如此反复，使电动机绕组的电流稳定在由给定电平所决定的数值上，形成小小的锯齿波，并限制在给定值上下波动。调节电位器 R_P，可改变 Q 的翻转电压，即改变绕组中电流的限定值。Q 的增益越大，绕组的电流波动越小，电动机运转越平稳，电噪声也越小。

由于驱动电压较高，斩波恒流驱动中的绕组电流上升很快，且达到所需的数值时，由于取样电阻反馈控制作用，绕组电流又可以恒定在不随电动机的转速而变化的数值上，使步进电动机在很大的频率范围内都能输出恒定转矩，是一种恒流驱动方案，绕组上的电流大小与外加电压大小无关，所以对电源的要求很低。其次，因为在相绕组导通时间内，绕组并不是一直由电源电压供电，而是通过一个个的窄脉冲实现供电，所以总的输入能量是各脉冲时间的电压与电流乘积积分的总和，与其他的驱动方式相比，取自电源的能量大幅下降。因此，这种驱动器有很高的效率。另外，由于电动机共振的基本原因是能量过剩，而斩波恒流驱动输入的能量是自动随着绕组电流调节的，能量过剩时续流时间长，而供电时间减小，因此可减小能量的积聚，可以达到有效减少电动机共振现象发生的目的。最后，这种定电流控制的驱动电路在运行频率不太高时，补偿效果比较明显。但当运行频率升高时，因电动机绕组的通电周期缩短，高压管导通时绕组电流来不及升到整定值，所以波峰补偿作用就不明显了。具体应用时通过提高高压电源的电压，使补偿频段提高。

(4) 调频调压驱动电路。

步进电动机绕组电流的上冲值在电源电压一定时会随工作频率的升高而降低，导致输出转矩随电动机转速的提高而下降。为保证高频运行步进电动机的输出转矩，就需要将供电电压提高。上面所讲的各种功率驱动电路都是为保证绕组电流有较好的上升沿和幅值而设计的，从而有效地提高了步进电动机的工作频率，但是步进电动机在低频运行时，会给绕组注入过多的能量而引起步进电动机的低频振荡和噪声等现象的发生。为了克服这个不足，可以采用调频调压驱动电路。

调频调压驱动电路的基本原理，是根据当步进电动机所运行在低频或高频状态，实时降低或升高其供电电压，即使得步进电动机的供电电压跟随步进电动机转速增加而升高，在解决了低频振荡问题的同时，也保证了高频运行时的输出转矩。

在计算机数控系统中，通常可以由软件配合适当硬件电路来实现调频调压驱动，如图 5-34 所示为调频调压驱动电路原理图，若由 CPU 输出的开关调压信号 U_c 输出一个负脉冲信号，使得晶体管 V_1 和 V_2 导通，使得电源电压 U 作用于电感 L_1 和电动机绕组 W 上，电流逐渐增大并对电容 C 充电(充电时间由负脉冲宽度 t_o 决定)，电感 L_1 感应出负电动势，在开关调压信号 U_c 负脉冲过后，V_1 和 V_2 截止，L_1 又产生感应电动势，其方向是 U_1 处为正。此时,若 V_3 导通,这个反电动势便经 $W \to R_s \to V_3 \to$ 地 $\to VD_1 \to L_1$ 回路泄放,同时 C 也向 W 放电。由此可见,向电动机绕组供电电压 U_1 取决于 V_1 和 V_2 的导通时间,即随负脉冲的宽度 t_o 的增大而升高,根据 CPU 输出的步进控制脉冲信号 U_c 的频率,调整 U_c 的负脉冲宽度,便可实现调频调压。

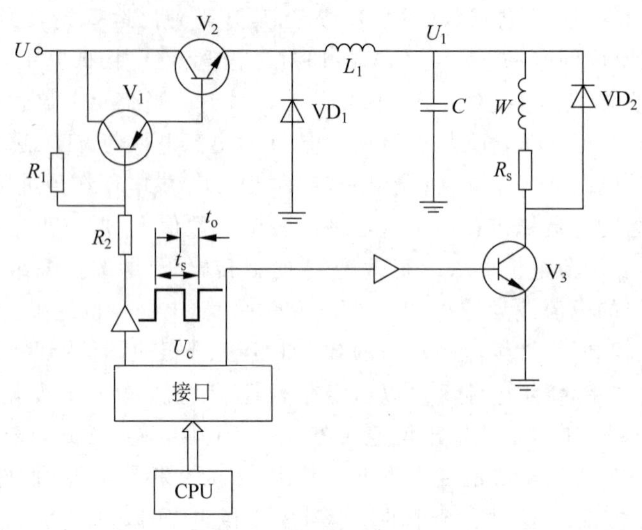

图 5-34 调频调压驱动电路

(5) 细分驱动电路。

上述的各种功率驱动电路,都按照环形分配器决定的分配方式来控制电动机各相绕组的导通或截止,从而使电动机产生步进所需的旋转磁势拖动转子步进旋转,因此步距角只有整步工作或半步工作两种。如果要求步进电动机有更小的步距角、更高的分辨力,或者考虑步进电动机振动、噪声等原因,可以在每次输入脉冲切换时,通电相的电流分多次累积增加(或减小)完成,则电动机的合成磁势也只旋转步距角的一部分,转子在每次增加(或减小)时的运行也只有步距角的一部分。这时绕组电流不再是一个方波,而是阶梯波,额定电流也是台阶式的加入或切除,电流分成多少个台阶增加(或减小),则转子就以同样的次数转过一个完整步距角,这种通过控制步进电动机各相绕组中电流的大小和比例,从而使步距角减少到原来的几分之一至几十分之一(一般不小于 1/10)的驱动方法,称为细分驱动。细分驱动电路可以提高步进电动机的分辨力,减弱甚至消除振荡,极大提高电动机运行的精度和平稳性。实现细分的关键在于将绕组中的矩形电流波变成阶梯形电流波。阶梯波控制信号可由很多方法产生,如图 5-35 所示为一种恒频脉宽调制细分驱动电路及其波形图。

数/模转换器的数字信号(与步进电动机各相电流相对应的值)和 D 触发器的触发脉冲信号 U_d 可由数控装置提供,数字信号经数/模转换器转换成相应的模拟信号电压 U_a,加在运算放大器 Q 的同相输入端,因此时绕组上电流还未跟上,故 $U_f < U_a$,Q 输出高电平,控制 D 触发器在 U_m 的作用下在 H 端输出高电平,使功率晶体管 V_1 和 V_2 导通,电动机绕组 W 中的电流迅速上升。当绕组电流上升到一定值时,反馈电阻 R_f 上的电压 U_{Rf} 超过 U_a,使运算放大器 Q 输出变为低电平,控制 D 触发器清零,V_1 和 V_2 截止。此时当 U_a 不变时,由运算放大器 Q 和 D 触发器构成斩波控制电路,将使绕组电流稳定在一定值上下波动,完成了稳定在一个新台阶上的过程。一段时间后,数控装置再给模数转换器输入一个增加(减小)

的电流数字信号，经模/数转换器 U_a 上升(下降)到一个新的大小，绕组电流也将按上述过程跟着上升(下降)一个阶梯。最终实现细分，并保证在每一个阶梯高度(电流大小)维持恒定。

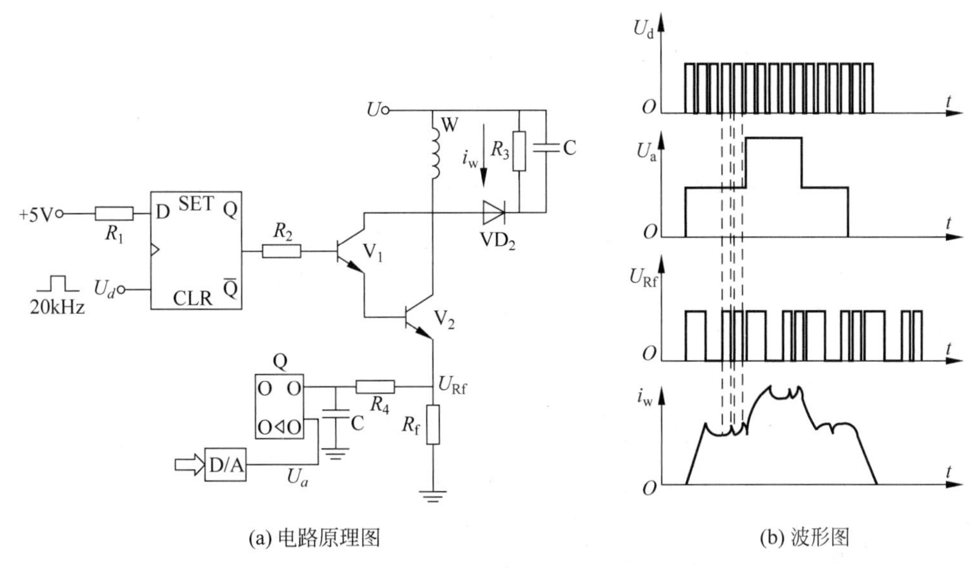

(a) 电路原理图　　(b) 波形图

图 5-35　恒频脉宽调制细分驱动电路及波形图

3）提高步进伺服系统精度的措施

步进伺服系统是一个开环系统，系统的工作精度受步进电动机的质量、机械传动部分的结构和质量以及控制电路的完善与否所影响。要改善步进伺服系统的工作精度，应从改善步进电动机的性能、减小步距角、使用精密传动副、减少传动链中传动间隙等方面来考虑。但这些因素一般由于结构工艺的关系受到一定的限制，所以可从控制方法和线路上采取一些弥补措施，下面具体介绍几种常见的方法。

(1) 采用细分驱动技术。

通过细分控制电路，可以将步进电动机的一个步距角细分为多个等份，从而提高步进电动机的精度和分辨力。如十细分电路可以将原一个脉冲对应的步距角细化为 10 个脉冲才使电动机完成一步，在进给速度不变的情况下可以使脉冲当量缩小为原来的 1/10。由于步距角被细化，转子到达新稳态点所需的动能变小，使步进电动机不改变电动机内部的结构就可以实现更微量进给，振动显著减小，既有快速性也有低频运行的平滑性等优点。

(2) 传动误差补偿。

在实际使用过程中，进给传动结构由于刚度、环境的温度等参数和负载的变化都可能引起一定的传动误差。作为开环系统，步进电动机很难通过其各环节去克服，为了改善开环系统的位置精度，需要考虑各种补偿方法和功能。最常用的是齿距误差和反向间隙补偿，这种方法的基本原理是根据实际测出的传动间隙或齿距误差的大小，在出现反向运动指令或移动到有齿距误差的位置时，通过硬件线路或利用程序来补偿一定的进给脉冲来补偿传动系统的间隙误差和传动误差。通常将各种补偿参数预先存放在 RAM 中，当程序判断应该进行某种补偿时，立刻查找表格，取出补偿值，再进行有关的修正计算，从而完成补偿任务。

(3) 螺距误差补偿。

在开环步进伺服驱动系统中，丝杠的螺距误差产生原因如下：由于滚珠丝杠副大都处在进给系统传动链的最末级,而传动丝杠和螺母都不同程度地存在一些误差(如螺距累计误差、螺纹滚道型面误差、直径尺寸误差),这些误差将直接影响零部件的加工精度;滚珠丝杠大都采用双支撑或三支撑结构,因此在其装配过程中,丝杠会产生轴向弹性伸长而造成丝杠螺距误差增加;在装配过程中,丝杠轴线与机床导轨会因为安装平行度误差引起目标值偏差。

丝杠的螺距累计误差将直接影响到工作台的位移精度,为提高开环伺服驱动系统的精度,就必须予以补偿。补偿原理是通过实测机床实际移动的距离与指令移动的距离之差,得到丝杠全程的误差分布曲线。根据获得的误差分布曲线,适当增减指令值的脉冲个数,使机床的实际移动距离与指令值接近,达到补偿螺距误差和提高机床定位精度的目的。螺距误差补偿只对机床补偿段起作用。

5.3.2 直流伺服系统

一般称转速和方向都受控制电压信号控制的一类电动机为伺服电动机,常被用于自动控制系统中作为执行元件。伺服电动机可分为直流、交流伺服电动机两大类。在数控系统中,将以直流电动机作为驱动元件的伺服系统称为直流伺服系统。数控机床对伺服驱动系统有较高的要求,而直流伺服电动机具有良好的启动、制动和调速特性,实现宽范围平滑无级调速比较容易,尤其是他励和永磁直流伺服电动机,具有良好的机械特性,所以直流伺服系统自20世纪70年代以来在数控系统中的半闭环、闭环控制伺服驱动中得到了广泛的应用。直流伺服系统的缺点是由于结构中有电刷和换向器的存在,会产生比较大的摩擦转矩,有火花干扰及维护不便等。随着交流伺服驱动技术的发展,直流伺服电动机已被逐渐取代,但直流伺服电动机目前仍有采用,并且现有的已采用直流伺服驱动(极大部分的直流伺服系统采用永磁直流伺服电动机)的数控系统也需要维护和调试,因此直流伺服驱动相关技术仍是学习的重点。

1. 直流伺服电动机的分类

直流伺服电动机的品种很多,如按转速的高低可分为高速直流伺服电动机和低速大扭矩宽调速电动机。其中,高速直流伺服电动机又可分为普通直流伺服电动机和高性能直流伺服电动机。直流电动机的定子有永久磁铁或激磁绕组所形成的磁极两种,根据电动机磁场产生的方式,可分为他励式、永磁式、并励式、串励式和复励式5种,实际上,永磁直流伺服电动机的定子永磁体通常采用新型稀土钴等永磁材料,其具有极大的矫顽力和很高的磁能积,因此电动机抗去磁力高,体积小。普通高速他励式直流伺服电动机的应用历史最长,但其转矩/惯量比很小,难以满足现代伺服控制技术的要求。20世纪60年代中期出现的永磁式直流伺服电动机(也称为大惯量宽调速直流伺服电动机)由于没有励磁回路,外形尺寸比其他直流伺服电动机小,而且效率高、结构简单。在结构上,直流伺服电动机有一般电枢式、无槽电枢式、印刷电枢式、绕线盘式和空心杯电枢式等。根据控制方式,直流伺服电动机可分为磁场控制方式和电枢控制方式。为避免电刷、换向器的接触,还有无刷直流伺服电动机。

目前数控进给系统中采用的直流电动机主要是20世纪70年代研制的大惯量宽调速直流伺服电动机,这种电动机又可细分为电励式和永久磁铁励磁式两种。占主导地位的永磁式直流伺服电动机采用电枢控制方式,调速范围较宽,低转速下运行平稳,转动惯量大，加减速度大，大加速度状态下有良好的换向性能，其低速高转矩和大惯量结构使其可以与丝杠直接相连，耐温可达 150～200℃，能够在较大过载转矩时长时间地工作，在数控系统中得到了广泛应用。但是对其控制不如步进电动机简单，快速响应性能不如小惯量电动机，长时间工作时转子的热量会引起丝杠受热变形而影响传动精度，维修保养也存在一定的问题。20 世纪 60 年代末出现了两种高性能的小惯量高速直流伺服电动机：小惯量无槽电枢直流伺服电动机和空心杯电枢直流伺服电动机。小惯量无槽电枢直流伺服电动机的铁芯表面无槽，电枢表面绕组直接用环氧树脂粘接在光滑的铁芯表面上。空心杯电枢直流伺服电动机转子无铁芯，壁薄而细长，转动惯量更小。因为小惯量直流电动机最大限度地减小了电枢的转动惯量，所以可以达到的响应速度较快，适合对电动机的动态响应性能要求较高的伺服系统。

低速大扭矩宽调速电动机（也称大惯量电动机）具有较高的转矩/转动惯量比，因此有较好的快速响应性和极高的加速度；具有高的热容量，电动机可长时间运行在过载状态下；具有高转矩和低转速特性，可解决齿轮减速器的间隙给系统带来的种种不利影响，总系统的转矩/惯量比值较恒定，具有较高的动态性能。近年来高精度数控系统和工业机器人伺服系统中广泛采用低速大扭矩宽调速电动机，如 FANUC-BESK 系列直流伺服电动机等。

2. 直流伺服电动机的工作原理

直流伺服电动机的基本结构（图 5-36）与一般的电动机结构相似，包括三大部分：定子、转子（电枢）和电刷与换向片，永磁式定子磁极由永磁材料制成，他激式定子磁极由外绕线圈的冲压硅钢片叠压而成，并通以直流电流产生恒定磁场；转子由冲压硅钢片叠压而成，表面嵌有的线圈通直流电，在定子的磁场作用下产生带动负载旋转的电磁转矩；电刷与外接直流电源相接，而换向片与电枢导体相连，通过电刷和换向器，转子绕组中的任何一根导体，只要一转过中性线，即发生由定子 S 极下的范围进入定子 N 极下的范围（或者由定子 N 极下的范围进入 S 极下的范围）的转变，为保证转子的总磁动势的方向始终与定子磁动势正交，这根导体上的电流需要改变方向，而在 S 极下范围的导体和 N 极下范围的导体总是保持各自电流方向不变。转子磁场与定子磁场相互作用产生恒定的电动机的电磁转矩，带动电动机转动。

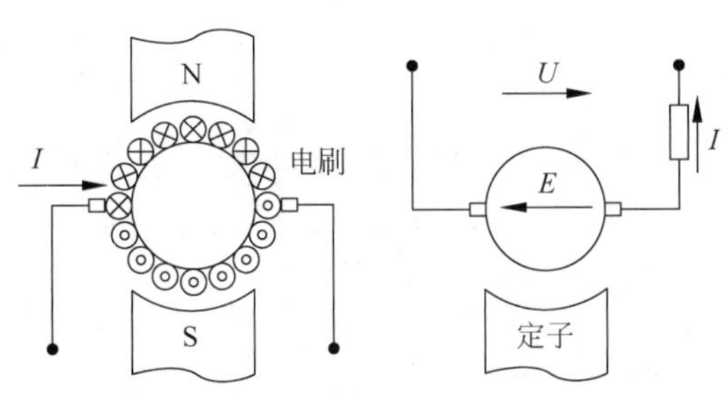

图 5-36　直流伺服电动机工作原理示意图

励磁式直流电动机都是建立在电磁力定律基础上的，一般由励磁绕组和磁极分别建立磁场，由通电导体（电枢绕组）切割磁力线产生的相应电磁转矩的大小与电动机中气隙磁场和电枢电流成正比。产生的电动机电磁转矩大小可以表示为

$$T_M = C_M \phi I_a$$

式中，T_M 为电动机电磁转矩；C_M 为电磁力矩常数。对于永磁式直流伺服电动机，这两个

参数都是常数。

当直流电动机处于匀速旋转时,其输入的转矩会与负载转矩相等。直流电动机的实际输出转矩往往还应考虑其电枢铁芯中的涡流、磁滞损耗和机械零部件摩擦(如电刷和换向器的摩擦,轴承的摩擦等)引起的内部阻转矩。因此,电磁转矩平衡方程可以表示为

$$T_o = T_M - T_i = T_R$$

其中,T_o 为电动机的输出转矩;T_i 为电动机自身内部的阻转矩;T_R 为电动机匀速旋转时所克服的负载转矩。如果把电动机内部阻转矩和负载转矩共同作用称为总阻转矩 T_s,上式还可以写为

$$T_M = T_s = T_i + T_R$$

即直流电动机在稳态运行时,电动机的电磁转矩与电动机轴上的总阻转矩相平衡。当电动机处于转速变化情况下,例如启动、停转或反转等,这种情况下电动机轴上的转矩平衡方程式可以表示为

$$T_M - T_s = T_J = J\ \frac{d\omega}{dt}$$

式中,T_J 表示因电动机的转动惯量产生的惯性转矩;J 表示负载和电动机转动部分的转动惯量;ω 表示电动机的角速度。由上式可知,当电动机电磁转矩 T_M 大于总阻转矩 T_s 时,电动机会加速运行;反之电动机减速运行。

电流通过电枢绕组产生电磁力和电磁转矩。另外,当电枢在电磁转矩的作用下转动后,电枢导体因切割磁力线会产生与电流方向相反的感应电动势,直流电动机电枢回路的电压平衡方程式可以由以下两式表示:

$$I_a R_a + E_a = U_a$$

$$E_a = C_e \phi n$$

式中,R_a 为电枢电阻;I_a 为电枢电流;U_a 为电枢电压;E_a 为电枢反电动势;C_e 为反电动势常数;ϕ 为电动机磁通;n 为电动机转速。

上式表明,外加电压一部分用来抵消反电动势,一部分消耗在电阻上。

根据以上分析,可得出直流电动机的机械特性公式:

$$n = \frac{U_a - I_a R_a}{C_e \phi} = \frac{U_a}{C_e \phi} - \frac{R_a T_M}{C_e C_M \phi^2}$$

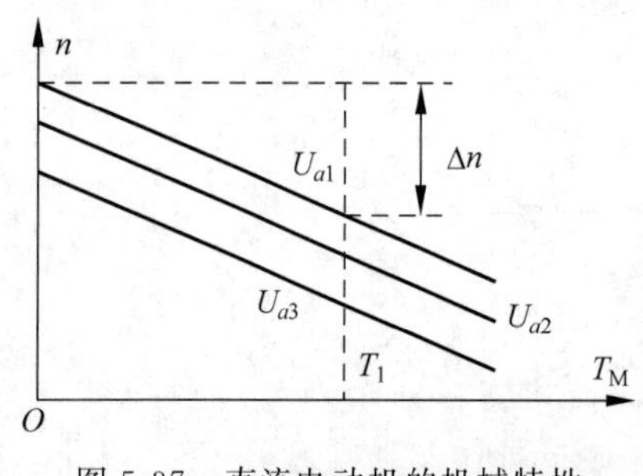

图 5-37　直流电动机的机械特性

其对应的机械特性曲线族如图 5-37 所示,不同的电枢电压对应于不同的曲线,各曲线彼此平行。其中,$n_0\left(\dfrac{U_a}{C_e \phi}\right)$称为理想空载转速,而 $\Delta n\left(\dfrac{R_a}{C_e C_M \phi^2}\right)$称为转速降落。实际采用改变电枢电压 U_a 的方法来调速。

3. 直流伺服电动机的速度控制

作为直流伺服系统的一个执行元件,直流伺服电动机可以控制机床的进给速度和移动位置。一般而言,如图 5-38 所示,直流伺服系统的结构为电枢电流闭环、速度闭环与位置闭环三闭环控制,其中电流反馈一般采用取样电阻、霍尔电路传感器等。

由以上分析可知,改变电枢电压、励磁电流或电枢电路的电阻都可改变电动机的转速,

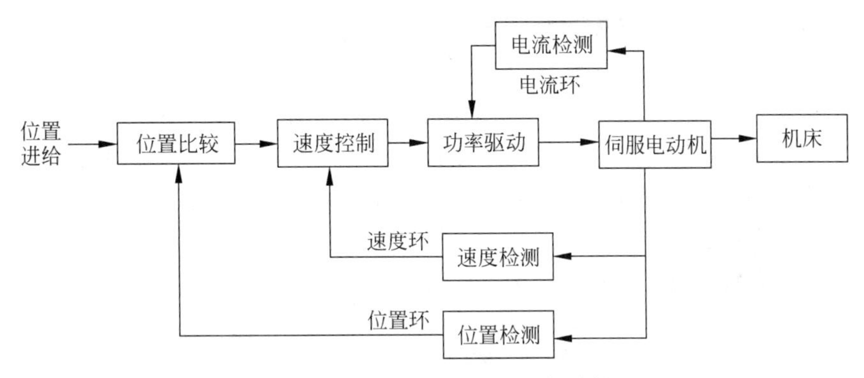

图 5-38 直流驱动系统的一般结构

数控系统的速度控制单元一般采用改变电枢电压和励磁电流的方法，尤其是改变电枢电压方法常用来实现对伺服电动机和主轴电动机的速度调节。直流伺服电动机的速度控制单元主要是把速度指令信号转换成相应的电枢电压值，实现调节电动机速度的目的。直流电动机的速度控制单元通常采用晶闸管(Silicon Control Rectifier，SCR，可控硅)调速系统和晶体管脉宽调制(Pulse Width Modulation，PWM)调速系统，这两种调速系统都有永磁直流伺服电动机调速的控制电路，皆采用模拟控制方法改变电动机电枢的电压，目前最先进的调速方法是全数字调速系统。

1）晶闸管调速系统

晶闸管调速系统通常采用晶闸管三相全控桥式整流电路作为速度控制单元的主回路，通过对 12 个晶闸管触发角的控制，达到控制电动机电枢电压的目的。晶闸管直流调速系统的基本原理框图如图 5-39 所示，其中，U_c^* 为控制电压，U_r 为转速反馈电压，U_d 为直流电动机的电枢电压，在交流电源电压不变的情况下，直流电动机的电枢电压可通过控制电路和晶闸管主电路跟随控制电压的改变，从而得到所要求的电动机转速。速度检测装置如测速电动机检测电动机的转速，输出相应的反馈电压，控制电压与反馈电压的差值即为速度调节器的输入，形成速度环，达到改善电动机运行时的机械特性的目的。速度单元由控制回路和主回路两部分组成，控制回路产生触发脉冲，这种脉冲信号由速度指令 F 演变而来，与供电电源的频率及相位同步，实现对可控硅正确触发，脉冲的相位即触发角。主回路为功率级的整流器，将电网交流电源变为直流；将控制回路的控制功率放大，得到较高电压与较大电流以驱动电动机(在可逆控制电路中实现逆变，即电动机制动时，把电动机运转的惯性能转变为电能，并回馈给交流电网)。为了对晶闸管进行控制，必须有相应的触发脉冲发生器，以产生合适的触发脉冲。现有多种型号的专用三相桥式全控整流器触发电路芯片可供选用，以组成相应的触发装置。

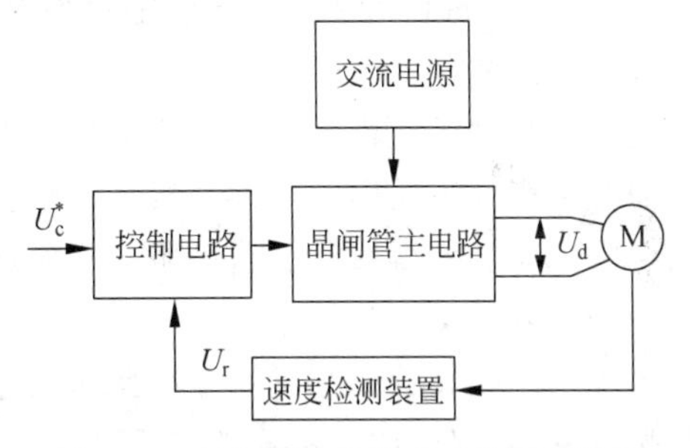

图 5-39 晶闸管直流调速系统原理框图

可控硅整流电路由多个大功率晶闸管组成，按其具体的组成方式可分为单相全控桥、单相半控桥、三相半波、三相半控桥、三相全控桥等。单相全控桥和单相半控桥式整流电路虽然结构简单，但其输出波形差，容量有限，所以较少采用。在数控系统中，主轴直流伺服电动机和进给直流伺服电动机的转速控制可使电动机正转和反转，是典型的正反转速度控制系统，俗称四象限运行，常采用三相全控桥式反并联可逆电路，如图5-40所示。三相全控桥式反并联可逆电路由两组共12个可控硅大功率晶闸管组成，每组有按三相桥式连接的3个共阳极和3个共阴极晶闸管，两组反并联(两组变流桥反极性并联，由一个交流电源供电)，分别实现正转和反转。每组晶闸管都有整流和逆变两种工作状态。当其中一组处于整流工作时，另一组处于待逆变状态。在电动机降速时，逆变组工作。在正转组和反转组中，需要共阴极组中一个晶闸管和共阳极组中一个晶闸管同时导通才能构成通电回路，因此必须同时发出触发脉冲。

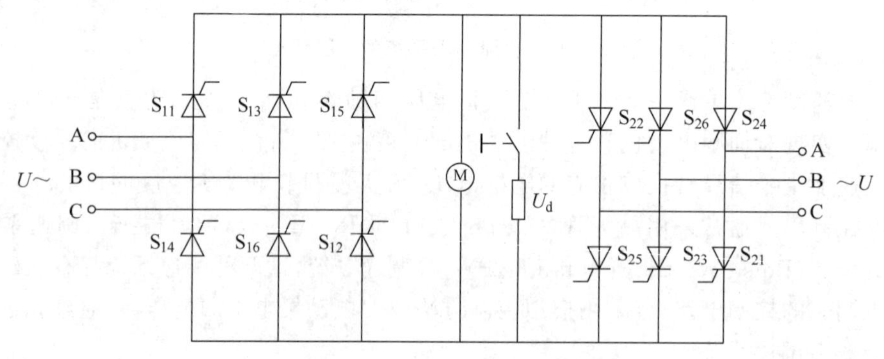

图5-40　三相桥式反并联可逆电路

共阴极组中的晶闸管在电源电压正半周内按1、3、5顺序导通，共阳极组的晶闸管在电源电压负半周内按2、4、6顺序导通，共阳极组或共阴极组内晶闸管的触发脉冲之间的相位差是120°，在每相内两个晶闸管的触发脉冲之间的相位是180°。输出电压可以通过改变晶闸管的触发角实现改变，达到调节直流电动机速度的目的。这种调速系统的调速范围大，因此适合大功率的直流伺服电动机的速度调节。但是因可控硅大功率晶闸管在导通后是利用电流过零来实现关闭的，所以输出的电流波形是断续的，而且在低电压时输出给直流电动机的尖峰电流会使得直流进给伺服电动机在低速旋转时出现脉动现象，导致转速不平稳现象。

2) PWM调速控制系统

大功率晶体管工艺成熟和高反压大电流的模块型功率晶体管商品化导致晶体管脉宽调制型(PWM)直流调速系统被广泛采用。脉宽调速系统是利用大功率晶体管的开关特性来调制固定电压的直流电源，通过脉宽调制器控制工作于开关状态的晶体管按一个固定的频率来接通和断开，根据需要改变一个周期内的开关时间长短，以改变直流伺服电动机电枢上的电压的占空比来调整平均电压的大小，从而实现电动机转速的调节。因此，这种装置也称为开关驱动装置。由于各功率元件均工作在开关状态，因此功率损耗较小，特别适用于功率较大的系统，特别是低速、大转矩的系统。开关放大器可分为脉冲宽度调制型和脉冲频率调制型(Pulse Frequency Modulation，PFM)两种，也可采用这两种形式的混合型，目前脉宽调制型应用最为广泛。

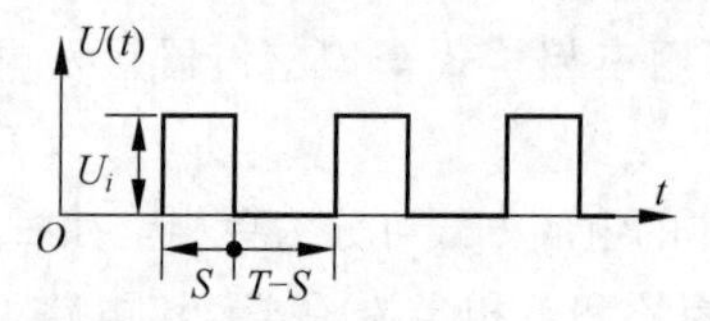

图5-41　电枢两端的PWM脉冲电压$U(t)$

如图5-41所示，直流电动机电枢电压$U(t)$是一串输入电压(U_i)和周期(T)为常数的方波脉冲。脉冲宽度(S)随每一周期内“接通”的时间长短而改变。因此，由晶体管输出到电动机电枢上

的电压 $U(t)$ 的平均值为

$$U_d = U_i S/T$$

由上式可知，当 S 为 0 和 T 时，U_d 分别为 0 和 U_i，即 U_d 的变化范围为 $0 \sim U_i$。

如图 5-42 所示为 PWM 调速系统组成原理框图。其中 PWM 调制器的作用就是使电流调节器输出的按给定指令变化的直流电压电平与振荡器产生的固定频率三角波叠加，然后利用线性组件产生宽度可变的矩形脉冲，经驱动回路放大后加到直流斩波器，驱动直流斩波器中大功率晶体管。

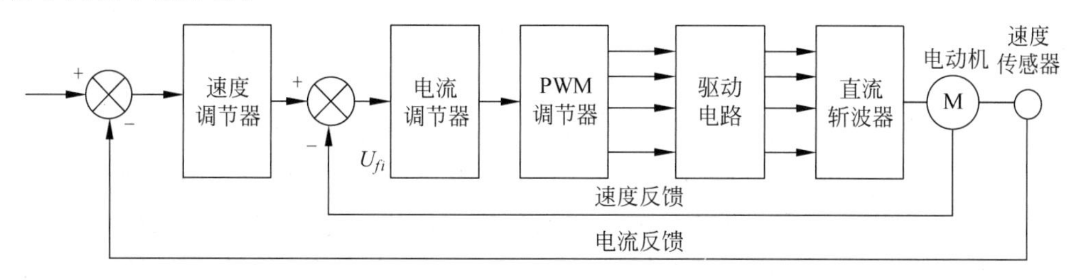

图 5-42　PWM 调速系统组成原理框图

PWM 方式的速度控制单元由系统主回路(脉冲功率放大器)和脉冲宽度调制器两部分组成。脉宽调制器的任务是将插补器输出的速度指令转换过来的连续控制信号(直流电压量)变成具有一定脉冲宽度的方波脉冲电压信号，该脉冲电压随直流电压的变化而变化。在 PWM 调速系统中，直流电压量为电流调节器的输出，经过脉宽调制器变为周期固定、脉冲平均电压随脉宽改变的脉冲信号，这种脉冲信号作为功率转换电路的基极输入信号，以改变直流伺服电动机电枢两端的平均电压，从而控制直流电动机的转速和转矩。脉冲宽度调制器的种类很多，但从构成来看，都是由调制信号发生器和比较放大器两部分组成。而调制信号发生器通常采用三角波发生器或锯齿波发生器。

如图 5-43 所示为用比较器将三角波信号 u_Δ 和控制信号 u_c 进行调制，使控制信号转换为具有一定脉冲宽度的脉宽调制方波。三角波信号和速度控制信号送入比较器同向输入端进行比较，相应的工作波形图如图 5-44 所示。当外部控制信号 $u_c=0$ 时[图 5-44(a)]，比较器输出为正负对称的方波，直流分量为零，输出平均电压为零。当 $u_c>0$ 时[图 5-44(b)]，$u_\Delta+u_c$ 对接地端是一个不对称三角波，平均值高于接地端，比较器输出脉冲的正半周宽大于负半周宽度，输出平均电压为大于零。u_c 越大，正半周的宽度越宽，直流分量也就越大，所以电动机正向旋转越快。反之，当控制信号 $u_c<0$ 时[图 5-44(c)]，u_c 的平均值低于接地端，比较器输出的方波正半周较窄，负半周较宽。u_c 的绝对值越大，负半周的宽度越宽，因此电动机反转越快。比较器输出脉冲的负半周宽度大于正半周宽度，输出平均电压小于零。这样通过比较器完成了速度控制电压到脉冲宽度之间的变换且脉冲宽度正比于代表速度的电压的高低。通过改变控制电压的极性，就改变了 PWM 变换器的输出平均电压的极性，从而改变了电动机的转向。

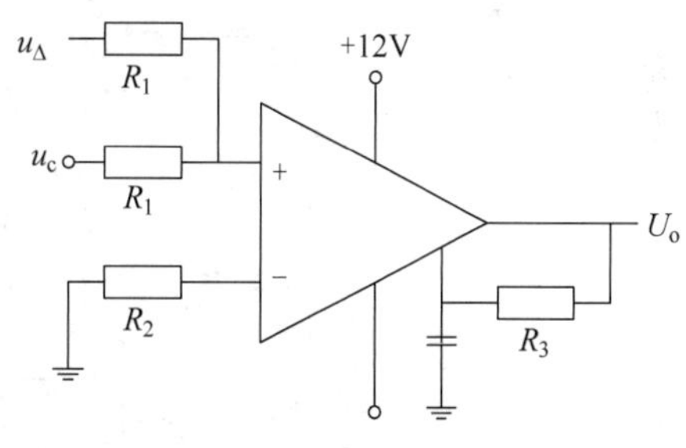

图 5-43　脉宽调制器原理

开关型功率放大器的驱动回路有 H 型和 T 型两种结构形式，其中 H 型电路在控制方

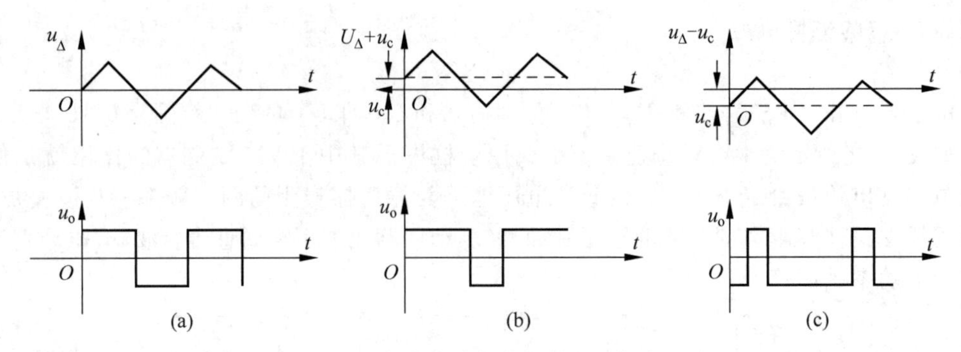

图 5-44　三角波脉冲宽度调制器工作波形图

式上又可分为双极式和单极式。图 5-45 为广泛使用的 H 型双极可逆功率转换电路，图中 $VD_1 \sim VD_4$ 为续流二极管，用于保护大功率晶体管 $V_1 \sim V_4$（V_1 和 V_4 为第一组，V_2 和 V_3 为第二组，同组中的两个晶体管同时导通或关断，两组晶体管交替导通和关断，为实现交替导通和关断，通常将一组控制方波加到一组大功率晶体管的基极，同时将反向后该组的方波加到另一组的基极上），M 为直流伺服电动机，直流供电电源 $+U_S$ 由三相全波整流电源供给。控制方法为：将脉宽调制器输出的脉冲波 u_1、u_2、u_3 和 u_4 经光电隔离器，转换成与各脉冲相位和极性相同的脉冲信号 U_1、U_2、U_3 和 U_4（$U_1=-U_2=-U_3=U_4$），并将其分别加到 4 个大功率晶体管的基极。若加在 V_1 和 V_4 基极上的方波正半周比负半周宽，则加到电动机电枢两端的平均电压为正，控制电动机正向运转，反之，则电动机反向运转；若方波电压的正负脉冲宽度相等，则加在电枢上的平均电压为零，电动机静止不动，但由于此时电枢回路中的电流是一个交变的电流，没有续断，会使电动机发生高频颤动，有利于减少静摩擦。

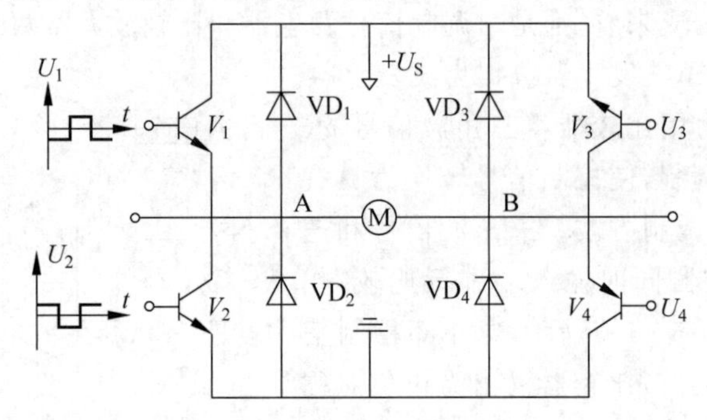

图 5-45　H 型双极可逆功率转换电路

具体来说，当电动机正常工作时，在 $0 \leqslant t \leqslant t_1$ 时，U_1 和 U_4 为低电平，U_2 和 U_3 为高电平，V_2 和 V_3 饱和导通，V_1 和 V_4 截止，此时电源 $+U_S$ 通过 V_2 和 V_3 加到电动机电枢的两端 $U_{AB}=+U_S$（忽略 V_1 和 V_4 的饱和压降），向电动机供给能量，电流方向是从电源 $+E_d$ 经 V_3→B→电动机电枢→A→V_2→电源。

在 $t_1 \leqslant t \leqslant T$ 时，U_1 和 U_4 为高电平，U_2 和 U_3 为低电平，V_2 和 V_3 截止，电源被切断，但 V_1 和 V_4 不能立即导通，这是因为在电枢电感反电势的作用下，电枢电流经 V_2 和 VD_4 继续流通。V_1 和 V_4 能否导通，取决于续流电流的大小，若电枢电流较大时，在 $t_1 \sim T$ 时间内，续流较大，则电枢电流一直为正，此时，V_1 和 V_4 没来得及导通，下一个周期即到来，又使 V_2 和 V_3 导通，电枢电流又开始上升，并维持在一个正值附近波动；若电枢电流较小，在

$t_1 \sim T$ 时间内，续流可能会降到零，于是 V_1 和 V_4 在电源和反电动势的共同作用下导通，电枢电流由电源 $+U_S$ 经 $V_1 \to A \to$ 电动机电枢 $\to A \to V_4 \to$ 电源，电动机处于反接制动状态，直到下一个周期，V_2 和 V_3 导通，电枢电流才开始回升。U_{AB} 总是不断变化的脉冲电压，由于电源 $+U_S$ 切断时续流二极管的续流和电动机电枢电感的滤波作用，电枢电流也在连续波动。

与可控硅调速系统相比，采用 PWM 调速系统具有如下主要特点。

(1) 频带宽，可避开与机械共振。晶体管截止频率远高于可控硅，允许系统有更高的工作频率。PWM 调速系统开关工作频率高(约为 2kHz，有的也使用 5kHz)，远高于转子所能跟随的频率，有效避开了机械共振区。当 PWM 系统与小惯量电动机匹配时，可以获得很宽的频带。因此系统的快速响应性好，动态抗干扰能力强，能给出极快的定位速度和很高的定位精度，适合启动频繁的场合。

(2) 电枢电流脉冲小。由于 PWM 调速系统的开关工作频率较高，仅靠电枢绕组本身的电感滤波作用就足可获得脉动很小的电枢电流，电枢电流容易连续，系统低速运行平稳，调速范围较宽，可以达到 1∶100 000 左右。因此低速工作十分平滑、稳定。在相同的平均电流即相同的输出转矩下，电动机的损耗和发热与晶闸管调速系统相比都较小。

(3) 动态特性好。PWM 调速系统频带宽，没有固有的延时时间性，反应速度很快。校正伺服系统负载瞬时扰动的能力强，具有极快的定位速度和很高的定位精度，提高了系统的动态硬度，且具有良好的线性(尤其是接近零点处的线性好)。

(4) 电源功率因数高。在晶闸管调速系统中，可控硅工作时开关导通角的变化使交流电源电流波形发生畸变，从而降低了电源的功率因数，且给电网造成污染。而 PWM 系统的直流电源为不受控制的整流输出，相当于可控硅导通角最大时的工作状态，整个工作范围内的功率因数可达 90%。而且晶体管漏电流小，使得功率损耗也很小。

PWM 调速系统的主要缺点是承受高峰值电流的能力差，不能承受高的过载电流，功率还不能做得很大。因此在中小功率的伺服驱动装置中，多采用性能优异的 PWM 调速系统，而在大功率场合中则采用 SCR 调速系统。

3) 全数字直流调速系统

在数字直流调整系统中，控制信号通过计算机由算法实现，是数字信号，其具体的数值用以确定脉冲的宽度。用微处理器实现数字直流调速可分为软件和硬件实现两种方法，软件实现法会占用较多的计算机机时，对实时控制不利，但开放性好，成本低，所以硬件实现法更被广泛推广。计算机的高速运算能力可以保证在几毫秒内完成电流环和速度环的输入、输出数值的计算，并产生相应的控制方波的数据，以此控制电动机提供指令要求的转速和转矩。

数控系统中基于单片机 8031 的全数字直流调速系统如图 5-46 所示，图左半部分是数字式脉宽调制器，右半部分则是 PWM 调速系统的主回路。系统通过程序使用定时器产生和改变可控方波(也可使用部分单片机内部配置的特殊定时器产生 PWM 控制方波)，单片机 8031 通过 P0 口向定时器传送与程序相对应的计数数值，使定时器输出的脉冲宽度满足指令要求。速度环和电流环的检测值经模/数转换后的数字量也由 P0 口读入，经计算机比较获得差值并进行相应处理后，由 P0 口装入定时器，及时改变脉冲宽度，使控制电动机获得指令相应的转速和转矩。每个采样周期(采样周期的大小受闭环系统频带宽度和时间常数的影响,一般速度环和电流环的采样周期分别小于十几毫秒和5ms)内计算机通过离散的方式完成一次电流环和速度环的检测和控制数据的计算和输出,完成对电动机转速和转矩一次控制。

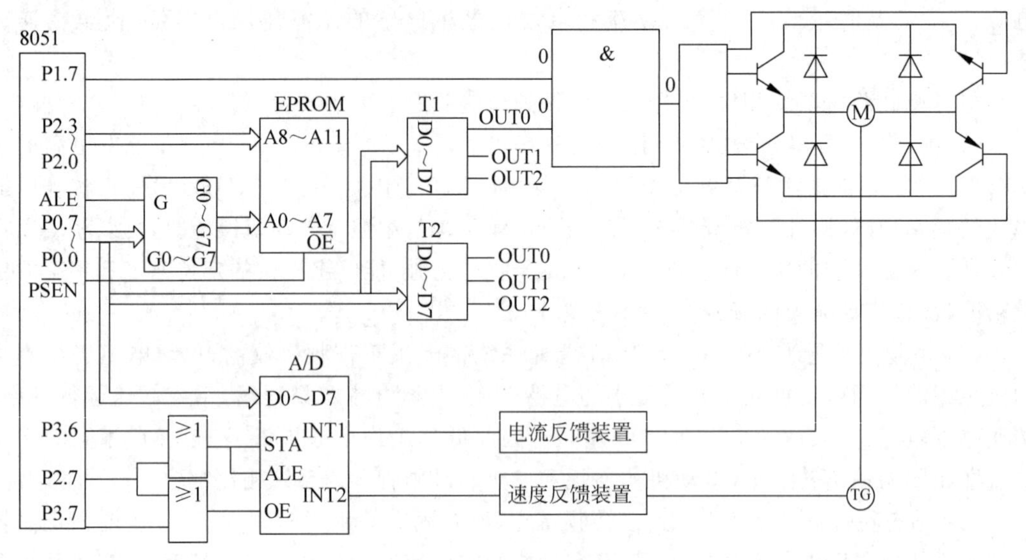

图5-46　数字PWM控制系统框图

5.3.3　交流伺服电动机及其速度控制

直流电动机调速系统在要求调速性能较高的场合一直占据主导地位。但各种类型的直流电动机却都存在一些固有的缺点,如电刷和换向器容易磨损,需要经常维护;换向器在换向时会产生火花,使电动机的最高转速和应用环境都受到限制;而且直流电动机的结构相对复杂,制造困难,所用铜材料消耗大,制造成本高。交流电动机(尤其是鼠笼式感应电动机)没有上述缺点,且其转动惯量较直流电动机小,动态响应更佳,同样体积下的输出功率可比直流电动机提高10%～70%。另外,交流电动机的容量可比直流电动机设计得更大,可使系统达到更高的电压和转速。随着新型大功率电力电子器件、新型变频技术、专用集成电路、新的现代控制算法和微机数控等不断发展和应用,20世纪80年代以来,交流伺服驱动及其调速系统的各方面性能进一步提高,打破了"直流传动调速,交流传动不调速"的传统格局,更好地适应了数控伺服系统的要求,因此目前直流调速系统正逐步被交流调速系统取代。在交流伺服系统中广泛采用同步型交流伺服电动机和异步型交流感应伺服电动机。

1. 交流伺服电动机的种类和特点

数控系统中应用的交流电动机一般都为三相电动机。具体来说,交流伺服电动机可分为异步型交流伺服电动机(IM)和同步型交流伺服电动机(SM)。

异步型交流伺服电动机指交流感应电动机,有三相和单相之分,也有鼠笼式和线绕式之分,通常使用的多为鼠笼式三相感应电动机,与同容量的直流电动机相比,鼠笼式三相感应电动机重量可轻1/2,但价格仅为直流电动机的1/3,常用于主轴伺服系统中。其缺点是不能高性价比地实现宽范围平滑调速,其调速时会从电网吸收滞后的励磁电流从而使电网功能因数变坏。同步交流电动机可分为电磁式及非电磁式两大类。

同步型交流伺服电动机的定子与感应电动机一样，都在定子上装有对称的三相绕组，其复杂程度介于感应式电动机和直流电动机之间。同步型交流伺服电动机的转子又可分为电磁式和非电磁式两大类，其中非电磁式还可细分为磁滞式、永磁式和反应式多种。其中的磁滞式和反应式同步电动机效率低、功率因数差、制造容量不大。因永磁式同步电动机结构简单、运行可靠、效率高，在数控系统中得到应用，但其启动性能欠佳、体积大。交流永磁式电动机相当于交流同步电动机，具有机械特性硬、调速范围宽、功率因数高等优点，常用于数控进给系统。

2. 永磁式同步交流伺服电动机的工作原理

如图5-47所示，永磁式同步交流伺服电动机由定子、转子和检测元件三部分组成，其中检测元件包括转子位置传感器与测速发电动机。其中，定子的齿槽结构有三相绕组，形状与普通感应电动机的定子相同。但考虑到散热要求，其外形大多呈多边形，且无外壳，避免了电动机运行所产生的热量对机床的精度造成影响。转子由多块永磁铁和冲片组成。这种结构的优点是气隙磁密度较高，极数较多。同一种铁芯和相同的磁铁块数可装成不同的极数。转子结构中还有一类是有极靴星形转子，其采用矩形磁铁或整体星形磁铁构成。

无论哪种永磁交流伺服电动机，所采用的永磁材料的性能将直接影响电动机性能指标、磁路尺寸和外形尺寸大小。现在一般采用最有前途的稀土永磁合金，即第三代稀土永磁合金——钕铁硼(Nd-Fe-B)合金，其最大磁能积达$4\times10^5\mathrm{T}\cdot\mathrm{A/m}$，是铁氧铁的12倍，是铝镍钴5类合金的8倍，是钐钴永磁合金的2倍，价格便宜。不同的磁性能决定了其结构形式，如星形转子只适合用铝镍钴等剩磁感应较高的永磁材料。

永磁式交流同步伺服电动机的工作原理很简单，与电磁式同步电动机类似，不同的是转子磁场由转子永久磁铁产生，而不是由转子中激磁绕组产生。如图5-48所示，定子三相绕组通上交流电后产生一个旋转磁场，图中以一对旋转磁极表示，该旋转磁场以同步转速n_s旋转。由于磁极之间同性相斥，异性相吸，定子旋转磁场将与转子的永久磁场磁极互相吸引，并带着转子一起旋转。转子由此也将以同步转速n_s与旋转磁场同步旋转。当电动机的转子轴上加有负载转矩后，将造成转子磁场轴线落后定子磁场轴线θ角，并且随着负载转矩的增加和减小，θ角也会随之增大和减小。只要不超过一定界限，转子仍然跟着定子以同步转速旋转。

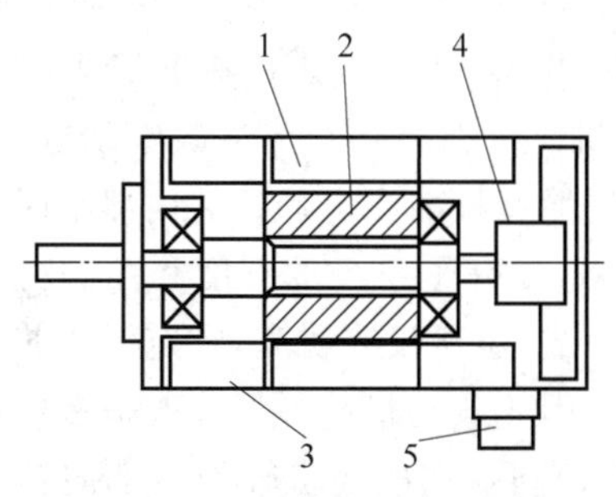

图5-47　永磁交流伺服电动机结构

1—定子；2—转子；3—定子三相绕组；4—编码器；5—出线盒

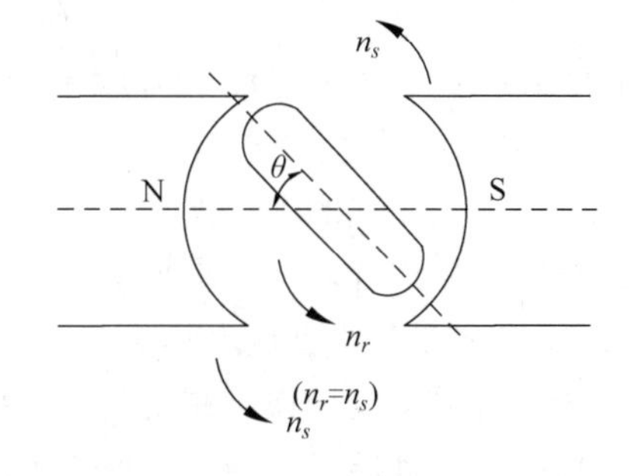

图5-48　永磁式交流同步伺服电动机工作原理

交流同步电动机的转子同步转速(n_0，r/min)由交流供电电源交流电频率(f，定子供电频率，Hz)和转子磁极对数(p)决定，即

$$n_0 = n_s = 60f/p$$

转子磁极对数 p 一般出厂后都是固定的,因此只要改变电源交流电频率 f 就可达到调速目的。当负载超过一定极限后,转子不再按同步转速旋转,有时甚至出现停转现象,即同步电动机的失步,此负载极限值即为最大同步转矩。

而交流异步电动机的转速可以表示为

$$n_r = n_s(1-s) = \frac{60f}{p}(1-s)$$

其中,$s=(n_s-n_r)/n_s$ 为转差率。

永磁同步电动机启动困难,原因有两点:一是由于转子本身的惯量。虽然定子绕组在接通三相电源时已产生旋转磁场,但转子仍处于初始静止状态,由于惯性跟不上旋转磁场的转动,此时电动机定子和转子两对磁极间存在相对运动,转子受到的平均转矩为零。二是由于定子和转子磁场之间的转速相差太大。为解决永磁同步电动机启动困难问题,可在转子上装鼠笼式的启动绕组,使永磁同步电动机先如感应异步电动机那样产生启动转矩,当转子速度接近同步转速时,定子磁场与转子永久磁极相互吸引,将转子拉入同步转速状态同步速旋转,即所谓的异步启动,同步运行。永磁交流同步电动机中通常无启动绕组,而是在设计中设法减低转子惯量或采用多极,或者在速度控制单元中采取低速启动后加速的控制方法等来解决自启动问题。

永磁交流伺服电动机的性能可用转矩-速度特性曲线描述,如图5-49所示,图中Ⅰ区为连续工作区,Ⅱ区为断续工作区。在连续工作区,速度和转矩的任何组合都可连续工作,但连续工作区的划分受一定条件限制。主要条件有供给电动机的电流是理想的正弦波和电动机工作在特定的温度下(这是由所用的磁性材料的负温度系数所决定的)。断续工作区的极限一般受到电动机的供电限制。交流伺服电动机的机械特性比直流伺服电动机的机械特性要硬,其直线更接近水平。断续工作区的范围更大,尤其在高速区,这有利于提高电动机的加减速能力。

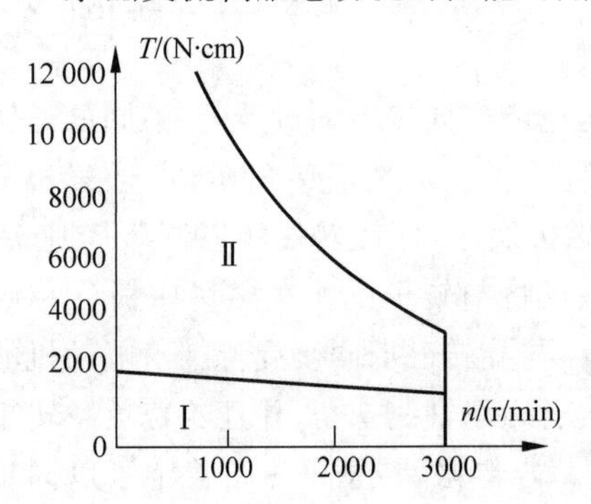

图5-49　永磁交流伺服电动机工作曲线

为缩小电动机体积,增加输出功率,简化数控机床的机械结构,有时将电动机与数控系统的机床部件做成一体化,如日本FANUC公司在1989年试制出一种新结构形式的永磁交流伺服电动机——空心轴交流伺服电动机,其转轴是空心的,进给丝杠的螺母安装在空心输出轴上,使进给丝杠能在电动机的内部来回移动可消除联轴器,构成合理的进给传动链,大大节省了空间,提高了系统的刚度和控制精度。交流主轴电动机是基于感应电动机的结构经专门设计而成,由于没有机壳,在定子铁芯上做有通风孔,通常采用定子铁芯在空气中直接冷却的方法,因此电动机的外形一般呈多边形而不是常见的圆形,其转子结构与一般鼠笼式感应电动机相同。在电动机轴的尾部同轴方式安装有检测用的脉冲发生器。为了满足数控系统切削加工的需要,如有时要求主轴电动机在任何尺寸和形状的刀具切削下保持恒定的功率,还出现了一些新型的主轴电动机结构,如输出转换型交流主轴电动机、液体冷却主轴电动机和内装主轴电动机等。

输出转换型交流主轴电动机可以保证主轴电动机在任何切削刀具和切削速度下都能提

供恒定的输出功率。但由于主轴电动机在低速和高速区分别为恒转矩输出和恒功率输出，一般主轴电动机的恒定特性可用恒转矩范围内的最高速度和恒功率时最高速度之比来衡量(一般的交流主轴电动机为1∶3～1∶4)。为了使电动机在较宽的范围内具有恒功率特性，在主轴和电动机之间采用主轴变速箱使其在低速时也有恒功率输出。若主轴电动机本身就具有宽的恒功率范围，则可省略变速箱，进一步简化整个主轴传动系统的结构。FANUC研制了一种输出转换型交流主轴电动机。有三角形-星形切换、绕组数切换或两者组合切换输出的多种切换模式。其中绕组数切换方法使用非常方便，且每套绕组都可以分别设计成最佳的功率特性，以此得到较宽的恒功率范围，通常可达1∶8～1∶30。

液体冷却电动机是为了解决电动机的输出功率在其尺寸一定条件下所受发热的限制。电动机通常采用风扇冷却的方法散热。液体冷却电动机采用液体(润滑油)强迫冷却的方法能实现小体积条件下获得较大的功率输出。它的结构的特点主要是在电动机外壳与前端盖中间有一条特殊的油路通道，通道中有循环的润滑油可将绕组和轴承进行冷却，保证电动机在20 000r/min的速度下连续高速运行。另外，液体冷却电动机的恒功范围也很宽。

为省去齿轮结构，进一步简化主轴驱动系统，内装式主轴电动机将主轴与电动机制成一体，其转子轴就是机床主轴本身，而定子装在主轴头内。内装式主轴电动机通常由空心轴转子、带绕组的定子和检测器三部分组成。这种设计取消了齿轮变速箱的传动及与电动机的连接，因此极大地简化了系统结构，同时降低了噪声和共振，振动也很小，使其能在高速下平稳运行。

3. 交流伺服电动机的调速原理与方法

由电动机学基本原理可知，交流伺服电动机转速的改变可以通过改变磁极对数、改变转速差和变频来实现。其中，变频调速通过平滑改变定子供电压的频率使得交流电动机的输出转速平滑变化，其引起的不同转速时的转差率都较小，因此其调速效率和功率因数都很高。以下重点介绍交流变频调速的基本原理。

由电动机学的基本原理可知，异步电动机的定子每相感应电势(E_{dg})的平衡方程为

$$E_{dg}=4.44f_1N_1K_1\phi_m$$

其中，f_1和N_1分别为定子电源频率(Hz)和定子每相绕组匝数，K_1和ϕ_m分别为基波绕组系数和每极气隙磁通量(Wb)。

电动机的转矩关系式为

$$T_{eb}=C_m\phi_mI_2\cos\phi_2$$

其中，C_m为异步电动机的转矩常数，与结构有关；I_2和ϕ_2分别为转子电流和转子电流的相位角。

由以上两式可知，电动机的输出转矩和最大转矩将随着每极气隙磁通量ϕ_m的减小而降低，而气隙磁通量又随定子电源频率f_1的下降而增加(将引起磁路饱和，激磁电流上升，电动机发热严重)。基频(f_{1n})以下常采用恒磁通变频控制方式。即在使用变频调速时，为维持气隙磁通量ϕ_m不变，还应相应改变定子的电势值，即保持E_{dg}/f_1始终为常数。这种调速方式即为恒定电势频率比调速。另一种调速方式是恒定定子电压频率比控制方式(简称为恒压频比控制)，即忽略定子绕组上的阻抗压降，使定子电压U_1约等于每相感应电势E_{dg}，保持U_1/f_1始终为常数。恒压频比控制在低频时，由于定子电压U_1和每相感应电势

E_{dg} 都较小,定子阻抗压降所占的分量比较显著,这时,可人为地把 U_1 抬高,以补偿定子压降。

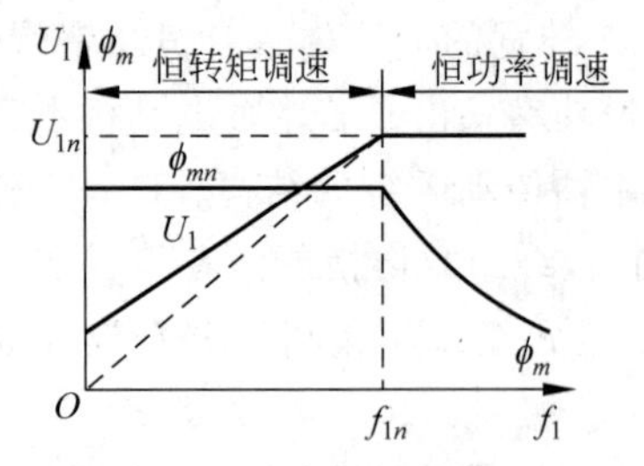

图 5-50 异步电动机变频调速控制特性

图 5-50 是异步电动机变频调速控制特性。当工作频率大于基频时,定子电压 U_1 不能向上调节,而只能维持在额定电压,使磁通与频率成反比变化趋势。可知,在基频 f_{1n} 以下,属于"恒转矩调速";而在基频以上,基本属于"恒功率调速"。

恒压频比控制变频调速的机械特性如图 5-51(a)所示,低频时,定子电源角频率 ω_1 改变时(其中 $\omega_{1n}>\omega_{11}>\omega_{12}>\omega_{13}$),机械特性基本上平行移动,而 T_{eg} 随 ω_1 降低而减小,限制了调速系统的带负载能力。图中虚线特性就是采用定子阻抗电压补偿提高定子电压后的特性。在基频以上变频时,定子电压 U_1 不变,其机械特性如图 5-51(b)所示,当频率 ω_1 提高时(其中 $\omega_{1n}<\omega_{1a}<\omega_{1b}<\omega_{1c}$),同步转速 n_0 随之提高,最大转矩减小,机械特性上移;转速降随频率的提高而增大。

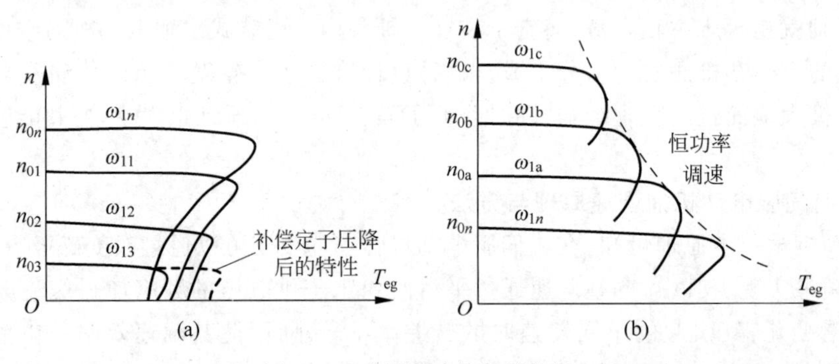

图 5-51 变频调速的机械特性

对交流变频调速的主要环节是为电动机提供频率可变的电源变频器,将电网电压提供的恒压恒频交流电(Constant Voltage and Constant Frequency,CVCF)变为变压变频交流电(Variable Voltage and Variable Frequency,VVVF)。变频器总的来说可分为交-交变频和交-直-交变频两大类,其基本分类如下。

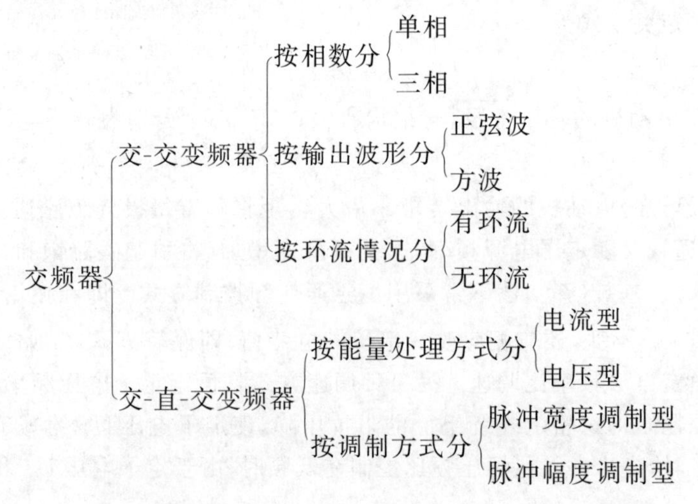

交-直-交变频器的主要构成环节如图 5-52(a)所示,也称为间接变频器,它先把电网交流电转换为直流电,经中间直流环节后再把直流电逆变成变频变压的交流电。交-交变频器的主要构成环节如图 5-52(b)所示,由于没有明显的中间滤波环节,也称为直接变频器,电网交流电被直接变成可调频和调压的交流电。由交-交变频方式所得到的交流电波动比较大,而且最大频率即为变频器输入的工频电压频率。在数控系统中,一般采用交-直-交变频器。

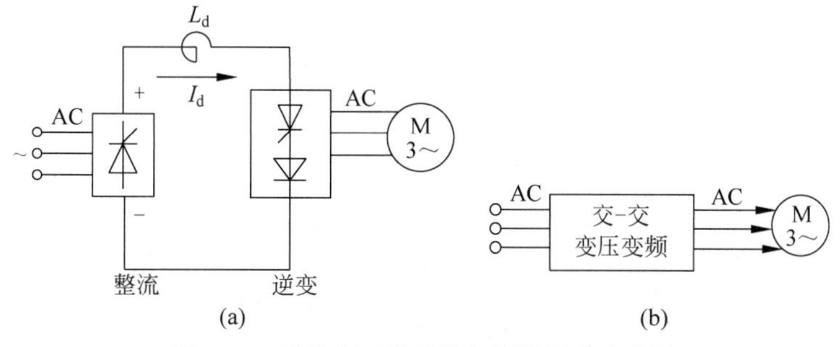

图 5-52 两种主要类型的变频器原理示意图

正弦脉宽调制(SPWM)变频器属于交-直-交静止变频装置,其将工频交流电转换为三相频率和电压均可调的等效于正弦波的脉宽调制波,用于拖动三相异步电动机运转。

如图 5-53 所示,SPWM 逆变器用来产生与正弦波等效的一系列等幅不等宽的矩形脉冲波形。其原理是把一个正弦半波分作 N 等份,如图 5-53 所示,然后把每一等份的正弦曲线下所包围的面积都用一个与此面积相等的等高矩形脉冲波来代替(矩形脉冲的中点和正弦波每一等份的中点重合)。这样就可以由 N 个等幅而不等宽的矩形脉冲所组成的波形来等效正弦的半周。对正弦波的负半周也使用相同的方法来等效后,即可得到 $2N$ 个脉冲与正弦波的一个周期等效。

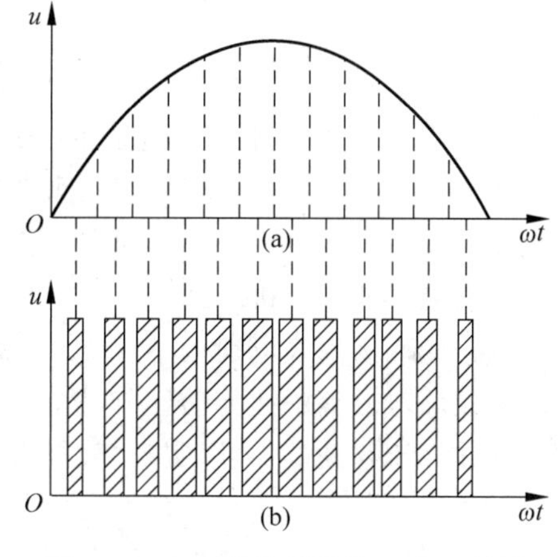

图 5-53 与正弦波等效的 SPWM 波形

SPWM 波形可用计算机或专门的集成电路芯片产生,也可以由模拟电路通过调制的方式产生,如以正弦波为调制波对等腰三角波为载波的信号进行调制,调制电路一般由三相正弦波发生器、三角波发生器、比较器以及驱动电路等构成,其结构如图 5-54 所示。按相序与频率要求,从参考信号振荡器上产生相应的三路正弦波信号,电压比较器比较等腰三角波发生器送来的载波信号与三路正弦波信号,产生三路 SPWM 波形,倒相后得到 6 路 SPWM 信号。

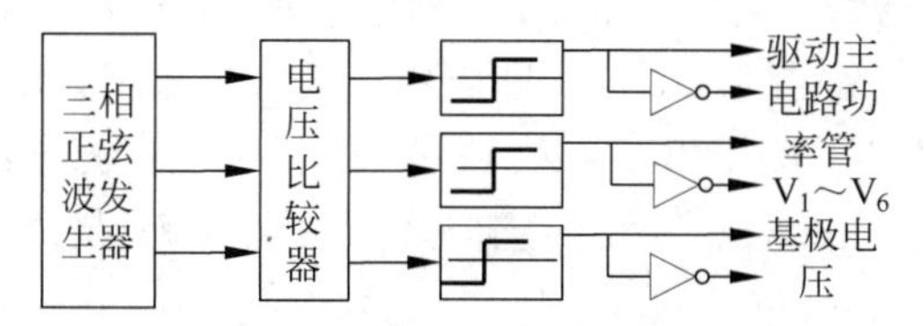

图 5-54 三相 SPWM 控制电路原理图

图 5-55(a)是 SPWM 变频器主电路的原理图。图中 $V_1 \sim V_6$ 是逆变器的 6 个功率开关器件,各由一个续流二极管反并连接,整个逆变器由三相整流器提供的恒直流电压供电,来

自控制电路的SPWM波形作为基极控制电压加于各功率管的基极上,作为驱动信号。当逆变器工作于三相双极式方式时,SPWM波形如图5-55(b)所示。

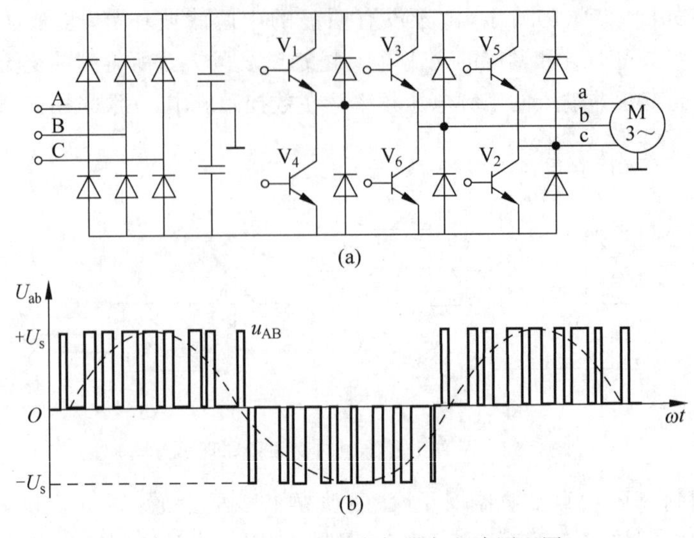

图5-55　SPWM变压变频器主电路原理图

5.3.4　直线电动机及其在数控机床中的应用

为适应高效率、高精度为基本特征的高速、超高速加工技术的发展要求,数控系统的驱动部件和机械本体部件正朝着高动刚度、静刚度、热刚度等方向发展,直线电动机作为直接驱动的高速机床进给系统应运而生。正如伺服驱动控制系统替代普通机床中的变速箱,直线电动机在高速加工机床中取代了由"旋转伺服电动机+滚珠丝杠"构成的传统直线运动进给方式。正因为直线电动机不需要从电动机到工作台之间的任何诸如滚珠丝杠和螺母、齿形带以及联轴器等中间传动环节,机床进给传动链的长度被缩短为零,直线电动机所产生的力直接作用于移动部件,即实现"直接驱动"(direct drive)或"零驱动"。另外,由于直线电动机运动功率的传递方式是非接触的,没有任何机械磨损。因此传动系统的惯性矩得到大幅度减小,系统的运动速度、加速度和精度得到极大提高,极大程度上避免了振动的产生。一般直线电动机可以达到80~150m/min的直线驱动速度,可带动质量不大的运动部件实现5g以上的加速度,并且由于动态性能好,可以获得较高的运动精度。为实现较长的直线运动距离驱动,可采用拼装的次级部件。

自1845年被提出后,直线电动机作为新一代运动控制执行元件,受到业界的广泛关注,并于最近几十年在集成电路工艺设备、电子元器件装配设备、高速PCB钻/铣床、办公自动化设备以及医疗设备等方面得到广泛推广和应用。第一台采用直线电动机驱动的数控机床(HSC-240型高速加工中心)由德国Ex-cell-O公司在1993年德国汉诺威欧洲机床展览会上展出,其采用德国Indramat公司开发的感应式直线电动机,最高主轴转速和工作台最大进给速度分别达24 000r/min和60m/min。与此同时,美国Ingersoll公司在其HVM-800型加工中心上,采用美国Anorad公司开发的永磁式直线电动机,最高主轴转速和工作台最大进给速度分别达到20 000r/min和76.2m/min。日本松浦机械所研制的XL-1型四轴联动立式加工中心的进给系统采用直线电动机驱动,快速移动速度达90m/min,最大加速度可达 1.5g。SODICK 公司研制的 AQ35L 型电火花成型机床进给系统由永磁式直线电动机驱动，其快速行程为 36m/min。日本 MAZAK(马扎克)公司 Hypersonic 1400L 型超高速龙门式加工中心的 X、Y 方向进给系统采用直线电动机驱动，速度达 120m/min。目前，随着高效和高精度的高速加工技术的崛起，机械加工机床行业已成为直线电动机最大和最具成长性的新兴领域，装备有直线电动机的高速加工中心已经在波音、通用、福特等航空航天和汽车制造业生产线中取得成功应用。直线电动机作为一种新型的驱动装置，在其设计、制造和控制等方面还有一些问题没有得到完善解决，其应用目前还只限于旋转电动机传动方式无法满足的高速高精加工机床上，而且还处于初级应用阶段，生产批量不大，因而成本较高。随着新型磁性材料和电动机专用冷却方法的出现，可以预见作为一种崭新的传动方式，直线电动机在机床工业中的应用必定会越来越广泛，并显现巨大的生命力。目前，在数控机床上使用的直线驱动电动机的研究开发主要有以下几方面的趋势。

(1) 机床进给系统采用的直线伺服电动机以永磁式为主导。各种新的驱动电源技术和控制技术被应用到整个系统中。

(2) 注重直线电动机本体(材料、结构和工艺)的优化设计，将电动机、编码器、导轨、电缆等各功能部件集成化和模块化，以进一步减小尺寸，便于安装和使用。

(3) 注重相关技术尤其是位置检测技术的发展，这是提高直线电动机性能的基础。超声波直线电动机、高温超导直线电动机、薄膜直线电动机和磁致伸缩直线电动机等相继出现，特别是高性能永磁材料的问世，为直线电动机的应用开拓了新的领域。

1. 直线电动机的特点

直线电动机与旋转电动机相比，主要有如下几个特点。

(1) 结构简单，惯性小，动态特性好，维护简便，可靠性高，寿命长。直线电动机不需要有将旋转运动变成直线运动的附加转换装置，不受齿轮、螺纹、连杆和带等机械构件的影响，使得系统本身的机械结构大为简化，重量和体积大大下降，而且避免了机械传动中的反向传动间隙、惯性、摩擦力和刚性不足等缺点，数控机床的工作台对相应位置指令可以迅速反应(电气时间常数约为 1ms)，使整个闭环伺服系统的动态响应性能大大提高。由于不存在摩擦和磨损等问题，其可靠性高，寿命长。

(2) 速度快、加减速过程短、精度高。装备直线电动机的数控机床进给系统可以满足 60～200m/min 甚至更高的高速进给速度。其高加速度(一般可达 2～10g)和低惯性保证了其加减速所需要的时间极大降低，通过装配全数字伺服系统和高精度的直线位移检测元件，可以达到极好的伺服性能，并使跟随误差减至最小，达到较高的精度，且在任何速度下都能实现非常平稳的进给运动。

(3) 推力平稳、噪声低。直线电动机动子很容易做到使用滚动导轨或磁悬浮支撑，使得动子和定子之间始终保持一定的空隙而不接触，消除了定子、动子间的接触摩擦阻力，并可根据机床导轨的型面结构及其工作台运动时的受力情况来布置直线电动机的布局(通常设计成均布对称)，使其运动推力平稳、噪声低。

(4) 行程长度不受限制，在新型数控机床上得到广泛应用。使用多段拼接技术或在一个行程全长上安装使用多个工作台可使直线电动机行程长度不受限制。在新型的数控机床如并联数控机床中通常采用线性直接驱动单元构成直线驱动关节，直线电动机因为其独有的特性被广泛采用，构成与杆件空间组合在一起的一体化结构。

直线电动机在数控机床上的应用也存在一些问题，最根本的缺点是发热相对大、效率低，功率损耗往往超过输出功率的50%，这也决定了在直线电动机上必须采用循环强制冷却以及隔热措施以保证机床不会因为过热变形。另外，由于没有机械连接或啮合，因此较传统的“旋转伺服电动机＋滚珠丝杠”垂直轴将需要附加一个制动器或平衡块。当负荷变化较大时，为保证推力平稳，需要重新整定系统(多数现代控制装置都具有自动调整功能，可实现快速调机)。由于工作台面与直线电动机完全融合，应充分考虑电动机部件的磁铁或线圈对导磁材料的吸引力，设计相应的导轨和滑架结构。

2. 直线电动机基本结构和工作原理

直线电动机是一种电力驱动装置，能将电能直接转换为直线运行机械能。从工作原理上看，直线电动机可以认为是旋转电动机在结构上的一种演变，相当于把旋转电动机的定子和转子按圆柱面展开成平面，由定子演变而来的一侧称为初级，由转子演变而来的一侧称为次级，将初级和次级分别安装在机床的运动部件和固定部件上，通过使初级的三相绕组通电即可实现部件间的相对运动。如图5-56所示，将扁平形直线电动机沿着和直线运动相垂直的方向卷成圆柱状(或管状)，就形成了管形直线电动机。直线电动机还有弧形(扁平形直线电动机的初级沿运动方向改成弧形，并安放于圆柱形次级的柱面外侧)和盘形(将初级放在次级圆盘靠近外缘的平面上)结构。

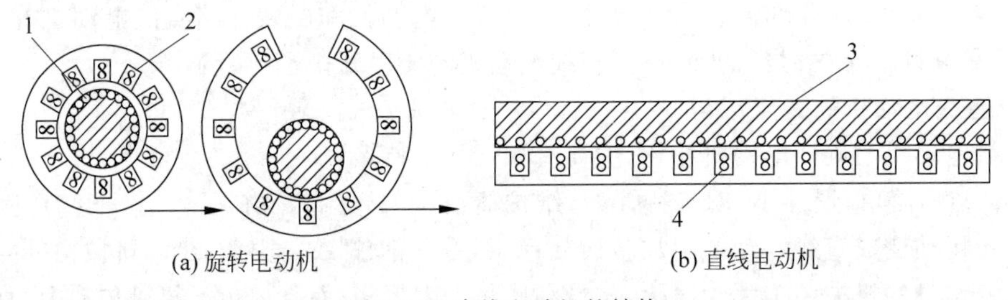

图5-56 直线电动机的结构

1—转子；2—定子；3—次级；4—初级

直线电动机可以直接产生一维和二维直线形式的机械运动，按工作原理可将其分为直线直流电动机、直线异步电动机、直线同步电动机、直线步进电动机和平面电动机(实用的平面电动机只限于平面步进电动机)等。从驱动原理看，直线电动机可分为直线直流电动机、直线交流电动机、直线步进电动机、混合式直线电动机和微特直线电动机等。交流直线电动机按励磁方式不同可分为永磁式(同步)和感应式(异步)两种。其中，永磁式直线电动机的次级(转子)是永久磁钢，由多块交替的N、S永久磁钢铺设，固定在机床床身上，沿导轨的全长方向铺设，而初级(定子)是含铁芯的三相通电绕组，固定在移动的工作台上；感应式直线电动机和永磁式直线电动机的初级相同，但次级是用自行短路的不馈电栅条(相当于感应式旋转电动机的“鼠笼”沿其圆周展开)来代替永磁式直线电动机的永久磁钢。永磁式直线电动机在单位面积推力、效率、可控性等方面均优于感应式直线电动机。感应式直线电动机在不通电时没有磁性，有利于机床的安装、使用和维护。

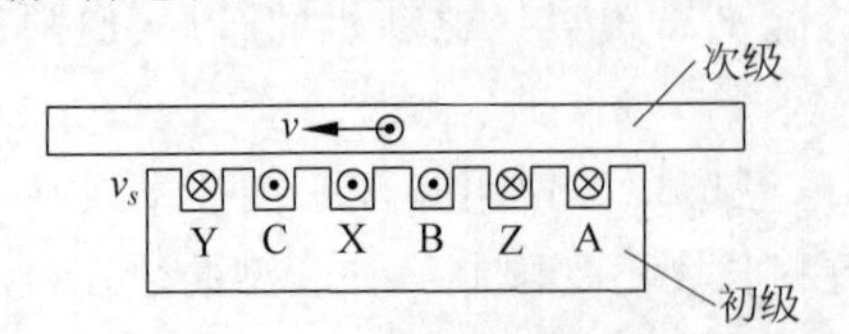

图5-57 永磁式直线电动机的基本工作原理

永磁式直线电动机的工作原理如图5-57所示，直线电动机在其初级三相绕组接三相对称正弦电流时，与旋转电动机相似，会产生近似为沿展开直线方向呈正弦形分布的气隙磁场(忽略由于铁芯两端开断而引起的纵向边端效应)。随着三相电流的变化，初级产生的气隙磁场将按A、B、C的相序沿展开直线移动，即所谓的行波磁场。行波磁场与次级产生的励磁磁场相互作用，并产生相应的电磁推力，使次级沿着行波磁场运动方向产生直线运动。行波磁场的产生原理和移动速度与旋转电动机磁场在定子内圆表面上产生同步线速度是一样的。

永磁式直线直流电动机按移动部件可分为动圈式和动磁式两种。动圈式直线直流电动机的工作原理与永磁式直流电动机一样，即载流电枢线圈在永磁磁场中受力作用的原理。动圈式电枢结构又可按其结构分为长动圈(电动机电枢线圈的轴向长度比直线运动工作的行程长)和短动圈两种。

从电动机原理可知，直线电动机的电压和运动基本方程式如下：

$$U = L_a \frac{\mathrm{d}i}{\mathrm{d}t} + R_a i + K_e v$$

$$M \frac{\mathrm{d}v}{\mathrm{d}t} + K_d U + F_f = B_g L i - K_e i$$

忽略摩擦和阻尼的影响，可得速度方程：

$$\frac{\mathrm{d}^2 v}{\mathrm{d}t^2} + \frac{1}{T_e} \frac{\mathrm{d}v}{\mathrm{d}t} + \frac{v}{T_e T_m} = \frac{v_m}{T_e T_m}$$

其中，U为电压；L_a为电枢电感；i为电流瞬时值；t为时间；R_a为电枢电阻；电动势常数$K_e = B_g L$；M为质量；v为速度；K_d为阻尼系数；F_f为摩擦力；B_g为气隙磁通密度；L为运动的行程；m为运动物体的质量。最大速度$v_m = U/B_g L$；电气时间常数$T_e = L_a/R_a$；机械时间常数$T_m = mR_a/(B_g L)^2$。

忽略电气时间常数，直线电动机的速度方程可最终简化为

$$T_m \frac{\mathrm{d}v}{\mathrm{d}t} + v = v_m$$

由上式可知，直线电动机和直流电动机的动态特性完全一致，其参数可以等效。

直线步进电动机也称线性步进电动机，其原理与旋转式步进电动机相似，常见的有感应子式和磁阻式两种。其中，感应子式的直线步进电动机因为较好的性能和较小的尺寸得到广泛应用。直线步进电动机在工作时，其利用定子和动子之间气隙磁导的变化使定子和动子之间产生相应的电磁力。如图5-58所示为一感应子式二相(A、B)直线步进电动机，其定子主要由带特殊齿槽的反应导磁板组成，动子则由永磁体、励磁绕组和导磁磁极组成。

图5-58(a)表示A相绕组接电脉冲(通正电流)，B相绕组断电，此时导磁磁极的极弧b增磁，而极弧a去磁，动子在电磁力的作用下向右移动1/4个齿距(t)。图5-58(b)所示为B相绕组接电脉冲(通正电流)，A相绕组断电，导磁磁极的极弧c增磁，极弧d去磁，动子在电磁力的作用下向右移动1/4个齿距(t)。A相绕组和B相绕组轮流通电使动子持续向右移动，移动一个齿距需4个脉冲(即4步)。不同的位移量和速度可以通过控制通电脉冲的数量和频率得到。直线步进电动机还有三相、四相等结构。若需要更小的步距，则需将导磁磁极的极弧做成均匀多齿槽的形式，定子的齿槽尺寸也应与动子极弧齿槽尺寸一样。直线步进电动机和旋转步进电动机的静、动态特性与参数都相似，但旋转步进电动机有精密的支撑轴承，而直线步进电动机没有，可采用气浮和流体支承以达到减小振动和噪声的目的。

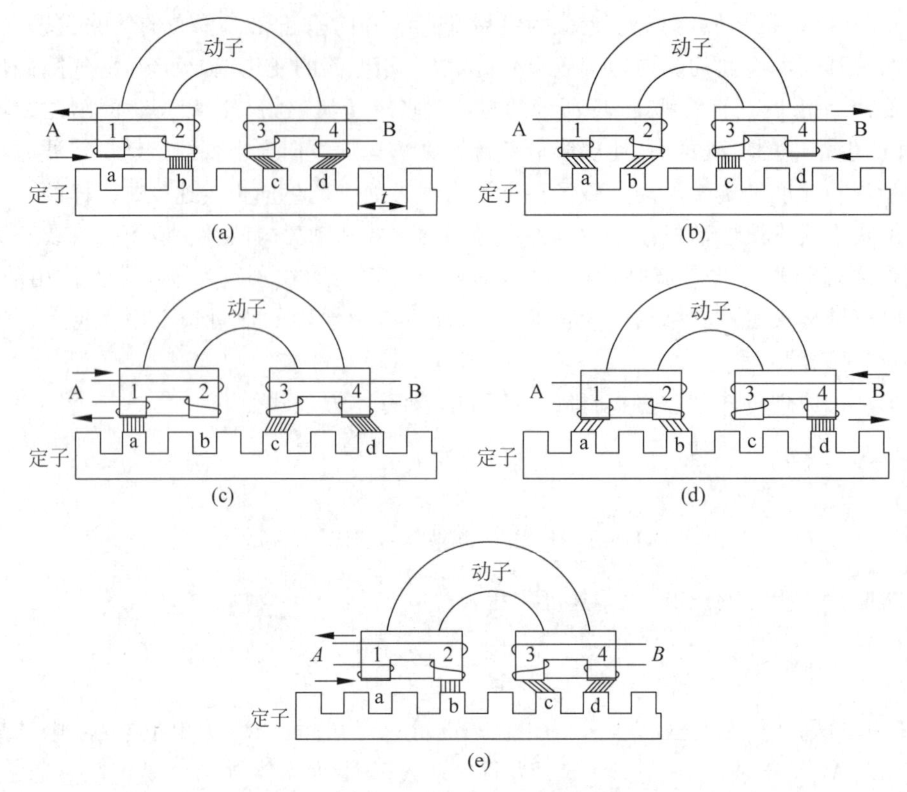

图5-58　感应子式直线步进电动机的原理

直线步进电动机已在数控刻图机、数控激光剪裁机、数控绘图仪、记录仪、集成电路测量制造等设备上获得广泛应用。

3. 直线电动机在并联数控机床上的应用

在并联运动机床中采用线性直接驱动技术，扩大了机床运动设计方案的可能性，虽然直线电动机部件沿直线导轨的运动仍然是传统的单自由度运动形式，但它与杆件的空间组合在一起，可以改善并联机构的特性(如扩大工作空间)等，形成新的并联运动学分支，成为线性并联机构(Linapod)。如图5-59所示为直线电动机在并联加工机床上的应用。

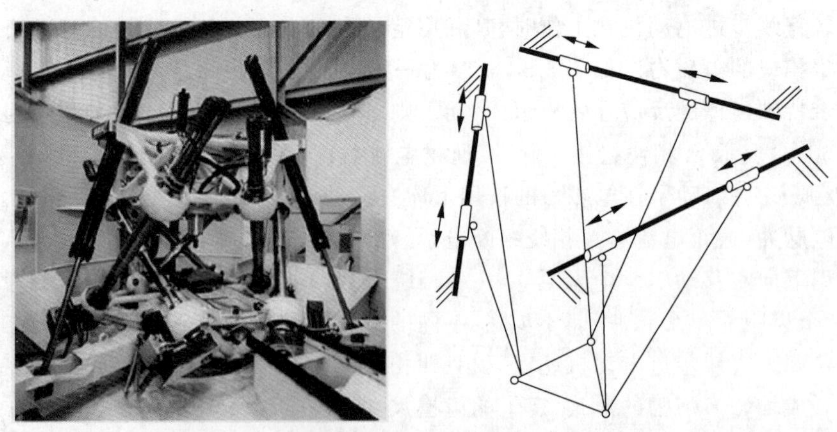

图5-59　直线电动机在并联加工机床上的应用

近年来,为了进一步提高直线电动机的运动精度,同步直线电动机的应用日益广泛。它的主要特点是采用永磁式次级部件,如西门子公司生产的 1FN1 系列三相交流永磁式同步直线电动机。1FN1 系列直线电动机是专门为动态性能和运动精度要求高的机床设计的,分为初级和次级两个部件,具有完善的冷却系统和隔热设施,热稳定性良好。

1FN1 直线电动机能够适应各种切削加工的环境,配置 SINODRIVE611 数字变频系统后,就成为独立的驱动系统,可以直接安装到机床上,用于高速铣床、加工中心、磨床以及并联运动机床。1FN1 系列直线电动机的特点如下。

(1) 配有主冷却和精密冷却两套冷却回路,再加上隔热层,保证电动机的发热对机床没有影响。

(2) 电动机部件全部金属密封,尽可能防止有腐蚀性的液体和空气间隙中的微粒侵入。

(3) 独立部件,安装方便,即插即用。

(4) 驱动力的波动经过优化,过载特性良好。

1FNl 系列直线电动机的技术规格如表 5-2 所示。

表 5-2　1FN1 系列直线电动机的主要技术特性

初级型号	次级宽度/mm	最大速度/(m/min)		驱动力/N		相电流/A	
		F_{max} 时	F_N 时	F_N	F_{max}	I_N	I_{max}
122-5. C71	120	65	145	1480	3250	8. 9	22. 4
124-5. C71				2200	4850	15	37. 5
126-5. C71				2950	6500	17. 7	44. 8
184-5AC71	180	65	145	3600	7900	21. 6	54. 1
186-5AC71				4800	10 600	27. 2	67. 9
244-5AC71	240	65	145	4950	10 900	28	54. 1
246-5AC71				6600	14 500	37. 7	67. 9
072-3AF7□	070	95	200	790	1720	5. 6	14
122-5□F71	120	95	200	1480	3250	11. 1	28
124-5□F71				2200	4850	16. 2	40. 8
126-5□F71				2950	6500	22. 2	56
184-5AF71	180	95	200	3600	7900	26. 1	65. 5
186-5AF71				4800	10 600	34. 8	86. 9
244-5AF71	240	95	200	4950	10 900	36. 3	90. 8
246-5AF71				6600	14 500	48. 3	119. 9

习题与思考题

1. 数控伺服由哪几部分组成？对数控伺服的基本要求是什么？
2. 伺服系统有哪几类分类方法？具体可分为哪几类？
3. 简述步进电动机和直线电动机的工作原理。
4. 步进驱动环形分配的目的是什么？可通过哪些形式实现？
5. PWM 指的是什么？
6. 简述交流伺服电动机的种类和特点。

7. 提高步进伺服系统精度的措施有哪些?

8. 简述相位比较伺服系统的结构与工作原理。

9. 步进电动机有120个齿,采用三相六拍工作方式驱动,丝杠导程为5mm,工作台最大移动速度为10mm/s,试计算步进电动机的步距角为多少?数控系统的脉冲当量为多少?步进电动机的最高工作频率为多少?

数控系统相关的检测技术

本章学习目标

- 了解常用的数控系统对检测与传感元件的要求
- 掌握数控系统相关的检测的分类方法
- 了解数控系统中使用的脉冲编码器、旋转变压器、感应同步器、光栅、磁栅等工作原理和应用特点

检测装置是数控伺服系统的重要组成部分之一,通过其检测的位移和速度反馈信号实现闭环或半闭环控制,其检测精度直接决定了整个数控系统的加工精度。本章首先介绍数控系统对检测与传感元件的要求,然后介绍数控系统相关的检测与传感元件的分类方法,最后介绍几种数控系统常用的检测元件的工作原理与应用特点。

6.1 数控系统检测与反馈装置概述

计算机数控系统主要是位置控制系统,位置控制的目的是将检测与反馈装置检测的实际反馈位置和速度与数控装置插补计算的理论位置相比较,用比较所获得的差值来控制进给电动机。因此常用的检测与反馈装置都是为了检测位置的传感器和检测元件,如旋转变压器、感应同步器、脉冲编码器、光栅、磁栅、激光干涉仪等。

开环数控系统虽然结构简单,但是精度较低,现代数控系统一般使用闭环或半闭环控制系统。作为数控闭环和半闭环伺服系统的重要组成部分,位置检测与反馈装置检测机床移动部件的位移(线位移或角位移)和速度,并将位置检测反馈信号发送至数控装置,构成闭环或半闭环伺服控制系统,使工作台按加工程序中的指令路径精确地移动。由于机械传动部件的传动误差全部在控制环内,所以数控系统的检测系统精度理论上直接决定了闭环控制的加工精度。半闭环控制数控系统的位置检测装置一般采用旋转变压器或编码器,其安装位置在进给电动机输出轴或丝杠上,通过旋转变压器或编码器检测电动机输出轴或丝杠转过的角度间接获得工作台移动的距离。闭环控制的数控系统的检测与反馈元件一般为感应同步器、光栅等测量装置,其安装位置一般在工作台和导轨上,如将感应同步器的动尺安装在工作台上,而感应同步器的定尺安装在机床床身上,通过动尺和定尺的相对移动直接测量出工作台的实际直线位移值。

反映位置检测与反馈装置的精度技术指标主要有系统精度和分辨力两个。其中,系统精度是指在一定测量范围(长度或转角)内测量的累计误差最大值,而系统分辨力是指测量元件所能正确检测到的最小位移量。检测元件本身和其采用的测量线路共同决定了分辨力的高低。现代数控系统的检测与反馈装置的直线位移和角位移分辨力分别可达 0.0001～0.01mm 和±2″,直线位移和角位移测量精度分别为±0.001～0.01mm/m 和±10″/360°。不同类型的数控系统因工作条件和检测要求不同,所以对检测装置的精度和适应的速度要求也有差别,对于大型机床数控系统以满足速度要求为主,而对于中小型机床和高精度机床则以满足精度要求为主。

与传统的自动化领域应用的检测与反馈装置相比,数控系统使用的检测装置有以下特殊的要求。

(1) 受环境温度、湿度的影响小,对电磁感应有较强的抗干扰能力,准确性好,能长期保持精度,可靠性高。

(2) 满足精度、速度和工作行程等要求,成本低。

(3) 使用、维护和安装方便,适应系统运行环境,一般来说光栅和磁尺的安装较感应同步器安装方便。

(4) 对所检测的信号处理方便,可实现高速的动态测量。

6.2 数控系统检测与反馈装置的分类

数控系统中使用的检测装置很多,若按检测信号的类型来分,数控系统中的检测与反馈装置可以分为数字式和模拟式两种,同一种检测元件或传感器既可做成数字式,也可以做成模拟式,主要取决于其被使用方式和测量线路;从被测量的几何量类型,数控系统中的检测与反馈装置可以分为回转型(用于角位移的测量)和直线型(用于线位移的测量);若按测量方式,数控系统中的检测与反馈装置可以分为增量式和绝对式;按检测元件本身的工作运动方式,数控系统中的检测与反馈装置可以分为旋转型和直线型;按信号转换的原理,可分为光电效应、光栅效应、电磁感应原理、压电效应、压阻效应和磁阻效应等检测装置。对于不同类型的数控机床,因工作条件和检测要求不同,可采用不同的检测方式。数控系统中目前常用的位置检测装置如表6-1所示。

表6-1 位置检测与反馈装置分类

类 型		增 量 式	绝 对 式
位置传感器	回转型	增量式脉冲编码器、圆光栅、旋转变压器、圆感应同步器、圆磁尺、自整角机、光栅角度传感器	绝对式脉冲编码器、多极旋转变压器、三速圆感应同步器、绝对值式光栅、磁阻式多极旋转变压器
	直线型	计量光栅、激光干涉仪、直线感应同步器、磁尺、霍尔位置传感器	多通道透射光栅、三速直线感应同步器、绝对值式磁尺
速度传感器		交/直流测速发电动机、数字脉冲编码式速度传感器、霍尔速度传感器	速度-角度传感器、数字电磁、磁敏式速度传感器
电流传感器		霍尔电流传感器	

1. 增量式测量和绝对式测量

典型的增量式检测元件有感应同步器、光栅、磁栅等。增量式检测方式的特点是只单纯测量位移量,移动一个测量单位就发出一个测量脉冲信号,如测量单位为0.01mm,则每移动0.01mm就发出一个脉冲信号。这种类型的测量元件的测量装置较简单,任何一个对中点都可作为测量的起点,因此在轮廓控制的数控机床上被广泛采用。但由于位移量是由测量信号计数读出的,因此一旦信息计数出现错误,增量式检测系统后的测量结果则完全失效。此外,如果由于停电、刀具损坏等故障造成停机,当故障排除后不能再找到故障前执行部件的正确位置,必须将工作台移到起点重新开始计数才能找到事故前的正确位置。因此,在增量式检测系统中,基点特别重要。

绝对式测量装置可以克服以上增量式检测装置的缺点,其对被测量的任意一点都从一个固定的零点作为基准开始标起,每一个被测点都有一个相应的测量值。绝对式测量装置的结构比较复杂,且其复杂度会随装置的分辨力的增高而增高,如在编码盘中,码盘的每一个角度位置都有一组二进制位数唯一标识。因此,量程愈大,分辨力要求愈高,所要求的二进制位数也愈多,结构也就愈复杂。

2. 模拟式测量和数字式测量

典型的模拟式检测元件有旋转变压器、感应同步器等。模拟式测量将被测量值用连续变量来表示,如电压和相位的变化等,数控系统所用的模拟测量主要用于小量程的位移检测,如感应同步器的一个线程(2mm)内的信号相位变化等,在大量程内进行精确的模拟式测量时,对技术要求较高。其优点是可以无须量化变换直接测量被测量值,而且较高精度小量程内的测量技术已较成熟。

数字式测量将被测量值以数字的形式表示,测量信号一般为电脉冲,可以直接把它送到数控装置进行比较、处理,如光栅位置检测装置。这种类型的测量装置将被测量值转换为脉冲个数,显示和处理比较方便;其测量的精度主要取决于测量单位,而与量程基本上无关(存在累计误差);脉冲信号抗干扰能力较强,测量装置比较简单。

3. 直接测量和间接测量

直接测量是指对机床的直线位移采用直线型检测装置测量,将检测装置(光栅、感应同步器)直接安装在执行部件上直接测量工作台的直线位移,其测量精度主要取决于测量元件的精度,不受机床传动精度的直接影响。但缺点是直接测量装置要和工作台行程等长,因此,在大型数控机床上的使用受到限制。

间接测量是指对机床的直线位移采用回转型检测元件测量,将检测装置安装在滚珠丝杠或驱动电动机轴上,通过检测转动件的角位移来间接获得执行部件的直线位移。间接测量方便可靠,无长度限制;其缺点是测量信号中增加了由回转运动转变为直线运动的传动链误差,从而影响了测量精度。因此为提高定位精度,常要求在这种测量方法中对机床的传动误差进行补偿。

6.3 脉冲编码器

脉冲编码器是一种旋转式脉冲发生器,在数控系统中常作为一种光学式角位移检测元件,用来测量轴的旋转角度位置,还可以通过测量光电脉冲的频率间接测量转速,其输出信号为电脉冲。通过机械装置将直线位移转变成角位移后可以用来测量直线位移,如采用齿轮-齿条或滚珠螺母-丝杠机械系统。脉冲编码器通常与驱动电动机同轴安装,随着电动机旋转连续发出脉冲信号。例如,电动机每转一圈,脉冲编码器可发出数百个至数万个方波信号,可满足高精度位置检测的需要。根据使用的记数制不同,有二进制编码、二进制循环格雷码(Gray code)、余三码和二-十进制码等编码器;根据内部结构和检测方式可分为接触式、光电式和电磁式三种;根据输出的信号形式不同,可分为绝对值式编码器和脉冲增量式编码器。编码器可以和伺服电动机同轴连接在一起,称为内装式编码器,伺服电动机再和滚珠丝杠连接,编码器在进给传动链的前端;也可将编码器连接在滚珠丝杠末端,称为外装式编码器。内装式安装方便,而外装式编码器因包含传动链的传动误差,因此位置控制精度较高。

如图6-1所示为绝对式(接触式)码盘结构及工作原理示意图,为直接把被测的角位移用数字代码表示出来,每一个角度位置均有表示该位置的唯一一组代码与之对应,即使断电或切断电源,这种测量方式也能读出角位移。图 6-1(a)和图 6-1(b)分别为二进制码盘和格雷码盘。在码盘不导电基体上分布许多同心圆形码道和周向等分扇区,每一个小分区有两种状态,其中黑色部分表示导电区(用“1”表示);白色部分为绝缘区(用“0”表示),于是每一个扇区都可以由 4 位“1”“0”组成的二进制代码唯一标识。半径最大的分区表示二进制代码的最低位,半径最小公共圈经电刷和电阻接电源正极,4 位二进制码盘的 4 码道上都装有电刷,电刷经电阻接地。电刷固定不动,而码盘与被测转轴连在一起随被测轴一起转动,若电刷接触的是导电区域,则由电刷、码盘、电阻和电源构成回路,回路中的电阻上有电流流过,表示为“1”;反之,若电刷接触的是绝缘区域,则电阻上无电流流过,表示为“0”,由此可根据电刷的位置得到由“1”“0”组成的 4 位二进制代码。图中码盘外的数字即为每一个位置对应的 4 位二进制代码。二进制码盘计数图案的改变按二进制规律变化。而格雷码盘计数图案的切换每次只需改变某一位,所以其误差可以控制在一个单位内,精度更高。显然,编码器所能分辨的最小角度 α 和码盘的位数 n 成反比(位数 n 越大,所能分辨的角度越小,测量精度就越高),即 $\alpha=360°/2^n$,而且 n 位二进制码盘圆周均分 2^n 等份,即共有 2^n 个数据来分别表示其不同位置。目前接触式码盘一般可以做到 8～14 位,如果要求位数更多,可以采用粗计码盘和精计码盘构成的组合码盘,精计码盘转动一圈,粗计码盘相应转动一格。一个 16 位的二进制码盘可以由两个 8 位二进制码盘组合而成,使测量精度大大提高,但会造成结构相当复杂。

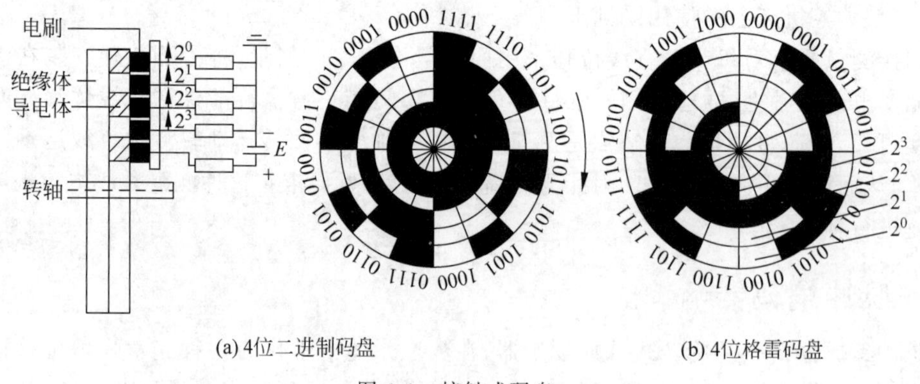

(a) 4位二进制码盘　　(b) 4位格雷码盘

图 6-1　接触式码盘

在具体应用二进制制作的编码器时,由于机械连接等多种原因,读码器很难保证严格地处在同一条直线上,因此在两个相邻代码的交界处就很可能产生误码。实际使用时可以采用格雷循环码和导前-滞后双读法来消除容易产生误码的缺点。格雷循环码又叫循环二进制码或反射二进制码,在数字系统中只能识别“0”和“1”,因此各种数据必须转换为二进制代码才能进行相应处理。典型格雷码是一种无权码,采用绝对编码方式,是具有反射特性和循环特性的单步自补码,其循环、单步特性消除了随机取数时出现重大误差的可能,且其反射、自补特性使得求反非常方便。格雷码属于可靠性编码,是一种错误最小化的编码方式。将格雷码变换为二进制码时,其规律是:二进制的最高位与格雷码相同,次高位则视格雷码的次高位和最高位而定,前(最高位)“0”后(次高位)保,前“1”后反,如此类推下去,可得二进制码。表 6-2 为相应的数码变换表。

表 6-2　5 位格雷码表

十进数	二进制	格雷码	十进数	二进制	格雷码
0	00000	00000	16	10000	11000
1	00001	00001	17	10001	11001
2	00010	00011	18	10010	11011
3	00011	00010	19	10011	11010
4	00100	00110	20	10100	11110
5	00101	00111	21	10101	11111
6	00110	00101	22	10110	11101
7	00111	00100	23	10111	11100
8	01000	01100	24	11000	10100
9	01001	01101	25	11001	10101
10	01010	01111	26	11010	10111
11	01011	01110	27	11011	10110
12	01100	01010	28	11100	10010
13	01101	01011	29	11101	10011
14	01110	01001	30	11110	10001
15	01111	01000	31	11111	10000

接触式绝对值编码器结构简单、体积小、输出信号强、不需放大，但由于存在电刷等摩擦构件，寿命较低，转速也不能太高（每分钟数十转），使用范围有限。

电磁式码盘是用导磁性好的软铁材料作为圆盘基体，用腐蚀加工的方法将圆盘做成相应码制的凹凸图形，当磁通通过码盘时，由于磁导大小不一样会使感应电压也不同，以此区分相应“0”和“1”状态，达到与接触式码盘相同的测量目的。这种码盘不需要接触，不存在摩擦，所以寿命长，可以达到较高的转速。

光电脉冲编码器的结构如图 6-2 所示，它由光源、聚光镜、光电盘、光栏板、光敏元件、整形放大电路和数字显示装置等组成。在一个圆的光电盘（称为圆光栅）圆周上等分地刻有相等间距的透光狭缝，其数量从几百条到上千条不等。与圆光栅相对地、平行放置一个固定的

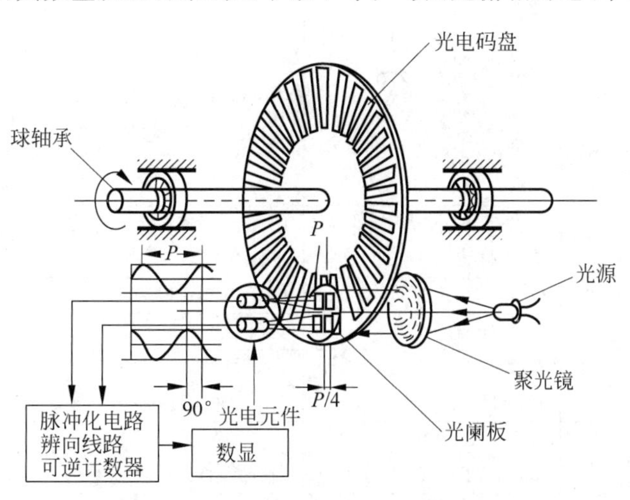

图 6-2　光电脉冲编码器的结构示意图

扇形薄片(称为指示光栅),其上制有相差1/4节距的两个狭缝(称为辨向狭缝)和一个零位狭缝(一转发出一个脉冲)。辨向狭缝面安装一个光敏元件。圆光栅和被测量轴一起旋转,光电元件把通过光电盘和辨向狭缝射来的忽明忽暗的光信号转换为电信号经整形、放大等电路的变换后变成脉冲信号,再通过脉冲的数目计量就可获得被测轴的转角,通过测定计数脉冲的频率,即可测出工作轴的转速,并可通过数显装置进行显示。零位狭缝用以产生基准脉冲,用于高速旋转的转数计数和加工中心等数控机床上的主轴准停信号,当数控车床切削螺纹时,还可将零位狭缝产生的基准脉冲当作车刀开始进刀和退刀的信号使用,以防止切削加工出的螺纹出现乱牙。

数控机床上最常用的脉冲编码器如表6-3所示。表中的20 000p/r、25 000p/r、30 000p/r为高分辨力脉冲编码盘,根据速度、精度和丝杠螺距来选择。现在已出现每转发10万个脉冲的脉冲编码器,该编码器装置内部应用了微处理器。表6-4和表6-5给出了ZG系列、LEC型增量式脉冲编码器和几种常用的绝对式脉冲编码器的一些基本参数,在具体实际选用时可以参考。

表6-3　光电脉冲编码器

<table>
<tr><th>丝杠长度单位</th><th>脉冲编码器/(p/r)</th><th>每转脉冲移动量</th><th>丝杠长度单位</th><th>脉冲编码器/(p/r)</th><th>每转脉冲移动量</th></tr>
<tr><td rowspan="6">mm</td><td>2000</td><td rowspan="2">2,3,4,6,8</td><td rowspan="6">mm</td><td>2000</td><td rowspan="2">0.1,0.5,0.2,0.3,0.4</td></tr>
<tr><td>20 000</td><td>20 000</td></tr>
<tr><td>2500</td><td rowspan="2">5,10</td><td>2500</td><td></td></tr>
<tr><td>25 000</td><td>25 000</td><td>0.25,0.5</td></tr>
<tr><td>3000</td><td rowspan="2">3,6,12</td><td>3000</td><td></td></tr>
<tr><td>30 000</td><td>30 000</td><td>0.15,0.3,0.6</td></tr>
</table>

表6-4　增量式脉冲编码器的性能指标

<table>
<tr><th colspan="2">规　格</th><th>ZG60</th><th>ZG100</th><th>LEC</th></tr>
<tr><td colspan="2">输出脉冲数/转</td><td>200/256/360/500/512/600/700/1000/1024/1200/1270/1500/1800/2000/2048/2500/3300/3600/4096/5000</td><td>3600/4096/5000/6000/6480/7200/8192/ 10 000/10 800</td><td>20/25/30/40/50/90/100/125/200/250/300/360/400/500/512/600/800/1000/1024/1200/1500/1600/1800/2000/2045/2500</td></tr>
<tr><td rowspan="6">电气参数</td><td>输出信号</td><td>两路正弦波和一路基准三角波</td><td>两路正弦波和一路基准三角波</td><td>三路方波</td></tr>
<tr><td>电源</td><td>DC5V×(1±5%),2000mA</td><td>DC5V×(1±5%),550mA</td><td>DC5V×(1±5%),150mA</td></tr>
<tr><td>精度</td><td>±1/2(b)</td><td>±20″~±30″</td><td></td></tr>
<tr><td>光源</td><td>微型白炽灯</td><td>白炽灯</td><td>发光二极管</td></tr>
<tr><td>响应频率</td><td>100kHz</td><td>50~100kHz</td><td></td></tr>
<tr><td>输出方波电压</td><td>高≥4.7V;
低≤0.2V</td><td>高≥4.7V;
低≤0.2V</td><td>高≥3.5V;
低≤0.5V</td></tr>
</table>

续表

规　　格		ZG60	ZG100	LEC
机械参数	最高允许转数	3500r/min	2500r/min	5000r/min
	转动惯量	22g·cm^2	400g·cm^2	350g·cm^2
	轴的允许负荷	轴向 1kg 径向 2～4kg	轴向 1～2kg 径向 2～4kg	轴向 1kg 径向 2kg
	启动力(20℃)	10g·cm	15g·cm	30g·cm
	质量	400g	1.7kg	350g
	外径×总长	ϕ60mm×71mm	ϕ100mm×112mm	ϕ66mm×68mm
	轴径	ϕ6mm	ϕ8mm	ϕ5mm
环境参数	振动	4～6*g*	4*g*	2*g*(10～200Hz)
	冲击	20*g*	15～20*g*	100*g*(6ms 两次)
	工作环境相对湿度	max90%	max90%	
	工作温度范围	−30～+50℃	−25～+50℃	−10～+60℃
	保存温度范围	−50～+80℃	−50～+80℃	−20～+60℃

表 6-5　绝对式脉冲发生器的技术参数

型号	GSB14-B	JX65-14	JX110-16
编码范围	0°～360°		
分辨力	360°/2^{14}=80″		360°/2^{16}=20″
精度	±30″	±80″	±30″
外形尺寸	ϕ130mm×110mm	ϕ76mm×62mm	ϕ110mm×100mm
轴径		ϕ6mm	ϕ8mm
移动力矩	<20g·cm	<10g·cm	<15g·cm
允许转速	60°/s	200r/min	15r/min
质量	2kg	600g	800g
电源	DC4V、5V 及 20～30V	DC12V×(1±5%)　200mA	
工作温度	−30～+50℃	−40～+55℃	−30～+45℃

6.4 光栅

计量光栅是数控机床常用的一种精密检测元件，一般被作为位移或转角的测量与反馈装置，其测量精度可达几微米。光栅是一种在基体上刻有等间距均匀分布的条纹的光学元件。在数控系统中，光栅常用来测量长度、角度、速度、加速度、振动和爬行等参数，是数控闭环系统中用得较多的一种检测装置。

6.4.1 光栅的种类和特点

数控系统中将在计量工作中应用的用于位移测量的光栅称为计量光栅。光栅种类较多，如按形状结构形式可将其分为长光栅和圆光栅；而按照光栅的光线走向即光路来分又可将其分为透射式光栅和反射式光栅，其中，透射式光栅的光路为连续的透光区和不透光区，而反射式光栅的光路为强反光区和不(弱)反光区。

玻璃透射光栅是在玻璃表面感光材料涂层上(或者在金属镀膜上)通过刻线、刻蜡、腐蚀、涂黑工艺等多种方法制成的有一定规则的光栅线纹，其几何尺寸主要根据光栅线纹的长度和具体安装情况来确定。玻璃透射光栅的光源可以采用垂直入射的方法,使光电元件直接接收光信号,使相应的产生的信号幅度较大,读数头结构也比较简单;其次,玻璃透射光栅分布在每毫米基体上的栅线数较多,常用的黑白光栅可达到每毫米100条栅线,如果需要更高的栅线数,可以使用电路细分达到微米级的分辨力。而金属反射光栅以钢尺或不锈钢带的镜面作为基体,通过照相腐蚀工艺或用钻石刀直接刻画制成光栅条纹,目前常用的每毫米栅线数为4条、10条、25条、40条、50条。金属反射光栅的安装面积较小、不易碰碎、安装和调整比较方便,易于延长或制成整根的钢带长光栅,且由于材料特性与机床本体相同或相近,标尺光栅的线膨胀系数可以保持与机床材料一致以达到较高的精度性能。如图6-3所示为长光栅和径向圆光栅的光栅刻线示意图。光栅上栅线的宽度为a,线间宽度b(一般取栅线的宽度和线间宽度相乘,$a=b$),而光栅栅距为栅线的宽度和线间宽度之和,$W=a+b$。

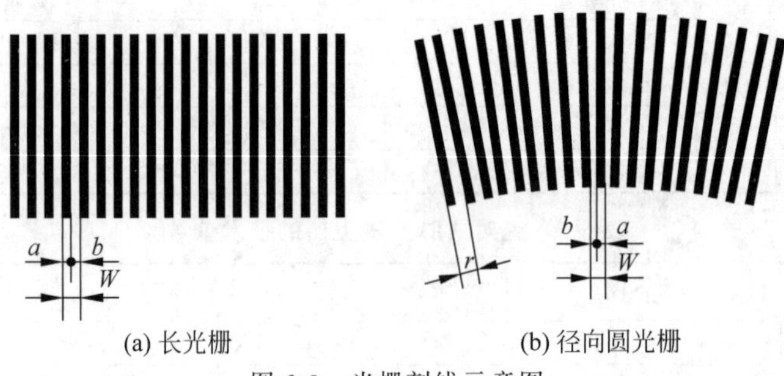

(a) 长光栅　　(b) 径向圆光栅

图6-3　光栅刻线示意图

计量光栅由主光栅(又称标尺光栅)和指示光栅组成。用于长度或直线位移测量的长光栅根据其检测方法还可细分为黑白光栅(振幅光栅)和闪耀光栅(相位光栅),其中闪耀光栅根据其光栅刻线在横断面上是否对称又分为对称形和不对称形两种。如图6-4所示为圆光栅的外形图,圆光栅也称为光栅盘,将玻璃圆盘的外环端面做成黑白间隔条纹,根据不同的使用要求在圆周内线纹数也不相同,常做成六十进制、十进制和二进制三种。在数控系统中主要用来测量角度和角位移,可以按其栅线的几何特征分为径向光栅和切向光栅,其中,径向光栅的栅线延长线全部通过光栅盘的圆心,而切向光栅的栅线的延长线全部与光栅盘中心的一个小圆(直径为零点几到几毫米)相切,圆光栅的两条相邻栅线的中心线之间的夹角称为角节距。

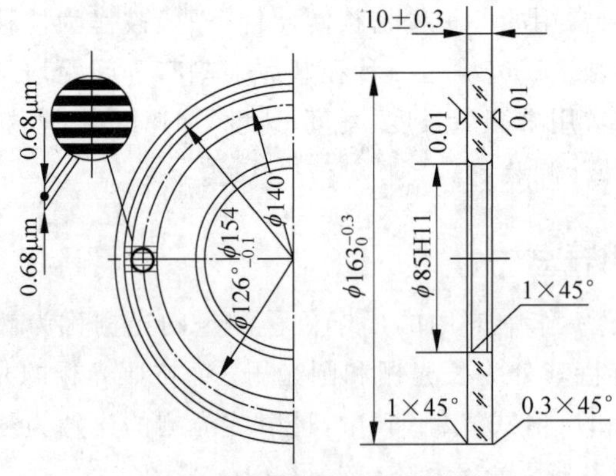

图6-4　圆光栅形状及其尺寸

6.4.2 光栅的工作原理

如图6-5所示,光栅位置检测装置主要由光源、透镜、标尺光栅(长光栅)、指示光栅(短光栅)、光电元件和驱动线路等部分组成。一般标尺光栅和光栅读数头分别安装固定在机床的活动部件上(如工作台)和机床固定部件上,而指示光栅安装在光栅读数头中。当光栅读数头相对于标尺光栅移动时,指示光栅便在标尺光栅上相对移动。实际安装时,应严格保证标尺光栅和指示光栅的平行度及二者之间的间隙(0.05~0.1mm)。

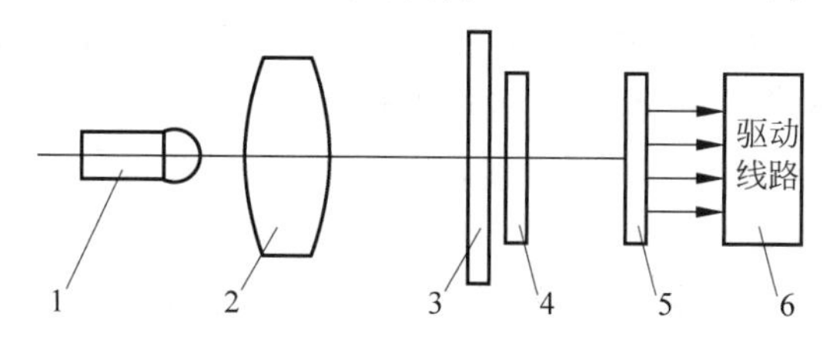

图6-5 光栅位置检测装置

1—光源;2—透镜;3—标尺光栅;4—指示光栅;5—光电元件;6—驱动线路

根据光栅的工作原理可将光栅分为透射直线式和莫尔条纹式两大类。透射直线式光栅的工作原理是通过光电元件将标尺光栅和指示光栅相对移动时产生对光路的明暗影响转变为电流变化,再根据电流的变化经处理获得相应的位移量。这种类型的光栅的标尺光栅和指示光栅都由透明和不透明的窄矩形区域交替间隔组成,当标尺光栅的透明区域移动到与指示光栅的透明区域重合时,光源光线通过标尺光栅和指示光栅,由物镜聚焦射到光电元件上。当指示光栅的线纹与标尺光栅透明间隔(线纹)完全重合时,光电元件接收到的光通量最小(最大)。因此,随着标尺光栅的不断移动,光电元件接收到的光通量大小交替,由此产生近似正弦波的输出电流。再用电子线路整形转变为数字脉冲量以便于位移量的显示。指示光栅的线纹错开1/4栅距,标尺光栅的运动方向可以通过相应的鉴向线路进行判别。这种光栅因为某一时刻只能透过单个透明间隔,所以最大光强度较弱,相应的脉冲信号也不强,仅在光栅线较粗的场合中使用。

长光栅的莫尔条纹是把两块栅距相同的光栅刻线面相对叠合在一起,中间留较小的间隙,并使两者的栅线之间形成一个很小的夹角 θ。在刻线的重合处和错开处形成的相应的亮带和暗带组成的横向莫尔条纹,如图6-6所示。当两光栅沿 X 轴方向有相对移动时,产生的横向莫尔条纹将沿栅线方向移动。亮带和暗带部分会随着栅距的变化交替变化,若在光栅的适当位置放置一个光敏元件,则其上的光通量将随栅格的相对移动呈三角形变化。不难证明,在倾斜角很小时,莫尔条纹宽度:相邻两莫尔条纹的间距 P 与两光栅刻线夹角 θ 之间的关系为 $W=P/\sin\theta\approx P/\theta$(其中 θ 必须以弧度表示)。当两光栅在栅线垂直方向相对移动一个栅距 P 时,莫尔条纹则在栅线方向移动一个莫尔条纹间距 W,即莫尔条纹宽度 W 是栅距 P 的 $1/\theta$ 倍。

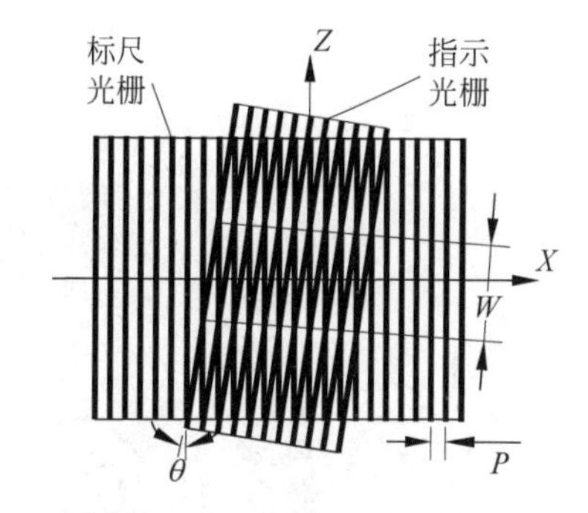

图6-6 等栅距黑白透射光栅形成的莫尔条纹

与透射直线式光栅检测栅线之间的光通量不同,莫尔条纹式光栅通过检测莫尔条纹的光通量,可以达到更高的分辨力,其特点如下。

(1) 放大作用。莫尔条纹最重要的作用实际上是放大了光栅栅距,其放大比为 $1/\theta$,而且这个放大的倍数主要取决于两光栅栅线之间的夹角 θ。如一光栅尺 $k=100$ 条/mm,测得由莫尔条纹产生的脉冲为1000个,则安装有该光栅尺的工作台移动了0.01mm/条×1000个=10mm。

(2) 平均效应。莫尔条纹实际上是由多条光栅栅线共同形成,因此单条光栅栅线的刻画误差对莫尔条纹所产生的误差并不明显,即莫尔条纹对光栅栅线的误差有平均作用。

(3) 运动方向易于判别。莫尔条纹式光栅工作时,两光栅将沿与栅线垂直的方向做相对运动,相应产生的莫尔条纹的运动方向与光栅运动方向垂直,即沿光栅刻线方向移动。如图6-6所示的指示光栅向 X 正方向运动时,相应的莫尔条纹将向下运动;反之,莫尔条纹则将向上运动。

(4) 对应关系。莫尔条纹移过的条纹数与光栅移过的栅线数相等,光栅相对移动一个栅距,莫尔条纹下的光强变化一个周期,随着莫尔条纹的不断掠过,光敏元件接收到的光强变化近似于正弦波变化,如图6-7所示。

1. 辨向原理

光栅检测装置中的光电元件在光源射来的平行调制光作用下输入与位移成比例的电信号,并随着光栅移动获得一正弦电流,为了分辨光栅的实际运动方向,仅用一个光电元件检测光栅的莫尔条纹变化信号只能获得位移量,难以得到运动方向。因此,在与莫尔条纹相垂直的 Z 方向上,按彼此相距1/4节距的距离安置sin和cos两套光电元件(或设置两个狭缝,让光线透过它们分别射向两套光电元件)。当标尺光栅和指示光栅相对移动时,从两只光电元件得到两个相位相差 $\pi/2$ 的电信号 u_{os} 和 u_{oc},如图6-8所示,经放大、整形后得到两个正弦波信号,分别送到辨向电路中进行处理。由于莫尔条纹通过两套光电元件的时间不同,两信号将有1/4周期的相位差的超前与滞后,而光栅的移动方向决定了信号的超前与滞后关系。经放大整形和微分等电子判向电路,机床的实际运动方向就可根据这种超前与滞后关系来具体判别。

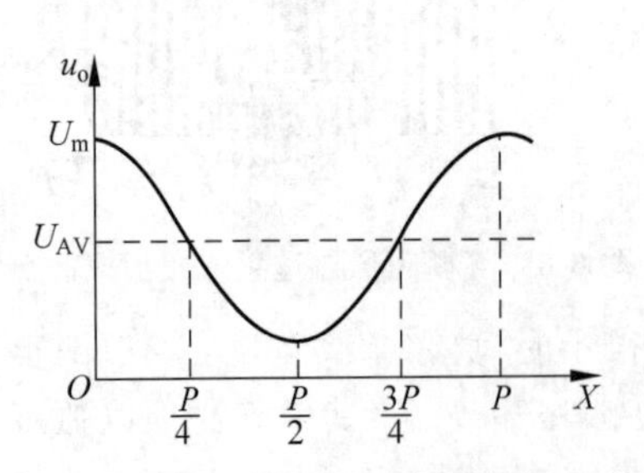

图6-7　光栅位移与光敏元件输出电压关系

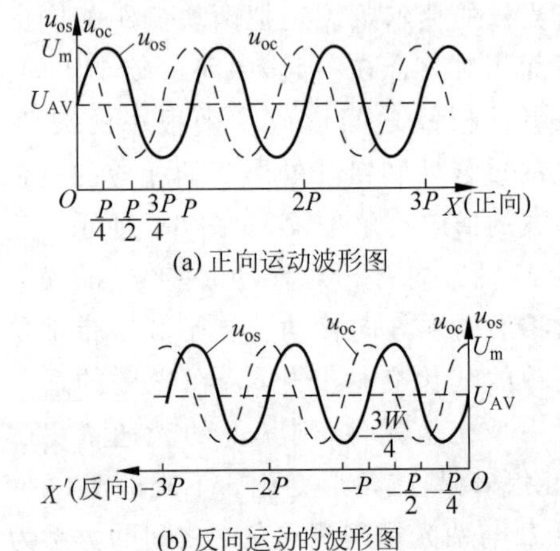

图6-8　两套光电元件所产生的电流波形

2. 细分技术

虽然提高光栅的栅线可以直接提高光栅的分辨力，但由于刻线等相关加工技术的限制，栅线的最小间距有限，为了在不增加刻线数的情况下进一步提高光栅的分辨力，可以采用细分技术。细分技术又叫倍频，是指在一个莫尔条纹节距内同时安装多只(n)光电元件(如硅光电池)，则光电元件在莫尔条纹移动一个节距的过程将产生 n 个正弦、余弦信号，然后再经过放大、整形为方波，从而使分辨力提高到 P/n。常用的细分方法是细分数为 4 的直接细分，又称 4 倍频细分，即在莫尔条纹节距内同时依次安装 4 个光电元件采集不同相位的信号，每相邻两只的距离为 1/4 节距，光栅每移动一个栅距，莫尔条纹变化一周时，输出均匀分布的相位依次相差 90°的 4 个脉冲，再通过细分电路，分别输出 4 个脉冲。具体实现时还可以在莫尔条纹内相距 $W/4$ 的位置上放置两个光电元件，先得到相位差 90°的两路正弦波信号 S 和 C，然后将此两路信号送入如图 6-9(a)所示的细分辨向电路处理后各反相一次就可得到 4 路信号。具体工作时，两路正弦波信号 S 和 C 经过差动放大，再由射极耦合整形器整形成两路方波，并把这两个正弦和余弦方波各自反相一次，从而获得 4 路方波信号。通过调整射极耦合整形器鉴别电位，使 4 个方波的跳变正好在光电信号的 0°、90°、180°、270°处各产生一个窄脉冲，其波形图如图 6-9(b)所示，即实现了莫尔条纹变化一周期内获得 4 个输出脉冲，达到了细分目的。为了辨别方向，图中的 8 个“与”门和两个“或”门分别将在 0°、90°、180°、270°处产生的 4 个脉冲进行相应的逻辑组合，使光栅正向(反向)移动时产生正向(反向)脉冲为加法(减法)脉冲，送到计数器中作加法(减法)计数，以实现通过计数器的计数结果正确反映光栅副的相对位移量。如果光栅的栅距为 0.02mm，那么经 4 倍频后每一个脉冲相当于 0.005mm，即使分辨力提高了 4 倍。除 4 倍频外，还有 8 倍频、10 倍频、20 倍频等细分线路。例如，每毫米 50 线纹光栅，10 倍频后，其最小读数值为 2μm，可用于更高精度数控系统的测量。

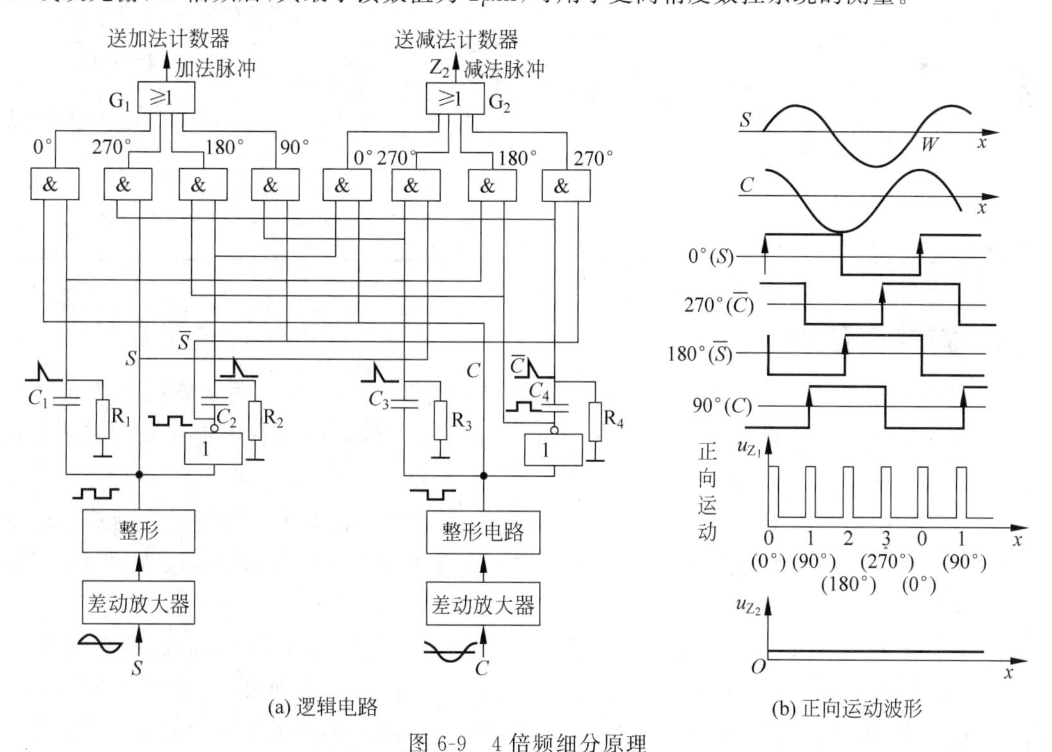

(a) 逻辑电路　　(b) 正向运动波形

图 6-9　4 倍频细分原理

使用光栅传感器应注意以下几个问题。

(1) 插拔读数头与数显表的连接插头时应注意关闭电源。

(2) 光栅检测元件一般用玻璃制成,容易受外界气温的影响而产生误差。如灰尘、切屑、油污、水汽等的侵入会使光学系统受到污染而影响光栅信号的幅值和精度,甚至因光栅的相对运动而损坏刻线。因此,必须加强对光栅系统的维护和保养,如及时清理溅落在测量装置上的切屑和冷却液,严防异物进入壳体内部等。

(3) 保持光栅尺的清洁,可定期用乙醚等清洗光栅尺面。测量精度较高的光栅都使用在环境条件较好的恒温场所或进行密封。

(4) 光栅测量长度应大于工作台的最大行程,此外可在机床导轨上安装限位装置,防止工作台移动超过光栅尺长度而撞坏读数头。

由于光栅蚀刻技术及电子细分技术的发展,在大量程测长方面,光栅式测量装置的精度仅低于激光式测量装置的精度。光栅式测量装置由于具有高精度、大量程、抗干扰能力强的优点,适于实现动态测量、自动测量及数字显示,是数控机床上理想的位置检测元件,在数控机床的反馈系统中得到广泛应用。其主要不足之处是光栅式测量装置的成本比感应同步器式、磁栅式测量装置高,另外制作量程大于1m的光栅尺尚有困难。表6-6列出了几种常用光栅传感器的精度,若配以电子细分技术,则可达到更高的精度。

表6-6 各种光栅的精度

计量光栅		光栅长度/mm	线纹度/mm	精度[①]
直线式	玻璃透射光栅	500	100	5μm
	玻璃透射光栅	1000	100	10μm
	玻璃透射光栅	1100	100	10μm
	玻璃透射光栅	1100	100	3～5μm
	玻璃透射光栅	500	100	2～3μm
	金属反射光栅	1220	40	13μm
	金属反射光栅	500	25	7μm
	高精度反射光栅	1000	50	7.5μm
	玻璃衍射光栅	300	250	±1.5μm
回转式	玻璃圆光栅	270	10 800/周	3″

注:①指两点间最大均方根误差。

6.5 旋转变压器

旋转变压器常被用于数控伺服控制系统中,作为角度位置的检测和测量元件,从其工作原理看实际上是一种小型交流电动机,其输出电压与转子的角位移有固定的函数关系。旋转变压器作为一种间接测量装置,具有结构简单紧固、动作灵敏、工作可靠、对环境条件要求不高、信号输出幅度大、抗干扰能力强等特点,在数控伺服控制系统中得到了广泛应用。如在精度要求不高的或大型机床中的粗测量或中等精度测量系统大都采用精度为角分数量级的普通旋转变压器。

一般工业场合中常用的角度位置传感元件有光学编码器、磁性编码器和旋转变压器等。其中,磁性编码器由于制作和精度的缘故在数控系统中的应用受到限制;光学编码器的输出是数字量脉冲信号,数据处理比较方便,因而在数控系统中得到了较好的应用。受信号处理困难和价格高等因素的影响，早期旋转变压器在数控系统中的应用受到了限制，但由于随着信号处理技术的发展和进步，电子元器件集成化程度的不断提高和价格大幅下降，使得旋转变压器的信号处理电路变得简单(如出现了软件解码的信号处理)、可靠。与光学编码器等其他角度位置传感器相比，旋转变压器可工作的转速范围更高(输出12b的信号时，电动机的最高转速可达60 000r/min，而光学编码器由于光电器件的频响的限制，在输出12b的信号时，相应的最高速度只能达到3000r/min)，能以绝对值信号数据输出，并能适应非常恶劣的工作环境，因此以无可比拟的可靠性和足够高的精度在数控系统中获得了不可代替的地位。常用的旋转变压器的主要技术指标及说明如表6-7所示。

表6-7　旋转变压器的主要技术指标

名称	含　义	范围	备　注
额定励磁电压	为保证旋转变压器能正常稳定工作所需的励磁绕组电压值	20V、26V、36V等	磁绕电压都采用比较低的数值
额定励磁频率	为保证旋转变压器能正常稳定工作所需的励磁电压的频率	50Hz、400Hz、500Hz、1000Hz、2000Hz及5000Hz	工频电压使用方便，但性能略差，通常采用400Hz，以及5～10Hz的励磁频率，其性能好，但成本较高。如果励磁频率较高，则旋转变压器的尺寸可以显著减小，转子的转动惯量也就可以很小，适用于加、减速比较大或精度高的齿轮、齿条组合使用的场合
阻抗	可分为开路输入和短路输出阻抗两种，开路输入为输出端开路时励磁端的阻抗，而短路输出阻抗为输入端短路时输出端的电抗	200～10 000Ω(开路输入)和数十至数百欧姆(短路输出)	在励磁电压一定时，开路输入阻抗越大，相应的励磁电流越小，所需电源容量也越小；短路输出阻抗应与负载阻抗匹配。阻抗将随转角变化而变化，且与初、次级之间相互角位置有关
变压比	在输出绕组处于感生最大输出电压的位置时，输出电压与原边励磁电压之比	0.15～2共7种	应根据所要求的输出电压选择变压比
正余弦函数误差	在不同转角下，两相输出电压的实际值与理论值之差，对最大理论输出电压之比	0.05%～0.2%	主要是因为加工不良，齿槽影响、磁性材料非线性等原因所致
交轴误差	正余弦旋转变压器一相励磁绕组额定励磁，另一相短接，所有的定子和转子绕组在转子转角为0°、90°、180°、270°时的零位组合的角度偏差	3′～16′	主要是因为磁路不对称，定、转子铁芯同轴度及圆柱度差，铁芯片间短路，绕组分布不对称及匝间短路等原因所引起
线性误差	线性旋转变压器在工作转角范围内，不同转角时，与最大输出电压同相的输出电压的基波分量与理论值之差，对最大理论输出电压之比	0.06%～0.22%	主要是因为加工不良、磁性材料非线性外，还有设计原理误差等原因所引起
电气误差	输出电动势和转角之间应符合严格的正、余弦关系，不符合而产生的误差称为电气误差	3′～12′	多极旋转变压器可以达到更高的精度；磁阻式旋转变压器由于结构原理关系电气误差偏大

续表

名称	含　义	范围	备　注
零位电压	输出电压基波同相分量为零的点称为电气零位,此时相应具有的电压称为零位电压	额定输出电压的0.05%～0.3%	由磁性材料非线性、磁路不对称、气隙不均匀及绕组分布、铁芯错位等原因所引起
相位移	在次级开路的情况下,次级输出电压相对于初级励磁电压在时间上的相位差	3°～12°	相位差的大小随着旋转变压器的类型、尺寸、结构和励磁频率不同而变化。一般尺寸小、频率低、极数多时相位移大,且磁阻式相位移最大,环形式的相位移次之

日本多摩川公司生产的单对板无刷旋转变压器的主要参数如表6-8所示。

表6-8　日本多摩川公司生产的单对板无刷旋转变压器的主要参数

电气参数	输入电压	输入电流	励磁频率	变比系数	电气误差
	3.5V	1.17mA	3kHz	0.6	10′
机械参数	最高转速	转动惯量	摩擦力矩		
	8000r/min	4×10^{-7}kg・m	6×10^{-2}N・cm		
外形参数	外径	轴径	轴伸	长度	质量
	26.97mm	3.05mm	(12.7±0.5)mm	60mm	165g

6.5.1　旋转变压器的结构和分类

旋转变压器也称同步分解器,由定子和转子组成,其结构与两相绕线式异步电动机相似,是一种旋转式的小型交流电动机。这种变压器的原、副边绕组分别放置在定子和转子上,定子绕组为变压器的原边,转子绕组为变压器的副边。定子绕组通过固定在壳体上的接线柱直接引出。当旋转变压器的原边施加交流电压励磁时,其副边输出电压将与转子的转角保持某种严格的函数关系,从而实现角度的检测、解算或传输等功能。

按电动机的极数多少,可将旋转变压器分为两极式和多极式;按输出电压与转子转角间的函数关系,又可将旋转变压器分为正余弦旋转变压器、线性旋转变压器、比例式旋转变压器和特殊旋转变压器等;根据转子电信号引进和引出的方式,可将旋转变压器分为有刷旋转变压器和无刷旋转变压器。单极对旋转变压器的定子和转子上有且仅有一对磁极,而多极对旋转变压器的定子和转子的极对数有多对,因此其电气转角为实际机械转角的整数倍,可以实现高精度的绝对式检测。在数控机床中广泛应用的双极对旋转变压器检测精度较高,其定子和转子上都各有两对相互垂直的磁极。有刷旋转变压器定子与转子上都有绕组,且两相绕组轴线分别相互垂直,转子绕组的电信号通过滑动接触经转子上的滑环和定子上的电刷引出。有刷旋转变压器的可靠性很大程度上取决于刷结构,因此这种结构形式的旋转变压器应用得很少,数控机床主要使用无刷旋转变压器。

由于结构形式和原理的不同,各类型的旋转变压器在性能和环境适应能力上各不相同,各种类型的旋转变压器性能与特点的比较如表6-9所示。从表6-9可知,有刷旋转变压器可以得到最小的电气误差、最大的精度,但其刷结构影响了可靠性。环形旋转变压器也可以达到较高的精度,而且工艺结构性和可靠性及成本都较好;磁阻式的旋转变压器精度较低,但其可靠性相对较高,工艺结构性也最佳。

表6-9　各种类型的旋转变压器性能与特点的比较

类型	精度	工艺性	相位移	可靠性	结构	成本
有刷式	高	差	小	差	复杂	高
环变式	高	一般	较大	好	一般	一般
磁阻式	低	好	大	最佳	简单	低

无刷旋转变压器的结构示意如图6-10所示，其没有电刷与滑环，主要由分解器和变压器组成，左边的分解器结构与有刷旋转变压器基本相同，右边的变压器可以不通过电刷与滑环而把信号传递出来，其一次绕组绕在与分解器转子轴固定在一起的高导磁材料上，与转子轴一起转动；变压器的二次绕组绕在与线子轴同心的定子线轴上。励磁电压经过图中的IN接线与分解器定子线圈相连；变压器的一次绕组的输入与分解器转子线圈的输出相连，输出信号从变压器的二次绕组的OUT接口引出。

无刷旋转变压器根据结构形式还可以细分为环形旋转变压器式无刷旋转变压器和磁阻式旋转变压器。如图6-11所示为环形变压器式无刷旋转变压器的结构，其右侧部分是典型的旋转变压器的定子和转子，左侧是环形变压器。右侧的旋转变压器和有刷旋转变压器结构一样，作信号变换，左侧的环形变压器可以不通过电刷将信号输出。磁阻式旋转变压器的励磁绕组和输出绕组的输出绕组形式不一样，都固定在同一套定子槽内。其转子的形状决定了极对数和气隙磁场的形状，一般可通过转子磁极形状的特殊设计使气隙磁场近似于正弦形变化，相应输出绕组的输出信号一般为随转角作正弦变化且与彼此励磁绕组输出信号相差90°(电角度)的电信号。

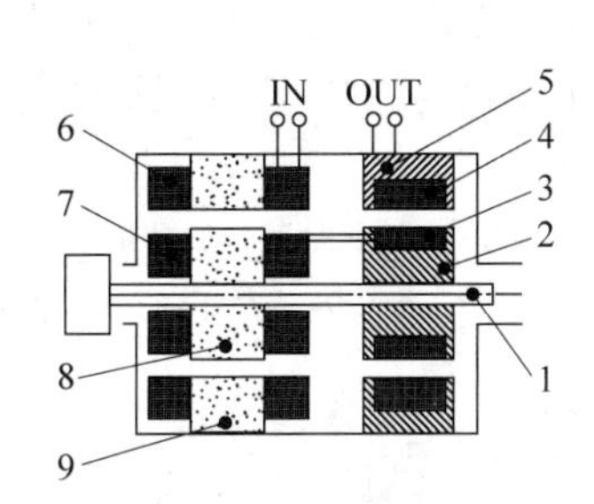

图6-10　无刷旋转变压器结构示意图

1—转子轴；2—变压器转子；3—变压器一次线圈；4—变压器二次线圈；5—变压器定子；6—分解器定子线圈；7—分解器转子线圈；8—分解器转子；9—分解器定子

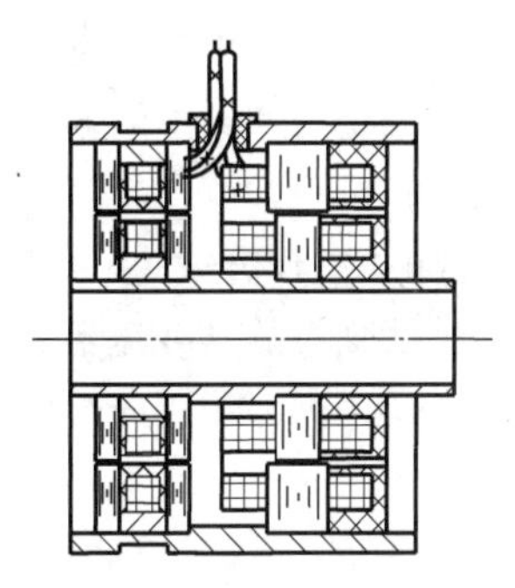

图6-11　环形变压器式旋转变压器结构示意

6.5.2　正余弦旋转变压器的工作原理

正余弦旋转变压器是双极对旋转变压器，是根据互感原理工作的，其定子绕组加励磁电压，通过电磁耦合，在转子绕组上产生感应电动势，产生的感应电动势的大小取决于定子和转子两个绕组轴线在空间的相对位置。正余弦旋转变压器的结构可保证其定子和转子之间的磁通按正(余)弦规律变化，使其输出绕组的电压相应于转子转角呈正(余)弦函数关系。

正余弦旋转变压器定子上有两个互相垂直的正弦绕组和余弦绕组，转子上也有两个互相垂直的绕组，其中一个绕组的输出用作输出电压，另一个绕组接高阻抗以补偿转子对定子的电枢反应。正余弦旋转变压器根据定子绕组所接的励磁电压可工作在鉴相和鉴幅两种工作方式下。

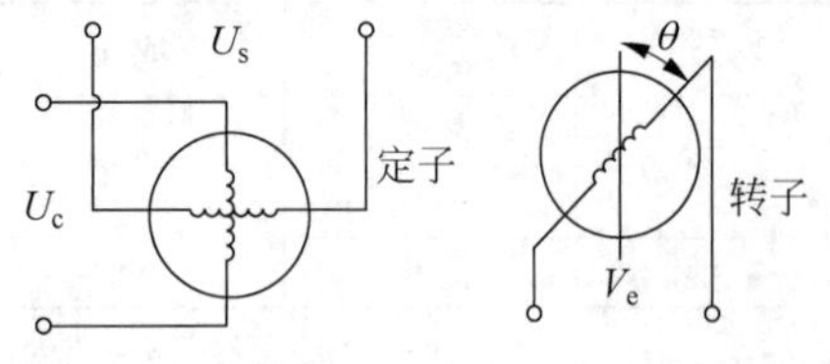

图 6-12 旋转变压器定子两相激磁绕组

1. 鉴相式工作方式

这种方式通过旋转变压器转子绕组中感应电动势的相位关系来确定被测角位移大小。如图 6-12 所示,在鉴相式工作方式下,旋转变压器定子的两个绕组分别接通相同幅值、相同频率而相位差 π/2 的正弦交流励磁电压(U_s 与 U_c),即

$$U_s = U_m \sin\omega t$$

$$U_c = U_m(\sin\omega t + \pi/2) = U_m \cos\omega t \quad \frac{n!}{r!(n-r)!}$$

其中,U_m 为励磁电压幅值。

当转子正转时,这两个励磁电压在转子余弦绕组中会产生感应电势,分别为

$$U_{Cs} = kU_m \sin\omega t \cos\alpha$$

$$U_{Cc} = kU_m \cos\omega t \sin\alpha$$

根据线性叠加原理,转子绕组产生的总感应电势为

$$U_1 = kU_m \sin\omega t \sin\alpha + kU_m \cos\omega t \cos\alpha = kU_m \cos(\omega t - \alpha)$$

其中,k 为电磁耦合系数($k<1$);α 为相位角,即转子偏转角。

同理,当转子反转时,

$$U_1 = kU_m \cos(\omega t + \alpha)$$

可见,旋转变压器转子绕组输出电压与定子绕组中励磁电压同频率,且相位相差 α,即输出电压的相位角和转子的偏转角 α 之间存在严格的对应关系。所以,只要检测出转子绕组输出电压的相位角,即可求得转子相对于定子的空间转角位置的偏转角(被测轴的角位移)。

2. 鉴幅式工作方式

这种方式通过旋转变压器转子绕组中感应电动势的幅值检测来确定被测角位移大小。在旋转变压器定子的两相正向绕组分别加上频率相同、相位相同,但幅值不同的交流励磁电压:

$$U_s = U_{sm} \sin\omega t$$

$$U_c = U_{cm} \sin\omega t$$

其中,U_{sm} 和 U_{cm} 在给定电气角为 θ 时,分别为

$$U_{sm} = U_m \sin\theta$$

$$U_{cm} = U_m \cos\theta$$

根据线性叠加原理,当转子正转时,两个励磁电压在转子余弦绕组中会产生感应电势为

$$U_2 = kU_m \sin\alpha \sin\omega t \sin\theta + kU_m \cos\alpha \sin\omega t \cos\theta = kU_m \cos(\alpha - \theta) \sin\omega t$$

同理,当转子反转时,则

$$U_2 = kU_m \cos(\alpha + \theta) \sin\omega t$$

可见,旋转变压器转子绕组中的感应电势是以 ω 为角频率的交变信号,其幅值为 $kU_m \cos(\alpha \pm \theta)$,如果电气角已知(可通过具体电子线路测得),只要测出感应电势的幅值,便可以间接地求出转子偏转角的值,即可以测出被测角位移的大小。

无论是鉴相工作方式还是鉴幅工作方式,转子绕组中的感应电压都随转子的偏转角做正弦或余弦改变,所以称之为正/余弦旋转变压器。

6.5.3 旋转变压器在数控系统中的应用

根据旋转变压器的原理可知，转子偏转角的变化可以根据旋转变压器二次绕组的感应电动势的幅值或相位的检测获取。在数控系统中，旋转变压器常被用作主轴工作移动台面角运动或直线位移检测装置。当数控机床的丝杠旋转一周，即螺母带动工作台在丝杠上移动了一个螺距，为了测量工作台实际的直线位移的大小，通常将旋转变压器装在数控机床的丝杠上，通过对丝杠角位移的测量，配合绝对位置计数器累计所转过的圈数，配合相敏检波器区别不同的转向，实现间接获得工作台面的直线位移的目的。

另外，为了实现更加精准的测量，可以用多个旋转变压器按相应的比例相互配合串接，如按1∶1、10∶1和100∶1的比例串接，组成旋转变压器精、中、粗三级测量装置。

6.5.4 旋转变压器的误差和使用注意事项

旋转变压器是数控系统中重要的精密检测元件，具有高精度、高稳定性、高可靠性和良好的机械性能等，各种类型的旋转变压器因结构特点和工作原因等因素的影响都存在着不同程度的误差，如磁阻式旋转变压器输入和输出绕组的漏磁、间接耦合、槽部漏磁、杂散电容等都会在输出感应电势中产生干扰电势。在具体应用时应对误差产生的原因进行分析，并给出适当的消除方法。此外，还应注意负载磁势虽然会对输出感应电势大小产生影响，但并不影响磁阻式多极旋转变压器的精度。

实际应用中的旋转变压器误差产生的原因主要有以下几个。

(1) 定子两绕组分布不良使磁轴在空间不严格正交，导磁材料各向磁导率不一致而引起的磁轴偏移，转子外圆、定子内圆椭圆和偏心误差引起磁路不对称等因素都会对旋转变压器的正交电压(副方开路，原方任一绕组以额定电压和额定频率励磁时，另一原方绕组的端电压)产生影响。

(2) 定子和转子铁芯的齿槽和磁路饱和等因素会引起绕组所产生的磁场在空间为非正弦分布。绕组本身匝数不对称、阻抗不等、材料和制造工艺的影响、环境温度和变压器本身的温度变化引起绕组的阻值变化都将引起电压比误差。如果系统中没有补偿绕组或外电路补偿，则频率的变化对电压比产生影响。

(3) 在工作过程中，相位移会随温度和频率的变化而发生相应的微小变化，由于原方电阻随温度上升而增大，使得相位移也随之增大；此外，相位移还会随频率的增高而减小。

旋转变压器作为一种精密元件，要求它必须具有高精度、高稳定性、高可靠性和良好的机械性能。总的来说，影响产品性能的因素是多方面的，主要有设计、机加工工艺和应用等三方面原因，不可能同时解决，在实际使用时应充分了解产品性能特点，并根据相应的精度和性能要求，对误差产生的原因予以分析和补偿。例如，为了削弱谐波的影响，可借助斜槽，对定子和转子齿数进行适当配合，增大气隙长度等措施。

在旋转变压器的实际应用中，应重点注意以下几点：每次使用时应使数控系统对旋转变压器自动调零；输出特性的畸变会随输入阻抗和旋转变压器的输出阻抗的比值发生改变，比值应适当大一些；要注意变比、相位移、额定电压对频率和环境温度的非恒定性；两相绕组同时励磁时，两相输出绕组的阻抗应尽可能相等；一相励磁绕组励磁时，另一相应短接或接一与励磁电源内阻相等的阻抗。

6.6 感应同步器

感应同步器是利用两个平面形绕组的互感随位置不同而变化的原理来检测位移的精密传感器,感应同步器结构上类似于旋转变压器,相当于一个展开的多极旋转变压器。感应同步器的种类繁多,根据用途和结构特点可分成直线式和旋转式(圆盘式)两大类。直线式感应同步器由定尺和滑尺组成,用于测量直线位移,常用于数控全闭环伺服系统;旋转式感应同步器由定子和转子组成,用于测量旋转角度,常用于数控半闭环伺服系统。一般在定尺或转子上印制有连续的绕组,而在滑尺或定子上则有正、余弦两相印制绕组。当对正、余弦两相绕组接交流励磁时,由于电磁感应的作用,在连续绕组上就会产生感应电动势,通过对产生的感应电动势的处理可以得出直线和角度位移。旋转式感应同步器的工作原理与直线式相同,所不同的是定子(相当于定尺)、转子(相当于滑尺)及绕组形状不同,结构上可分为圆形和扇形两种。

6.6.1 种类和结构

1. 直线式感应同步器

直线式感应同步器由定尺和滑尺组成,定尺上的连续绕组和滑尺上的绕组分布是不相同的,可以通过印制电路绕组的方法制作。一般情况下,印制电路绕组方法先用绝缘粘贴剂把铜箔粘牢在金属(或玻璃)基板上,然后按设计要求腐蚀成不同曲折形状的平面绕组。直线式感应同步器的绕组布置方式如图 6-13 所示,定尺和滑尺上的绕组分布是不相同的,定尺上是连续绕组,节距 V 为 2mm;滑尺上的分段绕组(分别称为正、余弦绕组)分为两组,节距 V_1 相等,V_1 为 1.5mm,且在空间上相差 1/4 节距相角(即 90°)。感应同步器定尺和滑尺上的分段绕组和连续绕组相当于变压器的一次侧和二次侧线圈,其利用交变电磁场和互感原理工作。

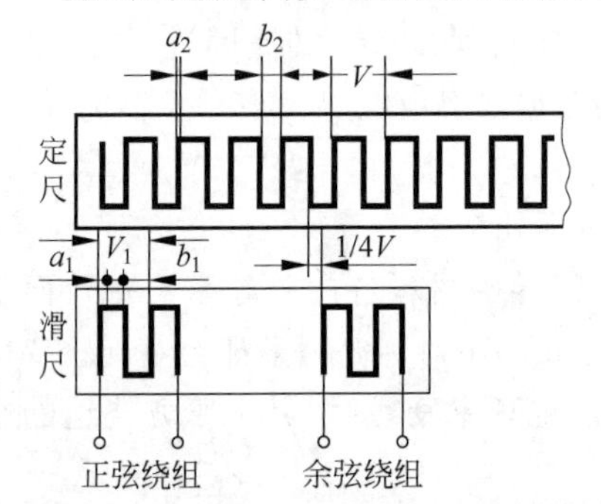

图 6-13 直线式感应同步器绕组布置

直线式感应同步器按其结构特点还可将其细化为标准型、窄型、带型和三速型等,其主要参数如表 6-10 所示,目前被广泛应用于大位移静态与动态测量中,例如用于三坐标测量机、程控数控机床及高精度重型机床及加工中测量装置等。

表 6-10 感应同步器主要技术参数

<table>
<tr><th colspan="2" rowspan="2">感应同步器类型</th><th rowspan="2">检测周期</th><th rowspan="2">精度</th><th rowspan="2">重复精度</th><th colspan="3">滑尺(定子)</th><th colspan="2">定尺</th><th rowspan="2">电压传递系数①</th></tr>
<tr><th>阻抗/Ω</th><th>输入电压/V</th><th>最大允许功率/W</th><th>阻抗/Ω</th><th>输入电压/V</th></tr>
<tr><td rowspan="5">直线型</td><td rowspan="2">标准直线型</td><td>2mm</td><td>±0.0025mm</td><td>0.25/μm</td><td>0.9</td><td>1.2</td><td>0.5</td><td>4.5</td><td>0.027</td><td>44</td></tr>
<tr><td>0.1in</td><td>±0.0001in</td><td>10×10⁻⁶in</td><td>1.6</td><td>0.8</td><td>2.0</td><td>3.3</td><td>0.042</td><td>43</td></tr>
<tr><td>窄型</td><td>2mm</td><td>±0.005mm</td><td>0.5μm</td><td>0.53</td><td>0.6</td><td>0.6</td><td>2.2</td><td>0.008</td><td>73</td></tr>
<tr><td>三速型</td><td>400mm
100mm
2mm</td><td>±7.0mm
±0.15mm
±0.005mm</td><td>0.5μm</td><td>0.95</td><td>0.8</td><td>0.6</td><td>4.2</td><td>0.004</td><td>200</td></tr>
<tr><td>带型</td><td>2mm</td><td>±0.01mm/m</td><td>0.01μm</td><td>0.5</td><td>0.5</td><td></td><td>10/m</td><td>0.0065</td><td>77</td></tr>
</table>

续表

感应同步器类型		检测周期	精度	重复精度	滑尺(定子)			定尺		电压传递系数①
					阻抗/Ω	输入电压/V	最大允许功率/W	阻抗/Ω	输入电压/V	
圆型	12/270	1°	±1″	0.1″	8.0			4.5		120
	12/360	2°	±1″	0.1″	1.9			1.6		80
	7/360	2°	±3″	0.3″	2.0			1.5		145
	3/360	2°	±4″	0.4″	5.0			1.5		500
	2/360	2°	±5″	0.9″	8.4			6.3		200

注：①电压传递系数的定义是动尺输入电压与定尺输出电压之比，即

电压传递系数＝动尺的输入电压/定尺的输出电压

电磁耦合度则等于电压传递系数的倒数。

2. 圆感应同步器

圆感应同步器由定子和转子组成，如图6-14所示，其转子相当于直线式感应同步器的定尺，定子相当于滑尺。圆感应同步器的转子为连续绕组，而其定子绕组做成正弦、余弦绕组交替形式，正弦、余弦绕组两者相差90°相角。圆感应同步器则被广泛地用于机床和仪器的转台以及各种回转伺服控制系统中。

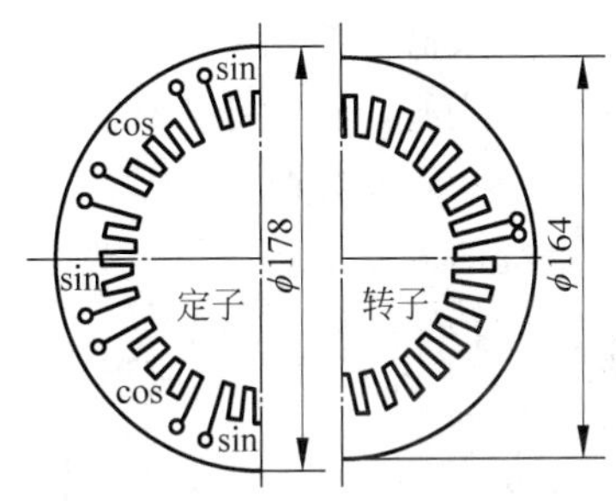

图6-14　圆感应同步器的绕组示意图

6.6.2　感应同步器的工作原理

如图6-15所示，当滑尺正弦绕组通以频率为f(一般为2～10kHz)的交变电流后，忽略横向段导线的影响，两根竖直部分的单元导线周围空间将形成环形封闭磁力线，图中叉号和点号分别表示磁力线方向由外垂直进入纸面和由纸面垂直引出。由电磁学可知，对交流电源的瞬时激励电压而言，磁通在任一瞬间的空间分布为近似矩形波，且其幅值按激磁电流的瞬时值以正弦规律变化。这种在空间位置固定，而大小随时间变化的磁场称为脉振磁场。定尺绕组在脉振磁场的作用下相应感应出频率为f的感应电势，其大小与滑尺和定尺的相对位置有关：当两绕组同向对齐时，滑尺绕组磁通全部交链于定尺绕组，产生正向最大的感应电势；当滑尺移动1/4个节距后，两绕组磁通没有交链，所以交链磁通量为零；再移动1/4节距后，两绕组反向时，产生负向最大的感应电势。以此类推，即每移动一节距，感应电势周期性地随相对位置按余弦规律变化一次。

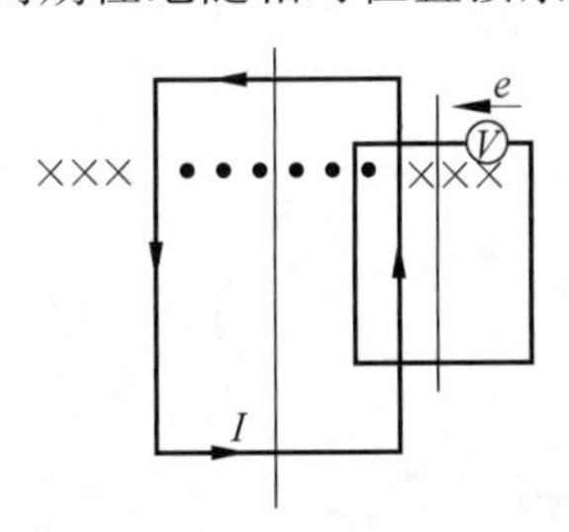

图6-15　感应电动势大小与线圈距离示意图

同样，当感应同步器的滑尺余弦绕组接频率为f的交变电流时，定尺绕组上也将相应感应出频率为f的感应电势，而且产生的感应电势随位置的不断变化按正弦规律变化。正弦绕组和余弦绕组单独供电时，在定尺上感应电势分别为

$$U'_2 = KU_s\cos\frac{x}{V}360° = KU_s\cos\theta$$

$$U''_2 = KU_c\sin\frac{x}{V}360° = KU_c\sin\theta$$

其中，$\theta=\left(\frac{x}{V}\right)360°=\frac{2\pi x}{V}$，$V$ 为节距，表示直线感应同步器的周期，标准式直线感应同步器的节距为 2mm，U_s 为正弦绕组供电电压，U_c 为余弦绕组供电电压，x 为感应同步器的滑尺和定尺的移动距离，B 为节距，K 为感应同步器的定尺与滑尺之间的耦合系数，θ 表示感应同步器定尺与滑尺相对位移的角度表示量(电角度)。

将感应同步器的磁路系统假设为线性，则可对定尺上总的感应电势进行线性叠加，即

$$e=U'_2+U''_2=KU_s\cos\theta+KU_c\sin\theta$$

当滑尺上的正弦和余弦两组绕组同时接交流电压时，绕组中的交流电流使其周围产生交变磁场，在这个交变磁场的作用下，定尺绕组上产生的感应电动势的大小与接入的交流激磁电压及两尺的相对位置有关。如图 6-16 所示，当滑尺上的余弦绕组 cos 与定尺上的绕组重合时，定尺上产生的感应电势最大，而此时的正弦绕组 sin 与定尺绕组间相距 1/4 节距，所引起定尺感应绕组产生的感应电势(相互抵消)为零；当滑尺向右移动 1/4 节距时，滑尺上的余弦绕组 cos 与定尺上的绕阻相距 1/4 节距，所引起定尺感应绕组产生的感应电势(相互抵消)为零，而此时的正弦绕组 sin 与定尺上的绕组重合，定尺上产生最大的感应电势；当滑尺继续向右移动到 1/2 节距位置时，余弦绕组 cos 所引起定尺感应绕组产生的感应电势

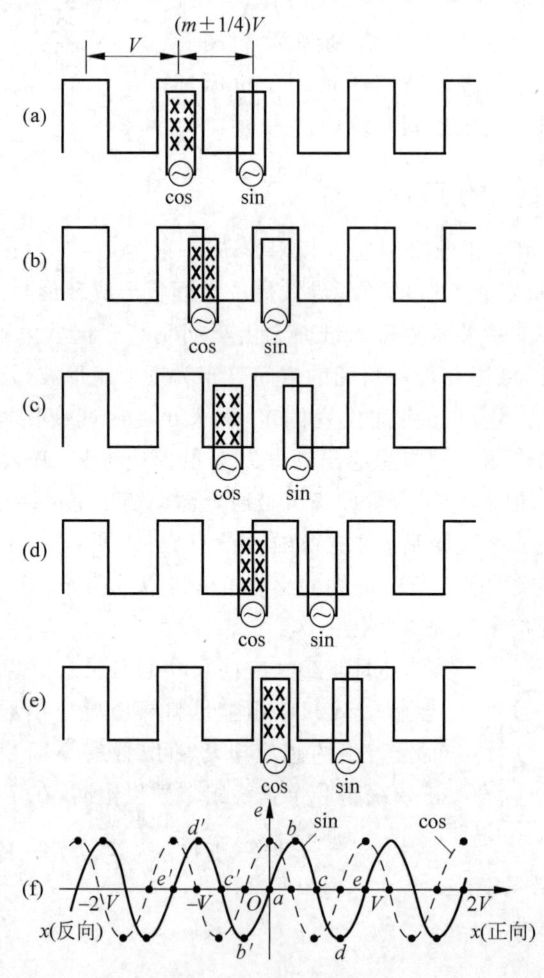

图 6-16　定尺绕组上产生的感应电动势的大小与两尺的相对位置关系

达到负的最大值，而正弦绕组所引起的感应电势为零；在滑尺继续向右移动到 3/4 节距时，余弦绕组 cos 所引起定尺感应绕组产生的感应电势为零，而正弦绕组所引起的感应电势为负的最大值。这样随着滑尺相对定尺移动，定尺上产生的感应电动势呈周期变化。

感应同步器是利用电磁感应原理来检测位移的。根据对滑尺绕组供电方式和对输出电压检测方式的不同，感应同步器的测量方式可分为相位测量和幅值测量两种，相位测量通过检测感应电压的相位来测量位移，而幅值测量则通过检测感应电压的幅值来测量位移。

1. 相位测量工作法

当滑尺的正弦和余弦两个励磁绕组分别施加同频和同幅值但相位相差 90°的两个电压 U_s 和 U_c 时，则

$$U_s = U_m \sin\omega t$$

$$U_c = U_m \cos\omega t$$

其中，U_m 为滑尺励磁电压最大的幅值；ω 表示滑尺交流励磁电压的角频率，$\omega = 2\pi f$。则定尺感应电势相应随滑尺位置改变，即

$$\begin{aligned} e &= U'_2 + U''_2 \\ &= KU_m \sin\omega t \cos\theta + KU_m \cos\omega t \sin\theta \\ &= KU_m \sin(\omega t + \theta) \end{aligned}$$

感应电势 e 的相位角是 θ，从上式可以看出，感应同步器定、滑尺间的相对位移 x 的变化就转变成了感应电势相角 θ 的相应变化。因为感应同步器定、滑两尺之间相对直线位移 x 与定尺绕组的节距 V 之比，对应于定、滑两尺之间相对位移角 θ_x 与定尺绕组输出电动势周期 2π 之比，即 $x/V = \theta/2\pi$，所以，只要测得上式中的相角 θ，就可以间接获得滑尺的相对位移 x，即 e 的相位角与定尺和滑尺之间相对位移一一对应。

$$x = \frac{\theta}{2\pi} V$$

2. 幅值测量工作法

幅值测量工作法是根据感应电动势的幅值来鉴别位移量的信号处理方式。在滑尺的正弦和余弦两个励磁绕组上分别施加同频、同相，但幅值不等的两个交流电压：

$$U_s = -U_m \sin\phi \sin\omega t$$

$$U_c = U_m \cos\phi \sin\omega t$$

根据线性叠加原理，定尺上总的感应电势 U_2 为两个绕组单独作用时所产生的感应电势 U'_2 和 U''_2 之和。即

$$\begin{aligned} e_1 &= U'_2 + U''_2 \\ &= -KU_m \sin\varphi \sin\omega t \cos\theta + KU_m \cos\varphi \sin\omega t \sin\theta \\ &= KU_m (\sin\varphi \cos\theta - \cos\theta \sin\varphi) \sin\omega t \\ &= KU_m \sin(\theta - \varphi) \sin\omega t \end{aligned}$$

其中，$KU_m \sin(\theta - \varphi)$ 表示感应电势 e_1 的幅值；φ 表示控制系统给定的指令电相角。由上式知，随着滑尺的移动，感应同步器的输出电动势 e_1 的幅值将随 $(\theta - \varphi)$ 逐渐作正弦变化，

当定尺和滑尺处于初始状态,即两者之间没有相对位移时,$\varphi=\theta$,定尺输出电动势 $e_1=0$。当滑尺有一定位移但又未达到指令要求时,即 $\varphi\neq\theta$,使 $\theta=\theta+\Delta\theta$,则定尺输出的电动势也相应有一个增量 Δe,即

$$\Delta e=kU_{\mathrm{m}}\sin\Delta\theta\approx kU_{\mathrm{m}}\sin(2\pi/W)\Delta x$$

因此,当感应同步器的滑尺和定尺之间的位移量 Δx 较小时,感应电动势 Δe 的幅值与位移量 Δx 成正比,因此通过测量感应电 e_1 的幅值就可间接测得定尺和滑尺之间的相对位移。

6.6.3　感应同步器在数控闭环控制系统中的应用

如图6-17所示为利用感应同步器作为位置反馈元件的闭环伺服数控系统,其中的感应同步器的工作是在鉴相方式。脉冲相位转换器接收来自数控系统的指令脉冲,并输出基准信号和指令信号,其中激磁电路将基准信号转换成正弦和余弦两种电压,这两个电压分别给滑尺的正弦和余弦绕组供电,定尺感应的信号通过前置放大器整形后将实际执行信息反馈给鉴相器,鉴相器通过比较,判断指令信号和实际执行信息的大小和方向,并将比较的结果送到伺服驱动机构,伺服驱动机构控制伺服元件的移动方向和移动量直到差值为零,表明相应的工作台移动的实际位置与数控系统的指令信息规定的位置相符,伺服系统结束动作。

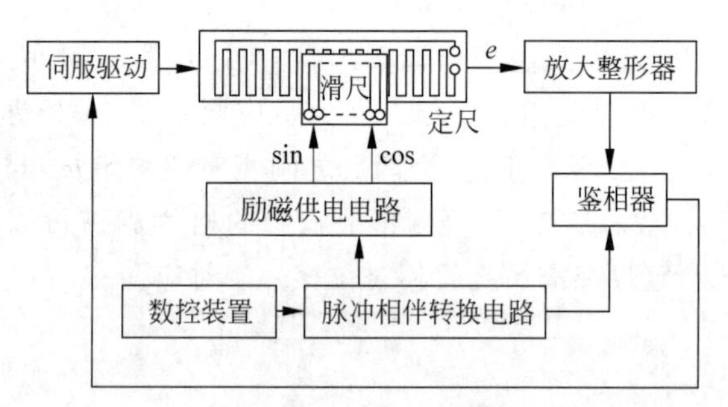

图6-17　鉴相型感应同步器在数控系统中的应用

6.6.4　感应同步器的特点

数控系统中使用的感应同步器具有以下特点。

(1) 精度与分辨力较高。感应同步器的输出信号是由滑尺与定尺之间的相对位移产生,不经过任何机械传动机构,其测量精度主要取决于印制电路绕组的加工精度,而且由于感应同步器是由许多节距同时参加工作,节距的局部误差影响被多节距的误差平均效应减小,温度变化对其测量精度影响不大,因此测量精度和分辨力较高。感应同步器的分辨力主要取决于将一个周期进行电气细分的程度,通过线路的精心设计和采取严密的抗干扰措施可以突破电子细分电路中信噪比的限制,把电噪声减到很低,可以获得很高的稳定性和灵敏度。目前长感应同步器的精度、分辨力和重复性可分别达到±1.5μm、0.5μm 和 0.2μm;直径为300mm的圆感应同步器的精度、分辨力和重复性可分别达到±1″、0.05″和0.1″。表6-11为国产直线感应同步器的精度分类。

表 6-11　$GZ_D^H-1$①直线感应同步器精度等级

精度等级	0 级	1 级	2 级
定尺零位误差/μm	±1.5	±2.5	±5
滑尺细分误差/μm	±0.8	±1.5	±2.5

注：① G——感应同步器；Z——直线型；H——滑尺；D——定尺。

(2) 抗干扰能力强，能适应比较恶劣的环境。随着温度的变化，感应同步器的金属基板和床身铸铁的热胀系数相近，可保证重复精度不受温度的影响。另外，感应同步器在一个节距内是一个绝对测量装置，在任何时间内给出的单值电压信号仅与位置相对应，瞬时偶然干扰信号对精度的影响很小。平面绕组的阻抗很小，受外界干扰电场的影响很小。此外，感应同步器是基于非接触式的空间耦合方式进行检测的，其对尺面防护要求不高，且可选择耐温性能良好的非导磁性涂料作保护层，进一步加强感应同步器的防湿抗温漂能力。

(3) 工艺性好，便于复制和成批生产，使用寿命长，维护简单，成本较低。长感应同步器的定尺和滑尺，圆感应同步器的定子和转子之间都相互不接触，因此没有任何摩擦、磨损，所以使用寿命很长。由于是电磁耦合器件，它不怕油污、灰尘和冲击振动的影响，且不需要光源、光电元件，不存在元件老化及光学系统故障等问题。一般为了防止铁屑进入其气隙，需装设防护罩，但不必经常清扫。

(4) 长距离位移测量不受限制。出于精度方面的考虑，应尽量采用单个感应同步器实现检测功能，但当测量长度要求大于 250mm 时，可以根据测量长度的需要，采用多块定尺拼接接长，通过块规或激光测长仪对相邻定尺间隔进行调整，保证拼接后总长度的精度可保持(或稍低于)单个定尺的精度。目前行程为几米到几十米的中型或大型机床中，工作台位移的直线测量，大多数采用直线式感应同步器来实现。

感应同步器的缺点是信号处理方式较复杂，其测量精度受到测量方法的限制。

6.6.5　感应同步器安装使用的注意事项

如图 6-18 所示为长感应同步器的安装结构示意图，总的安装结构有滑尺组件、定尺组件和防护罩三部分。定尺安装在机床的固定部件上，滑尺安装在机床的运动部件上，两者都由尺座和尺身组成，防护罩可以保护感应同步器不受铁屑和油污的侵入。

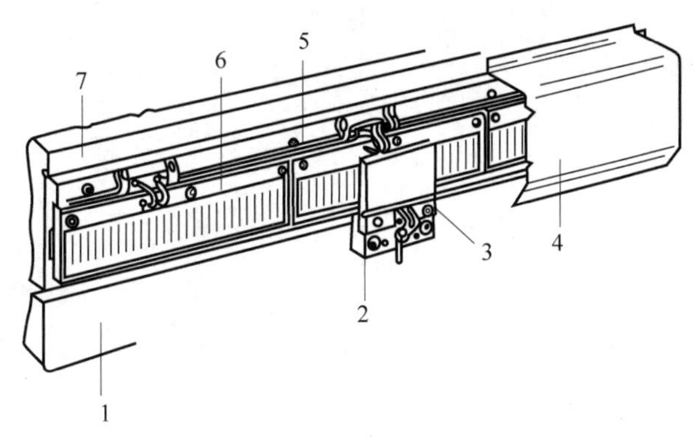

图 6-18　感应同步器安装图

1—机床运动部件；2—滑尺座；3—滑尺；4—防护罩；5—定尺座；6—定尺；7—机床固定部件

具体安装、维护和使用数控系统中的感应同步器时,主要应考虑以下几点。

(1) 在调整系统时,应注意同步回路中的阻抗和激磁电压的对称性,以及激磁电流失真度大小,防止这些指标超过许用范围而对检测精度产生较大的影响。

(2) 采用相应的防护措施。在数控系统中感应同步器一般的安装位置都处于切屑及冷却液飞溅的地方,因此为防止切屑夹在间隙内造成滑尺和定尺的绕组刮伤或短路,应使用相关措施加以防护,否则感应同步器将失去可靠性发生不可预计的误动作。另外,由于感应同步器阻抗低,且产生的感应电势大小较低,所以还应加强屏蔽以防止电磁干扰。

(3) 安装完成后感应同步器的滑尺和定尺之间必须保持平行,平行度误差小于0.1mm,倾斜度误差小于0.5°,装配面波纹度误差在0.01mm/250mm以内,间隙保持在0.25mm左右,且晃动时间隙变化小于0.1mm。

习题与思考题

1. 数控系统中有哪些传感器和检测装置?
2. 绝对式测量和增量式测量有何区别?间接测量和直接测量有何区别?
3. 旋转变压器主要由哪些部分构成?可用于数控系统中的哪些部位?
4. 光栅尺的检测原理是什么?它由哪几部分组成?
5. 莫尔条纹的作用和功能是什么?
6. 简述编码器在数控系统中的应用。
7. 感应同步器检测原理是什么?有哪几种检测方法?如何实现移动方向的判别?
8. 简述旋转变压器的工作原理和实际应用。

第7章
NUMERICAL CONTROL SYSTEM

国内外数控系统相关新技术

为了提高数控系统对生产环境的适应性，满足快速多变的市场需求，全球装备制造业不断积极探索和研制具有更新功能和更多特点的数控系统，受益于计算机技术和信息技术的新成果不断应用，国内外数控系统的相关新技术也层出不穷。本章主要介绍国内外部分数控系统相关新技术和新成果，如并联数控机床及其控制、分布式数控系统和柔性制造系统。

7.1 并联数控机床及其控制

并联机器人一般是由多个运动支链并联连接动平台和静平台组成，其动平台上装有具有多自由度的终端执行器，因其具备承载能力强、刚度大、无累计误差、运动精度高、动力性能好、正向运动学求解容易、易于控制等优点，被广泛应用于加工制造和装配、航空航海、生物医疗和轻工业等领域。

7.1.1 概述

并联运动机床是采用多自由度空间并联机构作为机床本体构型的一类新型数控加工设备，又称并联运动学机器人、虚拟轴机床，是空间多自由度并联机构与数控机床相结合的产物，是空间机械制造、机构学、计算机软件技术、数控技术和CAD/CAM技术高度结合的新产品。它能克服传统数控机床刀具或工件只能沿固定导轨进给、刀具运动自由度偏低、加工灵活性和机动性不够等固有缺陷，可实现多轴联动数控加工、装配和测量多种功能，更能满足复杂特种零件的加工。加上其刚度高、相对重量轻、响应快、结构对称易于建模和补偿、模块化程度高、可重构性强等特点，一经出现就受到工业界和学术界的广泛关注。在1994年举办的芝加哥国际机床博览会上，美国Giddings & Lewis和Geodetics等公司都分别推出了各自的多轴并联运动机床，引起了轰动。此后许多工业强国都相继投入了大量的资源进行并联运动机床的研究与开发。如英国Geodetic公司，美国Ingersoll Milling、Giddings & Lewis和Hexal等公司都分别研制出“六足虫”(HexaPod)和“变异型”(VARI. AX)的数控机床与加工中心。如图7-1所示为加拿大NRC研制的并联数控机床。此后，英国Geodetic公司，俄罗斯Laoik公司，挪威Muticraft公司，日本丰田、日立、三菱等公司，瑞士ETZH和IFW研究所，瑞典Neos Robotics公司，丹麦Bratmschweig公司，德国亚琛工业大学、汉诺威大学和斯图加特大学等单位也研制出不同结构形式的数控铣床、激光加工和水射流机床、坐标测量机和加工中心等。国内的相关研究起步较晚，清华大学和天津大学于1997年合作成功研

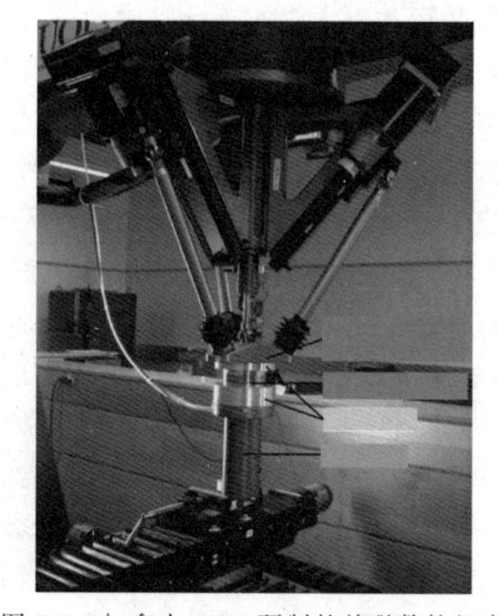

图7-1 加拿大NRC研制的并联数控机床

发了国内首台大型镗铣类虚拟轴机床原型样机 VAMT1Y,其主要技术指标如下:机床总高 3500mm,机床总重 3000kg,机床最大外接圆直径 4490mm,最大加工直径 500mm,最大垂向行程 700mm,最大刀具姿态角±25°。并联机床的出现既扩大了数控机床的加工和应用范围,也为新型数控系统的设计提供了相应的理论依据。

并联机床与传统机床从机床运动学的本质区别在于其动平台是在笛卡儿空间中的运动,这种运动又是关节空间伺服运动的非线性映射(又称虚实映射)。因此,在进行运动控制时,必须通过位置正解模型将给定的刀具位姿及速度信息变换为伺服系统的控制指令,并驱动并联机构实现刀具的期望运动。由于结构参数不同,导致不同并联机床虚实映射的方法也不同,因此采用开放式体系结构建造数控系统是提高系统实用性的理想途径。

为了实现对刀具的高速高精度轨迹控制,并联机床数控系统需要高性能的控制硬件和软件。系统软件通常包括用户界面、数据预处理、插补计算、虚实变换、PLC 控制等模块,并需要简单、可靠、可作底层访问且可完成多任务实时调度的操作系统。

友好的用户界面是实现并联机床运行的重要因素。由于操作者已习惯传统数控机床操作面板及有关术语和指令系统,故为了方便用户的使用,在开发并联机床数控系统用户界面时,必须将其在传动原理方面的特点隐藏在系统内部,而使提供给用户的信息尽可能与传统机床一致。这些信息通常包括操作面板的显示、数控程序代码和坐标定义等。

实时插补计算是实现刀具高速、高精度轨迹控制的关键技术。在以工业 PC 和开放式多轴运动控制卡为核心搭建的并联机床数控系统中,常用的插补算法是:根据精度要求在操作空间中离散刀具轨迹,并根据硬件所提供的插补周期,按时间轴对离散点作粗插补,然后通过虚实变换将数据转换到关节空间,再送入控制器进行精插补。还要说明的是,操作空间中两离散点间即便是简单的直线匀速运动,也将被转化为关节空间中各轴的变速运动;反过来,若使关节空间中各轴做匀速运动,则将在操作空间中合成复杂的曲线轨迹。

并联机床的控制系统最主要的功能是对并联运动机床进行运动控制,使机床更精准、更快地完成零件的加工生产,主要目的是将加工零件所需要的笛卡儿三维坐标数据,转换成驱动并联运动机床中的执行机构动平台的控制参数,这也要求控制系统有优良的控制算法和实时性。同时由于转换过程都基于理论模型,忽略了杆件和铰链的制造和装配误差,加上运动参数的非线性特征,实际轨迹往往偏离了理想的目标曲线,所以空间位置标定和补偿也成为并联运动机床控制系统的特殊问题。具体而言,并联运动机床的运动和轨迹控制是由多个支链驱动来实现空间多自由度运动的,其动平台位姿的描述是通过运动轴 X、Y、Z、A、B、C(A、B、C 为绕 X、Y、Z 轴的转动)来表示的,因此这些操作空间并不真实存在的轴(称为虚轴)并不能作为数控系统直接控制的控制对象,应该通过可控的各支链的驱动关节(实轴,包括可做伸缩运动的直线关节和旋转运动的旋转关节)来实现。假设某系统通过动平台上主轴部件的刀头运动来实现加工动作,其关键的问题就是解决如何通过对实轴的运动控制来实现对虚轴的联动控制,即通过实轴和虚轴之间的坐标转换来实现刀具相对工件所需要的运动轨迹,如图 7-2 所示。数控系统的使用者不考虑并联运动机构的坐标系统,直接按传统的笛卡儿坐标系统对加工零件进行编程,个人计算机与数控系统协作将笛卡儿坐标系下的坐标值转换成为并联运动机床相应的驱动关节的相应运动(位移或转动角度)。在进行运动控制时,必须通过机构位置逆解模型,将事先给定的刀具位姿及速度信息变换为伺服系统的控制指令,并驱动并联机构实现刀具的期望运动。

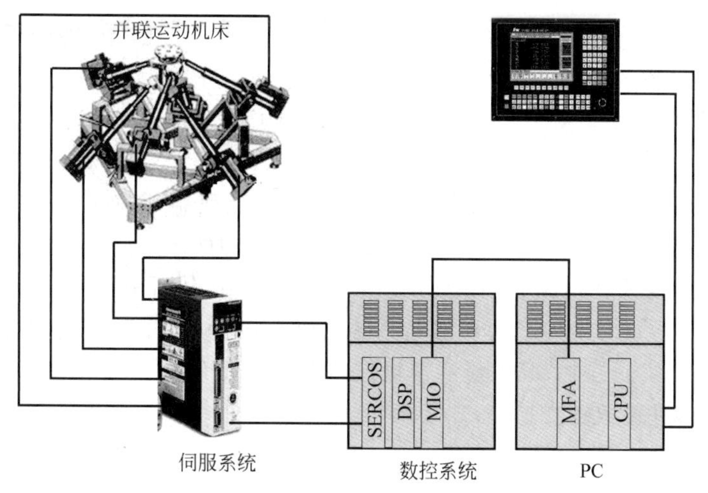

图 7-2　并联运动机床控制系统

并联运动机床的机械本体结构简单，但其数控系统相对复杂，对软件计算能力的要求远高于传统的数控系统。另外，并联运动机床由于其配置形式的多样化，很难有标准的控制系统能够适合所有的并联运动机床，一般是根据现有的某个控制平台，由开发者自行配置硬件和软件。

7.1.2　并联运动机床数控系统的硬件和软件

并联运动机床数控系统的硬件和软件有三种不同的方案，如表 7-1 所示。

表 7-1　并联运动机床数控系统的不同硬件和软件结构形式

方案	CPU1(用户域)	CPU2(控制域)	CPU3(控制域)	CPU4(控制域)	CPU5(驱动域)
方案Ⅰ	人机界面/编程接口	TP,TG,LR	PLC	PR	DR；电流放大器；功率放大器
方案Ⅱ	人机界面/编程接口				TP,TG,PLC,PR；电流放大器；功率放大器
方案Ⅲ	人机界面/编程接口/TP,TG,PLC,PR				LR；DR；电流放大器；功率放大器
TP：轨迹规划；TG：轨迹生成；PR：过程控制；LR：位置控制器；DR：速度控制器					

方案Ⅰ为传统的数控系统结构,系统的各个主要功能分别由专用的处理器来完成,作为控制系统的核心的位置控制器采用模拟驱动接口。

方案Ⅱ 把控制模块集成后,大大减少了处理器的数目,采用集成化控制功能的数字驱动方案。

方案Ⅲ以PC为基础平台,采用实时操作系统和单处理器,所有的控制功能作为软件任务在实时环境下运行,从而使用户有更大的灵活性和主动性。

如图7-3所示为并联机床数控系统的一种硬件体系结构,采用了多CPU的开放式结构体系。图中PC工控机作为主计算机进行系统的核心管理,基于DSP的PMAC运动控制卡完成伺服电动机的实时控制,开关量的逻辑控制由嵌入式PLC实现,多CPU之间通过双口RAM和串行通信进行数据交换。

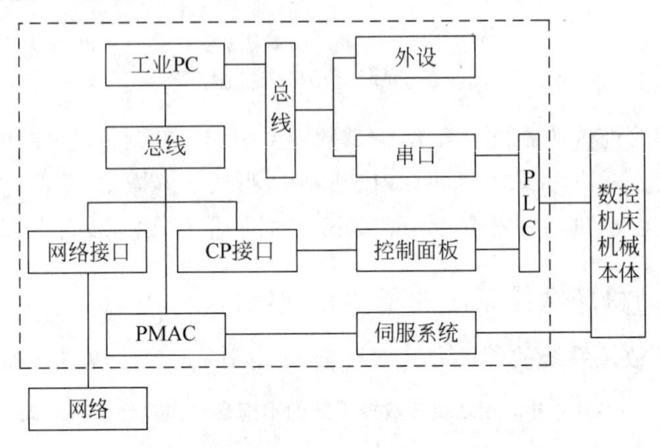

图7-3 并联机床用CNC装置硬件体系结构

该并联机床数控装置软件结构如图7-4所示。由人机界面模块、预处理模块、指令解释执行模块以及其他功能模块构成。其中,人机界面模块包括人机对话、刀具轨迹仿真和加工状态显示等功能;预处理模块包括NC代码编译、刀位轨迹及速度和加速度规划;指令解释执行模块完成内部指令的分析和执行,完成轴控制模块、辅助控制模块和控制面板管理模块的协调;轴控制模块包括坐标变换、生成多轴控制的PMAC运动指令、实现与PMAC的通信;辅助控制模块包括PLC程序、控制数据生成、PLC通信管理等模块;控制面板(Control Panel)管理模块包括CP指令解释和CP通信管理等子模块;其他功能模块包括状态检测、诊断等子模块。

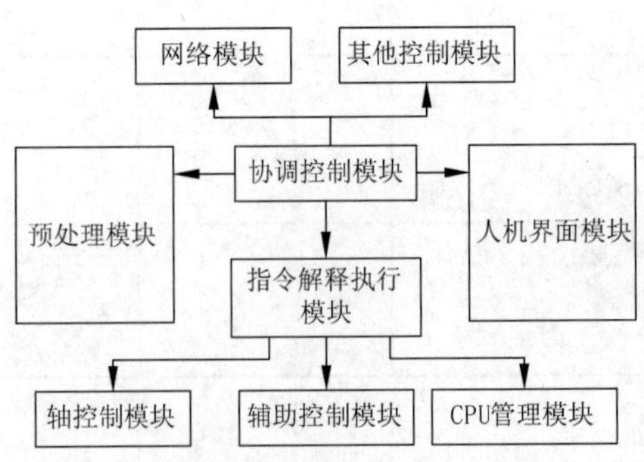

图7-4 并联机床用CNC装置软件体系结构

该并联机床 CNC 系统采用粗、精结合的两级插补算法，实现了直线和圆弧轮廓的加工。首先由主计算机按给定的插补周期，完成速度规划和粗插补计算，得到下一个插补点的坐标位置，经过虚实映射的坐标更换，得出各个可控伸缩轴的位置增量和速度，送给 PMAC 进行连续轨迹控制，从而驱动刀具加工出合格的零件。

EMC 控制器是 Enhanced Machine Controller（增强的机器控制器）的简称，是美国国家标准与技术研究所（NIST）在能源部的 TEAM 计划下的一个项目，目的在于开发和验证开放式控制器的接口技术规范。EMC 控制器采用开放式结构，具有模块化、可移植、可扩展和可协同工作等特点。

当 EMC 控制器用于数控系统时，一般采用实时 Linux 操作系统，以达到较高的计算速度和实时性。EMC 软件的结构模型如图 7-5 所示。整个 EMC 软件由 4 部分组成。

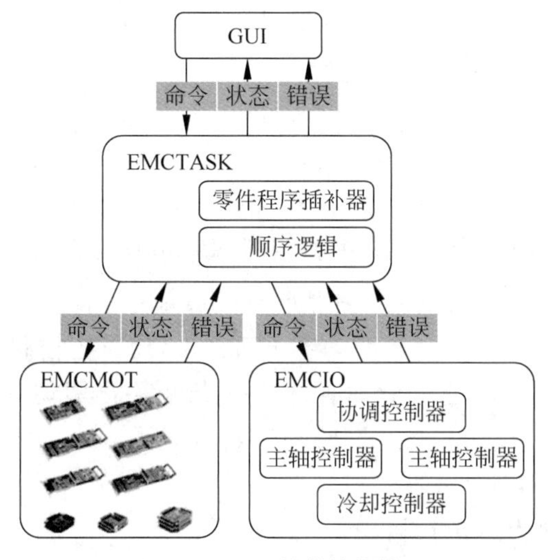

图 7-5　EMC 软件结构模型

(1) GUI（图形用户界面）。EMC 软件可以通过多种几何图形用户界面以及通信接口与制造系统和工厂网络相连。通常采用 TCL/TK 为基础的用户界面，称为 TkEmc。

(2) EMCTASK（任务执行器）模块。采用 NML_MODULE 和 RTS 程序段为基础，但与具体系统关系不密切，使用 G 代码和 M 代码程序。

(3) EMCIO（I/O 控制器）。采用 NIST 的实时控制系统（RTS）的程序段，其以 NML_MODULE 为基础，借助 NML 进行通信。与具体的系统密切相关，不能使用 INI 文件技术配置成为通用的运动控制器，但是可通过 API 与外部设备实现集成，从而无须改变核心控制代码。

(4) EMCMOT（运动控制器）模块。EMCTASK 模块是 EMC 控制系统的核心模块，其采用 C 语言编写完成，在实时操作系统下运行并完成并联运动机床的运动轨迹规划功能，输出控制伺服电动机或步进电动机的信号。该模块主要完成运动控制的 4 部分内容：①被控制坐标位置的取样；②计算运动轨迹上的下一点坐标值；③在轨迹点之间进行插补；④计算控制系统对伺服电动机或步进电动机的输出量。EMCMOT 功能单元的结构如图 7-6 所示。

从图 7-6 中可以看出，EMCMOT 功能单元可适用于伺服电动机和步进电动机的控制。

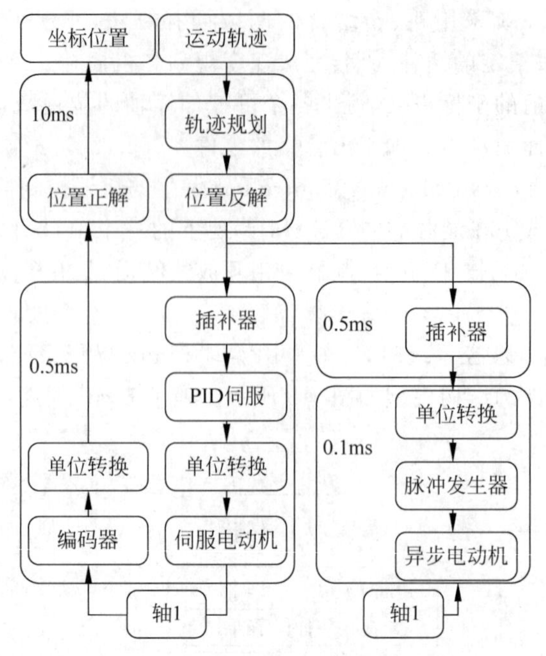

图 7-6　EMCMOT 功能单元的结构

对伺服驱动系统来说,输出量是以 PID 补偿算法为基础的,通过位置反馈和速度反馈编码器构成闭环系统。而对于步进电动机驱动系统而言,运动轨迹控制是开环控制。当执行器坐标位置与设定值相关一个以上的脉冲时,控制系统就发出驱动脉冲。EMCMOT 软件模块由以下几部分组成。

(1) 可编程软件的限定。

(2) 硬件限定和有效开关的接口。

(3) 带零点的 PID 伺服补偿。

(4) 一阶和二阶速度前馈。

(5) 最多连续错误。

(6) 可选择的速度和加速度值。

(7) 每个坐标的数值,可以通过连续、增量和绝对值方式描述。

(8) 线性和圆周运动的队列混合。

(9) 可编程的位置正解和反解。

对于并联运动机床而言,空间坐标和笛卡儿坐标的转换接口可用 C 语言编写,插入运动控制模块,代替原有的缺少笛卡儿坐标系。EMC 控制软件对并联运动机床和并联机器人的试验研究起到了推动作用。由于源程序代码公开,可以掌握控制器设计和控制软件开发的主动权。此外,EMC 控制软件还提供一个 C 语言的应用程序接口,使不同的专用硬件能够与运动控制器连接,而无须修改任何核心控制代码。

运动控制器的工作性能与系统的调节参数和驱动参数以及干扰力有关,典型预备队控制器的驱动和调节(y 坐标)模型如图 7-7 所示。

图 7-7 中,k_1、k_2、k_3 各模块为控制系统的调节模型,其余是数控系统的驱动模型。由图可知,当输入位置控制设定值 y_s 后,第一、二个调节函数 k_1、k_2 分别是位置比例增益调

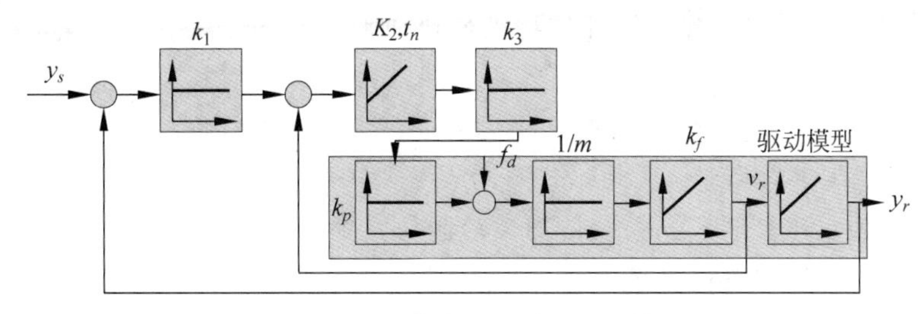

图 7-7　运动控制的驱动和调节模型

节和速度比例增益调节系数，系统的动态性能与这两者值的大小成正比。t_n 为反映系统实时性的速度调节延时，t_n 值越小表明系统的实时性越好。f_d 是切削力或干扰力，k_c 和 k_p 分别为加速度比例增益系数和电动机常数，m 是电动机的质量，k_f 和 m 系统反映电动机惯性的影响。

7.2　分布式数控系统

随着计算机与网络技术的飞速发展，应用分布式控制技术原理，在数控系统设计上采用适当的分布式结构设计，构成分布式数控系统是克服高度集成化控制所产生负面影响的有效途径。1994 年，国际标准化组织颁布了新的 DNC 国际标准 ISO 2806，对 DNC 进行了新的定义——分布式数控(Distributed Numerical Control)：在生产管理计算机和多个数控系统之间分配数据的分级系统。它除了对生产计划、技术准备、加工操作等基本作业进行集中监控与分散控制外，还具有现代生产管理、设备工况信息采集等功能。通常将广义上的 DNC 分布式数字控制定义为以计算机技术、通信技术、数控技术等为基础，把数控机床与上层控制计算机进行有效集成，以实现数控机床的集中控制管理及数控机床与上层控制计算机间的信息交换的系统。它是现代化生产加工车间实现设备集成化、信息集成、功能集成的新方法，是机械加工车间自动化的重要模式，也是实现 MES 等系统的重要组成部分。

DNC 系统一般采用两级控制结构，即系统管理与控制级和 NC/CNC 设备控制级。如图 7-8 所示为 DNC 系统的典型结构，它由 DNC 主机(或称 DNC 控制计算机，包括大容量的外存储器和 I/O 接口组成)、数据通信单元、DNC 接口、NC 或 CNC 装置和软件系统(包括实时多任务操作系统、DNC 通信软件、数控加工程序编辑软件、数据库管理、监控系统和 DNC 应用软件等，部分系统还需要数据库管理系统、刀具轨迹模拟、图形输入与编辑软件和 DNC 接口管理软件等)组成。

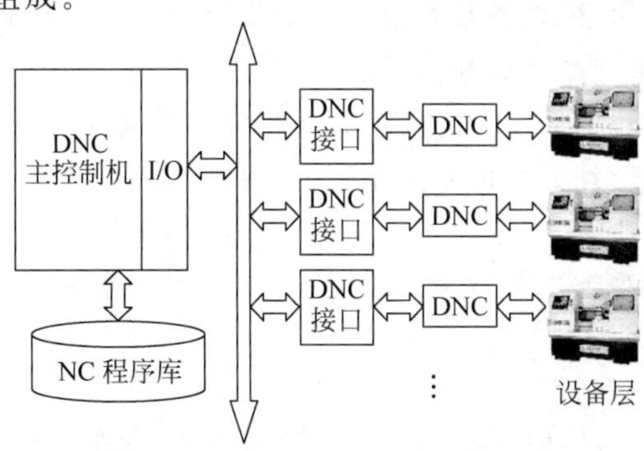

图 7-8　DNC 系统典型结构

随着通信、数据库管理、现代管理等技术的快速发展,DNC系统的功能不断增强,主要功能有如下几方面。

(1) 数控加工程序的下载与上载。

(2) NC程序存储与管理。

(3) 数据采集、处理和报告,系统的简单控制与调度。

(4) 用户与NC程序流程管理。

(5) 分配与传递刀具数据。

(6) 刀具、量具、夹具等工装准备信息、物料数据集成化生产管理。

(7) 按照工艺计划及生产作业计划,实现由多种数控机床组成的DNC系统的物流信息实时控制,以及工件的输送、储存、同步加工和装配等活动的集成化生产管理。

两级控制结构的DNC系统中的中央DNC主机模块承担全部管理与控制功能,如NC程序存储与管理、NC程序与刀具参数上下载、设备状态数据采集与处理、生产计划执行与跟踪等。由于本级既承担DNC系统的管理功能,又执行系统的控制功能,所以,这种类型的数控系统的管理与控制功能相对较弱,系统的负荷也相对偏重,影响了系统的执行效率。第二层设备控制级一般由机床控制单元等组成,主要用来实现机床各坐标轴的运动及有关辅助功能的协调工作。从系统的角度看,中央主机从大容量外存中调用零件的加工程序并在需要时将它们发送给机床,设备层的各机床单元执行或接收来自控制管理级的控制命令和相关信息,并负责向控制管理级反馈设备状态信息和命令执行反馈信息,设备层和中央主机之间的信息流是实时产生的,因此,每台数控机床单元对指令的要求几乎是同时被满足。

对于功能比较完善、系统比较庞大的DNC系统通常采用多级递阶控制结构,每一级承担不同的任务,充分发挥各自的最大功能。多级DNC结构通常为树状结构,一般系统底层的模块主要面向应用,具有专用的能力,用于完成规定的特殊任务。而顶层的各模块大都具有某些通用的功能,用于控制与协调整个系统。根据DNC系统的结构和规模大小,可以采用二、三、四、五级的结构,常用的是二、三级递阶结构,以三级居多。各级的功能如下。

(1) 设备级。主要由数控机床控制单元组成,各单元接收来自上一级的加工指令和控制信息,实现机床各坐标轴运动及有关辅助和协调动作,同时将工况加工信息反馈给上一级。

(2) 中间级。第二级为工作站级,接收最高级系统的指令信息,根据下一级反馈的工况和设备状态,进行任务分解和调度安排,实时地向各个设备分配加工任务及NC程序上下载、信息统计和系统状态信息、设备状态信息的采集与处理,并给每个设备分配具体的加工任务。部分系统还具有系统故障诊断与系统监控等功能。

(3) 最高级。第一级为单元级,是系统的最高级。主要用以完成系统管理、自动编程、系统管理和统计分析、生产计划制订与优化决策、物料需求计划及资源跟踪、设备管理、生产技术文件管理等功能。

DNC通信系统的物理连接有RS-232C(RS-422)、计算机网络通信接口和混合通信接口等。

(1) RS-232C(RS-422)。

这种连接方式成本较低,使用比较方便,但传输速率低,距离较短(RS-232C的最大传输距离为50m,20mA电流环和RS-422的最大传输距离为1000m左右);传输实时性和响应速度较差，传输容易受干扰，可靠性差；由于一台PC的串行接口数量有限，所以整个系统的规模受限制；由于每台设备都要求有一条与DNC主机相连的通信电缆，所以系统比较复杂，且扩展受系统软件和硬件的制约。

(2) 计算机网络通信接口。

通过CNC装置中的专用通信微处理器接口和相关的网络通信协议，数控设备可以连入工业局域网中，实现设备层的各单元与DNC和FMS相连，如FANUC、SIEMENS、AB等公司采用MAP网和工业以太网，还可以通过现场总线连接，使连接结构简单、协议直观、价格低廉、性能稳定、实时性较高且抗干扰能力强。

(3) 混合通信接口。

通过以上几种连接方式和组合实现各单元的相互连接，如计算机网络与RS-232C、RS-485等各种接口混合使用，如图7-9所示。

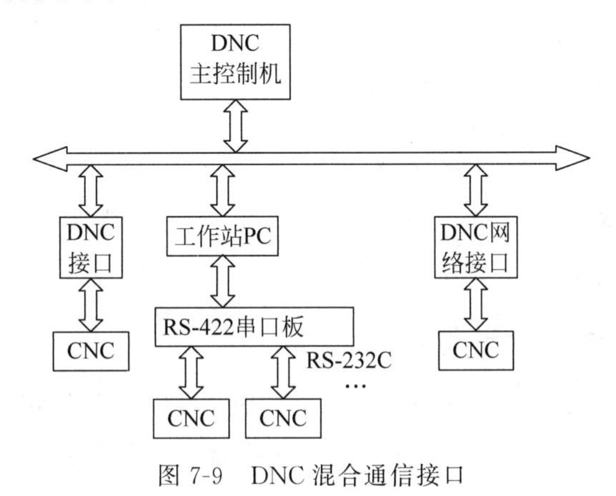

图7-9　DNC混合通信接口

7.3　柔性制造系统

7.3.1　概述

为了符合市场要求，满足客户个性化产品要求，机械加工生产制造系统的柔性对系统的生存越来越重要，迫使传统的大规模的生产方式和零部件生产工艺发生改变和改进。随着大批量生产模式正逐渐被适应市场动态变化的个性化生产所替代，制造自动化系统的生存能力和竞争能力在很大程度上取决于系统能否满足在很短的开发周期内，生产出较低成本、较高质量的不同品种产品的要求，即系统具备柔性。

柔性制造系统是由统一的信息控制系统、物料储运系统和一组数字控制加工设备组成，能适应加工对象变换的自动化机械制造系统(Flexible Manufacturing System，FMS)。中华人民共和国国家军用标准《武器装备柔性制造系统》中关于FMS的定义为：柔性制造系统(简称FMS)是由数控加工设备、物料储运装置和计算机控制系统等组成的自动化制造系统。它包括多个柔性制造单元(FMC)，能根据制造任务或生产的变化迅速进行调整，适用于多品种，中、小批量生产。其中的FMC由计算机控制的数控机床或加工中心，环形(圆形或椭圆形)托盘输送装置或工业机器人组成，可不停机转换工件进行连续生产。一般柔性制造系统的定义可以用以下三方面来概括。

(1) FMS是一个计算机控制的生产管理控制系统。

(2) 系统采用半独立的数控机床或加工中心。

(3) 这些具体的加工设备通过物料输送系统连成一体。

柔性制造系统技术复杂、自动化程度较高,其将微电子学、计算机和系统工程等技术有机结合,解决了机械制造高自动化与高柔性化之间的矛盾。FMS的柔性主要体现在设备柔性、工艺柔性、工序柔性、路径柔性、批量柔性、扩展柔性和工作及生产能力的柔性方面。其优点可以概述如下。

(1) 运行灵活,设备利用率高。柔性制造系统的检验、装夹和维护工作可在第一班完成,以后的加工可以在无人照看情况下自动完成,单个的数控制造单元组入柔性制造系统后,其产量比单机运行提高数倍。

(2) 产品质量高,生产能力相对稳定。由于零件在一次装夹过程中完成所有工序的加工,所以加工精度高且质量稳定。另外,现代柔性制造系统的监控模块能处理诸如刀具的磨损、物流的堵塞疏通等运行过程中难以预料的一些问题,并且在发生故障时,可以通过降级运转和自行绕过故障机床等措施降低故障对系统生产能力的影响。

(3) 应变能力较强。整个系统的各类刀具、夹具及物料运输装置都具有较大的可调性,通过合理布置系统平面,可以较大地提高系统的产品应变能力,满足市场个性化加工的需要。

7.3.2 柔性制造系统的类型与构成

20世纪60年代以来,美、英、德、日等许多先进国家的企业争相创造出自己的FMS系统,市场上较成熟的FMS系统有FANUC、日立精机、丰田公机、新潟铁工、山崎(日本)、Ingersoll Milling、Sundstung、Bendaw、Kearaey & Trecker、Cincinnati Milacron(美国)、Werner & Kolb、Burkhandt&Weber、Huller Hille、Scharman(德国)等。我国许多科研院所和大学开展了FMS的研究和开发,第一套FMS于1986年10月在北京机床研究所投入运行,用于加工伺服电动机的零件。FMS作为一种生产手段正在向小型化、单元化、模块化、集成化、人-技术-组织一体化方向发展,由最初的金属切削加工向金属热加工、装配等整个机械制造范围发展,并迅速向电子、食品、药品、化工等各行业渗透,进入了实用化阶段。

总的来说,柔性制造系统可以分为以下三种类型。

1. 柔性制造单元

柔性制造单元主要是指具有加工对象"柔性"和设备"柔性"的加工单元,一般由多台数控加工机床或数控加工中心构成。根据其配套的刀库和换刀机械手,这种柔性制造单元可以根据需要自动更换刀具和夹具,完成不同零部件的加工制造。这种类型的柔性制造系统适合加工批量小但形状比较复杂、加工工序简单但加工耗时较长的零部件。

2. 柔性制造系统

柔性制造系统主要是指具有加工"柔性"和物料传送"柔性"的制造系统,这种类型的柔性制造系统以数控加工机床或数控加工中心为基础,通过物料储存和传送装置组成制造自动化生产系统。系统的管理和控制主要由计算机完成,能在不停机的情况下,满足多种几何特征的零部件同时加工。这种类型的柔性制造加工系统适合形状复杂、加工工序多,而且批量较大的零件的加工生产。

3. 柔性自动生产线

柔性自动生产线是柔性程度最高的柔性制造系统，它将多台可以自动调整的机床(多用专用机床)有机连接在一起，通过自动储运系统传送工件，组成自动化加工生产线。该种类型的柔性自动生产线可以加工各种规格的批量较大的零部件。

机械制造业典型的柔性制造系统由多工位的制造工作站(数控加工系统、清洗站、测量站及其他机械加工工作站)、自动化的物料储运系统(如传送带、轨道-转盘以及机械手等)和计算机FMS管理与控制信息系统三部分组成，如图7-10所示。当柔性制造系统工作时，每个工作站控制系统都通过网络接口从中央计算机接收命令，并对指令进行解释和分解，把机器人路径程序通过RS-232接口传送到机器人控制器，同时把数控加工程序通过其他RS-232接口送给CNC机床。当机器人和制造工作站完成任务时，工作站计算机把从机器人和数控系统返回的信息综合成任务结束信号反馈给中央计算机。因此该自动加工系统有两种加工模式，即用于非FMS情况的独立运行模式(此时工作站计算机自主控制机床或机器人)和用于系统运行的系统运行模式。管理与控制系统是FMS的核心和灵魂，包括信息系统和软件系统，其中信息系统主要完成对加工和运输过程中所需各种信息的收集、处理、反馈，并通过电子计算机或其他控制装置(液压、气压装置等)对机床或运输设备实行分级控制；而软件系统主要是指为保证计算机对柔性制造系统进行有效管理而开发的设计、规划、生产控制和系统监督等相关软件。

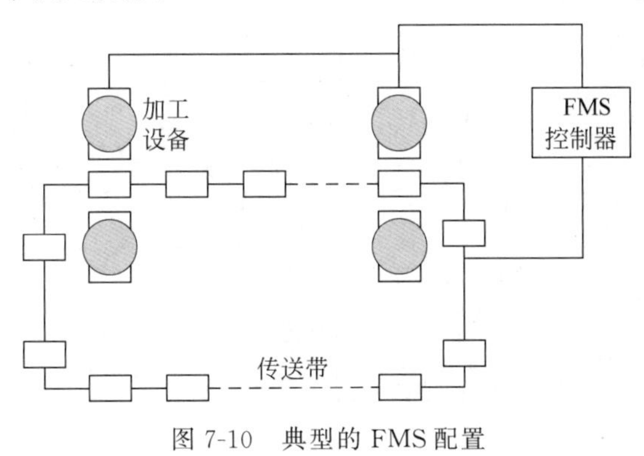

图7-10 典型的FMS配置

7.3.3 柔性制造系统的控制结构

传统的集中控制结构的全部数据由一台主控计算机管理，但处理速度低，难以满足大型复杂制造系统中经营管理、生产计划和控制的要求，而且一旦出现任何故障，系统将全部崩溃，其容错性差、扩展性低且开发周期长。

为了降低控制系统的复杂性，简化实施过程，FMS的管理和控制采用横向或纵向的分解与集成型成多层递阶控制结构。多层递阶控制结构是依据“控制层”的思想构造的，其中的各控制模块排列成金字塔形式。递阶控制结构的优点是将复杂的系统任务分解成一系列的子任务，形成若干控制层完成特定的子任务，减少全局控制和开发的难度。递阶控制结构中的上层向下层下达控制命令，下层执行上层的指令并向上层反馈状态信息，这种体系结构是目前技术最成熟、应用最广泛的控制结构之一。CAM-Ⅰ提出了4层的AFMA模型，美国国家标准局提出了5层的AMRF模型，ISO提出了6层的FAM模型，Pritschow提出了一种7层的CIMS递阶控制结构。在众多递阶控制结构中,以AMRF模型影响最大,我国863计划早期的CIMS典型应用工厂都采用了这种控制结构。最高层负责系统监控,中间层负责完成特定的子任务,而低层则进行加工控制。

如图7-11所示为具有工作站级的FMS 4级递阶控制结构,FMS管理与控制系统通常可采用多级递阶控制结构,工厂层由生产管理、信息管理和设计工程等部分组成,制订长期的生产计划、制造资源规划及经营管理,实现产品CAD和工艺规划等功能;车间层由任务管理的资源分配等部分组成,完成任务分解、生产能力分析和资源分配等功能;单元层由排队管理、调度和资源能力分析等模块组成,进行日常作业计划制订和加工路径控制;工作站层管理协调相关设备,完成指定的加工或搬运作业等;设备层主要控制具体的加工机械和搬运设备的运动轨迹。对这种控制结构系统内的设备数量不宜过多,FMS单元控制机直接实施对设备或子系统的实时控制,对目前计算机性能不断提高,而FMS规模向中小型方向发展的情况,这种体系结构是比较适宜的。

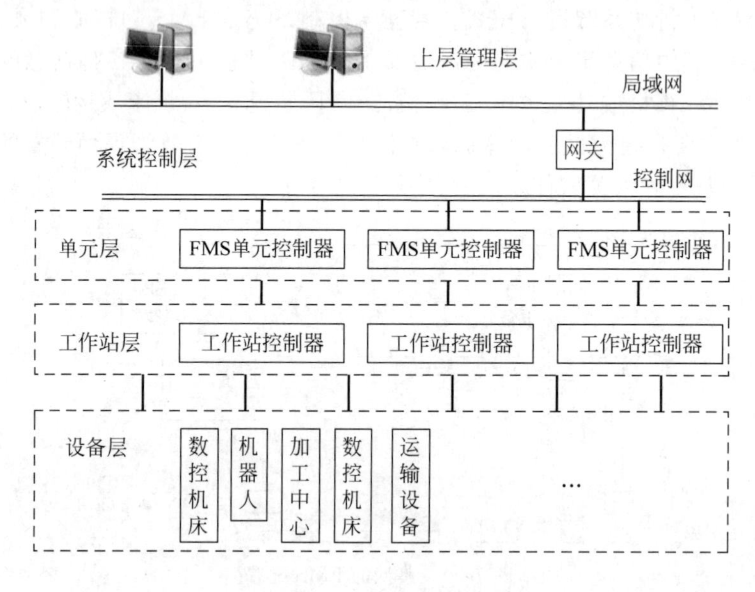

图7-11　FMS 4级递阶控制结构

FMS生产计划控制与调度通过对制造过程中物料流合理计划、调度和控制,缩短了产品的制造周期,提高了生产设备的利用率,达到了提高FMS生产率的目的。

7.3.4　柔性制造系统的发展趋势

通过几十年的发展,柔性制造系统已从单台的数控机床柔性应用发展到了以加工中心、柔性制造单元、柔性制造系统和计算机集成制造系统为代表的现代柔性制造系统,柔性自动化得到了迅速发展。柔性制造系统的发展趋势有很多,各个行业和领域的柔性制造系统根据各自的特点和需求,朝着柔性程序更高、更加智能和自动化的方向发展。通过与计算机辅助设计、辅助制造等系统相结合,有效结合成熟产品的典型工艺资料,组合不同的模块,以构成不同形式的具有物料储运和信息流的模块化现代柔性制造生产系统;另外,柔性制造系统作为复杂系统的一个组成部分,已形成从产品决策、产品设计、产品生产到产品销售的整个生产和市场过程全面自动化，特别是管理层次自动化的计算机集成制造系统。

1. 模块化的柔性制造系统

将柔性制造系统的主要组成部分进行标准化和模块化，以保证系统工作的可靠性和经济性是一个重要的发展趋势。如输送模块可以是感应线导轨小车或有轨小车输送模块、刀具模块有换刀机器人等。通过各功能模块的有机组合，构成不同形式的柔性制造系统，以自动完成不同要求的全部加工过程。

2. 发展效率更高的柔性制造线

柔性制造线(FML)是处于单一或少品种大批量非柔性自动线与中小批量多品种FMS之间的生产线。它以离散型生产中的柔性制造系统和连续生产过程中的分散型控制系统(DCS)为代表，其技术已日臻成熟，目前已进入实用化阶段。大批生产企业和工厂对FML的需求引起了FMS制造厂的极大关注。通过采用价格低廉的专用数控机床替代通用的加工中心，形成准备效率更高的柔性制造系统也是柔性制造系统的发展趋势之一。

3. 多功能柔性制造系统

柔性制造系统是实现未来工厂的新颖概念模式和新的发展趋势，是决定机械制造加工企业未来发展的具有战略意义的举措。由单纯加工型柔性制造系统转变为以焊接、装配、检验及钣材加工甚至铸、锻等制造工序兼备的多种功能FMS也是目前柔性制造系统的发展趋势之一。

4. 计算机集成制造系统

据统计，产品设计的效率和生产管理的效率提高远落后于加工过程效率的提高。为了实现更高效率的工业自动化，需要从生产决策、产品设计到销售的整个生产过程实现更高程度特别是管理层次工作的自动化。这样集成的完整生产系统就是计算机集成制造系统(CIMS)。CIMS具有集成化和智能化的特征。CIMS的集成化特征是系统自动化的广度指标，它把系统的自动化空间从单纯的加工自动化扩展到市场、产品设计、加工制造、检验、销售和为用户服务等全部过程的自动化；CIMS的智能化特征是系统自动化的深度指标，不仅包含物料流的自动化，还包括信息流的自动化。

7.4　云制造系统

信息技术不断提升传统制造业的自动化、智能化和信息化水平。随着全球数字经济、数字工业的快速发展，基于新一代信息技术的超大规模协作体系被不断应用于现代工业环境，云制造等新技术被广泛推广应用。

7.4.1　概述

制造业作为全球经济竞争的主战场，一直被各国重视，并分别提出制造业的国家战略发展计划，如日本的《制造业白皮书》、德国的《国家工业战略2030》、美国的《先进制造业美国劳动力战略》、欧盟《未来工厂技术》等。各国的战略都强调设备的互联互通、制造供应链能力的挖掘延展、信息物理系统网络、互联化、定制化、柔性化、互联企业制造生态协同平台等。

随着大数据、云计算、边缘计算、工业互联网+5G、物联网等信息技术不断运用于工业制造、流通、消费等现场，中国工程院李伯虎院士团队提出“云制造”概念，并引起广泛的关注。云制造与传统的制造技术不同,其面向某个工业区域、产业或企业,运用先进的信息通信与处理技术,结合云边终端资源,实现对工业产品的研发、制造、销售、使用支持、售后服务等全生命周期的管理和整合,提供标准、规范、可共享的制造服务新模式。

制造业是国民经济主体,是立国之本、兴国之器、强国之基。党的二十大报告指出:"实施产业基础再造工程和重大技术装备攻关工程,支持专精特新企业发展,推动制造业高端化、智能化、绿色化发展。"经过数十年的发展,我国制造业实现了质的提升和量的增长。但是我国制造业整体水平与世界先进水平相比还有差距,如自主研发创新、网络化、信息化、智能化等方面。因此,我国制造业的发展机遇与挑战并存。

7.4.2　结构和构成

2022年12月我国工信部等8个部门正式印发《"十四五"智能制造发展规划》,明确到2035年,规模以上制造业企业全面普及数字化网络化,重点行业骨干企业基本实现智能化。

随着云计算、物联网、工业互联网等先进信息技术与工业制造业不断深度融合,中国工程院李伯虎院士团队分别于2019年和2012年在国际上率先提出了"云制造"1.0和2.0。最近,李伯虎院士团队又提出"云制造"3.0,其内涵为一种数字化、网络化、云化、智能化的高质量先进制造。

云制造系统技术体系包括的主要部分如图7-12所示。李伯虎团队总结工业云制造模式是一种服务化、网络化和云化的新模式。云制造系统针对传统制造工业制造资源分散、协调不足、信息孤岛、管理效率不高等问题,利用制造云化技术,通过设备互联互通、信息共享、协同制造等方式,实现对各类分散的制造资源虚拟化和服务化,在新型工业云制造操作系统管理与调度下,高效便捷地组合制造资源,实现制造资源的统一集中管理和运营,支撑产品全生命周期的高效协同。

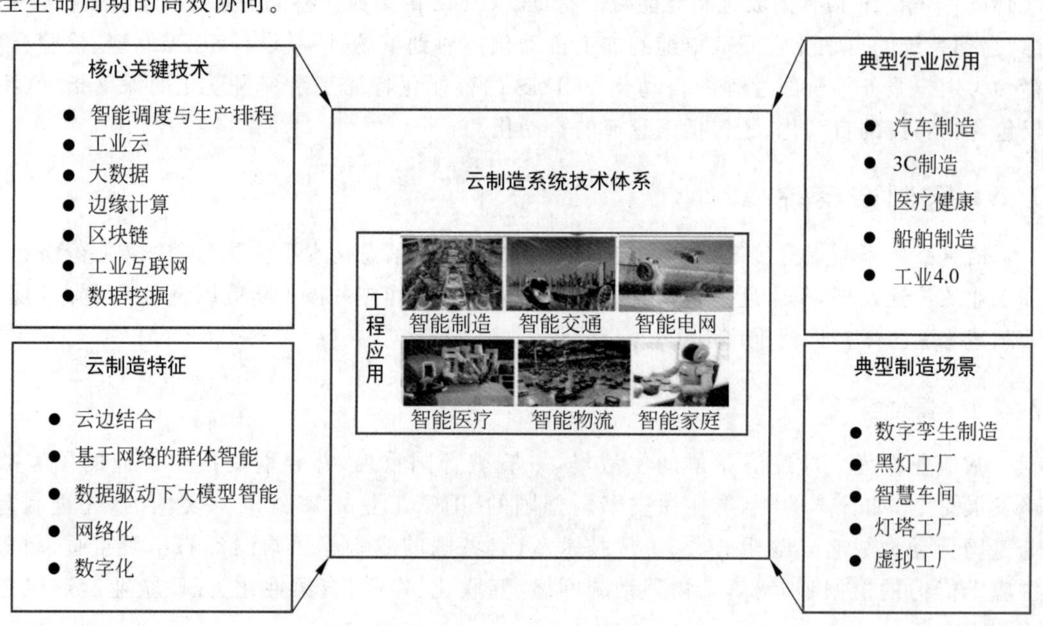

图7-12　云制造系统技术体系

习题与思考题

1. 什么是并联数控机床？其有何特点？
2. 请解释 CIMS、FMS 和 DNC 的含义。
3. 什么是分布式数控系统？
4. EMC 软件由哪 4 部分组成？EMCMOT 软件模块的组成部分有哪些？
5. 柔性制造系统有何特点？

数控技术应用实例

本章学习目标

- 根据零件图样合理选择工艺装备、加工方法及切削参数
- 提高复杂零件及组合件工艺分析与程序编制的能力，制定合理的加工路线
- 熟练运用各种指令编制加工程序，并能完成零件的加工

本章以中等复杂程度的轴套类组合零件、平面二维轮廓类零件、孔系类零件为例分析数控车床、数控铣床、加工中心、激光切割机等常用的几类数控机床的加工工艺与编程，所涉及的知识包括基准选择、公差配合、加工工艺分析及工艺文件编制、刀具的选择、切削参数的选择、机床操作、加工程序编制、零件定位与装夹、零件测量方法等。

8.1 数控车削编程与加工

数控车床主要加工轴类、套筒类以及盘类零件，轴类零件遵循"先粗后精""由大到小"的原则，先对工件进行粗加工，然后进行半精车、精车，或者在半精车与精车之间安排热处理工艺。套类零件既要加工外形，也要加工内孔、内螺纹等内腔，因此，相比轴类零件来说稍微复杂一些，根据套筒类零件形状的不同，有时工件需要调头，这种二次装夹对加工的位置误差会产生一定的影响；此外，套筒类零件加工还要考虑装夹变形问题，套筒类零件根据实际情况，可以选择外圆为基准加工内孔，也可以选择内孔为基准加工外圆，其加工方案可以是"粗加工外圆—粗、精加工内孔—精加工外圆"，也可以是"粗加工内孔—粗、精加工外圆—精加工外孔"，哪个表面重要，就把哪个表面放到最后进行精加工。

例 8-1：如图 8-1 所示组合件包含两个零件，材料为 6061 铝合金金，试分析两个零件的数控车削加工工艺，完成编程与加工。

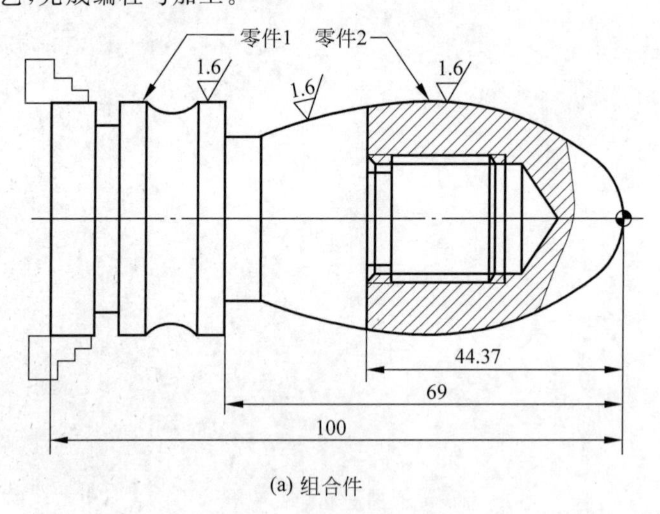

(a) 组合件

图 8-1　组合件加工

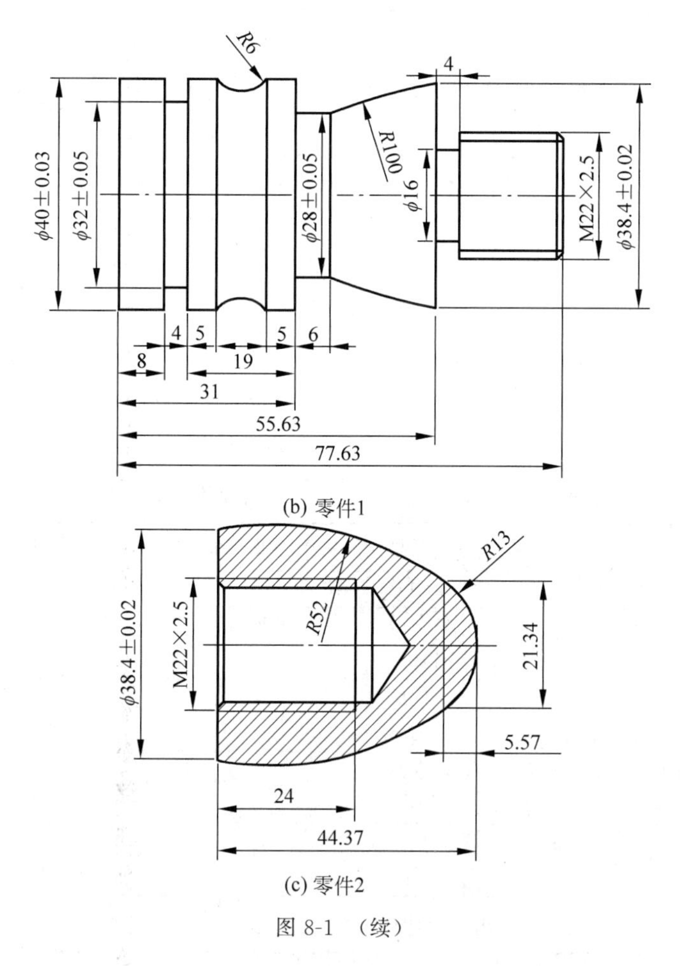

(b) 零件1

(c) 零件2

图 8-1　(续)

1. 组合件加工工艺分析

图 8-1 所示组合件由两个零件组成,两个零件组合后的长度为 100mm,根据零件 1 与零件 2 尺寸图可知,零件 1 的毛坯尺寸应为 $\phi45\times80$,零件 2 的毛坯尺寸为 $\phi45\times50$。通过平端面保证长度尺寸,先加工零件 1,然后加工零件 2。

2. 零件 1 的加工方案设计

1) 加工工艺分析

以工件轴线作为定位基准,在数控车床上用三爪自定心卡盘夹持外圆,先加工左侧,加工长度 31mm,走刀路线如图 8-2(a)所示。然后调头加工右侧(有螺纹端),加工长度 46.63mm,走刀路线如图 8-2(b)所示。

零件 1 左侧加工工序为:①用 G71 复合循环指令粗车外轮廓,直径方向留 0.3mm 精加工余量;②精加工左侧外轮廓;③切槽。其加工刀具及切削用量参数如表 8-1 所示,加工程序清单如表 8-2 所示。

零件 1 右侧加工工序为:①用 G73 复合循环指令粗车外轮廓,直径方向留 0.3mm 精加工余量(右侧外轮廓的精加工与零件 2 组合后进行);②切螺纹退刀槽;③用 G92 螺纹单一循环指令加工螺纹。其加工刀具及切削用量参数如表 8-3 所示,加工程序清单如表 8-4 所示。

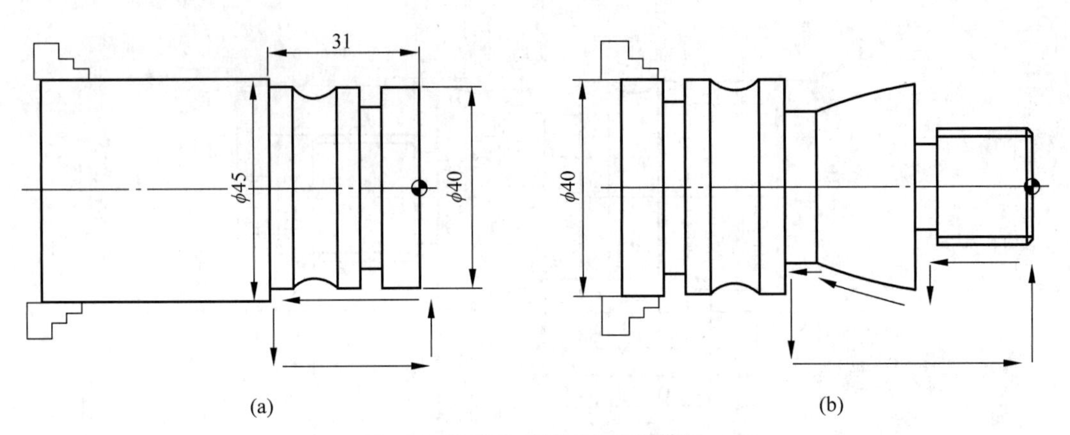

图8-2　组合件零件1走刀路线图

表8-1　零件1左侧加工刀具及切削用量参数表

零件号	8-1		零件名称	轴类组合件		零件材料	6061
程序号	O0001		机床型号	CAK6140			
工步号	工步内容	夹具名称	刀具号及名称	主轴转速/(r/min)	进给速度/(mm/min)	背吃刀量/mm	刀具偏置号
1	粗加工左侧外圆	三爪自定心卡盘	T01外圆车刀	600	120	2	D01
2	精加工左侧外圆	三爪自定心卡盘	T02外圆车刀	1000	80	0.3	D02
3	切外圆槽	三爪自定心卡盘	T03切刀(4mm)	600	80		D03

表8-2　组合件零件1左侧外轮廓加工程序清单

数控车削加工程序卡	编程原点	如图8-2(a)所示端面与轴交点			日期	
	零件名称	组合件	零件图号	8-1	材料	6061
	车床型号	CAK6140	夹具名称	三爪自定心卡盘	实训室	数控中心
程序段号	程序内容		注释			
—	O8001;		程序号			
N10	T0101;		刀具指令,调用1号外圆粗车刀、1号刀偏			
N20	G00 X50 Z50;		快速移动到程序起点(换刀点)			
N30	M03 S600;		主轴正转,转速600r/min			
N40	G01 X46 Z1 F120;		直线定位到循环起点			
N50	G71 U2 R1;		外侧粗车循环指令			
N60	G71 P70 Q80 U0.3 W0;					
N70	G01 X40 Z0;		精加工程序起始段			
N80	G01 Z-31;		精加工程序结束段			
N90	G00 X50 Z50;		快速移动到换刀点			
N100	T0202;		刀具指令调用2号外圆精车刀,2号刀偏			
N110	G00 X42 Z1;		定位到精加工起点			
N120	M03 S1200 F80;		精加工的主轴转速,进给速度			
N130	G70 P70 Q80;		精车循环			

续表

数控车削加工程序卡	编程原点	如图 8-2(a)所示端面与轴交点			日期	
	零件名称	组合件	零件图号	8-1	材料	6061
	车床型号	CAK6140	夹具名称	三爪自定心卡盘	实训室	数控中心

程序段号	程序内容	注释
N140	G01 Z-17；	加工 *R*6 凹圆弧
N150	G01 X40；	
N160	G02 X40 Z-26 R6；	
N170	G00 X50；	返回换刀点
N180	G00 Z50；	
N190	T0303；	用刀具指令调用 3 号切槽刀、3 号刀偏
N200	M03 S600；	切槽加工，主轴转速 600r/min
N210	G00 X42 Z-12；	快速定位到切槽位置
N220	G01 X32 F80；	切槽，进给速度 80mm/min
N230	G01 X42；	退刀
N240	G00 X50 Z50；	返回程序起点
N250	M05；	主轴停止
N260	M30；	程序结束

表 8-3　零件 1 右侧加工刀具及切削用量参数表

零件号	8-1		零件名称	轴类组合件		零件材料	6061
程序号	O0002		机床型号	CK6140			
工步号	工步内容	夹具名称	刀具号及名称	主轴转速/(r/min)	进给速度/(mm/min)	背吃刀量/mm	刀具偏置号
1	粗加工右侧外轮廓	三爪自定心卡盘	T01 外圆车刀	600	120	2	D01
2	切槽	三爪自定心卡盘	T03 切刀(4mm)	600	80		D03
3	车螺纹	三爪自定心卡盘	T04 螺纹车刀	450			D04

表 8-4　组合件零件 1 右侧外轮廓加工程序清单

数控车削加工程序卡	编程原点	如图 8-2(b)所示端面与轴交点			日期	
	零件名称	组合件	零件图号	8-1	材料	6061
	车床型号	CAK6140	夹具名称	三爪自定心卡盘	实训室	数控中心

程序段号	程序内容	注释
—	O8002；	程序号
N10	T0101；	调用 1 号外圆车刀、1 号刀偏值
N20	G00 X50 Z50；	程序起点(换刀点)
N30	M03 S600；	主轴正转，转速 600r/min
N40	G01 X46 Z1 F120；	定位到循环起点
N50	G73 U23 W1 R12；	外轮廓粗车复合循环，*X* 方向总余量 23mm，分 12 次完成，*Z* 方向退刀量 1mm
N60	G73 P70 Q110 U0.3 W0；	

续表

<table>
<tr><td rowspan="3">数控车削加工程序卡</td><td>编程原点</td><td colspan="3">如图 8-2(b)所示端面与轴交点</td><td>日期</td><td></td></tr>
<tr><td>零件名称</td><td>组合件</td><td>零件图号</td><td>8-1</td><td>材料</td><td>6061</td></tr>
<tr><td>车床型号</td><td>CAK6140</td><td>夹具名称</td><td>三爪自定心卡盘</td><td>实训室</td><td>数控中心</td></tr>
<tr><td>程序段号</td><td colspan="3">程序内容</td><td colspan="3">注释</td></tr>
<tr><td>N70</td><td colspan="3">G01 X22 Z0;</td><td colspan="3" rowspan="2">切削螺纹外圆</td></tr>
<tr><td>N80</td><td colspan="3">G01 Z-22;</td></tr>
<tr><td>N90</td><td colspan="3">G01 X38.4;</td><td colspan="3"></td></tr>
<tr><td>N100</td><td colspan="3">G03 X28 Z-40.63 R100;</td><td colspan="3">加工 R100 圆弧面</td></tr>
<tr><td>N110</td><td colspan="3">G01 Z-46.63;</td><td colspan="3"></td></tr>
<tr><td>N120</td><td colspan="3">G01 X42;</td><td colspan="3"></td></tr>
<tr><td>N130</td><td colspan="3">G00 X50 Z50;</td><td colspan="3">返回换刀点(精加工留到与零件 2 组合后一起进行)</td></tr>
<tr><td>N140</td><td colspan="3">T0303;</td><td colspan="3">换 3 号切槽刀,3 号刀偏</td></tr>
<tr><td>N150</td><td colspan="3">G00 X24 Z-22;</td><td colspan="3">定位到退刀槽加工位置</td></tr>
<tr><td>N160</td><td colspan="3">G01 X16 F60;</td><td colspan="3">切槽,进给速度 60mm/min</td></tr>
<tr><td>N170</td><td colspan="3">G01 X24;</td><td colspan="3">退刀</td></tr>
<tr><td>N180</td><td colspan="3">G00 Z0;</td><td colspan="3">返回 Z0 位置</td></tr>
<tr><td>N190</td><td colspan="3">G01 X20;</td><td colspan="3" rowspan="2">倒角</td></tr>
<tr><td>N200</td><td colspan="3">G01 X24 Z-2;</td></tr>
<tr><td>N210</td><td colspan="3">G00 X50 Z50;</td><td colspan="3">返回换刀点</td></tr>
<tr><td>N220</td><td colspan="3">T0404;</td><td colspan="3">换螺纹刀,调用 4 号刀偏</td></tr>
<tr><td>N230</td><td colspan="3">G00 X24 Z3;</td><td colspan="3">定位到螺纹加工循环起点</td></tr>
<tr><td>N240</td><td colspan="3">G92 X21 Z-20 F2.5;</td><td colspan="3">螺纹单一循环指令</td></tr>
<tr><td>N250</td><td colspan="3">X20.3;</td><td colspan="3" rowspan="5">分 6 次加工螺纹,至螺纹小径 18.75mm</td></tr>
<tr><td>N260</td><td colspan="3">X19.7;</td></tr>
<tr><td>N270</td><td colspan="3">X19.3;</td></tr>
<tr><td>N280</td><td colspan="3">X18.9;</td></tr>
<tr><td>N290</td><td colspan="3">X18.75;</td></tr>
<tr><td>N300</td><td colspan="3">G00 X50 Z50;</td><td colspan="3">返回程序起点</td></tr>
<tr><td>N310</td><td colspan="3">M05;</td><td colspan="3">主轴停止</td></tr>
<tr><td>N320</td><td colspan="3">M30;</td><td colspan="3">程序结束</td></tr>
</table>

2) 数值计算

如图 8-2(a)所示,以工件右端面与轴线的交点作为原点构建工件坐标系,各节点尺寸在图 8-1 中均已标示,只需计算螺纹加工尺寸,根据本书表 3-4 可知,螺距为 2.5 时,其螺纹牙深为 1.624mm,小径尺寸为 18.75mm,分 6 次走刀,每次走刀深度分别为 1.0mm、0.7mm、0.6mm、0.4mm、0.4mm、0.15mm。

3. 零件 2 的加工方案设计

1) 加工工艺分析

以工件轴线作为定位基准,在数控车床上用三爪自定心卡盘夹持外圆,先加工内螺纹,如图 8-3(a)所示。然后与零件 1 通过螺纹进行连接组合,夹持零件 1,粗加工零件 2 圆弧面外轮廓,零件 2 圆弧面外轮廓粗加工完成后,再与零件 1 的右侧外轮廓面一起组合进行精加工,走刀路线如图 8-3(b)所示。

零件 2 内螺纹加工工序为:①先用 ϕ10mm 麻花钻钻小孔,钻孔深度为 26mm,手动完

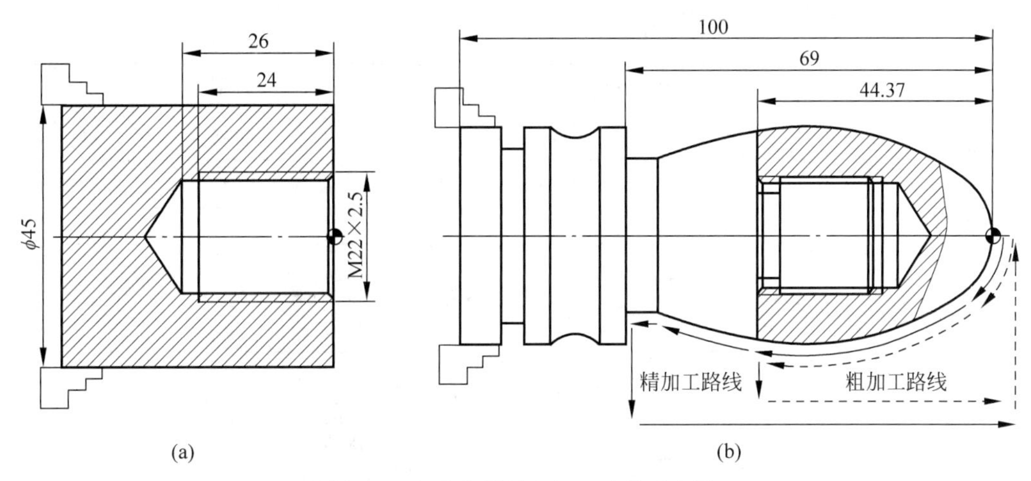

图 8-3　组合件零件 2 加工路线示意图

成；②再用 ϕ16mm 麻花钻扩孔，深度 26mm，手动完成；③用内孔车刀镗内孔至 ϕ22mm，④车削螺纹。其加工刀具及切削用量参数如表 8-5 所示，加工程序如表 8-6 所示。

表 8-5　零件 2 内孔及内螺纹加工刀具及切削用量参数表

零件号	8-1		零件名称	轴类组合件		零件材料	6061
程序号	O0003		机床型号	CK6140			
工步号	工步内容	夹具名称	刀具号及名称	主轴转速/(r/min)	进给速度/(mm/min)	背吃刀量/mm	刀具偏置号
1	钻孔	三爪自定心卡盘	ϕ10 麻花钻	450			
2	扩孔	三爪自定心卡盘	ϕ16 麻花钻	450			
3	镗孔	三爪自定心卡盘	T01 内孔车刀	600	100	1.5	D01
4	车内螺纹	三爪自定心卡盘	T02 内螺纹车刀	450			D02

表 8-6　组合件零件 2 内螺纹加工程序清单

数控车削加工程序卡	编程原点	如图 8-2(a)所示端面与轴交点			日期	
	零件名称	组合件	零件图号	8-1	材料	6061
	车床型号	CAK6140	夹具名称	三爪自定心卡盘	实训室	数控中心
程序段号	程序内容		注释			
—	手动完成钻孔、扩孔加工，孔深 26mm					
—	O8003；		程序号			
N10	T0101；		1 号内孔车刀，1 号刀偏			
N20	G00 X0 Z100；		定位到内孔加工的程序起点			
N30	M03 S600；		主轴正转，转速 600r/min			
N40	G00 X15 Z2；		定位到循环起点			
N50	G71 U1.5 R1；		粗车循环			
N60	G71 P70 Q90 U0 W0					

续表

<table>
<tr><td rowspan="3">数控车削
加工程序卡</td><td>编程原点</td><td colspan="3">如图8-2(a)所示端面与轴交点</td><td>日期</td><td></td></tr>
<tr><td>零件名称</td><td>组合件</td><td>零件图号</td><td>8-1</td><td>材料</td><td>6061</td></tr>
<tr><td>车床型号</td><td>CAK6140</td><td>夹具名称</td><td>三爪自定心卡盘</td><td>实训室</td><td>数控中心</td></tr>
<tr><td>程序段号</td><td colspan="2">程序内容</td><td colspan="4">注释</td></tr>
<tr><td>N70</td><td colspan="2">G01 X20 Z0 F100;</td><td colspan="4" rowspan="3">镗 ϕ22mm 螺纹底孔,深度 26mm</td></tr>
<tr><td>N80</td><td colspan="2">G01 X22 Z-2;</td></tr>
<tr><td>N90</td><td colspan="2">G01 Z-26;</td></tr>
<tr><td>N100</td><td colspan="2">G00 X50 Z50;</td><td colspan="4">返回换刀点</td></tr>
<tr><td>N110</td><td colspan="2">T0202;</td><td colspan="4">换螺纹刀,2号刀偏</td></tr>
<tr><td>N120</td><td colspan="2">M03 S450;</td><td colspan="4">降低螺纹加工的主轴转速</td></tr>
<tr><td>N130</td><td colspan="2">G00 X21 Z3;</td><td colspan="4">定位到螺纹车削循环起点</td></tr>
<tr><td>N140</td><td colspan="2">G92 X23 Z-24 F2.5;</td><td colspan="4" rowspan="6">螺纹切削循环,分6次进给</td></tr>
<tr><td>N150</td><td colspan="2">X23.7;</td></tr>
<tr><td>N160</td><td colspan="2">X24.3;</td></tr>
<tr><td>N170</td><td colspan="2">X24.7;</td></tr>
<tr><td>N180</td><td colspan="2">X25.1;</td></tr>
<tr><td>N190</td><td colspan="2">X25.25;</td></tr>
<tr><td>N200</td><td colspan="2">G00 X50 Z50;</td><td colspan="4">返回程序起点</td></tr>
<tr><td>N210</td><td colspan="2">M05;</td><td colspan="4">主轴停止</td></tr>
<tr><td>N220</td><td colspan="2">M30;</td><td colspan="4">程序结束</td></tr>
</table>

零件2外轮廓加工工序为:①与零件1旋合后夹持零件1左侧部分,用复合循环指令G71粗车外圆,直径方向留0.3mm精加工余量;②外轮廓精加工,精加工程序运行至零件1圆弧部分),如图8-3(b)所示。其加工刀具及切削用量参数如表8-7所示,加工程序如表8-8所示。

表8-7 组合件零件2外轮廓加工刀具及切削用量参数表

<table>
<tr><td>零件号</td><td colspan="2">8-1</td><td>零件名称</td><td colspan="2">轴类组合件</td><td>零件材料</td><td>6061</td></tr>
<tr><td>程序号</td><td colspan="2">O0004</td><td>机床型号</td><td colspan="4">CK6140</td></tr>
<tr><td>工步号</td><td>工步内容</td><td>夹具名称</td><td>刀具号
及名称</td><td>主轴转速/
(r/min)</td><td>进给速度/
(mm/min)</td><td>背吃刀量/
mm</td><td>刀具偏置号</td></tr>
<tr><td>1</td><td>粗车外轮廓</td><td>三爪自定
心卡盘</td><td>T01外圆
车刀</td><td>600</td><td>120</td><td>2</td><td>D01</td></tr>
<tr><td>2</td><td>精车外轮廓</td><td>三爪自定
心卡盘</td><td>T02外圆
车刀</td><td>1000</td><td>80</td><td>0.3</td><td>D02</td></tr>
</table>

表8-8 组合件零件2外轮廓加工程序清单

<table>
<tr><td rowspan="3">数控车削
加工程序卡</td><td>编程原点</td><td colspan="3">如图8-2(a)所示端面与轴交点</td><td>日期</td><td></td></tr>
<tr><td>零件名称</td><td>组合件</td><td>零件图号</td><td>8-1</td><td>材料</td><td>6061</td></tr>
<tr><td>车床型号</td><td>CAK6140</td><td>夹具名称</td><td>三爪自定心卡盘</td><td>实训室</td><td>数控中心</td></tr>
<tr><td>程序段号</td><td colspan="2">程序内容</td><td colspan="4">注释</td></tr>
<tr><td>—</td><td colspan="2">O8004;</td><td colspan="4">程序号</td></tr>
<tr><td>N10</td><td colspan="2">T0101;</td><td colspan="4">调用1号粗加工外圆车刀,1号刀偏</td></tr>
</table>

续表

<table>
<tr><td rowspan="3">数控车削加工程序卡</td><td>编程原点</td><td colspan="3">如图 8-2(a)所示端面与轴交点</td><td>日期</td><td></td></tr>
<tr><td>零件名称</td><td>组合件</td><td>零件图号</td><td>8-1</td><td>材料</td><td>6061</td></tr>
<tr><td>车床型号</td><td>CAK6140</td><td>夹具名称</td><td>三爪自定心卡盘</td><td>实训室</td><td>数控中心</td></tr>
<tr><td>程序段号</td><td colspan="3">程序内容</td><td colspan="3">注释</td></tr>
<tr><td>N20</td><td colspan="3">G00 X50 Z50;</td><td colspan="3">快速直线移动到程序起点(换刀点)</td></tr>
<tr><td>N30</td><td colspan="3">M03 S600;</td><td colspan="3">主轴正转,转速 600r/min</td></tr>
<tr><td>N40</td><td colspan="3">G01 X46 Z2 F120;</td><td colspan="3">直线移动到 G71 循环起点</td></tr>
<tr><td>N50</td><td colspan="3">G71 U2 R1;</td><td colspan="3" rowspan="2">粗车外轮廓循环</td></tr>
<tr><td>N60</td><td colspan="3">G71 P70 Q90 U0.3 W0;</td></tr>
<tr><td>N70</td><td colspan="3">G01 X0 Z0;</td><td colspan="3" rowspan="3">精加工程序</td></tr>
<tr><td>N80</td><td colspan="3">G03 X21.34 Z-5.57 R13;</td></tr>
<tr><td>N90</td><td colspan="3">G03 X38.4 Z-44.37 R52;</td></tr>
<tr><td>N100</td><td colspan="3">G00 X50 Z50;</td><td colspan="3">粗车后返回换刀点</td></tr>
<tr><td>N110</td><td colspan="3">T0202;</td><td colspan="3">换 2 号精加工外圆车刀,2 号刀偏</td></tr>
<tr><td>N120</td><td colspan="3">M03 S1000 F80;</td><td colspan="3">精加工主轴转速 1000r/min,进给速度 80mm/min</td></tr>
<tr><td>N130</td><td colspan="3">G01 X0 Z0;</td><td colspan="3" rowspan="6">组合件外轮廓精加工(0.3mm 精加工余量)</td></tr>
<tr><td>N140</td><td colspan="3">G03 X21.34 Z-5.57 R13;</td></tr>
<tr><td>N150</td><td colspan="3">G03 X38.4 Z-44.37 R52;</td></tr>
<tr><td>N160</td><td colspan="3">G03 X28 Z-63 R100;</td></tr>
<tr><td>N170</td><td colspan="3">G01 Z-69;</td></tr>
<tr><td>N180</td><td colspan="3">G01 X42;</td></tr>
<tr><td>N190</td><td colspan="3">G00 X50 Z50;</td><td colspan="3">返回程序起点</td></tr>
<tr><td>N200</td><td colspan="3">M05;</td><td colspan="3">主轴停止</td></tr>
<tr><td>N210</td><td colspan="3">M30;</td><td colspan="3">程序结束</td></tr>
</table>

2）数值计算

如图 8-3 所示,以工件右端面与轴线的交点作为原点构建工件坐标系,各节点尺寸在图 8-1 中均已标示,只需计算螺纹加工尺寸,根据本书表 3-4 可知,螺距为 2.5 时,其螺纹牙深为 1.624mm,内螺纹底径尺寸为 25.25mm,分 6 次走刀,每次走刀深度分别为 1.0mm、0.7mm、0.6mm、0.4mm、0.4mm、0.15mm。

8.2　数控铣削编程与加工

数控铣削是当前机械加工中最常用的加工方法之一,主要用来铣削平面、二维轮廓、三维曲面等,也可以进行孔类加工,如钻孔、扩孔、铰孔、镗孔、攻螺纹。

平面类零件是指加工面平行或垂直于水平面,其结构特征包含水平平面、二维轮廓、凸台、沟槽、台阶面等,如图 8-4 所示,一般用三轴联动数控铣床可完成加工。若零件出现斜面或一些变斜角时,可用球头铣刀进行近似加工,也可以用四坐标或五坐标

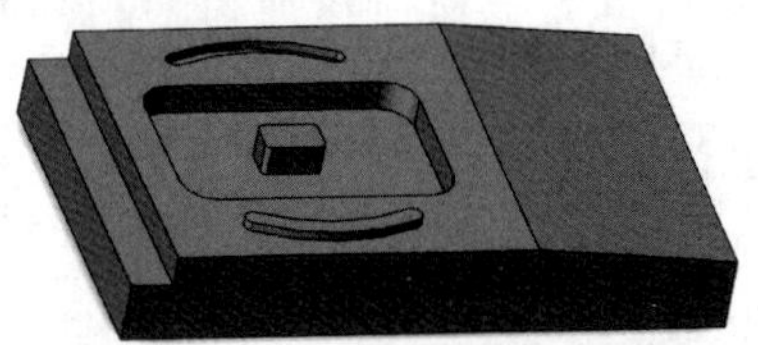

图 8-4　数控铣床加工零件结构示意

数控铣床进行加工。当加工空间曲面类零件时,加工面与铣刀始终为点接触,这类零件一般用球头铣刀铣削。在数控铣床上加工孔类零件时,一般是孔的位置要求较高的零件,其加工方法一般为钻孔、扩孔、铰孔、镗孔、锪孔、攻螺纹等。

数控铣削一般采用工序集中的方式,按一般切削加工顺序安排的原则进行,通常按简单到复杂,先加工平面、沟槽、孔,再加工内腔、外形,最后加工曲面;先加工精度要求低的表面,再加工精度要求高的表面等。

例8-2:如图8-5所示平面类二维轮廓零件,材料为45钢,试分析其数控铣削加工工艺,编写数控铣削加工程序,并完成加工。

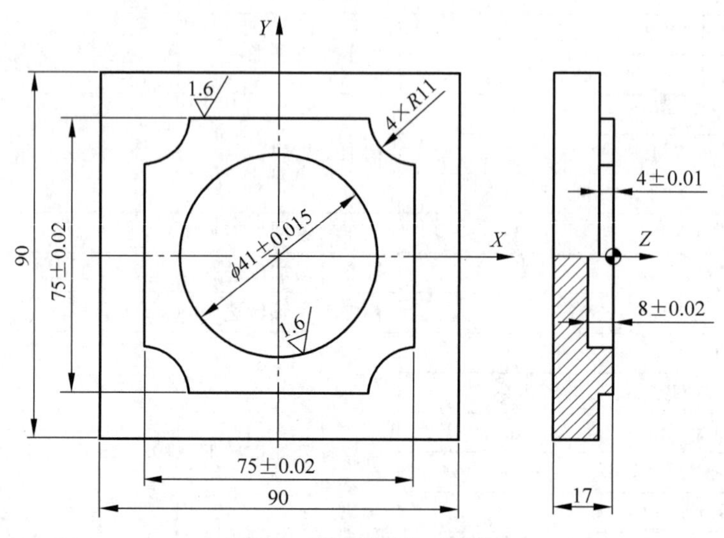

图8-5　数控铣削加工零件

1. 加工工艺分析

该零件的主要结构特征有外轮廓凸台与圆形内腔,其最大外形尺寸与高度尺寸为自由公差,其余尺寸公差接近IT7级精度,符合数控铣床加工经济精度要求,外轮廓凸台与圆形内腔立表面粗糙度值为 *Ra*3.2,分粗、精铣后可达到表面质量要求。根据零件尺寸,可确定零件毛坯尺寸为93mm×93mm×20mm,单个零件生产方式下,零件的加工可由"精密虎钳+垫块"的方式进行定位夹紧与找正,工件坐标系零件为工件上表面对称中心点。

2. 加工方案确定

(1) 铣削4个侧面,保证零件整体外形尺寸90mm×90mm。

(2) 铣削零件底面,得到零件高度方向的精基准。

(3) 用垫块作为定位元件,以工件其某一侧面与底面作为工件的定位基准面,以精密平口钳夹紧工件,找正后,铣削上表面,保证高度尺寸17mm。

(4) 粗铣削外轮廓、内腔,留0.3mm精加工余量。

(5) 精铣外轮廓、内腔。

3. 刀具选择与切削参数

通过对图8-5所示铣削零件进行工艺分析,其工序、刀具选择及切削参数如表8-9所示。

表 8-9　数控铣削工序、刀具选用及切削参数

加工工序		刀具与切削参数						
工序	工序内容	刀具规格			主轴转速/(r/min)	进给量/(mm/min)	刀具补偿	
		刀号	刀具名称	材料			长度	半径
1	侧面铣削	T01	ϕ20mm 立铣刀	硬质合金	800	120		
2	底面铣削	T01	ϕ20mm 立铣刀	硬质合金	800	120		
3	顶面铣削	T01	ϕ20mm 立铣刀	硬质合金	800	120		
4	粗铣外轮廓、内腔	T01	ϕ20mm 立铣刀	硬质合金	800	120		D01=10.15mm
5	精铣外轮廓、内腔	T02	ϕ16mm 立铣刀	硬质合金	1200	80		D02=8mm

4. 数控编程

工序 4 粗铣外轮廓、内腔的数控铣削程序如表 8-10 所示，精铣外轮廓、内腔的数控铣削程序如表 8-11 所示(工序 1、2、3 加工程序略)。

表 8-10　外轮廓、内腔粗铣加工程序清单

<table>
<tr><td rowspan="3">数控铣削加工程序卡</td><td>编程原点</td><td colspan="3">工件上表面中心</td><td>日期</td><td></td></tr>
<tr><td>零件名称</td><td>平面二维铣削零件</td><td>零件图号</td><td>8-5</td><td>材料</td><td>45 钢</td></tr>
<tr><td>机床型号</td><td>XK714</td><td>夹具名称</td><td>精密虎钳</td><td>实训室</td><td>数控中心</td></tr>
<tr><td>程序段号</td><td colspan="2">程序内容</td><td colspan="4">注释</td></tr>
<tr><td>N10</td><td colspan="2">O8005</td><td colspan="4">程序号</td></tr>
<tr><td>N20</td><td colspan="2">G54 G90 G49 G40;</td><td colspan="4">建立工件坐标系，绝对编程方式，取消刀具补偿</td></tr>
<tr><td>N30</td><td colspan="2">G00 X0 Y0 Z100;</td><td colspan="4">快速直线定位至工作坐标系零点上方 100mm 处</td></tr>
<tr><td>N40</td><td colspan="2">M03 S800 F120 M08;</td><td colspan="4">主轴正转，粗加工转速 800r/min，进给速度 120mm/min，开切削液</td></tr>
<tr><td>N50</td><td colspan="2">G00 X-50 Y-37.5 Z10;</td><td colspan="4">快速定位到程序加工起点(刀补起点)</td></tr>
<tr><td>N60</td><td colspan="2">G42 G01 X-26.5 Y-37.5 D01;</td><td colspan="4">右刀补，沿切线方向切入，调用粗铣刀具补偿，留 0.3mm 双边精加工余量</td></tr>
<tr><td>N70</td><td colspan="2">G01 Z-4;</td><td colspan="4">切削深度 4mm</td></tr>
<tr><td>N80</td><td colspan="2">G01 X26.5;</td><td colspan="4"></td></tr>
<tr><td>N90</td><td colspan="2">G02 X37.5 Y-26.5 R11;</td><td colspan="4">顺时针圆弧插补</td></tr>
<tr><td>N100</td><td colspan="2">G01 Y26.5;</td><td colspan="4" rowspan="6">外轮廓粗铣加工</td></tr>
<tr><td>N110</td><td colspan="2">G02 X26.5 Y37.5 R11;</td></tr>
<tr><td>N120</td><td colspan="2">G01 X-26.5;</td></tr>
<tr><td>N130</td><td colspan="2">G02 X-37.5 Y26.5 R11;</td></tr>
<tr><td>N140</td><td colspan="2">G01 Y-26.5;</td></tr>
<tr><td>N150</td><td colspan="2">G02 X-26.5 Y-37.5 R11;</td></tr>
<tr><td>N160</td><td colspan="2">G00 Z10;</td><td colspan="4">外轮廓粗加工完成</td></tr>
<tr><td>N170</td><td colspan="2">G00 X0 Y0;</td><td colspan="4">快速直线移动到工件零件</td></tr>
<tr><td>N180</td><td colspan="2">G01 X-20.5 Y0 Z0;</td><td colspan="4">直线移动到内腔粗加工起点，沿用右刀补</td></tr>
<tr><td>N190</td><td colspan="2">G02 X-20.5 Y0 Z-3 I20.5 J0;</td><td colspan="4" rowspan="3">顺时针整圆插补，螺旋下刀方式</td></tr>
<tr><td>N200</td><td colspan="2">G02 X-20.5 Y0 Z-6 I20.5 J0;</td></tr>
<tr><td>N210</td><td colspan="2">G02 X-20.5 Y0 Z-8 I20.5 J0;</td></tr>
</table>

续表

数控铣削加工程序卡	编程原点	工件上表面中心			日期	
	零件名称	平面二维铣削零件	零件图号	8-5	材料	45 钢
	机床型号	XK714	夹具名称	精密虎钳	实训室	数控中心
程序段号	程序内容		注释			
N220	G02 X0 Y20.5 Z-8 R20.5；		圆弧切向退刀			
N230	G01 Z10；		抬刀			
N240	G40 G01 X0 X0；		取消刀补			
N250	M09 M05；		关切削液，主轴停止			
N260	M30；		程序结束			

表 8-11　外轮廓、内腔精铣加工程序清单

数控铣削加工程序卡	编程原点	工件上表面中心			日期	
	零件名称		零件图号	8-8	材料	45 钢
	机床床型号	XK714	夹具名称	精密虎钳	实训室	数控中心
程序段号	程序内容		注释			
N10	O8006		程序号			
N20	G55 G90 G49 G40；		建立工件坐标系，绝对编程方式，取消刀具补偿			
N30	G00 X0 Y0 Z100；		快速直线定位到工件零点			
N40	M03 S1200 F80 M08；		主轴正转，转速 1200r/min，精加工进给速度 80mm/min，开切削液			
N50	G00 X-50 Y-37.5 Z10；		快速定位到程序加工起点(刀补起点)			
N60	G42 G01 X-26.5 Y-37.5 D02；		右刀补，沿切线方向切入，调用精铣刀具补偿			
N70	G01 Z-4；		切削深度 4mm			
N80	G01 X26.5；		外轮廓精铣			
N90	G02 X37.5 Y-26.5 R11；					
N100	G01 Y26.5；					
N110	G02 X26.5 Y37.5 R11；					
N120	G01 X-26.5；					
N130	G02 X-37.5 Y26.5 R11；					
N140	G01 Y-26.5；					
N150	G02 X-26.5 Y-37.5 R11；					
N160	G00 Z10；		抬刀			
N170	G00 X0 Y0；		快速直线返回工件坐标零点			
N180	G01 X-20.5 Y0 Z0；		直线定位到内腔精加工起点，沿用右刀补			
N190	G01 Z-8；		下刀			
N200	G02 X-20.5 Y0 I20.5 J0；		内腔顺时针整圆精铣			
N210	G02 X0 Y20.5 Z-8 R20.5；		沿切向退出			
N220	G01 Z10；		抬刀			
N230	G40 G01 X0 X0；		取消刀补			
N240	M09 M05；		关切削液，主轴停止			
N250	M30；		程序结束			

8.3　加工中心的编程与加工

加工中心是指带有刀库和自动换刀装置的数控机床。主要适用于工件形状结构复杂、工序多、精度要求高，或需要多种类型普通机床组合、多把刀具、多次装夹与调整才能完成加工的零件，如箱体类、多孔类零件、复杂曲面、异形件、特殊类零件等，能连续地对工件表面自动进行铣削、钻削、扩孔、铰孔、镗孔、攻螺纹等多工序加工。除换刀程序外，加工中心的编程与数控铣床的编程基本类似。

例 8-3：如图 8-6 所示轴承支座，上下表面、外轮廓已经在前面的工序加工完成，试编写零件上所有孔的加工程序，零件材料为 HT150。

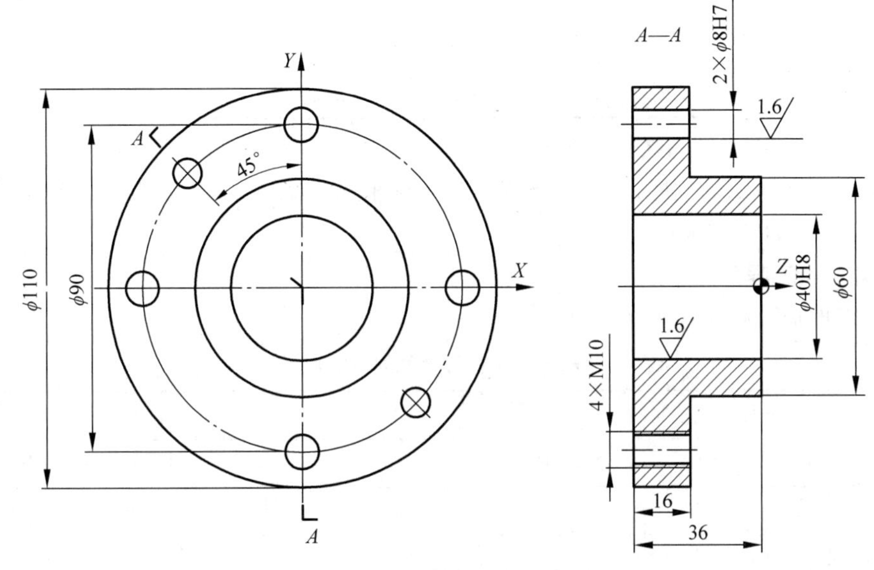

图 8-6　轴承支座零件

1. 工艺分析

从图 8-6 可以看出，该零件整体属于圆形凸台，可以用卡盘或 V 形块定位装夹。零件上包括 2 个 ϕ8H7 销钉孔，精度要求高，可采用“打中心孔—钻孔—铰孔”的加工方案；4 个 M10 螺纹孔，可采用“打中心孔—钻孔—攻螺纹”的加工方案；ϕ40H8 的通孔，则可以采用“打中心孔—钻孔—扩孔(铣)—镗孔”的加工方案。

2. 确定加工路线

按照先小孔后大孔的加工原则，确定走刀路线为：

(1) 用中心钻确定 7 个孔的位置。

(2) 用 ϕ7.8 麻花钻钻 2 个销钉孔。

(3) 用 ϕ8 铰刀铰孔。

(4) 用 ϕ8.5 麻花钻钻螺纹底孔。

(5) 用 M10 丝锥攻螺纹。

(6) 用 ϕ16 铣刀粗铣通孔至 ϕ39.8。

(7) 精镗 ϕ40 孔至尺寸精度及表面质量要求。

3. 刀具的选用及切削参数的确定

该零件加工工序刀具的选用及切削参数的确定如表 8-12 所示。

表 8-12　刀具的选用及切削参数的确定

加工工序		刀具与切削参数						
工序	工序内容	刀具规格			主轴转速/(r/min)	进给量/(mm/min)	刀具补偿	
		刀号	刀具名称	材料			长度	半径
1	打中心孔	T01	中心钻	高速钢	1200	80		
2	钻销钉孔	T02	ϕ7.8mm 麻花钻	高速钢	800	60	H02	
3	铰孔	T03	ϕ8mm 铰刀	YG 类硬质合金	1000	60	H03	
4	钻螺纹底孔	T04	ϕ8.5mm 麻花钻	高速钢	800	60	H04	
5	攻螺纹	T05	M10mm 丝锥	高速钢	400	600	H05	
6	粗铣通孔	T06	ϕ16mm 铣刀	高速钢	600	100	H06	D01=8.15
7	精镗	T07	ϕ40mm 镗刀	YG 类硬质合金	600	50	H07	

4. 确定编程坐标系与工件坐标系

为简化计算与编程难度，将编程坐标系与工件坐标系统统一，其工件坐标系零点设置在如图 8-6 所示工件上表面圆心位置。

5. 编写加工程序

孔类零件加工程序如表 8-13 所示。

表 8-13　孔类零件加工程序

孔类零件加工程序卡	编程原点	工件上表面圆心			日期	
	零件名称	轴承支座	零件图号	8-6	材料	HT150
	机床型号	XH714	夹具名称	卡盘	实训室	数控中心

程序段号	程序内容	注释
N10	O8007	程序号
N20	G54 G90 G49 G40 G80;	建立工件坐标系，绝对编程方式，取消刀具补偿、取消固定循环
N30	G00 X0 Y0 Z100;	直线快速定位到工件坐标零点
N40	M03 S1200 M08;	主轴正转，转速 1200r/min，切削液开
N50	G00 Z10;	定位到点孔循环初始平面
N60	G98 G81 X0 Y45 Z-23 R-18 F80;	中心钻点孔循环(2 个 ϕ8mm 销孔，4 个 M10 螺纹孔)
N70	X-31.82 Y31.82;	
N80	X-45 Y0;	
N90	X0 Y45;	
N100	X31.82 Y-31.82;	
N110	X45 Y0;	
N120	G80;	取消点孔循环
N130	G00 X0 Y0;	快速定位到 ϕ40 孔心位置
N140	G01 Z-3;	打中心孔，孔深 3mm
N150	G00 Z10;	抬刀
N160	M05 M09;	主轴停止，切削液关
N170	M06 T02;	换 ϕ7.8mm 麻花钻

续表

<table>
<tr><td rowspan="3">孔类零件加工程序卡</td><td>编程原点</td><td colspan="3">工件上表面圆心</td><td>日期</td><td></td></tr>
<tr><td>零件名称</td><td>轴承支座</td><td>零件图号</td><td>8-6</td><td>材料</td><td>HT150</td></tr>
<tr><td>机床型号</td><td>XH714</td><td>夹具名称</td><td>卡盘</td><td>实训室</td><td>数控中心</td></tr>
<tr><td>程序段号</td><td colspan="2">程序内容</td><td colspan="4">注释</td></tr>
<tr><td>N180</td><td colspan="2">M03 S800 M08；</td><td colspan="4">主轴正转，转速 800r/min，切削液开</td></tr>
<tr><td>N190</td><td colspan="2">G00 Z10；</td><td colspan="4">定位到深孔钻固定循环</td></tr>
<tr><td>N200</td><td colspan="2">G43 G00 Z100 H02；</td><td colspan="4">建立刀具长度补偿，补偿号 H02</td></tr>
<tr><td>N210</td><td colspan="2">G98 G83 X-31.82 Y31.82 Z-38 R-18 Q3 F60；</td><td colspan="4" rowspan="2">深孔钻固定循环(2 个 ϕ8mm 销孔)</td></tr>
<tr><td>N220</td><td colspan="2">X31.82 Y31.82；</td></tr>
<tr><td>N230</td><td colspan="2">G80 G49；</td><td colspan="4">取消钻孔循环，取消刀具长度补偿</td></tr>
<tr><td>N240</td><td colspan="2">M05 M09；</td><td colspan="4">主轴停止，切削液关</td></tr>
<tr><td>N250</td><td colspan="2">M06 T03；</td><td colspan="4">换 ϕ8mm 铰刀</td></tr>
<tr><td>N260</td><td colspan="2">M03 S1000 M08；</td><td colspan="4">主轴正转，转速 600r/min，切削液开</td></tr>
<tr><td>N270</td><td colspan="2">G43 G00 Z100 H03；</td><td colspan="4">建立刀具长度补偿，补偿号 H03</td></tr>
<tr><td>N280</td><td colspan="2">G00 Z10；</td><td colspan="4">定位到铰孔循环初始平面</td></tr>
<tr><td>N290</td><td colspan="2">G98 G85 X-31.82 Y31.82 Z-38 R-18 F60；</td><td colspan="4" rowspan="2">铰孔循环</td></tr>
<tr><td>N300</td><td colspan="2">X31.82 Y-31.82；</td></tr>
<tr><td>N310</td><td colspan="2">G80 G49；</td><td colspan="4">取消铰孔循环，取消刀具长度补偿</td></tr>
<tr><td>N320</td><td colspan="2">M05 M09；</td><td colspan="4">主轴停止，切削液关</td></tr>
<tr><td>N330</td><td colspan="2">M06 T04；</td><td colspan="4">换 ϕ8.5mm 麻花钻</td></tr>
<tr><td>N340</td><td colspan="2">M03 S800 M08；</td><td colspan="4">主轴正转，转速 800r/min，切削液开</td></tr>
<tr><td>N350</td><td colspan="2">G43 G00 Z100 H04；</td><td colspan="4">建立刀具长度补偿，补偿号 H04</td></tr>
<tr><td>N360</td><td colspan="2">G00 Z10；</td><td colspan="4">定位到深孔钻循环初始平面</td></tr>
<tr><td>N370</td><td colspan="2">G98 G83 X0 Y45 Z-38 R-18 Q3 F60；</td><td colspan="4" rowspan="5">深孔钻固定循环(4 个 M10 螺纹底孔，1 个)</td></tr>
<tr><td>N380</td><td colspan="2">X-45 Y0；</td></tr>
<tr><td>N390</td><td colspan="2">X0 Y-45；</td></tr>
<tr><td>N400</td><td colspan="2">X45 Y0；</td></tr>
<tr><td>N410</td><td colspan="2">X0 Y0；</td></tr>
<tr><td>N420</td><td colspan="2">G80 G49；</td><td colspan="4">取消钻孔循环，取消刀具长度补偿</td></tr>
<tr><td>N430</td><td colspan="2">M05 M09；</td><td colspan="4">主轴停止，切削液关</td></tr>
<tr><td>N440</td><td colspan="2">M06 T05；</td><td colspan="4">换 M10 丝锥</td></tr>
<tr><td>N450</td><td colspan="2">M03 S400 M08；</td><td colspan="4">主轴正转，转速 400r/min，切削液开</td></tr>
<tr><td>N460</td><td colspan="2">G43 G00 Z100 H05；</td><td colspan="4">建立刀具长度补偿，补偿号 H05</td></tr>
<tr><td>N470</td><td colspan="2">G00 Z10；</td><td colspan="4">定位到深孔钻循环初始平面</td></tr>
<tr><td>N480</td><td colspan="2">G98 G84 X0 Y45 Z-38 R-18 F600；</td><td colspan="4" rowspan="4">攻螺纹固定循环
进给速度＝主轴转速×螺距</td></tr>
<tr><td>N490</td><td colspan="2">X-45 Y0；</td></tr>
<tr><td>N500</td><td colspan="2">X0 Y-45；</td></tr>
<tr><td>N510</td><td colspan="2">X45 Y0；</td></tr>
<tr><td>N520</td><td colspan="2">M05 M09；</td><td colspan="4">主轴停止，切削液关</td></tr>
</table>

续表

<table>
<tr><td rowspan="3">孔类零件加工程序卡</td><td>编程原点</td><td colspan="3">工件上表面圆心</td><td>日期</td><td></td></tr>
<tr><td>零件名称</td><td>轴承支座</td><td>零件图号</td><td>8-6</td><td>材料</td><td>HT150</td></tr>
<tr><td>机床型号</td><td>XH714</td><td>夹具名称</td><td>卡盘</td><td>实训室</td><td>数控中心</td></tr>
<tr><td>程序段号</td><td colspan="2">程序内容</td><td colspan="4">注释</td></tr>
<tr><td>N530</td><td colspan="2">M06 T06;</td><td colspan="4">换 ϕ16mm 铣刀</td></tr>
<tr><td>N540</td><td colspan="2">M03 S600 M08;</td><td colspan="4">主轴正转,转速 800r/min,切削液开</td></tr>
<tr><td>N550</td><td colspan="2">G43 G00 X0 Y0 Z100 H06;</td><td colspan="4">快速直线定位到工件零点上方,建立刀具长度补偿</td></tr>
<tr><td>N560</td><td colspan="2">G00 Z10;</td><td colspan="4"></td></tr>
<tr><td>N570</td><td colspan="2">G41 G01 X20 Y0 D01 F100;</td><td colspan="4">建议刀具半径左补偿,补偿号 D01=8.15</td></tr>
<tr><td>N580</td><td colspan="2">G01 Z1;</td><td colspan="4"></td></tr>
<tr><td>N590</td><td colspan="2">G03 X20 Y0 Z-6 I-20 J0;</td><td colspan="4" rowspan="6">逆时针圆弧进给,螺旋方式完成 ϕ40mm 孔的粗加工,预留 0.3mm 精加工余量</td></tr>
<tr><td>N600</td><td colspan="2">G03 X20 Y0 Z-12 I-20 J0;</td></tr>
<tr><td>N610</td><td colspan="2">G03 X20 Y0 Z-18 I-20 J0;</td></tr>
<tr><td>N620</td><td colspan="2">G03 X20 Y0 Z-24 I-20 J0;</td></tr>
<tr><td>N630</td><td colspan="2">G03 X20 Y0 Z-30 I-20 J0;</td></tr>
<tr><td>N640</td><td colspan="2">G03 X20 Y0 Z-38 I-20 J0;</td></tr>
<tr><td>N650</td><td colspan="2">G01 X0 Y0;</td><td colspan="4" rowspan="2">快速直线返回到工件零点上方</td></tr>
<tr><td>N660</td><td colspan="2">G00 Z100;</td></tr>
<tr><td>N670</td><td colspan="2">G40;</td><td colspan="4">取消刀具半径补偿</td></tr>
<tr><td>N680</td><td colspan="2">M05 M09;</td><td colspan="4">主轴停止,切削液关</td></tr>
<tr><td>N690</td><td colspan="2">M06 T07;</td><td colspan="4">换 ϕ40mm 镗刀</td></tr>
<tr><td>N700</td><td colspan="2">G00 X0 Y0 Z100;</td><td colspan="4"></td></tr>
<tr><td>N710</td><td colspan="2">M03 S600 M08;</td><td colspan="4">主轴正转,转速 500r/min,切削液开</td></tr>
<tr><td>N720</td><td colspan="2">G43 G00 Z10 H07;</td><td colspan="4">建立刀具长度补偿</td></tr>
<tr><td>N730</td><td colspan="2">G76 X0 Y0 Z-38 R5 Q3 F50;</td><td colspan="4">精镗孔循环</td></tr>
<tr><td>N740</td><td colspan="2">G91 G20 X0 Y0 Z0;</td><td colspan="4">返回零点</td></tr>
<tr><td>N750</td><td colspan="2">G80 G49;</td><td colspan="4">取消镗孔循环,取消刀度长度补偿</td></tr>
<tr><td>N760</td><td colspan="2">M05 M09;</td><td colspan="4">主轴停止,切削液关</td></tr>
<tr><td>N770</td><td colspan="2">M30;</td><td colspan="4">程序结束</td></tr>
</table>

8.4 激光切割实操

激光切割是一种高精度、高效率的切割方式,广泛应用于金属、非金属等材料的加工领域。其原理是利用激光束的高能量密度,将材料局部加热至熔化或汽化状态,从而实现切割。激光切割设备主要由激光器、光路系统、切割头、控制系统等组成。

激光切割的工艺主要包括材料选择、切割参数设置、切割头调试等环节。首先,需要根据材料的性质选择合适的激光切割设备和切割头。其次,需要根据材料的厚度、硬度、形状等因素设置合适的切割参数,包括激光功率、激光束直径、切割速度、气体流量等,最后,需要对切割头进行调试,包括调整聚焦镜、调整气体流量、调整切割头与材料的距离等。

例 8-4:花鸟图摆件各部件如图 8-7 所示,试完成其激光切割加工。

1. 材料准备

材料:实木,如椴木、檀木、枫木、橡木、白杨等。

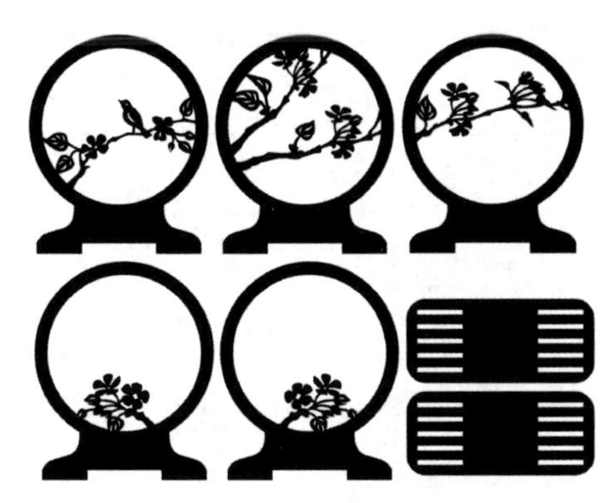

图 8-7　花鸟图摆件

尺寸：600mm×450mm×4mm。

2. 操作步骤

步骤 1：切割

① 导入设计图：将设计图导入切割雕刻软件 RDWorksV8，如图 8-8 所示。

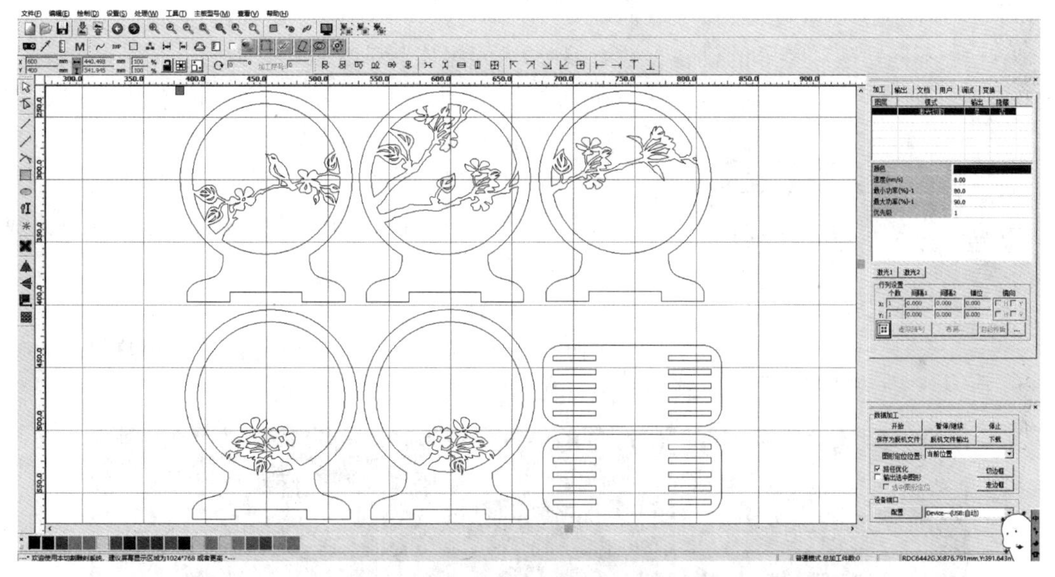

图 8-8　导入设计图

② 参数设置：在软件控制面板双击【模式】下方“激光切割”进入图层参数设置窗口，如图 8-9 所示。

参数参考如下：

【是否输出】是；

【速度】5mm/s；

【加工方式】激光切割；

【是否吹气】是(切割时产生的粉尘需吹开，保证镜片干净)；

【最小功率】80%【以激光器额定功率 60W 为例】；

【最大功率】90%【以激光器额定功率 60W 为例】；

设置好后单击“确定”按钮进行保存。

图 8-9　切削参数设置

(注：不同功率和型号的设备参数有偏差,可根据实际情况自行修改。)

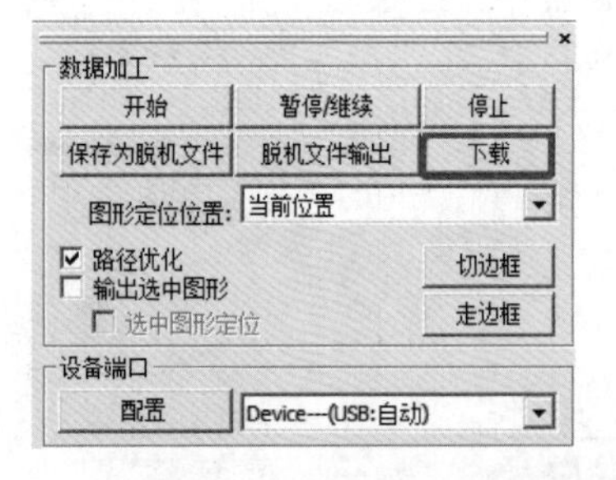

图 8-10　启动加工

③ 启动加工：如图 8-10 所示,在软件控制面板【数据加工】下方单击“下载”按钮,按提示输入文档名并确定,弹出“下载文件成功”提示后,将设计图导出到激光设备。

单击“开始”按钮,设备切割时会按照图形的线络完成加工,得到所有零件。

步骤 2：组装

按照孔位组装出作品主体,组装完成可用热熔胶枪粘好固定,得到花鸟摆件如图 8-11 所示。

图 8-11　花鸟摆件切割实物展示

习题与思考题

1. 编写如图 8-12 所示综合轴类零件的数控加工工艺及程序,并完成加工。
2. 编写如图 8-13 所示组合零件的数控加工工艺及程序,并完成加工。
3. 编写如图 8-14 所示小酒杯工艺品零件的数控加工工艺及程序,并完成加工。

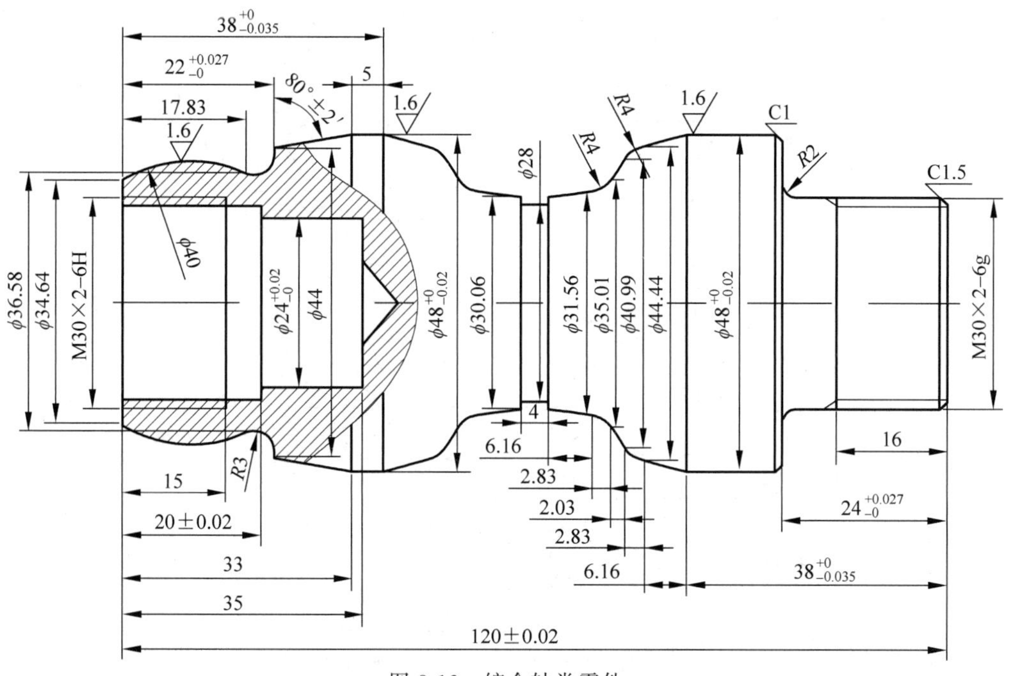

图 8-12　综合轴类零件

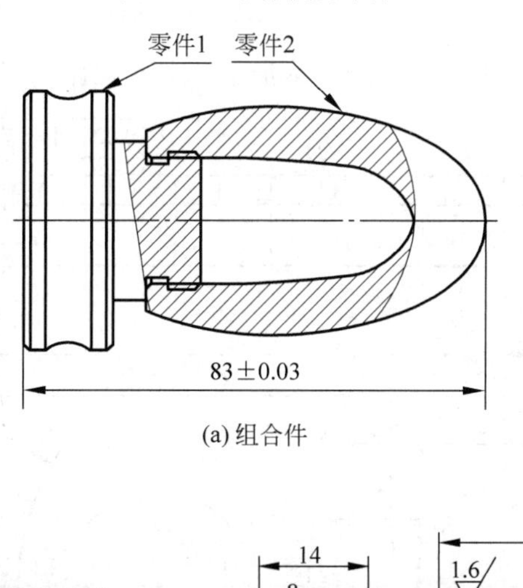

(a) 组合件

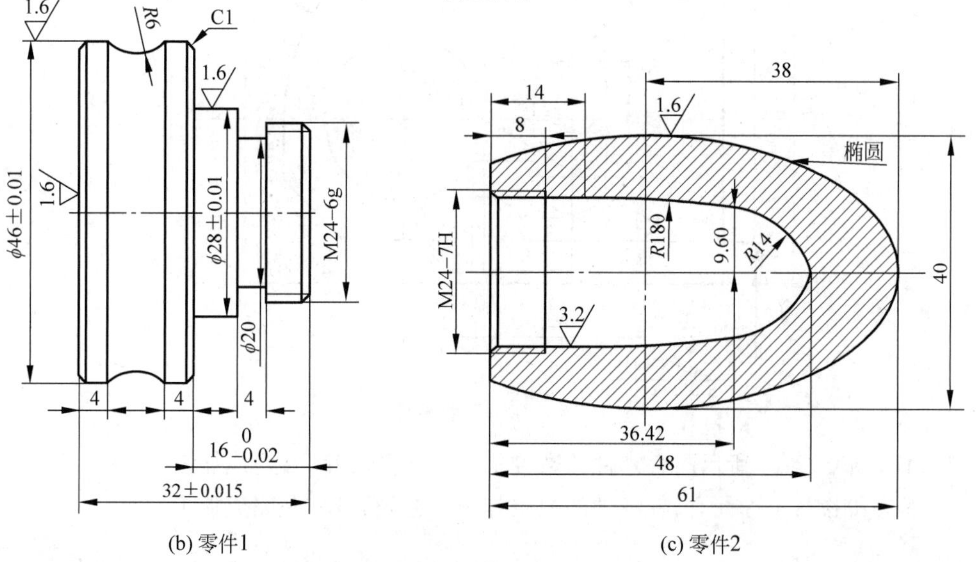

(b) 零件1　　(c) 零件2

图 8-13　组合零件

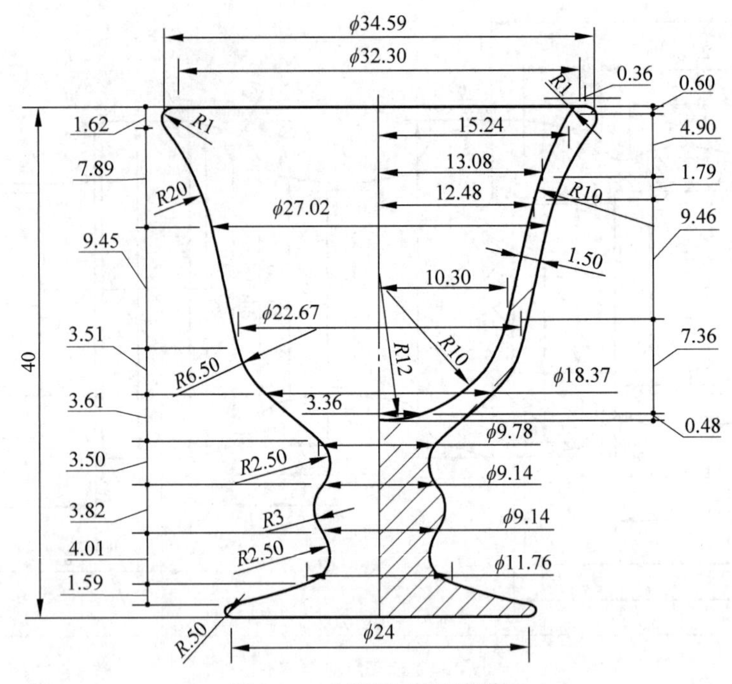

图 8-14　小酒杯工艺品零件

4．编写如图 8-15 所示型腔零件的数控加工工艺及程序,并完成加工。

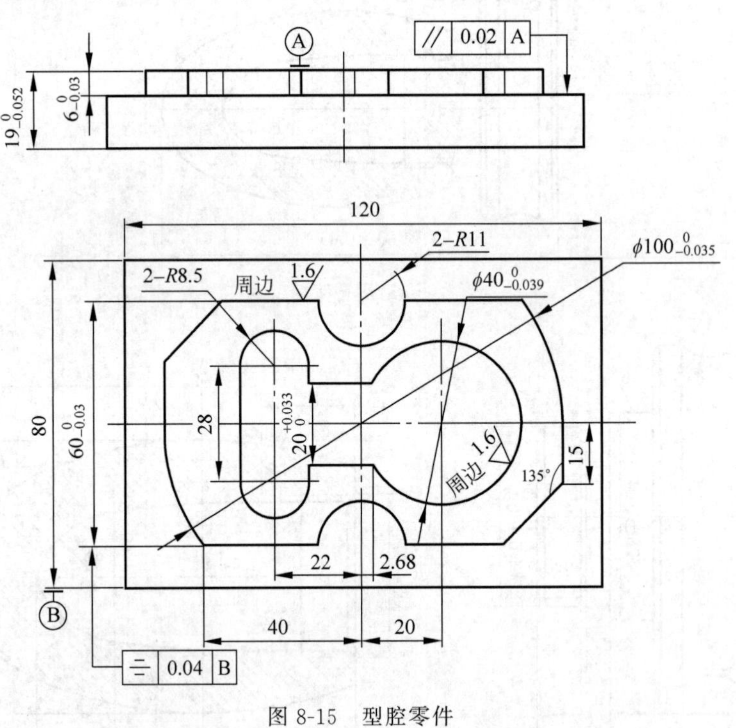

图 8-15　型腔零件

5．编写如图 8-16 所示凸台零件的数控加工工艺及程序,并完成加工。

6．编写如图 8-17 所示槽轮零件的数控加工工艺及程序,并完成加工。

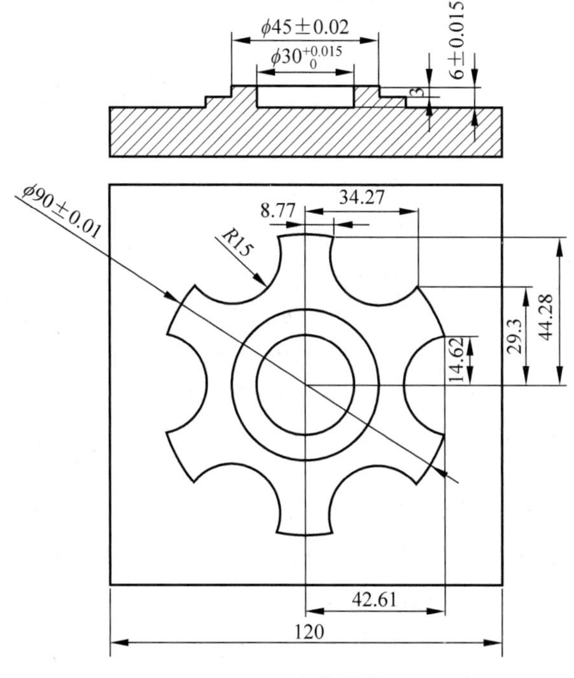

图 8-16　凸台零件

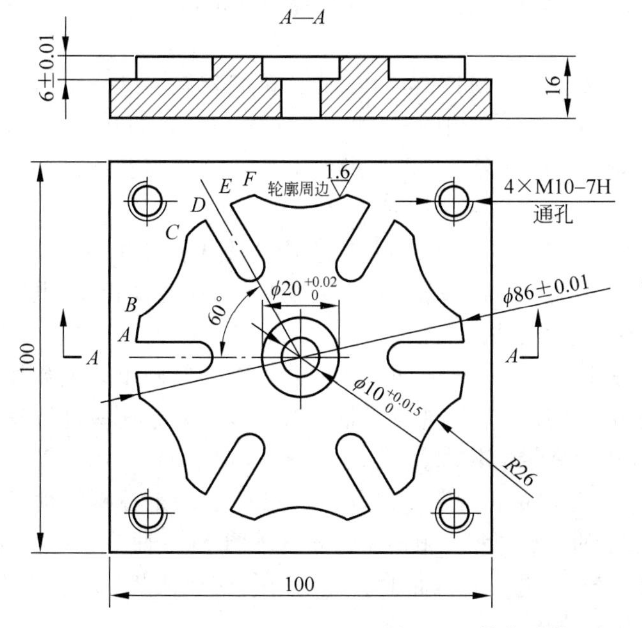

序号	X坐标	Y坐标
A	40.81	4
B	40.76	10.25
C	29.76	31.04
D	35.08	24.87
E	39.08	17.94
F	41.29	12

图 8-17　槽轮零件

数控系统的常用术语

为便于读者理解国内外数控系统相关资料，对数控系统相关的通用和专用术语做简单介绍，主要参考国际标准ISO 2806和中华人民共和国国家标准GB 8129—1987。

[1] 数控系统(Numerical Control，NC)：是由数控装置、伺服系统、反馈系统连接成的装置，用数字代码形式的信息控制机床的运动速度和运动轨迹，以实现对零件给定形状的加工。

[2] 微型计算机数控(Microcomputer Numerical Control，MNC)：采用微型计算机代替计算机数控中的专用计算机，按照存储在只读存储器中的控制程序，实现部分或全部数控功能。

[3] 计算机数字控制(Computerized Numerical Control，CNC)：采用专用计算机，按照存储在计算机存储器中的控制程序，实现数字控制，执行部分或全部数控功能。

[4] 自适应控制(Adaptive Control，AC)：根据工作期间检测到的参数自动改变相应的操作，以适应参数的变化，使系统处于最佳状态。

[5] 直接数字控制(Direct Numerical Control，DNC)：一种数控系统，它把一群数控机床与存储有零件源程序或加工程序的公共存储器相连接，并按要求把数据分配给有关机床。

[6] 程序控制机床(Program-Control Machine，PCM)：利用调整一组挡块的距离来模拟所需要的行程长度，在运动过程中，根据挡块与行程开关的作用，发出行程转换指令来控制刀具与工件的相对运动；切削过程中各运动的相互顺序关系是根据工艺要求，通过程序预选装置选择和排列的。

[7] 点位控制系统(Positioning Control System，PCS)：①只要求刀具到达工件上给定的目标位置的控制方式；②各种运动轴的位移彼此无关，可以联动，也可以依次运动；③运动速度不由输入数据决定。

[8] 轮廓控制系统(Contouring Control System，CCS)：①两个或两个以上数控运动按照确定下一个位置和到达该位置的进给率指令进行操作；②这些进给率彼此相对发生变化，从而加工出要求的轮廓。

[9] 可编程序控制器(Programmable Logic Controller，PLC)：用来控制辅助机械动作，其接收数控装置送来的、以二进制-十进制代码表示的S(主轴转速)、T(选刀、换刀)和M(辅助功能)等机械顺序动作信息，进行译码，转换成相应的控制信号，使执行环节相应地做开关动作。

[10] 顺序控制(Sequence Control，SC)：一系列加工运动按照要求的顺序发生，一个运动完成，便开始下一个运动，运动量的大小不是由数字数据规定的。

[11] 闭环数控系统(Closed Loop Numerical Control System，CLNCS)：检测机床运动部件位置信号或与它等价的量，然后与数控装置输出的指令信号进行比较，若出现差值时就驱动机床有关部件运动，直至差值为零时为止。

[12] 开环数控系统(Open Loop Numerical Control System)：不把控制对象的输入

与输出进行比较的数控系统,即没有位置传感器的反馈信号的一种数控系统。这种数控系统较简单,加工精度取决于传动件的精度、机身刚度。

[13] 反馈(Feed Back):在闭环控制系统中,将有关控制对象状态的信息,向其前一级传达成为反馈。

[14] 指令脉冲(Command Pulse):为使机床有关部分按指令动作,而从数控装置送给机床的脉冲。这一脉冲与机床的单位移动量相对应。

[15] 失控区(Dead Hand):输入量的变化不能引起输出量可检测到的变化的最大输入量变化范围。

[16] 失控时间(Dead Time):从输入量的数值突变开始并保持恒定,由此而产生的输出量的变化到可以检测出来时止,其间所经过的时间。

[17] 插补(Interpolation):在所需的路径或轮廓线上的两个已知点间根据某一数学函数(例如:直线、圆弧或高阶函数)确定其多个中间点的位置坐标值的运算过程。

[18] 直线插补(Line Interpolation):这是一种插补方式,在此方式中,两点间的插补沿着直线的点群来逼近,沿此直线控制刀具的运动。

[19] 圆弧插补(Circular Interpolation):这是一种插补方式,在此方式中,根据两端点间的插补数字信息,计算出逼近实际圆弧的点群,控制刀具沿这些点运动,加工出圆弧曲线。

[20] 顺时针圆弧(Clockwise Arc):刀具参考点围绕轨迹中心,按负角度方向旋转所形成的轨迹。

[21] 逆时针圆弧(Counterclockwise Arc):刀具参考点围绕轨迹中心,按正角度方向旋转所形成的轨迹。

[22] 抛物线插补(Parabolic Interpolation):平面上给定的两点间,通过几个规定点,用沿着规定的抛物线运动进行插补。

[23] 位置检测器(Position Sensor):将位置式移动量变换成便于传送的信号的传感器。

[24] 简易数控(Simple Numerical Control System,SNCS):也称经济型数控,是相对全功能数控而言的。这类数控系统的特点是功能简化、专用性强、精度适中、价格低廉。

[25] 随机存储器(Random Access Memory,RAM):从存储器中读出数据或向存储器写入数据所需的时间与数据所在的存储单元的地址次序无关。

[26] 只读存储器(Read Only Memory):在工作过程中只能读出信息,不能由机器指令再写入信息的存储器。所存放的信息是预先安排好的。目前广泛使用的是半导体只读存储器,大致有三种类型:①固定掩膜型只读存储器;②可编程只读存储器;③可改写只读存储器。

[27] 响应时间(Response Time):它是过渡过程的品质指标之一。从输入量的数值突变开始,并保持该值时,由此而产生的输出量的变化第一次达到输出稳定值的规定比值时,所经过的时间,也就是过渡过程的持续时间。

[28] 伺服机构(Servo Mechanism):被控变量为机械位置或它对时间的导数(速度)

的一种反馈系统。

[29] 伺服稳定性(Servo Stability):输出值受到干扰后,伺服系统能把它恢复到平衡值而无振荡或仅有阻尼振荡的能力。

[30] 伺服系统(Servo System):一种自动控制系统,其中包括功率放大和使得输出量的值完全与输入量值相对应的反馈。

[31] 传递函数(Transfer Function):控制系统输入值和输出值之间的关系,用它描述控制系统的动态特性。

[32] 轴(Axis):机床的部件可以沿着其作直线移动或回转运动的基准方向。

[33] 机床坐标系(Machine Coordinate System):固定于机床上,以机床零点为基准的笛卡儿坐标系。

[34] 机床坐标原点(Machine Coordinate Origin):机床坐标系的原点。

[35] 工件坐标系(Workpiece Coordinate System):固定于工件上的笛卡儿坐标系。

[36] 工件坐标原点(Workpiece Coordinate Origin):工件坐标系原点。

[37] 机床零点(Machine Zero):由机床制造商规定的机床原点。

[38] 参考位置(Reference Position):机床启动用的沿着坐标轴上的一个固定点,它可以用机床坐标原点为参考基准。

[39] 绝对尺寸(Absolute Dimension)/绝对坐标值(Absolute Coordinates):距一坐标系原点的直线距离或角度。

[40] 增量尺寸(Incremental Dimension)/增量坐标值(Incremental Coordinates):在一序列点的增量中,各点距前一点的距离或角度值。

[41] 最小输入增量(Least Input Increment):在加工程序中可以输入的最小增量单位。

[42] 最小命令增量(Least Command Increment):从数值控制装置发出的命令坐标轴移动的最小增量单位。

[43] 手工零件编程(Manual Part Programming):手工进行零件加工程序的编制。

[44] 计算机零件编程(Computer Part Programming):用计算机和适当的通用处理程序以及后置处理程序准备零件程序得到加工程序。

[45] 绝对编程(Absolute Programming):用表示绝对尺寸的控制字进行编程。

[46] 增量编程(Increment Programming):用表示增量尺寸的控制字进行编程。

[47] 控制字符(Control Character):出现于特定的信息文本中,表示某一控制功能的字符。

[48] 地址(Address):一个控制字开始的字符或一组字符,用以辨认其后的数据。

[49] 程序段格式(Block Format):字、字符和数据在一个程序段中的安排。

[50] 指令码(Instruction Code)/机器码(Machine Code):计算机指令代码,机器语言,用来表示指令集中的指令的代码。

[51] 程序号(Program Number):以号码识别加工程序时,在每一程序的前端指定的编号。

[52] 程序名(Program Name):以名称识别加工程序时,为每一程序指定的名称。

[53] 指令方式(Command Mode):指令的工作方式。

[54] 程序段(Block):程序中为了实现某种操作的一组指令的集合。

[55] 零件程序(Part Program):在自动加工中,为了使自动操作有效按某种语言或某种格式书写的顺序指令集。零件程序是写在输入介质上的加工程序,也可以是为计算机准备的输入,经处理后得到加工程序。

[56] 加工程序(Machine Program):在自动加工控制系统中,按自动控制语言和格式书写的顺序指令集。这些指令记录在适当的输入介质上,完全能实现直接的操作。

[57] 程序结束(End of Program):指出工件加工结束的辅助功能。

[58] 数据结束(End of Data):程序段的所有命令执行完后,使主轴功能和其他功能(例如冷却功能)均被删除的辅助功能。

[59] 程序暂停(Program Stop):程序段的所有命令执行完后,删除主轴功能和其他功能,并终止其后的数据处理的辅助功能。

[60] 准备功能(Preparatory Function):使机床或控制系统建立加工功能方式的命令。

[61] 辅助功能(Miscellaneous Function):控制机床或系统的开关功能的一种命令。

[62] 刀具功能(Tool Function):依据相应的格式规范,识别或调入刀具。

[63] 进给功能(Feed Function):定义进给速度技术规范的命令。

[64] 主轴速度功能(Spindle Speed Function):定义主轴速度技术规范的命令。

[65] 进给保持(Feed Hold):在加工程序执行期间,暂时中断进给的功能。

[66] 刀具轨迹(Tool Path):切削刀具上规定点所走过的轨迹。

[67] 零点偏置(Zero Offset):数控系统的一种特征,它允许数控测量系统的原点在指定范围内相对于机床零点移动,但其永久零点则存在数控系统中。

[68] 刀具偏置(Tool Offset):在一个加工程序的全部或指定部分,施加于机床坐标轴上的相对位移,该轴的位移方向由偏置值的正负来确定。

[69] 刀具长度偏置(Tool Length Offset):在刀具长度方向上的偏置。

[70] 刀具半径偏置(Tool Radius Offset):刀具在两个坐标方向的刀具偏置。

[71] 刀具半径补偿(Cutter Compensation):垂直于刀具轨迹的位移,用来修正实际的刀具半径与编程的刀具半径的差异。

[72] 刀具轨迹进给速度(Tool Path Federate):刀具上的基准点沿着刀具轨迹相对于工件移动时的速度,其单位通常用每分钟或每转的移动量来表示。

[73] 固定循环(Fixed Cycle,Canned Cycle):预先设定的一些操作命令,根据这些操作命令使机床做坐标轴运动,主轴工作,从而完成固定的加工动作。例如,钻孔、攻丝以及这些加工的复合动作。

[74] 子程序(Subprogram):加工程序的一部分,子程序可由适当的加工控制命令调用而生效。

[75] 工序单(Planning Sheet):在编制零件的加工工序前为其准备的零件加工过程表。

[76] 执行程序(Executive Program):在CNC系统中,建立运行能力的指令集合。

[77] 倍率(Override):使操作者在加工期间能够修改速度的编程值(例如,进给率、

主轴转速等)的手工控制功能。

[78] 伺服机构(Servo-Mechanism):一种伺服系统,其中被控量为机械位置或机械位置对时间的导数。

[79] 误差(Error):计算值、观察值或实际值与真值、给定值或理论值之差。

[80] 分辨力(Resolution):两个相邻的离散量之间可以分辨的最小间隔。

[81] FSSB(FANUC串行伺服总线):是CNC单元与伺服放大器间的信号与数据高速传输总线,使用一条光缆可以传递4～8个轴的控制信号与数据。

[82] 简易同步控制(Simple Synchronous Control):两个进给轴中的一个为主动轴,另一个为从动轴。主动进给轴接收CNC的运动指令,从动轴跟随主动轴运动,从而实现两个轴的同步移动。CNC随时监视两个轴的移动位置与移动误差,如果两轴的移动位置超过参数的设定值,CNC即发出报警,同时停止各轴的运动。该功能用于大型工作台某一运动方向的双轴驱动。

数控系统的技术标准

本附录为便于读者正确使用国内外数控系统，对数控系统相关的技术标准做简单的介绍，主要参考中华人民共和国国家标准 GB/T 25636—2010 和中华人民共和国机械行业标准 JB/T 8832—2001。

1. 运行环境

环境温度：0～40℃。

温度：30％～95％(无冷凝水)。

大气压强：86～106kPa。

2. 机械环境

数控系统所工作的机械场合应符合如附表 B-1 所示的相关参数。且实验后外观和装配质量保持不变，仍能正常运行。

附表 B-1　数控系统应能承受的振动和冲击

振动(正弦)试验		冲击试验	
频率范围	10～55Hz	冲击加速度	$300m/s^2$
扫频速率	一倍频程	冲击波形	半正弦波
振幅峰值	0.15mm	持续时间	18ms
振动方向	x、y、z	冲击方向	垂直于底面
扫频循环数	10 次/轴	冲击次数	三次

3. 静电放电抗扰度试验

数控系统运行时，按照 GB/T 17626.2 的规定，对操作人员经常触及的所有部位与保护接地端子(PE)间进行静电放电试验，接触放电电压为 6kV，空气放电电压为 8kV，试验中数控系统能正常运行。

附表 B-2　数控系统连续运行条件

工作电压	额定值	额定值×(1＋10％)	额定值	额定值×(1－15％)
时间/h	4	8	4	8

注：24h 为一个循环，共两个循环。

4. 噪声

数控系统运行时，噪声最大不超过 78dB(A)。具体数值应根据不同数控系统，由企业产品标准规定。

5. 可靠性

数控系统的可靠性用平均无故障工作时间(MTBF)来评定，定型生产的数控系统其 MTBF 定为 3000h、5000h 和 10 000h 三个等级，根据对不同数控系统的要求，由企业产品标准规定。

6. 连续运行

数控系统应进行不少于 48h 的连续运行试验且不出故障。其试验条件如附表 B-2 所示，环境温度 40℃。

附录 C

NUMERICAL CONTROL SYSTEM

FANUC 数控系统的 G 代码及 M 指令

如附表 C-1 所示为 FANUC 数控系统 DTJ 系列 G 代码功能。

附表 C-1　FANUC 数控系统 DTJ 系列 G 代码功能

G 代码	组别	解　释	G 代码	组别	解　释
G00	01	定位(快速移动)	G66	12	模态调出用户宏程序
G01		直线插补	G67		取消模态调出用户宏程序
G02		顺时针方向圆弧插补	G68	04	双刀架镜像接通
G03		逆时针方向圆弧插补	G69		双刀架镜像关闭
G04	00	暂停	G70	01	精加工循环
G10		数据设定	G71		内外径粗车循环
G20	06	英制输入	G72		端面台阶粗切循环
G21		公制输入	G73		封闭成型重复循环
G22	09	存储行程校验功能有效	G74		Z 向步进深孔钻削循环
G23		存储行程校验功能无效	G75		外径槽切削循环
G25	08	主轴变动检测接通	G76		复合型螺纹切削循环
G26		主轴变动检测断开	G80	10	取消钻孔用固定循环
G27	00	检查参考点返回	G83		重复钻削循环
G28		参考点返回	G84		攻螺纹循环
G30		回到第二参考点	G86		镗削循环
G31		跳跃功能	G87		背镗循环
G32	01	螺纹加工	G88		镗削循环
G34		可变导程螺纹加工	G89		镗削循环
G36	00	自动刀具补偿 X	G90		内外径车削循环
G37		自动刀具补偿 Z	G92		螺纹切削循环
G40	07	取消刀尖半径偏置	G94		端面车削循环
G41		刀尖半径偏置(左侧)	G96	02	恒线速度控制
G42		刀尖半径偏置(右侧)	G97		恒线速度控制取消
G50	00	修改工件坐标；设置主轴最大的 RPM	G98	05	进给方式选择每分钟进给速度
G65		用户宏程序调用	G99		进给方式选择主轴每转进给速度

如附表 C-2 所示为 FANUC-Oi 准备功能一览表。

附表 C-2 FANUC-Oi 准备功能一览表

G 代码	组别	功能	程序格式及说明
G00▲	01	快速点定位	G00 IP_;
G01		直线插补	G01 IP_F_;
G02		顺时针圆弧插补	G02 X_Y_R_F_;
G03		逆时针圆弧插补	G03 X_Y_I_J_F_;
G04	00	暂停	G04 X1.5 或 G04P1500
G05.1		预读处理控制	G05.1 Q1(接通)G05.1 Q0(取消)
G07.1		圆柱插补	G07.1 IP1(有效)G07.1 IP0(取消)
G08		预读处理控制	G08 P1(接通)G08 P0(取消)
G09		准确停止	G09 IP_;
G10		可编程数据输入	G10 L50(参数输入方式)
G11		可编程数据输入取消	G11;
G15▲	17	极坐标取消	G15;
G16		极坐标指令	G16;
G17▲	02	选择 *XY* 平面	G17;
G18		选择 *ZX* 平面	G18;
G19		选择 *ZY* 平面	G19;
G20	06	英寸输入	G20;
G21		毫米输入	G21;
G22	04	存储行程检测接通	G22 X_Y_Z_I_J_K_;
G23	04	存储行程检测断开	G23;
G27	00	返回参考点检测	G27 IP_;(IP 为指定的参考点)
G28		返回参考点	G28 IP_;(IP 为经过的中间点)
G29		从参考点返回	G29 IP_;(IP 为返回目标点)
G30		返回第 2、3、4 参考点	G30 P3 IP_;或 G30 P4 IP_;
G31		跳转功能	G31 IP_;
G33	01	螺纹切削	G33 IP_F_;(F 为导程)
G37	00	自动刀具长度测量	G37 IP_;
G39		拐角偏置圆弧插补	G39;或 G39 I_J_;
G40▲	07	刀具半径补偿取消	G40;
G41		刀具半径左补偿	G41 G01 IP_D_;
G42		刀具半径右补偿	G42 G01 IP_D_;
G40.1▲	18	法线方向控制取消	
G41.1		左侧法线方向控制	
G42.1		右侧法线方向控制	
G43	08	正向刀具长度补偿	G43 G01 Z_H_;
G44		负向刀具长度补偿	G44 G01 Z_H_;
G45	00	刀具位置偏置加	G45 IP_D_;
G46		刀具位置偏置减	G46 IP_D_;
G47		刀具位置偏置加 1 倍	G47 IP_D_;
G48		刀具位置偏置为原来的 1/2	G48 IP_D_;
G49▲	08	刀具长度补偿取消	

续表

G代码	组别	功　　能	程序格式及说明
G50▲	11	比例缩放取消	
G51		比例缩放有效	G51 IP_P_/G51 IP_I_J_K_;
G50.1	22	可编程镜像取消	G50.1 IP_;
G51.1▲		可编程镜像有效	G51.1 IP_;
G52	14	局部坐标系设定	G52 IP_;
G53	14	选择机床坐标系	G53 IP_;
G54▲		选择工件坐标系 1	
G54.1		选择附加工件坐标系	
G55		选择工件坐标系 2	
G56		选项工件坐标系 3	
G57		选择工件坐标系 4	
G58		选择工作坐标系 5	
G59		选择工件坐标系 6	
G60	00/00	单方向定位方式	G60 IP_;
G61	15	准确停止方式	
G62		自动拐角倍率	
G63		攻螺纹方式	
G64▲		切削方式	
G65	00	宏程序非模态调用	G65 P_L_;
G66	12	宏程序模态调用	G66 P_L_;
G67▲		宏程序模态调用取消	
G68	16	坐标系旋转	G68 IP_R_;
G69▲		坐标系旋转取消	
G73	09	深孔钻循环	G73 X_Y_Z_R_Q_F_;
G74		攻左旋螺纹循环	G74 X_Y_Z_R_P_F_;
G76		精镗孔循环	G76 X_Y_Z_R_Q_P_F_;
G80▲		固定循环取消	
G81		钻孔、锪镗孔循环	G81 X_Y_Z_R_;
G82		钻孔循环	G82 X_Y_Z_R_P_;
G83		深孔循环	G83 X_Y_Z_R_Q_F_;
G84		攻右旋螺纹循环	G84 X_Y_Z_R_P_F_;
G85		镗孔循环	G85 X_Y_Z_R_F_;
G86		镗孔循环	G86 X_Y_Z_R_P_F_;
G87		反镗孔循环	G87 X_Y_Z_R_Q_F_;
G88		镗孔循环	G88 X_Y_Z_R_P_F_;
G89		镗孔循环	G89 X_Y_Z_R_P_F_;
G90	03	绝对值编程	G90 G01 X_Y_Z_F_;
G91		增量值编程	G91 G01 X_Y_Z_F_;
G92	00	设定工件坐标系	G92 IP_;
G92.1		工件坐标系预置	G92.1 X0Y0Z0;
G94▲	05	每分钟进给	mm/ min
G95		每转进给	mm/r

续表

G代码	组别	功　能	程序格式及说明
G96	13	恒线速度	G96 S200;(200m/min)
G97▲		每分钟转速	G97 S800;(800r/min)
G98▲	10	固定循环返回初始点	G98 G81 X_Y_Z_R_F_;
G99		固定循环返回R点	G99 G81 X_Y_Z_R_F_;

如附表C-3所示为FANUC数控车床M代码。

附表C-3　FANUC数控车床M代码

M 代 码	说　明	M 代 码	说　明
M00	程序停	M42	主轴齿轮在高速位置
M01	选择停止	M68	液压卡盘夹紧
M02	程序结束(复位)	M69	液压卡盘松开
M03	主轴正转(CW)	M78	尾架前进
M04	主轴反转(CCW)	M79	尾架后退
M05	主轴停	M98	子程序调用
M08	切削液开	M99	子程序结束
M09	切削液关	M98	子程序调用
M40	主轴齿轮在中间位置	M99	子程序结束
M41	主轴齿轮在低速位置		

附录 D

常用 PLC 技术参数

常用 PLC 技术参数如附表 D-1～附表 D-4 所示。

附表 D-1　LOGO!系列 PLC 技术规范

主机模块 技术规范	LOGO! 12/24RC LOGO! 12/24RCo	LOGO! 24 LOGO! 24o	LOGO! 24RC LOGO! 24RCo	LOGO! 230RC LOGO! 230RCo
输入	8	8	8	8
模拟量输入	2(0～10V)	2(0～10V)	—	—
输入电压	DC 12/24V	DC 24V	AC/DC 24V	AC/DC 115/240V
允许范围	DC 10.8～28.8V	DC 20.4～28.8V	AC 20.4～26.4V DC 20.4～28.8V	AC 85～265V DC 100～253V
输入电压 —"0"信号 —"1"信号	———— 最大 DC 5V 最小 DC 8V	———— 最大 DC 5V 最小 DC 8V	———— 最大 AC/DC 5V 最小 AC/DC 12V	———— 最大 AC 40V /DC 30V 最小 AC 79V /DC 79V
输入电流,当 —"0"信号 ———— —"1"信号	———— <1.0mA(I1～I6) <0.05mA(I7～I8) >1.5mA(I1～I6) <0.1mA(I7～I8)	———— <1.0mA(I1～I6) <0.05mA(I7～I8) >1.5mA(I1～I6) >0.1mA(I7～I8)	———— <1.0mA ———— >2.5mA	———— <0.03mA ———— >0.08mA
输出	4 个,继电器	4 个,晶体管	4 个,继电器	4 个,继电器
连续电流 (每个继电器)	最大 10A	最大 0.3A	最大 10A	最大 10A
断路保护	需要外部保险丝	电子式(约 1A)	需要外部保险丝	需要外部保险丝
开关频率 机械 电阻负载/灯 负载 感性负载	———— 10Hz 2Hz ———— 0.5Hz	———— 10Hz 10Hz ———— 0.5Hz	———— 10Hz 2Hz ———— 0.5Hz	———— 10Hz 2Hz ———— 0.5Hz
实时时钟的 后备时间	80h	—	80h	80h
连续电缆	2mm×1.5mm,1mm×2.5mm			
环境温度	0～55℃			
储存温度	−40～70℃			
对无线电干扰 的抑制	ToEN550011(限制值,B 级)			
保护等级	IP20			
认证	通过 VDE0631、IEC61131、UL、FM、CSA、船检认证			
安装	安装在 35mm DIN 导轨上或安装在墙上			

续表

尺寸 (W×H×D)	72mm×90mm ×55mm	72mm×90mm ×55mm	72mm×90mm ×55mm	72mm×90mm ×55mm

数字量扩展模块 技术规范(一)	LOGO! DM8 12/24R	LOGO! DM8 24 LOGO! DM8 24R L	LOGO! DM8 230R
输入	4	4	4
输入电压	DC 12/24V	DC 24V/AC/DC 24V	AC/DC 115/240V
允许范围	DC 10.8～28.8V	DC 20.4～28.8V AC 20.4～26.4V DC 20.4～28.8V	AC/DC 115～240V
输入电压 —"0"信号 —"1"信号	———— 最大 DC 5V 最小 DC 8V	———— 最大 DC 5V 最小 DC 8V	———— 最大 AC 40V DC 30V 最小 AC 79V DC 79V
输入电流,当 —"0"信号 —"1"信号	———— <1.0mA >1.5mA	———— <1.0mA >1.5mA	———— <0.03mA >0.08mA
输出	4 个,继电器	4 个,晶体管/继电器	4 个,继电器
连续电流(每个继电器)	最大 5A	最大 3A/最大 5A	最大 5A
断路保护	需要外部保险丝	电子式(约 1A)	需要外部保险丝
开关频率 机械 电阻负载/灯负载 感性负载	———— 10Hz 2Hz 0.5Hz	———— 10Hz 10Hz/2Hz 0.5Hz	———— 10Hz 2Hz 0.5Hz
实时时钟的后备时间	—	80h	—
连续电缆	2mm×1.5mm,1mm×2.5mm		
环境温度	0～55 ℃		
储存温度	－40～70℃		
对无线电干扰的抑制	ToEN550011(限制值,B 级)		
保护等级	IP20		
认证	通过 VDE0631、IEC61131、UL、FM、CSA、船检认证		
安装	35mm DIN 导轨		
尺寸(W×H×D)	36mm×90mm ×55mm	36mm×90mm ×55mm	36mm×90mm ×55mm
数字量扩展模块 技术规范(二)	LOGO! DM16 24R	LOGO! DM16 24	LOGO! DM16 230R
输入	8	8	8
输入电压	DC 24V	DC 24V	AC/DC 115/240V
允许范围	DC 20.4～28.8V	DC 20.4～28.8V	AC 85～265 V DC 100～253V
输入电压 —"0"信号 —"1"信号	最大 DC 5V 最小 DC 12V	最大 DC 5V 最小 DC 12V	最大 AC 40V/DC 30V 最小 AC 79V/DC 79V
输入电流,当 —"0"信号 —"1"信号	<1.0mA >2.0mA	<1.0mA >2.0mA	<0.05mA >0.08mA

续表

输出	8个,继电器	8个,晶体管	8个,继电器
连续电流	最大5A每个继电器	最大0.3A	最大5A每个继电器
断路保护	需要外部保险丝	电子式(约1A)	需要外部保险丝
开关频率 机械 电阻负载/灯负载 感性负载	 10Hz 2Hz 0.5Hz	 10Hz 10Hz 0.5Hz	 10Hz 2Hz 0.5Hz
实时时钟的后备时间	—	80h	—
连续电缆	2mm×1.5mm,1mm×2.5mm		
环境温度	0～55℃		
储存温度	－40～70℃		
对无线电干扰的抑制	ToEN550011(限制值,B级)		
保护等级	IP20		
认证	通过VDE0631、IEC61131、UL、FM、CSA、船检认证		
安装	35mm DIN导轨		
尺寸($W\times H\times D$)	72mm×90mm×55mm	72mm×90mm×55mm	72mm×90mm×55mm
模拟量扩展模块技术规范	LOGO! AM2 PT100	LOGO! AM2	
供电电压	DC 12/24V	DC 12/24V	
允许范围	DC 10.8～15.6V DC 20.4～28.8V	DC 10.8～15.6V DC 20.4～28.8V	
模拟量输入	2(2线或3线)	—	
输入范围	0～10V或0～20mA	0～10V或0～20mA	
分辨力	用10位表示0～1000	用10位表示0～1000	
传感器电源	无	无	
温度范围	－50～＋200℃	—	
精度	0.25℃	—	
尺寸($W\times H\times D$)	36mm×90mm×55mm	36mm×90mm×55mm	

附表D-2　S7-200规格性能

S7-200PLC	CPU221	CPU222	CPU224	CPU224XP	CPU226
集成数字量输入/输出	6入/4出	8入/6出	14入/10出	14入/10出	24入/16出
可连接的扩展模块数量(最大)	不可扩展	2个	7个	7个	7个
最大可扩展的数字量输入/输出范围	不可扩展	78点	168点	168点	248点
最大可扩展的模拟量输入/输出范围	不可扩展	10点	35点	38点	35点
用户程序区(在线/非在线)	4KB/4KB	4KB/4KB	8KB/12KB	12KB/16KB	16KB/24KB
数据存储区	2KB	2KB	8KB	10KB	10KB
数据后备时间(电容)	50h	50h	50h	100h	100h
后备电池(选件)	200天	200天	200天	200天	200天

续表

S7－200PLC	CPU221	CPU222	CPU224	CPU224XP	CPU226
编程软件	Step 7-Micro/WIN	Step 7-Micro/WIN	Step 7-Micro/WIN	Step 7-Micro/WIN	Step 7-Micro/WIN
每条二进制语句执行时间	0.22μs	0.22μs	0.22μs	0.22μs	0.22μs
标志寄存器/计数器/定时器	256/256/256	256/256/256	256/256/256	256/256/256	256/256/256
高速计数器	4 个 30kHz	4 个 30kHz	6 个 30kHz	6 个 100kHz	6 个 30kHz
高速脉冲输出	2 个 20kHz	2 个 20kHz	2 个 20kHz	2 个 100kHz	2 个 20kHz
通信接口	1×RS-485	1×RS-485	1×RS-485	2×RS-485	2×RS-485
外部硬件中断	4	4	4	4	4
支持的通信协议	PPI、MPI、自由口	PPI、MPI、自由口、PROFIBUS DP	PPI、MPI、自由口、PROFIBUS DP	PPI、MPI、自由口、PROFIBUS DP	PPI、MPI、自由口、PROFIBUS DP
模拟电位器	1 个 8 位	1 个 8 位	2 个 8 位	2 个 8 位	2 个 8 位
实时时钟	外置时钟卡	外置时钟卡	内置时钟卡	内置时钟卡	内置时钟卡
尺寸($W\times H\times D$)	90mm×80mm×62mm	90mm×80mm×62mm	120mm×80mm×62mm	140mm×80mm×62mm	196mm×80mm×62mm

附表 D-3　S7-200CN 规格性能

技术规范	CPU222 CN	CPU224 CN	CPU224XP CN	CPU226 CN
集成数字量 I/O	8 入/6 出	14 入/10 出	14 入/10 出	24 入/16 出
可扩展模块数量	2 个	7 个	7 个	7 个
可扩展的数字量 I/O 范围	78 点	168 点	168 点	248 点
可扩展的模拟量 I/O 范围	10 点	35 点	38 点	35 点
用户程序区	4KB	8KB	12KB	16KB
数据存储区	2KB	8KB	10KB	10KB
数据后备时间	50h	100h	100h	100h
后备电池(选件)	200 天	200 天	200 天	200 天
编程软件	Step 7-Micro/WIN 4.0 SP3 及以上	Step 7-Micro/WIN 4.0 SP3 及以上版本	Step 7-Micro/WIN 4.0 SP3 及以上版本	Step 7-Micro/WIN 4.0 SP3 及以上版本
每条二进制语句执行时间	0.22μs	0.22μs	0.22μs	0.22μs
标志寄存器/计数器/定时器	256/256/256	256/256/256	256/256/256	256/256/256
高速计数器单相	4 个 30kHz	6 个 30kHz	4 路 30kHz 2 路 200kHz	6 个 30kHz
高速计数器双相	2 路 20kHz	4 路 20kHz	3 路 20kHz 1 路 100kHz	4 路 20kHz
高速脉冲输出	2 路 20kHz(仅限于 DC 输出)	2 路 20kHz(仅限于 DC 输出)	2 路 100kHz(仅限于 DC 输出)	2 路 20kHz(仅限于 DC 输出)

续表

技术规范	CPU222 CN	CPU224 CN	CPU224XP CN	CPU226 CN
通信接口	1×RS-485	1×RS-485	2×RS-485	2×RS-485
外部硬件中断	4	4	4	4
支持的通信协议	PPI、MPI、自由口、PROFIBUS DP	PPI、MPI、自由口、PROFIBUS DP	PPI、MPI、自由口、PROFIBUS DP	PPI、MPI、自由口、PROFIBUS DP
模拟电位器	1个8位分辨力	2个8位分辨力	2个8位分辨力	2个8位分辨力
实时时钟	可选卡件	内置时钟卡	内置时钟卡	内置时钟卡
尺寸($W\times H\times D$)	90mm×80mm×62mm	120.5mm×80mm×62mm	140mm×80mm×62mm	196mm×80mm×62mm

附表 D-4 全新标准的 CPU 参数与性能

CPU 型号	CPU 主要特点	备　注
CPU312 新型	适用于全集成自动化(TIA)的 CPU,适用于对处理速度中等要求的小规模应用	CPU 运行时需要微存储器卡
CPU312C	紧凑型 CPU,带集成的数字量输入和输出,适用于具有较高要求的小型应用,带有与过程相关的功能	CPU 运行时需要微存储器卡
CPU313C	紧凑型 CPU,带集成的数字量和模拟量的输入和输出,适用于具有较高要求的系统中,带有与过程相关的功能	CPU 运行时需要微存储器卡
CPU313C-2 PtP	紧凑型 CPU,带集成的数字量输入和输出,并带有第二个串口,适用于具有较高要求的系统中,带有与过程相关的功能	CPU 运行时需要微存储器卡
CPU313C-2 DP	紧凑型 CPU,带集成的数字量输入和输出,以及 PROFIBUS DP 主站/从站接口,带有与过程相关的功能,可以完成具有特殊功能的任务,可以连接标准 I/O 设备	CPU 运行时需要微存储器卡
CPU314 新型	适用于对程序量中等要求的应用,对二进制和浮点数运算具有较高的处理性能	CPU 运行时需要微存储器卡
CPU314C-2 PtP	紧凑型 CPU,带集成的数字量和模拟量输入和输出,并带有第二个串口,适用于具有较高要求的系统中带有与过程相关的功能	CPU 运行时需要微存储器卡
CPU314C-2 DP	紧凑型 CPU,带集成的数字量和模拟量输入和输出,以及 PROFIBUS DP 主站/从站接口,带有与过程相关的功能,可以完成具有特殊功能的任务,可以连接标准 I/O 设备	CPU 运行时需要微存储器卡
CPU315-2 DP 新型	具有中、大规模的程序存储容量,如果需要可以使用 SIMATIC 功能工具,对二进制和浮点数运算具有较高的处理功能,PROFIBUS DP 主站/从站接口,可用于大规模的 I/O 配置,可用于建立分布式 I/O 结构	CPU 运行时需要微存储器卡
CPU315-2 DP	具有中到大容量程序存储器和 PROFIBUS-DP 主/从站接口,可用于大规模的 I/O 配置,可用于建立分布式 I/O 系统	

附录E

NUMERICAL CONTROL SYSTEM

部分习题参考答案

第1章习题与思考题

1. 答：数控技术是指利用数字化的信息对设备(机床)运动及其加工过程进行控制的一种方法，简称数控(Numerical Control，NC)。数控技术综合运用机械制造加工、信息处理、自动控制、伺服驱动、传感器与测量等多方面技术，具备位移和相对位置坐标自动控制、动作顺序自动控制、速度及转速自动控制和各种辅助功能自动控制等功能。

数控系统(Numerical Control System)是数字控制系统的简称，是由数控装置、伺服系统、反馈系统连接成的装置，用数字代码形式的信息控制机床的运动速度和运动轨迹，以实现对零件给定形状的加工。

3. 答：数控系统是数控机床的控制指挥中心，一般由I/O设备、计算机数字控制(CNC)装置、可编程控制器(PLC)、主轴驱动装置和进给伺服系统以及检测装置等组成。

输入装置主要负责将零件加工信息及其他操作命令传递给数控装置；CNC装置是数控系统的核心，主要完成数字信息运算、处理和控制；数控系统中的伺服驱动装置将CNC装置的微弱指令信号进行信号调理、转换、放大后驱动伺服电动机，使刀具或工件按规定的轨迹做相对运动或使工作台精确定位，以实现自动化加工；位置检测装置主要完成实际位置的反馈和采集；PLC模块用来完成对设备动作进行"顺序控制"，如主轴的启、停、换向，换刀，工件的夹紧、松开，液压、冷却、润滑系统的启停等。

5. 答：可以按PC与数控系统结合的结构形式将开放式的数控系统分为以下三类。

(1) PC型开放式数控系统。采用通用PC作为其核心单元，所有的开放式功能全由相应功能软件实现。用户可以在Windows NT操作平台上，根据自己所需的各种功能，利用开放式的CNC内核，构造多种类型的个性化高性能数控系统。

(2) 嵌入式PC开放式数控系统。PC作为一个嵌入式的系统融合在NC系统中，主要完成非实时控制的功能控制，而CNC则运行以坐标轴运动为主的实时控制。

(3) 嵌入式NC开放式数控系统。PC通过ISA标准插槽接口与运动控制板卡相连接，运动控制板卡实时控制各个运动部件，而PC则完成一些实时性要求不高的功能。

第2章习题与思考题

1. 答：数控加工的工艺设计主要包括选择并确定零件的数控加工内容、数控加工的工艺性分析、数控加工工艺路线设计、数控加工工序设计、数控加工专用技术文件编写等内容。

3. 答：连接零件轮廓的各组成要素(直线、圆弧、二次曲线和特殊形状曲线)的连接点称为基点。但当零件的形状为难以用数学表达式描述的曲线构成时，一般采用逼近法将组成零件轮廓曲线逼近线段与实际曲线的交点或切点称为节点。

计算机在对列表曲线进行数学处理时通常要经过插值、拟合和光顺三个步骤。

5. 答：一般来说，切削用量主要包括主轴转速(切削速度)、背吃刀量、进给量。切削用量合理选择的基本原则为：粗加工阶段主要以提高生产率为主，但也应兼顾加工经济性和加工成本；半精加工和精加工阶段主要应保证加工质量，在加工质量满足要求时再兼顾切削效率、加工经济性和加工成本。具体各种加工时的切削用量数值选用应综合考虑机床说明书、切削用量手册中的相关数据，结合实际情况和加工经验确定。

7. 答：数字积分法圆弧插补与直线插补有如下区别。

(1) 被积函数器 J_{Vy} 和 J_{Vx} 分别存放动点坐标值 x_i、y_i，与直线插补正好相反。

(2) 直线插补时 J_{Vx} 和 J_{Vy} 寄存器里存放的是终点坐标 x_e 和 y_e，即在整个插补过程中是常数，而DDA圆弧插补时寄存器里存放的是当前动点坐标，在整个过程中是变量。因此在插补过程开始时，J_{Vx} 和 J_{Vy} 分别寄存起点坐标 y_0、x_0，在插补过程中，J_{Vx} 和 J_{Vy} 分别寄存动点坐标 y_i 和 x_i，而且在积分累加器有溢出时，要对相应的被积函数寄存器中的值进行修改。

(3) 由于DDA圆弧插补法的两轴可能不像直线插补那样同时到达终点，所以其终点判别一般是每轴采用一个终点判别计数器分别判别各轴是否已达终点。

9. 解：插补从圆弧的起点开始，$F_0=0$；终点判别寄存器 $n=|-4-0|+|0-4|=8$。应用第Ⅱ象限逆圆弧插补公式，其插补运算过程如附表E-1所示。

附表E-1 第Ⅱ象限顺圆弧插补运算过程

序号	偏差判别	进给	偏差计算		终点判别
0			$F_0=0$	$x_0=0, y_0=4$	$n=8$
1	$F_0=0$	$-\Delta y$	$F_1=F_0-2y+1=0-2\times4+1=-7$	$x_1=0, y_1=3$	$n=7$
2	$F_1<0$	$-\Delta x$	$F_2=F_1+2x+1=-7+2\times0+1=-6$	$x_2=-1, y_2=3$	$n=6$
3	$F_2<0$	$-\Delta x$	$F_3=-6+2\times1+1=-3$	$x_3=-2, y_3=3$	$n=5$
4	$F_3<0$	$-\Delta x$	$F_4=-3+2\times2+1=2$	$x_4=-3, y_4=3$	$n=4$
5	$F_4>0$	$-\Delta y$	$F_5=2-2\times3+1=-3$	$x_5=-3, y_5=2$	$n=3$
6	$F_5<0$	$-\Delta x$	$F_6=-3+2\times3+1=4$	$x_6=-4, y_6=2$	$n=2$
7	$F_6>0$	$-\Delta y$	$F_7=4-2\times2+1=1$	$x_7=-4, y_7=1$	$n=1$
8	$F_7>0$	$-\Delta y$	$F_8=1-2\times1+1=0$	$x_8=-4, y_8=0$	$n=0$

11. 解：$J_{Vx}=0, J_{Vy}=3$，寄存器容量为：$2^N=2^2=4$。运算过程如附表E-2所示。

附表E-2 DDA圆弧插补计算举例

累加器 n	X 积分器				Y 积分器			
	J_{Vx}	J_{Rx}	Δx	J_{Ex}	J_{Vy}	J_{Ry}	Δy	J_{Ey}
0	0	0	0	3	3	0	0	3
1	0	0	0	3	3	3	0	3
2	0	0	0	3	3	4+2	1	2
3	1	1	0	3	3	4+1	1	1
4	2	3	0	3	3	4+0	1	0
5	3	4+2	−1	2	3	停	0	
6	3	4+1	−1	1				
7	3	4+0	−1	0				
8	3	停	0					

第3章习题与思考题

1. 答：加工中心按其主轴的布置可分为立式加工中心、卧式加工中心和复合加工中心，最常见的是三轴立式加工中心。数控加工中心(Machining Center，MC)是一种高效率自动化机床，其具有刀库和自动换刀装置，集车、铣、镗、钻、扩、铰和攻螺纹等多种加工功能于一体，适用于加工凸轮、箱体、支架、盖板、模具等各种复杂形状的中小批量零件。

3. 答：立式加工中心的主轴垂直于工作台，可以完成板材类、壳体类零件上形状复杂的平面或模具的内、外型腔等零件特征的加工；卧式加工中心的主轴轴线与工作台台面平行，可以完成箱体、泵体、壳体等零件特征的加工；复合加工中心有立、卧双主轴或可作90°内任意转动的单主轴，在工件一次装夹中可完成5个空间各表面的加工。

5. 答：

```
O2000
N10 G40 G90 G49 G80;
N15 M03 S500;
N20 G00 Z25;
N30 G00 X-15 Y0;
N40 M98 P1000;
N50 G00 X39.5 Y0;
N60 G68 X0 Y0 R-120;
N70 M98 P1000;
N80 G00 X34.956 Y0;
N90 G68 X0 Y0 R-240;
N100 M98 P1000;
N105 G69 X0 Y0;
N110 M05;
N120 M30;
O3000
N10 G40 G49 G80 G90;
N15 M03 S500;
N20 G00 Z25;
N30 G00 X35 Y35;
N40 G01 Z10;
N50 G81 X35 Y35 Z-11 R10 Q3 P4 F60;
N60 X-35 Y-35;
N70 G80;
N80 M05;
N90 M30;
O1000
N10 G01 Z0.5;
N20 G91G02 X30 Y30 Z-0.5 R30;
N30 G03 X-30 Y-30 Z-1 R30;
N40 G02 X30 Y30 Z-1.5 R30;
N50 G03 X-30 Y-30 Z-2 R30;
N60 G02 X30 Y30 Z-2.5 R30;
N70 G03 X-30 Y-30 Z-3 R30;
N80 G02 X30 Y30 R30
N90 G01 Z25;
N100 M99;
```

7. 答：常见的自动编程软件有美国CNC Software公司的MasterCam软件、美国Parametric

Technology Corporation 公司的 Pro/ENGINEER 软件等。其中,Pro/ENGINEER 是全参数化的基于特征的 CAD/CAM 系统,其包括 70 多个专用功能模块,其中 6 大主模块分别为工业设计(CAID)模块、机械设计(CAD)模块、功能仿真(CAE)模块、制造(CAM)模块、数据管理(PDM)模块和数据交换(Geometry Translator)模块。MasterCam 是专门从事 CNC 程序软件专业化的美国 CNC Software 公司出品的 CAD/CAM 软件,集二维绘图、三维曲面设计、体素拼合、数控编程、刀具路径模拟等功能于一身,尤其是对复杂曲面的生成与加工具有独到的优势。

9. 解:

1) 加工步骤

(1) 装夹零件毛坯。

(2) 粗车外圆 ϕ20 全长。

(3) 粗车 M14 螺纹面及 R37 圆弧面。

(4) 精车零件全表面。

(5) 车削螺纹。

(6) 车断。

2) 程序及说明

假设零件端面已平,以机床平床身机床 FANUC 0i 数控系统为例(其他系统及车床类型程序略有区别,加工以数控车床实际所配系统为准),编程工件坐标系建立在工件右端面上,程序如下。

程序代码	说明
O0001	程序名
N10 M03 S800;	主轴速度 800r/min,正转
N20 T0101;	1 号外圆车刀,1 号刀补
N30 G00 X20.5 Z2;	刀具快速移动到坐标(20.5,2)处,准备粗车 ϕ22 毛坯
N40 G01 Z-40 F100;	粗车 ϕ20 圆柱表面
N50 G00 X22 Z2;	快退
N60 X18;	准备粗车 M14 螺纹面
N70 G01 Z-13;	第一次粗车 M14 螺纹表面
N80 G03 X20.5 Z25 R37;	第一次粗车 R37 圆弧面
N90 G00 X22 Z2;	快退
N100 X16;	准备第二次粗车 M14 表面
N110 G01 Z-13;	第二次粗车 M14 螺纹面
N140 G03 X20.5 Z25 R37;	第二次粗车 R37 圆弧面
N150 G00 X22 Z2	快退
N180 Z14.5;	准备第三次粗车 M14 表面
N190 G01 Z-13;	第三次粗车 M14 螺纹面
N200 G03 X20.5 Z25 R37;	第三次粗车 R37 圆弧面
N210 G00 X22 Z2 S1000;	快退回到工件右端坐标点
N220 G01 Z-13;	精车 M14 螺纹面
N230 G03 X20 Z25 R37;	精车 R37 圆弧面
N260 G01 Z-39;	精车 ϕ20 圆柱表面
N280 G00 X22 Z100;	快速返回到 Z100 处
N290 T0201;	换 2 号刀(螺纹刀)
N300 G00 X16 Z2 T0202	快速移到坐标点,2 号刀补
N310 G92 Z13.8 Z-10 F1.5;	
N320 X13.6	循环车削螺纹 M14

```
N330  X13.4;
N340  X13.2;
N350  X13.1;
N360  X13.02;
N370  G00  X22  Z100;                    快速返回到 Z100 处
N380  T0302;                             换 3 号切断刀
N390  G00  X23  Z-38  T0303;             快速移到坐标点,实行 3 号刀补
N400  G01  X1  F5;                       切断工件
N410  X22  F500;                         刀具快速退出工件
N420  M05;                               主轴停止
N430  G28  X0  Z0  T0300;                快速返回零点,取消刀补
N440  M30;                               程序结束
```

第 4 章习题与思考题

1. 答：CNC 装置由硬件和软件组成，硬件一方面具有一般微型计算机的基本结构，如 CPU、存储器、输入/输出接口等；另一方面又具有数控机床完成特有功能所需的功能模块和接口单元，如手动数据输入(MDI)接口、PLC 接口等。软件是一种用于数控加工的实时计算机操作系统，其在数控装置硬件的基础上运行，共同完成数控系统的各个功能。

3. 答：数控系统的硬件由数控装置、输入/输出装置、驱动装置和机床电器逻辑控制装置等组成，这 4 部分之间通过 I/O 接口互连。数控装置是数控系统的核心，其软件和硬件用来控制各种数控功能的实现。数控装置的硬件结构按 CNC 装置中的印制电路板的插接方式可以分为大板结构和功能模块(小板)结构；按 CNC 装置硬件的制造方式，可以分为专用型结构和个人计算机式结构；按 CNC 装置中微处理器的个数可以分为单微处理器结构和多微处理器结构。

5. 答：PLC 在数控系统中主要负责的功能如下。

(1) M、S、T 功能：PLC 根据不同的 M 功能，可控制主轴的正转、反转和停止，主轴准停，冷却液的开、关，卡盘的夹紧、松开及换刀机械手的取刀、归刀等动作。

(2) 机床外部开关量信号控制功能：各类控制开关、行程开关、接近开关、压力开关和温控开关等。

(3) 输出信号控制功能。

(4) 伺服控制功能：通过驱动装置，驱动主轴电动机、伺服进给电动机和刀库电动机等。

(5) 报警处理功能。

(6) 其他介质输入装置互连控制。

PLC 包括通过总线连接的以下模块：CPU、用于存储系统控制程序和用户程序的存储器 ROM 和 RAM、与外部设备进行数据通信的接口及工作电源等，其中 CPU、存储器、输入/输出接口三部分称为 PLC 的基本组成部分。

7. 答：目前数控装置广泛使用“资源重复”并行处理技术，如采用两套或多套主微处理器结构提高系统的速度和可靠性。时间重叠是根据软件技术中的流水线处理技术，允许多个处理过程在时间上相互错开，轮流使用同一设备的几个部分。目前数控装置的软件结构主要采用“资源分时共享”和“资源重叠的流水处理”两个方法。

第5章习题与思考题

1. 答：数控伺服系统主要由功率驱动(由驱动信号产生电路和功率放大器组成)、执行元件、机床以及反馈检测单元(闭环或半闭环系统中存在)组成。对数控伺服的基本要求主要有：①控制精度高，分辨力小；②稳定性好，可靠性高；③快速响应性好，无超调；④调度范围宽；⑤低速大转矩。

3. 答：步进电动机是一种将电脉冲信号转换成机械角位移的电气转换装置，常用作开环数控伺服系统的执行元件。其将电脉冲信号转变为角位移或线位移。电动机的转速、停止的位置只取决于脉冲信号的频率和脉冲数，即步进驱动器接收到一个脉冲信号，它就驱动步进电动机按设定的方向转动一个固定的“步距角”，它的旋转是以固定的角度一步一步运行的。

直线电动机是一种电力驱动装置，能将电能直接转换为直线运行机械能。可以认为是旋转电动机在结构上的一种演变，相当于把旋转电动机的定子和转子按圆柱面展开成平面，由定子演变而来的一侧称为初级，由转子演变而来的一侧称为次级，将初级和次级分别安装在机床的运动部件和固定部件上，通过使初级的三相绕组通电即可实现部件间的相对运动。

5. 答：PWM是英文Pulse Width Modulation的缩写，即脉冲宽度调制，简称脉宽调制，利用大功率晶体管的开关特性来调制固定电压的直流电源，通过脉宽调制器控制工作于开关状态的晶体管按一个固定的频率来接通和断开，根据需要改变一个周期内的开关时间长短，以改变直流伺服电动机电枢上的电压的占空比来调整平均电压的大小，从而实现电动机转速的调节。

7. 答：要改善步进伺服系统的工作精度，应从改善步进电动机的性能、减小步距角、使用精密传动副、减少传动链中传动间隙等方面来考虑。具体可采用：①细分驱动技术；②传动误差补偿；③螺距误差补偿。

9. 解：

步距角：

$$\theta=\frac{360^\circ}{mkz}=\frac{360^\circ}{3\times2\times120}=0.5^\circ$$

脉冲当量：

$$\delta=\text{丝杠导程}\times\text{步距角}/360^\circ=5\times0.5^\circ/360^\circ\approx0.007(\text{mm/脉冲})$$

最高工作频率：

$$f=\frac{v_{\max}}{\delta}=\frac{10}{0.007}=1429(\text{Hz})$$

第6章习题与思考题

1. 答：计算机数控系统主要是位置控制系统，因此常用的检测与反馈装置都是检测位置的传感器和检测元件，如旋转变压器、感应同步器、脉冲编码器、光栅、磁栅、激光干涉仪等。

3. 答：旋转变压器也称同步分解器，由定子和转子组成，其结构与两相绕线式异步电动机相似，是一种旋转式的小型交流电动机。这种变压器的原、副边绕组分别放置在定子和转子上，定子绕组为变压器的原边，转子绕组为变压器的副边。旋转变压器常被用于数控伺服控制系统中，作为角度位置的检测和测量元件。

5. 答：莫尔条纹式光栅通过检测莫尔条纹的光通量，可以达到更高的分辨力，其作用和功能如下：①放大作用；②平均效应；③运动方向易于判别；④对应关系。

7. 答：感应同步器是利用两个平面形绕组的互感随位置不同而变化的原理来检测位移的精密传感器，感应同步器结构上类似于旋转变压器，相当于一个展开的多极旋转变压器。一般在定尺或转子上印制有连续的绕组，而在滑尺或定子上则有正、余弦两相印制绕组。当对正、余弦两相绕组接交流励磁时，由于电磁感应的作用，在连续绕组上就会产生感应电动势，通过对产生的感应电动势的处理可以得出直线和角度位移。根据对滑尺绕组供电方式和对输出电压检测方式不同，感应同步器的测量方式可分为相位测量和幅值测量两种，相位测量通过检测感应电压的相位来测量位移，而幅值测量则通过检测感应电压的幅值来测量位移。

第7章习题与思考题

1. 答：并联机器人一般是由多个运动支链并联连接动平台和静平台组成，其动平台上装有具有多自由度的终端执行器，因其具备承载能力强、刚度大、无累计误差、运动精度高、动力性能好、正向运动学解容易、易于控制等优点。

3. 答：分布式数控系统是在生产管理计算机和多个数控系统之间分配数据的分级系统。它除了对生产计划、技术准备、加工操作等基本作业进行集中监控与分散控制外，还具有现代生产管理、设备工况信息采集等功能。通常将广义上的DNC分布式数字控制定义为以计算机技术、通信技术、数控技术等为基础，把数控机床与上层控制计算机进行有效集成，以实现数控机床的集中控制管理及数控机床与上层控制计算机间的信息交换的系统。

5. 答：FMS的柔性主要体现在设备柔性、工艺柔性、工序柔性、路径柔性、批量柔性、扩展柔性和工作及生产能力的柔性方面。特点有：①运行灵活，设备利用率高；②产品质量高，生产能力相对稳定；③应变能力较大。

第8章习题与思考题

1. 答：图8-12所示工件分两步加工，第一步先夹持工件左侧，加工零件右端至长度87mm处。第二步夹持工件右侧$\phi 48$外圆，加工零件左侧外圆面、内孔、内螺纹，夹持时注意用铜皮包裹，以免破坏工件表面。第一步零件右侧加工刀具表、程序清单分别如附表E-3、附表E-4所示。第二步零件左侧加工刀具表、程序清单如附表E-5、附表E-6所示。

附表E-3　综合轴零件右侧加工刀具及切削用量参数表

零件号	8-12		零件名称	综合轴类零件		零件材料	45钢
程序号	O1001		机床型号	CAK6140			
工步号	工步内容	夹具名称	刀具号及名称	主轴转速/(r/min)	进给速度/(mm/min)	背吃刀量/mm	刀具偏置号
1	工件右侧外轮廓加工	三爪自定心卡盘	T0101 93°外圆车刀(菱形刀片)	800	120	2	D01

续表

零件号	8-12		零件名称	综合轴类零件		零件材料	45钢
程序号	O1001		机床型号	CAK6140			
工步号	工步内容	夹具名称	刀具号及名称	主轴转速/(r/min)	进给速度/(mm/min)	背吃刀量/mm	刀具偏置号
2	工件右侧外螺纹加工	三爪自定心卡盘	T0202 60°外螺纹车刀	460		分6次进刀	D02
3	切外圆槽	三爪自定心卡盘	T03 切刀(4mm)	600	80		D03

附表 E-4 综合轴零件左侧外轮廓加工程序清单

<table>
<tr><td rowspan="3">数控车削加工程序卡</td><td>编程原点</td><td colspan="3">工件右端面中心点</td><td>日期</td><td></td></tr>
<tr><td>零件名称</td><td>综合轴类零件</td><td>零件图号</td><td>8-12</td><td>材料</td><td>45钢</td></tr>
<tr><td>车床型号</td><td>CAK6140</td><td>夹具名称</td><td>三爪自定心卡盘</td><td>实训室</td><td>数控中心</td></tr>
<tr><td>程序段号</td><td colspan="2">程序内容</td><td colspan="4">注释</td></tr>
<tr><td></td><td colspan="2">O1001</td><td colspan="4">程序号</td></tr>
<tr><td>N10</td><td colspan="2">T0101;</td><td colspan="4">刀具指令,调用1号外圆车刀、1号刀偏</td></tr>
<tr><td>N20</td><td colspan="2">G00 X60 Z60;</td><td colspan="4">快速移动到程序起点(换刀点)</td></tr>
<tr><td>N30</td><td colspan="2">M03 S800;</td><td colspan="4">主轴正转,转速800r/min</td></tr>
<tr><td>N40</td><td colspan="2">G01 X50 Z2 F120;</td><td colspan="4">直线到程序循环起点,进给速度120mm/min</td></tr>
<tr><td>N50</td><td colspan="2">G73 U22 R11;</td><td colspan="4" rowspan="2">外侧粗车循环指令,总退刀量为22mm,分11次进给,径向精加工余量0.5mm</td></tr>
<tr><td>N60</td><td colspan="2">G73 P70 Q250 U0.5 W0;</td></tr>
<tr><td>N70</td><td colspan="2">G01 X27 Z0 F80;</td><td colspan="4" rowspan="19">工件右侧零件精加工程序,精加工时进给速度为80mm/min</td></tr>
<tr><td>N80</td><td colspan="2">G01 X30 Z-1.5;</td></tr>
<tr><td>N90</td><td colspan="2">G01 Z-22;</td></tr>
<tr><td>N100</td><td colspan="2">G02 X34 Z-24 R2;</td></tr>
<tr><td>N110</td><td colspan="2">G01 X47;</td></tr>
<tr><td>N120</td><td colspan="2">G01 X47.99 Z-25;</td></tr>
<tr><td>N130</td><td colspan="2">G01 Z-37.98;</td></tr>
<tr><td>N140</td><td colspan="2">G01 X44.44 W-6.16;</td></tr>
<tr><td>N150</td><td colspan="2">G03 X40.99 W-2.83 R4;</td></tr>
<tr><td>N160</td><td colspan="2">G01 X35.01 W-2.03;</td></tr>
<tr><td>N170</td><td colspan="2">G02 X31.56 W-2.83 R4;</td></tr>
<tr><td>N180</td><td colspan="2">G01 X30.06 W-6.16;</td></tr>
<tr><td>N190</td><td colspan="2">G01 W-4;</td></tr>
<tr><td>N200</td><td colspan="2">G01 X31.56 W-6.16;</td></tr>
<tr><td>N210</td><td colspan="2">G02 X35.01 W-2.83 R4;</td></tr>
<tr><td>N220</td><td colspan="2">G01 X40.99 W-2.03;</td></tr>
<tr><td>N230</td><td colspan="2">G03 X44.44 W-2.83 R4;</td></tr>
<tr><td>N240</td><td colspan="2">G01 X47.99 W-6.16;</td></tr>
<tr><td>N250</td><td colspan="2">G01 Z-87;</td></tr>
<tr><td>N260</td><td colspan="2">G00 X60 Z60;</td><td colspan="4">返回程序起点</td></tr>
<tr><td>N270</td><td colspan="2">M05;</td><td colspan="4">主轴停止</td></tr>
</table>

续表

数控车削加工程序卡	编程原点	工件右端面中心点			日期	
	零件名称	综合轴类零件	零件图号	8-12	材料	45 钢
	车床型号	CAK6140	夹具名称	三爪自定心卡盘	实训室	数控中心

程序段号	程序内容	注释
N280	M00；	程序暂停，测量工件
N290	M03 S1200 F80；	精加工主轴转速、进给速度
N300	G00 X50 Z2；	快速定位到精车循环开始点
N310	G70 P70 Q250	精车循环
N320	G00 X60 Z60；	返回换刀点
N330	T0202；	换螺纹刀，切削外螺纹
N340	G00 X32 Z2；	
N350	M03 S460；	
N360	G92 X29.1 Z-16 F2；	G92 螺纹加工单一循环指令，螺距为 2mm，分 5 次进给
N370	X28.5；	
N380	X27.9；	
N390	X27.5；	
N400	X27.4；	
N410	G00 X60 Z60；	
N420	T0303；	换切槽刀
N430	M03 S800 F80	
N440	G00 Z-62；	
N450	G00 X32；	
N460	G01 X28；	
N470	G00 X60；	
N480	Z60；	
N490	M05；	主轴停止
N500	M30；	程序结束

附表 E-5 综合轴零件左侧加工刀具及切削用量参数表

零件号	8-12		零件名称	综合轴类零件		零件材料	45 钢
程序号	O1002		机床型号	CAK6140			
工步号	工步内容	夹具名称	刀具号及名称	主轴转速/(r/min)	进给速度/(mm/min)	背吃刀量/mm	刀具偏置号
1	打中心定位孔	三爪自定心卡盘	中心钻	400			
2	钻孔		ϕ20 麻花钻	400			
3	镗孔	三爪自定心卡盘	T0101 内孔车刀	600	120	1	D01
4	工件左侧内螺纹加工	三爪自定心卡盘	T0202 60°外螺纹车刀	460		分 6 次进刀	D02
5	工件左侧外轮廓加工	三爪自定心卡盘	T0303 93°外圆车刀(菱形刀片)	800	120	2	D03

附表 E-6 综合轴零件左侧外轮廓加工程序清单

数控车削加工程序卡	编程原点	工件右端面中心点			日期	
	零件名称	综合轴类零件	零件图号	8-12	材料	45 钢
	车床型号	CAK6140	夹具名称	三爪自定心卡盘	实训室	数控中心

程序段号	程序内容	注释
	手动打中心孔,钻 ϕ20 底孔,孔深 35mm	
	O1002	程序号
N10	T0101;	刀具指令,调用 1 号内孔车刀镗孔,1 号刀偏
N20	G00 X60 Z60;	快速移动到程序起点(换刀点)
N30	M03 S600;	主轴正转,转速 600r/min
N40	G01 X0 Z2 F120;	直线移动到程序循环起点
N50	G71 U2 R1;	外侧粗车循环指令
N60	G71 P70 Q100 U-0.5 W0;	
N70	G01 X27.4 Z0 F80;	内螺纹底孔尺寸
N80	G01 Z-20;	
N90	G01 X24;	
N100	G01 Z-35;	
N110	G00 X0 Z100;	刀具退回
N120	M05;	主轴停止
N130	M00;	程序暂停,测量工件
N140	M03 S800 F80;	精加工主轴转速、进给速度
N150	G00 X0 Z2;	定位到精加工循环起点
N160	G70 P70 Q100	粗车循环
N170	G00 X60 Z60;	返回换刀点
N180	T0202;	换内螺纹车刀
N190	G00 X26 Z2;	定位到螺纹循环加工起点
N200	G92 X28.3 Z-15 F2;	G92 螺纹加工单一循环指令,螺距为 2mm,分 5 次进给
N210	X28.9;	
N220	X29.5;	
N230	X29.9;	
N240	X30;	
N250	G00 X60 Z60;	
N260	T0303;	换外圆车刀
N270	G00 X52 Z2;	
N280	M03 S800;	
N290	G73 U16 R8;	外轮廓粗车循环
N300	G73 P310 Q340 U0.5 W0;	
N310	G01 X34.64 Z0 F120;	粗车循环精加工程序段
N320	G03 X36.58 Z-17.83 R20;	
N330	G02 X44 Z-22 R3;	
N340	G01 X47.99 Z-33;	
N350	M03 S1000 F80;	精加工主轴转速、进给速度
N360	G70 P310 Q340	精车循环

续表

数控车削加工程序卡	编程原点	工件右端面中心点			日期	
	零件名称	综合轴类零件	零件图号	8-12	材料	45 钢
	车床型号	CAK6140	夹具名称	三爪自定心卡盘	实训室	数控中心
程序段号	程序内容		注释			
N370	G00 X60 Z60；		返回程序起点			
N380	M05；		主轴停止			
N390	M30；		程序结束			

3. 答：该小酒杯工艺品零件的工艺顺序为先平右端面，用 ϕ16mm 麻花钻钻出底孔，然后用内孔镗刀镗出酒杯内孔轮廓，最后用外圆车刀加工外轮廓。注意：选择菱形刀片的尖刀，用与内孔形状与尺寸一致的辅助夹具顶住，以防薄壁零件加工的变形。内孔与外形数控加工程序分别如附表 E-7、附表 E-8 所示。

附表 E-7　小酒杯内孔轮廓加工程序清单

数控车削加工程序卡	编程原点	工件右端面中心点			日期	
	零件名称	综合轴类零件	零件图号	8-14	材料	AL
	车床型号	CAK6140	夹具名称	三爪自定心卡盘、专用夹具	实训室	数控中心
程序段号	程序内容		注释			
	手动打中心孔，钻 ϕ16 底孔，钻孔深度 24mm					
	O1003		程序号			
N10	T0101；		刀具指令，调用 1 号内孔车刀镗孔，1 号刀偏			
N20	G00 X60 Z60；		快速移动到程序起点（换刀点）			
N30	M03 S600；		主轴正转，转速 600r/min			
N40	G01 X0 Z2 F120；		直线移动到 G71 循环起点			
N50	G71 U2 R1；		小酒杯内孔轮廓粗车循环指令			
N60	G71 P70 Q130 U-0.5 W0；					
N70	G01 X32.3 Z0 F80；		小酒杯内孔轮廓精加工程序段			
N80	G03 X30.48 W-0.6 R1；					
N90	G01 X26.16 W-4.9；					
N100	G03 X24.96 W-1.79 R10；					
N110	G01 X20.6 W-9.46；					
N120	G02 X6.72 W-7.36 R10；					
N130	G02 X0 W-0.48 R12					
N140	M03 S800 F60；		精车主轴转速、进给速度			
N150	G70 P70 Q140；		精车循环			
N160	G00 Z60；		返回程序起点			
N170	G00 X60					
N180	M05；		主轴停止			
N190	M30；		程序结束			

附表 E-8 小酒杯外轮廓加工程序清单

<table>
<tr><td rowspan="3">数控车削
加工程序卡</td><td>编程原点</td><td colspan="3">工件右端面中心点</td><td>日期</td><td></td></tr>
<tr><td>零件名称</td><td>综合轴类零件</td><td>零件图号</td><td>8-14</td><td>材料</td><td>AL</td></tr>
<tr><td>车床型号</td><td>CAK6140</td><td>夹具名称</td><td>三爪自定心
卡盘、专用夹具</td><td>实训室</td><td>数控中心</td></tr>
<tr><td>程序段号</td><td colspan="3">程序内容</td><td colspan="3">注释</td></tr>
<tr><td></td><td colspan="3">O1004</td><td colspan="3">程序号</td></tr>
<tr><td>N10</td><td colspan="3">T0101;</td><td colspan="3">刀具指令,1号外圆车刀,1号刀偏</td></tr>
<tr><td>N20</td><td colspan="3">G00 X60 Z60;</td><td colspan="3">快速定位到程序起点(换刀点)</td></tr>
<tr><td>N30</td><td colspan="3">M03 S600;</td><td colspan="3">主轴正转,转速 600r/min</td></tr>
<tr><td>N40</td><td colspan="3">G00 X34 Z2;</td><td colspan="3">外轮廓车削循环起点</td></tr>
<tr><td>N50</td><td colspan="3">G73 U14 R14;</td><td colspan="3" rowspan="2">外轮廓粗车复合循环</td></tr>
<tr><td>N60</td><td colspan="3">G73 P70 Q180 U0.5 W0;</td></tr>
<tr><td>N70</td><td colspan="3">G01 X32.3 Z0 F100;</td><td colspan="3" rowspan="12">外轮廓精加工程序段</td></tr>
<tr><td>N80</td><td colspan="3">G01 U0.36;</td></tr>
<tr><td>N90</td><td colspan="3">G03 X34.59 Z-1.62 R1;</td></tr>
<tr><td>N100</td><td colspan="3">G02 X27.02 W-7.89 R20;</td></tr>
<tr><td>N110</td><td colspan="3">G01 X22.67 W-9.45;</td></tr>
<tr><td>N120</td><td colspan="3">G03 X18.37 W-3.51 R6.5;</td></tr>
<tr><td>N130</td><td colspan="3">G01 X9.78 W-3.61;</td></tr>
<tr><td>N140</td><td colspan="3">G02 X9.14 W-3.5 R2.5;</td></tr>
<tr><td>N150</td><td colspan="3">G03 X9.14 W-3.82 R3;</td></tr>
<tr><td>N160</td><td colspan="3">G02 X11.76 W-4.01 R2.5;</td></tr>
<tr><td>N170</td><td colspan="3">G01 X24 W-1.59;</td></tr>
<tr><td>N180</td><td colspan="3">G03 X24 W-1 R1;</td></tr>
<tr><td>N190</td><td colspan="3">M03 S800 F60;</td><td colspan="3">精车主轴转速、进给速度</td></tr>
<tr><td>N200</td><td colspan="3">G70 P70 Q180;</td><td colspan="3">精车循环</td></tr>
<tr><td>N210</td><td colspan="3">G00 X60 Z60;</td><td colspan="3">返回程序起点</td></tr>
<tr><td>N220</td><td colspan="3">M05;</td><td colspan="3">主轴停止</td></tr>
<tr><td>N230</td><td colspan="3">M30;</td><td colspan="3">程序结束</td></tr>
</table>

5. 答：根据凸台零件图,可选择 ϕ16mm 立铣刀完成零件的轮廓加工,数控加工程序如附表 E-9 所示(附表 E-9 程序清单仅列出轮廓精加工程序,读者可根据精加工程序编写残余材料清除程序；另外,读者也可以尝试应用镜像指令编写该零件的数控加工程序)。

附表 E-9 凸台零件数控加工程序清单

<table>
<tr><td rowspan="3">数控车削
加工程序卡</td><td>编程原点</td><td colspan="3">工件右端面中心点</td><td>日期</td><td></td></tr>
<tr><td>零件名称</td><td>凸台零件</td><td>零件图号</td><td>8-16</td><td>材料</td><td>45</td></tr>
<tr><td>车床型号</td><td>XK714</td><td>夹具名称</td><td>精密虎钳</td><td>实训室</td><td>数控中心</td></tr>
<tr><td>程序段号</td><td colspan="3">程序内容</td><td colspan="3">注释</td></tr>
<tr><td></td><td colspan="3">O1005</td><td colspan="3"></td></tr>
<tr><td>N10</td><td colspan="3">G54 G00 X0 Y0 Z50;</td><td colspan="3"></td></tr>
<tr><td>N20</td><td colspan="3">M03 S1000;</td><td colspan="3"></td></tr>
</table>

续表

数控车削加工程序卡	编程原点	工件右端面中心点			日期	
	零件名称	凸台零件	零件图号	8-16	材料	45
	车床型号	XK714	夹具名称	精密虎钳	实训室	数控中心

程序段号	程序内容	注释
N30	G00 X-60 Y60;	
N40	G00 G41 X-8.77 Y44.28 D01;	
N50	G00 Z10;	
N60	G01 Z-6 F80;	
N70	G02 X8.77 Y44.28 R45;	
N80	G03 X34.27 Y29.3 R15;	
N90	G02 X42.61 Y14.62 R45;	
N100	G03 X42.61 Y-14.62 R15;	
N110	G02 X34.27 Y-29.3 R45;	
N120	G03 X8.77 Y-44.28 R15;	
N130	G02 X-8.77 Y-44.28 R45;	
N140	G03 X-34.27 Y-29.3 R15;	
N150	G02 X-42.61 Y-14.62 R45;	
N160	G03 X-42.61 Y14.62 R15;	
N170	G02 X-34.27 Y29.3 R45;	
N180	G03 X-8.77 Y44.28 R12;	
N190	G01 Z10;	
N200	G01 X0 Y22.5;	
N210	G02 X0 Y22.5 I0 J-22.5;	
N220	G01 Z10;	
N230	G01 X-15 Y0;	
N240	G03 X-15 Y0 I15 J0;	
N250	G00 Z50;	
N260	M05;	
N270	M30;	

参考文献

[1] 叶伯生,朱志红,熊清平.计算机数控系统原理、编程与操作[M].武汉：华中科技大学出版社,1999.

[2] 汪木兰.数控原理与系统[M].北京：机械工业出版社,2005.

[3] 石勇,王知行,等.并联机床数控系统的研究[J].数控技术及装备,2003,5：85-87.

[4] 廖效果.数控技术[M].武汉：湖北科学技术出版社,2000.

[5] 卓桂荣.并联机床数控系统软件研制[D].哈尔滨：哈尔滨工业大学,2002.

[6] 刘政华,何将三,龙佑喜,等.机械电子学[M].长沙：国防科技大学出版社,1999.

[7] 胡泓,姚伯威.机电一体化原理及应用[M].北京：国防工业出版社,1999.

[8] 刘经燕.测试技术及应用[M].广州：华南理工大学出版社,2001.

[9] 于永芳,郑仲民.检测技术[M].北京：机械工业出版社,2000.

[10] 吴道悌.非电量电测技术[M].西安：西安交通大学出版社,2001.

[11] 王明红,王越,何法江.数控技术[M].北京：清华大学出版社,2009.

[12] 张建生,赵燕伟,郭建江,等.数控系统应用及开发[M].北京：科学出版社,2006.

[13] 张曙,海舍尔.并联运动机床[M].北京：机械工业出版社,2003.

[14] 张曙.制造业信息化的内涵与发展趋势[J].机械制造与自动化,2004,33(3)：7-11,14.

[15] 易红.数控技术[M].北京：机械工业出版社,2005.

[16] 白恩远,王俊元,孙爱国.现代数控机床伺服及检测技术[M].2版.北京：国防工业出版社,2005.

[17] 陈蔚芳,王宏涛.机床数控技术及应用[M].2版.北京：科学出版社,2008.

[18] 韩建海,胡东方.数控技术及装备[M].2版.武汉：华中科技大学出版社,2011.

[19] 王永章,杜君文,程国全.数控技术[M].北京：高等教育出版社,2001.

[20] 现代实用机床设计手册编委会.现代实用机床设计手册[M].北京：机械工业出版社,2006.

[21] 周宏甫.数控技术[M].广州：华南理工大学出版社,2005.

[22] FANUC Series 21/21B OPERATORS MANUAL.1996.

[23] SINUMERIK 840D/810D/FM-NC FUNDAMENTALS Programming Guide.

[24] SIEMENS Co.西门子 PLC 使用手册[Z].2003.

[25] 陈忠平,周少平.西门子 S7-300 系列 PLC 自学手册[M].北京：人民邮电出版社,2008.

[26] 数控工作室：http://www.busnc.com/.

[27] PLC 之家：http://www.plc100.com/.

[28] Altintas Y. Manufacturing Automation：Metal Cutting Mechanics,Machine Tool Vibrations,and CNC Design[M].Cambridge：Cambridge University Press,2012.

[29] 李伯虎,张霖,王时龙,等.云制造——面向服务的网络化制造新模式[J].计算机集成制造系统,2010,16(01)：1-7,16.

[30] 王彦凯,王时龙,杨波,等.一种实际多约束环境下的云制造服务组合动态自适应重构方法[J/OL].机械工程学报：1-13[2023-08-16].